纳米科学与技术

仿生智能纳米材料

江　雷　等　编著

科学出版社

北　京

内 容 简 介

仿生智能纳米材料是利用自然的仿生原理来设计合成的具有特殊优异性能的功能和智能材料。它是材料、化学、物理、生物、纳米技术、先进制造技术、信息技术等多学科交叉的前沿研究热点之一。仿生智能纳米材料的设计、可控制备和结构性能表征均涉及材料科学的最前沿领域，代表了材料科学的最活跃方面和最先进的发展方向，它将对经济、社会、科学技术的发展产生十分重要的影响。

《仿生智能纳米材料》一书汇聚了作者多年来在该领域的研究成果，同时介绍了国内外同行最新的研究进展。本书图文并茂、深入浅出，从具有特殊优异性能的生物原型材料入手，将仿生材料的设计理念、材料结构与功能关系、智能驱动原理及在生产、生活中的应用进行了系统的介绍。

本书不仅对该领域的科研人员具有重要的参考价值，而且适用于对自然科学感兴趣的大中学生。相信本书会引起人们对仿生智能纳米材料的广泛兴趣。

图书在版编目(CIP)数据

仿生智能纳米材料/江雷等编著. —北京：科学出版社，2015.10

(纳米科学与技术/白春礼主编)

ISBN 978-7-03-045894-0

Ⅰ.①仿… Ⅱ.①江… Ⅲ.①仿生-应用-纳米材料 Ⅳ.①TB383

中国版本图书馆 CIP 数据核字(2015)第 234427 号

丛书策划：杨　震／责任编辑：张淑晓　李明楠　韩　赞／责任校对：赵桂芬

责任印制：吴兆东／封面设计：陈　敬

科学出版社出版

北京东黄城根北街 16 号

邮政编码：100717

http://www.sciencep.com

北京中科印刷有限公司 印刷

科学出版社发行　各地新华书店经销

*

2015 年 10 月第　一　版　开本：720×1000　1/16

2022 年　7 月第八次印刷　印张：30 3/4

字数：620 000

定价：138.00 元

《纳米科学与技术》丛书编委会

《纳米科学与技术》丛书序

在新兴前沿领域的快速发展过程中，及时整理、归纳、出版前沿科学的系统性专著，一直是发达国家在国家层面上推动科学与技术发展的重要手段，是一个国家保持科学技术的领先权和引领作用的重要策略之一。

科学技术的发展和应用，离不开知识的传播：我们从事科学研究，得到了“数据”(论文)，这只是“信息”。将相关的大量信息进行整理、分析，使之形成体系并付诸实践，才变成“知识”。信息和知识如果不能交流，就没有用处，所以需要“传播”(出版)，这样才能被更多的人“应用”，被更有效地应用，被更准确地应用，知识才能产生更大的社会效益，国家才能在越来越高的水平上发展。所以，数据→信息→知识→传播→应用→效益→发展，这是科学技术推动社会发展的基本流程。其中，知识的传播，无疑具有桥梁的作用。

整个20世纪，我国在及时地编辑、归纳、出版各个领域的科学技术前沿的系列专著方面，已经大大地落后于科技发达国家，其中的原因有许多，我认为更主要的是缘于科学文化的习惯不同：中国科学家不习惯去花时间整理和梳理自己所从事的研究领域的知识，将其变成具有系统性的知识结构。所以，很多学科领域的第一本原创性“教科书”，大都来自欧美国家。当然，真正优秀的著作不仅需要花费时间和精力，更重要的是要有自己的学术思想以及对这个学科领域充分把握和高度概括的学术能力。

纳米科技已经成为21世纪前沿科学技术的代表领域之一，其对经济和社会发展所产生的潜在影响，已经成为全球关注的焦点。国际纯粹与应用化学联合会(IUPAC)会刊在2006年12月评论：“现在的发达国家如果不发展纳米科技，今后必将沦为第三世界发展中国家。”因此，世界各国，尤其是科技强国，都将发展纳米科技作为国家战略。

兴起于20世纪后期的纳米科技，给我国提供了与科技发达国家同步发展的良好机遇。目前，各国政府都在加大力度出版纳米科技领域的教材、专著以及科普读物。在我国，纳米科技领域尚没有一套能够系统、科学地展现纳米科学技术各个方面前沿进展的系统性专著。因此，国家纳米科学中心与科学出版社共同发起并组织出版《纳米科学与技术》，力求体现本领域出版读物的科学性、准确性和系统性，全面科学地阐述纳米科学技术前沿、基础和应用。本套丛书的出版以高质量、科学性、准确性、系统性、实用性为目标，将涵盖纳米科学技术的所有领域，全面介绍国内外纳米科学技术发展的前沿知识；并长期组织专家撰写、编辑出版下去，为我国纳米科技各个相关基础学科和技术领域的科技工作者和研究生、本科生等，提供一套重要的参考资料。

这是我们努力实践“科学发展观”思想的一次创新，也是一件利国利民、对国家科学技术发展具有重要意义的大事。感谢科学出版社给我们提供的这个平台，这不仅有助于我国在科研一线工作的高水平科学家逐渐增强归纳、整理和传播知识的主动性(这也是科学研究回馈和服务社会的重要内涵之一)，而且有助于培养我国各个领域的人士对前沿科学技术发展的敏感性和兴趣爱好，从而为提高全民科学素养作出贡献。

我谨代表《纳米科学与技术》编委会，感谢为此付出辛勤劳动的作者、编委会委员和出版社的同仁们。

同时希望您，尊贵的读者，如获此书，开卷有益！

白春礼

中国科学院院长

国家纳米科技指导协调委员会首席科学家

2011 年 3 月于北京

前　言

向自然学习，向生物学习，自古以来就是人类各种科技思想、设计原理和发明创造的灵感源泉。仿生智能纳米材料是依据仿生学原理、模仿生物各种特点或特性而制备的新型材料，它是20世纪末迅速发展起来的一类新型复合材料。从生物学上来说，现存的生物种群是大量生物体在自然环境中经过亿万年的优胜劣汰所存活下来的；从材料科学的角度来看，这个优胜劣汰的过程可以看做是样本数量巨大的生物材料经过漫长的时间和复杂的外界环境筛选所保留下来的最优的材料体系，因此，仿生学将可能为人类提供最可靠、最灵活、最高效、最经济的技术系统。

生物材料优异的结构和功能是通过由简单到复杂、由无序到有序的多级次、多尺度的组装而实现。因此，仿生技术大致可以分为三个层次：宏观尺度上的，如飞机是模仿鸟在冲刺的形态；微观尺度上的，如尼龙搭扣的发明是模拟芒刺表面的倒钩；分子尺度上的，如模拟性引诱激素的化学结构制备了捕杀森林害虫舞毒蛾的杀虫剂；等等。仿生智能纳米材料的研究意义在于它将认识自然、模仿自然以及最终在某一侧面超越自然有机结合，将结构及功能的协同互补有机结合，在基础学科和应用技术之间架起了一座桥梁。

本书以“二元协同纳米界面材料”为理念，结合现代材料科学、分子科学以及纳米科学与技术的发展，介绍生物材料优异的宏观性能与特殊微观结构之间的关系，力图对仿生智能纳米材料进行尽可能全面的介绍。第1章将概述仿生智能纳米材料的定义、发展历史及设计思想；第2章主要介绍仿生智能纳米孔道的原理、离子输运特性基本理论、基于仿生智能纳米孔道的先进能源转换体系；第3章介绍微流控芯片实验室的发展历程、材料与制备技术、驱动与控制技术及应用实例；第4章介绍仿生表面梯度材料的梯度特征、驱动机制与功能应用；第5章介绍仿生智能人工肌肉的材料分类、形变机理、驱动方式及应用；第6章以仿生高强超韧层状复合材料、仿生超强韧纤维材料、仿生空心结构材料为例介绍仿生结构纳米材料的性能研究与仿生制备；第7章介绍自然界中的动植物纤维及仿生纤维材料的制备方法及应用；第8章介绍仿生自修复材料的概念、材料分类及应用；第9章介绍仿生智能光电转换材料与器件研究思路、智能纳米孔道在能量转换中的应用以及研究进展；第10章介绍生物能源材料的分类及转化技术；第11章介绍仿生传热、隔热材料的传热原理、材料设计方法及应用。

本书总结了作者多年来在仿生智能纳米材料方面的创新性研究成果，并汇集了国内外仿生智能纳米材料研究领域的前沿研究进展。衷心感谢田东亮、郭维、聂富强、郑咏梅、朱英、刘克松、赵勇、王明存、翟锦、梁大为、王景明老师参与本书的编写工作，作者分别来自北京航空航天大学、中国科学院化学研究所、中国科学院苏州纳米技术与纳米仿生研究所等学校和科研单位。

由于作者学识与精力有限，书中难免有疏漏以及不尽如人意之处，恳请读者批评指正。

江　雷

2015 年 9 月

目　录

第1章 仿生智能纳米材料概述

1.1 仿生纳米材料的概念

随着生产和科学技术发展的需要，人们已经深刻地认识到生物系统是开辟新技术的主要途径之一，自觉地把生物界作为各种技术思想、设计原理和创造发明的源泉，这就是仿生学的基本思想。但是，直到20世纪60年代，在美国召开的第一次仿生学会议上，美国科学家斯梯尔(Jack Ellwood Steele)根据拉丁文“bion”(生命方式的意思)和字尾“ic”(“具有……的性质”的意思)把新兴的科学命名为“Bionics”(1963年我国将“Bionics”译为“仿生学”)，这标志着仿生学作为一门独立的学科正式诞生。仿生学是通过研究模仿生物系统原理来建造技术系统，或者使人造技术系统具有或类似于生物系统特征的科学。简言之，仿生学就是模仿生物的科学，是研究生物系统的结构、性质、原理、行为及相互作用，为材料、工程技术提供新的设计思想、工作原理和系统构成的综合性科学。仿生学将可能为人类提供最可靠、最灵活、最高效、最经济的技术系统。依据仿生学原理，模仿生物各种特点或特性而制备的材料，称为仿生材料。

在仿生科学发展的同时，纳米科技不断发展，各种表征技术相继问世，人们可以直接对原子、分子进行加工，精确控制结构，组装构造复杂的物质和器件。科学家对生物构造、运动方式、感知与调控等方面的深入了解，发展了现代新的仿生技术。研究表明，自然界中生物体具有的这些优异的结构和功能均是通过由简单到复杂、由无序到有序的多级次、多尺度的组装而实现。这些仿生技术大致为三个层次上的仿生：一是宏观尺度上的，如飞机的流线型是模仿鸟在冲刺状的形态；二是微纳尺度上的，如模拟芒刺表面的倒钩发明尼龙搭扣，模拟贝壳的层状纳米结构制得摔不碎的陶瓷；三是分子尺度上的，如模拟性引诱激素的化学结构制备了捕杀森林害虫舞毒蛾的杀虫剂。在人类发现并认识生命现象中诸多微观结构、功能以及生态系统关联的基础上，仿生学为人类的创造力增添新的无穷动力和源泉。向自然界学习，向生物学习，利用新颖的受生物启发而来的合成策略和源于自然的仿生原理来设计合成具有特定性能的纳米材料是近年来迅速崛起和飞速发展的研究领域，加快了现有学科的交叉发展和催生充满活力的新兴边缘科学，而且已成为材料、化学、物理、生物、纳米技术、制造技术、信息技术等多学科交叉的前沿热点之一，为人类社会生产的发展和科学文明的进步做出了巨大的贡献。

1.2 仿生纳米材料的智能性

材料根据其侧重的方面不同一般分为结构材料和功能材料两大类。结构材料主要要求其机械强度，而功能材料侧重于其特有的功能。1989年，日本高木俊宜教授将信息科学融入材料的结构和功能特性，提出了智能材料(intelligent materials)的概念。智能材料是指具有感知、响应并具有功能发现能力的新材料。智能材料集感知、驱动和控制三种职能于一身。因此，智能材料系统具有或部分具有如下的智能功能和生命特征。

(1) 传感功能。能够感知外界或自身所处的环境条件，如负载、应力、应变、振动、热、光、电、磁、化学、核辐射等的强度及其变化。

(2) 反馈功能。可通过传感网络，对系统输入与输出信息进行对比，并将其结果提供给控制系统。

(3) 信息识别与积累功能。能够识别传感网络得到的各类信息并将其积累起来。

(4) 响应功能。能够根据外界环境和内部条件变化，适时动态地作出相应的反应，并采取必要的行动。

(5) 自诊断功能。能通过分析比较系统目前的状况与过去的状况，对诸如系统故障与判断失误等问题进行自诊断并予以校正。

(6) 自修复功能：能通过分繁殖、自生长、原位聚合等再生机制，来修补某些局部损伤或破坏。

(7) 自调节功能：对不断变化的外部环境和条件，能及时地自动调整自身结构和功能，并相应地改变自己的状态和行为，从而使材料系统始终以一种优化方式对外界变化作出恰如其分的响应。

智能材料通常不是一种单一的材料，而是一个材料系统；或者确切地说，是一个由多种材料通过有机的紧密复合或严格的科学组装而构成的材料系统。智能材料的设计思想是材料的多功能复合和仿生设计。科学家通过仿生手段来设计材料，使材料和系统达到更高的层次，使其成为具有自检测、自判断、自结论、自指令和自执行功能的新材料。智能材料发展的突出特点是基础研究和应用研究密切结合、仿生技术与纳米技术密切结合。目前，仿生智能纳米材料的研究从结构构思，到新制法及智能器件的开发等方面在世界范围内已引起了众多科学工作者的密切关注[1]。例如，仿荷叶表面微结构和性能的自清洁界面材料、仿猫前爪垫功能和蜘蛛网柔顺结构及其性能的更为安全的轮胎、仿鲨鱼皮表面棱纹微结构的低能耗飞机外壳涂层、模仿乌贼等动物的变色机制制成的“智能玻璃”、仿贝壳结构的轻质高强材料、仿绿叶光合作用的能源材料与器件等。

智能材料在不同的领域具有不同的特点和应用，在现代医学领域可用于人造肌肉、人造皮肤、人造器官、药物输送等；在军事领域可用于舰艇，以抑制噪声传播，提高飞机、潜艇和军舰的隐身性能；在日常生活方面可用于机动车辆，以提高车辆的性能和乘坐的舒适度，可用于随心所欲变换颜色的住宅。“向自然学习”是新型高性能纳米复合结构材料发展的重要思路，通过研究生物结构与功能的内在联系指导开发新型功能材料已经成为仿生材料设计与制备的重要新兴前沿课题。近年来，世界主要发达国家(如美国、俄罗斯、英国、日本等)均致力于研究仿生材料，已经取得了突破性进展，其中以美国国家航空航天局(National Aeronautics and Space Administration，NASA)的仿生材料技术尤为领先。这些国家在仿生方面的研究成果已被应用于航空航天、军事、工业等领域，创造了巨大的经济效益和社会效益。我国也非常重视仿生新材料与器件的研究，在《国家中长期科学和技术发展规划纲要(2006—2020年)》中明确提出将“智能材料与结构技术”列为新材料技术中的首要发展方向。

1.3　仿生材料的研究内容

自然界中的动物和植物经过45亿年优胜劣汰、适者生存的进化，形成了独特的结构与功能，其不仅适应了自然而且达到了近乎完美的程度，实现了结构与功能的统一，局部与整体的协调和统一。人们试图模仿动物和植物的结构、形态、功能和行为，并从中得到灵感来解决所面临的科学、技术问题。道法自然，向自然学习，是原始创新科学研究的源泉，是创造新材料和新器件的重要途径，一直在推动着人类社会的发展和文明的进步。近年来，仿生材料飞速发展，仿生材料的研究范围非常广泛，包括生命体系从整体到分子水平的多层次结构，生物组织形成各种无机、有机或复合材料的制备过程及机理，材料结构、性能与形成过程的相互影响和关系，以及利用获取的生物系统原理构筑新材料和新器件。下面将主要从材料的仿生制备、结构仿生和功能仿生，仿生能源材料与器件三方面介绍仿生材料的研究内容。

1.3.1　材料的仿生制备

自然界的生物材料不仅在纳米范围内有序，在不同长度或空间范围内也都规则排列，如哺乳动物的骨骼、肌肉组织、皮肤组织、神经组织，软体动物的外骨骼贝壳，昆虫的外骨骼几丁质，鸟类的蛋壳等。生物组织结构的这种组装有序具有目的性和功能驱动性。生物体总是从分子/生物大分子自组装形成细胞器/细胞、细胞间相互识别聚集而形成组织、从组织再到器官、最后形成单个的生物体，甚至生物个体的生存也依赖于群体中的个体通过一定的识别/自组织/协同等作用，也就是说，复杂功能的实现大多经过从小到大的多尺度分级有序的自组织/协同过程。从生物分子有序的自组装现象，材料学家得到了启发，提出了自下而上的从基本单元合成一系列新型纳米材料的方法——自组装技术。所谓自组装，是指基本结构单元（分子、纳米材料、微米或更大尺度的物质）自发形成有序结构的一种技术[2]，是若干个体之间同时自发地发生关联并集合在一起形成一个紧密而又有序的整体。在自组装的过程中，基本结构单元在基于非共价键的相互作用下自发地组织或聚集为一个稳定、具有一定规则几何外形的结构。自组装过程并不是基本结构单元的简单叠加，而是一种整体协同作用。自组装过程中分子识别取决于基本结构单元的特性，如表面形貌、形状、表面功能团和表面电势等，组装的最终结构具有最低的自由能。研究表明，内部驱动力是实现自组装的关键，包括范德华作用力、氢键、静电力等只能作用于分子水平的非共价键力[3-8]和那些能作用于较大尺寸范围的力[9,10]，如表面张力、毛细管力等。

科学家们一直致力于通过自组装的途径获得各种尺度且具有规则几何外形的纳米材料聚集体，并期望实现不同于单体的优异物理、化学性能。从分子到宏观物体的各种不同尺度下的自组装体系，即自下而上的自组装，特别是介于分子与宏观物体之间的介观尺度上的自组装是近年来刚刚兴起的研究热点。例如，研究人员以 DNA 双螺旋结构编码的蛋白质及其复杂衍生物为单位进行自组装，构筑微米、厘米乃至更大尺度的、具有规则几何外形的聚集体[11-17]。因此，以纳米结构为单元，通过自组装技术将其自组装为各种分级有序结构(纳米或微米尺度上的有序结构)的材料，为我们将功能材料按照理想方式组装成高度有序的结构提供了一条有效的途径，并且为微器件的研究提供了新的机遇[18-20]。这方面的研究主要包括纳米材料的自组装和模拟生物矿化过程进行多尺度结构的构筑。

1. 纳米材料的自组装

纳米材料的自组装主要包括零维纳米粒子、一维纳米材料和二维纳米材料等的自组装。在零维纳米粒子的自组装方面，稳定的胶体纳米粒子单分子层薄膜通常用作自组装制备分级有序结构的研究对象，在纳米粒子的表面进行单分子层(如硫醇等)修饰，通过分子间氢键或粒子间的相互作用来诱导自组装，形成尺度均一的聚集体。值得一提的是，二元体系的纳米粒子自组装受到了研究人员的广泛关注，将两种不同材料的纳米粒子自组装为二元超晶格结构，为将不同纳米粒子自组装为化学组成和粒子位置可控的聚集体提供了可能[21-25]，这种自组装方法对设计具有新性质的纳米尺度材料有重要的意义。对于一维纳米材料的自组装，报道集中在液体辅助下的自组装，即利用液体的界面张力、毛细管作用力或者纳米材料本身不同的亲疏水性进行自组装。例如，作者课题组提出利用水滴铺展法有效地将一维碳纳米管阵列膜自组装为三维微米尺度的图案化陈列表面［图

1.1(a)～(c)][26]。一维纳米材料的自组装还可以通过模板诱导，或纳米材料本身不同的电学性质来实现。例如，王中林课题组[27,28]根据沿(001)方向生长的ZnO纳米带两侧具有不同电性，在静电力的诱导下，一维纳米带自组装成三维右手螺旋状结构。在此基础上，作者课题组发现在温和的溶液反应中，反应生成的氧化锌纳米棒会自组装成花状聚集体，并且在静电力的诱导下，最终会自组装为纳米管的花状聚集体[图1.1(d)～(f)][29]。另外，通过晶体的分步成核和生长，可以构筑复杂的多尺度分级有序的微纳米结构及图案化材料[30]。二维纳米材料的自组装，特别是随着石墨烯的研究发现，以具有优异特性的石墨烯二维材料与其他各种材料(如高分子、无机纳米材料等)组装一直是研究人员制备高性能复合材料的一个重要方向。

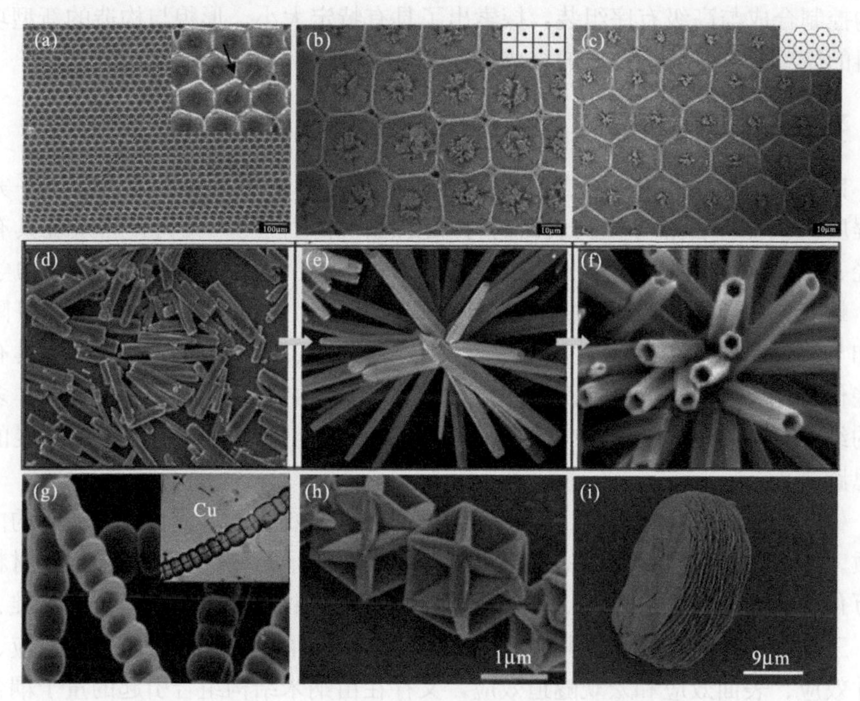

图1.1　激光诱导的水滴铺展法自组装图案化阵列碳纳米管膜表面(a)～(c)，静电作用力诱导的自组装氧化锌纳米花状结构(d)～(f)，以及模拟生物矿化过程制备的多尺度材料(g)～(i)。

2. 生物矿化制备纳米材料

生物矿化(biomineralization)是指在生物体系中具有特殊高级结构和组装方式生物矿物的形成过程。生物矿化包括两种形式：一种是正常矿化，如骨骼、牙齿和贝壳等的形成；另一种是异常矿化，如结石、牙石和龋齿等的形成。生物矿化作用区别于一般矿化作用的显著特征是，它通过有机大分子和无机物离子在界面处的相互作用，从分子水平控制无机矿物相的析出、生长，从而使生物矿物具有特殊的高级结构和组装方式。

将生物矿化的机理引入无机材料合成，以有机组装体为模板控制无机材料的形成，制备具有独特微观结构的材料，使材料具有优异的物理和化学性能，这就是仿生矿化材料的制备方法。20 世纪 80 年代以来，生物矿化材料的研究引起了科学家的广泛关注。我国科研工作者在生物矿化仿生制备多级有序结构材料方面做了很多重要工作，如模拟生物矿化过程和仿生合成以及在有机（生物）分子的调控下晶体的成核、晶化、取向生长、组装原理等，实现了各种无机或有机微纳结构控制合成与高级有序组装，探索出了具有特定大小、形貌与构造的新型功能材料的简单有效、环境友好的合成途径[图 1.1(g)～(i)][31-35]。

1.3.2 结构仿生和功能仿生

自然界中的动物和植物经过亿万年的进化，其结构与功能已达到近乎完美的程度。例如，自然界生物表面的特殊浸润、黏附性能，飞鸟骨骼系统具有质量轻、强度大的构造形态，贝壳的珍珠层具有高的韧性和硬度等优异的力学性能，蜘蛛丝兼具独特的高强度、高弹性和高断裂功等机械性能和良好的可降解性和与生物组织间的相容性等生物学特性。研究表明，自然界中生物体具有的这些优异的结构和功能均是通过由简单到复杂、由无序到有序的多级次、多尺度的组装而实现。因此，向自然学习是新型高性能纳米复合结构材料发展的重要思路。

材料体系的分子、纳米、微米等结构的多尺度效应是形成材料新功能的内在本质。分子是体现材料功能的最基本结构单元，分子结构的多样性决定了材料千变万化的功能和性质。微米、纳米尺度的物质按照一定规律构筑形成一维、二维、三维结构的介观体系。其中，纳米结构因具有纳米微粒的量子尺寸效应、小尺寸效应、表面效应和宏观隧道效应，又存在由纳米结构组合引起的量子耦合效应和协同效应等效应，而表现出不同于微观粒子和宏观物质的独特的光、电、热、磁物理性质和化学性质。因此，材料体系的设计，不仅局限于块体材料，更重要的是，人们可以通过在多尺度范围内对材料的结构控制，即从分子、分子簇拓展到纳米结构和微米结构，使材料本身产生奇异的宏观物性。这方面的研究主要包括仿生表面特殊浸润、黏附性材料，仿生轻质高强复合材料和仿生光学性能材料的研究。

1. 仿生表面特殊浸润、黏附性材料

浸润性是材料表面的重要特征之一，表面可控浸润性的研究无论在基础研究和工业应用方面都有着重要的意义。自然界生物体中独特的微米、纳米结构赋予其特殊的表面浸润、黏附性能(图 1.2)[36-49]。例如，荷叶“出淤泥而不染”及以及一些昆虫翅膀（如蝉、蜻蜓、蝴蝶翅膀等）表面的自清洁性，就是由于它们表面特殊的微观结构使固/液界面形成了气膜，水滴不能浸润而达到超疏水性引起的。其中，一些生物体如水稻叶、鸭和鹅的羽毛、蝴蝶翅膀等，水滴在其表面具有滚动的各向异性，即沿与表面主干平行和垂直的方向滚动性不同，这与表面微观结构的排列方式有关。还有一些生物体具有特异功能，如水黾腿具有超级疏水力使

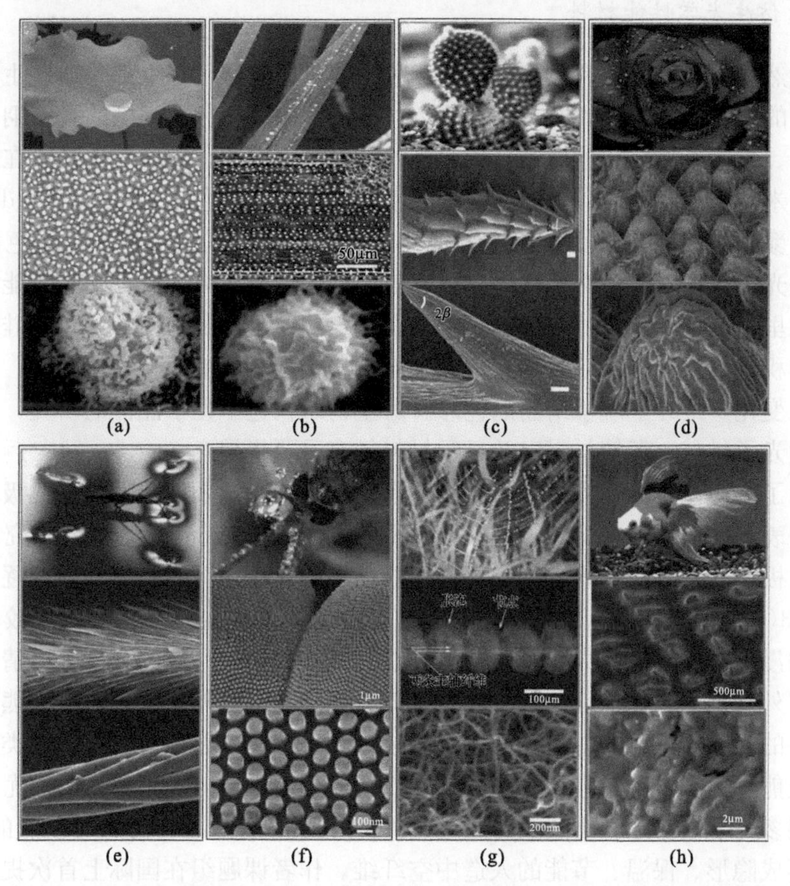

图 1.2　具有特殊表面浸润、黏附性能的生物体。(a)荷叶的自清洁性；(b)水稻叶的各向异性滚动性；(c) 仙人掌叶的雾水收集；(d) 玫瑰花瓣的黏附性；(e) 水黾腿的超疏水力；(f) 蚊子复眼的防雾性；(g) 蜘蛛丝的挂水能力；(h) 水下鱼对油的低黏附性。

得水黾能够在水上自由行走，蚊子的复眼具有很好的防雾能力，沙漠甲壳虫羽翅异质微结构使其具有集雾功能，蜘蛛丝的方向性集水性能，仙人掌连续集雾过程，水鸟的喙利用梯度表面张力啄食，水下鱼对油的低黏附性能，等等，也与它们表面的特殊微观结构密切相关。

作者课题组从仿生的角度出发，在研究自然界具有特殊浸润性材料的基础上，构筑多种纳米/微米复合结构的特殊浸润性界面和智能界面，研究纳米材料和结构对表面浸润性的影响，并研究以浸润性为主的多响应性表面、多功能性超疏水表面和控制制备微纳米材料，这些材料在微流体控制、智能视窗、分子分离和分析以及药物控制缓释领域有着很大的潜在应用前景。

2. 仿生光学性能材料

自然界中的生物拥有各种各样的颜色，但是这些颜色并不都是通过生物体内所含有的色素对光的吸收所产生的颜色，而有些生物如色彩绚丽的孔雀羽毛、蝴蝶翅膀、天然蛋白石、珍珠等与生物体的微观结构有关，这些颜色是光在生物体的亚微米结构中的反射、散射、干涉或衍射所形成的颜色[图 1.3(a)～(d)]。由于这种颜色与结构有关而与色素无关，因此也称为结构色[50-55]。结构色中最著名的是光子晶体，是一类特殊的晶体，其原理很像半导体，有一个光子能隙，在此能隙里电磁波无法传播。例如，蛋白石的组成仅是宏观透明的二氧化硅，其立方密堆积结构的周期性使其具有了光子能带结构，随着能隙位置的变化，反射光也随之变化，最终呈现了绚丽的色彩。对生物结构色中光子晶体的研究，使开发新一代光子材料、存储材料以及显示材料具有重要指导意义。

除了结构色，自然界的很多生物还有其独特的光学系统，例如，北极熊的体色从外表看是白色的，实际上它的皮肤是黑绿色的[56]。电子显微镜研究结果表明，北极熊的毛是空心无色的细管，这些细管的直径从毛的尖部到根部逐渐变大[图 1.3(e)]。北极熊的毛看上去之所以是白色的，是因为细管内表面较粗糙引起光的漫反射所致。当人们利用自然光对北极熊拍照时，它的影像十分清晰，而借助红外线拍照时，除面部外在照片上却看不到它们的外形。可见北极熊的皮毛有极好的吸收红外线的能力，而且具有较好的绝热、保温性能。很多鸟类的羽毛和北极熊毛一样，都具有极为精细的多通道的管状结构。由于其具有优异的性能，很多科学家对这种多通道管状结构产生了浓厚的兴趣，仿照北极熊的毛管，可以制成隐形、保温、节能的人造中空纤维。作者课题组在国际上首次提出了多流体复合电纺/喷技术[57]，并成功地制备出了具有仿生多通道结构的 TiO_2 微米管/球，管/球的通道数/空腔数可以调节，这种技术具有极为广泛的应用前景。还有一种名为 *Melanophilaacuminate* 的甲虫可以感知 80km 以外的森林火灾[58]。它们通过特殊的陷窝器来侦测红外线，每个陷窝器都由 50～100 个 15μm 的传感器组成，这些传感器能够吸收波长为 3μm 的红外线辐射，而这恰好是一场猛烈的火灾所释放的主要波长形式。火灾所产生的红外线辐射热量使传感器膨胀，从而启动了甲虫的机械性刺激感受器，适时地给予甲虫森林火灾的信息。这种优异的传感能力必将对人类的遥感技术产生深远的影响[图 1.3(f)]。另外，一些昆虫的翅膀及眼睛所具有的减反射性质，也是由特殊的表面微结构引起的[59,60][图 1.3(g)、(h)]。

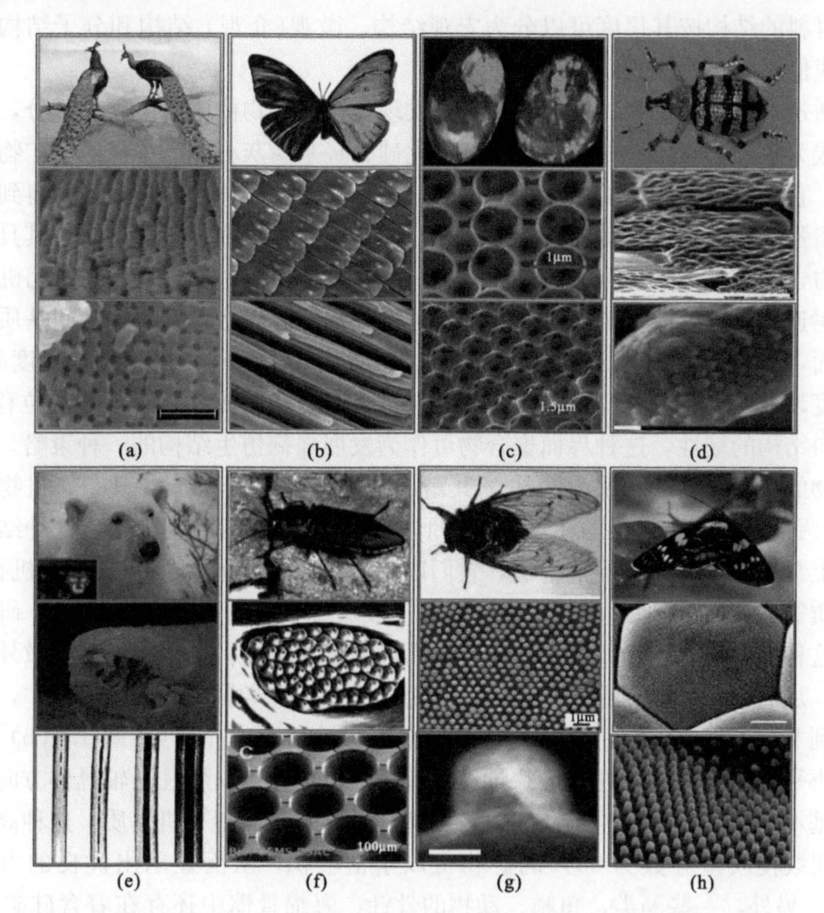

图 1.3　自然界中具有光学特性的生物及其微观结构。(a) 孔雀羽毛结构色；(b) 蝴蝶结构色；(c) 天然蛋白石结构色；(d) 甲虫结构色；(e) 北极熊毛具有吸收红外线特性；(f) 甲虫侦测红外线；(g) 蝉翅膀具有减反射性；(h) 蛾的眼睛具有减反射性。

生物启发对先进的材料科学和光学系统的创造性设计，已经成为研究人员和科学家的新兴课题[61]。模拟生物体先进的光学系统，利用实用性具有可定制光学特性的聚合物，应用软平板印刷术和三维微尺度处理技术，可以快速构建复杂的设计，如受到光敏性海星的启发设计的微流体双重透镜[62]。

3. 仿生轻质高强复合材料

一般来说，材料的性能主要是由它的化学组成及结构共同决定的。对于一种材料来说，由于其化学组成是本身固有的特征，研究材料的结构就变得更有意义。材料的结构按其尺度可以分为宏观结构、微观(介观）结构和分子结构。在这里我们主要讨论微观结构。

通过对骨骼、贝壳、牙齿等的研究发现，这些生物体中最坚硬的部分，其主要组成为各种矿物质，如碳酸钙、二氧化硅、羟基磷灰石等。单从这些矿物本身来看，它们没有如此高的强度、硬度或韧性，但在生物体中这些性质却得到了极大的增强。研究发现，骨骼的复杂而精巧的自组装多尺度分级结构，使其具有优异的力学性能[63]。一方面，结构上的多尺度，即胶原质分子由钙化的无机物颗粒首尾连接构成胶原纤维，胶原纤维之间有由界面聚合物构成的纤维间基质。另一方面，形变时多尺度的响应，表现为矿物质化纤维中的无机物颗粒尺度越小，其强度越大；由聚合物组成的类似水凝胶的纤维间基质使纤维间可切向位移，增加材料结构的韧性，这种界面聚合物可作为发展强韧仿生结构的一种策略。以软体动物的贝壳内层珍珠质为例[64]，其组成为碳酸钙约占95%，其余有机物约占5%。两种材料通过复杂的相互作用而形成高级的自组装堆叠结构，这种结构与建筑上常用的砖泥结构异常相似，它们以碳酸钙晶体单元为“砖”，以有机物(如蛋白质等)为“泥”，通过层层堆砌，最终形成宏观上的贝壳[图1.4(a)]。研究发现，这种结构比普通碳酸钙矿物有着更高的强度和硬度，可以很好地分散外界的压力，从而起到保护和支撑生物体的作用。又如，在老鼠门牙的牙釉质中，可以观察到非常有序的磷酸钙棒状晶体沿长轴平行排列形成晶体束[图1.4(b)]，晶体束再平行排列形成釉柱，最后釉柱平行排列成牙釉质。釉柱长轴延伸方向与牙表面基本垂直。在釉柱与釉柱间以及晶体与晶体间充满着有机基质。这种高度有序的组装使质量分数为95%的矿物得以紧密堆积，从而显示出优良的力学性质[65]。另外，一些藻类、鱼鳞、动物的骨针、海绵骨骼中还存在着含硅矿物[66][图1.4(c)～(f)]。例如，海绵骨针中层状的二氧化硅结构，展示了良好的光学性能和机械性能。

蜘蛛丝的多尺度结构使其具有优异的机械强度和良好的弹性，这种结构使其以最轻质量的材料获得最高的力学性能。例如，用180μg的材料就可以编织成$100cm^2$的网以捕捉飞虫。又如，鲨鱼之所以能在水中快速前进，是因为它的皮肤表面有着排列有序的微小鳞状突起[图1.4(e)]，这些突起在水中具有整流效果，可以减小水的阻力，使鲨鱼成为海洋中游泳的佼佼者[67]。仿照这种结构，

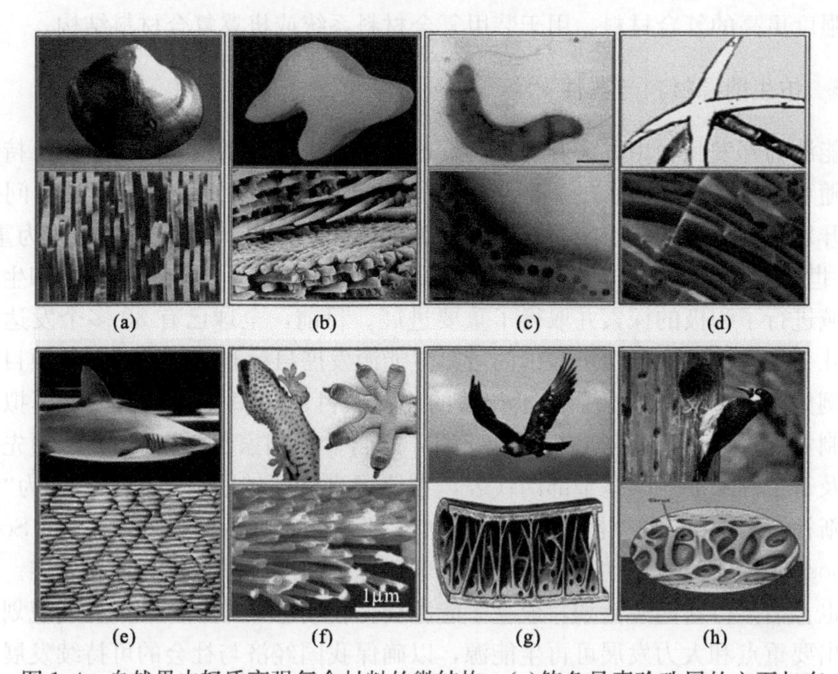

图 1.4　自然界中轻质高强复合材料的微结构。(a)鲍鱼贝壳珍珠层的文石与有机质的层状堆积结构；(b) 老鼠门牙牙釉质中磷酸钙晶体延长轴平行排列；(c) 趋磁细菌中氧化铁粒子呈有序排列；(d) 海绵骨针中二氧化硅的片层结构；(e) 鲨鱼皮表面的微小鳞状突起结构为减阻提供了灵感；(f) 具有高强黏附力的壁虎脚部微结构；(g) 具有中空结构的鹰骨骼；(h) 具有海绵状结构的啄木鸟头部减震结构。

在飞机上进行涂层可以使飞机阻力减小 8%以上，节约燃料约 1.5%。给舰船穿上“鲨鱼皮”，能够克服附着在船体上的海洋生物造成的阻力，提高船的行驶速度，从而大大节省能源消耗。“鲨鱼皮”式游泳衣也曾被用来提高游泳速度。壁虎、蜘蛛、苍蝇等能够牢牢吸附于平滑的墙壁、玻璃，甚至能够倒贴在天花板上[68-71][图 1.4(f)]；很多鸟类的羽毛和骨骼都具有极为精细的多通道和多空腔的中空结构。这种复杂精巧的结构能够在保持足够的机械强度的前提下极大地减轻鸟类骨骼和羽毛的重量，正是由于具有这种结构，鸟类才能借助轻盈的羽毛在天空自由翱翔[图 1.4(g)]。啄木鸟头部中空的微纳米结构可以实现减震耐疲劳性 [图 1.4(h)]。

人们在了解和掌握生物材料的设计方法以及材料最短长度尺寸的功能后，就可以学会构建轻质、高强度的仿生合成复合材料[72-77]。这种从生物获得灵感的无机材料合成方法就是所谓的仿生材料合成或者仿生形貌生成方法。例如，如果我们使用比构造出贝壳的原材料强度更高的材料，以其相同的设计，就有希望生产出强度更高的复合材料，用于装甲复合材料系统或机翼复合材料结构。

1.3.3 仿生能源材料与器件

能源的开发和利用贯穿着人类的发展历史，直接关系到人类社会的可持续发展。随着人类对能源需求的不断提高，能源问题已经成为最亟待解决的问题之一，开发和利用新的清洁能源对于全人类的生存和可持续发展就显得尤为重要。自 20 世纪 70 年代以来，许多国家都在新能源如太阳能、风能、地热能和生物能等领域进行了积极的探索并取得了重要进展。目前，全球已有 30 多个发达国家和十几个发展中国家提出了本国的可再生能源发展目标和国际间的合作项目与框架。例如，2008 年，欧盟启动了相关的能源项目；2009 年美国启动了模拟光合作用制氢的重大研究计划。2009 年 7 月，来自 5 个国家化学会的 30 位领先科学家以及每个国家的科学基金部门代表，在德国克洛斯特西翁举行了主题为“新能源与新社会”的第一届“化学科学与社会研讨会”(Chemical Sciences and Society Symposium，CS3)，启动新能源解决全球能源挑战的国际合作和创新思维。我国政府也大力推行新能源计划，成立了能源局，在制定十一五科技中长期规划时着重提出要重点和大力发展可再生能源，以确保我国经济与社会的可持续发展。

纳米技术的发展为人类解决能源问题创造了有利条件。纳米结构材料具有较小的尺寸和较大的比表面积，在离子扩散与能量存储上具有较大的优势，为传统能量转换与存储器件的升级改造提供了新机遇，对能源科学的基础研究和相关高技术领域的发展将产生积极的影响。研究结果表明，纳米材料在能量转换材料体系及器件方面显示出许多新奇的尺寸效应、表(界)面效应、超塑性及新的能量存储机制。例如，纳米材料可以大幅提高电池的功率密度、减小极化、延长电极的循环寿命、改善电极材料与有机溶剂的浸润性并阻止溶剂分子嵌入对电极结构的破坏、抑制电极反应的不可逆相变，提高能量转换与存储器件的效率和循环性能等。因此，纳米技术的应用已成为解决能源问题的必经之路。

但是，只有纳米技术的应用还远远不够，难以从根本上解决能量的高效转换、存储与利用问题。现代社会对高性能能量转换材料及器件需求的不断提升，为跨越物理、化学、材料科学等重大学科的交叉，以及纳米技术和生物技术等新兴科学的融合提供了有利时机。能量仿生主要研究与模仿生物器官发电、发光、化学能转换成机械能等生物体中的能量转换过程。仿生能量转换材料是这一研究领域的新方向和热点[78-81]。

自然界中的生命通过亿万年的进化，完成了智能操纵的几乎所有过程，实现了能量的转换、存储与利用的最优效率，而能源器件的发展也是起步于向自然学习的过程(图 1.5)。众所周知，19 世纪初，意大利著名物理学家伏特，就是以青蛙和电鱼的生物能转变为电能这一非凡的本领为模型，设计出世界上最早的伏打

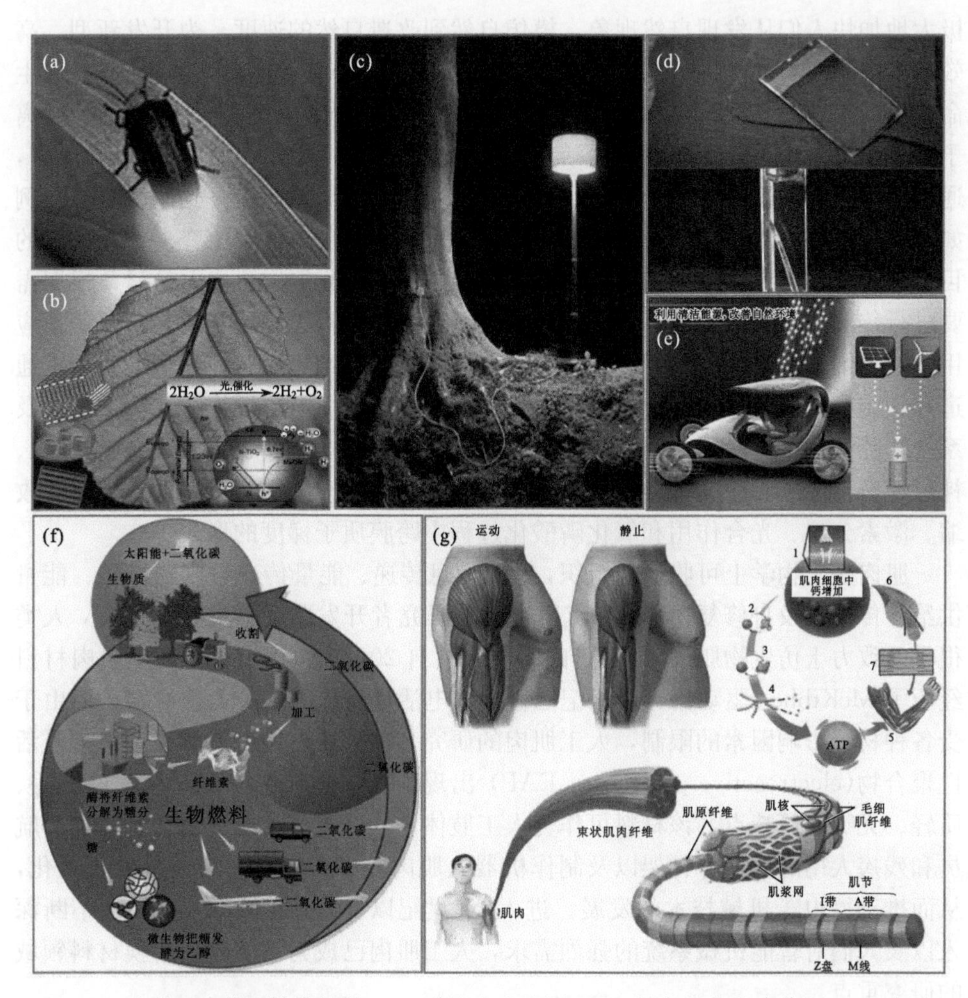

图 1.5　自然界中能源转换材料。(a) 萤火虫冷光源；(b) 绿色植物光合作用；(c) 树木发电；(d) 仿生树叶发电器件；(e) 仿生叶子概念汽车；(f) 生物质能源材料循环过程；(g) 仿生人工肌肉。

电池，开辟了能源研究的新篇章。人们根据对萤火虫高效率发光(接近 100%)的研究，在 20 世纪 40 年代发明了日光灯，使人类的照明光源发生了很大变化。这些从仿生现象到仿生原理和仿生器件的联想，至今仍给我们以深刻的启示，向自然学习，向生命学习，是实现能量的高效转换、存储与利用的必然途径。

自然界生物体中存在大量的功能结构，可以高效率地产生和积累来自环境中的能源。近年来，随着人们对绿色植物、嗜盐菌、视网膜及深海蓝藻等光合作用机理的深入研究，人们更加深刻地认识了光生质子的产生及质子跨膜运输，从而极大地加快人们从发现自然现象、模仿自然到改造自然的速度，为开发新型、高效的光电转换器件提供了广阔的思路。在生物体中，对外界刺激的响应及各种生命过程的实现都是基于生物细胞的微/纳米通道来实现的，这些通道对于控制离子、分子进出细胞进行各项生命活动起到至关重要的作用。当受到外界刺激时，通道能够感知和识别，当外部刺激消除后，通道又能够迅速恢复到原始状态。例如，电鳗鱼利用离子通道瞬间能产生高达 600 伏的电压来达到掠夺食物或逃生的目的；视网膜具有光生质子及跨膜运输的能力，其将光能转化成电信号并根据需要进行传输也是在离子通道的作用下完成的。因此，将光生质子及其跨膜运输应用到仿生纳米能源研究中具有极大的可能性。生物学纳米通道，典型的如离子通道和细胞核孔蛋白等，在细胞的信号传递、能量转换、电位调控、物质交换以及系统功能调控等生命现象中发挥着极为重要的作用。例如，感受器电位的发生、神经兴奋与传导和中枢神经系统的调控功能、心脏搏动、平滑肌蠕动、骨骼肌收缩、激素分泌、光合作用和氧化磷酸化过程中跨膜质子梯度的形成等。

肌肉是生物学上可收缩的组织，具有信息传递、能量传递、废物排除、能量供给、传动以及自修复功能，一直以来就是研究者开发驱动器灵感的来源，人类很早就致力于仿生物肌肉/人工肌肉的研发。自 20 世纪 50 年代，人工肌肉材料经历了 McKibben 驱动器、形状记忆合金、电活性陶瓷等多种备选材料，但由于受各种材料影响因素的限制，人工肌肉的研究一直处于缓慢发展阶段。直到电活性聚合物(electroactive polymers，EAP) 出现，由于其具有应变高、柔软性好、质轻、无噪声等特点，该材料可作为人工肢体和人造器官、内窥镜导管、供宇航员和残疾人用的增力外骨架以及制作机器人肌肉，可实现设备与器件的小型化，从而推动微电子机械技术的发展。进入 21 世纪以来，随着机器人开发的不断深入以及人们对智能机械系统的强烈需求，人工肌肉已成为仿生能量转换材料领域的研究重点。

仿生纳米能量转换材料体系及器件的研究以仿生和纳米科学为牵引，通过生物技术、纳米科技、能源技术、化学合成技术、信息科学和认知科学的融合，成为 21 世纪前期的主导技术。世界先进国家都从未来发展战略高度开始实施仿生能量转换材料的研究。为了创造具有自主知识产权的智能技术，实现能量利用最大化和环境成本最小化，提高我国的国际竞争力，带动整个社会产业的发展，抓紧仿生纳米结构能量转换材料及器件的研究是十分重要的。目前，关于仿生能量转换材料体系的研究集中在纳米通道仿生、多尺度多维度的高性能电极材料、仿生选择性膜材料和仿生智能人工肌肉等领域。

从自然中来，向自然界学习先进的构造及功能，并仿生制备新型智能材料是仿生材料科学发展的必然途径。源于自然，创造性地把仿生材料运用到人类的实际生活中才能真正起到造福人类的作用。

参考文献

[1] 江雷，冯琳. 仿生智能纳米界面材料. 北京：化学工业出版社，2007.

[2] Kim F, Kwan S, Akana J, et al. Langmuir-Blodgett nanorod assembly. J Am Chem Soc, 2001, 123: 4360.

[3] Andres R P, Bielefeld J D, Henderson J I, et al. Self-assembly of a two-dimensionalsuperlattice of molecularly linked metal clusters. Science, 1996, 273: 1690.

[4] Patil V, Mayya K S, Pradhan S D, et al. Evidence for novel interdigitated bilayer formation of fatty acids during three-dimensional self-assembly on silver colloidal particles. J Am Chem Soc, 1997, 119: 9281.

[5] Mirkin C A, Letsinger R L, Mucic R C, et al. A DNA-based method for rationally assembling nanoparticles into macroscopic materials. Nature, 1996, 382: 607.

[6] Boal A K, Rotello V M. Fabrication and self-optimization of multivalent receptors on nanoparticle scaffolds. J Am Chem Soc, 2000, 122: 734.

[7] Caruso F, Susha A S, Giersig M, et al. Magnetic core-shell particles: Preparation of magnetite multilayers on polymer latex microspheres. Adv Mater, 1999, 11: 950.

[8] Caruso F, Caruso R, Möhwald H. Nanoengineering of inorganic and hybrid hollow spheres by colloidal templating. Science, 1998, 282: 1111.

[9] Bowden N B, Weck M, Choi I S, et al. Molecule-mimetic chemistry and mesoscale self-assembly. Acc Chem Res, 2001, 34: 231.

[10] Bico J, Roman B, Moulin L, et al. Adhesion: Elastocapillary coalescence in wet hair. Nature, 2004, 432: 690.

[11] Rothemund P W K. Folding DNA to create nanoscale shapes and patterns. Nature, 2006, 440: 297.

[12] Wolfe D B, Snead A, Mao C, et al. Mesoscale self-assembly: Capillary interactions when positive and negative menisci have similar amplitudes. Langmuir, 2003, 19: 2206.

[13] Choi I S, Weck M, Xu B, et al. Mesoscopic, templated self-assembly at the fluid-fluid interface. Langmuir, 2000, 16: 2997.

[14] Boncheva M, Ferrigno R, Bruzewicz D A, et al. Plasticity in self-assembly: Templating generates functionally different circuits from a single precursor. Angew Chem Int Ed, 2003, 42: 3368.

[15] Choi I S, Bowden N, Whitesides G M. Macroscopic, hierarchical, two-dimensional self-assembly. Angew Chem Int Ed, 1999, 38: 3078.

[16] Bowden N, Terfort A, Carbeck J, et al. Self-assembly of mesoscale objects into ordered two-dimensional arrays. Science, 1997, 276: 233.

[17] Bowden N, Oliver S R J, Whitesides G M. Mesoscale self-assembly: Capillary bonds and negative menisci. J Phys Chem B, 2000, 104: 2714.

[18] Duan X, Huang Y, Cui Y, et al. Indium phosphide nanowires as building blocks for nanoscale electronic and optoelectronic devices. Nature, 2001, 409: 66.

[19] Huang Y, Duan X, Wei Q, et al. Directed assembly of one-dimensional nanostructures into functional networks. Science, 2001, 291: 630.

[20] Paul S, Pearson C, Molloy A, et al. Langmuir-Blodgett film deposition of metallic nanoparticles and their application to electronic memory structures. Nano Lett, 2003, 3: 533.

[21] Kiely C J, Fink J, Brust M, et al. Spontaneous ordering of bimodal ensembles of nanoscopic gold clusters. Nature, 1998, 396: 444.

[22] Shevchenko E V, Talapin D V, Rogach A L, et al. Colloidal synthesis and self-assembly of $CoPt_3$ nanocrystals. J Am Chem Soc, 2002, 124: 11480.

[23] Redl F X, Cho K S, Murray C B, et al. Three-dimensional binary superlattices of magnetic nanocrystals and semiconductor quantum dots. Nature, 2003, 423: 968.

[24] Shevchenko E V, Talapin D V, O'Brien S, et al. Polymorphism in AB13 nanoparticle superlattices: An example of semiconductor-metal metamaterials. J Am Chem Soc, 2005, 127: 8741.

[25] Shevchenko E V, Talapin D V, Kotov N A, et al. Structural diversity in binary nanoparticle superlattices. Nature, 2006, 439: 55.

[26] Liu H, Li S, Zhai J, et al. Self-assembly of large-scale micropatterns on aligned carbon nanotube films. Angew Chem Int Ed, 2004, 43: 1146.

[27] Kong X Y, Wang Z L. Spontaneous polarization-induced nanohelixes, nanosprings, and nanorings of piezoelectric nanobelts. Nano Lett, 2003, 3: 1625.

[28] Gao P X, Ding Y, Mai W, et al. Conversion of zinc oxide nanobelts into superlattice-structured nanohelices. Science, 2005, 309: 1700.

[29] Feng X J, Zhai J, Jin M H, et al. High-yield self-assembly of flower-like ZnO nanostructures. J Nanosci Nanotech, 2006, 6: 1.

[30] Tian Z R, Voigt J A, Liu J, et al. Complex and oriented ZnO nanostructures. Nat Mater, 2003, 2: 821.

[31] Yu S H, Antonietti M, Cölfen H, et al. Growth and self-assembly of $BaCrO_4$ and $BaSO_4$ nanofibers toward hierarchical and repetitive superstructures by polymer-controlled mineralization reactions. Nano Lett, 2003, 3: 379.

[32] Yu S H, Cölfen H, Tauer K, Antonietti M. Tectonic arrangement of $BaCO_3$ nanocrystals into helices induced by a racemic block copolymer. Nature Mater, 2005, 5: 51.

[33] Chen S F, Zhu J H, Jiang J, et al. Polymer-controlled crystallization of unique mineral superstructures. Adv Mater, 2010, 22: 540.

[34] Zhan Y, Yu S H. Necklace-like Cu@cross-linked poly (vinyl alcohol) core-shell microcables by hydrothermal process. J Am Chem Soc, 2008, 130: 5650.

[35] Qi L M, Li J, Ma J M. Biomimetic morphogenesis of calcium carbonate in mixed solutions of surfactants and double-hydrophilic block copolymers. Adv Mater, 2002, 14: 300.

[36] Barthlott W, Neinhuis C. Purity of the sacred lotus, or escape from contamination in biological surfaces. Planta, 1997, 202: 1.

[37] Feng L, Li S H, Li Y S, et al. Super-hydrophobic surfaces: From natural to artificial. Adv Mater, 2002, 14: 1857.

[38] Liu K S, Yao X, Jiang L. Recent developments in bio-inspired special wettability. Chem Soc Rev, 2010, 39: 3240.

[39] Sun T L, Qing G Y, Su B L, et al. Functional biointerface materials inspired from nature. Chem Soc Rev, 2011, 40: 2909.

[40] Yao X, Song Y L, Jiang L. Applications of bio-inspired special wettable surfaces. Adv Mater, 2011, 23: 719.

[41] Liu M J, Zheng Y M, Zhai J, et al. Bioinspired super-antiwetting interfaces with special liquid-solid ad-

hesion. Acc Chem Res，2010，43：368.

[42] Lum K，Chandler D，Weeks J D. Hydrophobicity at small and large length scales. J Phys Chem B，1999，103：4750.

[43] Kennedy R J. Directional water-shedding properties of feathers. Nature，1970，227：736.

[44] Zheng Y M，Gao X F，Jiang L. Directional adhesion of superhydrophobic butterfly wings. Soft Matter，2007，3：178.

[45] Gao X F，Jiang L. Biophysics：Water-repellent legs of water striders. Nature，2004，432：36.

[46] Gao X F，Yan X，Yao X，et al. The dry-style antifogging properties of mosquito compound eyes and artificial analogues prepared by soft lithography. Adv Mater，2007，19：2213.

[47] Parker A R，Lawrence C R. Water capture by a desert beetle. Nature，2001，414：33.

[48] Zheng Y M，Bai H，Huang Z B，et al. Directional water collection on wetted spider silk. Nature，2010，463：640.

[49] Ju J，Bai H，Zheng Y M，et al. A multi-structural and multi-functional fog collection system in cactus. Nat Commun，2012，3：1247.

[50] Sanders J V. Colour of precious opal. Nature，1964，204：1161.

[51] Zi J，Yu X，Li Y，et al. Coloration strategies in peacock feathers. PNAS，2003，100：12576.

[52] Srinivasarao M. Nano-optics in the biological world：Beetles，butterflies，birds，and moths. Chem Rev，1999，99：1935.

[53] Vukusic P，Sambles J R，Lawrence C R，et al. Structural colour：Now you see it-now you don't. Nature，2001，410：36.

[54] Vukusic P，Hooper I. Directionally controlled fluorescence emission in butterflies. Science，2005，310：1151.

[55] Parker A，Welch V L，Driver D，et al. Structuralcolour：Opal analogue discovered in a weevil. Nature，2003，426：786.

[56] Cha J N，Stucky G D，Morse D E，et al. Biomimetic synthesis of ordered silica structures mediated by block copolypeptides. Nature，2000，403：289.

[57] Zhao Y，Cao X Y，Jiang L. Bio-mimic multichannel microtubes by a facile method. J Am Chem Soc，2007，129：764.

[58] Gu Z Z，Fujishima A，Sato O. Biomimetic titanium dioxide film with structural color and extremely stable hydrophilicity. Appl Phys Lett，2004，85：5067.

[59] Watson G S，Watson J A. Naturalnano-structures on insects-possible functions of ordered arrays characterized by atomic force microscopy. Appl Surf Sci，2004，235：139.

[60] Stavenga D G，Foletti S，Palasantzas G，et al. Light on the moth-eye corneal nipple array of butterflies. Proc R Soc B，2006，273：661.

[61] Sowards L，Schmitz H，Tomlin D，et al. Characterization of beetle melanophila acuminata (coleoptera：buprestidae) infrared pit organs by high-performance liquid chromatography/mass spectrometry，scanning electron microscope，and Fourier transform-infrared spectroscopy. Ann Entomol Soc Am，2001，94：686.

[62] Jeong K，Liu G L，Chronis N，et al. Tunable microdoublet lens array. Opt Expres，2004，12：2494.

[63] Stevens M M，George J H. Exploring and engineering the cell surface interface. Science，2005，310：1135.

[64] Mayer G. Rigid biological systems as models for synthetic composites. Science, 2005, 310: 1144.
[65] Dorozhkin S V, Epple M. Biological and medical significance of calcium phosphates. Angew Chem Int Ed, 2002, 41: 3130.
[66] Sarikaya M, Fong H, Sunderland N, et al. Biomimetic model of a sponge-spicular optical fiber-mechanical properties and structure. J Mater Res, 2001, 16: 1420.
[67] Ball P. Engineering shark skin and other solutions. Nature, 1999, 400: 507.
[68] Autumn K, Liang Y A, Hsieh S T, et al. Adhesive force of a single gecko foot-hair. Nature, 2000, 405: 681.
[69] Autumn K, Peattie A M. Mechanisms of adhesion in geckos. Integr Comp Biol, 2002, 42: 1081.
[70] Kesel A B, Martin A, Seidl T. Getting a grip on spider attachment: An AFM approach to microstructure adhesion in arthropods. Smart Mater Struct, 2004, 13: 512.
[71] Eisner T, Aneshansley D J. Defense by foot adhesion in a beetle (Hemisphaerota cyanea). PNAS, 2000, 97: 6568.
[72] Sarikaya M. Biomimetics: Materials fabrication through biology. PNAS, 1999, 96: 14183.
[73] Mayer G, Sarikaya M. Rigid biological composite materials: Structural examples for biomimetic design. Exp Mech, 2002, 42: 395.
[74] Naik R R, Stringer S J, Agarwal G, et al. Biomimetic synthesis and patterning of silver nanoparticles. Nat Mater, 2002, 1: 169.
[75] Naik R R, Brott L L, Rodriguez F, et al. Bio-inspired approaches and biologically derived materials for coatings. Prog Org Coatings, 2003, 47: 249.
[76] Aizenberg J, Muller D A, Grazul J L, et al. Direct fabrication of large micropatterned single crystals. Science, 2003, 299: 1205.
[77] Braga D. From amorphous to crystalline by design: Bio-inspired fabrication of large micropatterned single crystals. Angew Chem Int Ed, 2003, 42: 5546.
[78] Hou X, Guo W, Jiang L. Biomimetic smart nanopores and nanochannels. Chem Soc Rev, 2011, 40: 2385.
[79] 郭维，江雷. 基于仿生智能纳米孔道的先进能源转换体系. 中国科学，2011，41：1257.
[80] Wen L P, Hou X, Tian Y, et al. Bioinspired smart gating of nanochannels toward photoelectric-conversion systems. Adv Mater, 2010, 22: 1021.
[81] Nocera, D G. The artificial leaf. Acc Chem Res, 2012, 45: 767.

第 2 章　仿生智能纳米孔道

2.1　概　述

2.1.1　生物孔道与仿生原理

自然界的生物体中存在着各种各样的纳米孔道，它们在细胞的物质交换、信号传递、能量转换以及系统功能调控等基本分子生物学过程中发挥着重要的作用，如图 2.1 所示[1,2]。天然的生物纳米孔道由膜蛋白质分子或蛋白复合物组成，其孔道内半径大约在几纳米以内。很多膜蛋白孔道具有可开关的功能，它们在细胞中构成了系统生物学回路的关键控制节点，好比二极管和三极管在微电子集成电路中的核心作用。

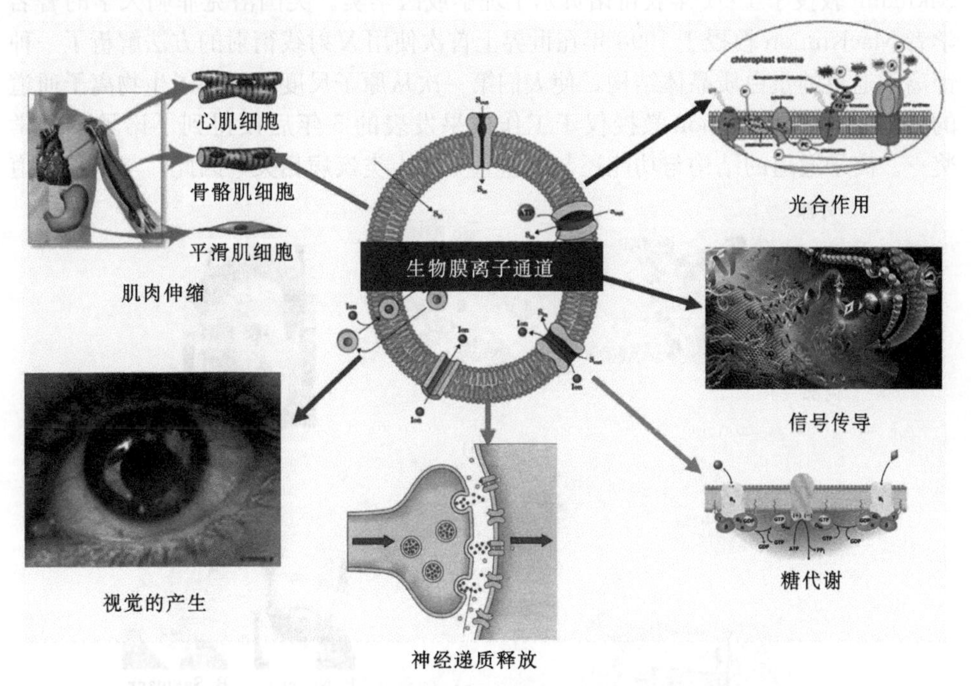

图 2.1　生物膜离子通道参与诸多生命过程。例如，肌肉伸缩(Ca^{2+} 通道)、视觉的产生(质子通道)、神经递质释放(乙酰胆碱受体)、糖代谢过程(Na^+/K^+-ATP 泵)、细胞信号传导(K^+ 通道)以及光合作用(质子通道)等。

细胞膜上存在着的一些跨膜蛋白，在这些蛋白质的中央有供某些离子穿过的孔道[3]，这就是离子通道。离子通道由细胞产生的特殊蛋白质构成，它们聚集起来并镶嵌在细胞膜上，中间形成水分子占据的孔隙，这些孔隙就是水溶性物质快速进出细胞的通道。不同通道的结构和化学组成的对称与非对称特性是实现各种生理过程的重要基础。离子通道的活性是指细胞通过离子通道的开启和关闭来调节相应物质进出细胞速度的能力，对实现细胞各种功能具有重要意义。细胞所处的环境因素(水分、化学分子、温度、光)时刻发生着变化，它必须“学会”如何区分外场刺激的种类、强度、持续时间等，并作出相应的响应，才能在复杂多变的环境中生存，细胞膜上离子通道的多样性及其调控机制的复杂性为细胞应对这些变化奠定了物质基础。

关于细胞膜离子通道的研究，近一个世纪以来，一直是来自生命科学、化学、物理学等多学科学者研究的焦点。如图 2.2 所示，应用膜片钳(patch-clamp)技术，研究者可以对细胞膜上单个离子通道的活性进行电生理记录，并且有效地消除了由细胞膜产生的电噪声[4]。它的发明人德国的 Neher 和 Sakmann 教授于 1991 年获得诺贝尔生理学或医学奖。美国洛克菲勒大学的著名学者 MacKinnon 教授于 1998 年在世界上首次使用 X 射线衍射的方法解析了一种钾离子通道的蛋白质晶体结构，使人们第一次从原子尺度上认识了生物离子通道的结构[5,6]。MacKinnon 教授仅于工作成果发表的 5 年后便得到了诺贝尔化学奖[7]。离子通道的结构与功能还与一些重大的人类疾病相关，因此，与离子通道

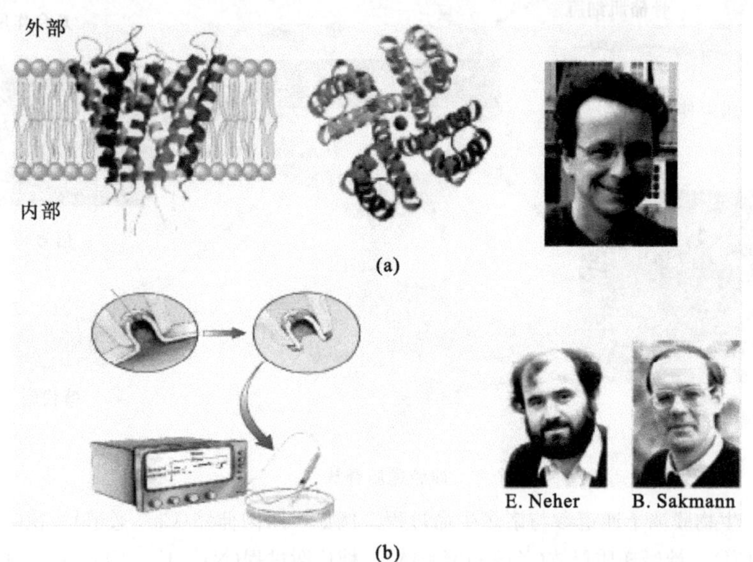

图 2.2 世界上第一个钾离子通道蛋白质晶体结构和其发现者 MacKinnon 教授(a)以及膜片钳技术和其发明人 E. Neher 和 B. Sakmann 教授(b)[9]。

相关的一些问题正在受到医学等相关领域的高度关注[8]。

组成生物孔道的蛋白质在特定的状态下形成对称或者非对称的空间构型。其中的一些构型允许孔道通过某些特定的分子或者离子，而另一些构型则限制通过。不同状态下构型的改变称为“门控”，具有纳米门控功能的合成材料在未来科学发展中具有巨大的应用价值。然而，蛋白质类孔道结构只能在脂质膜中发挥作用，很难满足应用的需求。

受到生命体系中蛋白质孔道结构与功能的启发，基于固体材料的各种纳米孔道结构和纳流体器件的研究逐渐成为来自物理、化学、纳米、材料、机械工程等多学科研究人员所关注的焦点[10-12]。在人工制备的纳米孔道结构中，科研人员可以通过微纳制造及各种物理化学手段，在纳米尺度上调控孔道壁与所输运物质间的各种相互作用，包括空间位阻、静电相互作用、范德华相互作用以及氢键网络等，从而实现对所输运物质的智能调控[13,14]。例如，美国佛罗里达大学Martin 研究小组 2004 年在 *Science* 上发表了他们基于纳米核孔膜开展的DNA 分子检测研究，结果显示应用该方法可分辨出单个碱基的差异[15]。波兰学者 Siwy 等利用圆锥形的单个纳米核孔开展了核酸和蛋白质分子的检测研究，研究结果显示了纳米孔道在核酸和蛋白质分子检测方面的巨大潜力，具有非常好的应用前景[16]。近年来，科学家还在研究纳米孔道对电解质离子的输运过程中发现了具有单向导通的离子整流特性(ion rectification)和离子选择性(ion selectivity)[17,18]。特别是近年来，在基于离子径迹刻蚀方法制备的高分子纳米孔道中，由于这种固体纳米孔道同时具有非对称的几何结构和表面电荷，因而其 *I-V* 特性显示出了与电压门控离子通道的电生理记录信号非常相似的离子单向导通的整流特性，如图2.3 所示。因此这种具有非对称结构的合成纳米孔道也被用来模拟生物膜孔道中的离子迁移行为[19-21]。作者课题组近年来采用功能分子对固体纳米孔道进行化学修饰，构筑了具有 pH、温度、金属离子以及多重复杂响应特性的智能纳米孔道[22-28]。这种新型的仿生离子通道体系弥补了蛋白质离子通道的不足，可以很容易地与其他微纳米器件结合，组成更为复杂和多功能化的复合型纳米器件。这不仅为新一代仿生智能纳米器件的设计和制备提供了一种新的方法和思路，同时也为设计用于生物分子筛选和淡水过滤的选择性滤膜提供了重要的参考依据。Siwy[29]和荷兰学者 Dekker[10]在各自综述文章中指出这种纳米尺度上的仿生孔道结构对了解微观物质输运基本规律，设计新颖的生物分子探测和能量转换器件都有十分重要的意义。

2.1.2　仿生固体纳米孔道

纳米技术的蓬勃发展为当前生命科学研究水平的进步提供了崭新、可靠、高效的研究手段和平台，由此应运而生的纳米生物技术作为当前多学科交叉的前沿

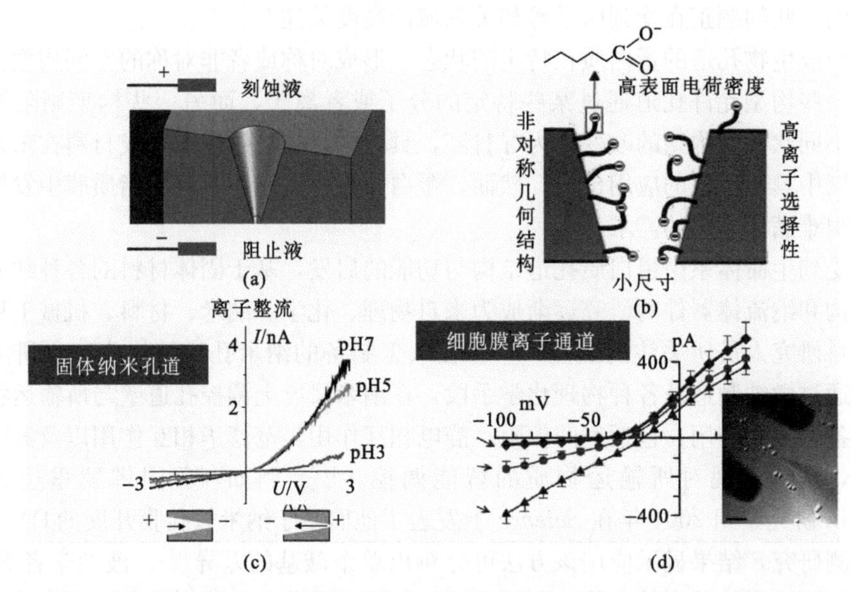

图 2.3　科学家在研究人工合成的固体纳米孔道对电解质离子的输运特性中发现了类似细胞膜离子通道的单向导通的离子整流特性和离子选择性。(a) 基于离子径迹刻蚀方法制备的高分子纳米孔道；(b) 由于这种固体纳米孔道同时具有非对称的几何结构和表面电荷，因而其 I-V 特性(c)显示出了与细胞膜离子通道的电生理记录信号(d)类似的离子整流效应。

领域，以先进的纳米制造技术为手段和平台，瞄准和服务于生命科学最前沿问题，并且已经被美、日、德等国家列入其国家重点发展领域。中国国家“十五规划”、“863 计划”、“973 计划”和自然科学基金均设立了纳米生物技术主题和重大项目。如何快速、准确、可靠、方便地获得有用的生物信息和数据，揭开生命结构和生物体系复杂性的面纱，是当今生命科学研究领域中的一个亟待解决的重要问题。由于纳米孔道在几何尺寸上与生物分子相当，利用纳米孔道作为生物传感器和传感器载体在分子水平上对组成和调控生命体系结构和运行的离子，生物分子和小分子，如 K^+、Ca^{2+}、蛋白质、核酸等，进行检测和分离，甚至在合成的纳米孔道体系内模拟某些生物体系的结构和功能，都逐渐成为来自生命科学、化学以及物理学等领域科学家的兴趣所在和研究热点[19]。

虽然由膜蛋白组成的离子通道在生命过程中发挥着重要的作用，但这种膜蛋白类纳米孔道的功能只能在脂质膜中发挥作用，而纳米器件系统又很难建立在脂质膜环境中，所以它们很难满足应用的要求[11,30,31]。利用纳米技术、分子生物学、界面化学、统计物理等综合方法研究和发展仿生纳米孔道体系，将发展出一类具有重要基础研究价值和应用前景的人工合成的纳米孔道。

最初，纳米孔道技术是1996年由哈佛大学等作为下一代超高速核酸测序技术而提出的(图2.4)[19,32]。其基本原理是基于待检测的生物分子在尺寸上与纳米孔道有着很高的近似性，在分子穿越纳米孔道时，会对纳米孔道的电导产生很大影响，科学家希望通过监测穿孔电流的阻塞来读出核酸分子的碱基序列。当时的核酸分子测序使用的是α溶血素的蛋白质孔道。虽然蛋白质孔道在单分子探测方面显示出优异的性能，但其结构不稳定，不能批量生产，而且能够通过的生物大分子种类非常有限，这些原因都大大限制了它的应用范围。为了加快这项技术的发展及推广应用，迫切需要制备出结构稳定、重复性好、大小可调的固体纳米孔道。

图2.4　下一代超高速核酸测序技术DNA分子穿越纳米孔[19]

由于生物孔道稳定性限制，人工纳米孔道材料的设计和开发越来越受到人们的广泛关注。与生物材料相比，人工纳米孔道材料不仅具有稳定的物理性质，而且具有形状和表面化学组成的可控性，这样就为设计和开发智能纳米孔道系统提供了很好的研究平台[33]。近几年，人工制备纳米孔道的研究发展非常快，目前常用的几种用于制备固体纳米孔道的方法有：①使用阳极氧化的方法制备氧化铝多孔模版[34,35]；②使用离子束雕刻法、电子束收缩法制备硅材料上的纳米孔道[11,36]；③使用化学刻蚀重离子核径迹的方法制备高分子薄膜上的纳米孔道[17,37,38]。这样一些固体纳米孔道不仅在核酸分子测序的研究上接近了蛋白质孔道的水平，而且提供了比α溶血素孔道更强的稳定性和适用范围，在生物传感器、分子过滤器和单分子检测器件等领域具有很丰富的应用前景（图2.5）[16,39-43]。

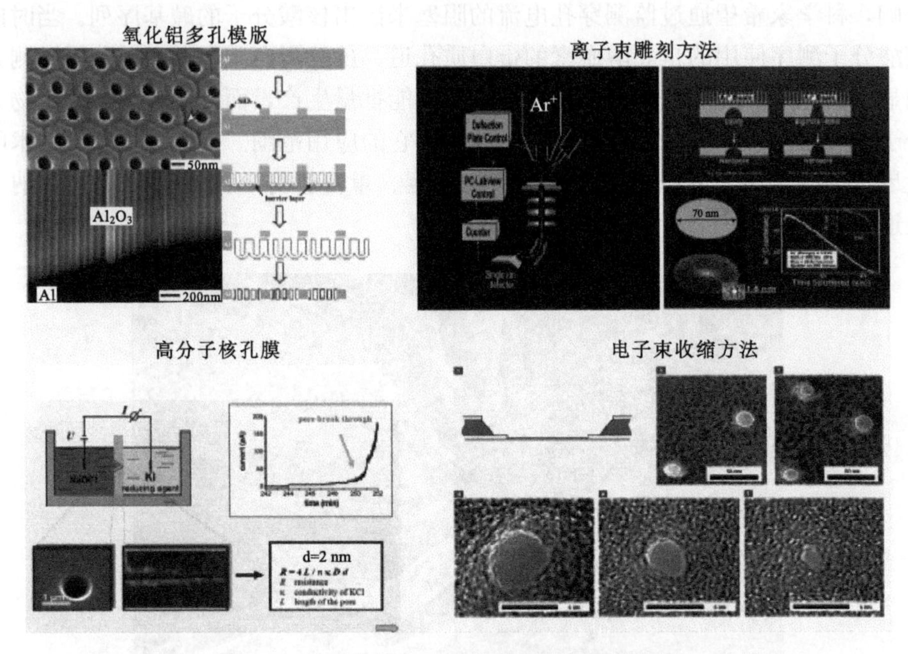

图2.5　世界上目前常用的制备纳米孔道的方法

纳米孔道按材料来分包括生物材料、无机材料、有机材料和复合材料[2]。其中生物材料[32,44,45]，由于脂质膜的稳定性，受到一定的应用限制。无机材料，如氮化硅材料制备的单纳米孔薄膜，在DNA测序领域受到了广泛的关注[46]。有机材料，如高分子薄膜聚对苯二甲酸乙二醇酯（PET）和聚酰亚胺（PI）等[47]能通过重离子轰击加径迹化学刻蚀的方法制备出不同形状的纳米孔道材料。复合材料是基于生物材料、无机材料和有机材料的结合，利用其各自的优势来构筑高级纳米孔道系统[48-50]。

2.1.3　响应性纳米孔道

目前，仿生智能（响应性）纳米孔道的设计主要有两种方法（图2.6）[2]。这两种方法都是首先根据特定的要求，选择不同的材料，在选择好材料以后，再根据纳米孔道不同的形状和结构要求来选择不同的制备方法。对于各种纳米孔道材料的制备方法，Gyurcsanyi[51]、Matile[44,52]、Dekker[10]和Martin[53]等都做过较为全面的文献综述。

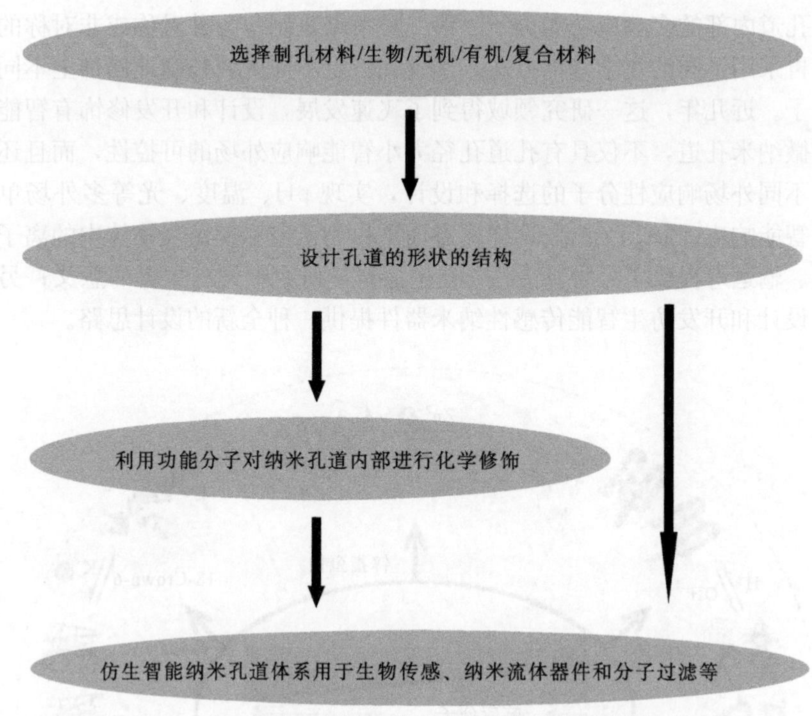

图 2.6　仿生智能(响应性)纳米孔道材料的设计和制备过程

纳米孔道智能化设计有两个关键因素：一方面是其孔道形状的控制；另一方面是如何改变孔道内表面化学组成[54]。一旦纳米孔道被制备好，不容易再在大尺度范围内改变其形状，所以目前有关智能孔道主要的研究工作是关注于纳米孔道内表面的功能化来实现仿生智能纳米通道的开发。

目前国际上已广泛开展了人工纳米孔道的制备及其应用的探索性研究。例如，哈佛大学利用离子束刻蚀的方法加工了具有最小直径为 2nm 的固体纳米孔，并用于 DNA 分子的检测[55]。波兰和德国科学家研究了非对称的人工固体纳米孔道的离子输运性质，发现类似于半导体二极管的整流效应[56]。荷兰和我国科学家分别设计和开发了用于能量转换的纳米流体装置[31,57-59]。尽管国际学术界在纳米孔道加工及其相关应用等方向已经取得了多方面的成果[19,50]，但对仿生纳米孔道材料的智能化的研究仍处于起步阶段。

目前，简单响应性纳米孔道的研究飞速发展，但是如何设计和开发更加复杂、更加智能的纳米孔道材料仍是一个具有挑战性的工作。其中如何实现多响应性就是纳米孔道智能化中的一个重要发展方向。其中纳米孔道的化学性质和形状是控制离子在孔道内输运性质的两个关键因素。根据这两个关键因素，有两种策略来实现设计和制备多响应性纳米孔道材料[2]。第一种策略是关注于设计和合成修饰在孔道内部的多响应功能分子。第二种策略是制备各种对称或非对称的纳米孔道，再采用不同的化学修饰方法，实现在特定不同区域精确地修饰上不同的功能化分子。近几年，这一研究领域得到了飞速发展，设计和开发修饰有智能传感的仿生微纳米孔道，不仅具有孔道孔径大小智能响应外场的可控性，而且还可能通过对不同外场响应性分子的选择和设计，实现 pH、温度、光等多外场单一或协同的智能响应(图 2.7)[60]。这样一方面不仅为研究和模仿生物体中的离子通道的开关、输运等提供了一种新方法，在生命科学研究中具有重要的意义；另一方面，为设计和开发仿生智能传感性纳米器件提供一种全新的设计思路。

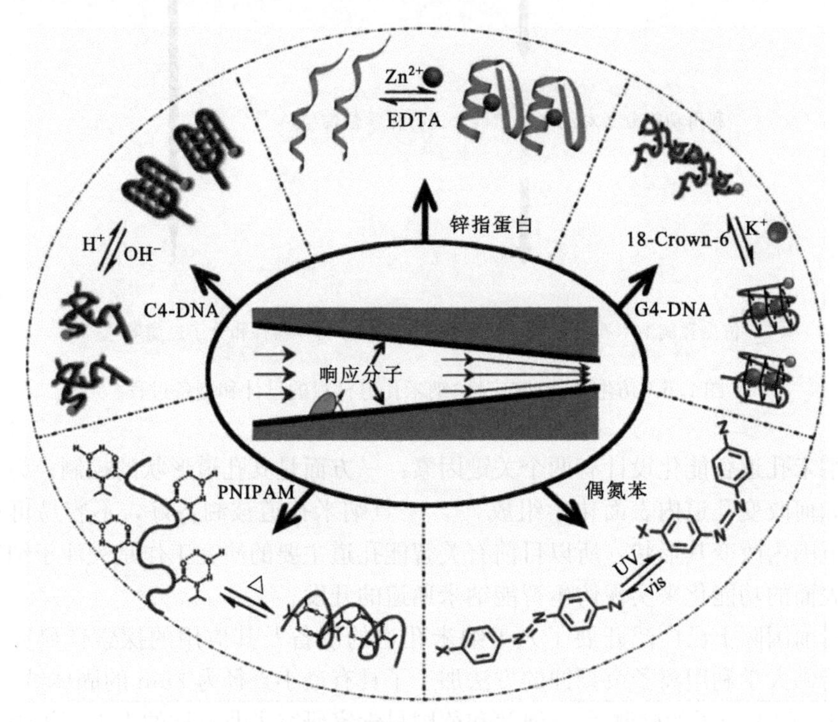

图 2.7　智能微纳米通道系统示意图

2.1.4　智能纳米孔道及其功能化

目前，智能纳米通道在生物传感、纳流体装置等方向都有潜在的应用前景。其中基于纳米通道的生物传感器具有它独特的优势，目前得到了迅速的发展。例如，单纳米孔道的 DNA 测序[16]；对小分子[61]及生物分子如特殊蛋白质或氨基酸的检测[62]；限域空间内分子构型转变的研究[63]。基于纳米通道在纳流体装置内的开发，Dekker 和王宇钢课题组报道了压力驱动发电的纳米孔道流体装置[31,57]。我们受到电鳗发电的启发，通过浓度梯度的驱动发电机制设计了能量收集单纳米通道装置[64]。最近，受到生物中光电转换的启发，我们利用制备的仿生响应性多纳米通道构建了人工光电转化系统[58]。

学习自然，构筑受生物启发的仿生智能人工纳米孔道面临着许多挑战：如何提高通道的稳定性和均一性，如何开发更多不同外场响应(如光、磁、声波等)的纳米孔道系统，如何设计多响应性系统，实现对称或非对称响应性的调控。作者课题组提出利用受生物启发的概念来指导设计和制备新型纳米孔道。一方面，通过制备不同形貌的纳米孔道，并采用不同化学修饰方法来实现对称或非对称纳米尺度的功能化；另一方面，通过设计更加复杂的功能分子实现更加精确的孔道响应性控制。我们相信，仿生智能纳米孔道的飞速发展将为模仿生命体中离子输运的过程提供很好的体外平台。仿生纳米孔道系统不仅可以用来研究生物分子的化学性质和结构，而且可以提供一种潜在而方便的方法来实现限域空间生物分子的构型检测。同时，也为纳流装置的研究，如能源收集和转换的器件开发，带来了巨大的潜在应用价值。

综上所述，利用纳米孔道实现功能化的核心平台是仿生智能纳米通道，它源于对细胞膜离子通道功能的仿生研究。最初，科学家构筑了在脂双层上重构的蛋白质孔道，进而又发展了基于固体材料的非智能纳米孔道以及智能纳米孔道，如图 2.8 所示。在这三个阶段的发展过程中，人们不仅积累了丰富的关于制孔材料

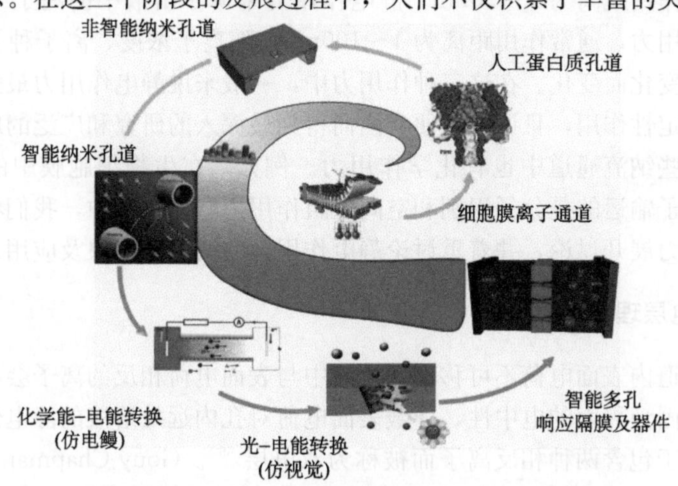

图 2.8　仿生智能纳米通道及其功能化器件体系发展路线图。仿生智能纳米通道的理念起源于对细胞膜离子通道的仿生研究，人们先后发展了人工蛋白质通道体系、非智能固体纳米孔道以及智能化的固体纳米孔道。因为细胞膜离子通道与生命体系中诸多与能量转换相关的生理过程密切相关，从功能仿生的角度出发，仿生智能纳米通道也被用于能源转换材料和器件的研究和开发。从单纳米孔道逐步发展成为多孔道薄膜，最终到原型器件。

和制孔方法的经验，而且对于纳米尺度上电解质流体输运的特殊性质有了更深层次的认识。正是基于以上这两点，将仿生智能纳米孔道用于分子检测、能源转换和纳流体功能器件的研究才有了稳固可靠的支撑平台。目前，基于单纳米孔道的关于能源转换机理的研究工作已经逐步开展起来，并逐渐深化。智能孔道仿生能源转换体系正在向着多孔智能隔膜和原型器件的方向发展。

2.2 纳米孔道离子输运特性基本理论

纳流体的研究范围是纳米尺度的流体输运性质，特别是离子输运性质。在此尺度上，纳流通道(或称为纳米孔)具有高比表面积，表面电荷、浸润性和分子性质成为输运性质中的主导因素，因而导致许多在宏观流体和微流体中无法观察到的新物理现象，如离子整流等。

纳流体中的主要作用力包括空间位阻/水合作用力、范德华作用力和静电作用力[65]。其中空间位阻/水合作用力的作用距离为1～2nm。离子周围一般有一圈水分子包围，形成水合离子。将两个离子拉拢到一起需要将它们之间的氢键网络打破。因此，水合作用力通常是斥力。范德华作用力来源于分子电偶极矩之间的作用力，作用距离为1～50nm。静电作用力来源于溶液中的离子与孔道表面电荷间的作用力，通常作用距离为1～100nm，随离子浓度、离子种类、孔道表面电荷等的变化而变化。在这三种作用力中，一般来说静电作用力最强，在输运性质中起决定性作用，且调控方便，因而得到最深入的研究和广泛的应用。除此之外，在某些纳流通道中也有化学作用力。例如，在生物细胞膜中的离子通道中，调控离子输运的是分子识别和空间位阻作用力。在本节中，我们将主要围绕前三种作用力展开讨论，并着重讨论静电作用力的机理、现象及应用。

2.2.1 双电层理论

由于孔道内表面电荷不可移动，溶液中与表面电荷相反的离子会吸附在孔道表面以维持固液界面的电中性，屏蔽表面电荷对孔内远处溶液的静电作用。整个屏蔽区域由于包含两种相反离子而被称为双电层[66]。Gouy-Chapman-Stern 模型是描述双电层的经典模型，如图 2.9 中简化的示意图所示。

从孔道表面向溶液中开始，第一层是内 Helmoltz 层(inner Helmholtz layer)，包含特异性吸附的非水合同离子和反离子，紧密吸附在孔道表面。第二层是 Stern 层(Stern layer)，包含水合和部分水合的反离子。这两层中的离子均紧密束缚在孔道表面，不可移动。最外层是扩散层(diffuse layer)，包含可移动的、水合的同离子和反离子。由于第一层和第二层的离子均不可移动，可以一并研究，因此有时也统称为 Stern 层。在扩散层中，电势随距离成指数下降或增

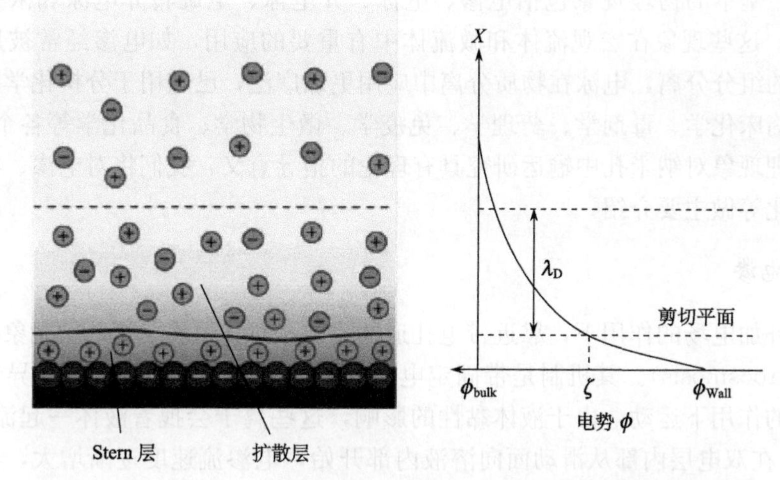

图 2.9　Gouy-Chapman-Stern 双电层模型及其电势分布的简化示意图[65]

长，直到达到体相溶液中的数值。在这一层中，同性离子被排斥而异性离子被吸引。整个层的厚度称为德拜长度，计算公式是 $\lambda_D=\sqrt{\varepsilon\varepsilon_0 k_B T/2n_{bulk}z^2e^2}$，其中 ε 是水的介电常数，ε_0 是真空介电常数，k_B 是玻耳兹曼常量，T 是热力学温度，n_{bulk} 是体相溶液的浓度，z 是离子的价数，e 是电子电量。可以看出，溶液浓度越高，德拜长度越短，一般为 1～100nm。一般纳米孔通道中最小横截面尺寸与德拜长度相当或比它更小，在此截面处会发生异性离子富集、同性离子排空的现象。利用此现象可以实现离子的选择性输运，制备纳流体二极管、场效应管等纳流器件。

扩散层和 Stern 层的界面称为滑动面，是可移动离子和不可移动离子的分界面。此面上的电势称为 Zeta 电势(或 Zeta 电位，Zeta potential)。Zeta 电位表征双电层带电程度，可以通过电泳等方法测定。通常 Zeta 电位主要随溶液 pH 的变化而变化，因为氢离子和氢氧根离子是决定表面带电量的主要离子。在某一 pH 下，Zeta 电位为零，此 pH 称为等电点(iso-electric point)。

需要指出的是，Gouy-Chapman-Stern 模型仍然存在一些缺陷，这些缺陷包括：将离子当做点电荷处理，认为扩散层中只有静电相互作用，将离子扩散常数和流体黏度当做不变量。但是在一般的纳流体计算中，这些缺陷并不会带来严重的误差，因此我们仍然可以使用。

2.2.2　纳米孔中的电动效应

在纳米孔两端施加外电场，溶液中离子会受到电场作用而运动，其运动方式随溶液离子之间、外电场与离子之间和离子与孔内表面电荷之间作用力不同而丰富多彩。基本的物理现象包括电渗、电泳、介电泳、电旋转介电泳和浓差极化等[67,68]。这些现象在宏观流体和微流体中有重要的应用，如电渗经常被用于混合溶液的组分分离，电泳在物质分离中应用更加广泛，已应用于分析化学、生物化学、临床化学、毒剂学、药理学、免疫学、微生物学、食品化学等各个领域。上述物理现象对纳米孔中输运研究具有理论的指导意义，我们将对电渗、电泳和浓差极化等做主要介绍。

1. 电渗

在外加电场的作用下，靠近带电孔道的流体相对孔道表面运动的现象称为电渗(electroosmosis)。其机制是带固定电荷的表面吸引异性离子，这些异性离子在电场的作用下运动，由于液体黏性的影响，这些离子会拽着液体一起流动(图2.10)。在双电层内部从滑动面向溶液内部开始，电渗流速度逐渐增大，最终达到定值。如果双电层厚度相对整个孔道来说很小，电渗流可以看做是柱塞流，等速面是一个平面，相对于压力驱动的流体来说对流不明显，另外，电渗流速度与孔径无关，而在压力驱动的流体中流速与孔径平方成反比。由于这些优点，电渗流在化学物质分离和微流体领域中得到了广泛的应用。但是在纳流体中，双电层厚度与孔径大小相当，因而电渗流受到限制，速度并不均一，应用比较有限。在双电层厚度相对较小的情况下，Smoluchowski 等计算了电渗流的最大速度的公式：

$$\nu_{eo} = -\frac{\varepsilon_0 \varepsilon_r \zeta E_x}{\eta} \tag{2.1}$$

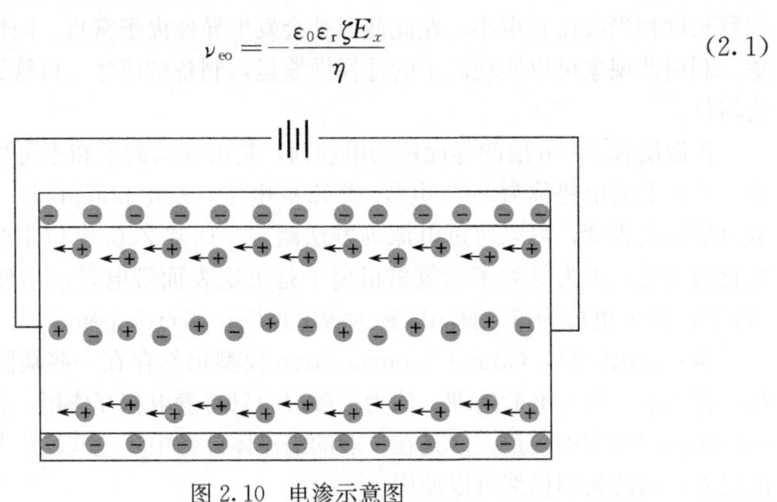

图 2.10 电渗示意图

式中，ζ 是 Zeta 电位；η 是流体的动态黏度，E_x 是 x 方向(平行于孔道表面)的电场强度。电渗迁移率的公式是

$$\mu_{eo}=\frac{\varepsilon_0\varepsilon_r\zeta}{\eta} \tag{2.2}$$

当双电层厚度较大时，电渗流的速度随孔道内的电势分布而变化，

$$\nu_{eo}=-\frac{\varepsilon_0\varepsilon_r\zeta E_x}{\eta}\left(1-\frac{\Psi(z)}{\zeta}\right) \tag{2.3}$$

式中，$\Psi(z)$是垂直于孔道表面向孔道内部的 z 方向的电势。

2. 电泳

在外加电场的作用下，溶液中的离子运动的现象称为电泳(electrophoresis)。值得注意的是，在电泳过程中只考虑离子的运动而不考虑流体的运动，流体被认为是固定的。根据上述双电层理论，带电粒子会被一层带同样大小电量的反离子包围，从而屏蔽离子的电荷，对外部表现为电中性。在电场作用下，带电粒子(为方便讨论，这里假设为正电)向电场方向运动，而双电层扩散层中的反离子向相反方向运动，同时粒子受到流体的黏滞阻力，在稳态流体中，这三种力维持平衡，离子在流体中运动而流体整体保持静止。上面提到电渗在纳流体中受到抑制，因此电泳是纳流体中的主要电动现象。

从上述讨论中，我们知道电泳与双电层密切相关。根据双电层厚度与分子尺寸的相对大小，我们可以将双电层分为薄双电层(thin double layer)和厚双电层(thick double layer)。在薄双电层中，双电层厚度与分子大小可以比拟，此时的电泳现象可以看做是电渗现象的反现象，即流体保持静止而带电表面相对流体运动。Smoluchowski 等得到电泳迁移率是

$$\mu_{eo}=\frac{\varepsilon_0\varepsilon_r\zeta}{\eta} \tag{2.4}$$

此公式中并没有考虑德拜长度的影响，在微流体和宏观流体中通常是适用的，但是在纳流体中并不适用。胡克(Huckel)等计算了厚双电层的电泳迁移率[69]：

$$\mu_{eo}=\frac{2\varepsilon_0\varepsilon_r\zeta}{3\eta} \tag{2.5}$$

需要注意的是，实际情况往往比上述理论复杂得多，在电泳中，由于异性离子向相反方向运动，会产生极化电场而抑制或增强电泳。另外，离子在运动过程中会对周围电场产生影响。

3. 泳动电势

泳动电势(streaming potential)是由压力驱动流体运动而产生的电势。在流体流动的过程中，双电层中的反离子随流体运动，产生电流，称为泳动电流

(streaming current)。同时由于反离子在一端富集，从而产生电势，此电势的电场与外加电场相反，引起离子沿流体运动的反方向运动，形成反向电流。当反向电流与泳动电流大小相等时达到平衡。此过程所导致的孔道两端的电位差称为泳动电势。在毛细管中，泳动电势与 Zeta 电位相关，可以用于测量 Zeta 电位：

$$U_{str}=\frac{\varepsilon_0\varepsilon_r\zeta}{\eta K_L}\Delta p \tag{2.6}$$

式中，K_L是体相流体的特征电导率，S/m；Δp 是压力梯度。泳动电流的大小可根据泳动电势大小推算得到。

4. 电滞效应

电滞效应(electroviscosity)表征的是带电粒子对流体黏度的影响。由于泳动电势的存在，流体的流动受到阻碍，泳动电势通过电渗效应产生与流体流动方向相反的作用力，相当于流体的黏滞阻力增大，因此这种现象称为电滞效应或电黏效应。当电场较强时，邻近带电粒子的电场会影响粒子周围的流体结构，从而影响流体的黏度，这种现象称为黏电效应。黏电效应引起的黏度增加量与电场强度的平方成正比。

5. 浓差极化

在双电层理论中，我们提到，如果双电层厚度与纳米孔尺寸相当，与孔内表面电荷同性的离子容易进入孔道，而异性离子会被排出。这种现象称为排出-富集效应(exclusion-enrichment effect，EEE)，并会导致浓差极化(concentration polarization)[67]。假设一个带负电的表面，在离子强度很高时，双电层相对于孔径很小，离子通过的流量与孔的横截面积成正比。而在离子强度较低，双电层扩大时，负离子可以通过的有效横截面积(S_{eff})减小，流量较小，而正离子由于表面电荷的吸引发生富集效应，流量增大，从而使得孔道具有选择透过性(permselectivity)。

为了更好地描述排出-富集效应，我们定义排出富集参数 β：

$$\beta=\frac{c_{eff}(x)}{c^*(x)}=\frac{P_{eff}}{P^*} \tag{2.7}$$

式中，c_{eff}表示离子的在纳米孔带电荷时的有效浓度；c^* 表示离子在纳米孔不带电荷时的浓度；P 表示透过度(permeability)。

对于双电层重叠的情况，孔内的电势分布为

$$\Psi(z)=\frac{\zeta\cosh((h/2-z)/\lambda_D)}{\cosh(h/2\lambda_D)} \tag{2.8}$$

式中，h 是孔径尺寸。由此可以计算出排出-富集参数为

$$\beta=\frac{1}{h}\int_{0}^{h}\exp\left(\frac{-q\zeta}{k_{\mathrm{B}}T}\frac{\cosh((h/2-z)/\lambda_{\mathrm{D}})}{\cosh(h/2\lambda_{\mathrm{D}})}\right)\mathrm{d}z \tag{2.9}$$

式(2.9)显示，对于排出-富集效应有影响的不止是双电层厚度(或德拜长度)和纳米孔孔径的大小 h，离子电量 q 和孔道表面的 Zeta 电位也对此效应有重要的影响(图 2.11)。

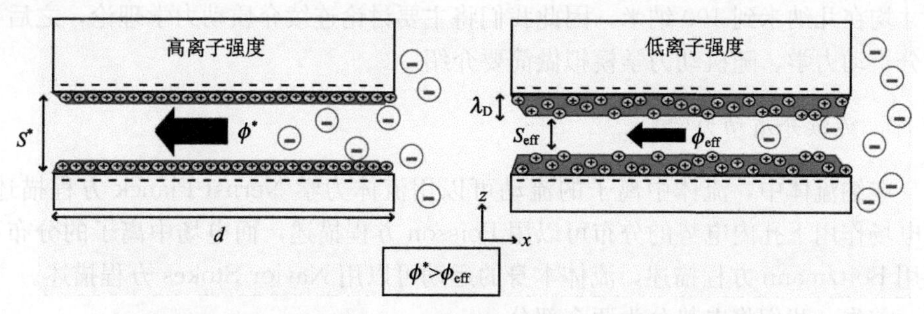

图 2.11　带电纳米孔的排出-富集效应。在高离子强度下，双电层薄，则离子受到较弱的排出-富集效应，反之受到较强的排出-富集效应[67]。

同样对于一个带负电的纳米孔，由于排出-富集效应，阳离子在孔内的扩散速度大于体相中的扩散速度，阳离子从正极流向负极，因此靠近正极的孔道表面附近阳离子排空，而在靠近负极的表面附近富集，为了维持孔道两端表面附近的电中性，负离子也分别在负极一端富集而在正极一端排空，于是造成两端浓度不同，此现象称为浓差极化(图 2.12)[70]。浓差极化在纳米孔应用中一般是一种不受欢迎的现象，因为它可能导致孔道堵塞，提高一端离子浓度降低德拜厚度从而降低孔道的离子选择性，但是在某些领域如化学分析中也被加以利用。

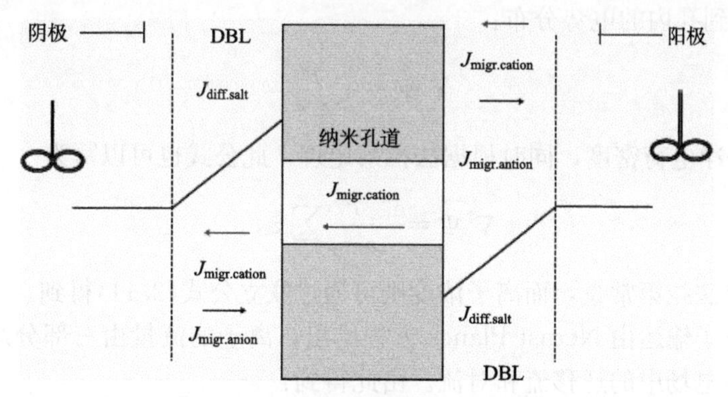

图 2.12　排出-富集效应导致的浓差极化示意图。其中 $J_{\mathrm{migr,cation}}$ 表示阳离子迁移流，$J_{\mathrm{migr,anion}}$ 表示阴离子迁移流，$J_{\mathrm{diff,salt}}$ 表示总流量，DBL 表示扩散边界层(diffusion boundary layer)[67]。

2.2.3 纳米孔中的电动理论

纳米孔中的流体一般仍然可以看做是连续介质，因而可以用流体力学结合电动力学模拟。但是在孔径尺寸小于 5nm 时，连续介质假设不再适应，需要用到分子动力学和随机动力学，甚至量子力学。一般我们用于制备纳流器件的纳米孔尺寸均在几纳米到 100 纳米，因此我们将主要讨论连续介质动力学理论，之后再对分子动力学、随机动力学模拟做简要介绍。

1. 连续介质动力学

在纳流体中，流体中离子的流动可以用流体力学 Nernst-Planck 方程描述，在电场作用下孔内电势的分布可以用 Poisson 方程描述，而电场中离子的分布可以用 Boltzmann 方程描述，流体本身的运动可以用 Navior-Stokes 方程描述。

首先，我们将电势分为两个部分：

$$\Phi=\Psi(x,z)+\varphi(x) \tag{2.10}$$

式中，Ψ 是由孔道表面电荷产生的电势；φ 是泳动电势对总电势的贡献；x 是沿孔道纵向的方向，z 是垂直于孔道表面平行于孔道横截面的方向。由于一般来说孔道的 z 方向比 x 方向尺寸要小得多，因此我们可以假设在 z 方向的电势梯度远大于 x 方向的电势梯度，并且在 z 方向的离子浓度分布符合 Boltzmann 分布[71]：

$$c_{\pm}=z_{\mp}c^{*}\exp\left(\mp\frac{z_{\pm}e\Psi}{k_{\mathrm{B}}T}\right) \tag{2.11}$$

式中，z 是离子的价数；c^{*} 是流体的体相浓度。在此假设下，我们可以根据 Poison 方程得到孔内的电势分布：

$$\nabla^{2}\Psi=-\frac{\rho_{\mathrm{e}}}{\varepsilon_{0}\varepsilon_{\mathrm{r}}} \tag{2.12}$$

式中，ρ_{e}是净电荷密度，同时根据法拉第定理，此公式也可以写为

$$\nabla^{2}\Psi=-\frac{F}{\varepsilon_{0}\varepsilon_{\mathrm{r}}}\sum z_{i}c_{i} \tag{2.13}$$

式中，F 是法拉第常量，而离子浓度则可通过联立公式(2.11)得到。

孔内离子输运由 Nernst-Planck 方程给出，离子的流量由三部分组成：扩散流、分子在电场中的迁移流和对流。由此得到：

$$J_{i}=-D_{i}\nabla c_{i}-\frac{z_{i}F}{RT}D_{i}c_{i}\nabla\Phi\pm v_{\mathrm{c}}c_{i} \tag{2.14}$$

式中，D_{i}是 i 离子的扩散系数；v_{c}是对流速度场。由于质量守恒，我们有

$$\nabla \cdot J = 0 \tag{2.15}$$

孔内流体整体的输运性质则由简化的 Navier-Stokes 方程给出：

$$\begin{aligned} &\nabla \cdot v_c = 0 \\ &-\nabla p - F \sum z_i c_i \nabla \Phi + \eta \nabla^2 v_c = 0 \end{aligned} \tag{2.16}$$

第一个方程是连续性方程，第二个方程称为动量方程。需要指出的是，这里假设了流体是定常流动，即每一点的密度不随时间变化。另外假设了流体是牛顿流体，即黏滞阻力与速度成正比。此外，体系的黏度是常数，最后流体是不可压缩的。一般的研究都是基于稳态的水体系，因此上述假设是适用的。但是对于非水体系来说，需要特别注意。动量方程中，第一项是压力梯度对动量的贡献，第二项是电场的贡献，包括浓度极化产生的作用力和泳动电势产生的作用力，第三项是流体黏度的贡献，其方向与流体流动方向相反。联立方程(2.11)-(2.16)，并考虑边界条件即可求解孔内离子输运。

孔道和液池的固液接触面的边界条件可以由以下公式给出：

$$\begin{aligned} &\nabla_{\perp} \Phi = -\frac{\sigma}{\varepsilon_0 \varepsilon_r} \\ &J_{\perp} = 0 \\ &v_c = 0 \end{aligned} \tag{2.17}$$

式中，σ 是孔道的表面电荷密度；$\perp$ 表示垂直于孔道表面的方向。式(2.17)中第一个方程是电场的连续性边界条件，第二个方程是流量的无穿透边界条件，第三个方程是无滑移边界条件。值得注意的是，并不是所有的体系都满足上述边界条件，尤其是无滑移边界条件，但是为了方便计算，我们仍然假设以上条件成立。

在液池边界处的边界条件为

$$\begin{aligned} &\Phi = \Phi^* \\ &c = c^* \\ &\nabla_{\perp} v_c = 0 \\ &p = 0 \end{aligned} \tag{2.18}$$

式中，$*$ 表示体相的数值。联立方程(2.10)-(2.18)即可解出。如果需要求得离子电流，可以通过积分电流密度得到。

2. 随机动力学及分子动力学

当纳米孔尺寸小于 5nm 时，连续介质假设不再成立，流体必须被考虑为由分散的粒子组成，这是分子动力学成为一种极其重要的手段，尤其是在模拟基于 α-HL 生物孔的蛋白质穿孔、DNA 测序等应用中[72-74]。但是，分子动力学模拟通量低，计算量大。而且由于分子穿过纳米孔一般需要微秒级的时间，远大于分子动力学模拟的特征时间长度[65]。

尺寸小于 5nm 的纳米孔在分子检测与分离、DNA 测序等领域有着诱人的前景，特别是在 DNA 测序领域，被认为是下一代 DNA 测序技术[10,75]。其机制是，当一个分子通过纳米孔时，会造成空间位阻效应，阻碍电流的通过，从而检测电流的变化即可检测到分子的穿过(图 2.13)。由于纳米孔尺寸与分子可以比拟，分子的种类和性质的微小变化即可对电流造成可观的影响，从而可以实验单分子检测，并且这种检测方法不需标定、成本低廉、通量大而且迅速，因此引起了广泛的兴趣，而分子动力学为这些应用提供了一种可靠的模拟方法。例如，Meller[73]等计算了单链 DNA 通过 α-HL 蛋白孔，他们发现 DNA 相对于孔的方位对穿孔过程有显著的影响。Shirono 等计算了 2nm 修饰过的硅孔中的离子传输性质，在硅孔中修饰—SiOH 并在其上修饰—$SiCH_3$后，由于疏水作用力影响，在外加电场小于一个阈值时，离子不能通过纳米孔，而当外加电场大于阈值时，离子电流随电场线性增长。

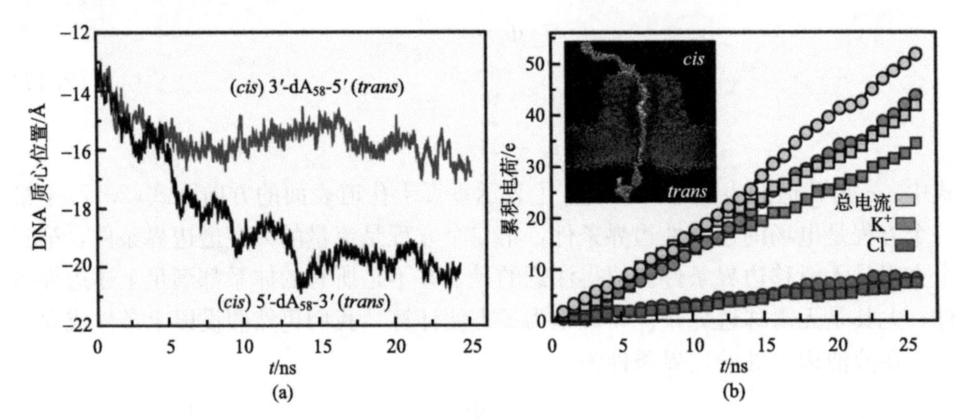

图 2.13 DNA 相对于孔的方位影响其穿孔速度。(a)分别显示 3′-dA_{58}-5′方向的 DNA 和 5′-dA_{58}-3′方向的 DNA 穿孔速度；(b)显示 3′-dA_{58}-5′方向的 DNA(圆圈)和 5′-dA_{58}-3′方向的 DNA(方块)穿孔时的 K^+ 电流、Cl^- 电流和总电流[73]。

分子动力学模拟由于其特征时间远小于分子穿孔的时间，在计算孔道导电性方面遇到很大的困难，因而随机动力学模拟提供了一种可行的替代方案。随机动力学的基本方程是 Langevin 方程，对 i 粒子，有

$$m_i\ddot{x}(t)=F_i(x_i(t))-F_{i,\ \mathrm{frictional}}(\dot{x}(t))+R_i(t) \tag{2.19}$$

式中，右边第一项表示 i 粒子与其他粒子的相互作用力；第二项表示粒子受到溶液的阻力，与其速度成正比；第三项表示外力。为了计算 Langevin 方程，根据积分步长于速度弛豫时间(表征溶液对粒子的影响)可划分为三种情况。第一种是

积分步长远小于速度弛豫时间，这时溶液的作用力可以忽略，方程简化为牛顿力学方程。第二种是积分步长远大于弛豫时间，这时溶液起主要作用。第三种是积分步长与弛豫时间之比介于上两种之间。根据这三种情形，可以分别提出模型简化 Langevin 方程，合理的模型与近似对于求解 Langevin 方程来说极其重要，然而目前对于非平衡边界条件的引入仍然是一大挑战。

2.2.4　纳米孔器件

在纳米孔尺寸大于 5nm 时，纳米孔中的离子与半导体中的载流子遵循类似的物理方程，因而启发我们，在半导体中可以实现的丰富物理现象，在纳流体中可能同样能够实现[76]。实际上，半导体中的载流子和溶液中的离子在很多方面具有相似性。首先，半导体中的载流子和溶液中的离子使用 Drude 模型，即将粒子当做稀薄气体对待，表现为欧姆性；其次，他们的流动都是扩散和漂移机制。在纳米孔中，表面带负电或正电分别可以当做是 p 型或 n 型半导体。因为在表面带负电荷的孔道内，正离子浓度高，可以被看成是载流子，类似于 p 型半导体；反之在表面带正电荷的孔道内，负离子浓度高，类似于 n 型半导体。制备基于纳流体的半导体器件引起了人们的广泛兴趣，而纳流体二极管和场效应管，由于其可以方便地对离子传输进行调控，实现选择性透过而尤为受到关注。

研究发现，实现纳米孔二极管整流(即在正向和负向电压下的离子导通能力不同)的关键是纳米孔中的对称性破缺[24,28,33,54,77-80]，如几何不对称、电荷不对称和浓度不对称等(图 2.14)。在内表面带负电荷的锥形纳米孔中，电流从小口端流向大口端的小于从大口端流向小口端的电阻，从而可以实现整流。Siwy 等利用此现象实现了离子的逆浓度梯度运输[81]。Daiguji 等利用孔内表面电荷非对称分布的纳米孔同样实现了纳米孔的整流[82]。

对纳米孔整流的详细机理讨论可以通过求解 Poison-Nernst-Planck 方程得到。但是半定量的分析也有助于我们理解[76]。假设在纳米孔的两端阴阳离子的比例不同，在一端(假设为 a 端)阴离子与阳离子浓度相同，而在另一段(假设为 b 端)阳离子浓度大于阴离子浓度(图 2.14)。当外加一个方向为从 a 到 b 的电场时，a 端阳离子流入纳米孔而阴离子流出纳米孔且两者流量相同，而在 b 端阳离子流出纳米孔，阴离子流进纳米孔，且阳离子流量大于阴离子流量，总的效果是阴阳离子均流出纳米孔，纳米孔内被排空，从而使得纳米孔阻抗增大。反之，外加一个从 b 到 a 的电场时，总的流量是阴阳离子均流进纳米孔，使得纳米孔阻抗减小。从而使得纳米孔具有整流效应。我们假设正离子浓度为 c_+，负离子浓度为 c_-，由于电中性，$c_+ - c_- + f = 0$，且由于质量守恒，$c_+ c_- = c_{b2}$，其中 f 为孔内不可移动电荷的浓度，c_b 是离子体相浓度。由此得出整流比为

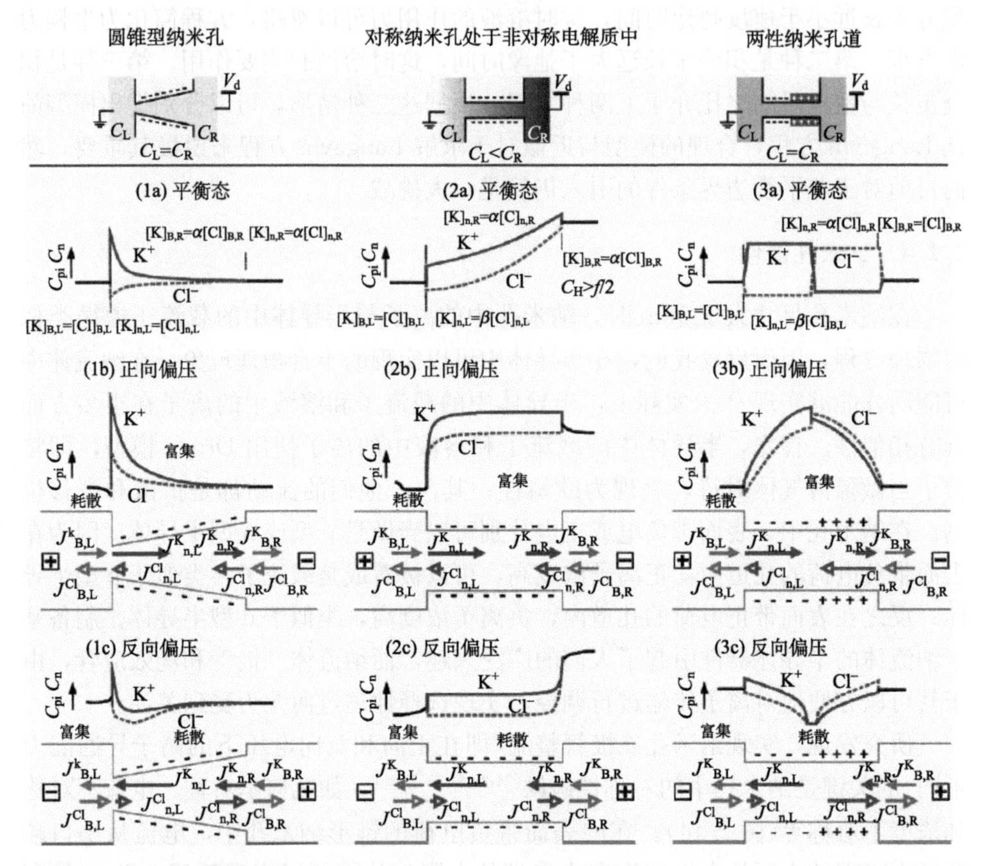

图 2.14　利用对称破缺制备纳流二极管的三种方式的原理图。左边一列为非对称几何形状，中间为非对称浓度，右边为非对称电荷分布。其中实线/虚线表示阳离子/阴离子浓度。实心/空心箭头表示阳离子/阴离子流动方向和相对大小。L，R 分别表示左、右。在各图中，若流入离子量大于流出离子量，则离子富集，孔道电阻低，否则孔道电阻高。各纳米孔中均以 KCl 为电解质[76]。

$$\alpha=\frac{c_+}{c_-}=\left(\frac{-f+\sqrt{f^2+4c_b^2}}{2c_b}\right)^2,\qquad f\propto\frac{\sigma_s}{h}\tag{2.20}$$

式中，σ_s是孔道内表面电荷密度。由此可见，整流比与孔道表面电荷、体相浓度和孔径尺寸有关。因此实现纳米孔整流的三种有效方法是非对称的电荷分布、非对称浓度分布和非对称几何形状。

通过调节纳米孔内表面电荷，还可以制备出类似于半导体中 PNP 或 NPN 结的纳流场效应管。Daiguji 等通过计算 PNP 方程，发现如果纳米孔中间的电荷与两端电荷不同，通过调节加在中间部分的偏压可以实现离子传输的门控，从而实现场效应管(图 2.15)[82]。

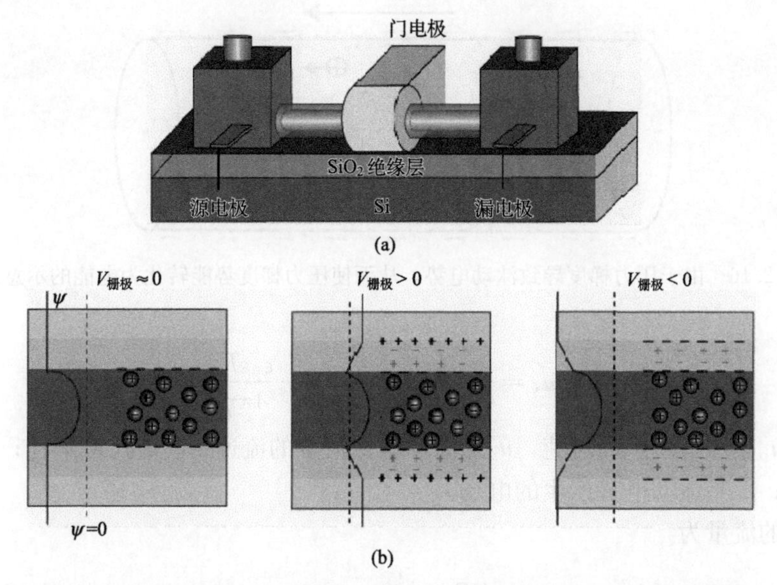

图 2.15 纳流场效应管示意图及其机理。当栅极偏压变化时，栅极对离子的电阻发生变化，从而调制离子流量。其中 Ψ 表示电势，向左为负，向右为正，虚线表示电势为零。在不加外压时，孔道表面带负电，孔内正离子多于负离子。当栅极外加正偏压时，负离子可以在栅极通过，流量增大，而在外加负偏压时负离子不可通过，流量减小[70]。

2.2.5 能量转换

另外一个受到广泛关注的纳米孔应用领域是能源转化[83,84]。前文提到，在纳流体中，表面电荷与带电离子之间的相互作用，会产生泳动电流和泳动电势，利用此电势可以将浓度梯度等转化为电能。产生泳动电势需要溶液中离子相对于孔道表面运动，使离子运动的外力可以是压力梯度或浓度梯度，因而可以将压力梯度或浓度梯度转化为电能。

在一个阳离子选择性纳米孔的两端建立压力梯度，离子将从高压端向低压端流动，由于孔道的离子选择性，阳离子流量大于阴离子流量，从而出现净电流，使得压力梯度势能转化为电能[31,85,86]，如图 2.16 所示。由压力梯度势能转化的电能可以直接由 Nernst-Planck 方程、Poisson-Boltzmann 方程和 Navier-Stokes 方程联合解出。其中，根据式(2.11)可以计算孔内的离子浓度分布。

考虑一个圆柱形的孔道，在离轴距离 r 处的离子流速分布可以根据 Navier-Stokes 方程计算：

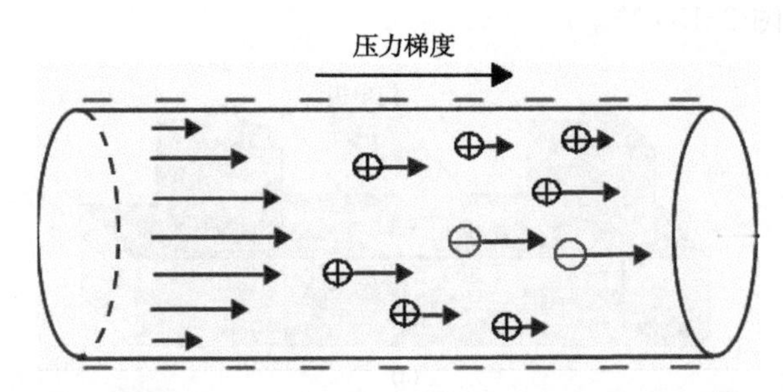

图 2.16　由于压力梯度导致泳动电势，从而使压力梯度势能转化为电能的示意图

$$u = u_{\mathrm{p}} + u_{\mathrm{v}} = \frac{1}{4\eta}\frac{\partial p}{\partial L}(a^2 - r^2) + \frac{\varepsilon_0 \varepsilon E}{4\pi\eta}(\Psi - \zeta) \tag{2.21}$$

式中，u_{p}是压力产生的流速，u_{v}是泳动电流产生的流速；a 是孔道半径；L 是孔道长度；E 是泳动电势产生的电场。

总的流量为

$$Q = \int_0^a 2\pi r u \mathrm{d}r \tag{2.22}$$

电流密度为

$$I(r) = \frac{\mu e \Delta U}{L}(n_+ + n_-) + e(n_+ - n_-)u \tag{2.23}$$

式中，μ 为离子迁移率；U 为两段电压。而电流最大就是 $E=0$ 时的电流。最大输出功率为

$$P_{输出} = I_{\max} U_{\max}/4 \tag{2.24}$$

输入功率为

$$P_{输入} = Q\Delta p \tag{2.25}$$

最大能源转化效率为 $P_{输出}/P_{输入}$。理论计算表明，当离子浓度降低时，泳动电流和泳动电势增加，这是因为双电层变薄，使得离子选择性增加的缘故。

目前，基于纳米孔的能源转化期间面临的最主要挑战是能源转化效率。传统的能源转化方式如火力发电等的转化效率均在 80%以上，而纳米孔能源转化目前仅有百分之几的效率。理论研究表明，提高能源转化效率的方法包括高电荷密度、合适的孔径尺寸和增大流体滑移长度。在流体无滑移的情况下，计算发现最大可实现的能源转化效率仅有 10%左右，而在流体可滑移时，效率可达到 30%以上[87]。增大流体滑移长度的有效方法是将孔道内表面修饰为疏水，但通常情况下这样会导致内表面电荷密度的降低，而增大表面电荷密度通常会使得表面亲水，降低滑移长度。另外，实验和计算表明，通过平行化可有效增大能量密度。

而在一个阳离子选择性纳米孔的两端建立浓度梯度，离子将从高浓度向低浓度扩散，由于孔道的离子选择性，阳离子流量大于阴离子流量，从而出现净电流，使得浓度梯度势能被转化为电能[83]，如图 2.17 所示。理论计算表明，基于此种纳米孔体系的能量密度可以达到几个到几百 mW/cm^2，远高于一般离子选择膜，并有望应用于微流体和生物体内检测中。

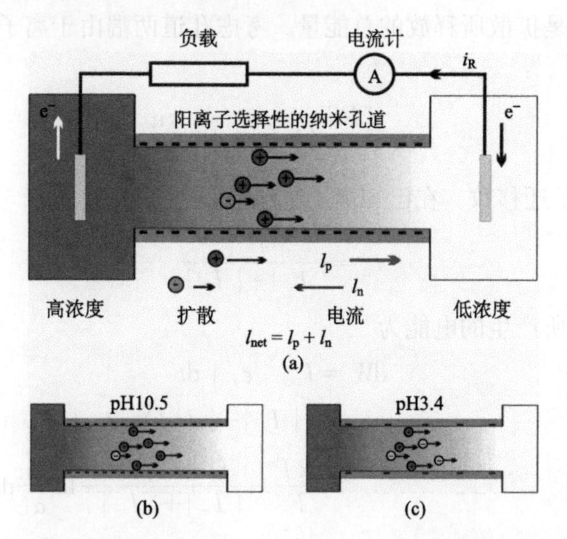

图 2.17 浓度梯度势能转化为电能。(a)离子从高浓度向低浓度扩散，由于纳米孔的离子选择性，阳离子(K^+)流量比阴离子(Cl^-)流量高，从而产生净电流。(b)、(c)表示 pH 影响孔内电荷密度，从而影响离子选择性，进而影响能源转化效率。在高 pH 下孔道电荷密度高，离子选择性高，反之离子选择性低[83]。

离子由高浓度向低浓度扩散时体系的 Gibbs 自由能下降，与此同时产生净电流，一部分自由能转化为电能。Gibbs 自由能的变化为

$$\begin{aligned} dG &= dG_H + dG_L \\ &= (\mu_{+H} - \mu_{+L})dn_{+H} + (\mu_{-H} - \mu_{-L})dn_{-H} \end{aligned} \tag{2.26}$$

式中，＋和－分别表示 K^+ 和 Cl^-。H 和 L 分别表示高浓度和低浓度。化学势 μ 可以由式(2.27)计算得出：

$$\mu = \mu_0 + RT\ln\alpha \tag{2.27}$$

式中，α 是离子活度。因此有

$$dG = RT\ln\left(\frac{\alpha_H}{\alpha_L}\right)(dn_{+H} + dn_{-H}) \tag{2.28}$$

又由法拉第定律，

$$dn=\frac{-dt}{F}\mid I\mid \tag{2.29}$$

因此得到

$$dG=\frac{RT}{F}(\mid I_{+}\mid+\mid I_{-}\mid)\ln\frac{\alpha_{H}}{\alpha_{L}} \tag{2.30}$$

这部分能量是扩散所释放的总能量。考虑孔道两端由于离子选择性导致的电势差是液接电势[66]：

$$\varepsilon_{j}=\frac{RT}{F}(t_{+}-t_{-})\ln\frac{\alpha_{H}}{\alpha_{L}} \tag{2.31}$$

式中，t 表示离子迁移数。在已知离子电流时，

$$t_{\pm}=\frac{\mid I_{\pm}\mid}{\mid I_{+}\mid+\mid I_{-}\mid} \tag{2.32}$$

而液接电势所产生的电能为

$$\begin{aligned}dW&=I_{net}\mid\varepsilon_{j}\mid dt\\&=(\mid I_{+}\mid-\mid I_{-}\mid)\mid\varepsilon_{j}\mid dt\\&=\frac{RT}{F}\frac{(\mid I_{+}\mid-\mid I_{-}\mid)^{2}}{\mid I_{+}\mid+\mid I_{-}\mid}\ln\frac{\alpha_{H}}{\alpha_{L}}dt\end{aligned} \tag{2.33}$$

能量转化效率为

$$\eta=\frac{dW}{dG}=\left(\frac{\mid I_{+}\mid-\mid I_{-}\mid}{\mid I_{+}\mid+\mid I_{-}\mid}\right)^{2} \tag{2.34}$$

而电流大小可由前文所讲的 PNP 方程解出。由此可见，提高能量转化效率的关键是提高孔道的离子选择性，而提高离子选择性的关键是提高表面电荷密度和减小孔尺寸。但是如果孔径尺寸过小，则会导致电流过小从而降低能量密度，因此综合考虑能量密度和效率，需要选择合适的尺寸和高表面电荷密度的纳米孔。

2.3　生物与仿生孔道体系

2.3.1　蛋白质孔道

生命体中的离子通道的功能性主要体现在：传输离子、维持细胞内外平衡、传输信号、激活或杀死细胞。受这些离子通道功能性的启发，人们制备了各种蛋白质离子通道，期望能够用来做单分子传感器及检测、药物运载及靶向杀死肿瘤细胞等。其中最重要和最有潜力的就是对 DNA 分子检测（图 2.18）。20 世纪 90 年代，哈佛大学 Kasianowicz 实验室发表了单链 DNA 在电场作用下通过了蛋白

质纳米通道的实验发现[88]，提出了纳米孔DNA测序的设想，为超高速核酸测序技术提供了一种新的可能[89]。本节主要介绍几种经典的蛋白质纳米孔道。

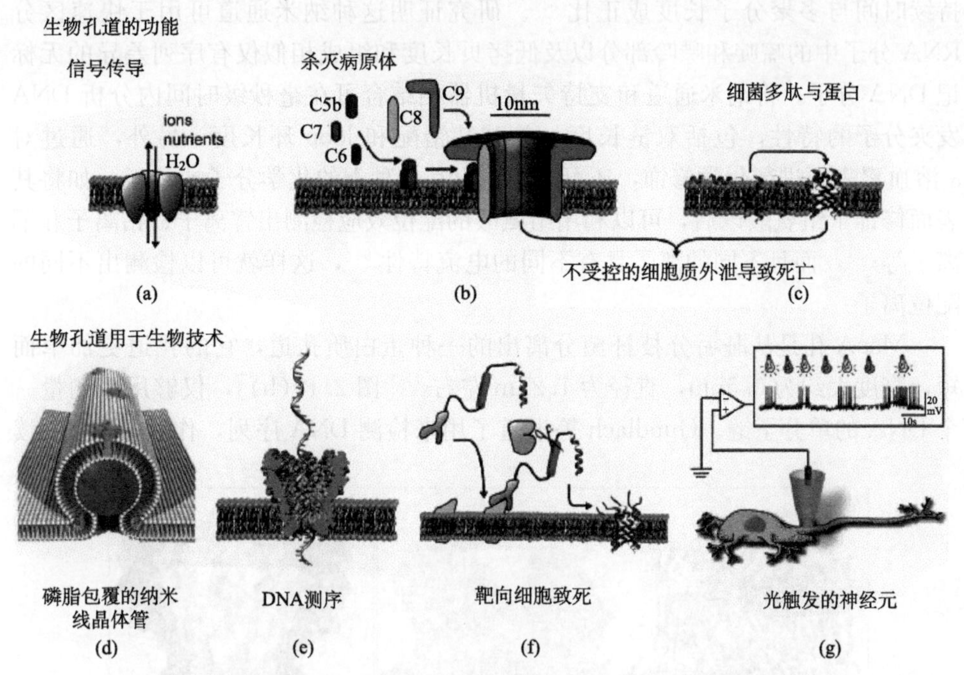

图2.18　自然界生命体中纳米孔的功能及这些纳米孔在生物纳米技术中的应用[90]。纳米孔在生命体中的功能：(a)通道蛋白跨膜传输离子，既可以保持细胞内的平衡又可以向细胞内外传输信号；(b)补体蛋白在靶向细胞膜上自组装成C5b-C9形成膜攻击复合物，膜攻击复合物可以在病原体的细胞膜上形成大约10nm的孔，使得细胞溶解，杀死病原；(c)肽类抗生素(这里是丙甲甘肽)插入到目标微生物的细胞膜上形成肽孔，杀死肿瘤细胞。纳米孔在生物技术中的应用：(d)硅线上旋涂有含有肽孔道的脂质双层膜的生物纳米电子器件；(e)组装细菌的膜孔蛋白MspA，将单链的DNA分子穿孔，由于DNA堵塞孔道导致电流值变化，不同的电流变化代表不同的碱基对，实现了对DNA分子的检测；(f)将多聚体孔道接到肿瘤特异性蛋白酶上，该酶特异性识别肿瘤细胞的抗原与之结合，多聚体孔道插入肿瘤细胞膜，溶解，杀死肿瘤细胞；(g)光响应的离子通道实现了遥感控制神经元细胞的发射。

葡萄球菌α-溶血素孔是众多生物纳米孔中结构组成相对简单并且研究比较详细的一种溶血素，是从葡萄球菌中分离出来的一种多肽毒素，能够自组装进植烷醇卵磷脂类脂双分子层膜中[91,92]。研究表明，α-溶血素孔是被溶剂填充的具有蘑菇形的同质低聚物构成的七聚物孔，总长约为10nm，直径为1.4～4.6nm，其主干部分的高度和直径分别为5.2nm和2.6nm[图2.19(a)]。Kasianowicz等最早对多聚核苷酸分子通过抗α-溶血素通道的生物物理学特性进行了研究，发现电场可以驱动单链 DNA 和 RNA 分子通过质脂双层膜上直径为 2.6nm 的离子通道，穿孔时形成延伸单链可部分阻断通道，造成离子电流的短暂减弱，而且其持续时间与多聚分子长度成正比[88]。研究证明这种纳米通道可用于快速区分 RNA 分子中的嘧啶和嘌呤部分以及低拷贝长度和组成相似仅有序列差异的无标记 DNA 分子。将纳米通道和支持矢量机器相结合可在毫秒级时间内分析 DNA 发夹分子的特性，包括双链长度、单碱基错配和 loop 环长度。另外，通过对 α-溶血素表面进行化学修饰，还可以检测出其他种类的化学分子或离子。如将其表面修饰了组氨酸以后，可以利用组氨酸的配位效应检测出锌离子、钴离子和镉离子等[93]，而且不同的离子具有不同的电流特性[94]，这样就可以检测出不同的配位离子。

MspA 孔是从耻垢分枝杆菌分离出的一种蛋白质孔道，它的孔道更加窄而短，高度大约为 0.5nm，直径为 1.2nm 左右[95][图 2.19(b)]，仅够用来测量一个 DNA 的单分子链。Gundlach 等报道了用来检测 DNA 序列，作为 DNA 阅读

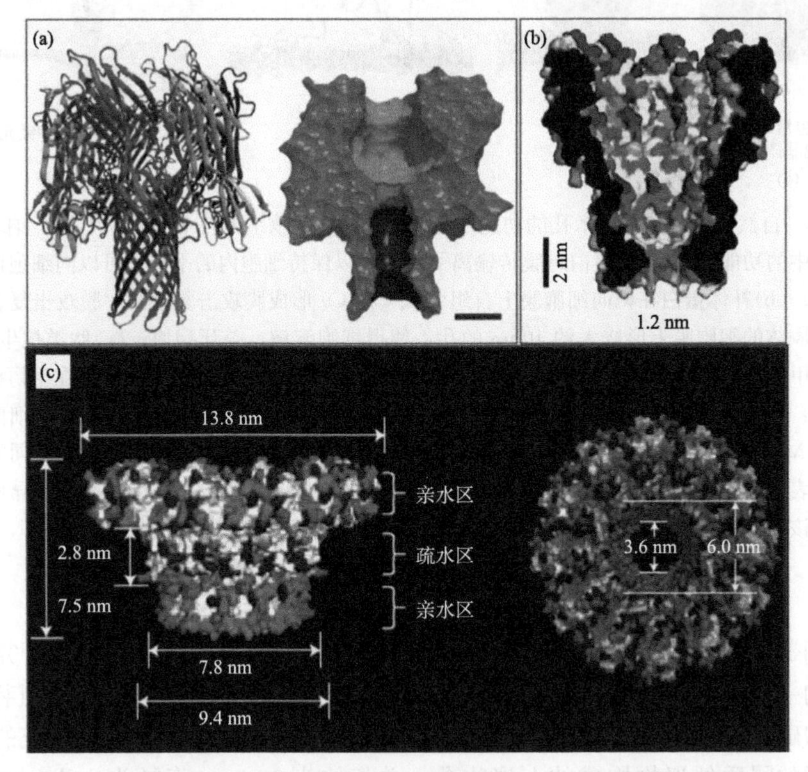

图 2.19 三种常用来进行 DNA 测序的蛋白质孔道。(a) α-溶血素蛋白质分子。右侧图片为其剖面图(标尺长度 2nm)。(b) MspA 蛋白质分子的剖面图；(c)phi 29 分子，右侧是俯视图。

器[96,97]。他们把微孔放在一层浸泡在氯化钾溶液中的膜上，并施加一个小的电压，让电流通过微孔。不同的核苷酸通过纳米孔时，回路中的电流就会随之改变，这些电流称为特征信号。

α-溶血素和 MspA 因为其孔径较小，只允许单链的 DNA 通过。病毒 phi 29 是感染革兰氏阳性枯草杆菌的噬菌体，它连接蛋白质的孔道直径为 3.6～6nm[98][图 2-19(c)]，可以使得 DNA 双分子链通过[99]。1986 年，郭等构建了 phi 29 RNA 组装马达，最近，他们将 phi29 嵌入脂质膜中[98]，完成单分子的传输和探测，且实现了双链 DNA(dsDNA)分子的高效测序。

蛋白质孔道结构与生命体中的离子通道相似，且其组成丰富，在单分子检测方面显出了优异的性能，它在生物传感、DNA 检测、药物识别及运输等方面有着巨大的潜在应用。但是蛋白质孔道稳定性差、不易操作等缺点限制了仿生纳米器件的大规模制备，所以，制备出结构稳定、易于操作、重复性好的固态仿生纳米孔道十分有必要。

2.3.2　仿生固体纳米孔道(非响应性)

生物通道仅存在于双分子脂膜里，化学稳定性不好，所以一直限制其作为生物传感器的应用。与生物材料相比，人工纳米孔道材料不仅具有稳定的物理性质，而且具有形状和表面化学组成的可控性，这就为设计和开发智能纳米孔道系统提供了很好的研究平台。目前，纳米孔道材料分为纳米孔材料和纳米通道材料。这一方面由于纳米通道较纳米孔具有较大的长径比，从而可以为纳米孔道的智能化提供更多的思路；另一方面，纳米孔制备中孔径的精确控制要比纳米通道有一定的技术优势[2,89,100,101]。

Martin 研究小组在 2004 年发表了他们基于氮化硅材料制备的单纳米孔膜开展的 DNA 分子检测研究[102]，结果显示应用该方法可分辨出单个碱基的差异，Siwy 等利用圆锥形的单个纳米核孔开展了核酸和蛋白质分子的检测研究[16]，研究结果显示了纳米孔道在核酸和蛋白质分子检测方面的巨大潜力，具有非常好的应用前景，近几年，各种性能的智能响应纳米孔道都得到了报道[2,103-105]。

按照制备手段主要分为电化学刻蚀[106]，阳极氧化的方法制备氧化铝多孔模板[107]，离子束雕刻法[11,108]，电子束收缩法[109]，化学刻蚀重离子径迹刻蚀技术[110,111]，热塑性材料的热诱导微孔制备纳米孔等(图 2.20)。

2.3.3　仿生智能纳米孔道(响应性)

近年来，智能材料吸引了众多科技工作者的关注，它可以感知外部的刺激，并且通过改变自身的变化来应对外界的刺激。所以智能响应性材料能够使得人们通过外界刺激来改变其各种性质。仿生智能纳米孔道可以从两方面出发：一是控

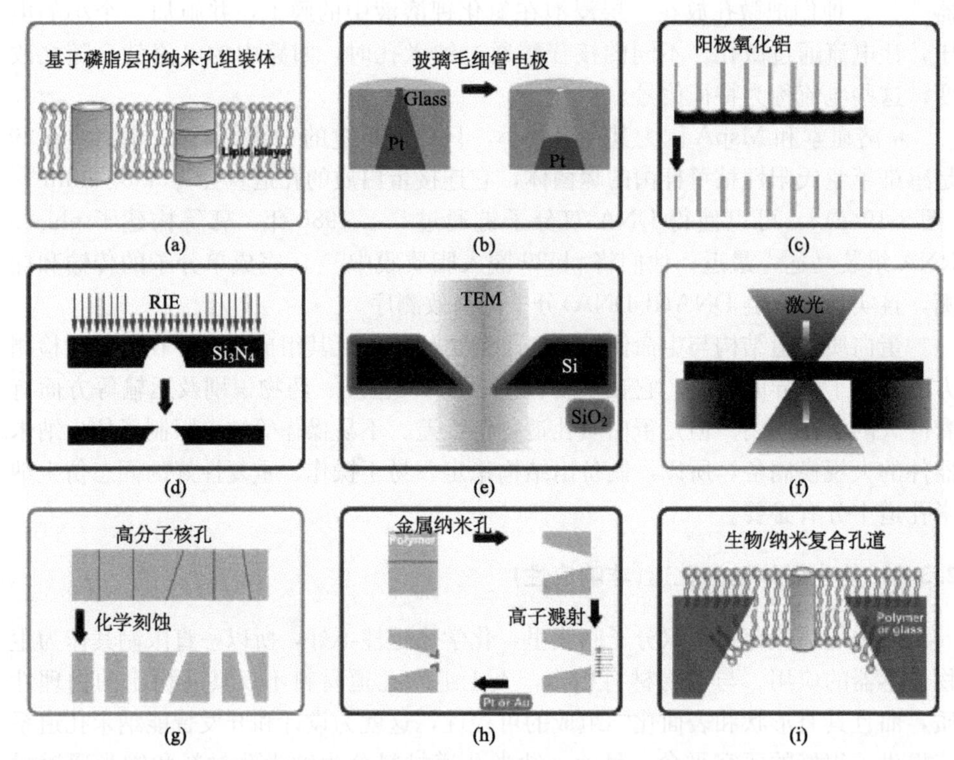

图 2.20　选择和制备各种形状及结构的纳米孔道材料。生物材料：(a) 磷脂双分子层制备的人工离子通道。无机材料：(b) 电化学刻蚀制备非对称纳米孔；(c) 多孔道阳极氧化铝膜；(d) 离子束刻蚀制备氮化硅纳米孔；(e) 电子束技术和各向异性刻蚀制备纳米孔。有机材料：(f) 热塑性材料的热诱导微孔制备纳米孔；(g) 重离子轰击加径迹化学刻蚀制备纳米孔道。复合材料：(h) 基于离子溅射技术和重离子轰击加径迹化学刻蚀技术制备金属-聚合物非对称纳米通道；(i) 杂化生物/固态纳米孔道。

制孔道的形状；二是控制孔道表面的化学组成。一般情况下，一个孔道的制备完毕，很难在大尺度上改变其形状，所以现在的研究工作主要是纳米孔道内表面的功能化来实现智能纳米孔道的调节。本节主要从化学修饰的角度来介绍仿生智能纳米孔道的相关工作。

1. pH 响应纳米孔道

pH 响应性纳米孔道是迄今为止研究最为广泛的纳米孔道，因为 pH 是生命体中离子通道内发生生化反应的一个重要参数，且 pH 很容易通过酸和碱进行调节。无论是蛋白质孔道[112]还是固体孔道，都有相关的 pH 响应的工作报道。

聚对苯二甲酸乙二醇酯(PET)膜的表面含有大量的羧基酯，如果经过化学处理，就会有大量的羧基基团，羧基本身就可以用 pH 来调节质子化程度，而且活性的羧基官能团可以通过简单的酰胺化或酯化的方法，在纳米孔道内修饰含有各种官能团的分子，所以大大拓宽了单纳米通道的功能性。

利用非对称化学刻蚀方法制备 PET 聚合物薄膜锥形纳米通道，其通道内部会由于聚合链的断裂而产生羧酸基团。羧酸基团的去质子化由溶液的 pH 来控制，从而决定纳米孔道内部的电荷密度改变。综合纳米结构非对称性和内表面电荷密度的改变，在纳米尺度下，德拜(Debye)长度和孔径可以相比拟，离子通过纳米通道与通道的内表面静电荷发生很强的相互作用，对离子输运特性产生巨大的影响，从而实现了 pH 调控的纳米通道系统。通道两端的电解质溶液在相同的浓度和 pH 条件下，形状不对称的纳米通道出现整流离子电流，通常以不对称的电流-电压(*I*-*V*) 曲线(或称为整流效应，即在某一电压下电流的记录值高于与其等绝对值的反向电压下电流的记录值)作为其标志。这种类似二极管整流效应的 *I*-*V* 曲线说明，上述体系中存在离子流通优先选择的现象[29][图 2.21(a)]。其他材质的孔道如聚酰亚胺(PI)和玻璃孔道等也有整流效应。锥形纳米孔的孔道整流性与溶液的溶度有关，溶度越低，孔道整流性也越大[113][图 2.21(b)]。锥形纳米通道能通过 pH 的改变带来明显的离子输运性质的改变，其离子整流效应随 pH 的增加而增加[48][图 2.21(c)]。

2007 年，作者课题组在以前表面浸润性工作的基础上开发出了仿生智能响应的人工离子通道系统，实现了通过生物分子的构象变化来控制合成通道体系的开关功能。具体工作是在单锥形 PET 纳米通道中修饰上具有质子响应性的功能响应性的功能 C4 DNA 分子马达[114]，通过改变环境溶液的 pH，使得 C4 DNA 分子马达发生构想变化，来完成通道的打开和关闭。这种新型的仿生离子通道体系弥补了生物离子通道的不足，可以很容易地与其他微纳米器件结合，组成更为复杂和多功能的复合型纳米器件(图 2.22)。

Azzaroni 等报道了一系列基于聚合物单纳米通道修饰 pH 响应性分子的纳米通道系统。他们利用 ATRP 聚合的方法将氨基酸基团接枝到 PET 单锥纳米孔道表面[115]；由于氨基酸表面既含有羧基又含有氨基，可以通过条件溶液 pH 的方法来调节孔道内的电荷分布，从而进一步调节孔道的整流特性[图 2.23 (a)]。除了氨基酸基团以外，含有磷酸根基团的聚合物也利用相同的方法修饰到单锥纳米孔内[116]，从而也能够通过 pH 调节孔道电荷实现整流性的调控[图 2.23(b)]。此外，他们还将聚(4-乙烯基吡啶)修饰到圆柱形单纳米孔道内[117]，通过调节溶液的 pH，实现了孔道内电导率的变化[图 2.23(c)]。溶液在酸性状态下，聚合物表面带有正电荷，为溶胀的亲水状态，从而电导率很大；而随着 pH 的增加，聚合物表面为不带电荷的中性状态，并且发生聚集，为疏水状态，所以电导率也降低。这一工作通过孔道的浸润性和电荷的共同作用实现了对称的圆柱形孔道的

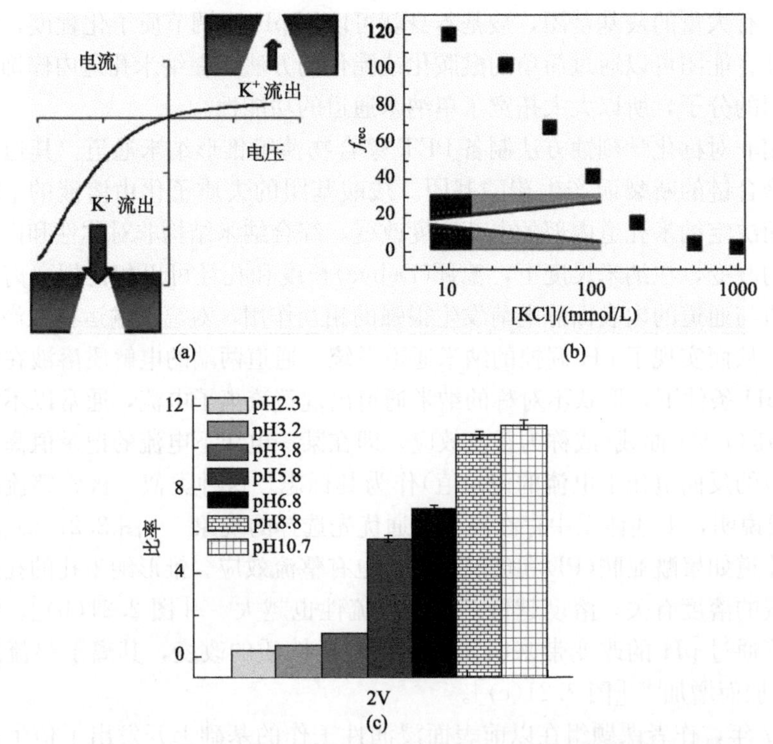

图 2.21 锥形纳米通道的整流效应及对 pH 的响应。(a)锥形纳米通道的整流效应；(b) 不同浓度的 KCl 对应的整流比；(c)锥形纳米孔在不同的 pH 的整流效应。

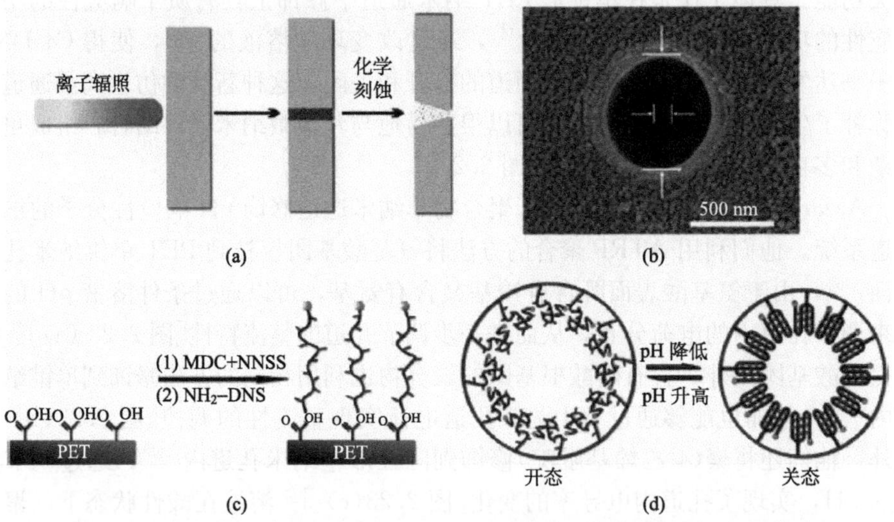

图 2.22 pH 响应仿生单纳米通道。(a) 径迹刻蚀法得到单锥形 PET 单纳米孔；(b) 所得到纳米孔扫描电镜图片；(c)在孔道内修饰 C4 DNA 分子；(d) 通过调节溶液 pH 实现孔道的打开和关闭。

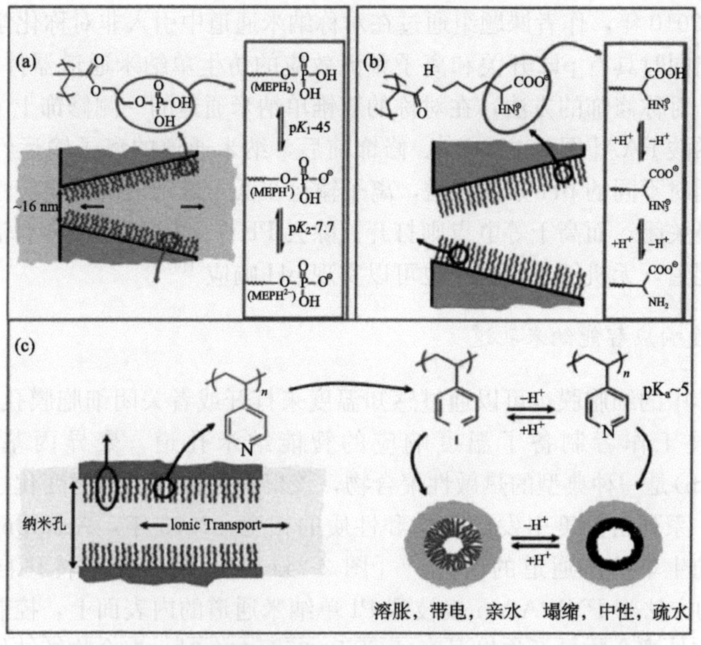

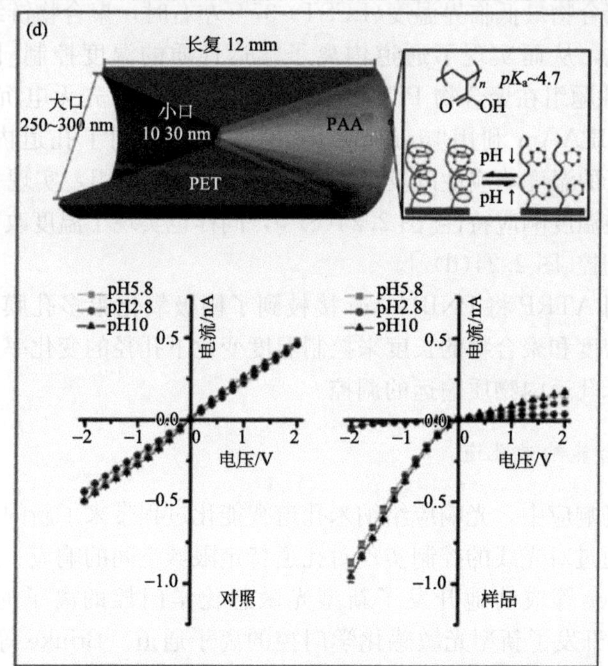

图 2.23　pH 响应的智能纳米孔道修饰方法。(a) 氨基酸修饰的锥形纳米孔及响应原理；(b) 磷酸修饰的锥形纳米孔道；(c) 聚(4-乙烯基吡啶)修饰的柱形纳米孔道及作用原理。(d) 利用等离子体接枝的方法，在双锥单纳米孔道的一侧修饰 pH 响应的降丙烯酸分子刷。

pH 开关。2010 年，作者课题组通过在对称纳米通道中引入非对称化学修饰的思想，制备出同时具有 pH 开关和离子整流效应的仿生单纳米通道器件[118]。利用等离子体非对称修饰的方法，在对称的双锥单纳米通道的一侧修饰上 pH 响应性分子聚丙烯酸 PAA[图 2.23(d)]。修饰前后，纳米通道的离子输运性质从线性到整流，同时不同的 pH 条件狭隘，离子输运在低于修饰的 pH 响应性分子等位点出现明显关闭，而高于等电点则打开。除去 PET 及 PI 等表面含有活性反应基团的纳米孔道，无机纳米孔道中也可以实现 pH 响应[119,120]。

2. 温度响应智能纳米孔道

生物体中的细胞膜也可以通过感知温度来打开或者关闭细胞膜孔道[121]，基于此，科技工作者制备了温度响应的智能纳米孔道。聚异丙基丙烯酰胺(PNIPAAm)是一种典型的热敏性聚合物，该聚合物在环境温度变化过程中其自身也发生一系列由温度引发的结构和性质的相变。2009 年，Azzaroni 等报道了温度响应仿生单纳米通道的研究[122][图 2-24(a)]，利用原子转移自由基聚合(ATRP)的方法将 PNIPAAm 接枝到 PI 单纳米通道的内表面上，控制环境温度在温度响应性聚合物最低临界温度(LCST) 37℃左右时，聚合物链结构出现了伸展和卷曲的变化，从而实现了通道内离子输运性质的温度控制[图 2.24(b)]。2010 年，作者课题组在聚合物 PET 单纳米通道内表面首先无电沉积上一层金，通过巯基将 PNIPAAm 利用“grafting to”的方法修饰到了孔道内壁[23]，由于 PNIPAAm 分子的温度响应性以及氯离子在 Au 表面的作用，实现了孔道内电流及整流性的可逆温度响应特性[图 2.24(c)]，同样也实现了温度改变对通道内离子输运性质的调控[图 2.24(d)]。

Chu 等利用 ATRP 将 PNIPAAm 接枝到了阳极氧化铝多孔膜 AAO 上[123]，通过控制接枝密度和聚合物的长度来控制温度变化下孔径的变化率，在多孔里实现了温度对纳米孔道内物质输运的调控。

3. 光响应智能纳米孔道

在各种外场响应中，光响应给纳米孔道智能化过程带来了新的挑战和全新的应用背景，以通过对光线的控制实现对孔道特定限域空间的响应。通过孔道结构的设计，Trauner 等成功地开发了新型光敏感化学门控的离子通道[124]。2004 年，Trauner 等开发了新型光敏感化学门控的离子通道。Brinke 等[125]利用溶剂挥发诱导自组装将含有偶氮苯配体的分子修饰在 ITO 玻璃上，这样形成了光敏多孔膜[图 2.25(a)]。紫外线和日光交替曝光，偶氮配体对应光致异构变化，有效地控制了孔径，并且在电流上得到了相应的变化。White 小组[126]报道了通过在纳米孔道中修饰螺吡喃(spiropyran)实现了很高效的光化学控制分子在孔道中

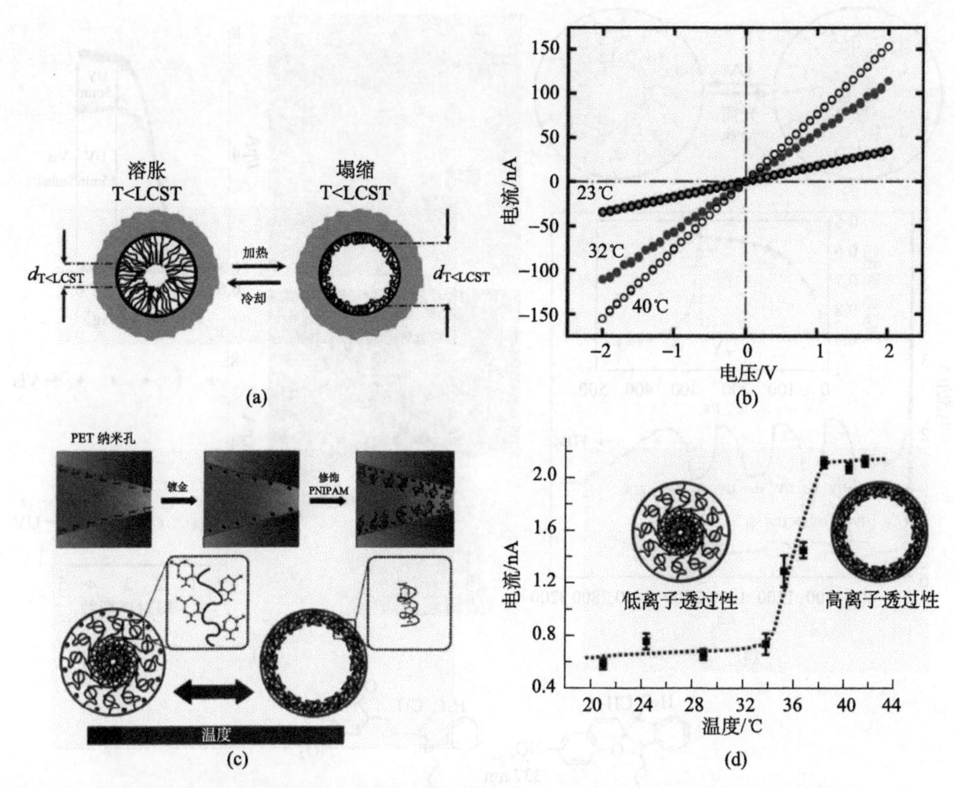

图 2.24　温度响应性纳米孔道。(a) 在纳米通道中的热驱动 PNIPAAm 分子刷；(b) 不同温度下，修饰有 PNIPAAm 分子刷的 PI 锥形单纳米通道的离子输运性质；(c) 温度响应仿生单纳米通道的制备；(d) 不同温度下离子输运性质的改变。

的输运[图 2.25(b)]。螺吡喃分子可以吸收孔道中的光子，这样实现了光控制的智能纳米响应孔道。Smirnov 等[127]将螺吡喃和疏水性分子修饰在多孔氧化铝上，成功地利用光场实现了亲疏水的变化，控制了纳米孔浸润性的变化[图 2.25(c)]。

4. 电场响应智能纳米孔道

膜电位(跨膜电位或膜电压)是一个生物细胞内部和外部之间的电势差，是由膜两侧接触不同浓度电解质溶液而产生。它是一个非常重要的外场刺激，由于具有非接触性、可控性和可短时间开关等特点，相关电压响应的纳米孔道材料一直受到广泛的关注。

Siwy 等对非对称性的纳米通道离子输运的能力关于电压的依赖性进行了研究[77]。她和 Martin 等通过在锥形纳米通道上镀金修饰响应性的 DNA 单分子链，

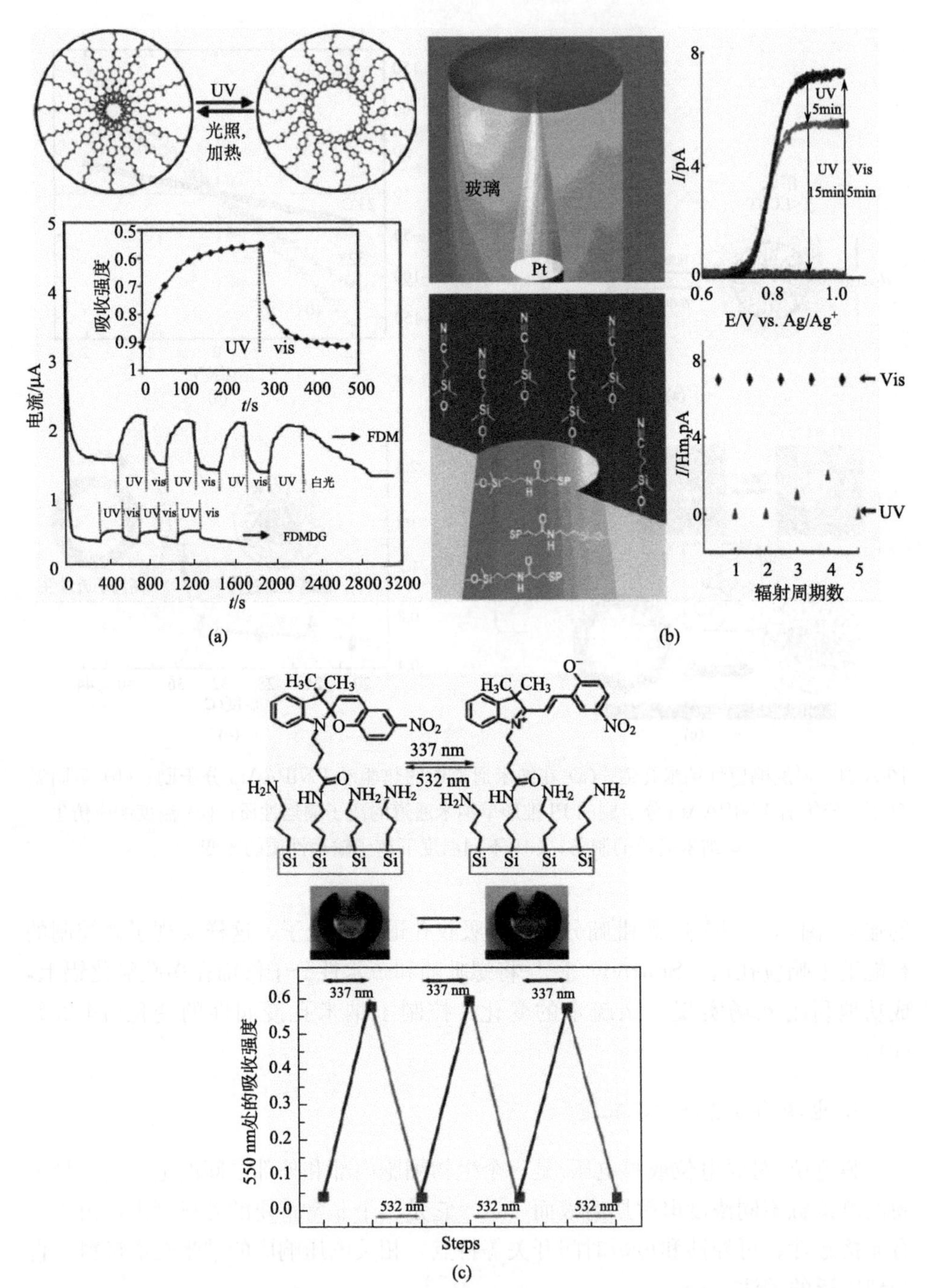

图 2.25　光响应智能纳米孔道。(a) 偶氮苯修饰的多孔膜在光下控制孔径的变化；(b) 螺吡喃修饰的玻璃孔道控制物质的传输；(c) 螺吡喃修饰的多孔膜控制了孔道的浸润性。

制备出了仿生电压响应的纳米通道[128]。在电场的作用下，通过 DNA 分子的不同运动状态的改变，实现了对纳米通道中离子输运性质的影响，带来了通道中离子整流现象[图 2.26(a)]。Siwy 课题组还采用电子蒸镀方法制备出复合纳米通道材料，并实现了离子输运的电压门控制[129][图 2.26(b)]。

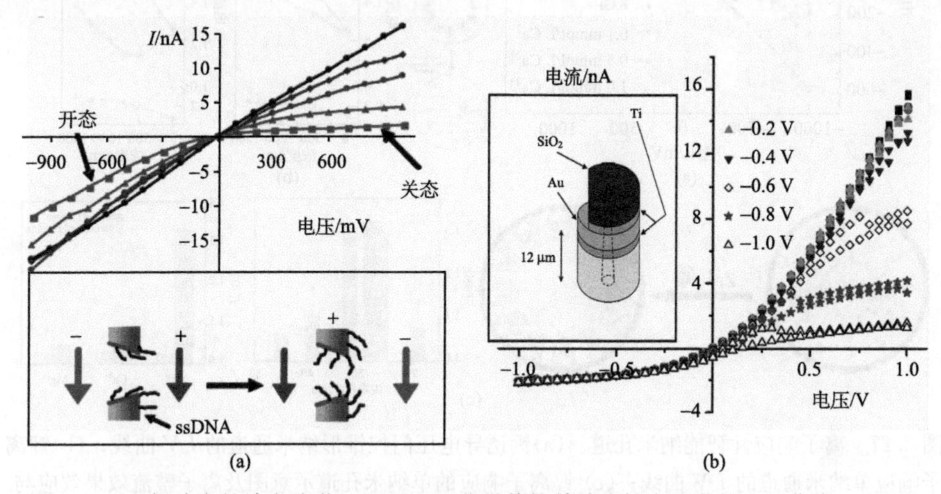

图 2.26 电场响应的纳米孔道。(a) DNA 化学修饰单纳米镀金通道的 I-V 曲线；(b) 电子束蒸镀纳米通道的 I-V 曲线。

5. 离子响应智能纳米孔道

2006 年，Siwy 等[130]报道了非对称锥形 PET 聚合物单孔纳米通道由钙诱导的电压门控的性质，他们发现在低于毫摩尔浓度下通道将出现电压依赖的离子电流波动[图 2.27(a)]。2008 年，这种增加少量二价金属离子带来的离子电流响应性振荡现象[131]。Powell 和 Swiy 等给出了全新的解释，他们认为这是由于纳米孔道内纳米沉积物的形成和在溶解的转变导致了这样的响应性振荡现象[132]。在纳米通道内，由于通道内负电荷的作用，在较低的 Ca^{2+} 和 HPO_4^{2-} 浓度下，二者的离子积大于 $CaHPO_4$ 的溶度积 K_{sp}，从而导致沉淀的生成，并引起孔道内 $I-V$ 曲线的震荡。而孔道以外溶液的离子积则小于溶度积，所以不会有沉淀生成；当 Ca^{2+} 和 HPO_4^{2-} 的浓度较高时，体相溶液中二者的离子积大于溶度积，所以有沉淀产生，也导致 I-V 曲线的震荡。

2009 年，作者研究小组设计和开发了钾离子响应的仿生纳米通道系统[63]。通过对人端粒 DNA 序列进行研究，利用其特有的离子响应性构型转变带来的体积和空间电荷密度分布的改变，设计了特殊的 DNA 序列，并将其修饰在纳米单孔上。G4 DNA 单链分子在无钾离子时呈现无规卷曲状态，而在钾离子的作用下

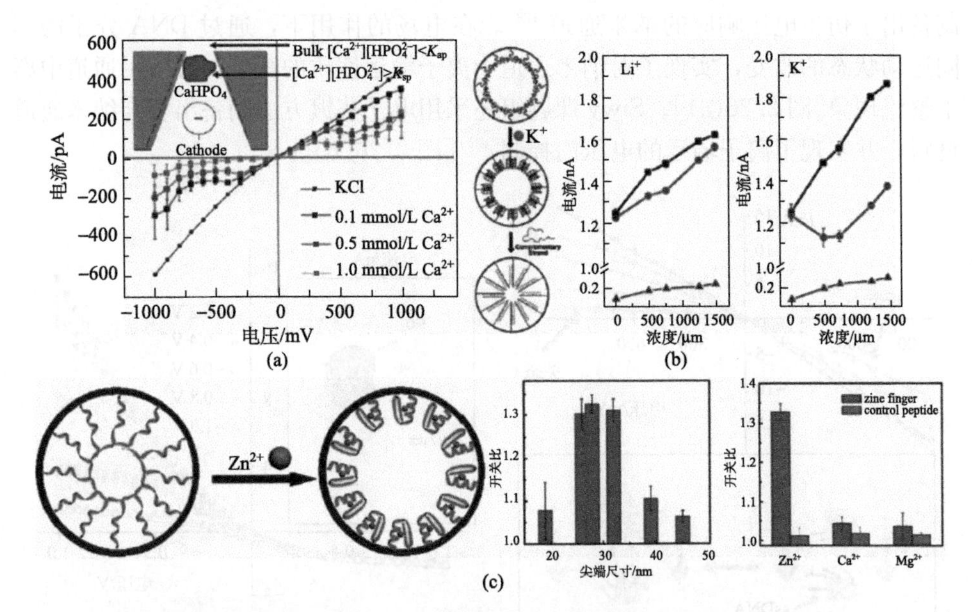

图 2.27　离子响应性智能纳米孔道。(a)钙诱导电压门控锥形纳米通道的 I-V 曲线；(b)钾离子响应单纳米通道的 I-V 曲线；(c) 锌离子响应的单纳米孔道示意图及离子整流效果效应与纳米通道及金属离子关系图。

可以实现分子链的折叠为四链态，所以通过将 G4 DNA 分子修饰到孔道表面可以制备具有钾离子响应的智能通道[图 2.27(b)]。而且通过实验发现，在一定的浓度范围内，随着钾离子浓度的增加，孔道导电性的变化也随之增大。而再向该体系中加入 DNA 的互补链，能够实现孔道的几乎完全关闭状态。这种 DNA-纳米通道系统为生物传感器提供了一种全新的思路，不同于生物分子穿孔实验研究方法。我们可以通过设计和构筑生物分子测试段和结构段，并且固定结构段与纳米通道，来更好地模拟和开展生物分子在限域空间的分子构型转变的研究。2010 年，作者研究小组进一步开展了更加复杂的离子响应性生物分子的研究，锌指蛋白是一种具有锌离子响应性的蛋白质分子，在体内通过与 DNA 分子结合对基因的调控起着极其重要的作用，它在存在锌离子时，可以实现由无规的卷曲态折叠成类指状的结构。作者研究小组把锌指蛋白修饰在单纳米通道[133]上[图 2.27(c)]，通过对不同孔径和不同金属离子的响应性对比研究，成功地制备了锌激活的仿生离子通道。这种离子通道的制备不仅在生物传感器有着广泛的应用前景，而且也为设计和开发仿生纳米器件、智能微流体等提供了一个新的思路。

6. 分子响应纳米孔道

分子响应性纳米孔道因为在其药物分离、分子识别及生物传感器方面有着潜在的应用前景而得到了广泛的关注。Martin 等在氧化铝柱形纳米多孔膜内修饰了抗体蛋白[134]，利用抗体与药物的 RS 型结构的特异性结合作用，实现了 RS 型和 SR 型分子的特异性分离。2004 年，他们小组报道利用模板法得到金纳米多孔通道，在通道内修饰发夹型 DNA，利用 DNA 杂交动态平衡原理[102]，选择性传输能与分子信标环部杂交的目标 DNA 序列，且通过对比发现，膜内修饰发夹型 DNA 时，对目标 DNA 的分离效果要优于直链 DNA。

Siwy 等报道了蛋白质响应性单纳米通道材料作为生物传感器的研究，它是在纳米通道内修饰蛋白质分子识别体，由于蛋白质分子与锥形纳米通道的小孔端的大小在一个尺度范围内，所以特定的蛋白质分子与通道上的识别分子特异性结合带来了通道的堵塞，从而影响了离子的输运大小[图 2.28(a)]。作者研究组利用超分子纳米技术构筑手性识别探针以及纳米通道体系内离子电流调控行为的理论及实验研究基础上，开发出了氨基酸手性响应的纳米通道系统。通过将手性识别性能的环糊精修饰到纳米通道内[135][图 2.28(b)]，利用不同构型氨基酸对通道内离子输运行为的不同作用实现了对氨基酸的手性区分，同时这个也是对手性分子的一种传感器的新的思路和方法。最近，研究人员将金属二价铁螯合在表面修饰有三联吡啶的 PET 锥形纳米多孔里[136]，该修饰后的纳米孔对乳铁蛋白有特意选择性。当母液中含有乳铁蛋白时，修饰后的孔道中的铁就与乳铁蛋白特异性结合，堵住孔道，阻碍了甲基紫晶(MV^{2+})的通过[图 2.28(c)]。

7. 多响应智能纳米孔道

前面所述的仿生智能纳米孔道都是对单一的外界刺激具有响应性。而生命体内的纳米孔道往往更为复杂，可以对多种的外部刺激进行响应，制备出具有多重响应性的纳米孔道，无论从仿生学还是从智能器件领域都有着重要的意义，同时是多响应智能纳米孔道也是一个具有挑战性的工作，如何实现多响应性是将纳米孔道向智能方向上的一个新台阶。一般设计思路依然是从纳米孔道的化学性质及形状上来考虑。作者研究小组提出两种策略来实现设计和制备多响应性纳米孔道材料。第一种策略是关注与设计和合成修饰在孔道内部的多响应性功能分子；第二种策略是制备各种对称和非对称的纳米孔道，再采用不同的化学修饰方法，实现在不同特定区域精确地修饰上不同的功能[2]。

根据第一种策略，2009 年，Ulbricht 等[137,138]报道在多孔柱形的 PET 上接枝了 PNIPAAm 和 PAA 的嵌段共聚物，制备有 pH 和温度双响应聚合物刷的对称多纳米通道。作者课题组在单锥形的聚酰亚胺 PI 孔道内修饰上了异丙基丙烯

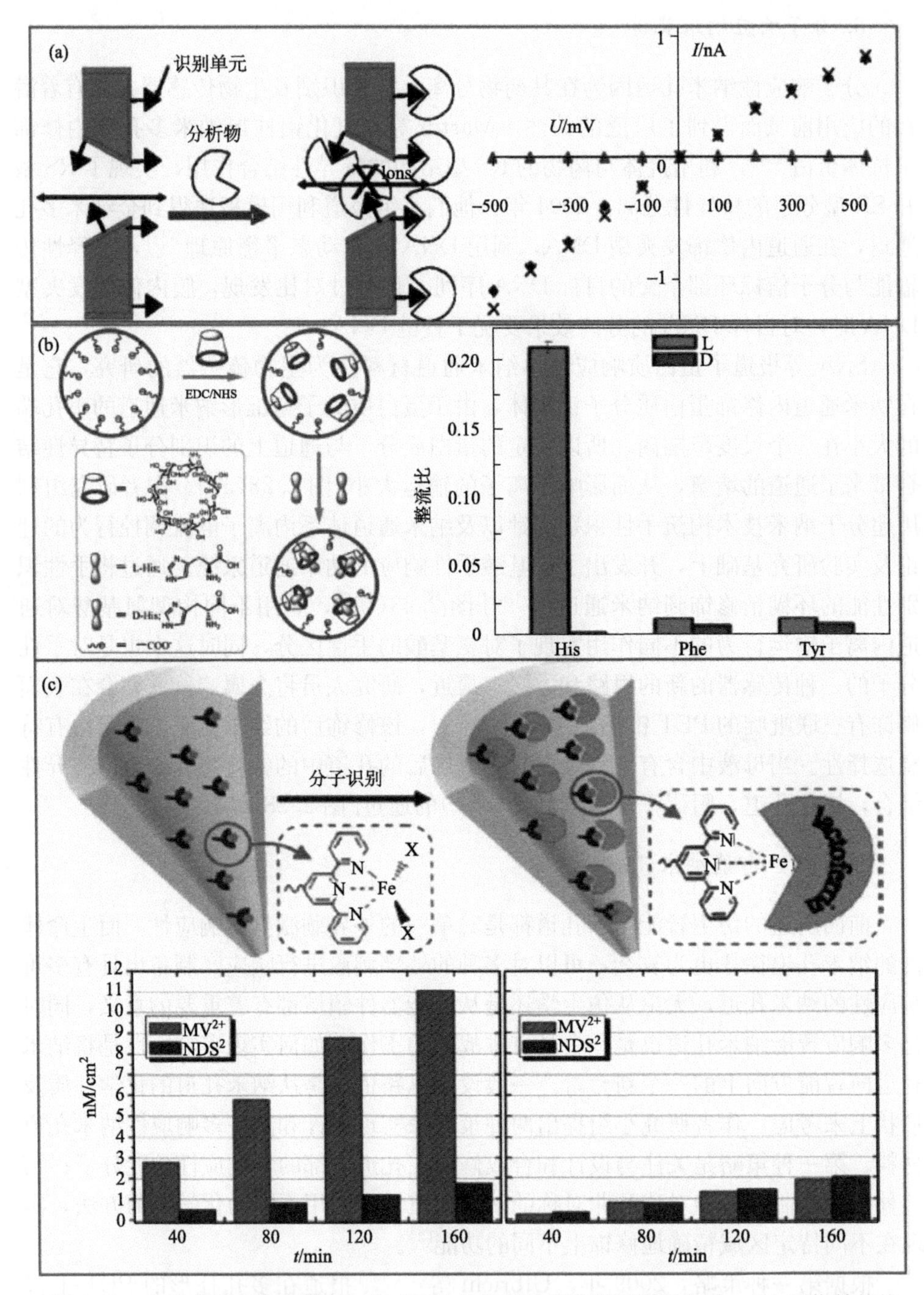

图 2.28　分子响应型纳米孔道；(a) DNA 修饰的纳米孔道识别蛋白质；(b) 环糊精修饰的纳米孔道识别手性氨基酸分子；(c) 铁离子螯合的纳米孔道识别乳铁蛋白。

酰胺和丙烯酸的共聚物刷，修饰上的 P(NIPAAm-co-AAm)共聚物同时对 pH 和温度有响应[139]。该工作实现了单通道系统整合离子门控和整流性调控的纳米通道器件，并研究了热开关比和离子整流比与温度和 pH 的相互关系[图 2.29(a)、(b)]。Li 等[140]采用相同的策略，通过表面原子转移自由基聚合(SI-ATRP)，将同时具有质子/温度的双响应聚甲基丙烯酸二甲氨基乙酯(PDMAEMA)修饰在了单锥的玻璃孔道内，制备了质子/热双响应性离子门控纳米孔道材料，实现了孔道在不同的 pH 和温度之间的高导态和低导态的可逆转化。

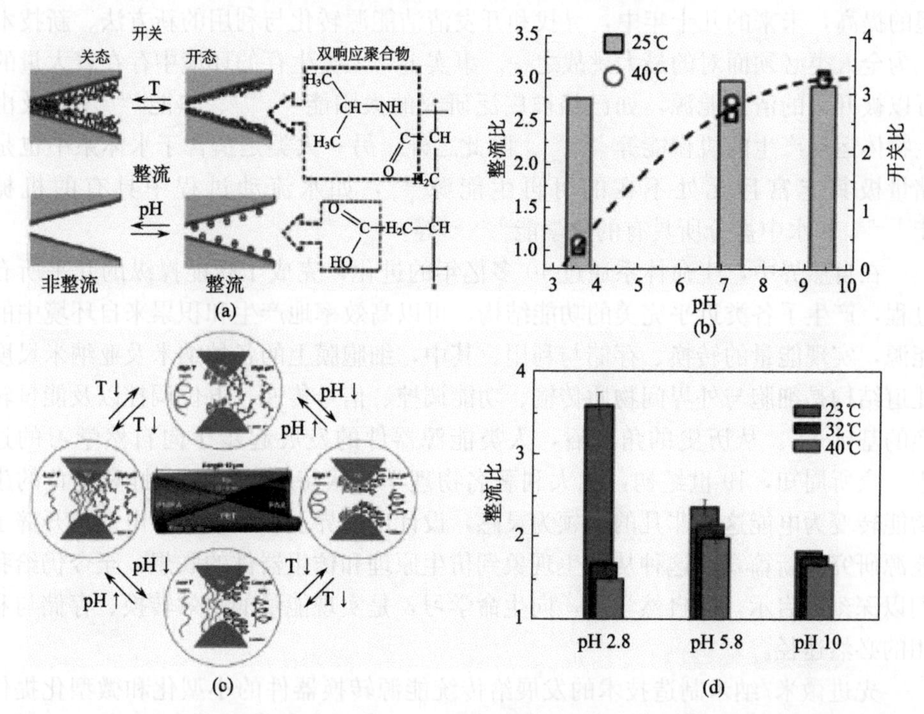

图 2.29　pH/温度双响应单纳米通道。(a)化学修饰双响应聚合物刷的单锥形纳米通道；(b)不同 pH 下，纳米通道的离子整流比和热开关比；(c)仿生非对称双响应单纳米通道系统；(d)非对称修饰后，不同 pH 和不同温度狭隘单纳米通道的离子整流比。

作者研究小组根据第二种策略制备了一种非对称双响应性单纳米通道。大多数生物纳米通道的组成都是非对称地分布在细胞膜的两侧，基于这种启发，作者希望在对称孔道形状上采取非对称功能化修饰。我们在对称外双锥单纳米孔道 PET 孔道的两端分别修饰了温度和 pH 响应的聚合物 PNIPAAm 和 PAA，成功地实现了人工单纳米通道的多外场协同非对称调控离子输运的性质[54][图 2.29(c)、(d)]。不同于第一种策略，这种协同响应被认为是有效孔径改变和浸润性改变共同竞争的结果，升高温度或者增大 pH 都将减弱非对称响应的能力。

2.4 基于仿生智能纳米孔道的先进能源转换体系

能源的开发和利用贯穿着人类的发展历史，能源是人类生存和社会可持续发展的基础[141,142]。传统的不可再生能源的储量在逐步开采过程中日益下降，人类的生存环境也因化石燃料的广泛使用而受到相当程度的破坏，能源和环境危机已经成为摆在全人类面前最亟待解决的问题。随着全球人口的不断增长和对生活期望的提高，未来的几十年中，寻找和开发清洁能源转化与利用的新方法、新技术成为全人类必须面对的最大挑战之一。事实上，人类生存的环境中存在着大量的可以被开采的清洁能源，如已经被广泛研究的太阳能[143,144]、热能[145,146]以及由生物体运动产生的机械能等[147,148]。除此之外，另一大类是蕴含于水体系中也是储量极其丰富且无处不在的可再生能源[149]，如水流动过程中具有的机械能[150,151]和水中盐分所具有的化学能[152,153]等。

在自然界中，生命体系通过 40 多亿年的进化，完成了智能操纵的几乎所有过程，产生了各类近乎完美的功能结构，可以高效率地产生和积累来自环境中的能源，实现能量的转换、存储与利用。其中，细胞膜上的各种纳米及亚纳米尺度孔道结构是细胞与外界间物质传输、功能调控、信号传递、电位调控以及能量转换的基础[154]。从历史的角度看，人类能源器件的发展起步于向自然学习的过程。众所周知，19 世纪初，意大利著名物理学家伏特，就是以青蛙和电鱼的生物能转变为电能这一非凡的本领为灵感，设计出世界上最早的伏打电池，开辟了能源研究的新篇章。这种从仿生现象到仿生原理和仿生器件的联想，至今仍给我们以深刻的启示，向自然学习，向生命学习，是实现能量的高效转换、存储与利用的必然途径。

先进微米/纳米制造技术的发展给传统能源转换器件的小型化和微型化提供了基础[155,156]。如表 2.1 所示，微反应器[157]、微型汽轮机[158,159]、微型热机[160,161]、微型燃料电池[162]和微型超级电容器[163]等成功的例子不断涌现。较之传统的大型能源转换设备，这些微型能源转换器件能够提供更高的能量密度。但是考虑到目前微纳加工的成本依然较高，这些微型器件尚不能应用于大型的能源设备。微型化的特点使它们更为适合用于构筑小尺度上低能耗电子设备的电源部件，来驱动诸如纳米机器、微机电体系(MEMS)、生物医学植入器件等。更为重要的是，微纳加工制造技术与来自生命体系的仿生灵感相结合，一些新颖的能源转换方法被不断提出，如人工囊泡内光诱导的质子梯度与 ATP 合成[164]以及生物分子马达驱动的纳米机器[165]。结合了纳米技术和现代分子科学的研究成果，基于纳米孔道的能源转换方法利用纳米尺度上特有的物理化学性质，将环境中存在的清洁能源，如机械能、化学能、光能转换为可以被利用的电能，而且在转换过程中不排放二氧化碳等温室气体，不产生对人体有害的振动和工作噪声，对环境十分友好。这种基于纳米孔道的能源转换体系摆脱了传统发电设备所需要的涡轮、马达、线圈等机械转动装置的束缚，为电源部件的微型化和集成化提供了一个范例。

表 2.1　几种微尺度能源转换器件

能量转换器件	能量输入	能量输出	转换效率	文献
微型热机	热能	电能	~30%	[160, 161, 166]
微型燃料电池	化学能	电能	>60%	[162]
微机电系统	机械振动	电能	<10%	[167]
光伏器件	光能	电能	~12%	[168]
生物-合成体系	化学能	化学能/电能/机械能	N/A	[165, 169, 170]
纳流动电电池	机械能	电能	~ 3%（非滑移边界） ~ 40%（滑移边界）	[31, 171-173] [174-177]
纳流浓差电池	化学能	电能	15~40%	[83, 178]

2.4.1　基于纳米孔道的机械能-电能转换

近年来发展起来的利用固体纳米孔道进行机械能-电能转换的工作逐渐成为人们关注的焦点[31,86,151,172,179-181]。如图 2.30 所示，当有净余电荷富集的纳米孔道表面(一般情况孔道壁上带有负电荷)处于溶液中时，会在溶液层中形成静电场，使溶液中的反离子(counterions)聚集在表面附近形成一个离子分布。在有限区域内，如微纳孔道内，这样的两层不同带电的区域形成表面双电荷层(electrical double layer)，双电荷层的厚度通常用 Debye 长度来表示。越远离于表面的溶液则越不容易受到表面电荷的作用，所以会在一定远处的溶液呈现出和本体溶液相似的中性溶液环境。科学家利用纳流沟道内表面带有净余电荷这一性质，使用外部机械压力将电解质流体强行推过纳米孔道，使得电解质流体在通过孔道内表面附近双电荷层时发生电荷分离，从而产生动电流(streaming current)和动电势(streaming potential)。表面电荷的存在使反离子聚集到双电荷层内，当外压力使流体沿着一个方向运动时，会带动这些静电荷产生运动，静电荷的运动即是动电流。在双电荷层之外，当溶液流动时，反离子与同离子同时发生相同方向的运动，从而抵消了这部分离子对动电流的贡献。因此，双电荷层之外的离子流动对能量转换不会产生有益的影响。当孔道直径很小时，孔道内双电层发生交叠，那么孔道内会充满大量的反离子，而由于电场的排斥作用几乎不存在同离子，即所谓的“单极溶液”(unipolar solution)，这时的能量转换效率会更高[86,151]。当孔道两端没有外电场时，产生的电流最大，可以视为纳流电池的短路电流(short-circuit current)；而当外加电阻为无穷大时，电路中不会再有电流存在，而此时的孔道两端的电势称为体系的开路电压(open-circuit potential)。由此，纳流电池便可以向外电路输出能量，等效电路如图 2.30 所示。在实验中，只需要测量纳米孔的动电流与电阻就可以决定此纳米孔的输出功率。

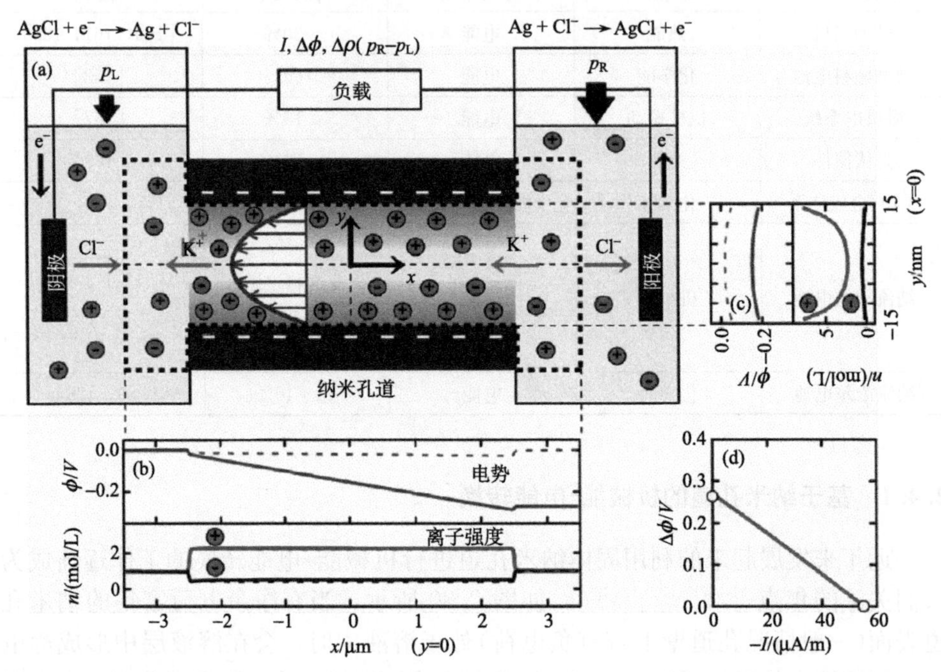

图 2.30 动电流产生原理示意图。当纳米孔道表面有净余电荷富集时，会在溶液层中形成静电场分布，使溶液中的反离子(counter-ions)聚集在双电荷层内，当外压力使流体沿着一个方向运动时，会带动这些静电荷产生运动，静电荷的运动即形成动电流。产生动电流时，孔道内的电势与离子浓度分布如下图所示。本图改编自文献[86]。

基于孔道双电荷层的动电转换思想最早在 20 世纪 60 年代被提出[182]，但是由于当时化石燃料能源的价格一直处于低位，而没有引起足够的重视。随着能源危机的日益临近和近代微纳加工技术的迅猛发展，研究者再一次将目光聚焦在这种基于纳米孔道的能源转换方式上[155,156]。由于纳米流体发电技术的构造非常简单，仅需要一微米或者纳米尺度的孔道、电解质溶液以及压力差就能够将机械能转换为电能。不同于以往的水力发电，其直接将机械能转化为电能而并不需要花费大量的能量用于驱动大型机械转动部件，从而可以达到提高转化效率的目的。并且在能量转换过程中不会对环境造成新的危害。因此，越来越多的科学工作者投入了纳米流体电池的研究中。Yang 等在 2003 年首次提出利用纳米流体发电的实验装置[183]。他给出了多孔通道的能量转换的功率及效率的计算方法，并且利用玻璃滤膜验证了其理论预言规律。但是由于玻璃滤膜的孔径不均一(微孔)和受表面条件的影响，导致其能量转换效率只有不到 0.00015%。2004 年，Daiguji 从理论上对微小孔径中的纳流电池的电学性质进行了预测[151]。其中，当有外压力场时，纳米管中的电解质溶液依然服从欧姆定律；动电势并不随着表面电荷的增加而增加；同时提出一个简便的计算能量转换效率的公式，在适当的条件下，能量转化效率可以达到 8%。同年，Stein 在封装的硅平板型纳米通道中研究了其电导规律[184]，发现在浓度非常低的区域中电导是受表面电荷主导的，即表面电荷决定了低浓度情况下的电学规律。2005 年 Myung-Suk Chun 通过理论计算研究了动电势以及表面电导的影响[185]。同年，Dejardin 等利用核孔多孔膜研究了其表面的电势分布以及表面性质，为后续的基于核孔膜的流体电池研究打下了基础[186]。荷兰 van der Heyden 等研究了基于硅平面封装技术的单纳米通道内的动电流，并且发现其表面电荷模型随着溶液浓度的变化会发生变化[187]。2007 年，他们又通过同样的系统，使用压力驱动的方法在单纳流孔道中产生的电能最高达到 240 pW，而转换效率只有不到 1.5%[31]。北京大学的王宇钢课题组利用核径迹刻蚀法制备了具有高表面电荷密度的高分子材料纳米孔道，并用于压力驱动发电，最大能源转换效率提高到 5%[171]。

一个实用化的纳流电池器件必须具有较高的能量转换效率和足够高的功率密度，但是现有的基于非滑移(no-slip)边界条件的纳流电池体系存在两个最主要的问题，阻碍了上述目标的实现。传统的非滑移边界条件假定在孔道边界处固液界面上具有静止的流速，而这一区域恰恰是反离子(counterion)聚集程度最高的。边界流速为零这一条件大大限制了该区域内反离子与流速场的耦合，导致整体的功率密度和能量转换效率都处于较低的水平[188]。这也是最近报道的一些硅基纳流电池试验上的能量转换效率一般不会超过 3% [31]，而理论值最大也不会超过 7%的主要原因[172]。

大多数情况下，人们讨论的都是电解质流体与纳米孔道壁界面上不发生滑移的情况，也就是说流体在表面处的速度为零。这种处理适合绝大多数情况，但也并非绝对。近年来，一些文献就报道了固液界面上的流体动力学滑移[189-194]，并提出了边界上的滑移速率正比于边界区的流速场剪切速率[195,196]：

$$u_{\text{slip}} = b\left(\frac{\partial u}{\partial x}\right)$$

式中，u 是液体流速；x 是沿界面法线方向的位置坐标分量；b 是滑移长度，如图 2.31 所示。对于边界层流体滑移性质的实验研究是相对比较困难的，很少有实验去证明边界滑移的产生。Bouzigues 利用荧光标记观察到了在微米孔道里的边界滑移[197]。Vermesh 等利用电化学的间接方法表征出 20nm 的通道中，在外界施加高电场时会发生边界滑移[176]。经验上，平滑的和较疏水的表面附近是比较容易出现流体动力学滑移的，通常试验上所测到的滑移长度在 0～100nm 范围内[177,188,198,199]。

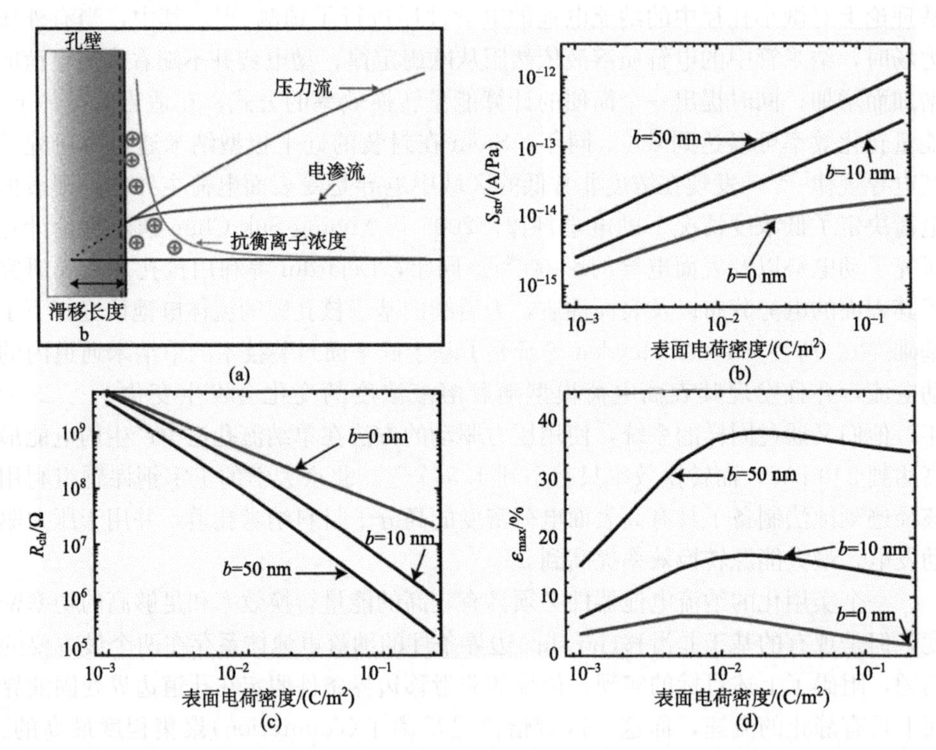

图 2.31　纳米孔道内的流体动力学滑移模型。(a)在垂直于孔道壁的方向，压力驱动的流体速度呈抛物线型分布，而电渗流则呈双曲线型分布。流体动力学滑移在孔道边界处产生一个正比于流速梯度的液体流速。这一流速可以通过外推法确定，在孔道壁内侧长度为 b 的距离处衰减为 0，b 即通常所说的滑移长度。(b)～(d)展示了不同滑移长度下，动电电导(S_{str})、通道电阻(R_{ch})和能量转换效率(ε_{max})对表面电荷密度的依赖关系。本图改编自文献[177]。

滑移的这一特征长度为利用微孔道中的表面滑移来提高纳流电池的能量转换效率提供了可能，因此受到学界的广泛关注[177,200]。Stein 等采用理论计算的方法预言了纳流沟道内流体动力学滑移能够显著地提高体系的能量转换效率。如图 2.31 所示，随着滑移长度的增加，体系所能输出的动电流和能量转换效率都大幅提高，其主要原因在于界面层流体动力学滑移降低了通道内对电荷输运的阻滞，这也是纳流体系中最主要的能量耗散方式。

2.4.2　基于仿生智能纳米孔道的盐差能转换

水溶液体系中由于盐分分布不均所产生的盐差能(salinity gradient energy)是一种通过混合不同浓度的盐溶液来释放的能量，属于吉布斯自由能的一种，它本质上是清洁的、可再生的，而且在释放过程中不排放二氧化碳等温室气体，对环境十分友好[142,201]。理论上均匀混合 1m^3的具有不同盐浓度的海水和河水，将可以产生 1.7 MJ 的能量。根据美国能源部 2008 年的统计(源自 http://www.eia.doe.gov)，全球通过江河注入大海所产生的可利用的盐差能的总储量约为 2.6 TW，这大约相当于当年全球能源消费总量的 20%。然而对于这样一种清洁能量资源，目前，世界上仍然缺乏一种高产出、高效率、低成本、低能耗的方法和技术对其进行开采和利用。

一种较为传统的方法是通过具有选择透过性的离子交换膜进行海水和淡水的混合，被称为反向电渗析技术(reverse electrodialysis)[202]。这项技术是 1954 年由 Pattle 独立提出，当时他所得到的功率密度只有 0.005mW/cm^2[203]。1976 年，Weinstein 和 Leitz 改进了反向电渗析装置的设计，他们使用一组交替排列阴离子和阳离子交换膜作为溶液混合膜组，所得到的功率密度仍然仅有 0.017mW/cm^2。而相对于所付出的成本，当时这种盐差发电的成本仍然是过于高昂的[153]。直到最近，如图 2.32 所示，Metz 等采用包含 50 对交替排列阴离子和阳离子的交换膜，

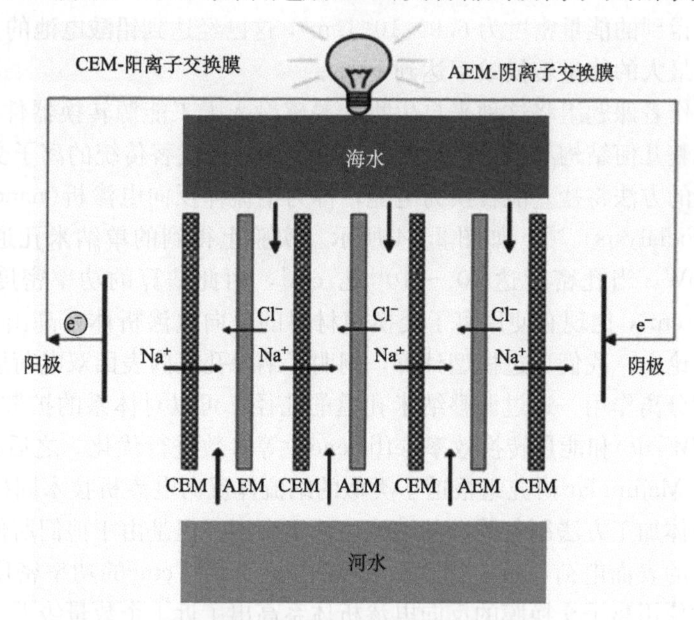

图 2.32　传统的反向电渗析技术通过交替排列的阴离子交换膜(AEM)和阳离子交换膜(CEM)混合海水和淡水来发电。

以及优化设计参数的反向电渗析装置把功率密度提升到了 0.093mW/cm^2，然而这些提升仍然难以满足实际应用的需要[204]。除了所能提供的功率密度十分有限外，这项基于膜材料的技术仍然面临许多尚未解决的难题：首先是离子交换膜的制造成本仍然较高，加之受限于使用过程中不可避免地受到各种生物及化学污染的影响，离子交换膜的寿命受到极大影响，导致这种技术的整体使用成本过高，不能满足实际应用的需要[205]。

由此可见，使用传统的工程和技术手段很难对盐差能这一类的清洁能源进行高效的开发和利用[170]。然而在自然界中，生命体系通过40多亿年的进化，完成了智能操纵的几乎所有过程，产生了各类近乎完美的功能结构，可以高效率地产生和积累来自环境中的能源，实现能量的转换、存储与利用。其中，细胞膜上的各种纳米及亚纳米尺度孔道结构是细胞与外界间物质和能量交换的基础[154]。在生物能源转换体系中，一个特别值得关注的例子是电鳗鱼(electric eel)，它能够利用自身起电盘隔膜上一系列离子通道(ion channel)和离子泵(ion pump)产生约600V的高压电击，用于捕猎和自卫。在最近的一篇报道中，美国国家标准局的La Van等开发了一套模拟电鳗鱼利用高选择性的离子通道将离子浓度梯度转化成为电脉冲信号的数学模型[206]。进一步，他们利用由脂双层构筑的囊泡作为模拟细胞(synthetic protocells)，通过在囊泡之间插入 α 溶血素蛋白质孔道，由此可以将囊泡之间的离子浓度梯度转化为电能，如图 2.33 所示[207]。通过数学模型计算，他们得到的能量密度为 6.9×10^6 J/m^3，这已经达到铅酸电池的5%，通过优化，体系最大的能量转换效率达到10%。

最近，作者课题组将这种来自生物的灵感融入人工能源转换器件的设计中，使用具有规整几何结构和电荷选择性的固体纳米孔道代替传统的离子交换膜，用反向电渗析的方法将盐差能转换为电能，称为纳流体反向电渗析(nanofluidic reverse electrodialysis)[83]，如图 2.34 所示。实验上得到的单纳米孔道的能量输出达到26 pW，当孔密度达 $10^8\sim10^{10}$ 孔/cm^2，由此估算的功率密度可以达到3～260mW/cm^2，比现有使用离子交换膜材料的反向电渗析体系高出了 2～4 个数量级。理论上，我们通过模型计算，阐明了纳米孔道内表面双电荷层对电解质流体的电荷分离作用。通过调整纳米孔道的孔径，可以对体系的扩散电流(I_0)、输出功率($\mathrm{d}W/\mathrm{d}t$)和能量转换效率(efficiency)等参数进行优化。之后，美国 UC Berkeley 的 Majumdar 研究组报道了类似的纳流体反向电渗析技术同样可以在使用标准半导体加工方法制备的硅基纳流芯片上实现，但是由于他们所使用的硅材料具有较低的表面电荷密度，因而仅得到了 0.77mW/cm^2 的功率密度，但这仍然比传统的使用离子交换膜的反向电渗析体系高出了近 1 个数量级[178]。

固体纳米孔道结构可以大大提高反向电渗析体系的工作效能。其主要原因在于直通的纳米孔道大大降低了通道对电解质流体的流阻，从而提高了单位时间通

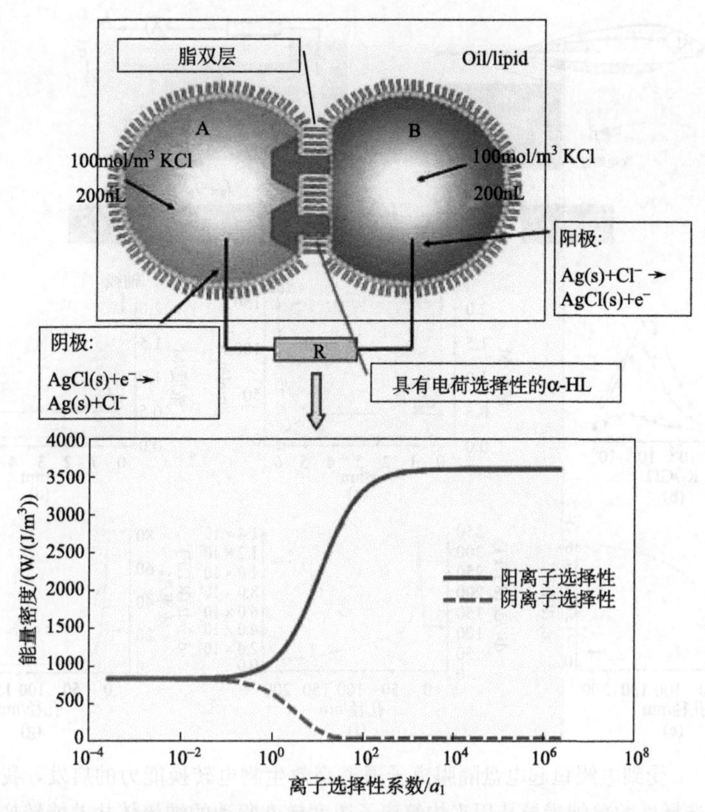

图 2.33 一个由磷脂囊泡和 α 溶血素蛋白质孔道构成的生物纳流电池模型。体系所能输出能量密度(W)随蛋白质孔道的阴离子或阳离子选择性有不同的函数变化关系。本图改编自文献[207]。

过孔道的离子通量，提高了所能得到的功率密度。特别是应用核径迹刻蚀方法得到的基于高分子材料的纳米核孔膜，较之传统的离子交换膜，其本身制备成本低廉，方法简单，适合大规模的生产和应用，这些特性为人工纳米孔道能够高产出、高效率地开发盐差能提供了可能。

2.4.3 基于仿生智能纳米孔道的其他先进能源转换体系

细菌视紫红质(Bacteriorhodopsin)天生具有高效转换和利用太阳能的能力[208-211]。在太阳光的驱动下，它能够通过一系列的跨膜质子泵和质子通道将光能转换成为光电流。在能量转换过程中，离子通道的门控作用非常重要，受此启发，如图 2.35 所示，我们将光酸分子(8-hydroxypyrene-1，3，6-trisulfonate)引入到含有仿生质子通道的特殊设计的光电化学池中，利用纳米通道在不同的状态

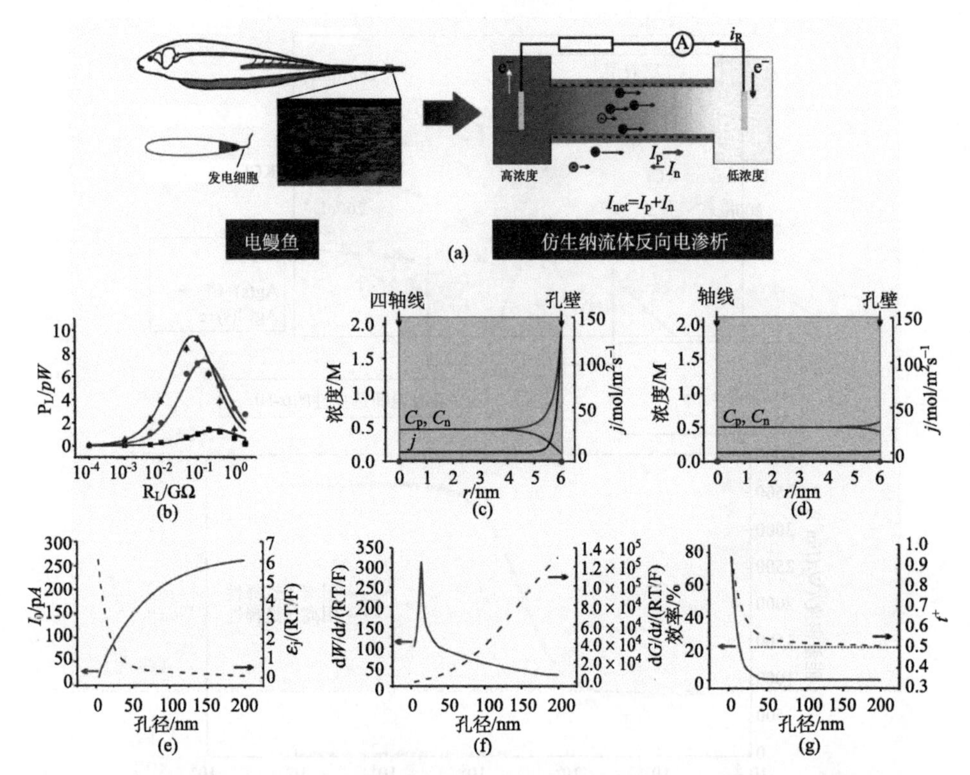

图 2.34 (a)受到电鳗鱼起电盘隔膜离子通道高效生物电转换能力的启发，我们提出将具有离子选择性的单纳米核孔用来构筑离子浓度梯度驱动的纳流体盐差能转换器件，并完成了相关的实验及理论研究。(b)实验上得到的单纳米孔道的电功率输出对浓度梯度的依赖关系(■，base | tip＝100 | 1mM；●，base | tip＝300 | 1mM；▲，base | tip＝1000 | 1mM)。(c)、(d)离子浓度和净电流沿径向的分布，C_p为阳离子浓度，C_n为阴离子浓度，r= 6nm，(c)图中σ = －60mC /m²，(d)图中σ = －6mC /m²。(e)～(g)通过调整纳米孔道的孔径，可以对体系的扩散电流(I_0)、输出功率(dW/dt)和能量转换效率(efficiency)等参数进行优化。本图改编自文献[83]。

下发生特定的构型及表面电荷的改变实现通道选择性的透过特定的离子和分子，它能够在太阳光的驱动下，形成跨膜的质子驱动力，以扩散电势和光电流的形式将光能转换成为电能[60,84]。目前体系得到的短路电流(I_{sc})和开路电压(V_{oc})分别为 6.66μA/cm²和 65.5mV，与细菌视紫红质体系相比[212]，人工体系得到的光生电流和光生电势已经超越了生命体系。但是目前人工体系计算得到的能量转换效率还比较低，在 265mW/cm²的紫外线照射下，仅有 0.0001%。相信在后续的研究工作中，体系的产能效率和产能总量可以通过优化光酸分子和智能孔道膜的设计来得到提高。

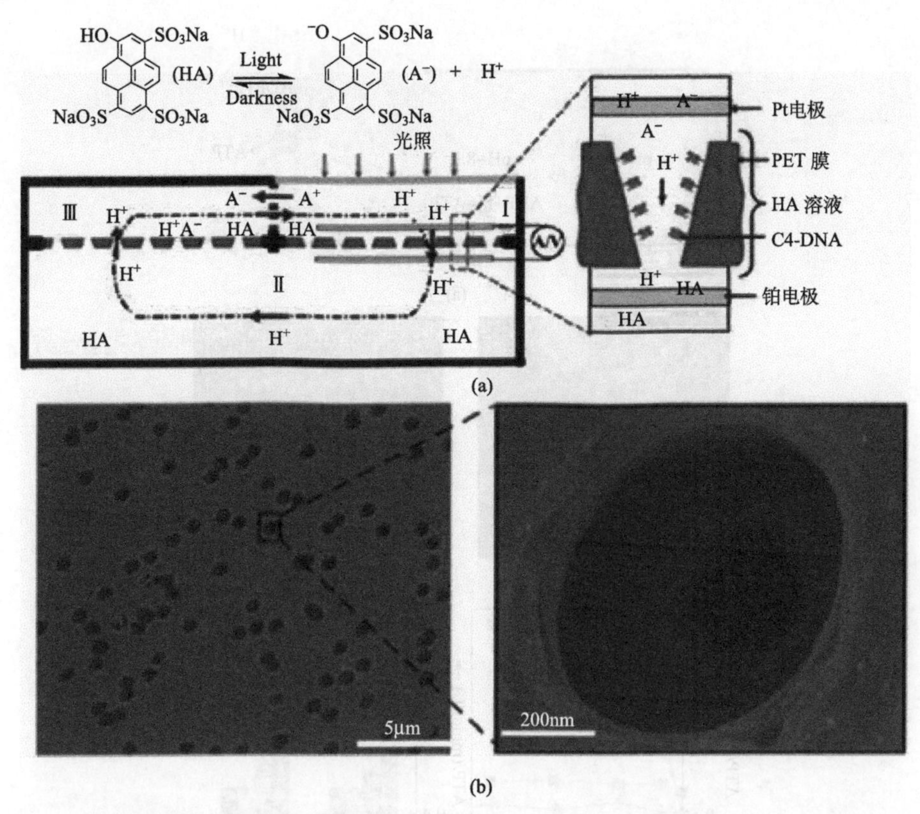

图 2.35　模仿视觉形成原理的质子光电转换体系。(a)体系的光电化学池包含三个部分：部分Ⅰ接收来自外部的光辐射，部分Ⅰ与Ⅲ之间通过离子交换膜隔开，部分Ⅰ与Ⅱ，部分Ⅱ与Ⅲ分别通过质子驱动的仿生智能离子通道膜隔开。光酸分子(8-hydroxypyrene-1，3，6-trisulfonate)被用作光驱动质子泵，在整个体系中形成扩散电势。光电流的输出依赖于铂电极上发生的氧化还原反应。(b)智能孔道膜的 SEM 表征。本图改编自文献[84]。

F 型 ATP 合酶(F_0F_1-ATPase)是自然界中存在的最小的旋转生物马达，它可以通过合成 ATP 分子为生命过程提供能量[213-215]。这种生物分子马达由两部分构成，分别是位于细胞膜外的亲水的 F_1 部分和位于细胞膜内的疏水的 F_0 部分。当有质子流由 F_0 端通过生物马达，便可以造成 F_1 端的 ATP 合成，如图 2.36 所示；反之，当 F_1 端发生 ATP 的水解，生物马达可以借此产生一个由 F_1 端指向 F_0 端的质子回流。鉴于 F 型 ATP 合酶在生理过程中的重要性，人们曾经将它在人造的囊泡体系下进行重构，使其能够在人造体系下发挥功能[216-219]。我们在由磷脂层覆盖的固体纳米孔道上，对 F 型 ATP 合酶生物分子马达进行了组装，第一次在合成体系里对 F 型 ATP 合酶生物分子马达的 F_0 和 F_1 端进行了完全的封装，并且保持了马达的活性[220]。借助生物分子马达的作用，我们的 F_0F_1-纳米

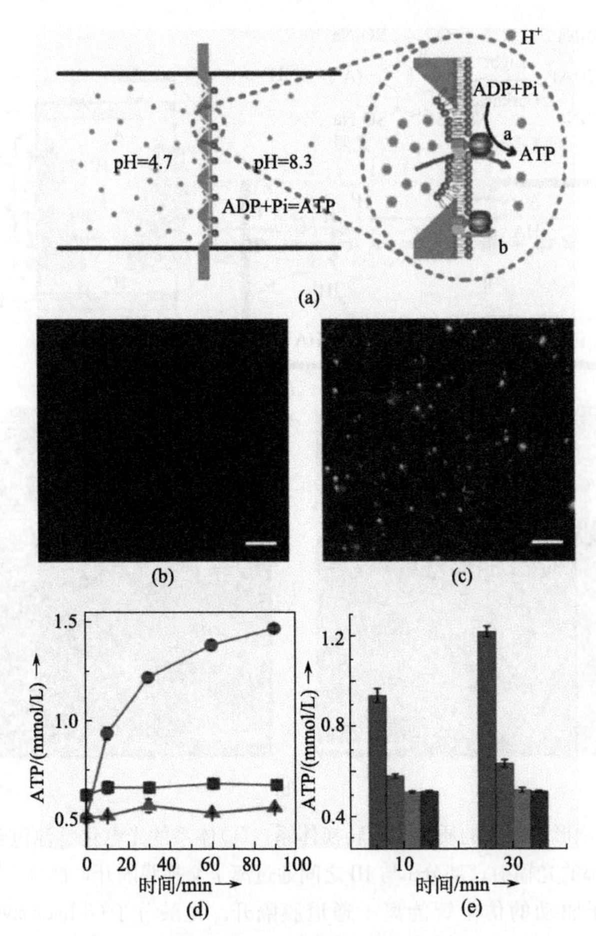

图 2.36　(a)F 型 ATP 合酶-纳米孔道膜组装体系示意图。当有质子流以 pH 梯度的形式从生物分子马达的 F_0 端流向 F_1 端，F_1 端开始 ATP 的合成。(b，c) 组装前(b)后(c)的荧光标记照片证明了 F 型 ATP 合酶已经成功地在固体纳米孔道膜上进行组装，标尺的长度为 10mm。(d)随着时间的增长，合成 ATP 的浓度在 F_1 一侧不断累积，而作为对照组，没有跨膜 pH 梯度和没有组装分子马达则没有明显的 ATP 合成。(e)组装体系合成 ATP 的功能可以维持 1 天以上。本图改编自文献[220]。

孔体系可以将跨膜的质子浓度梯度(pH 梯度)转化成为 ATP 分子的合成，平均每个蛋白酶分子每一秒钟可以合成 37 个 ATP 分子。它也成了一种新型的化学能-化学能转换的原型器件。

2.4.4　结论与展望

基于仿生智能纳米通道的先进能源转换体系的核心是从生物离子通道中与能量转换相关的生命现象(电鳗、光合作用、ATP、视网膜、紫膜、微藻等)获得启示，通过对其原理和微观结构的深入研究和探索，从原理和结构上模仿生命中能量高效转换的某一个侧面，实现能量转换材料设计及器件的组装，并最终在能量转换和利用上超越自然(光能到电能、光能到化学能及高效存储)。

在可以预见的范围内，仿生智能纳米通道的先进能源转换器件，其产能效率超越了人类已有技术所能达到的结果，为面向未来的能源技术的创新提供了新思路、新理论和新方法。将来自自然的灵感用于清洁能源的开采，是能源领域的有益探索。同时该方案也能适合自然的需要，在开发能源的同时，不造成新的环境污染。更重要的是，结合了先进纳米技术和现代分子科学的研究成果，基于智能纳米孔道的能源转换方法摆脱了传统发电设备所必需的机械转动装置的束缚，为电源部件的小型化，微型化和集成化提供了一个开创性范例。它也为今后制备诸如纳米机器、微机电体系、生物医学植入器件，乃至个人移动设备的微型电源部件开辟了道路[221,222]。

参考文献

[1] Hille B. Ion channels of excitable membranes. Edition 3. Sunder land: Sinauer Associates Inc. 2001.
[2] Hou X, Guo W, Jiang L. Chem Soc Rev, 2011, 40: 2385.
[3] Rothman J E, Lenard J. Science, 1977, 195: 743.
[4] Nelson D L, Cox M M. Lehninger Principles of Biochemistry Fourth Edition. Ringgold: Ringgold Inc. 2004.
[5] Jiang Y, Lee A, Chen J, et al. Nature, 2003, 423: 33.
[6] Mackinnon R. FEBS Letters, 2003, 555: 62.
[7] MacKinnon R. Angew Chem Int Ed, 2004, 43: 4265.
[8] Abraham M, Jahangir A, Alekseev A, et al. FASEB J, 1999, 13: 1901.
[9] Guo W, Jiang L. Acc Chem Res, 2013, 46: 2834.
[10] Dekker C. Nat Nanotechnol, 2007, 2: 209.
[11] Li J, Stein D, McMullan C, et al. Nature, 2001, 412: 166.
[12] Martin C R, Nishizawa M, Jirage K, et al . J Phys Chem B, 2001, 105: 1925.
[13] Sparreboom W, van den Berg A, Eijkel J C T. Nat Nanotechnol, 2009, 4: 713.
[14] Sparreboom W, van den Berg A, Eijkel J C T. New J Phys, 2010, 12: 1839.
[15] Kohli P, Harrell C C, Cao Z, et al. Science, 2004, 305: 984.
[16] Mara A, Siwy Z, Trautmann C, et al. Nano Lett, 2004, 4: 497.
[17] Apel P Y, Korchev Y E, Siwy Z, et al. Nucl Instr Meth Phys Res B, 2001, 184: 337.
[18] Vlassiouk I, Smirnov S, Siwy Z. Nano Lett, 2008, 8: 1978.
[19] Griffiths J. Anal Chem, 2008, 80: 23.

[20] Jiang Y, Ruta V, Chen J, et al. Nature, 2003, 423: 42.
[21] Jasti J, Furukawa H, Gonzales E B, et al. Nature, 2007, 449: 316.
[22] Xia F, Guo W, Mao Y D, et al. J Am Chem Soc, 2008, 130: 8345.
[23] Guo W, Xia H, Xia F, et al. ChemPhysChem, 2010, 11: 859.
[24] Guo W, Xia H W, Cao L X, et al. Adv Funct Mater, 2010, 20: 3561.
[25] Tian Y, Hou X, Wen L P, et al. Chem Commun, 2010, 46: 1682.
[26] Hou X, Dong H, Zhu D B, et al. Small, 2010, 6: 361.
[27] Hou X, Yang F, Li L, et al. J Am Chem Soc, 2010, 132: 11736.
[28] Hou X, Liu Y J, Dong H, et al. Adv Mater, 2010, 22: 2440.
[29] Siwy Z S. Adv Funct Mater, 2006, 16: 735.
[30] Li J L, Gershow M, Stein D, et al. Nat Mater, 2003, 2: 611.
[31] van der Heyden F H J, Bonthuis D J, Stein D, et al. Nano Lett, 2007, 7: 1022.
[32] Kasianowicz J J, Brandin E, Branton D, et al. Proc Natl Acad Sci USA, 1996, 93: 13770.
[33] Hou X, Jiang L. ACS NANO, 2009, 3: 3339.
[34] Chu S Z, Wada K, Inoue S, et al. Adv Mater, 2005, 17, 2115.
[35] Yan H, Huang Q L, Cui J, et al. Adv Mater. 2003, 15, 835.
[36] Storm A J, Chen J H, Ling X S, et al. Nat Mater, 2003, 2: 537.
[37] Siwy Z, Apel P, Baur D, et al. Surf Sci, 2003, 532: 1061.
[38] Trautmann C, Bruchle W, Spohr R, et al. Nucl Instr Meth Phys Res B, 1996, 111: 70.
[39] Harrell C C, Choi Y, Horne L P, et al. Langmuir, 2006, 22: 10837.
[40] Maurer F, Dangwal A, Lysenkov D, et al. Nucl Instr Meth Phys Res B, 2006, 245: 337.
[41] Kohli P, Harrell C C, Cao Z H, et al. Science, 2004, 305: 984.
[42] Umehara S, Pourmand N, Webb C D, et al. Nano Lett, 2006, 6: 2486.
[43] Fan R, Yue M, Karnik R, et al. Phys Rev Lett, 2005, 95: 14395.
[44] Wendell D, Jing P, Geng J, et al. Nat Nanotechnol, 2009, 4: 765.
[45] Sisson A L, Shah M R, Bhosale S, et al. Chem Soc Rev , 2006, 35: 1269.
[46] Keyser U F, Koeleman B N, Van Dorp S, et al. Nat Phys, 2006, 2: 473.
[47] Apel P. Radiat Meas, 2001, 34: 559.
[48] Hou X, Dong H, Zhu D, et al. Small, 2010, 6: 361.
[49] Lathrop D K, Ervin E N, Barrall G A, et al. J Am Chem Soc, 2010, 132: 1878.
[50] White R J, Ervin E N, Yang T, et al. J Am Chem Soc, 2007, 129: 11766.
[51] Gyurcsanyi R E. Trac-Trends in Analy Chem, 2008, 27: 627.
[52] Matile S, Som A, Sorde N. Tetrahedron, 2004, 60: 6405.
[53] Baker L A, Jin P, Martin C R. Crit Rev Solid State, 2005, 30: 183.
[54] Guo W, Xia H W, Cao L X, et al. Adv Funct Mater, 2010, 20: 3561.
[55] Branton D, Deamer D W, Marziali A, et al. Nat Biotechnol, 2008, 26: 1146.
[56] Siwy Z, Apel P, Dobrev D, et al. Nucl Instr Meth Phys Res B, 2003, 208: 143.
[57] Xie Y, Wang X, Xue J, et al. Appl Phys Lett, 2008, 93: 10395.
[58] Wen L, Hou X, Tian Y , et al. Adv Funct Mater, 2010, 20: 2636.
[59] Dong H, Nie R, Hou X, et al. Chem Commun, 2011, 47: 3102.
[60] Wen L, Hou X, Tian Y, et al. Adv Mater, 2010, 22: 1021.

[61] Ali M, Tahir M N, Siwy Z, et al. Anal Chem, 2011, 83: 1673.
[62] Yusko E C, Johnson J M, Majd S, et al. Nat Nanotechnol, 2011, 6: 253.
[63] Hou X, Guo W, Xia F, et al. J Am Chem Soc, 2009, 131: 7800.
[64] Guo W, Cao L, Xia J, et al. Adv Funct Mater, 2010, 20: 1339.
[65] Daiguji H. Chem Soc Rev, 2010, 39: 901.
[66] Bard A J, Faulkner L R. 2 ed. New York: John Wiley & Sons, 2001, 856.
[67] Schoch R B, Han J Y, Renaud P. Rev Mod Phys, 2008, 80: 839.
[68] Masliyah J H, Bhattacharjee S. In Electrokinetic and Colloid Transport Phenomena. New York: John Wiley & Sons: 2005: 221.
[69] Debye P, Huckel E. Physik Z, 1924, 25: 204.
[70] Sparreboom W, van den Berg A, Eijkel J C T. Nat Nanotechnol, 2009, 4: 713.
[71] Shilov V N, Dukhin S S. Colloid J, 1969, 31: 564.
[72] Aksimentiev A, Schulten K. Biophys J, 2005, 88: 3745.
[73] Mathé J, Aksimentiev A, Nelson D R, et al. Proc Natl Acad Sci USA, 2005, 102: 12377.
[74] Bond P J, Guy A T, Heron A J, et al. Biochemistry, 2011, 50: 3777.
[75] Zwolak M, Di Ventra M. Rev Mod Phys, 2008, 80: 141.
[76] Wang C, Chen Q, Sun F, et al. J Am Chem Soc, 2010, 132: 3092.
[77] Siwy Z S, Howorka S. Chem Soc Rev, 2010, 39: 1115.
[78] Guo W, Xia H W, Xia F, et al. ChemPhysChem, 2010, 11: 859.
[79] Hou X, Guo W, Jiang L. Chem Soc Rev, 2011, 40: 2385.
[80] Hou X, Guo W, Xia F, et al. J Am Chem Soc, 2009, 131: 7800.
[81] Siwy Z, Fulinski A. Phys Rev Lett, 2002, 89, 16560.
[82] Daiguji H, Oka Y, Shirono K. Nano Lett, 2005, 5, 2274.
[83] Guo W, Cao L X, Xia J C, et al. Adv Funct Mater, 2010, 20: 1339.
[84] Wen L P, Hou X, Tian Y, et al. Adv Funct Mater, 2010, 20: 2636.
[85] Daiguji H, Yang P, Szeri A J, et al. Nano Lett, 2004, 4: 2315.
[86] Daiguji H, Oka Y, Adachi T, et al. Electrochem Commun, 2006, 8: 1796.
[87] Yongqiang R, Derek S. Nanotechnology, 2008, 19: 195707.
[88] Kasianowicz J J, Brandin E, Branton D, et al. Proc Nati Acad Sci USA, 1996, 93, 13770.
[89] 郭维. 基于离子径迹法的纳米单孔与人工离子通道的制备及特性研究. 北京：北京大学，2009.
[90] Majd S, Yusko E C, Billeh Y N, et al. Curr Opinion Biotechnol, 2010, 21: 439.
[91] Bayley H, Cremer P S. Nature, 2001, 413: 226.
[92] Stoddart D, Maglia G, Mikhailova E, et al. Angew Chem Int Ed, 2010, 49: 556.
[93] Braha O, Gu L Q, Zhou L, et al. Nat Biotechnol, 2000, 18: 1005.
[94] Schibel A E P, An N, Jin Q, et al. J Am Chem Soc, 2010, 132: 17992.
[95] Derrington I M, Butler T Z, Collins M D, et al. Proc Nati Acad Sci, 2010, 107: 16060
[96] Butler T Z, Pavlenok M, Derrington I M, et al. Proc Nati Acad Sci, 2008, 105: 20647.
[97] Stoddart D, Heron A J, Mikhailova E, et al. Proc Nati Acad Sci, 2009, 106: 7702.
[98] Wendell D, Jing P, Geng J, et al. Nat Nanotechnol, 2009, 4, 765.
[99] Jing P, Haque F, Shu D, et al. Nano Lett, 2010, 10: 3620.
[100] 侯旭，江雷. 仿生智能单纳米通道的非对称设计及研究. 物理，2011，5.

[101] 田野. 基于聚合物单纳米孔道的仿生离子通道制备及性质研究. 中国科学院研究生院博士学位论文，2011.
[102] Kohli P, Harrell C C., Cao Z, et al. Science , 2004, 305: 984.
[103] Kowalczyk S W, Blosser T R, Dekker C. Trends Biotechnol, 2011, 29: 607.
[104] Róbert E G. TrAC Trends Anal Chem, 2009, 27: 627.
[105] Wanunu M, Meller A. Nano Lett, 2007, 7: 1580.
[106] Zhang B, Zhang Y, White H S. Anal Chem, 2004, 76: 6229.
[107] Yuan J H, He F Y, Sun D C, et al. Chem Mater, 2004, 16: 1841.
[108] Storm A J, Chen J H, Ling X S., et al. Nat Mater, 2003, 2: 537.
[109] Wu S, Park S R, Ling X S. Nano Lett, 2006, 6: 2571.
[110] P Apel. Radia Meas, 2001, 34: 559.
[111] Kalman E B, Vlassiou I, Siwy Z S. Adv Mater, 2008, 20: 293.
[112] Alcaraz A, Ramírez P, García-Giménez E, et al. J Phys Chem B, 2006, 110: 21205.
[113] Vlassiouk I, Siwy Z S. Nano Lett, 2007, 7: 552.
[114] Xia F, Guo W, Mao Y, et al. J Am Chem Soc, 2008, 130: 8345.
[115] Yameen B, Ali M, Neumann R, et al. J Am Chem Soc, 2009, 131: 2070.
[116] Yameen B, Ali M, Neumann R, et al. Chem Commun, 2010, 46: 1908.
[117] Yameen B, Ali M, Neumann R, et al. Nano Lett, 2009, 9: 2788.
[118] Hou X, Liu Y, Dong H, et al. Adv Mater, 2010, 22: 2440.
[119] Siwy Z, Apel P, Dobrev D, et al. Nucl Instr Method Phys Res B, 2003, 208: 143.
[120] Wei C, Bard A J, Feldberg S W. Anal Chem, 1997, 69: 4627.
[121] Huang J, Zhang X, McNaughton P A. Seminars in Cell and Developmental Biology, 2006, 17: 638.
[122] Yameen B, Ali M, Neumann R, et al. Small, 2009, 5: 1287.
[123] Li P F, Xie R, Jiang J C, et al. J Membr Sci, 2009, 337: 310.
[124] Banghart M, Borges K, Isacoff E, et al. Nat Neurosci , 2004, 7: 1381.
[125] Liu D, Dunphy D R, Atanassov P, et al. Nano Lett, 2004, 4: 551.
[126] Wang G, Bohaty A K, Zharov I, et al. J Am Chem Soc, 2006, 128: 13553.
[127] Vlassiouk I, Park C D, Vail S A, et al. Nano Lett, 2006, 6: 1013.
[128] Harrell C C, Kohli P, Siwy Z, et al. J Am Chem Soc, 2004, 126: 15646.
[129] Kalman E, Sudre O, Vlassiouk, I, et al. Anal Bioanal Chem, 2009, 394: 413.
[130] Siwy Z S, Powell M R, Petrov A, et al. Nano Lett, 2006, 6: 1729.
[131] Siwy Z S, Powell M R, Kalman E, et al. Nano Lett, 2006, 6: 473.
[132] Powell M R, Sullivan M, Vlassiouk I, et al. Nat Nanotechnol, 2008, 3: 51.
[133] Tian Y, Hou X, Wen L, et al. Chem Commun, 2010, 46: 1682.
[134] Siwy Z, Trofin L, Kohli P, et al. J Am Chem Soc, 2005, 127: 5000.
[135] Han C, Hou X, Zhang H, et al. J Ame Chem Soc, 2011, 133: 7644.
[136] Ali M, Nasir S, Nguyen Q H, et al. J Am Chem Soc, 2011, 133: 17307.
[137] Friebe A, Ulbricht M. Macromolecules, 2009, 42: 1838.
[138] Geismann C, Tomicki F, Ulbricht M. Sep Sci Technol, 2009, 44: 3312.
[139] Guo W, Xia H, Cao L, et al. Adv Funct Mater, 2010, 20: 3561.
[140] Zhan, L X, Cai S L, Zheng Y B, et al. Adv Funct Mater, 2011, 21: 2103.

[141] Lindley D. Nature，2009，458：138.
[142] Pacala S，Socolow R. Science，2004，305：968.
[143] Kamat P V. J Phys Chem C，2007，111：2834.
[144] Tian B Z，Zheng X L，Kempa T J，et al. Nature，2007，449：885.
[145] Majumdar A. Science，2004，303，777.
[146] Minnich A J，Dresselhaus M S，Ren Z F，et al. Energy Environ Sci，2009，2：466.
[147] Qi Y，McAlpine M C. Energy Environ Sci，2010，3：1275.
[148] Xu S，Qin Y，Xu C，et al. Nat Nanotechnol，2010，5：366.
[149] Loeb S，Norman R S. Science，1975，189：654.
[150] van der Heyden F H J，Stein D，Dekker C. Phys Rev Lett，2005，95：19506.
[151] Daiguji H，Yang P D，Szeri A J，et al. Nano Lett，2004，4：2315.
[152] Brogioli D. Phys Rev Lett，2009，103，15603.
[153] Weinstein J N，Leitz F B. Science，1976，191：557.
[154] Hille B. Ion Channels of Excitable Membranes. Sinauer Associates Inc.，2001.
[155] Eijkel J C T，van den Berg A. Microfluid Nanofluid，2005，1：249.
[156] Pennathur S，Eijkel J C T，van den Berg A. Lab Chip，2007，7：1234.
[157] Tiggelaar R M，Benito-Lopez F，Hermes D C. Chem Engine J，2007，131：163.
[158] Spadaccini C M，Lee J，Lukachko S，et al. ASME Conference Proceedings，2002：469.
[159] Cao H L，Xu J L. Energy Convers Manage，2007，48：1569.
[160] Vafai K，Zhu L. Int J Heat Mass Transfer，1999，42：2287.
[161] Whalen S，Thompson M，Bahr D，et al. Sens Actuat A，2003，104：290.
[162] Mitrovski S M，Elliott L C C，Nuzzo R G. Langmuir，2004，20：6974.
[163] Kim H K，Cho S H，Ok Y W，et al. J Vacuum Sci Technol B，2003，21：949.
[164] Luo T J M，Soong R，Lan E，et al. Nat Mater，2005，4：220.
[165] Hess H，Bachand G D，Vogel V. Chemistry Euro J，2004，10：2110.
[166] Lee C H，Jiang K C，Jin P，et al. Microelectro Engineer，2004，73-74：529.
[167] Glockner P S，Naterer G F. Int J Energy Res，2007，31：603.
[168] Bermejo S，Castañer L. Sens Actuat A，2005，121：237.
[169] Tanaka Y，Sato K，Shimizu T，et al. Lab Chip，2007，7：207.
[170] LaVan D A，Cha J N. Proc Natl Acad Sci USA，2006，103：5251.
[171] Xie Y B，Wang X W，Xue J M，et al. Appl Phys Lett，2008，93：248.
[172] van der Heyden F H J，Bonthuis D J，Stein，et al. Nano Lett，2006，6：2232.
[173] Xuan X C. Anal Chem，2007，79：7928.
[174] Garai A，Chakraborty S. Electrophoresis，2010，31：843.
[175] Davidson C，Xuan X C. J Power Source，2008，179：297.
[176] Vermesh U，Choi J W，Vermesh O，et al. Nano Lett，2009，9：1315.
[177] Ren Y Q，Stein D. Nanotechnology，2008，19：195707.
[178] Kim D K，Duan C H，Chen Y F，et al. Microfluid Nanofluid，2010，9：1215.
[179] Goswami P，Chakraborty S. Langmuir，2010，26：581.
[180] Szymczyk A，Zhu H C，Balannec B. Langmuir，2010，26：1214.
[181] Chang C C，Yang R J. Microfluid Nanofluid，2010，9：225.

[182] Osterle J. Appl Sci Res，1964，12：425.
[183] Jun Y，et al. J Micromechanic Microengin，2003，13：963.
[184] Stein D，Kruithof M，Dekker C. Phys Rev Lett，2004，93：035901.
[185] Myung-Suk C，et al. J Micromechanic Microengin，2005，15：710.
[186] Dejardin P，Vasina E N，Berezkin V V，et al. Langmuir，2005，21：4680.
[187] van der Heyden F H J，Stein D，Dekker C. Phys Rev Lett，2005，95：116104.
[188] Schoch R B，Han J，Renaud P. Rev Mod Phys，2008，80：839.
[189] Zhu Y，Granick S. Phys Rev Lett，2001，87：096105.
[190] Baudry J，Charlaix E，Tonck A，et al. Langmuir，2001，17：5232.
[191] Doshi D A，Watkins E B，Israelachvili J N，et al. Proc Natl Acad Sci USA，2005，102：9458.
[192] Zhu Y，Granick S. Phys Rev Lett，2002，88：106102.
[193] Meyer E E，Rosenberg K J，Israelachvili J. Proc Natl Acad Sci USA ，2006，103：15739.
[194] Cheng J T，Giordano N. Phys Rev E，2002，65：031206.
[195] Bocquet L，et al. Phys Rev E，1994，49：3079.
[196] Joly L，Ybert C，Trizac E，et al. J Chem Phys，2006，125：204716.
[197] Bouzigues C I，Tabeling P，Bocquet L. Phys Rev Lett，2008，101：114503.
[198] Levine S，Marriott J R，Neale G，et al. J Colloid Interface Sci，1975，52：136.
[199] Ming-Chang L，et al. J Micromechanic Microengin，2006，16：667.
[200] Chiara N，et al. Rep Prog Phys ，2005，68：2859.
[201] Shannon M A，Bohn P W，Elimelech M，et al. Nature，2008，452：301.
[202] Veerman J，Saakes M，Metz S J，et al. J Membr Sci，2009，327：136.
[203] Pattle R E. Nature 1954，174：660.
[204] Post J W，Veerman J，Hamelers H V M，et al. J Membr Sci，2007，288：218.
[205] Post J W，Hamelers H V M，Buisman C J N. Environ Sci Technol ，2008，42：5785.
[206] Xu J，Lavan D A. Nat Nanotechnol，2008，3：666.
[207] Xu J，Sigworth F J，LaVan D A. Adv Mater，2010，22：120.
[208] Lozier R H，Bogomolni R A，Stoeckenius W. Biophys J ，1975，15：955.
[209] Kuhlbrandt W. Nature，2000，406：569.
[210] Subramaniam S，Henderson R. Nature，2000，406：653.
[211] Balashov S P，Imasheva E S，Boichenko V A，et al. Science，2005，309：2061.
[212] Jin Y，Honig T，Ron I，et al. Chem Soc Rev，2008，37：2422.
[213] Kühlbrandt W，Zeelen J，Dietrich J. Science，2002，297：1692.
[214] McDougall I，Brown F H，Fleagle J G. Nature，2005，433：733.
[215] Weber J，Senior A E. FEBS Lett，2003，545：61.
[216] Steinberg-Yfrach G，Rigaud J L，Durantini E N，et al. Nature，1998，392：479.
[217] Fischer S，Gräber P. FEBS lett，1999，457：327.
[218] Toei M，Gerle C，Nakano M，et al. Proc Natl Acad Sci USA，2007，104：20256.
[219] Steigmiller S，Turina P，Gräber P. Proc Natl Acad Sci USA，2008，105，3745.
[220] Dong H，Nie R，Hou X，et al. Chem Commun，2011，47，3102.
[221] Wang Z L. Sci Am，2008，298：82.
[222] Baxter J，Bian Z，Chen G，et al. Energy Environ Sci，2009，2：55.

第3章 微流控芯片实验室

3.1 微流控芯片实验室技术的介绍

微流控芯片实验室是21世纪一项重要的科学技术，现代科学文明发展的主旋律之一是微型化和集成化。手机越来越小，集成功能越来越多；电脑CPU线越来越窄，信息处理能力越来越强。这些以微型或集成为根本特征的科技成果已经使人们相隔千里就可以无障碍通话，足不出户就可以办公。人们开始做更多的设想，例如，有没有可能把疾病诊断设备，甚至整个医院的检验系统都微缩并集成到一个便携式的装置内，如果这样，人们就可以随时随地地诊断病情，毫无顾忌地享用美食，生活质量因此大幅提高，甚至生活方式都将发生改变。

微流控芯片实验室称为芯片实验室(lab-on-a-chip)或微流控芯片(micro-fluidics)[1]，它将化学、物理及生物等领域中所涉及的样品制备、分离、反应、检测及细胞培养、分选、裂解等基本单元集成在一块几平方厘米的芯片上，经微通道形成多种形式的网络，以可控流体贯穿整个系统，用以代替常规化学或生物实验室各种功能的一种集成化分析技术平台，如图3.1所示。微流控芯片实验室的优点可概括总结为：快速、便捷、操作简单、价格低廉以及多种单元技术在整体

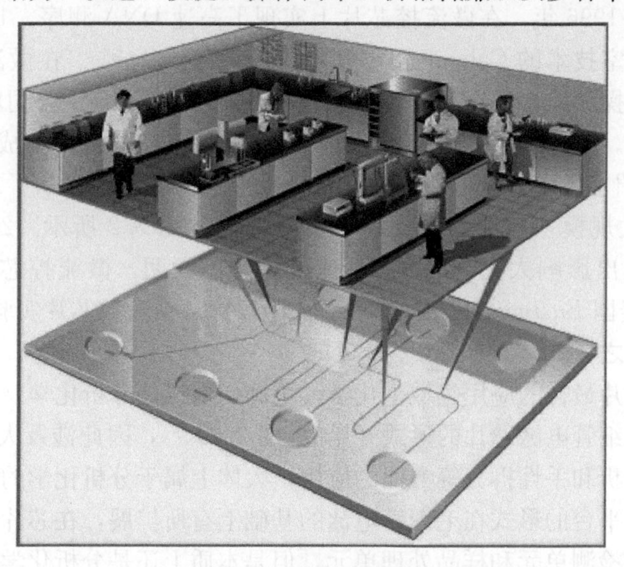

图3.1 芯片实验室

可控的微小平台上灵活组合，规模集成。早期的一些文献认为高通量为其基本特征之一，实际上是因为微流控芯片上被集成的操作单元或单元群是相同或基本相同的[2,3]。

微流控芯片是以微机械加工为基础、微流体驱动/控制为核心技术、检测技术为依托的分析系统。Springer 出版社出版的国际专业期刊 *Microfluidics and Nanofluidics* 将其定义为：在微(纳)米尺度下的物质(包括分子与胶体)传递、动量传递、热传递以及在传输中的反应过程。

微流控芯片在装置上的主要特征是其容纳流体的有效结构(包括通道、反应室和其他某些功能部件)至少在一个维度上为微米级尺度。与宏观尺度的实验装置相比，微流控芯片的微米结构显著增大了流体环境的面积/体积比。这一变化在微流控芯片分析系统中导致一系列与物体表面有关的、决定其特殊性能的特有效应，主要包括：①层流效应；②表面张力及毛细效应；③快速热传导效应；④扩散效应。这些效应大多数使微流控芯片的分析性能显著超过宏观条件下的分析体系，微流控芯片分析性能的改善主要包括：①分析装备的体积减小；②分析装备更加集成化、自动化；③分析效率显著提高；④试样和试剂消耗显著下降等。分析性能改善带来的好处是分析成本的降低和分析过程产生的废物对环境污染的减少。

微流控芯片从 20 世纪 90 年代初的芯片毛细管电泳形式开始，一大批学者如 Manz 和 Ramsey 等[4-8]开拓了早期的芯片电泳研究工作。同时，Manz 等提出了微全分析系统(μ-TAS)的概念。美国加州大学伯克利分校的 Mathies 研究组[9,10]相继于 1995～1996 年，在微流控芯片上实现了高速 DNA 测序。1995 年，首家从事芯片实验室技术的 Caliper 公司成立。1997 年，Li 等[11]在微流控芯片上实现了单细胞的操纵。1999 年，HP(后来的 Agilent)与 Caliper 公司联合推出了首台商品化仪器。2002 年 10 月，Quake 等[12]以“微流控大规模集成芯片”为题在 *Science* 上介绍了集成有上千个阀和几百个反应器的芯片，显示了芯片由简单的电泳分离到大规模多功能集成实验室的飞跃，如图 3.2 所示。2003 年 10 月，*Forbes* 杂志列出影响人类未来的 15 种最重要的发明，微流控芯片名列其中。2004 年 9 月美国 *Business*2.0 杂志的封面文章称，“微流控芯片实验室”是改变未来的七种技术之一。

微流控芯片最初的应用领域是化学，更确切地说是分析化学。鉴于第一批研究工作是以毛细管电泳芯片的形式开始的(图 3.3)[13]，因此涉及大量的 DNA 分析、蛋白质分析和手性拆分等方面的应用，大体上属于分析化学的范畴。此后一段时间，虽然平台的形式在毛细管电泳的基础上有所扩展，在芯片上出现了更多的分离单元、检测单元和样品处理单元，但是本质上还是分析化学。因此，在那一段时间里，微流控芯片和微全分析系统的概念被混用。微流控芯片作为一种分

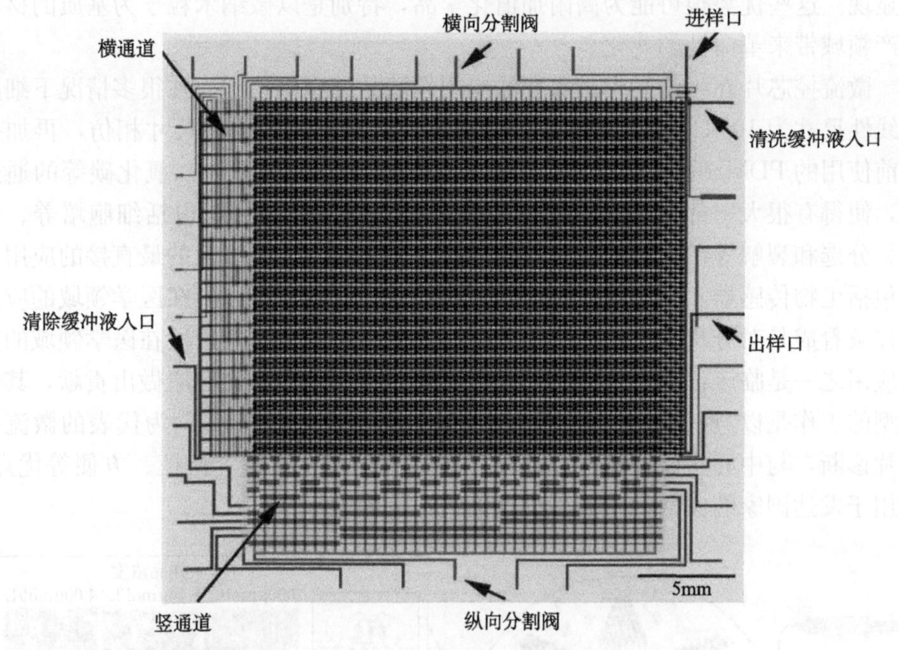

图 3.2　集成上千个阀和几百个反应器的芯片

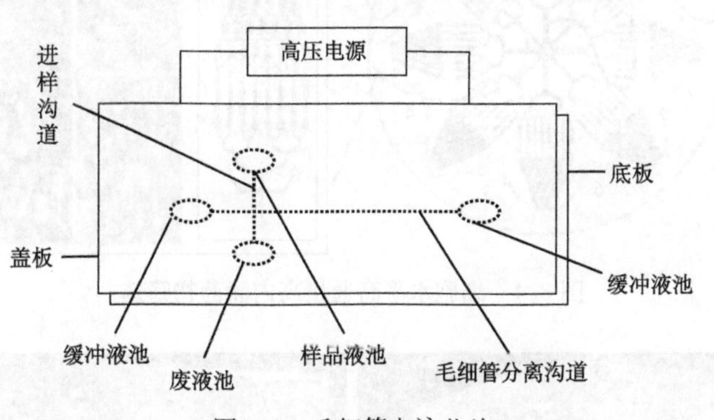

图 3.3　毛细管电泳芯片

析化学平台的优势包括耗样量低、分析速度快、具有高灵敏度和高分辨率，还可以把样品处理、分离、反应等与分析相关的过程集成在一起，大大提高分析的效率。微流控芯片在化学上另一个应用是反应，特别是对于高附加值化学品的合成，以及一些重要的催化反应、控制模拟。有很长一段时间，微流控芯片在合成领域的应用曾经因为它过于微小的体积而遭到忽略，但是现在已有越来越多的人认识到，这一缺陷完全可以通过提高合成反应的通量来弥补，此时，微流控芯片作为一种化学合成平台包括传质传热迅速、副产物少、单位时间得率高等优势得到显现。这些优势很可能为高附加值化学品，特别是以微纳米粒子为基质的材料生产领域带来革命性的变化。

微流控芯片在生物学中最重要的应用领域是细胞生物学。在很多情况下细胞的线性尺寸为10～100μm，正好和现行的微流控芯片的构件尺寸相仿，再加上目前使用的PDMS等材料所具有的低毒生物相容性及对氧、二氧化碳等的通透性，使得有很大一部分芯片成为细胞研究极为重要的平台，包括细胞培养、刺激、分选和裂解等单元过程都可以在芯片平台上实现，所涉及的最直接的应用领域包括生物传感器、干细胞研究以及药物筛选(图3.4)等[14]。在医学领域的应用往往被看成是对分析化学研究和生物学研究的直接结果。现阶段在医学领域的重要应用之一是临床诊断，微流控芯片有可能对全球化的公共健康做出贡献，其中典型的工作是以“现场即时检测”(point of care testing，POCT)为代表的微流控芯片诊断，与中心实验室相比，这种检测具有小型、便携、快捷、方便等优点，适用于发达国家的家庭和发展中国家的边远贫困地区。

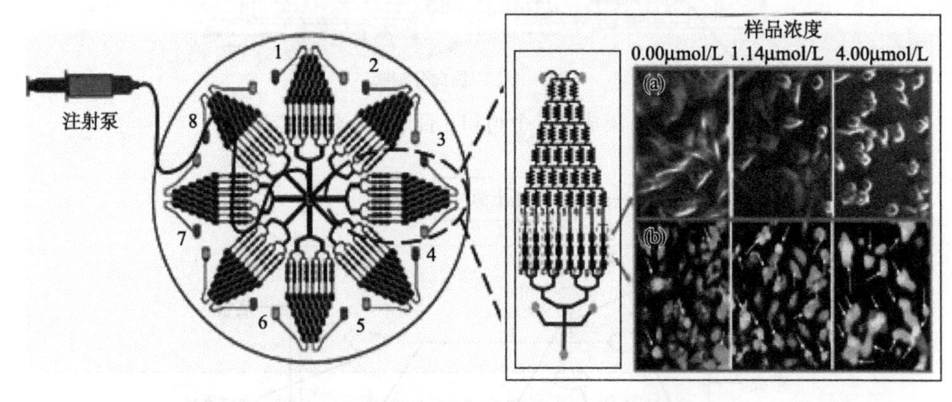

图3.4 细胞水平高通量高内涵药物筛选

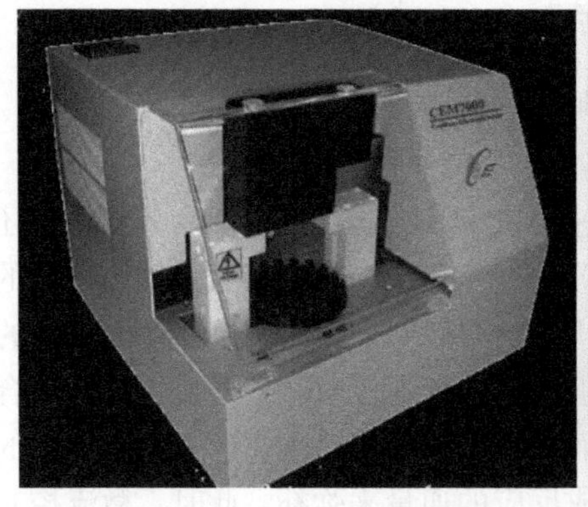

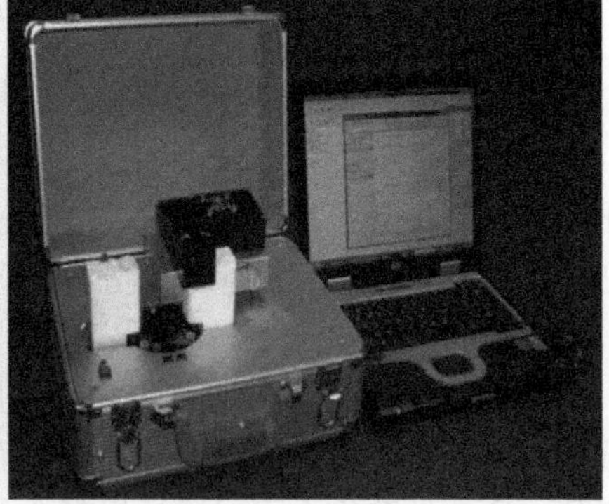

图3.5 毛细管电泳仪

现阶段，微流控芯片分析技术涉及的范围包括了从打印机墨水喷头、化工反应过程、燃料电池直到与生物科学密切相关的现场即时检验和防生化战的便携式仪器、植入式的自动给药装置及高通量药物筛选。今后，微流控芯片的研究和发展工作重点无疑是在直接服务于生命科学领域。微流控芯片在分析仪器微型化、集成化和便携化方面的优势为其在生物医学、高通量药物合成筛选、农作

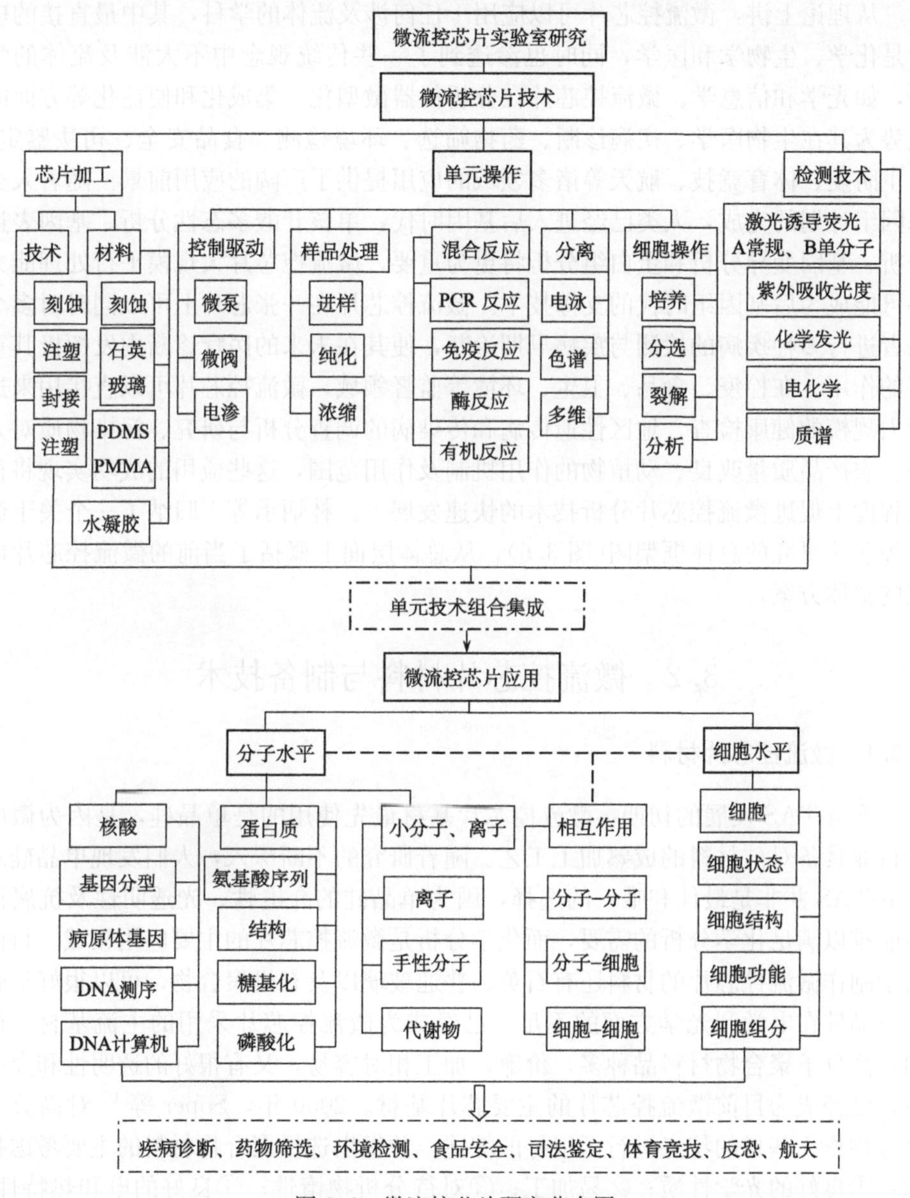

图 3.6　微流控芯片研究分布图

物的优选优育、环境检测与保护、卫生检疫、司法鉴定、生物战绩的侦检和天体生物学研究等众多领域，这预示着微流控芯片分析系统的发展高潮即将来临。目前，市场上已经出现了越来越多的微流控芯片分析系统，例如，EH Systems公司已经商品化的小型的基于微流控分析芯片的毛细管电泳仪，如图3.5所示。

从理论上讲，微流控芯片可以应用于任何涉及流体的学科，其中最直接的应当是化学、生物学和医学，同时也渗透到了一些传统观念中不太涉及流体的学科，如光学和信息学。微流控芯片在分析仪器微型化、集成化和便捷化等方面的优势为其在生物医学、疾病诊断、药物筛选、环境检测、食品安全、司法鉴定、卫生防疫、体育竞技、航天等诸多领域的应用提供了广阔的应用前景。随着人类基因组计划的完成，人类已经进入后基因时代，单核苷酸多态性分析、基因表达分析、基因变异分析和蛋白组分析将更为重要，微流控芯片大规模平行处理能力将可能成为后基因组时代的支撑技术。微流控芯片在一张芯片上可以同时对多个患者进行多种疾病的检测与疾病早期诊断，使其在未来的医疗诊断中发挥极其重要的作用。在检疫、食品、卫生、环境等监督领域，微流控芯片可以直接用来进行大规模的健康检查、地区性遗传病和传染病的调查分析与研究、污染物质对人群、农产品质量改良、动植物的作用机制及作用范围，这些应用的成功实现将很大程度上促进微流控芯片分析技术的快速发展[2]。林炳承等[1]归纳了一个关于微流控芯片研究的总体框架图(图3.6)，从总体层面上概括了当前的微流控芯片研究的整体方案。

3.2 微流控芯片材料与制备技术

3.2.1 微流控芯片材料

在μ-TAS发展的初期，微流控芯片基材最先使用的是单晶硅，是因为微电子行业具备对硅材料的成熟加工工艺。随着研究的不断深入，人们发现单晶硅对于μ-TAS并非是最佳和唯一的选择，因为单晶硅的介电性、光透明性及抗腐蚀性能难以满足化学分析的需要，而化学分析是微流控芯片的主要应用领域。目前用于制作微流控芯片的材料还有石英、普通玻璃以及有机聚合物，可以很好地弥补单晶硅在电学和光学方面的不足，已经成为微流控芯片采用的主流基材。例如，高分子聚合物材料品种多，价廉，加工相对容易，又有很好的透明性和介电性，已经成为目前微流控芯片的主要芯片基材。2000年，Soper等[15]对高分子聚合物作为基材的特点进行了很好的综述，并提出选择聚合物材料的主要考虑指标：①良好的光学性质；②易加工；③对待分析物惰性；④良好的电和热特性；⑤有多种表面修饰和改性方法。目前应用于微流控芯片的高分子聚合材料有聚碳酸酯(PC)、聚甲基丙烯酸甲酯(PMMA)、聚二甲基硅氧烷(PDMS)、聚苯乙烯(PI)、聚丙烯(PP)、聚乙烯(PE)、聚四氟乙烯(PTFE)等。

1. 硅

硅具有良好的化学惰性和热稳定性，使用光刻和蚀刻方法可以高精度地复制出二维图形或者复杂的三维结构，因其介电性、光透明性及抗腐蚀性能难以满足化学分析的需要，因此在微流控芯片中的应用受到很大的限制。而且，硅材料的不足之处是易碎、价格偏高、不透光、电绝缘性较差，以及表面化学行为也较为复杂，现在只作为微加工中的微模材料和某些功能单元加工中使用。为了改善起电绝缘性能，通常采用氧化的方法使单晶硅表面产生一层二氧化硅达到绝缘的效果，从而可以应用于一些特殊的领域。

2. 石英和玻璃

石英和普通玻璃弥补了单晶硅在电学和光学方面的不足，用光刻和蚀刻技术可以将微结构和微通道刻于石英和玻璃表面上，具有价廉、来源广泛的特点，且有很好的电渗和优良的光学特性，它们的表面吸附和表面反应能力都有利于表面改性。石英和普通玻璃作为化学分析的反应和测量容器的传统材料，成为微流控芯片的主流基材之一，其光学透明性为微全分析系统的故障诊断和光学检测提供了便利条件，其耐腐蚀性也可满足大多应用的需要。石英相对价格较高，但适合于用紫外分光光度法检测的微流控芯片的制作。

3. 硬质高分子聚合物

硬质高分子聚合物的品种较多(如 PMMA、PC、PET)、价廉、加工相对容易、又有很好的透明性和介电性，是另一类主要的微流控芯片基材。PMMA(聚甲基丙烯酸甲酯)具有较好的光学性能，对准分子激光的光波吸收率高，因此能利用准分子激光按照加工轨迹和结构要求进行加工刻蚀，大大提高了工作效率。硬质高分子聚合物的优点：①良好的光学性质；②易加工；③对待分析物惰性；④良好的电和热特性；⑤有多种表面修饰和改性方法。

4. 弹性聚合物

在弹性聚合物中，聚二甲基硅氧烷(PDMS)俗称硅橡胶，是目前应用最多的微流控芯片基材。PDMS 具有独特的弹性，能透过 250nm 以上的紫外线与可见光且具有耐用、有一定的化学惰性、无毒、容易加工且价格低廉的特点。PDMS 能可逆和重复变形而不发生永久性破坏，能用模塑法高保真地复制微流控芯片，芯片微通道的表面可进行多种改性修饰。尤其重要的一点，PDMS不仅可以与自身可逆结合，还能与玻璃、硅、二氧化硅和氧化型多聚物可逆结合，有利于进行微流控芯片的封合。PDMS的缺点是其耐溶剂性差，Lee等[16]对PDMS的耐溶剂特性进行了系统研究。

5. 光敏聚合物

最具有代表性的光敏材料是SU-8，是一种环氧型聚合物材料，本身既可作光刻胶，同时也可作微结构材料。SU-8的光学透明性、硬质、光敏的独特性质，在微加工材料中独树一帜。SU-8材料的主要特点是具有高机械强度、高化学惰性，可进行高深宽比、厚膜和多层结构加工。采用SU-8制作微流控芯片，芯片微通道的表面可进行多种改性修饰，不仅可以与自身可逆结合，还能与玻璃、硅、二氧化硅和氧化型多聚物可逆结合。

6. 其他材料

用作微流控芯片材料的还有非透明聚合物材料，如聚酰亚胺，可用于非光学检测的微分析系统(如电化学检测系统)。此外，其他金属材料，如铜、镍、不锈钢、合金等可作为微加工模具材料。常见的微流控芯片材料及其性能列于表3.1中[1]。

3.2.2 硅、玻璃和石英微流控芯片的制备技术

1. 硅、玻璃和石英微流控芯片的制备环境

由于微流控芯片的基本组成单元为微米尺寸结构，在制备过程中必须严格控制其制备环境。制备环境涉及的环境指标包括空气温度、空气湿度、空气及制备过程所使用的各种介质中的颗粒密度。微流控芯片的制备需要较高的环境要求一般需要在洁净室内才能达到，洁净室技术与微流控芯片制备过程的成败密不可分。洁净室一般由更衣室、风淋室、缓冲间和超净室组成。

2. 硅、玻璃和石英微流控芯片的制作

硅、玻璃和石英微流控芯片的基本制备过程包括光掩膜制作、涂胶、曝光、显影、坚膜、腐蚀和去胶等步骤，如图3.7所示。光刻质量的好坏不仅取决于光抗蚀剂的种类、性质及光刻工艺，还与光刻掩膜版质量的优劣直接相关。

表 3.1 常见微流控芯片材料及其性能

材料 性能参数	硅片	玻璃	石英	PMMA	聚碳酸酯	聚苯乙烯	聚丙烯	聚乙烯	PDMS
化学惰性	一般	好	好	较好	较好	较好	较好	较好	较好
介电常数 /(kV/mm)	11.7	3.7～16.5	—	16～20 3.5～4.5	18～22 2.9～3.4	20～28 2.45～2.65	20～30 2.2～2.6	18～27 2.25	16～20 3.0～3.5
分离场强 /(V/cm)	—	约 2500	—	＞400	＞600	—	—	—	～1000
热导率 /(W/mK)	157	0.7～1.1	1.4	0.2	0.19	0.13	0.2	0.4	0.2
能量耗散 /(W/m)	—	约 2.8	—	—	—	—	—	—	约 1.0
软化湿度 /℃	—	500～821	＞1000	105	145	95	150	85～125	—
透光率 /%	—	287～2600nm 89～92	400～800nm ＞76	287～2600nm ＞92	287～2600nm 86～90	287～2600nm 88～92	400～800nm 40～70	400～800nm 50～70	400～800nm ＞70
热膨胀系数 /(×10⁻⁵/K)	0.26	0.05～1.5	0.04	7～9	5～7	8	6～10	12～18	3.5
成型性能	较难	较难	难	易	易	易	易	易	易
键合性能	较难	较难	难	较易	较易	较易	较易	较易	易

图 3.7　光刻/化学刻蚀制备芯片

光刻掩膜的基本功能是基片受到光束照射时，在图形区和非图形区产生不同的光吸收和透过能力。理想的情况是图形区可让光完全透射，非图形区则将光完全吸收；或与之相反。光刻掩膜可以有两种结构，而基底上涂布的抗蚀剂也有正负之分，因此，光刻掩膜与基底一共可以有四种组合方式，通过它们的不同组合，可将掩膜图形转印到基片抗蚀剂上，再经显影、刻蚀和沉积金属等工艺，获得所设计的微结构图形。光刻掩膜的制作是采用标准的 CAD 计算机图形软件设计芯片微通道图形，并将设计图形转为图形文件，用高分辨率打印机(1200dpi 或更高)将图形打印在透明塑料薄膜上，透明膜即可作为光刻用的掩膜，这种方法能满足线宽和线距大于 20μm 的芯片对掩膜的要求。

光刻(lithography)是利用光学原理，将设计好的微结构转移到基材上，进而通过各种物理或者化学方法在基材上形成微结构的方法。光刻主要由图形转移(曝光)、显影(洗片)和刻蚀三个步骤组成。以硅片的刻蚀为例，微图形转移主要包括如下步骤：①基片的预处理，通过脱脂、抛光、酸洗、水洗的方法使硅基片被加工，净化表面，再将其干燥，有利于光刻胶与基片表面有良好的黏附。②涂胶，经过处理的基片表面均匀涂上一层黏性好、厚度适当的光刻胶，涂胶方法有旋转涂敷法、刷涂法、浸渍法和喷绘法等；③前烘，温度和时间视光致抗蚀剂的种类和厚度而异，每一种光致抗蚀剂的前烘温度和时间由实验来确定，通常在 90℃下烘 10min，具体条件随光刻胶种类不同而异；④曝光，将光掩膜置于光源与光刻胶之间，用紫外线等透过掩膜对光刻胶进行选择性照射。曝光对象的准确定位和曝光强度与时间的严格控制是曝光过程能否成功的关键。主要有以下几种方式：光学曝光、接触式和接近式复印曝光、光学投影成像曝光。⑤显影，把曝光过的基片用显影液除去应去掉的部分光刻胶，以获得与掩膜相同(正光刻胶)或相反(负光刻胶)的图形；⑥坚膜，将显影后的基片进行清洗后在一定的温度下烘烤，以彻底除去显影后残留于胶膜中的溶剂或水分，使胶膜与基片紧密黏附，防止胶层脱落并增强胶膜本身的抗蚀能力，通常 120℃下烘 20min。以传统的单晶硅为例，光刻前还需要进行高温氧化处理以形成保护层，如图 3.8[1]所示。以玻璃为基材的微流控芯片的光刻制备过程如图 3.9[2]所示。

腐蚀是以坚膜后的光刻胶作为掩蔽层，通过化学或物理方法将被刻蚀物质剥离下来，以得到期望图形，腐蚀后质量的优劣直接影响到图形的分辨率和精准度。湿法腐蚀是通过化学刻蚀液和被刻蚀物质之间的化学反应将被刻蚀物质剥离下来的刻蚀方法。大多数湿法腐蚀是不容易控制的各向同性腐蚀，其特点

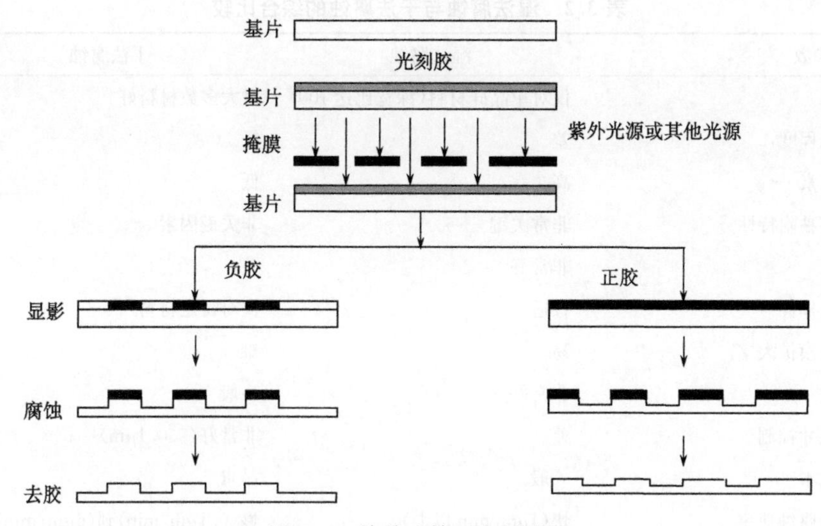

图 3.8　单晶硅单面光刻过程

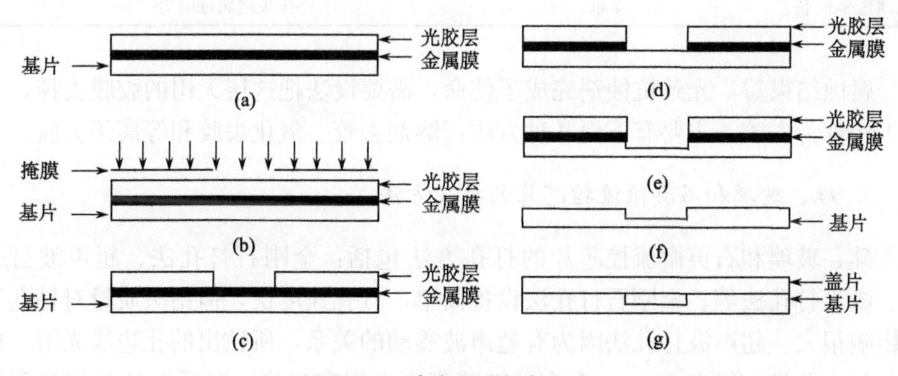

图 3.9　玻璃芯片制备方法

是选择比高、均匀性好、对硅片损伤少，几乎适用于所有的金属、玻璃、塑料等材料，也适用于硅、锗等半导体材料的微细加工。缺点是图形保真度不强，横向腐蚀的同时，往往会出现侧向钻蚀，以致刻蚀图形的最少线宽受到限制。干法腐蚀是指利用高能束(气态的原子或分子)与表面薄膜反应，形成挥发性物质或直接轰击薄膜表面使之被腐蚀的工艺，它的作用基础是等离子体。干法腐蚀最大的特点是能实现各向异性刻蚀，即在纵向的刻蚀速率远大于横向刻蚀的速率，从而保证细小图形转移后的保真性。湿法腐蚀和干法腐蚀的综合比较见表 3.2 所示[1]。

表 3.2 湿法腐蚀与干法腐蚀的综合比较

参数	湿法腐蚀	干法腐蚀
方向性	仅对单晶硅材料(深宽比达 100)	对大多数材料好
自动化程度	差	好
环境因素	高	低
掩膜层黏附特性	非常关键	非关键因素
选择性	非常好	差
材料选择性	普适	仅对特定材料
工艺规模扩大	易	难
清洁度	非常好	一般
临界尺寸控制	差	非常好($<0.1\mu m$)
装置成本	一般	昂贵
典型的腐蚀速率	快($1\mu m/min$ 以上)	慢($0.1\mu m/min$)到($6\mu m/min$)
操作参数	很少	多
腐蚀速率控制	难	在缓慢腐蚀时好

腐蚀结束后，光致抗蚀剂完成了使命，需要设法把这层无用的胶膜去掉，这一工序称为去胶。主要有下面几种方法：溶剂去胶、氧化去胶和等离子去胶。

3. *硅、玻璃和石英微流控芯片的打孔方法*

硅、玻璃和石英微流控芯片的打孔方法包括：金刚石打孔法、超声波打孔法、激光打孔法等。金刚石打孔法设备简单，打孔速度快，但钻头质量对钻孔质量影响很大。超声波打孔法因为有超声波震动的关系，所钻出的孔边缘光滑、整齐，最小孔经一般在 $200\mu m$ 左右，玻璃表面无损和裂痕，对后续的封接过程没有影响。激光打孔法能将激光能量聚集到很微小的范围内把工件“烧穿”，很适合在熔点高、硬度大的材料上打孔，打出的孔又细又深，最小孔经可达几微米以下。以硅、玻璃和石英为基材的微流控芯片的打孔方法在表 3.3 中进行了比较。

表 3.3 三种打孔方法的比较

方法	优缺点
金刚石打孔法	设备简单，打孔速度快，孔质量和钻头质量密切相关
超声波打孔法	孔边缘光滑，整齐，需要清洗残留的切屑和杂质
激光打孔法	适合于熔点高和硬度大的材料，孔又细又深，最小孔径可达几微米，设备贵，孔周围易产生微裂痕，孔边易沉积熔胶微粒

4. 硅、玻璃和石英微流控芯片封合

为了保证封合过程的顺利进行，硅、玻璃和石英表面一般需要进行处理，必须达到很高的洁净度，在微流控芯片制作和打孔过程中所残留的小颗粒、有机物和金属物都必须清除干净，基片和盖板进行严格的化学清洗后，清洗的微流控芯片应在超净间内完成封合过程。此外，硅、玻璃和石英的表面应为亲水的，以有利于低温键合的进行。

3.2.3　高分子聚合物微流控芯片的制备技术

1. 高分子聚合物微流控芯片的制备方法

高分子聚合物微流控芯片的制备技术与硅、玻璃和石英微流控芯片有很大的区别，主要包括热压法[17,18]、模塑法[19]、注塑法[20]、激光烧蚀法[21]、LIGA 法[22]和软光刻法[23]。

热压法是一种应用广泛的快速复制微结构的芯片制备技术，将聚合物基片加热到接近材料的玻璃化温度后，与模具对准并施加一定压力，得到具有与模具形状互补的微结构，基材无需变成流体，该设备可用于大规模的微流控芯片加工[24]，如图 3.10 所示。热压法具有以下特点：装置相对简单，适合大规模的芯片加工，复制过程简单，但加热和冷却周期较长。

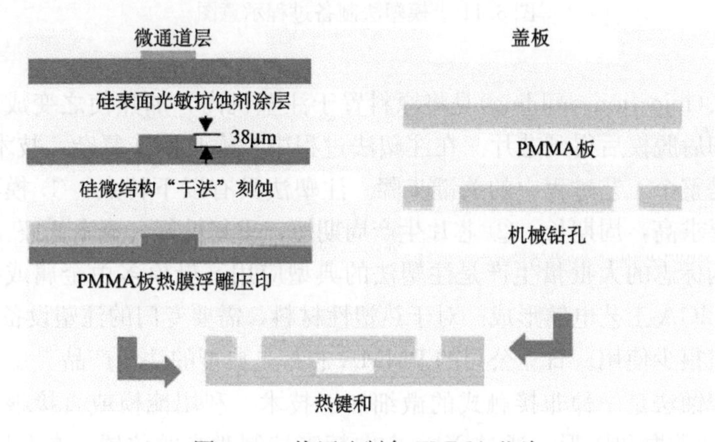

图 3.10　热压法制备 PMMA 芯片

模塑法是通过光刻胶等得到模具并在模具上固化液态高分子聚合物，在一定温度下固化后，使高分子材料从阳模上剥离，即可得到具有微结构的芯片基片，与盖片封合后，可以制得高分子聚合物的微流控芯片，如图 3.11 所示[3]。可用模塑法制作微流控芯片的高分子聚合物材料主要有两类：一类是固化型聚合物，如聚二甲基硅氧烷、环氧树脂和聚脲等；另一类是溶剂挥发型聚合物，如聚丙烯酸、橡胶和氟塑料等。模塑法具有以下特点：复形模板仅需简单的试剂、材料和过程即可制得，且简单、经济、灵活。

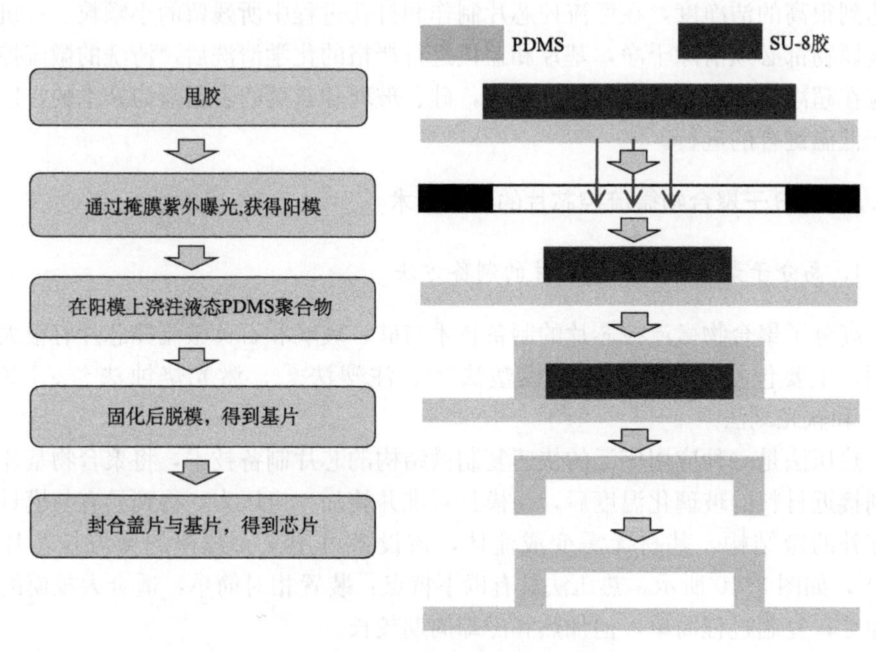

图 3.11　模塑法制备过程示意图

注塑法(injection molding)是将原料置于注塑机内，加热使之变成流体压入模具，冷却后脱模后得到芯片。在注塑法过程中，模具制作复杂，技术要求高，周期长，是整个工艺过程中的关键步骤。注塑法具有以下特点：① 模具制作复杂，技术要求高，周期长；② 芯片生产周期短，重复性好，成本低廉。CD 光盘及激光防伪标志的大批量生产是注塑法的典型应用，母模多由金属或硅材料制备，或经 LIGA 工艺电铸形成。对于热塑性材料，需要专门的注塑设备，一般研究型实验室很少使用。日立公司的 PMMA 芯片是典型的注塑产品[25]。

激光烧蚀法是一种非接触式的微细加工技术。利用掩模或直接根据计算机 CAD 的设计数据和图形，通过 X-Y 方向精密控制激光的位置，在金属、塑料、陶瓷等材料上加工出不同形状尺寸的微孔穴和微通道。激光烧蚀具有以下特点：芯片结构受热破坏小、通道壁垂直、深宽比大、对掩膜的依赖较小、灵活性较高，缺点是一次只能制作一片，价格昂贵，消耗能量大。利用激光束的高能量也可在很多聚合物材料上形成微结构，操作可分为静态和动态两种方式。静态法直接将模具图形烧蚀于靶材上，此法由于激光束尺寸有限，限制了加工范围。动态法中靶材被置于相对于光束的垂直面上运动的工作台上，而模具相对固定，因此可通过简单模具加工较复杂的微结构。结合模具的转动和控制台的精确控制，加工的灵活性大大提高，加工范围可达数十厘米[26]。而一般光刻法由于曝光设备和标准基材尺寸的限制，很少超过 10cm。激光烧蚀可通过激光光束能量的调节及工作台移动速度的控制实现多阶结构的微加工，打孔操作非常精确，微通道加工和打孔可一次完成。

LIGA 法是集深度 X 射线深层光刻、微电铸、微复制技术于一身的一种综合性加工技术，主要用于制作高深宽比的微流控芯片。LIGA 技术的优势是可以制造出高宽比值较大的微结构，其基材可以是无机材料，也可以是高分子聚合物。LIGA 法的加工工艺包括：掩膜板的制造、X 光深层光刻、微电铸和微复制，主要用于制作高深宽比的微流控芯片。利用热塑性高分子材料，如 PMMA、PC 等可以通过注塑的方法复制电泳芯片。在 LIGA 技术中适用标准的注塑机，将塑料加热到熔解温度以上，通过金属注塑机上的注射孔将它们注入金属模具腔体内，冷却后脱模得到与掩膜结构相同的塑料芯片。

软光刻法是基于光刻技术的基础，用弹性模替代了光刻中使用的硬模，克服了传统光刻技术中光散射造成的精度限制。因此，软光刻法的精度更加准确，能够在不同化学性质表面上使用，并且可以根据需要改变材料表面的化学性质，生成的微图形通过中间介质进行简便而又精确的复制(模板＋PDMS 复型)。软光刻法具有以下特点：工艺简单，价廉，实验条件要求不高，又能在曲面上操作，可制备三维的立体图形。软光刻法没有光散射带来的精度限制，微结构尺寸可达 30nm～1μm。软光刻法的局限性体现在 PDMS 固化将导致芯片产生 1%的形变，不耐有机试剂，无法获得大的深宽比。软光刻法制备 PDMS 微流控芯片的过程如图 3.12 所示。

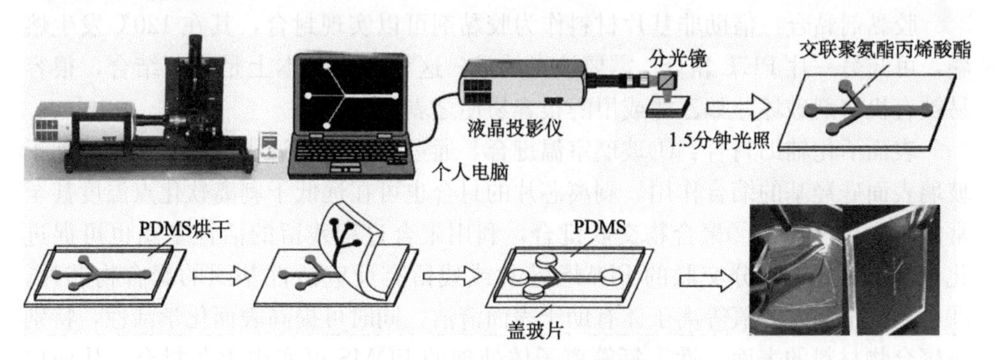

图 3.12　软光刻法制备 PDMS 微流控芯片

此外，也有其他方法用来制备高分子聚合物微流控芯片，Sahlin 等[27]介绍了一种利用聚合物材料的热流变特性进行微通道加工。FEP 是一种四氟乙烯和四氟丙烯的共聚物，其受热时熔融，PTFE 加热时收缩。利用金属丝为模板，加热前将金属丝置于内壁为 FEP 的 PTFE 管中。加热后 FEP 熔融填充管内自由空间，将金属丝模具包裹，然后将金属丝抽出即可形成所需要的孔道。Lucio 等[28]报道了利用普通激光复印机(600dpi)将微结构打印在聚酯透明片上，制备了聚合物电泳芯片和电喷雾芯片。直接用打印的墨层作中间支撑材料用于确定微通道的深度，将两片聚酯薄膜互相热黏合形成深度约为 15μm 的微通道。

2. 高分子聚合物微流控芯片的打孔方法

高分子聚合物微流控芯片的打孔方法主要有以下三类：①钻孔法，用有机高分子聚合物板材做芯片时可用此法打孔，简单、快速，用高质量的金属钻头可打出周边光滑平整的孔；②模具法，在芯片模具制造过程中将孔径一定的圆柱安放于模具的相应位置上，生成的芯片可有大小一样、周边光滑平整的孔，此法制得的孔质量最好；③空心管切割法，适合 PDMS 芯片打孔，设备简单，操作方便。

3. 高分子聚合物微流控芯片的封合方法

常见的高分子聚合物微流控芯片的封合方法有：热压法、热或光催化胶黏剂黏合法、有机溶剂黏合法、自动黏合法、等离子氧化封合法、紫外照射法和交联剂调节法。

热压法：无论是玻璃芯片还是高分子聚合物芯片的封合，通常均需要一定的加热条件，因此热封合有一定的通用性。封合前，材料的封合面通常需要进行处理，以保证封合效果。封合可分为静态和动态两种方式。前者在适当的温度和压力条件下进行，工作往往是间断式的。后者利用塑封机的原理，热封合是在一定温度和压力下，在两个转动轴下进行的，可连续操作，产率高，封合速度快。

胶黏剂黏合：借助非基片材料作为胶黏剂可以实现封合，其在 120℃发生熔融，可与另一片 PET 黏合。需要注意的是，这种黏合基本上是物理结合，很容易被有机溶剂破坏，如乙醇或甲醇很容易使之剥离。

表面活化辅助封合：①玻璃室温键合，通过表面化学活化得到硅羟基，利于玻璃表面硅羟基的缩合作用。剥离芯片的封合也可在远低于剥离软化点温度甚至常温下进行[29,30]。②聚合物交联键合，利用聚合过程残留的活性基团也可促进化学封合，如未充分交联的 PDMS 芯片或残留有反应活性基团的聚合物芯片。③等离子辅助键合氧等离子体有助于表面清洁，同时可提高表面化学活性，特别是聚合物材料的表面活性。氧等离子体处理的 PDMS 可实现永久封合，从而广为采用[31]。硬质聚合物材料经等离子体活化处理也可实现永久封合，且封合温度可在低于材料的软化点进行。④紫外照射活化键合，PDMS 片材也可利用紫外线活化，提高封合效果[31]。另外，通过改变 PDMS 聚合体和交联剂的最佳配比，使基片和盖片中的 PDMS 聚合体和交联剂组成比分别较最佳配比略高和略低，当基片和盖片复合后，在交界处由于分子扩散使聚合体和交联剂的配比较佳，也可提高封接牢固度[32]。Chan 等[33]采用家用微波炉实现了 PDMS 芯片的封接，操作简单，经济适用，对环境要求低，尤其适用于没有条件建立洁净室的研究小组进行芯片研究，显示了很好的应用前景。

3.3　微流控芯片中微流体的控制技术

3.3.1　微流体的驱动与控制技术

在微流控芯片中，微流体的精确进样是样品处理和分析的关键，如微流控芯片电泳分离、色谱分离、免疫分析中就需要这样的操作，这是由于微流控芯片的基本特点就要对微观尺度下的微流体进行操作和控制，而作为操作和控制对象的流体量又极其微小，导致微流体的流动特性与宏观上有很大的不同，在宏观尺度下可以忽略的现象在微观尺度下成为微流体流动的主要影响因素。近年来，在微流控芯片上如何实现对微流体的驱动和控制，已经成为微流控芯片分析技术中的研究难题和热点。

微流控芯片分析系统在结构上的主要特征是各种构型的微通道和微结构网络，通过对微通道内微流体的操控，完成微流控芯片分析系统的分析功能。研究与微通道相适应的微流体驱动技术是实现微流体控制的前提和基础，没有微流体的流动，也就没有微流体的控制问题。微流体的驱动是微流控技术的基础，与其他微流体控制技术相比具有相对的独立性，自成体系。从本质上讲，制动器的功能是产生机械部件的运动(包括位移或形变)。用于流体驱动的制动器中常用的制动力类型有：①压电动力；②静电动力；③气动力；④电磁动力；⑤热气动力；⑥利用形状记忆合金或材料热变形产生的制动力。以上多数驱动力类型在微流控芯片出现之前已广泛地应用于传统驱动泵中的制动器，如今的发展是将各类制动器本身进一步微型化，实现与微阀的集成化加工，以及实现包括外部设备的微泵整体微型化。

1. *微流体驱动系统——微泵*

微流控芯片是 μ-TAS 中的重要组成部分，其主要形态特征是各种构型的微通道网络与各种微型功能器件的集合体。微流控芯片的功能是通过对微通道内微流体的控制，在微流控芯片上完成对样品的分离及分析等目的。微流体的驱动技术是实现对微流体控制的前提和基础，目前应用于微流控芯片中的微泵有很多种，包括机械泵和非机械微泵两大类。机械泵主要利用自身机械部件的运动来达到驱动微流体的目的，驱动系统中包含能运动的机械部件。非机械微泵是系统本身没有活动机械部件的一种驱动方式。按驱动方式划分，机械微泵的主要类型包括：①压电微泵；②静电微泵；③气动力微泵；④电磁动力微泵；⑤热气动力微泵；⑥双金属记忆合金微泵；⑦离心力微泵。非机械微泵的主要类型包括：①电渗微泵；②磁流体动力微泵；③电流体动力微泵；④基于毛细与蒸发作用的微泵。

压电微泵通常由泵腔、一个单向进口阀和一个单向出口阀组成[34]，采用压电晶体和金属电极制作活动部件，利用压电效应产生的形变作为微流体的驱动源。压电微泵的工作原理是压电隔膜在电压作用下，发生形变，使泵腔内的压力升高；撤除电压，压力降低。当泵腔压力升高，进口阀关闭，出口阀打开，泵腔里的液体经出口阀流出；当泵腔压力降低，进口阀开启，出口阀关闭，液体从进口阀吸入泵腔内，重复上述操作可得到连续的液流。改变压电隔膜的振动频率可控制液流的流速和脉动特性。为了克服单制动压电微泵脉动较大的缺点，Smits等[35]对其做了很大的改进，采用三个压电制动器制成蠕动型压电微泵，通过顺序地激励三个压电盘可使微泵蠕动式运行，从而形成比较稳定的液流。

热气微泵的工作原理与压电微泵类似，不同之处是采用了气体加热膨胀的原理来驱动弹性薄膜形变产生制动力，完成对微流体的驱动。典型的热气微泵基本构架由可形变弹性薄膜、气室、泵腔、加热电阻和两个单向阀组成[36]。热气微泵在操作时，控制加热电阻使气室中的气体受热膨胀，产生的压力使得气室下方的弹性隔膜发生形变，进而压迫泵腔内的液体形成向外的液流；吸液时则停止加热，气室中的热气体自然冷却收缩，弹性隔膜恢复原样，泵腔内产生负压而吸入液体。在两侧单向阀的配合下，循环进行泵液和吸液操作，就可形成沿同一方向的连续液流。

电渗驱动泵是非机械驱动的重要形式之一，也是当前微流控芯片中应用最为广泛的一种微流体驱动方式，不仅可用来直接驱动带电流体，也可用作动力微泵的动力源。电渗驱动泵的具体实现方式如下：将一定间距的电极用光刻技术集成于芯片底板上，与含有微通道的 PDMS 盖片封接起来，形成密闭的电渗泵驱动系统。电渗驱动泵工作时，在两电极间施加一定的电压，产生电渗流，由于电渗流只存在于两个电极之间，因此在电极以外的微通道内的液流受到电渗的推动，从而实现了泵的功能。电渗驱动泵的优势包括系统架构简单、操作方便、流型扁平、无脉动等。然而，电渗驱动泵易受外加电场强度、通道表面、微流体性质及传热效率等因素的影响，稳定性相对较差，只适用于电解质溶液。

离心力驱动泵是通过微电机带动微流控芯片旋转所产生的离心力来用作芯片实验室中微流体的驱动力。典型例子是 Duffy 等[37]报道的一种依靠离心力驱动的集成了 48 个酶分析单元的微流控芯片。系统工作时，试剂放置于靠近圆心的储液池中，在芯片旋转所产生的离心力作用下流向芯片外周，依次完成酶分析所需的试剂混合、反应、检测等过程。

2. 微流体控制系统——微阀

微阀作为微流控芯片分析系统的主要功能元件之一，其作用包括径流调节、开/关转换以及密封生物分子、微/纳粒子、化学试剂等。一个理想的微阀应该具有以下特征，包括无泄漏、体积小、功耗低、压阻大、对微粒玷污不敏感、反应快、可线性操作的能力等。目前，微阀主要分为有源微阀和无源微阀。有源微阀需要在外部某种驱动能的作用下实现对微流体的控制，无源微阀则不需要从外部输入能量，通常在顺压与逆压作用下实现对微流体的控制。此外，按照最初的状态，微阀可分为常开型和常闭型两种。

无源阀主要有双晶片单向阀和凝胶阀，常被用作微泵中的单向阀，在往复式微泵中，利用两个单向阀的限流作用，与制动器一起实现微流体的单向流动。双晶片单向阀[38]由两个晶片相接而成，在一侧入口处加工出一弹性悬臂梁，当流体正向流动时，悬臂梁受压向下变形，阀门开启；当流体反向流动时，悬梁臂受反向压力而上晶片相接，使通道封闭。凝胶阀利用丙烯酰胺聚合体在高、低电压下的不同性质来实现阀开关状态的切换。在低电压下，空穴密集，通路堵塞；而在高电压下，空穴张开，通路打开。

有源阀主要有气动微阀、转矩控制微阀、相变阀和热膨胀阀。气动微阀是以外部气体作为制动力的一类有源阀。Quake 课题组[32]采用多层软光刻技术制作了 PDMS 气动微阀，其芯片上层为含有控制通道的 PDMS 薄片，中间层为厚度为 30μm 左右的 PDMS 薄膜，下层为含有流体通道的 PDMS 薄片，芯片封合时控制通道和流体通道呈交叉构型放置。同时，Quake 课题组[39]设计出一种高深宽比、所需气压较小的上推式(push-up)微阀。同样采用这种隔膜阀的原理，Marhies 课题组[40]报道了两种适合于玻璃芯片的气动微阀，分别采用三层或四层结构。转矩控制微阀是 Whitesides 课题组[41]设计的一种采用转矩控制的微阀，阀的开关状态通过固定于 PDMS 芯片通道上方的螺丝来控制，螺丝末端与流体通道间留有一薄膜作为形变部件，当向下拧动螺丝时，薄膜受压变形使通道堵塞，松动螺丝后，薄膜恢复原形，通道开启。与气动微阀相比，这种阀不需要复杂的控制系统，结构简单，但是较难实现自动化，仅适合于简单的微流控芯片分析系统。相变阀的制动部件是石蜡等沸点较低的物质，通过改变温度使其处于不同相态，从而实现阀的开/关功能。Burns 等[42]报道的一种相变阀，其工作原理是在进样口处灌入热石蜡，石蜡凝固于主通道中，此时阀门关闭，通道堵塞；升温玻璃底片的加热模块，石蜡融化，在右侧通道把石蜡抽出，阀门打开。样品进入左边微流控通道中，完成后续的操作。相变阀的优点是结构简单、死体积小，便于加工集成、防渗漏性能良好，但缺点是阀体直接位于通道中，难以重复使用。热膨胀阀由两种膨胀系数不同的热晶片制备而成，通过铝环下面的扩散电阻施加不同的功率，使晶片膨胀，当温度升高时阀门打开[43]。

3.3.2 进样与样品预处理技术

1. 进样技术

对于微流控芯片来说，进样和样品预处理是非常重要的两个环节，它们将原始样品送入系统转换为适于运行的形式，并保证最终样品处理结果的质量和可靠性。进样是微流控芯片实验室的关键技术之一，引入样品的量、形态和方式等均会对后续样品的处理产生影响，因芯片体系微小，这种影响有时甚至是决定性的。稳定和可靠的进样是微流控芯片实验室产业化的必要条件。芯片进样可由电场、注射泵、静压力、表面张力等不同方式驱动微流体，从而完成在微流控芯片上的进样。一般情况下，进样通常针对液态样品，气态样品也可以直接进样，固态样品在微粒化后，经过液/气流携带也可被引入芯片样品处理通道中。各种微流控芯片实验室的进样方法如图 3.13 所示。

1）液态样品进样

微流控芯片实验室处理的对象是微流体，液态样品进样是芯片进样的主流，实际中主要有三种情形：向样品处理微通道内引入样品区带、引入样品流滴和引入持续样品流。

区带样品进样又包括：①单通道辅助进样；②多通道辅助进样；③激光辅助进样。

单通道辅助进样是最简单的从样品源向芯片样品处理微通道内输入样品区带的辅助手段，通常分为上样和取样两步。按上样和取样的驱动力不同又可分为：完全电动单通道辅助进样、完全压力单通道辅助进样和压力电动单通道辅助进样。完全电动单通道辅助进样简称电动进样，是一种仅以电动力为驱动力，通过电压切换，在十字交叉处形成样品区带并将其引入样品处理通道的方法，操作简便，易于实施。完全压力单通道辅助进样是仅利用压力将样品处理通道的方法，在压力作用下流体的行为与样品组成、管壁带电状况等基本无关，因此压力进样方法所引入的样品区带在很大程度上可代表样品中各组分的真实组成，但向微通道内施加压力操作比较繁杂，所需设备也较精密和昂贵，有一定的技术门槛。压力电动单通道辅助进样是一种上样驱动力为压力，取样驱动力为电动力的进样方法。此方法因采用压力上样而使样品区带能够代表样品中各组分的真实组成，又因采用电动取样而与芯片电泳、电色谱等重要芯片实验室单元操作兼容。然而，此方法也受限于压力上样的技术门槛，但因产生压力的方式多种多样，该法在一段时期内是科学研究的热点之一。

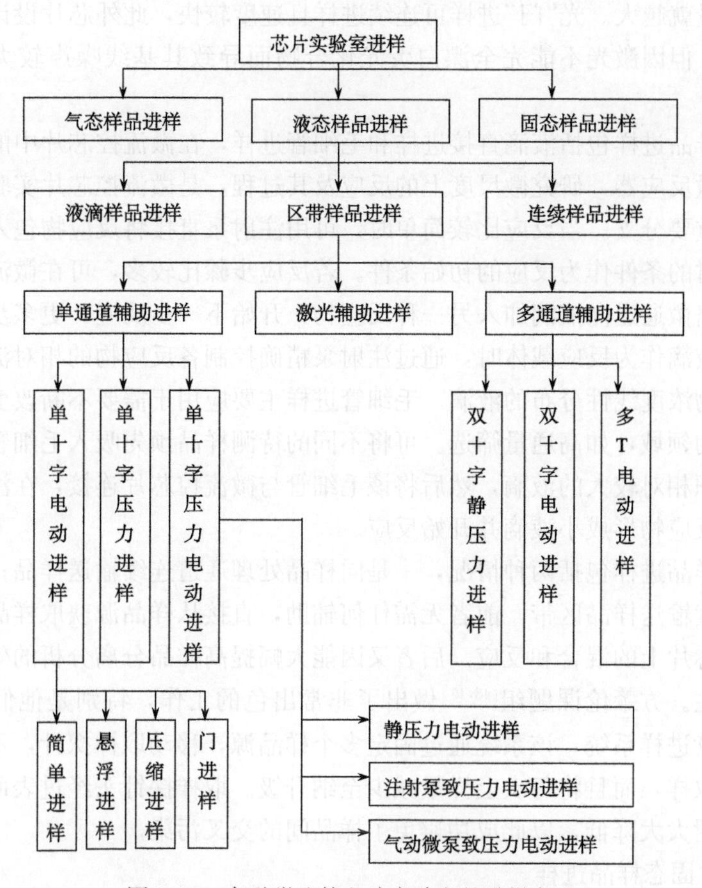

图 3.13　各种微流控芯片实验室的进样方法

多通道辅助进样是设置多条辅助通道，向样品处理通道内输入样品区带的方法。它包括双十字静压力进样法[44]、双十字电动进样法[45]和多T电动进样法[46]。

激光辅助进样实质上是一种门进样[47]，“门”为强激光束。若样品可产生荧光法检测，则可不设辅助通道，而利用强激光对样品的漂白作用直接在分离通道内形成样品区带。大功率的激光束被激光器分成不同能量的两束，能量大的作为“门”，光束被聚焦到微通道上游靠近样品池处，而能量小的光束被聚焦到微通道下游作为检测光束。在上样开始前，样品在微通道两侧电场的作用下持续流出样品池，在微通道上游流经大能量“门”光束时，发生漂白变成非荧光化合物，并与缓冲液一起流经检测光束，在电泳谱图上形成基线，等效于“门”处于关闭状态。上样时，由一光闸挡住“门”光束，“门”随即开启，一段荧光样品因未被漂白而进入下游的分离微通道，形成样品区带。进样量取决于“门”开启的时间，时间越长，进样量就越大。光“门”进样可连续进样且速度较快，此外芯片设计简单，易于阵列化，但因激光不能完全漂白荧光化合物而导致其基线噪声较大，检测限偏高。

液滴样品进样包括液滴直接进样和毛细管进样，在微流控芯片中的最常见应用是作为微反应器，研究微尺度上的反应及其过程，是微流控芯片实验室研究领域的一个重要分支。当反应比较简单时，可用注射泵直接将反应物包入液滴，以液滴形成时的条件作为反应的初始条件。若反应步骤比较多，可在微流控芯片下游利用旁路微通道向液滴加入另一种反应物，开始下一步反应，更多步反应以此类推。以液滴作为反应载体时，通过注射泵精确控制各反应物的相对流速，可以得到反应物浓度线性分布的液滴。毛细管进样主要应用于需要不断改变液滴的组成和浓度的领域，如高通量筛选。可将不同的待测样品预先吸入毛细管中，形成一系列体积相对较大的液滴，然后将该毛细管与微流控芯片连接，在注射泵的推动下，与反应物形成小液滴并开始反应。

连续样品进样包括两种情况，一是向样品处理通道连续输送样品；二是向脉冲形式连续输送样品区带。前者无需任何辅助，直接从样品源获取样品即可，主要应用在芯片上的混合和反应。后者又因能大幅提高样品分离分析的效率而受到人们的关注。方肇伦课题组[48,49]做出了非常出色的工作，特别是他们所提出的缺口型连续进样系统，该系统通过固定多个样品源，移动取样探针，不但实现了快速连续取样，而且将每次上样量减少至纳升级。取样探针头经过表面处理后对样品的吸附大大降低，以此成功避免了样品间的交叉污染。

2）气/固态样品进样

气/固态样品进样不是微流控芯片处理样品的主流，气体是无固定体积的流体，不能存储在芯片储液池内，只能由外部导管引入芯片。气体进样要求导管与芯片间接口的气密性好。对于气体辅助的芯片细胞处理[50]，要求气压较低以免细胞破损，此时将输气导管直接插入 PDMS 芯片的储液池，仅 PDMS 的弹性便足以密封整个接口。固体本身不具有流动性，但在粉末化后可以被引入芯片进行处理[51]，微流控芯片粉末处理技术在粉末状药物的筛选中有一定的应用潜力。

2. 预处理技术

在常规操作中，样品往往先进行预处理，其目的是提取复杂基质中的被分析物和富集样品中低浓度的被分析物，主要预处理的方法有萃取、过滤、膜分离、等速电泳、场放大堆积等。微流控芯片上的样品预处理技术含量高、操作难度大，但蕴含的技术增长点也多，是当前微流控芯片实验室研究的重要组成部分和持续热点之一。表 3.4 列举了各种常用的微流控芯片样品预处理方法[3]。

表3.4　各种微流控芯片样品预处理方法

预处理方法	功能		主要操作步骤	核心技术要点	预处理试剂
	富集	样品提取			
固相萃取	是	是	上样，清洗，洗脱	固定相的种类和形式	清洗剂 洗脱剂
液液萃取	是	是	上样	反向层流	有机相或水相
膜过滤	是(仅大分子)	是	上样，在膜两侧施加驱动力	上样时间	无
渗析	否	是	上样	膜两侧溶液体积	无
过滤	否	是	上样	微柱间距	无
等速电泳	是	否	上样	前导和尾随电解质的选择	前导和尾随电解质
场放大堆积	是	否	上样	样品和运行缓冲液浓度和长度之比	无

1）萃取

萃取是利用物质在两相中保留行为的不同对该物质进行提取的一种样品预处理方法。如果两相为互不相容的两种液相，这种萃取就称为液液萃取（liquid-liquid extraction）；如果两相分别为固相和液相，则称为固相萃取（solid phase extraction，SPE）。在这两种方法中，固相萃取很容易将被分析物从复杂基质中提取出来，提高后续分析的可靠性，同时还可以对样品进行富集，降低微流控芯片对高灵敏度检测器的依赖。

2）过滤

过滤是一种用于除去液态样品中颗粒状干扰物的预处理手段。若以导管模式将液态样品引入微流控芯片中，仅需在样品源和微流控芯片间加入一个滤头即可对样品实施过滤预处理操作。若以储液池模式将液态样品引入微流控芯片中，则需在微流控芯片上集成过滤装置，在储液池内加工出微柱阵列就可以实现这种集成化的过滤装置[52]。

3）膜分离

在很多实际应用中，需要按相对分子质量的大小将溶液中的各种分子分离。这种情形往往依赖选择性透过膜，依靠外界能量（压力、离心力和电位差等）或化学位差（浓度差等），大小分子可以分居膜的两侧，实现分离，在分离的同时，大分子物质往往还可以在膜的一侧富集。依赖外界能量的膜分离操作通常称为膜过滤，依赖化学位差的膜分离操作通常称为渗析。

4）等速电泳

等速电泳是一种基于离子淌度差异的“移动边界”电泳技术，它采用两种不同的缓冲液系统：一种是前导电解质，充满整个芯片通道；另一种是尾随电解质，置于一端的储液池。前者淌度高于任何样品组分，后者则低于任何样品组分，被分离的组分按其不同淌度顺序排列于其中，以同一速度迁移。等速电泳具有富集功能，这归因于一种“区带浓缩效应”，指的是组分区带的浓度由前导电解质决定，一旦前导电解质浓度确定，各区带内离子的浓度即为定值，如果此时某一组分离子浓度较小，就将被“浓缩”。

5）场放大堆积

如果样品缓冲液和浓度远低于运行缓冲液的浓度且样品区带相对较长，在微通道两端加上电场，由于电场主要存在于样品区带两端，样品会以较快的速度运行至两种缓冲液的界面并在此堆积，产生一种富集效果，即场放大堆积。场放大堆积的富集倍数取决于运行缓冲液与样品缓冲液的浓度比和样品缓冲液区带与运行缓冲液区带的长度比，这两个比例越高，富集倍数越大。

3.3.3 微混合与微反应技术

1. 微混合技术

混合是任何化学和生化反应中最基本也是必要的操作，其目的是实现参与过程不同组分的均一分布。溶质混合有两种机理：对流传质和扩散传质。在微流控芯片分析系统中，结构尺寸通常小于数百微米，流体在微米尺度下雷诺数非常小($Re\approx0.1\sim100$)，不能发生湍流混合，流体完全呈层流，混合只能靠扩散。雷诺数是一个与混合密切相关的无因次系数，是流体流动时的惯性力 F_g 和黏性力(内摩擦力)F_m 之比，$Re<2000$ 为层流，$Re>4000$ 为湍流。例如，水分子扩散 1μm 约需 1s；若扩散 1mm，需要 1000s。流体分子的扩散可以用 Fick 定律来表征：$J=-D\cdot\nabla c$，式中，J 为扩散通量；D 为流体分子的扩散系数；c 为组分的浓度；∇c 是扩散方向上的浓度梯度。总的扩散质量还需要用扩散通量乘以接触面积。由此可见，从提高浓度梯度和增大接触面积的方面可以加速混合。为降低混合时间和混合长度，必须减小扩散距离 L。它需要使用折叠、拉伸等方法将流体层分割为许多薄层。这些分割变形的流体薄层不但可以减小扩散距离，而且也增大了流体间的接触面积和浓度梯度，从而可以极大地增强混合效果。宏观系统的混合技术基于湍流和层流混合机制，包括非均相微分散过程和分子级均相扩散混合过程。

微混合器已经成为微流控芯片集成的重要组成部分，一些要求快速反应的生物学过程，如 DNA 杂交、细胞激活、酶反应、蛋白折叠等不可避免地涉及反应物的混合。根据输入能量的不同，分为两种：被动式微混合器和主动式微混合器。被动式微混合器单纯地利用几何形状或流体特性产生混合效果，除驱动微流体流动的力(如压力、电渗驱动等)外，混合不借助于其他外力，混合器中也不含任何可移动的部件，如开槽通道、流体分层流(在通道中加障碍物)、蛇形通道、诱发混沌对流等。主动式微混合器借助磁力、电场力、声场等外力实现混合，包括微搅拌、压力扰动、声波扰动、电驱动流体、磁驱动流体和热驱动等。两者可进一步细分[53]，实际混合过程往往是多种混合机制协同作用的结果，具体分类如图 3.14 所示[3]。

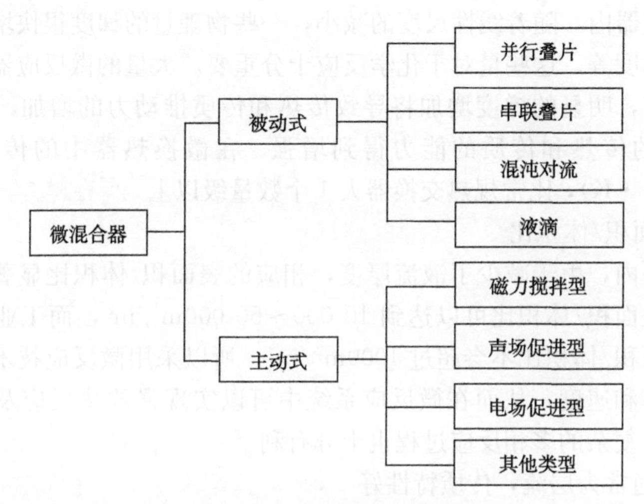

图 3.14　微混合器的分类

从以往的研究成果可以总结出微混合技术具有以下几个特点：①混合效率高，混合时间短，能耗少。已有成果表明，利用微混合技术，微混合器在很短的混合时间和很短的混合长度内就可以实现高效混合。Liu 等[54]利用打印灰度功能制作的高效率微混合器在 500μm 内就可实现完全混合。一些能够产生纳米级薄层的微混合装置，在几微秒的时间内就可以实现低黏度流体的超快混合[55]，远远突破了宏观设备的极限。②易于控制，传质及传热性能好。微混合器通道尺寸小，因此可以较好地控制流体的行为。由于物质传递的尺度很小，传质效率较高。较高的比表面积又能使传热效率大大提高，整个系统的温度控制也更为精确。③设备结构简单，容易与其他功能单元集成。微混合器件主要通过微电子技术加工而成，微通道结构相对简单，更容易与微反应器、微换热器、微泵等功能单元集成。由于上述特点，微混合技术在化学合成、乳状液制备、高通量筛选以及其他生化领域都将有广阔的应用前景。

2. 微反应技术

微反应技术是一种将微结构内在的优势应用到反应过程的技术，体现这种技术的设备或器件称为微反应器。微反应器是一种单元反应界面尺度为微米量级的微型反应系统，其基本特征为：线性尺寸小，物理量梯度高，表面积/体积比大，流动为低雷诺数层流。微反应器的特征使之可能通过并行单元来实现柔性生产、规模放大、快速和高通量筛选。

1）线性尺寸减小和物理量梯度提高

在微反应器内，随着线性尺度的减小，一些物理量的梯度很快增加，如浓度梯度、压力梯度等，这些量对于化学反应十分重要。大量的微反应器传质和传热实验已经证实，明显的梯度增加将导致传热和传质推动力的增加，使单位体积（或面积）上的传热和传质的能力得到增强。在微换热器中的传热系数可达 25 000W/(m^2 · K)，比常规热交换器大 1 个数量级以上[56,57]。

2）高表面积/体积比

在微设备内，由于减少了液流厚度，相应的表面积/体积比显著提高，通常微通道内的表面积/体积比可以达到 10 000～50 000m^2/m^3，而工业或常规实验室设备的表面积/体积比不会超过 1000m^2/m^3。所以采用微反应技术，可大大提高反应的效率和速度，从而在微反应系统中可以实现强放热反应及快速混合过程，这对许多复杂的多相反应过程也十分有利[58]。

3）流动通常为层流，传质特性好

利用微反应技术进行化学反应，具有很多优点。例如，可以提高化学反应的产率和选择性，保证反应的安全性并减少环境问题，能够大大地降低研发的成本，缩短研发的周期，可以形成芯片的实验室平台，实现化学实验自动化，提高效率等。微反应器种类繁多，现阶段主要分为微化学反应器和微生物反应器两大类。微化学反应器按反应体系中存在的相的状况区分，大体可以分为均相反应器和非均相反应器两类，均相反应器与非均相反应器的比较如表 3.5 所示[3]。

均相反应器最为常见的类型是均相液相反应器，即反应体系中只存在液相的反应器。在均相反应器中混合和反应通常同时发生，因此伴有反应发生的微混合器在一定意义上也属于微反应器面。在均相液相反应器中，由于两种反应液之间没有相界，当它们在微通道中以层流方式平行向前移动时，化学反应只能依靠界面上的浓度梯度，通过扩散效应进行。然而，在微通道中，由于微通道较短，体积较小，反应时间很短，通常难以完成反应。因此，如何使反应物充分混合是反应得以快速顺利进行的决定因素。相对固相合成反应，液相合成具有组合灵活，可实时在线检测。最初应用于微量的 DNA 类样品反应中，如聚合酶链反应（PCR），但由于其显示出的诸多优点现已逐渐扩展到环境和生物分析等许多领域。

非均相反应器是指反应体系中存在着不止一个相的反应器，通常包括两相或三相。非均相反应与均相反应的基本区别在于均相反应的反应物料之间没有相界面，反应速率只与浓度、温度有关；而非均相反应的反应物之间有相界面，因此它的实际反应速率还与相界面大小及相间扩散速率等因素有关，所以非均相反应器除了要考虑均相体系讨论过的因素外，还需要考虑另外两个复杂因素：①速率方程的复杂性。由于非均相体系存在着一个以上的相，所以在速率方程式中，必须考虑物质在相间的移动问题，即除了包括像均相反应那样的化学动力学项以外，还应包括传质过程项；且对不同的非均相体系而言，传质相的数值和形式各不相同，一般而言没有一个普遍使用的速率方程式。②两相体系的接触模型。在非均相体系的理想接触中，各个流体可以是活塞流或全混流。因而接触模型可能是顺流、逆流或错流。除此之外，两相中，如果有一相是不连续的，它们的宏观流体特性必须考虑[59]。非均相反应器的类型可分为：液-液非均相反应器；气-液非均相反应器，气-液-固多相非反应器。

表3.5 均相反应器与非均相反应器的比较

	均相反应器	非均相反应器
反应体系中存在的相	一相	一个以上(即两相或三相)
相界面	无	有
常见类型	液-液	液-液、气-液、气-液-固
影响因素	① 反应物混合程度； ② 反应体系的容积； ③ 浓度、温度	① 反应物混合程度； ② 反应体系的容积； ③ 浓度、温度； ④ 相界面的大小； ⑤ 相间扩散速率

随着对微流控系统研究的深入，微流控芯片作为生物反应器的研究越来越多，主要有聚合酶链反应(PCR)、免疫反应、各类酶反应及DNA杂交反应。

(1) 聚合酶链反应

聚合酶链反应是在体外模拟自然DNA复制过程的核酸扩增技术。一种无细胞扩增技术，通过引物延伸核酸的某个区域而进行的重复双向DNA合成。聚合酶链反应具有以下特点：灵敏度和特异性高，操作简便，快速，反应体系的设计简单，应用方式多(多重PCR、巢式PCR、竞争PCR、荧光定量PCR)，适合于各种不同的核酸样品。PCR技术在生物科研和临床应用中得以广泛应用，是分子生物学研究中最重要的技术之一，如图3.15[60]和图3.16[61]所示。

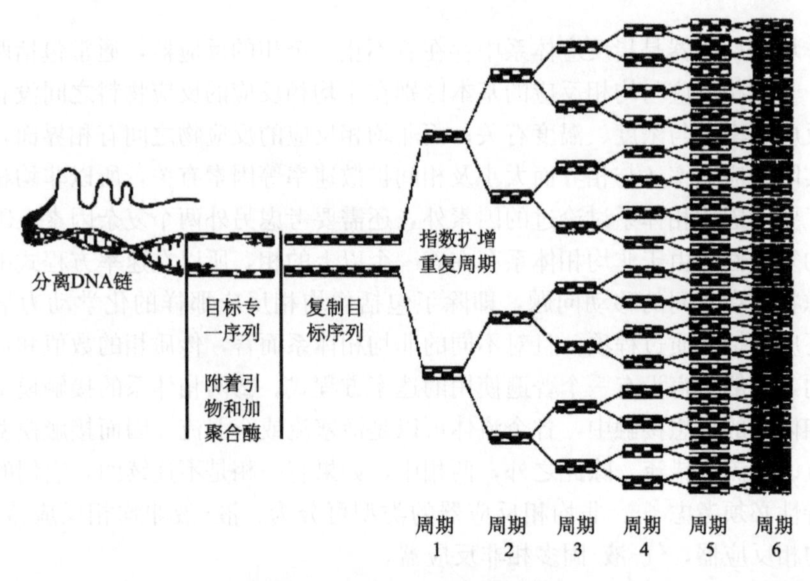

图 3.15 PCR 反应原理示意图

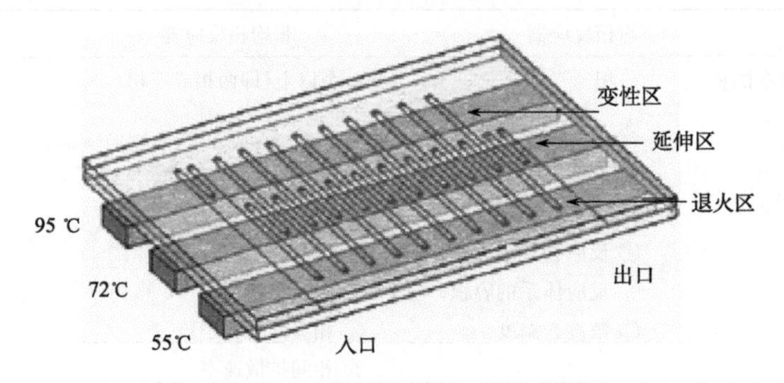

图 3.16 PCR 微流控芯片的示意图

(2) 免疫反应

免疫反应是在芯片上由抗原、抗体或半抗原参加的反应，具有以下特点：①反应体积可达到 nL 至 pL 量级，适用于血液、尿液及其他复杂样品中痕量物质的分析；②反应动力学过程快，反应时间短；③实验设计更加灵活，检测手段更为丰富；④可以集成多种不同单元，操作简单，易于实现高通量，便于自动化、微型化。1996 年，Koutny 等[62]将传统毛细管电泳免疫反应的平台转移到微流控芯片上，利用芯片毛细管电泳将游离皮质醇与皮质醇免疫络合物分离，然后再行检测，首次实现了免疫反应与微流控芯片平台的结合。自此，微流控芯片免疫反应受到了广泛的重视。

3.4　微流控芯片的检测技术

以微流控芯片实验室为平台进行的各种化学以及生物学反应分离等通常发生在微米量级尺寸的微结构中，微流控芯片实验室对检测器的要求较传统检测器更为苛刻，主要体现在以下几个方面：①灵敏度高。在微流控芯片运行过程中，可供检测物质的体积微小，且检测区域也非常小，这就要求检测器具有更高的检测灵敏度。②响应速度快。由于微流控芯片微通道尺寸较小，混合反应或分离过程在很短时间内即可完成，因此要求检测器具有更快的响应速度。③体积小。微流控芯片实验室最终目的是尽可能多地将功能单元集成在同一块微流控芯片上，因此要求作为输出终端的检测器具有较小的体积，最好能直接集成在微流控芯片上。微流控芯片检测技术的分类如图 3.17 所示，而各类检测方法的优缺点如表 3.6 所示[3]。

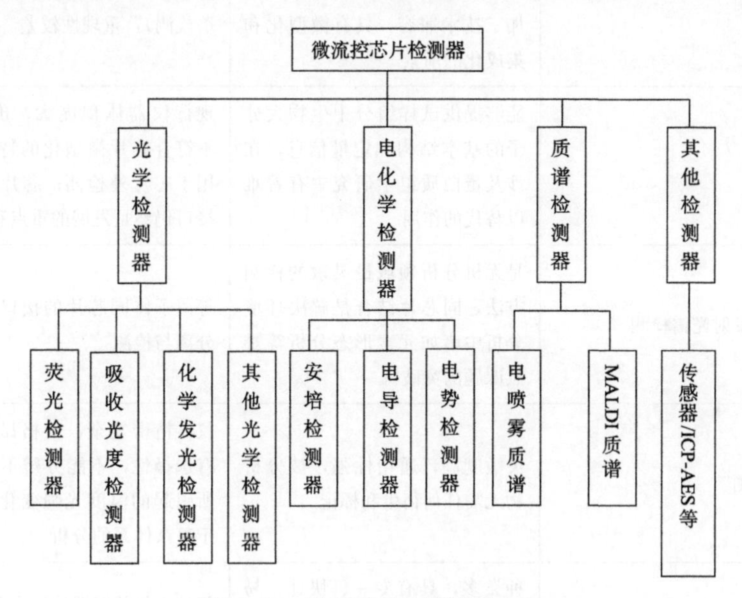

图 3.17　微流控芯片检测器分类

表 3.6　各种检测方法的优缺点

主要检测方法	优点	缺点
激光诱导荧光检测	检测灵敏度高，尤其是对于某些荧光效率高的物质可达到氮分子检测	分析物需要具有荧光或含有可通过衍生反应得到荧光信号的官能团；荧光标记有可能会造成分析物生物化学活性的改变，影响结果的可信度

续表

主要检测方法	优点	缺点
紫外吸收光度检测	是一种通用型光学检测器，分析物质无需衍生或标记	灵敏度低，对芯片材质、芯片结构有特殊要求；石英芯片制造工艺复杂，价格偏高
化学发光检测	检测灵敏度高，同其他光学检测器相比不需要光源，仪器设备简单，更易实现微型化和集成化	对检测池的设计有特殊要求，要求化学发光试剂和被测物质高效混合、充分反应。还要考虑反应本身对芯片的影响，如反应体系伴随有气体的释放，有些体系需要在非水溶剂中进行
电化学检测	灵敏度高，选择性好，体积小，装置简单，成本低，可以与微加工技术兼容，具有微型化和集成化的前景	被检测物质需要有电化学活性(安培检测)，重现性较差
质谱检测	能够提供试样组分中生物大分子的基本结构和定量信息，在涉及蛋白质组学研究中有着难以替代的作用	现行仪器体积庞大，价格昂贵，不符合芯片微型化的特点，只能用于芯片外检测；芯片同质谱的接口仍然是发展的重点和难点
等离子体发射光谱检测	是无机分析领域最灵敏的检测方法，同芯片结合是解决环境分析中诸如元素形态分析等难点课题的突破口	等离子体同芯片的接口问题影响分离与检测
热透镜检测	灵敏度高，通用性强，被分析物无需任何衍生和标记	仪器精密复杂，价格昂贵；不具有选择性，不能分辨不同分析物所引起的温度光强变化，不能用于复杂体系的分析
传感器	种类多，具有专一、快速、易于微型化和自动化的特点	部分生物传感器使用寿命偏短

3.5 微流控芯片的应用

3.5.1 在核酸研究中的应用

核酸是遗传信息的携带者，也是基因表达的物质基础。对核酸结构、功能与调控的认识是人类在分子水平研究遗传、进化和疾病诊断的基础。微流控芯片在微反应中的应用，不仅限于化学合成。事实上，早期的应用主要集中于生物反应，而且研究最多的是聚合酶链反应，即 PCR。PCR 作为一种体外扩增核酸的方法，早已是研究分子生物学不可缺少的工具。虽然传统的 PCR 操纵简单，但是它加热循环缓慢且效率低，主要是因为其加热体积太大。为了解决这个问题，PCR 的反应体积被减小到 50μL 甚至于 1pL[63]，但是体积的减小也相应地限制了产量。应用于 PCR 的微流控芯片就是在这种情况下迅速发展起来的。

自从 Kopp 等[64]首次在微流控芯片上实现了 DNA 的扩增以来，PCR 芯片得到迅速发展，并很快地应用于 RT-PCR。与传统的 PCR 相比，PCR 芯片的主要优势在于其比表面积大，传热速率快，大大提高了反应速率；而且内部温度均匀，反应过程易于控制。同时 PCR 芯片反应所需的样品和试剂量少，大大降低成本。目前，对 PCR 芯片的研究主要集中在芯片的材料、芯片表面的处理、温控方式以及 PCR 芯片的集成化。

从技术角度来说，DNA 萃取/纯化，PCR 扩增，分子杂交，电泳分离和检测等可以单一或集成地转移到微流控芯片上完成，因此，微流控芯片技术显示了极强的核酸研究功能。微流控芯片在核酸中的应用包括病原体基因检测、基因突变检测、基因分型、DNA 测序、DNA 计算机，可应用于临床基因诊断、遗传学分析和法医学鉴定等领域。DNA 测序是指 DNA 分子中核苷酸排列顺序测定，是核酸系列分析的根本手段，利用 DNA 测序可获得 DNA 序列的信息，研究疾病的发病机制，可应用于遗传学、法医学等研究。病原体基因检测的原理是在微流控芯片上集成了病原体基因检测方法的多个步骤，如样品前处理，DNA 或 RNA 提取，PCR 扩增和电泳分离。病原体能引起疾病的微生物和寄生虫，与人类的疾病密切相关，病原体基因检测是对外源性病原体基因进行直接检测。

3.5.2 在蛋白质研究中的应用

随着人类基因组计划的实施和推进，生命科学研究已进入了后基因组时代，其中，最具有代表性的工作是蛋白质组学研究。对蛋白质结构和功能的研究将直接阐明生命在生理或病理条件下的变化机制。蛋白质由约 20 种氨基酸根据不同的排列顺序，以肽键的形式结合而成的具有一定空间结构的链状化合物，对研究平台要求更高，最普遍的技术是二维凝胶电泳。

微流控芯片在分析应用中的另一个重要领域是蛋白质。后基因时代的到来，蛋白质分子检测已成为临床疾病诊断不可或缺的一个新内容。Effenhauser 等[65]在有效分离长度为 24mm 的十字形毛细管电泳芯片上，15s 内实现了六种氨基酸的分离。庄贵生等[66]用微芯片毛细管电泳法对临床患者尿蛋白进行了分离，初步探讨了用于判断肾损伤的应用前景。以 pH10.3、75mmol/L 的硼酸盐缓冲液作为芯片电泳缓冲体系，利用蛋白质的紫外吸收特性，在 210nm 波段检测吸光度并进行信号收集和分析。

3.5.3　在离子和小分子研究中的应用

微流控芯片在离子和相对分子质量在 1000 以下的小分子的分离和分析中具有相当大的发展潜力。离子是原子或原子团由于得失电子而形成的带电微粒，也可看做是化合物解离后的特殊存在形式，环境检测、食品安全和医疗诊断诸多领域均涉及离子的分离与分析，发展便捷、低耗和操作简单的离子分析仪器具有重要的意义。在离子研究中，在微流控芯片上可以实现毛细管电泳和色谱分离，并集成过滤、富集等预处理功能，有望成为离子分析的有力工具。在 20 世纪，由于手性药物对映体在疗效上的巨大差异引起了科学界和产业界的广泛关注，手性分子已经在医药、农药、香料以及精细化工品中发挥着重要作用。微流控芯片在手性分子研究领域的两个重要分支：手性拆分和手性合成。微流控芯片已实现了酶法拆分、色谱和电泳拆分。微流控芯片应用于手性合成的相关报道并不多，具有代表性的是 Jonsson 等[67] 以电渗驱动镧系金属催化苯甲醛生成手性氰醇化合物的反应。微流控芯片与激光诱导荧光等技术结合[68]，使得在流动下检测单分子成为可能，同时为单分子检测提供了一种重要的分离手段，如图 3.18 所示。

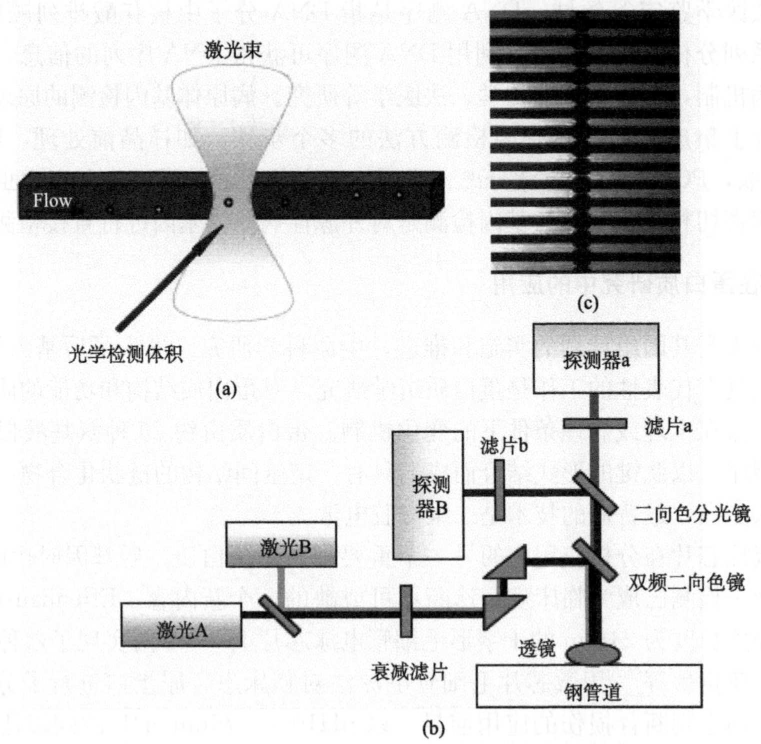

图 3.18　微流控芯片内进行单分子光学分析的示意图

当单分子流过检测区域时，这种方法就可以对特定标记的分子进行准确的计数。除了计数外，该方法还可对亲和事件进行检测。带有不同荧光标记的两种分子，如果出现亲和反应就可在检测器上同时检测到两种荧光。当两个分子太近必然影响检测，所以通过观察亲和反应发生前后分子的泳动速率，也可分析分子是否发生亲和反应。此外，在微流控芯片内还可对分子的组分和物理特性进行分析，应用最多的是DNA测序。Mathies等[69]首先在微流控芯片上实现DNA测序。在3.5cm的分离长度上，在7min内完成长度为150～200bp的序列测定。

3.5.4 在细胞水平上的应用

细胞是生物形态结构和生命活动的基本单位，不仅要从形态上研究细胞各部分的亚显微结构、超微结构和分子结构，还要从功能上研究细胞内各部分的化学组成、新陈代谢和信号传递等生命活动，并阐明它们之间的关系和互相作用，进而发现生物有机体的生长、分化、遗传、变异等基本生命活动的规律。

微流控芯片已经成为新一代细胞研究极其重要的平台，具有不同操作单元技术灵活组合、整体可控和规模集成等特点，在细胞研究的过程中主要表现为以下几个优势：①微流控芯片微通道的尺寸可以与细胞直径相匹配，有利于单细胞操作和分析；②微流控芯片的多维微通道网络结构可以模拟生理状态下细胞的生长环境；③微流控芯片微通道微尺度下的传热和传质较快，可以提供有利的细胞研究环境；④微流控芯片可以满足高通量细胞分析，从而获得大量的细胞生物学信息；⑤微流控芯片可以灵活组合多种单元技术，使得集成化的细胞研究成为可能，如细胞进样、培养、分选、裂解和分离检测等过程均可在微流控芯片上实现。

随着微流控芯片的不断发展，微流控芯片分析技术正不断地向细胞组学的研究领域渗透。微流控芯片在细胞生物学中的应用主要包括细胞培养、细胞分选、细胞的分离与操纵、细胞捕获、细胞裂解、细胞状态、细胞功能和细胞组分的分析[70]。

1）细胞培养

在体外培养细胞是生物学的支柱。然而，传统的培养方法仅提供细胞一个有限的二维生长空间，很难模拟原代细胞的体内环境，因此，无法了解体外细胞在三维空间中生长和分化的状况。然而，微流控芯片能为细胞提供一个良好的三维环境。通过3D ECM(体外环境)结构的微制作与微通道网络相结合构造一个微芯片系统，能够控制和模拟细胞间作用以及体内各种环境[71]。

2）细胞分选

细胞分选是从大量非均一细胞群体中获取性质均一的目标细胞的一种技术，常用于细胞生物学和临床医学领域，微流控技术是最有可能实现流式细胞仪微型化的一类技术。目前用于细胞计数的方法主要有荧光激发细胞分选技术、库尔特技术和介电电泳分选技术。荧光激发细胞分选技术是通过检测细胞的荧光强弱来实现不同种类和大小的细胞的计数与分类。Kruger 等[72]制作了一个低廉的、便携的细胞计数和筛选微流控系统，它基本实现了流式细胞仪的关键功能。在这个系统中，计算机通过分析雪崩式光电二极管收集的信号，然后控制注射泵压力的变化而实现细胞的筛选。库尔特技术是采用电阻法原理进行微粒检测和计数的一种方法。细胞或微粒通过小孔引起阻抗的变化，通过检测阻抗变化值进行细胞计数和分类。2001 年，Gawad 等[73]基于库尔特原理发展了一个微流控细胞计数装置，检测单个细胞的频率可达 100 个/秒。介电电泳分选技术是使细胞在不均一交变电场中被诱导极化，由于介电特性、电导率、形状或大小等不同，不同细胞会感应出不同介电力而得以分离。

3）细胞的分离与操纵

目前，在微流控芯片内进行细胞分离和操纵的方法主要有机械法和电化学法。Carlson 等[74]报道了用静水压力驱动的方法对血液样本中的细胞进行分离。由于红细胞的体积远小于白细胞，且黏性小，所以红细胞以较快的速度通过微通道网络。此外，还有研究报道用空间位阻的方式实现对不同大小细胞的分离。除了机械法外，电化学法也是常用的方法。由于大多数的细胞都有类似电泳的性质，因而在微芯片上通过电泳或电渗作用也可实现细胞分离。

4）细胞捕获

在细胞分析中，往往需要将样品池中的细胞样品引入到微流控芯片微通道中，借助电场力、介电力、静压力、磁场力等实现对细胞的灵活操控，并将细胞捕获在微流控芯片微通道的特定位置。在微流控芯片上实现细胞捕获的方法包括：电场力捕获细胞[75]、介电力捕获细胞[76]、流体动力学陷进捕获细胞[77]、空间位阻捕获细胞[78]、固定化技术捕获细胞[79]以及通过 PDMS 泵阀[80]或液滴分离捕获单细胞[81]。

5）细胞裂解

细胞裂解是进行细胞内含物电泳分离和检测的必要步骤，能否快速和有效地裂解细胞，是后续细胞内含物检测的关键。目前，基于微流控芯片的细胞裂解方法有机械裂解法[82]、超声裂解法[82]、热裂解法[84]、化学试剂裂解法[85]和电裂解法[86]。

6）细胞状态

细胞状态研究主要集中在细胞周期、细胞分化和细胞凋亡等方面。细胞周期与多种人类疾病，特别是肿瘤的发生密切相关。正常或肿瘤细胞生长增殖时，细胞核内 DNA 结构及含量都会发生变化。因此，细胞核内 DNA 含量的测定能够反映正常的细胞周期变化及肿瘤细胞的恶性增殖。细胞分化是指在个体发育过程中通过细胞分裂在细胞之间产生稳定性差异的过程。细胞凋亡是一种由基因调控的细胞主动死亡过程，在正常胚胎和器官发育、免疫反应、肿瘤和神经退行性病变等疾病发生过程中具有重要作用。

7）细胞功能

细胞功能研究主要集中在细胞受激反应和离子通道等方面。细胞受激反应是细胞对外界各种刺激所产生的响应，与多种重要生物学过程密切相关。微流控芯片的功能集成化特点有利于实施外界条件对细胞的精确刺激，并直观地检测细胞在此条件下的各种响应。离子通道是神经生物学研究的核心内容之一，离子通道的开放与关闭可调控细胞膜电位和细胞膜内外离子浓度，是神经元、肌细胞等可兴奋组织功能活动的基础。

8）细胞组分的分析

对细胞内组分的分析方法包括溶胞法和释放法。溶胞法指细胞溶膜后结合电泳分离检测细胞组分。目前，在微流路内进行溶胞的方法有试剂法、激光脉冲和电脉冲。高健等在微流控芯片上，通过电泳缓冲液结合高电场实现了血红细胞快速溶膜。Allbritton 等[87]对激光和电脉冲快速溶胞进行过一系列研究，发现电脉冲能在毫秒内将细胞完全溶解。此外，还有机械法溶胞，如 Carlo 等[88]利用锯齿状的微流道实现了对 HL-60 细胞的溶膜，如图 3.19 所示。

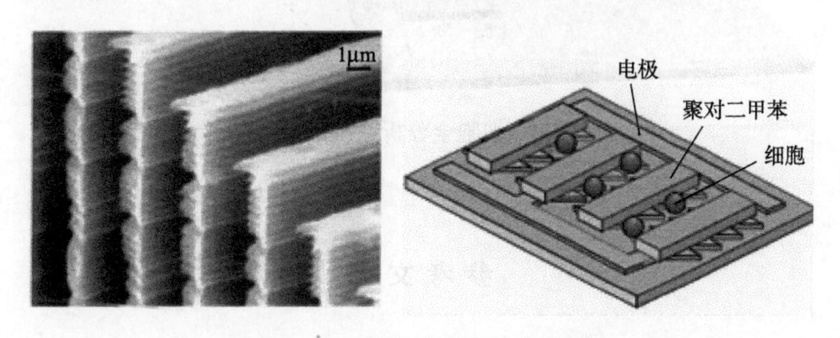

图 3.19　机械法溶胞的示意图

释放法就是通过刺激细胞释放各种分子，并对各种分子进行检测的方法。Kennedy 等[89]利用微流控芯片，实现单个胰腺 β-细胞释放胰岛素的连续监测。此外，Yang 等[90]在石英玻璃上刻蚀了通道，并覆盖以 PDMS 的装置上实现了对钙离子的检测。具有梯度浓度的三磷酸腺苷溶液流过贴壁细胞，引起被荧光标记的钙离子的释放量发生变化，此时用共焦激光扫描显微镜检测荧光信号。

3.5.5　在细胞全分析中的应用

细胞全分析系统指将细胞的三维培养、细胞刺激、细胞分离、溶胞以及细胞组分分离和分析集为一体的微流控系统，如图 3.20[70]所示。这个系统不仅可快速分析细胞，而且可重复利用。同时可以减少实验强度和实验潜在的失误。但是完成多种功能集为一体的工作十分复杂，许多细胞微系统仍处于验证阶段。方肇伦等[91]制成一个用于单细胞分析的微流控系统，在这个系统中集合了细胞的取样、细胞的装填、细胞的溶解和毛细管电泳，并用激光诱导荧光进行检测。

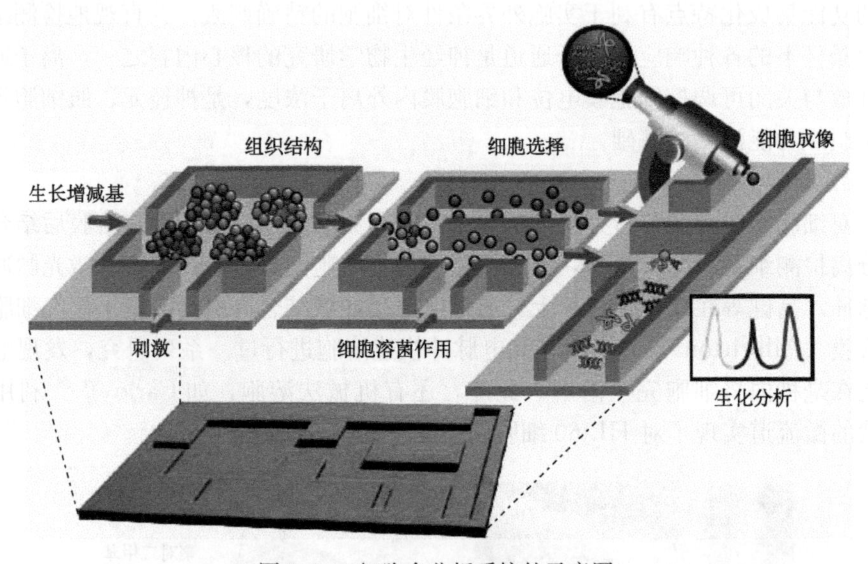

图 3.20　细胞全分析系统的示意图

参 考 文 献

[1] 林炳承，秦建华. 微流控芯片实验室. 北京：科学出版社，2006.

[2] 方肇伦. 微流控分析芯片的制作及应用. 北京：化学工业出版社，2005.

[3] 林炳承，秦建华. 微流控芯片实验室. 北京：科学出版社，2008.

[4] Manz A，Fettinger J C，Verpoorte E，et al. Micromachining of monocrystalline silicon and glass for chemical analysis systems A look into next century technology or just a fashionable craze. Trends in Analytical Chemistry，1991，10(5)：144-149.

[5] Harrison D J，Manz A，Fan Z H，et al. Capillary electrophoresis and sample injection systems integrated on a planar glass chip. Analytical Chemistry，1992，64 (17)：1926-1932.

[6] Jacobson S C，Hergenroder R，Koutny L B，et al. High-speed separations on a microchip. Analytical Chemistry，1994，66 (7)：1114-1118.

[7] Jacobson S C，Hergenroder R，Koutny L B，et al. Open-channel electrochromatography on a Microchip. Analytical Chemistry，1994，66 (14)：2369-2373.

[8] Jacobson S C, Hergenroder R, Koutny L B, et al. Effects of injection schemes and column geometry on the performance of microchip electrophoresis devices. Analytical Chemistry, 1994, 66 (7): 1107-1113.
[9] Woolley A T, Mathies R A. Ultra-high-speed DNA-sequencing using capillary electrophoresis chips. Analytical Chemistry, 1995, 67 (20): 3676-3680.
[10] Woolley A T, Hadley D, Landre P, et al. Functional integration of PCR amplification and capillary electrophoresis in a microfabricated DNA analysis device. Analytical Chemistry, 1996, 68 (23): 4081-4086.
[11] Li P C H, Harrison D J. Transport, manipulation, and reaction of biological cells on-chip using electrokinetic effects. Analytical Chemistry, 1997, 69(8): 1564-1568.
[12] Thorsen T, Maerkl S J, Quake S R. Microfluidic large-scale integration. Science, 2002, 298(5593): 580-584.
[13] 陈相，方禹之. 芯片毛细管电泳. 理化检验-化学分册，2005，41(11)：865-870.
[14] Ye N N, Qin J H, Shi W W, et al. Cell-based high content screening using an integrated microfluidic device. Lab on a Chip, 2007, 7: 1696-1704.
[15] Soper S A, Ford S M, Qi S, et al. Polymeric microeletromechanical systems. Analytical Chemistry, 2000, 72: 642-651.
[16] Lee J N, Park C, Whitesides G M. Solvent compatibility of poly(dimethylsiloxane)-based microfluidic devices. Analytical Chemistry, 2003, 75: 6544-6554.
[17] Martynova L, Locascio L E, Gaitan M, et al. Fabrication of plastic microfluid channels by imprinting methods. Analytical Chemistry, 1997, 69(23): 4783-4789.
[18] Elders J, Jansen H V, Elweenspoek M. DEEMO: A new technology for the fabrication of microstructure. Proceedings MEMS'95, 1995: 238-243.
[19] Tatsuhiro F, Takatoki Y, Takeshi N, et al. Microfabricated flow-though device for DNA amplification-towards in situ gene analysis. Chemical Engineering Journal, 2004, 101(1～3): 151-156.
[20] McCormick R, Nelson R, Alonso Amigo M, et al. Microchannel electrophoretic seperations of DNA in injection-molded plastic substrates. Analytical Chemistry, 1997, 69(14): 2626-2630.
[21] Roberts M A, Rossier J S, Bercier P, et al. UV laser machined polymer sub-strates for the development of microdiagnostic systems. Analytical Chemistry, 1997, 69(11): 2035-2042.
[22] 伊福延，吴坚武，冼鼎昌. 微细加工新技术-LIGA 技术. 微细加工技术，1993，4：1-7.
[23] Xia Y N, Whitesides G M. Soft lithography. Annual Review of Materials Science, 1998, 28: 84-153.
[24] 杜晓光，关艳霞，王福仁，等. 聚甲基丙烯酸甲酯微流控分析芯片的简易热压制作法. 高等学校化学学报，2003，11：1962.
[25] Xu F, Jabasini M, Baba Y. DNA separation by microchip electrophoresis using low-viscosity-hydroxypropylmethylcellulose-50 solutions enhanced by polyhydroxy compounds. Electrophoresis, 2002, 23: 3608-3614.
[26] Wu Z Y, Jensen H, Gamby J, et al. A flexible sample introduction method for poly-mermicrofluidic chips using a push/pull pressure pump. Lab on a Chip, 2004, 4(5): 512-515.
[27] Sahlin E, Beisler A T, Woltman S J, et al. Fabrication of microchannel structures in fluorinated ethylene propylene. Analytical Chemistry, 2002, 74: 4566-4569.
[28] do Lago C L, da Silva H D T, Neves C A, et al. A dry process for production of microfluidic devices based on the lamination of laser-printed polyester films. Analytical Chemistry, 2003, 75: 3853.

[29] Jia Z J, Fang Q, Fang Z L. Bonding of glass microfluidic chips at room temperatures. Analytical Chemistry, 2004, 76: 5597-5602.

[30] Chiem N, Lockyear-Shultz L, Andersson P, et al. Room temperature bonding of micromachined glass devices for capillary electrophoresis. Sensors and Actuators B-chemical, 2000, 63: 147-152.

[31] Effenhauser C S, Bruin G J M, Paulus A, et al. Integrated capillary electrophoresis on flexible silicone microdevices: Analysis of DNA restriction fragments and detection of single DNA molecules on microchips. Analytical Chemistry, 1997, 69: 3451-3457.

[32] Unger M A, Chou H P, Thorsen T, et al. Monolithic microfabricated valves and pumps by multilayer soft lithography. Science, 2000, 288(5463): 113-116.

[33] Hui A Y N, Wang G, Lin B C, et al. Microwave plasma treatment of polymer surface for irreversible sealing of microfluidic device. Lab on a Chip, 2005, 5(10): 1173-1177.

[34] Lintel van H T G, Pol van de F C M, Bouestra S. A piezoelectric micropump based on micromachining of silicon. Sensors and Actuators, 1988, 15(2): 153-167.

[35] Smits J G. Piezoelectric micropump with three valves working peristaltically. Sensors and Actuators, 1990, 21(1): 203-206.

[36] Jeong O C, Park S K, Yang S S, et al. Fabrication of a peristaltic PDMS micropump. Sensors and Actuators, 2005, 123-124: 453-458.

[37] Duffy D C, Gillis H L, Lin J, et al. Microfabricated centrifugal microfluidic systems: Characterization and multiple enzymatic assays. Analytical Chemistry, 1997, 71(20): 4669-4678.

[38] Tiren J, Tenerz L, Hok B. A batch-fabricated non-reverse valve with cantilever beam manufactured by micromachining of silicon. Sensors and Actuators, 1989, 18(3~4): 396-398.

[39] Studer V, Hang G, Pandolfi A, et al. Scaling properties of a low-actuation pressure microfluidic valve. Journal of Applied Physics, 2004, 95(1): 393-398.

[40] Grover W H, Skelley A M, Liu C N, et al. Monolithic membrane valves and diaphragm pumps for practical large-scale integration into glass microfluidic devices. Sensors and Actuators, 2003, 89(3): 315-323.

[41] Weibel D B, Kruithof M, Potenta S, et al. Torque-actuated valves for microfluidics. Analytical Chemistry, 2005, 77(15): 4726-4733.

[42] Pal R, Yang M, Johnson B N, et al. Phase change microvalve for integrated devices. Analytical Chemistry, 2004, 76(13): 3740-3748.

[43] Jerman H. Electrically-activated, normally-closed diaphragm valves. Analytical Chemistry, 2004, 95(1): 393-398.

[44] Luo Y, Wu D P, Zeng S J, et al. Double-cross hydrostatic pressure sample injection for chip CE: Variable sample plug volume and minimum number of electrodes. Analytical Chemistry, 2006, 78(23): 6074-6080.

[45] Fu L M, Yang R J, Lee G B. Electrokinetic focusing injection methods on microfluidic devices. Analytical Chemistry, 2003, 75(8): 1905-1910.

[46] Fu L M, Yang R J, Lee G B. Electrokinetic injection techniques in microfluidic chips. Analytical Chemistry, 2002, 74(19): 5084-5091.

[47] Lapos J A, Ewing A G. Injection of fluorescently labeled analytes into microfabricated chips using optically gated electrophoresis. Analytical Chemistry, 2000, 72(19): 4598-4602.

[48] Du W B, Fang Q, He Q H, et al. Flow-though nanoliter sample introduction microfluidic chips-based flow injection analysis system with gravity-driven flows. Analytical Chemistry, 2005, 77(5): 1330-1337.

[49] Fang Q, Wang F R, Wang S L, et al. Sequential injection sample introduction microfluidic chip based capillary electrophoresis system. Analytica Chimica Acta, 1999, 390(1～3): 27-37.

[50] El-Ali J, Gaudet S, Gunther A, et al. Cell stimulus and lysis in a microfluidic device with segmented gas-liquid flow. Analytical Chemistry, 2005, 77(11): 3629-3636.

[51] Vilkner T, Shivji A, Manz A. Dry powder injection on chip. Lab on a chip, 2005, 5(2): 140-145.

[52] He B, Tan L, Regnier F. Microfabricated filters for microfluidic analytical systems. Analytical Chemistry, 1999, 71(7): 1464-1468.

[53] Nguyen N T, Wu Z G. Micromixers—A review. Journal of Micromechanics and Microengineering, 2005, 15: 1-16.

[54] Liu A L, He F Y, Wang K, et al. Rapid method for design and fabrication of passive micro-mixers in microfluidic devices using a direct-printing process. Lab on a Chip, 2005, 5(9): 974-978.

[55] Knight J B, Vishwanath A, Brody J P, et al. Hydrodynamic focusing on a silicon chip: Mixing nanoliters in microseconds. Physical Review Letters, 1998, 80(17): 3863-3866.

[56] Schubert K, Bier W, Brandner J, et al. Realization and testing of microstucture reactors, micro heat exchangers and micromixers for industial applications in chemical engineering. In: Ehrfeld W, Rinard I H, Wegeng R S. Process mimiaturization: 2nd international Conference on Microreaction Technology. New Orleans, USA: IMRET, 1998, 88-95.

[57] 陈光文，袁权. 微化工技术. 化工学报，2003，54(4)：427-439.

[58] 骆广生，王玉军，吕阳成. 微反应器——现代化学中的新技术. 北京：化学工业出版社，2004：4-10.

[59] 韩百光. 化工基础简明教程. 北京：北京师范大学出版社，1998.

[60] 陈文元，张卫平. 集成微流控集合物 PCR 芯片. 上海：上海交通大学出版社，2009：30.

[61] 祁恒. 高聚物基连续流式 PCR 微流控芯片系统与应用技术研究. 北京工业大学博士学位论文，2009.

[62] Koutny L B, Schmalzing D, Taylor T A, et al. Microchip electrophoretic immuno-assay for serum cortisol. Analytical Chemistry, 1996, 68(1): 18-22.

[63] de Mello A J. Control and detection of chemical reactions in microfluidic systems. Nature, 2006, 442: 394-402.

[64] Kopp M U, de Mello A J, Manz A. Chemical amplification: continuous-flow PCR on a chip. Science, 1998, 280: 1046-1048.

[65] Effenhauser C S, Manz A, Widmer M H. Glass chips for high-speed capillary slectrophoresis separations with submicrometer plate heights. Analytical Chemistry, 1909, 65: 2637-2042.

[66] 庄贵生，刘菁，贾春平，等. 毛细管电泳微芯片在临床尿蛋白检测中的应用研究. 化学学报，2006，64(3)：229-234.

[67] Jonsson C I, Lundgren S, Hawsell S J, et al. Asymmetric catalysis in a micro reactor-Ce, Yb and Lu catalyzed enantioselective addition of trimethylsilyl cyanide to benzaldehyde. Tetrahedron, 2004, 60(46): 10515-10520.

[68] Craighead H. Future lab-on-a-chip technologies for interrogating individual molecules. Nature, 2006, 442: 387-393.

[69] Woolley A T, Mathies R A. Ultra-high-speed DNA sequencing using capillary electrophoresis chips.

Analytical Chemistry，1995，67：3676-3680.

[70] El-Ali J，Sorger P K，Jensen K F. Cells on chips. Nature，2006，442：403-411.

[71] Leclerc E S Y，Fujii T. Cell culture in 3-dimensional microfluidic structure of PDMS (polydimethylsiloxane). Biomedical Microdevices，2003，5(2)：109-114.

[72] Kruger J，Singh K，O'Nell A，et al. Development of a microfluidic device for fluorescence activated cell sorting. Journal of Micromechanics and Microengineering，2002，12：486-494.

[73] Gawad S，Schild L，Renaud P. Micromachined impedance spectroscopy flow cyto-meterfor cell analysis andparticle sizing. Lab on a Chip，2001，1：76-78.

[74] Carlson R H，Gabel C V，Chan S S. Selfsorting of white blood cells in a lattice. Physical Review Letters，1997，79(11)：2149-2152.

[75] Toriello N M，Douglas E S，Mathies R A. Microfluidic device for electric field-driven single-cell capture and activation. Analytical Chemistry，2005，77(21)：6935-6941.

[76] Mittal N，Rosenthal A，Voldman J. NDEP microwells for single-cell patterning in physiological media. Lab on a Chip，2007，7(9)：1146-1153.

[77] Wheeler A R，Throndest W R，Whelan R J，et al. Microfluidic device for single-cell analysis. Analytical Chemistry，2003，75(14)：3581-3586.

[78] Khademhosseini A，Yeh J，Eng G，et al. Cell docking inside microwells within reversibly sealed microfluidic channels for fabricating multiphenotype cell arrays. Lab on a Chip，2005，5 (12)：1380-1386.

[79] Maruyama H，Arai F，Fukuda T，et al. Immobilization of individual cells by local photo-polymerization on a chip. Analyst，2005，130(3)：304-310.

[80] Roman G T，Chen Y L，Viberg P，et al. Single-cell manipulation and analysis using microfluidic devices. Analytical and Bioanalytical Chemistry，2007，387(1)：9-12.

[81] He M Y，Edgar J S，Jeffries G D M，et al. Selective encapsulation of single cells and subcellular organelles into picoliter and femtoliter-volume droplets. Analytical Chemistry，2005，77(6)：1539-1544.

[82] Taylor M T，Belgrader P，Furman B J，et al. Lysing bacterial spores by sonication through a flexible interface in a microfluidic system. Analytical Chemistry，2011，73(3)：492-496.

[83] Water L C，Jacobson S C，Kroutchinina N，et al. Microchip device for cell lysis，multiplex PCR amplification and electrophoretic sizing. Analytical Chemistry，1998，70(1)：158-162.

[84] Di Carlo D，Ionescu-Zanetti C，Zhang Y，et al. On-chip cell lysis by local hydroxide generation. Lab on a Chip，2005，5(2)：171-178.

[85] Mc Clain M A，Cullbertson C T，Jacobson S C，et al. Microfluidic devices for the high-throughput chemical analysis of cell. Analytical Chemistry，2003，75(21)：5646-5655.

[86] Sohn L L，Saleh O A，Facer G R，et al. Capacitance cytometry：Measuring biological cells one by one. Proceedings of the national academy of sciences of the United States of America，2000，97(20)：10687-10690.

[87] Han F，Wang Y，Allbritton N L. Fast electrical lysis of cells for capillary electrophoresis. Analytical Chemistry，2003，75：3688-3696.

[88] Di Carlo D，Jeong K H，Lee L P. Reagentless mechanical cell lysis by nanoscale barbs inmicrochannels for sample preparation. Lab on a Chip，2003，3：287-291.

[89] Roper M G，Shackman J G，Kennedy R T. Microfluidic chip for continuous monitoring of hormone se-

cretion from live cells using an electrophoresis-based immunoassay. Analytical Chemistry，2003，25：4711-4717.

[90] Yang M，Li C W，Yang J. Cell docking and on-chip monitoring of cellular reactionswith a controlled concentration gradient on a microfluidic device. Analytical Chemistry，2002，74 (16)：3991-4001.

[91] Cao J，Yin X F，Fang Z L. Integration of single cell injection，cell analysis，separation and detection of intracellular constituents on a microfluidic chip. Lab on a Chip，2004，4：47-52.

第 4 章　仿生表面梯度材料

大自然中的动植物经过数亿年的进化，其结构表面达到了近乎完美的程度，使其能够在这变化无端的复杂环境中顺利地存活下来，并繁衍后代。生物体中特殊的微纳结构赋予其特殊的表面性能，它们展示出的优异性能，都归功于其梯度表面，梯度的特征决定了非凡的性能，因此研究工作者把其注意力转移到模仿生物表面，进行大量的梯度表面的可控制备，以实现把生物的性能转嫁到我们日常应用中，更好地为人类服务。本章将列举一些典型的生物表面，展示其令人称奇的性能，分析其特有的多元结构，进一步介绍相关的仿生制备方面的进展情况。

4.1　生物表面的梯度特征与功能

大自然经过几十亿年的进化，已经成为了一个令人称奇的宝盒。它里面的各种神秘的事物，完美到了极点，正如“只有你想不到的，没有它不包含的”。神奇的大自然包罗万象，它里面的每个个体都足以让人类研究几十年，精妙的结构注定它有着在极端不利的条件下成功生存的优势，表现出很多令人费解的“奇迹”。这种从宏观到微观，再到纳米尺度的多级复合结构，是生物结构的特色，使得生物体在结构和功能上达到了完美的统一。在过去的十几年里，生物材料引起了科学家极大的兴趣，如荷叶的超疏水、自清洁效应[1]，玫瑰花瓣的结构色、高黏附作用[2]，蝴蝶翅膀方向性黏附[3-5]，水黾腿的超疏水[6]，蜘蛛丝的方向性集水效应[7]等。这些材料的结构为科学家设计多功能浸润性材料提供很多灵感，使得这方面的研究取得很大进展。下文将介绍几个最具有代表性的生物体表面。

4.1.1　润湿蜘蛛丝的方向集水性

1. 蜘蛛丝的润湿重建结构

蜘蛛丝由湿敏亲水鞭毛蛋白组成。Cribellate 蜘蛛用梳子样的筛器把从它们吐丝器中得到的丝纤维分成许多极细的纤维。图 4.1 中蜘蛛丝的环境扫描电镜图像显示了这种结构。由纳米纤丝组成的蓬松物(puff)沿两个主要轴向纤维周期[(85.6 ± 5.1)μm]分布。蓬松物直径为(130.8±11.1)μm，被直径为(41.6 ± 8.3)μm 的链接结构(joint)分开。图 4.1(b)放大的图像显示蓬松物由随机的纳米纤丝(直径为 20～30nm)组成。这些高亲水的纳米纤丝使蜘蛛丝的润湿性变强，有利于水滴凝结[7]。

将干燥蜘蛛丝置于雾中，当水开始凝结、形成沿丝纤维方向移动的水滴时，它的结构开始发生变化(图 4.2)。最初，细小水滴在半透明蓬松物上凝结。随着水凝结的进行，蓬松物收缩为不透明的凸起节(bump)，最终形成周期性的纺锤节结构(spindle-knot)[图 4.2(d)]。润湿改变了材料的纤维结构，在“结构性润湿重建”后发生方向性集水。

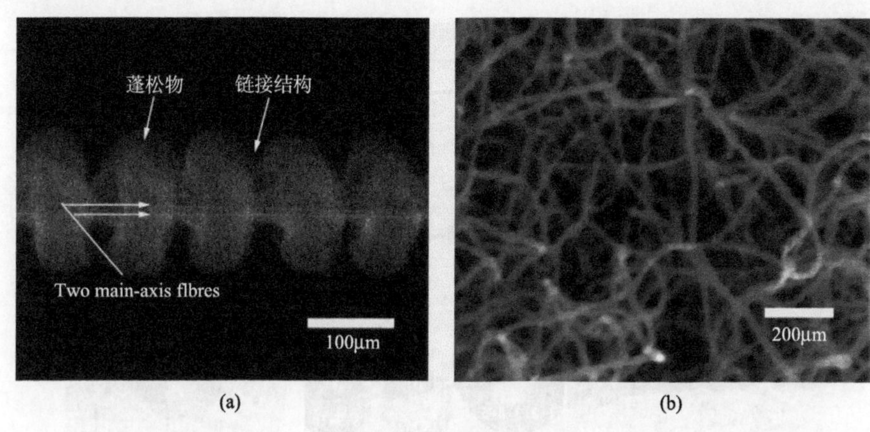

图 4.1　干燥蜘蛛丝结构

2. 蜘蛛丝的方向性集水

将润湿重建蜘蛛丝分成四部分，每部分包括一个链接结构，置于薄雾中，小水滴在链接结构和纺锤节结构上随机凝结。随水凝结进行，水滴尺寸变大，链接结构上的水滴向最近的纺锤节结构移动，在此合并成更大的水滴。在Ⅰ和Ⅱ形成的水滴 1～5 合并为大水滴 L，在Ⅲ的 6、7 和Ⅳ的 8～10 合并成中等水滴 M 和 N [图 4.2 (d)～(f)]。这些现象意味着在润湿的蜘蛛丝中发现的纺锤节结构和链接结构的周期性纤维对方向性集水起着一定的作用。

在蜘蛛丝纤维的单个纺锤节结构上观察集水现象。起初，小液滴 1′、2′、3′和 4′在纺锤节结构和两个邻近链接结构上随机凝结，逐渐长大的液滴 3′移向纺锤节结构，在此与液滴 4′接触然后结合为 H。同时，位于链接结构上长大的液滴 1′、2′也向纺锤节结构移动然后与已形成的 H 形成更大的 H′[图 4.2(g)～(i)]。来自链接结构的小水滴连续结合，最后在纺锤节结构上形成更大的水滴。

在集水过程中，纺锤节结构首先作为凝结点，之后作为原子链接结构的小水滴的结合点；链接结构则主要作为凝结点，在此水凝结为水滴，之后被传送至纺锤节结构。更重要的是，在水滴离开链接结构在纺锤节结构上被收集后，水凝结和方向性移动的新循环可以在链接结构上重新开始。图 4.2(i)中，在液滴 1′、2′形成向纺锤节结构移动后，液滴 1″和 2″在链接结构上凝结。纵观来看，图标解释了链接结构作为凝结点和纺锤节结构主要作为收集点的协同，保证了连续不断的方向性集水。这种集水行为只在筛器腺蜘蛛(Uloborus walckenaerius)润湿的丝纤维(即润湿重建丝)上观察到，蚕丝和均一结构的尼龙纤维都不具有这种现象。

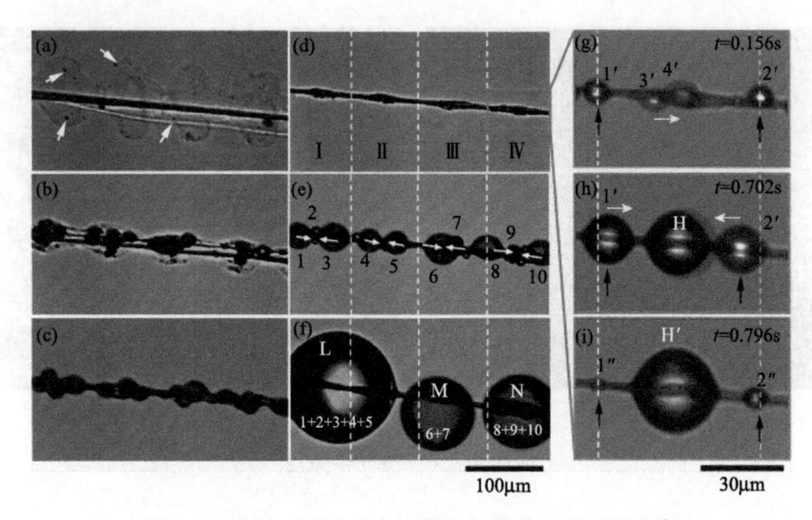

图 4.2　蜘蛛丝雾中方向性集水的原位光学显微观察

3. 蜘蛛丝方向性集水机理

图 4.3 为润湿重建蜘蛛丝的环境扫描电子显微镜(ESEM)图像。润湿蜘蛛丝由交替的纺锤节结构和链接结构(顶角 $2\beta\approx19°$)组成，周期为(89.3±13.5)μm。纺锤节结构直径为(21.0±2.7)μm，链接结构直径为(5.93±1.2)μm。纺锤节结构的粗糙表面由高随机性纳米纤丝组成，而链接结构由高随机性纳米纤丝组成，而链接结构由平行于丝纤维轴向分布的纳米纤丝组成，形成了各向异性对齐的相对平滑形貌。这种结构可以产生表面能梯度和拉普拉斯(Laplace)压力差，可作为水滴方向性移动的驱动力。

表面能梯度源自表面化学组成的不同或表面粗糙度的不同，表面能梯度能驱动水滴朝具有更高表面能的更润湿区域移动。根据 Wenzel 规则

$$\cos\theta_w = r\cos\theta \tag{4.1}$$

式中，r 为表面粗糙度；θ_w 和 θ 分别为粗糙和平滑表面表观接触角和固有接触角。亲水蜘蛛丝的化学组成沿纤维不会发生很大变化，但与纺锤节结构相比，链

接结构平行轴向粗糙度更小，因此水接触角更大。即纺锤节结构更亲水，表观表面能更高。由表面粗糙度差异产生的表面能梯度力如下：

$$F=\int_{L_j}^{L_k}\gamma(\cos\theta_A-\cos\theta_R)\mathrm{d}l \tag{4.2}$$

由粗糙度差异产生的表面能梯度驱动水滴从弱亲水区域(低表面能的链接结构)到更亲水区域(高表面能的纺锤节结构)。

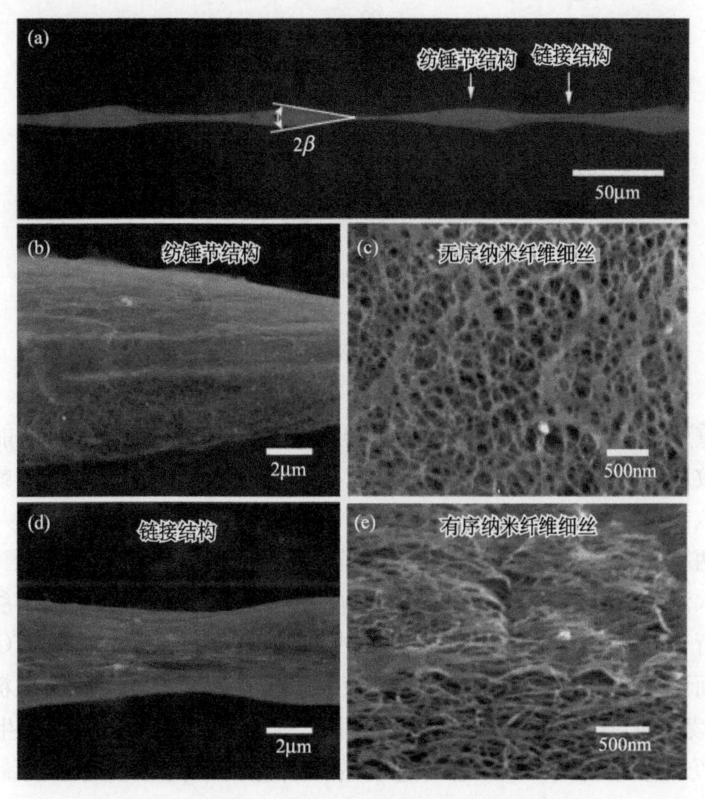

图 4.3　润湿重建蜘蛛丝的结构

第二种驱动水滴方向性移动的力来自于“节”的纺锤形几何外形，它可以产生 Laplace 压力差。“纺锤”可认为是两个反向弯曲连接的圆锥形物体[图 4.4(b)插图]。这样一种有弯曲梯度的圆锥形对水滴作用可以产生 Laplace 压力差(ΔP)

$$\Delta P=-\int_{r1}^{r2}\frac{2\gamma}{(r+R_0)^2}\sin\beta\mathrm{d}z \tag{4.3}$$

因为 $r_1<r_2$，直径 r_1 的链接结构的 Laplace 压要大于直径 r_2 的纺锤节结构，在同一水滴上非平衡 Laplace 压力差推动水滴从链接结构向纺锤节结构移动。由各向异性表面结构产生的表面能梯度和由圆锥形几何形状产生的 Laplace 压力差

协同驱动凝结水滴从链接结构移向纺锤节结构[图 4.4(b)]。

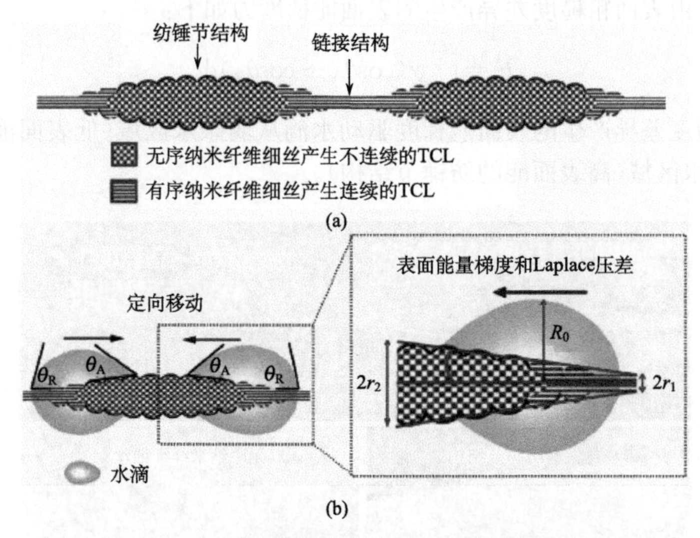

图 4.4　润湿重建蜘蛛丝方向性集水机理

润湿重建蜘蛛丝的独特结构使由 Laplace 压力差产生的力和表面能梯度结合克服滞后效应，令微米级水滴发生移动。一旦各向异性结构被破坏，蜘蛛丝纤维不再具有该能力。

除了两种不同驱动力协同作用，润湿重建蜘蛛丝的结构也优化了滞后效应，使其支持水滴从链接结构到纺锤节结构的方向性移动。相对于粗糙形貌，水滴更容易沿平行于均衡表面形貌的方向扩散或移动。因为三相接触线(TCL)沿平行于均衡表面形貌的方向是连续的，允许液滴平滑扩散或移动，而沿粗糙形貌方向 TCL 不连续，滞后效应更加明显。润湿重建蜘蛛丝的链接结构可产生相当连续的 TCL，纺锤节结构的 TCL 是不连续的。沿链接结构移动的水滴滞后效应较少，这种差异进一步帮助水滴从链接结构向纺锤节结构移动。

4. 人造仿蜘蛛丝

受蜘蛛丝方向性集水启发，合成一种模拟润湿重建蜘蛛丝结构特征的人造纤维(图 4.5)。人造蜘蛛丝纤维的纺锤节结构周期为(394.6±16.1)μm。纺锤节结构直径为(43.7±5.4)μm，链接结构直径为(13.5±0.7)μm。链接结构有模拟均衡纳米纤丝的拉伸多空结构，纺锤节结构有随机孔洞表面结构。人造蜘蛛丝置于雾中时，小水滴在上面随机凝结，当水滴体积增加，位于链接结构的水滴向纺锤节结构移动[图 4.5(g)～(j)]。该人造蜘蛛丝不仅模仿润湿重建蜘蛛丝结构，而且具有方向性集水性质。

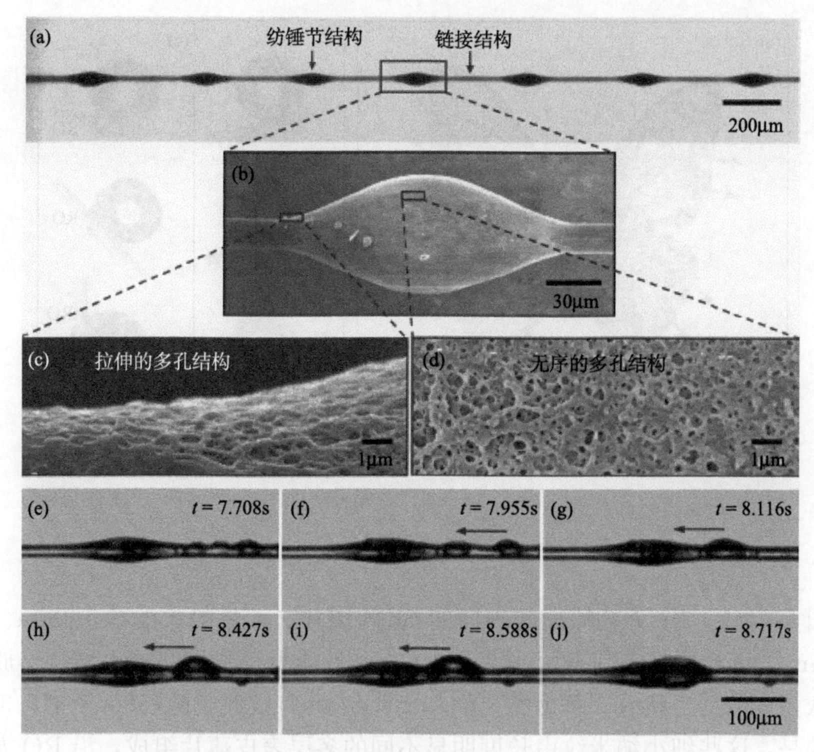

图 4.5　模拟天然蜘蛛丝结构和集水性能的人造蜘蛛丝

4.1.2　超疏水蝴蝶翅膀的方向性黏附

1. 蝴蝶翅膀的方向性黏附

对于蝴蝶(Morpho aega)，水滴容易沿蝴蝶身体中心轴的外辐射方向(RO)方向移动[图 4.6 (a)]，相反方向则被紧紧固定住。

测定翅膀表面润湿性是超疏水，对 3μL 液滴平衡静接触角为 152°±1.7°。粗糙微结构中气穴可能有效地降低了水与翅膀的表面接触区域，这就形成了接近球形的液滴。图 4.6(b)列出了当翅膀慢慢向下倾斜时水滴在翅膀表面滚落的图片。当翅膀稍微向下倾斜至～9°时水滴开始沿 RO 方向滚落。当翅膀逐渐向上倾斜直至垂直，水滴紧紧固定在表面。根据表面润湿性知识，一维水平水滴的依向滚动和固着行为可能与两个不同的超疏水状态有关：Cassie 态(极低黏结)和 Wenzel 态(高黏结)，这通常与翅膀的球形表面微结构有关[4]。

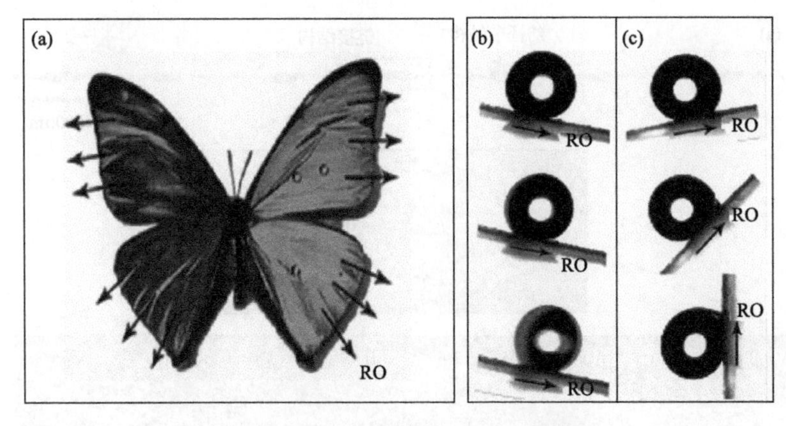

图 4.6 超疏水蝴蝶翅膀的方向性黏附

2. 方向性黏附状态

图 4.7(a)、(b)为蝴蝶翅膀表面的 SEM 图片。大量的长度约 150μm、宽度约 70μm 方形鳞屑覆盖其表面，沿 RO 方向相互重叠形成周期层次结构。放大观察有众多分散的脊状纹，每个宽(184.3±9.1)nm，彼此空隙(585.5±16.3)nm。有趣的是，这些细小纳米纹由长度明显不同的多层表皮薄片组成，沿 RO 方向阶

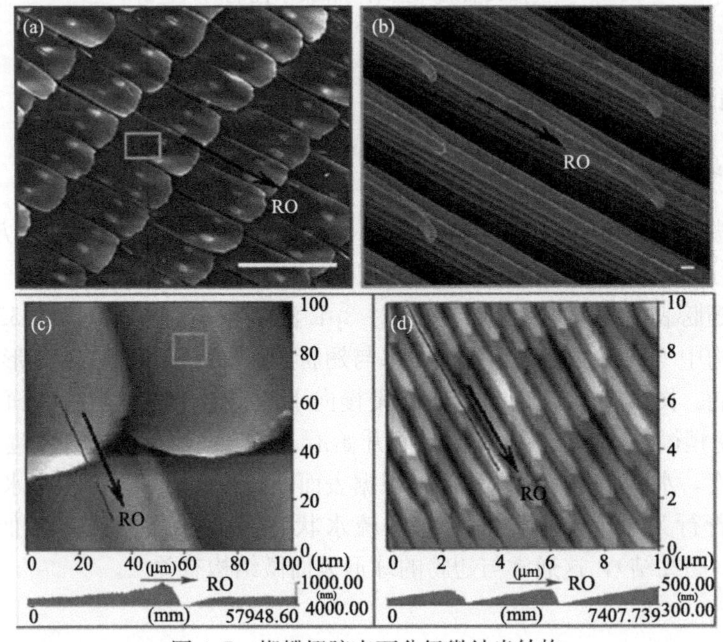

图 4.7 蝴蝶翅膀表面分级微纳米结构

梯式堆放，纳米尖出现在稍微向上倾斜的纹顶端。图 4.7 (c)、(d)为扫描微纳米结构的 AFM 图片。重叠的鳞屑有弹性波动，峰高约为 6μm。纳米尖稍稍倾斜，峰高度为(121.3±21.7)nm。由薄片堆放纳米纹的纳米尖和微米鳞屑组成分级微纳米结构，它们都是可弯曲的，向翅膀底部定向。

水滴在超疏水表面是固着或滚动归于两个原因：不同接触模式和 TCL。Wenzel 态中微结构粗糙，增大表面积会使疏水结构表面接触角增大。水完全填充了结构表面凹处(即湿接触)，液滴会紧紧固着在结构表面，同时形成连续、稳定的 TCL，故 Wenzel 态呈现黏附性极高。Cassie 和 Baxter 提出另一种混合接触模式：液体只与微凸体顶部接触，空气填充粗糙固体表面的亚微米级凹陷处。液体与表面接触面积的剧烈减少可很大程度上增强表面疏水性，形成接近球形液滴、表观接触角在 150°以上的超疏水性。这样，如果依靠表面微结构特殊构造形成有效的不连续 TCL，液滴与表面黏附性极低，很容易沿表面滚落。

但多数情况下，空气陷入凹槽，水可能部分润湿超疏水结构表面。这种液/固接触处在 Wenzel 态和 Cassie 态的半路状态(即中间状态或亚稳状态)，这是在外部干扰下同一微结构表面两种超疏水状态共存的起因。另外，通过设计几何参数可变的强键微结构控制某种液/固接触模式，超疏水状态也许可被调整为高黏附的 Wenzel 态或极低黏附的 Cassie 态。所以，在一维水平上，同一表面拥有两种不同依向性状态作为柔性表面结构是可能的。

对于蝴蝶翅膀，情况似乎更加复杂，当翅膀朝上倾斜时液体固着态并非简单的 Wenzel 态。通过改变翅膀倾斜方向，逆 RO 方向固着液体可重新设计成沿 RO 方向滚动。同时，伸长的前接触可以后退，固着的后接触可以释放。而且，液滴在翅膀的固着态和滚动态可通过引入方向性的 N_2 气流发生可逆性交换(图 4.8)。当空气流与 RO 方向相反，液滴固定，微米级鳞屑明显倾斜，以限制液滴移动——强黏附力。当空气流沿 RO 方向，液滴滚动。设固定状态为 Wenzel 态，因为液体完全渗入纳米凹槽内引起极强黏附力，上述的物理测量不会将 Wenzel 态转变为 Cassie 态。所以，液滴在向上倾斜翅膀上的固定状态是中间态，而非 Wenzel 态。

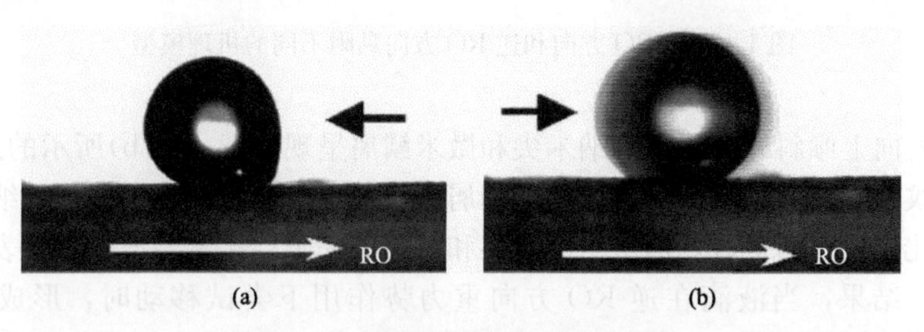

图 4.8　蝴蝶翅膀的方向性黏附

3. 方向性黏附模式

图 4.9 提出了两种假定模式阐明蝴蝶翅膀截然不同的黏附特性。讨论中引入了“干”接触描述与纳米凹槽中气穴接触的水滴局部状态，复合接触和湿接触分别用来描述空气和纳米尖顶端、纳米纹湿润顶端的复合界面接触的液滴局部状态。当翅膀向下倾斜时，有脊状纳米纹的微米鳞屑在空间上彼此分开，定向的纳米尖趋向与柔韧的微米鳞屑松开。这样，空气可以有效地陷入薄层和脊状纳米纹伸长的纳米尖间纳米级孔洞中，液滴只与纳米尖顶端接触，接触面积最小，保证了翅膀超疏水，接触角大于150°；而且，微米结构有序排列可影响 TCL 的轮廓、长度和连续性，控制液滴趋向移动的方式。不连续 TCL 的形成，使液滴轻易地沿 RO 方向从翅膀上滚落。所以，轻微向下倾斜翅膀上液滴滚动状态可认为是有在脊状纳米纹的顶部复合接触和与陷入纳米凹槽气穴干接触的 Cassie 态。

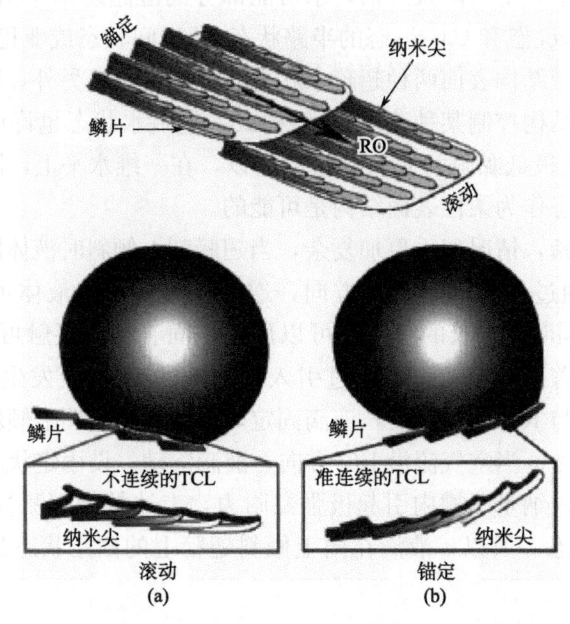

图 4.9 顺 RO 方向和逆 RO 方向黏附不同的机理模型

翅膀向上倾斜时，柔韧的纳米尖和微米鳞屑呈现如图 4.9(b)所示的近排列。在纳米纹顶端的纳米尖被柔韧的微米鳞屑抬起与液滴近接触。尽管陷入纳米凹槽的空气比例几乎为常数，但水与纳米尖和薄层的完全湿接触会增加固液表面区域的比例。结果，当液滴在逆 RO 方向重力势作用下尝试移动时，形成准连续 TCL。脊状纳米纹顶部相邻薄层间台阶在众多纳米尖的固定可产生非常高的能垒，使得当翅膀向上倾斜甚至完全竖立时，液滴也能紧紧固定在翅膀上。这样，当翅膀向上倾斜时液滴在其表面的固着状态是有在脊状纳米纹顶部的湿接触和在陷入纳米凹槽气穴的干接触的中间状态。

尽管引入 N_2气流诱发表面结构排列和随后的依向性黏附，但翅膀向上和向下倾斜的情况并不总是和沿 RO 方向或逆 RO 方向 N_2气流相同。在滚动和固着状态间可逆转换的决定性因素是引入气流和重力施加的外部驱动力。

4.1.3　微液在荷叶表面动态悬浮和微纳米结构润湿性梯度

1. 微滴在荷叶表面的悬浮

图 4.10 为凝结液滴在新鲜荷叶表面的环境扫描电子显微镜(ESEM)图片，大量直径为 1～100μm 的微滴(球形)在荷叶表面蔓延。很明显，这种现象是微滴悬浮的结果[1]。

保持样品温度在 2℃、样品容器的蒸气压从 5.3 torr 到 6.7 torr(1torr≈133.322Pa)变化得到水凝结的 ESEM，原位观察悬浮细节。图 4.11 中圆圈内为观察区域。最初，小液滴强烈地落入稍微可分辨的乳突山谷内。然后，这些微滴长大形成珠状。在乳突顶上则没有同时观察到类似的小微滴。这种特征可能归因于乳突顶和山谷表面张力不同，液滴在低表面能的疏水区域形成，在高表面能的亲水区域扩散。谷底液滴逐渐长大，和周围小微滴合并。当微滴大小与山谷相匹配时，这个微滴会与周围的乳突紧密接触，看起来被多乳突环绕。随后，微滴发生变形，趋向脱离山谷，看似被驱动力推动。最后，这个微滴悬浮在乳突顶部和至少 4 个乳突的桥上。重复该实验，微滴总是巧妙地脱离山谷，然后悬浮在乳突顶部，呈现空间维度的方向性移动。在微米级或双层结构超疏水表面，微滴在二维运动，观察不到悬浮的方向性移动。

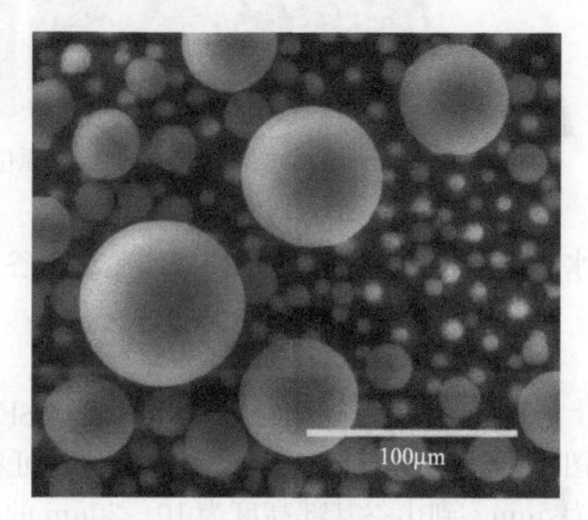

图 4.10　ESEM 下新鲜荷叶上凝结液滴

依照 Cassie 方程 $\cos\theta_c = -1 + \varphi(\cos\theta_0 + 1)$($\theta_c$、$\theta_0$分别为在粗糙、平滑表面的接触角，$\varphi$ 为固体比例)，用低表面能蜡状表皮和微乳突、纳米毛发粗糙结构的联合解释悬浮现象。研究证实纳米结构确实可增大与水的接触角，因此水在荷叶表面的凝结体系中，由于空气比例，乳突山谷中微滴可被纳米毛发悬浮。当长大时，山谷液滴会接触来自多乳突的大量纳米毛发。空气比例增加会强烈排斥

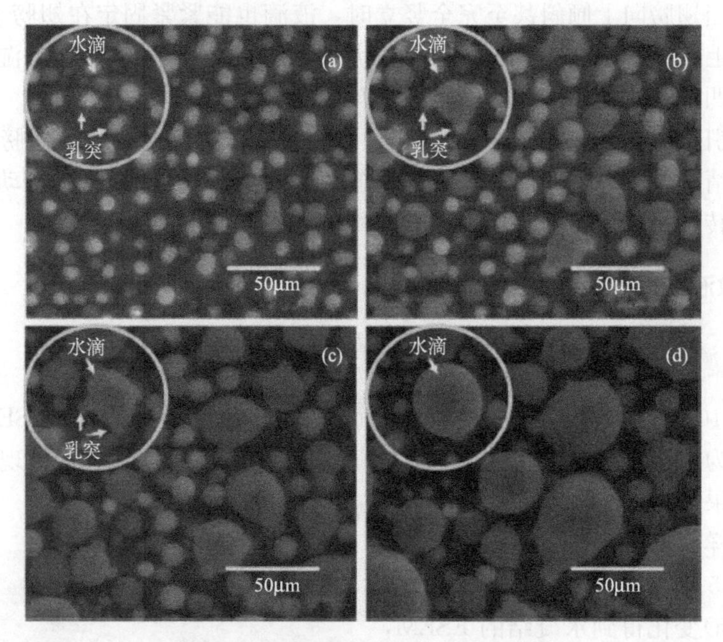

图 4.11　ESEM 内原位观察微滴动态行为

水。但单独排斥力不足以使液滴脱离山谷而悬浮在乳突表面。

2. 微纳米结构润湿性梯度

图 4.12 为不同相对湿度(RH)下 ESEM 分析的荷叶表面形貌。图 4.12(a)和图 4.12(b)中相对湿度(<70%)较低。可看出，荷叶表面有许多顶部平均直径约为 5μm、到山谷基部高度为 10～20μm 的乳突组成。每个乳突覆盖有无数的直径约为 100nm 的纳米毛发。山谷表面铺满纳米毛发交错的纳米孔洞结构(平均空隙大小约为 3μm)，这些数量众多的微乳突可以和三角形、四边形、五边形或六边形等多边形特殊山谷进行装配，多边形支持水凝结中微滴的捕获。图 4.12(c)和图 4.12 (d)的相对湿度(～100%)较高。一些液体薄层在乳突顶层伴随着一些液体浸在纳米毛发的空隙。这意味着沿着乳突外表面形成了润湿性梯度，顶部可能是更润湿的区域。这样依靠荷叶表面分级微纳米结构，形成了与众不同的润湿性，这是微滴悬浮的关键。

山谷中的微滴在水凝结过程中不会破裂[图 4.13(a)]，但在乳突顶部看似覆盖有液体薄层[图 4.13(b)、(c)]，存在湿接触。为证实湿接触，在平行试验条件下观察另一个乳突，在乳突顶部出现类似的薄层[图 4.13(d)，亮白色区域]，与图 4.13 (d)一致。减小相对湿度(如～65%)，该薄层会消失。

图 4.14 用三个过程阐明微滴悬浮的模型。在水凝结过程中，荷叶表面引起

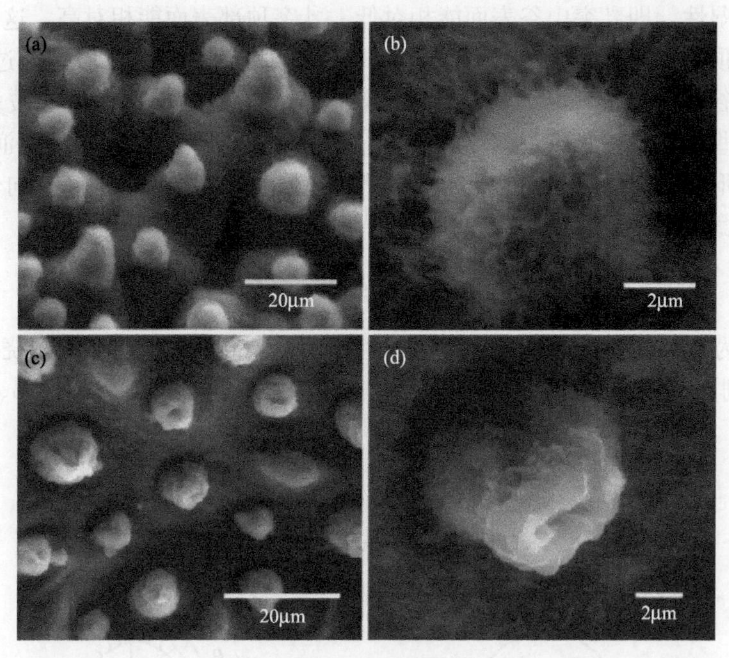

图 4.12　荷叶表面形貌

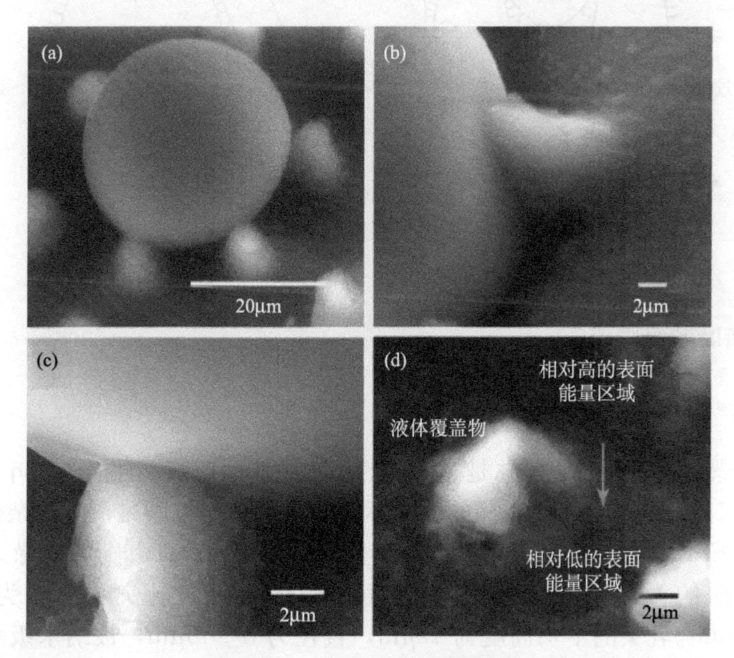

图 4.13　乳突上局部润湿图片

不同的可湿性，即乳突山谷表面能相对低，乳突顶部表面能相对高，这使得乳突外表面从顶部到底部巧妙地形成润湿性梯度，顶部为更润湿区域。通过水凝结，微滴在山谷轻松形成珠状(过程 1)。当长大至与山谷匹配时，微滴被多乳突围绕，与这些乳突近接触(过程 2)。通过乳突外表面润湿性梯度(顶部更润湿)，微滴发生变形，上边缘接触角 θ_u 小于下边缘接触角 θ_d，引入了微滴方向性移动的驱动力。微滴最终悬浮在乳突顶部(过程 3)。驱动力 F_D 表达式如下：

$$F_D = \int_0^L k\gamma(\cos\theta_u - \cos\theta_d)\mathrm{d}l \tag{4.4}$$

式中，γ 为液-气界面表面张力；k 为相对于荷叶表面多边形构型、围绕微滴的乳突数目(例如，相对于三角形、四边形、五边形或六角形，k=3、4、5、6)。

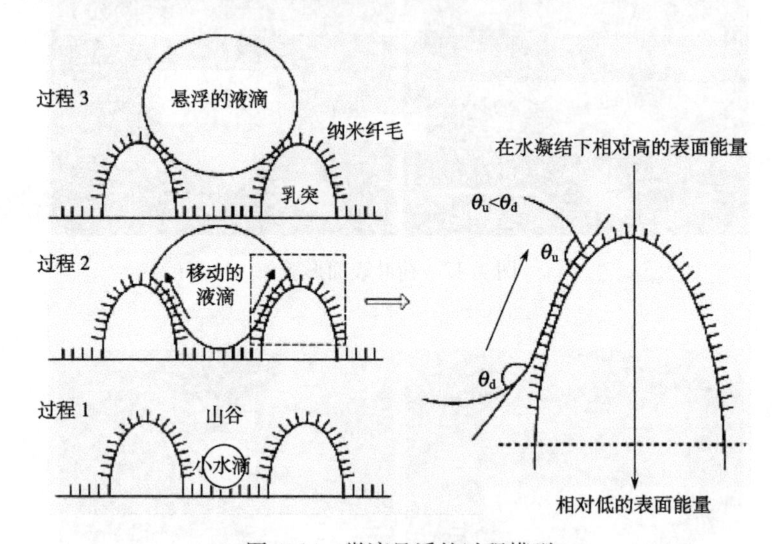

图 4.14　微滴悬浮的过程模型

4.1.4　荷叶叶缘限流

1. 荷叶漂浮在水面

荷叶漂浮在水面时表面总是非润湿的，叶缘的动态润湿性能产生叶缘效应。

图 4.15(a)中，漂浮在水面的荷叶不会被水漫过，推断是荷叶复杂微结构的结果。用 ESEM 观察研究荷叶的两个典型区域：荷叶表面和荷叶叶缘。图 4.15(b)为表面的微结构，在其上层表面覆盖有无数的乳突，密度为 2000～3000 个/mm^2。乳突的平均高度为 12μm，直径为 8～10μm，被纳米级蜡状晶体环绕。叶缘的图像则不同[图 4.15(c)]：在叶缘附近隐约有乳突，在整个叶缘有明显带状表皮皱褶，甚至在叶子背面也有，在上表面厚度约为 40μm、宽度约为

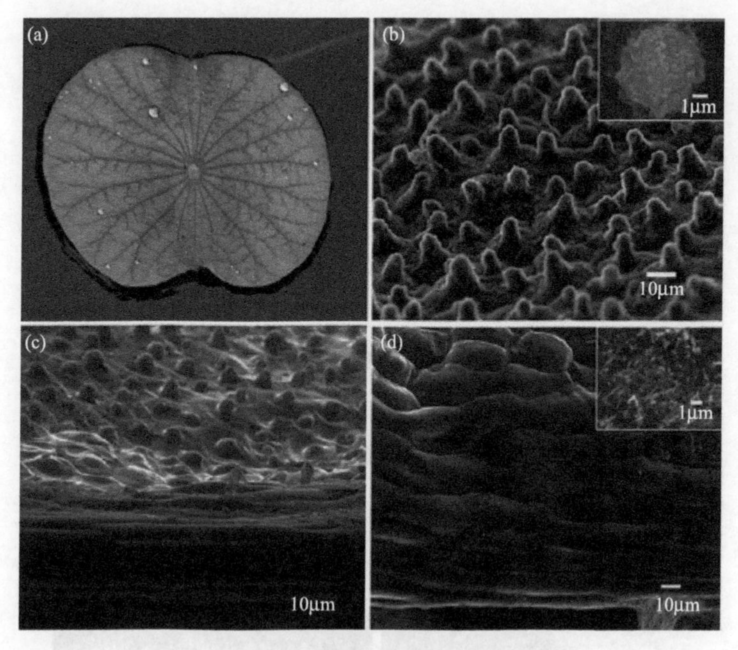

图 4.15　漂浮在水面的荷叶

140μm，看似有微凹槽或微凸面体组成。放大的图像显示每个皱褶宽度约 10μm [图 4.15(d)]，仍被纳米级蜡状晶体覆盖[4.15(d)插图]。这些结果表明，在荷叶表面和叶缘存在不均匀的形貌[8]。

报道称微结构会极大地影响润湿性质，所以叶缘的平坦褶皱可能在保持荷叶的疏水性中起着特殊作用。由于叶缘狭窄，水的接触角(CA)并不能充分反映润湿性质，故用微电子平衡体系观察动态润湿行为。图 4.16(a)为解除实验得到的黏附力-位置的关系图：样品(荷叶表面或叶缘)上升与水滴接触，然后降低直至分离。叶缘与水滴接触(过程 1)的位置定义为平衡力零点。当叶缘开始远离水滴有了黏附力。叶缘慢慢降低，黏附力急剧增加(过程 2)至最大程度[点 s'，图 4.16 (b)]，然后逐渐减小。当叶缘与水滴完全分离，黏附力会突然降低(过程 3)至零[图 4.16(a)中顶部曲线]，意味着接触过程后叶缘上不再有水。与此相反，在有乳突的荷叶表面这种黏附并不存在[图 4.16(a)中底部曲线]，最大值并不明显[点 s，图 4.16(c)]。实验中黏附力估算为：叶缘(49.7±4.3)μN、荷叶表面(2.35±0.03)μN。然而这种强黏附水的能力并不支持自然中的自清洁或表面干燥，因为它会使水滴停留在表面，水滴很难滚落。

图 4.16(b)～(c)也证实了叶缘和表面的结构性波动，这可能是漂浮在水面的荷叶保持干燥的关键。不对称几何图形的微结构表面可能带来完全不同于均匀

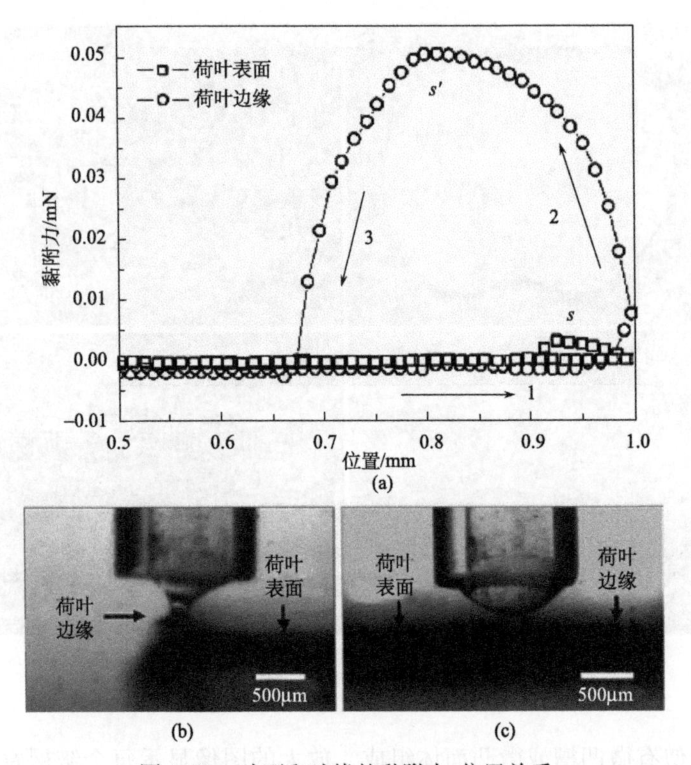

图 4.16　叶面和叶缘的黏附力-位置关系

表面的润湿性质。因此设计实验：水从水平放置针孔流出，然后沿荷叶表面前进，当水流前端倾向接近叶缘时，水滴会摇摆几秒钟，在叶缘呈现流动不稳定现象，意味着微结构的波动。另外，这种流动不稳定现象支持疏水性或荷叶的非润湿性。当从表面快速移动时，由于乳突的高度，水滴会滑过叶缘。根据 Gibbs 从结构波动可以解释这种现象，乳突的高度使荷叶对水滴黏附较低，这样水滴能够轻易地沿表面前进到达表面和叶缘的中间区域，然后由于叶缘不同于乳突的平坦结构，在叶缘快速变形。然而，这不能解释水是如何控制在表面之下、不会漫过荷叶表面的。

从两个方向水滴的移动研究各向异性黏附：一是从叶缘到荷叶表面(TS)，另一个为相反方向(LM)。图 4.17 为一系列光学显微照片。当 3μL 的液滴沿 TS 方向移动时会立刻粘在叶缘。在水滴前端到达荷叶表面之后[图 4.17(a)]，水滴的后端仍黏附在叶缘上，形成一个延伸的三相接触长度[图 4.17(b)]。当水滴移动完全到达荷叶表面，接触长度与叶缘脱离，水滴可以沿表面滑动一段距离，最后停止[图 4.17(c)]。临界前进角和后退角估计分别为 153.2°±2.9°、85.9°±2.6°。与此相反，当水滴沿相反方向即 LM 方向移动，水滴前端在荷叶表面滑过

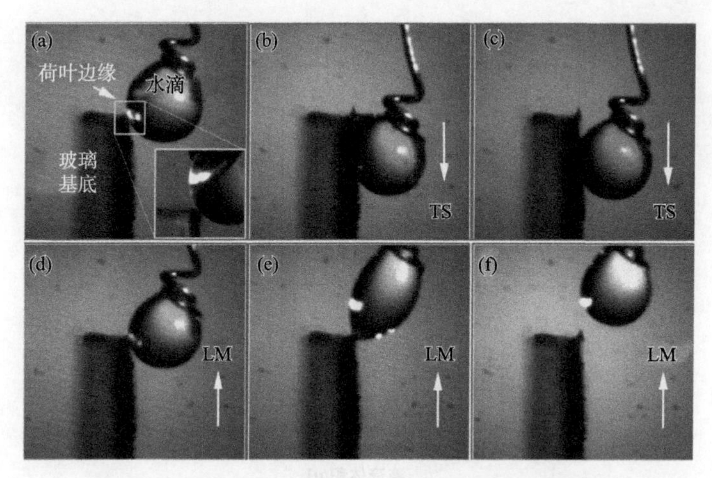

图 4.17　沿 TS 和 LM 方向水滴移动的光学显微照片

相同距离后只是稍微黏附叶缘[图 4.17(d)]。但当水滴继续前进时发生严重拉长[图 4.17(e)]，表明尽管三相接触长度较短，但叶缘和水间黏附较强。最后，水滴形状在与叶缘完全分离后恢复[图 4.17(f)]。临界前进角和后退角估计为 180°、83.7°±3.7°。然而，上述实验与接触角滞后相冲突，如 CAH～67.1°(TS 方向、相对高黏附)比～96.3°(LM 方向、低黏附)小。这个新现象揭示出平坦皱褶和乳突的垂直高度差异引起了不均匀的各向异性形貌，产生了额外能量壁垒，从而产生更高黏附。无论如何，尽管叶缘有相对高的黏附，但水滴从叶缘较从表面更容易滚落。

深层的实验表明：1～50μL 不同体积的水滴沿两个方向移动时，高黏附通常在叶缘上形成，而不是荷叶表面[图 4.18(a)]。另外，对同一体积水滴移动速度(0.05mm/s)相同时，沿 TS 方向黏附比 LM 方向要大，随体积增大，两方向黏附的差异变得更加明显。两方向黏附的差异趋势分析[图 4.18(a)]表明，相对于溢到荷叶上表面，大体积水滴更容易流出叶缘。因此，提出叶缘效应机理[图 4.18(b)、(c)]，当与叶缘接触时，水滴首先发生扩散，三接触线前进至临近叶缘的乳突。继续前进，三厢接触线的前端沿乳突上升。在到达荷叶表面之后，三相接触线开始以大于 150°的前进角沿乳突前进。然后，因为平坦褶皱和乳突的高度差异，三相接触线开始变形，直到水滴与叶缘完全分离[图 4.18(b)]。TS 方向包括附加阻力的力由变形的三相线产生，LM 方向的阻力只由叶缘的 CAH 产生[图 4.18(c)]。两个方向润湿效应的差异共同使荷叶保持干燥。

用平滑、锋利边缘的不锈钢基板(长 20mm、宽 10mm、厚 0.5mm)重复上述实验，阻力为(7.25±0.39)mN。叶缘阻止水流动的阻力约是该值的 1.55 倍，

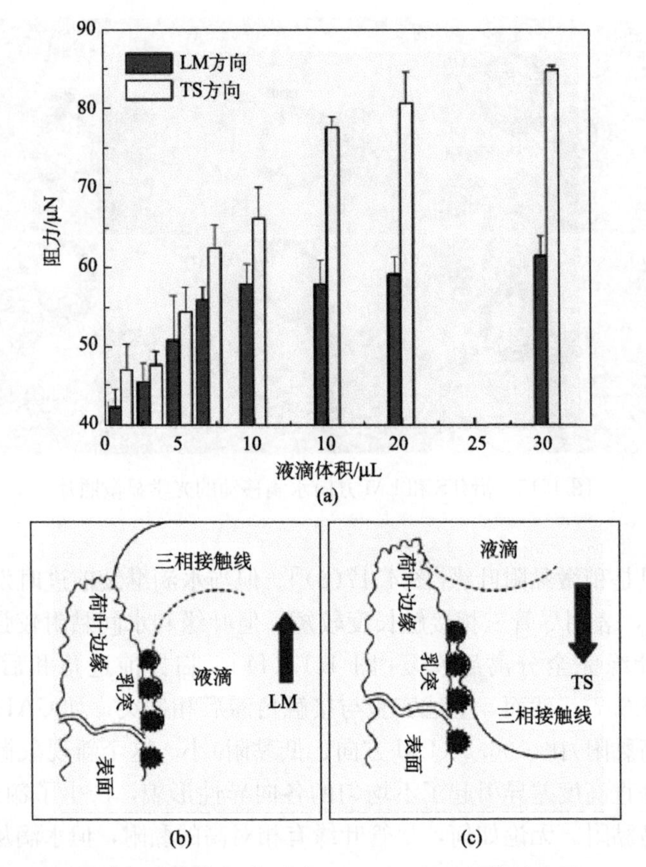

图 4.18　阻力与水滴体积关系图(a)以及三相接触线的位移(b)、(c)

充分显示了叶缘的智能效应。

2. 荷叶浸入水中

把荷叶压入水中一定深度时，用微电子平衡体系观察。当叶子逐渐压入时，在叶子、空气和水三相接触界面形成水弯月面[图 4.19(a)]。弯月面随着压入深度增加而增加直至水漫过荷叶表面[图 4.19(b)、(e)]。这样，荷叶完全进入水中，弯月面消失[图 4.19(f)]。相应于图 4.19(b)、图 4.19(c)、图 4.19(d)、图 4.19(e)，前进角分别为 119.5°±3.8°、135°±2.8°、155.9°±3.0°、154.3°±2.2°。在压的过程中，相应于两个前进角 θ_1、θ_2 三相线有明显的位移，θ_1 约为 120°，由叶缘产生，θ_2 约为 155°，由荷叶表面产生。两个典型前进角的差异主要归因于叶缘和荷叶表面的微结构。有平坦褶皱的叶缘前进角(如 θ_1)比有乳突的荷叶表面前进角(如 θ_2)小。叶子完全浸入时临界深度为(5.11±0.15)mm，阻力

F 估算为(11.22±2.45)mN。克服水浸到荷叶表面的力 F(忽略叶子重量)如下：

$$F=\rho ghA+L\gamma\sin\theta \tag{4.5}$$

式中，h 为恰浸入水下的深度；θ 为液体在固体表面的前进角。当 $\theta=\theta_2$ 时，水脱离叶缘限制开始沿荷叶表面移动。将 θ_2 带入方程(4.5)中，阻力粗算为 11.86mN，与实验结果可以很好地吻合。

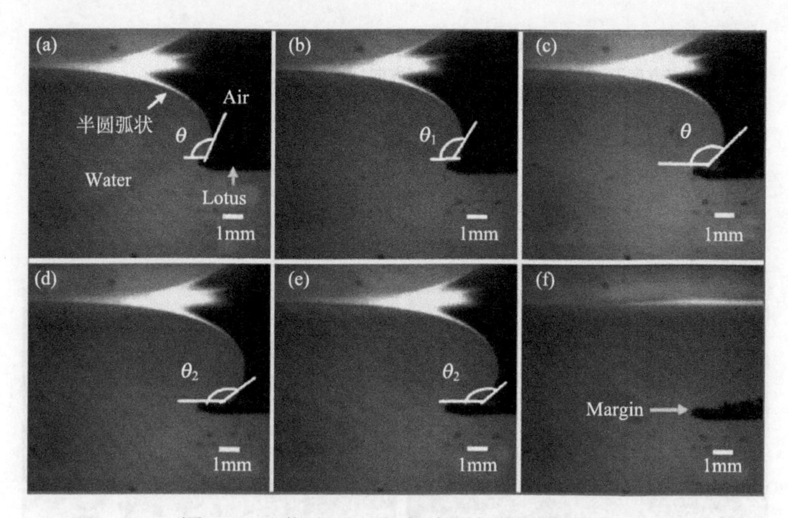

图 4.19　荷叶压入水中时的光学显微照片

4.1.5　阶梯锯齿的超顺磁微滴行为的各向异性

1. 超顺磁微滴、阶梯、超疏水表面

超顺磁的微滴在超疏水表面阶梯诱发各向异性性能。首先，微米级阶梯可以被加工，如铝合金表面与 Morpho 蝴蝶翅膀的台阶重叠结构类似。其次，表面超疏水可以用电流体力学涂覆 PS 微米颗粒(包括纳米结构)实现。此外，合成直径约为 11nm 的水性超顺磁纳米颗粒，用磁化曲线和 XRD 表征。为了得到远程控制能力，水性超顺磁纳米颗粒可以加入微粒中(定义为 M 液滴)，使用方向交替的外部磁场，这样，M 液滴在阶梯结构表面可以方向性移动[9]。

图 4.20 (a)为在外部磁场下 M 液滴在阶梯结构超疏水表面的运动。外部磁场方向可以交替变化，从北极(N)指向南极(S)定义为方向 1，与阶梯锐角的方向一致；S 极指向 N 极为方向 2，磁场的强度用精度为 10^{-4} T 的电磁铁精确调整。微滴中超顺磁纳米颗粒沿磁场方向重排，整个微滴发生变形，这是驱动整个微滴的关键[5]。

对于给定的阶梯结构表面，当磁场强度在克服表面滞留的临界值之下时，M

液滴只是发生移动。为了研究在微滴上阶梯诱发效应，阶梯高度(h)为 0.1～0.3mm，左缘角(w_1)为 0°～20°，右缘角(w_2)等于 90°(图 4.20 插图)。超疏水涂覆层由 50～100nm 纳米核[图 4.20 (b)、(c)]的微米级颗粒组成的 PS。在平滑基板上的 PS 涂覆层使 M 液滴(10μL)接触角(CA)约为 150.3°，CA 滞后(CAH)约为 3.3°，得到要求的超疏水性。

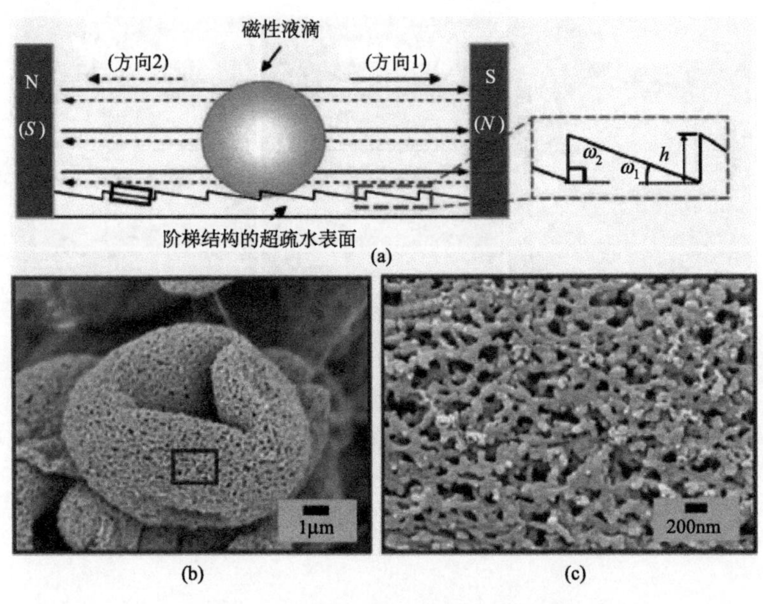

图 4.20　模型的图表说明及 SEM 图

2. 各向异性性能

在磁场刺激下，用 CCD 照相机观察 M 液滴的性能，图 4.21 (a)～(e)为其光学照片。M 液滴(体积 5μL)在平滑结构表面滑动[图 4.21(a)]，沿两个方向加速度约为 0.92m/s²，而 M 液滴在阶梯结构(w_1=10°)超疏水表面发生明显变形，如图 4.21 (b)～(e)所示。图 4.21(b)显示，M 液滴在克服滞后开始加速移动的过程中有类似“water spring”的垂直震荡，加速度 a 约为 1m/s²，比在平滑结构表面 a 稍大，从此可以预测沿方向 1 毛细阶梯产生了些许阻力。有趣的是，M 液滴[图 4.21(c)]沿方向 2 的移动看似更像蠕动。从接触界面看，TCL 的前方被固定在阶梯边缘，直到 TCL 的末端从阶梯上稍微后退。在 M 液滴与相邻的阶梯接触的前面，局部扩散看似瞬间发生。拖曳力使液滴异性相邻的阶梯，a 比沿方向 1 更高，约为 1.8m/s²。这意味着需要更高的磁场强度来克服阶梯的固定。图 4.21(d)和(e)为放大的细节。沿方向 1，前进角 θ_a约为 162.5°，后退角 θ_r约为

136.2°，相应于表面滞后的 CAH 为 $\Delta\theta=\theta_a-\theta_r\approx26.3°$[图 4.21(d)]；然而沿方向 2，$\theta_a\sim180°$，$\theta_r\sim117.8°$，CAH$\Delta\theta\approx62.2°$[图 4.21(e)]，比沿方向 1 滞留更高。这些结果表明，不对称的阶梯使 M 液滴在阶梯结构超疏水表面性能不同，这也意味着通过改变阶梯结构可以调整得到明显不同的能力。

M 液滴上的外力主要由两部分：磁场磁力和润湿滞留力(或黏附力)。当磁力比滞留力大时，微滴会破坏其静平衡，开始沿磁场移动。根据 Extrand，滞留力 f_i 如下：

$$f_i=2w\gamma_{lv}\sin[\frac{1}{2}(\theta_{r,0}+\theta_{a,0})]\sin(w_i+\frac{1}{2}\Delta\theta) \tag{4.6}$$

式中，w_i 为沿方向 i 阶梯楔角，$w_1\neq w_2$，w 是 TCL 周长，$\Delta\theta=\theta_{a,0}-\theta_{r,0}$ 中，$\theta_{a,0}$ 初始前进角，$\theta_{r,0}$ 初始后退角。式(4.6)表明表面较小的 $\Delta\theta$ 对微滴的滞留力可以产生较大的影响。因此，为了重建不对称的微滴结构，微滴的性能可以发生明显的调整。至于在边缘的润湿滞后现象，TCL 的前端不会前进，沿方向 1，$\theta_a\approx162.5°$[图 4.21(d)]，TCL 周长减小，相应滞留力减小。反之，沿方向 2，$\theta_a\approx240.3°$。

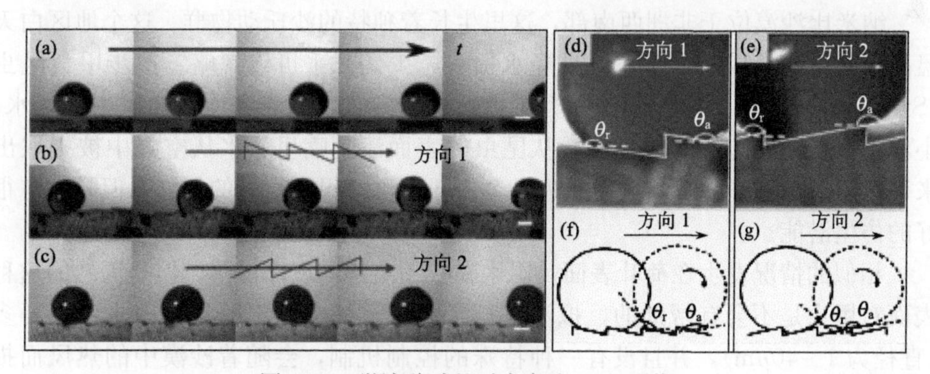

图 4.21　微滴移动的时序高速 CCD 图像

TCL 的末端首次发生后退。微滴的类蠕动性能是由 TCL 前端的固定和 TCL 末端的连续后退引起的。然而，由于阶梯的严格的几何形状和超疏水性，微滴并不能完全润湿阶梯之间的空隙。微滴重心的波动产生瞬时转矩，可能引起微滴发生滚动，这可以根据 M 液滴从阶梯结构表面吸附的粒子得到验证。图 4.21(f)和 4.21(g)为沿方向 1 和方向 2 的接触特征。沿方向 1，固液接触程度相对低，滞留减小，沿方向 2，情况相反。

M 液滴在磁场梯度下的驱动磁力 F 为 $F=nb\mu B\text{grad}(B)$，b 为玻尔磁子 μB 的数目，n 为微滴中超顺磁纳米粒子数目。磁力表达式如下，$F\propto nH$ [$H\propto\text{grad}(B)$]。在阶梯结构表面上的微滴，性能的交换用磁场强度的临界值评估，也就是，使

$F \approx f_i$，驱动微滴发生初始位移的最小磁力。对于沿方向 i 的给定磁场强度，有 $F \propto nH(i)$，$H(i)$为方向 i 的临界值。联合式(4.6)则关系如下：

$$nH(i) \propto 2w\gamma_{\mathrm{lv}} \sin\left[\frac{1}{2}(\theta_{\mathrm{r},0} + \theta_{\mathrm{a},0})\right] \sin\left(w_i + \frac{1}{2}\Delta\theta\right) \tag{4.7}$$

在实验中，阶梯的楔角 $w_2 > w_1$，所以对于微滴的同一运动状态有 $H(2) > H(1)$。临界值的不同可以选择微滴在阶梯结构超疏水表面的单向运动。

阶梯诱发效应还可进一步表征：通过改变各种参数，如微滴体积、楔角(w_1)和阶梯高度(h)等改变磁场强度临界值。实验表明，小尺寸液滴由于小的重力在阶梯结构超疏水表面更容易获得强效应。

4.1.6 沙漠甲虫取水

一些生活在那米比(Namib)沙漠中的甲虫，通过收集风中的雾气作为饮水的来源。这些小液滴是通过甲虫外壳上凹凸不平的结构形成的。这些表面是由疏水的蜡质层和亲水的非蜡质层组成。这种能收集雾气的结构很容易实现工业化，并且在集水帐篷和建筑覆盖物方面得到应用，又如水冷器等。

纳米比沙漠位于非洲西南部，这里生长着独特的沙丘动物群。这个地区白天温高风大，清晨雾气浓厚，但是降水稀少，少到几乎可以忽略。拟步甲科昆虫(Stenocara)[图 4.22(a)]以这一类昆虫特有的方式，把身体前倾在风中收集水。小水滴在翅鞘的前端形成，然后从昆虫的表面滚到嘴里。水从空气中被提取出来，然后形成液滴，虽然这个机理迄今为止还没有得到很好的解释，但是它有很好的仿生潜能。

相似的情况发生在荷叶表面，雨水在它超疏水的表面滑落。但是天然的这种表面对甲虫是不会有帮助的，拟步甲科昆虫从雾气中聚集的水比雨水要小得多(直径为 1～40μm)，并且没有一种特殊的控制机制，会随着沙漠中的热风而损失(雾气中的水滴非常小，以至于不能在表面上静止)，所以水滴的收集并不像想象的那么简单。

在宏观上看，拟步甲科昆虫翅鞘的表面随机地布满了 0.5～1.5mm 不等的小突起，每个突起的直径大约为 0.5mm[图 4.22(a)]，在宏观的水平上看，这些突起的峰是平滑的，并且没有覆盖物[图 4.22(b)]。然而，包含了倾斜面的沟槽被含有蜡质的细微结构所覆盖[图 4.22(b)]。这种微观结构组成了平整的半球，它的直径为 10μm，以规则的六边形排列[图 4.22(c)]，形成了超疏水的表面，这使人想起了荷叶。

液滴的形成是通过超亲水的峰点起作用的，雾气中的水停留在峰面上，快速地形成水滴，液滴沿疏水的斜面滑到清水的区域。每个附着在上面的水滴达到了一定的尺寸大小都顺利地到达了清水区域。超过了这个尺度，液滴的重量迅速增

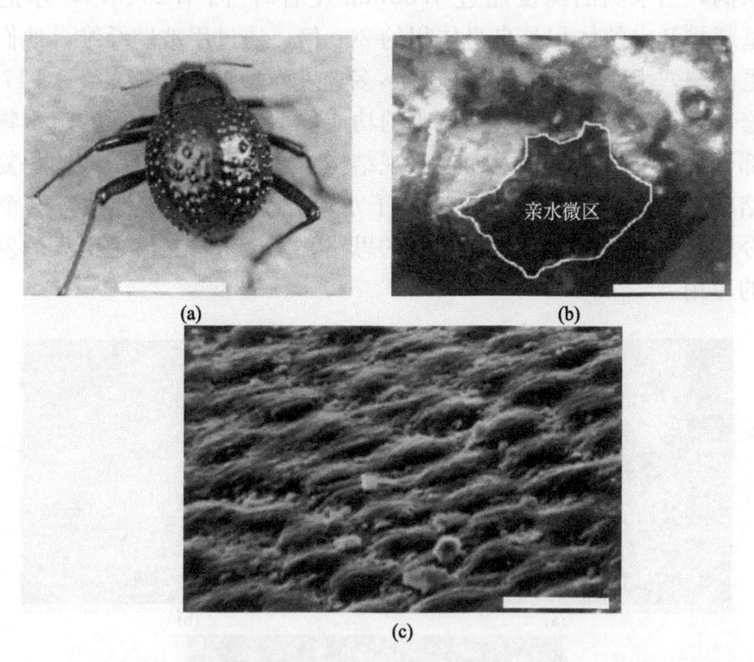

图 4.22　拟步甲科昆虫的光学图(a)，羽翅表面的亲水微区(b)和微米结构(c)

加，直到表面的毛细压力被克服。这时液滴和表面分离，顺着其他峰的路径往下流。

为了明确生物潜在的结构，Parker[10]等对拟步甲科昆虫翅鞘的表面进行了模拟，并对其进行了研究。他们在光滑的载玻片上涂上热蜡，并在上面撒上直径为0.6mm的玻璃小球，并以不同的方式进行排列，然后对所造表面的浸润性进行了实验和分析。结果发现，这种亲水和疏水表面的组合，是非常有利于从22℃和66℃的薄雾中收集水。拟步甲科昆虫翅鞘的表面结构是很容易通过铸模和压印技术得以制造，这就使得各种非冷却的装置可以制造，用来收集水蒸气，这其中就包括饮用水和农业生产用水。

4.1.7　水黾腿的疏水结构

水黾有着特殊的疏水的腿，这使得他们很容易在水面上站立，并能在水面上快速地移动。以前，这种特殊的性能被归结为水黾腿上含有疏水的特殊蜡质，然而实际上不是这样。江雷课题组人员等[11]通过研究发现，水黾的腿上拥有特殊的多层次结构，它由大量定向排列的刚毛组成，并且定向地形成了纳米沟槽，这才是疏水的主要因素。他们发现，当把水黾的腿压入水中时，形成了一个水涡，当水涡的深度超过 4.38mm 左右时[图 4.23(a)]，才把水面刺破。水黾腿排开水的体积是自身体积的 300 倍。通过用玻璃纤维，他们仿造了一个水黾的腿，大小和真的水黾腿差不多，表面用低表面能的 FAS-17 进行了自组装修饰，结果证明，水黾腿疏水的功能，不仅归功于表面的疏水物质，有很大一部分要归功于水黾腿上面的微观结构。这种微米和纳米结构相复合形成的微纳结构[图 4.23(b)、(c)]，决定了水黾腿优越的疏水性能。这个新的发现，为今后疏水材料的设计提供了新的思路，使疏水材料有了更大的发展和更加广泛的应用。

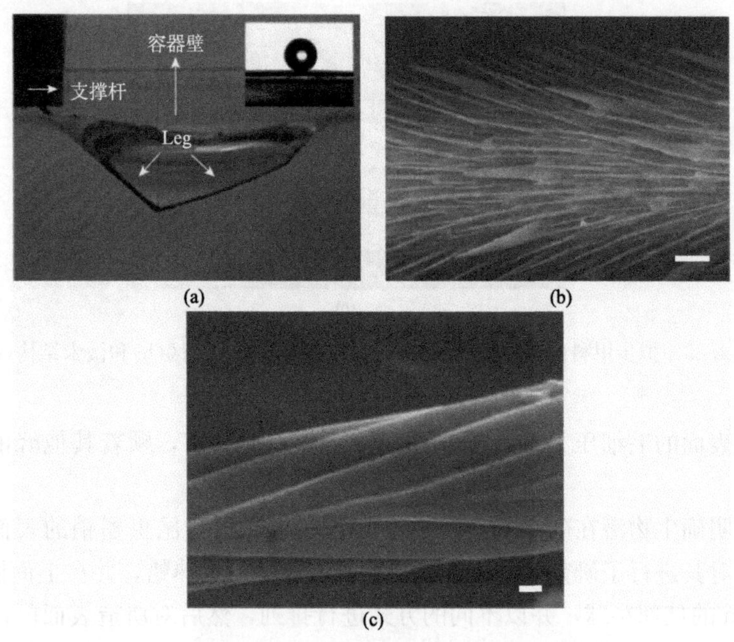

图 4.23　水黾腿的超疏水特性(a)，水黾腿上的刚毛结构(b)和刚毛上的纳米沟槽结构(c)

4.1.8　水鸟啄食的毛细棘轮效应

各种各样的鸟喙都反映了他们觅食的机理，在众多水鸟中，就有一种是通过表面张力来获得毫米级水滴的。这种鸟通过喙的张合运动，把液滴从嘴的顶端运送到口中。Manu Prakash 等[12]通过分析发现，水鸟喙精细的物理结构和喙的几何形态以及其镊子状的动力学机理，对液滴运输效率的提高有很大帮助。有着长而薄的喙的矶鹞类水鸟[图 4.24(a)]，主要以甲壳类昆虫和无脊椎动物为食，它们的喙通过 1.5Hz 的频率上下运动，可以把 2mm 左右的小液滴运送到口中。这虽然和喙的表面张力有一定关系，但更重要的原因是喙表面的精细物理结构所致。研究人员通过被金刚石抛光的不锈钢，构筑了一个仿生的机械喙，其表面经过了超声、等离子体处理，机械喙由一个电机所控制，可以自由地张合，电机则通过传感器与计算机相连[图 4.24(b)]。通过大量的试验发现，接触角的滞后阻止了液滴在固体基板上的运动，但是，在毛细作用觅食中，它却配合了喙的几何形态，以此来驱动液滴的运动。这就可以调整喙的几何形态、动力学性能以及浸润性来使液体的驱动成为可能，这一发现将有助于今后动力传输的发展和改进。

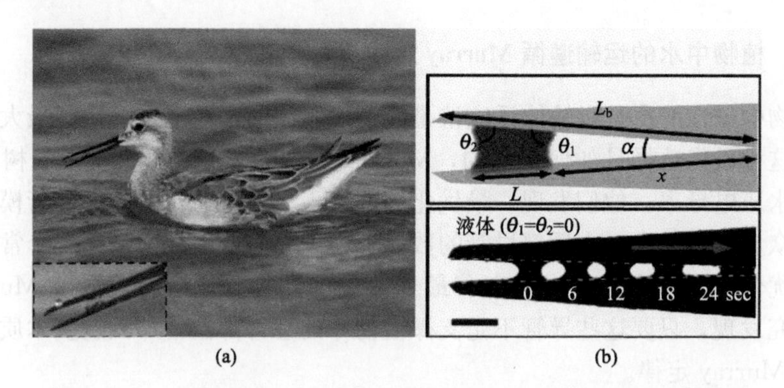

图 4.24　水鸟的啄食方式(a)以及通过表面张力差形成液滴传输(b)

4.1.9　非对称的纳米结构与液滴定向铺展

控制表面的浸润性和液体在有图案表面的流动，是一项非常有趣且应用广泛的技术，如 DNA 微芯片、芯片上的实验室、防雾防割表面、喷墨打印以及薄膜润滑等。随着各种各样微纳结构表面的制造，以及表面花纹的选择，表面工程也在不断进步，这也增强了表面浸润性，并且能够控制液膜的厚度以及最终的浸润形状。此外，凹凸的几何形态和化学表面组成的图案，已经制造了各向异性的浸润性，在各个方向上接触角的变化，导致了液滴形状的伸长。在所有这些研究中，浸润行为都保留了左右对称性。Chu Kuang-Han 等[13]证明，他们可以制造非对称性的微纳结构表面来实现液体非定向的流动，即液滴向单一方向流动，而在其他方向上不动。通过实验和模型证明，液滴的流动性取决于非对称纳米结构的角度、高宽比以及固有接触角的大小(图 4.25)。以能量观点为基础的理论为实验数据提供了很好的解释。这些工作为今后实现混合流动样式及浸润性提供了新的纳米结构。

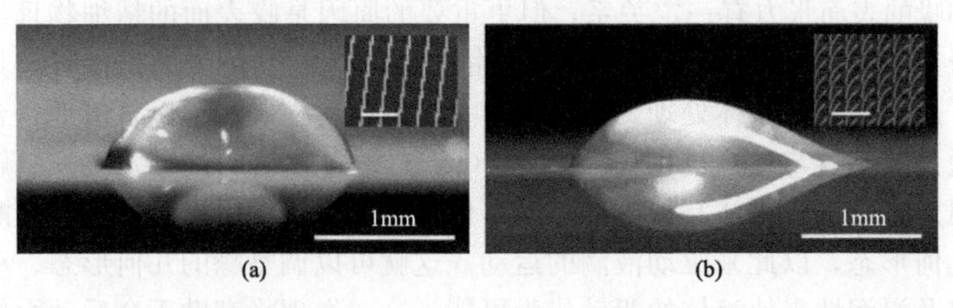

图 4.25　均匀结构表面形成的对称液滴(a)和取向结构的表面形成的非对称液滴(b)

4.1.10　植物中水的运输遵循 Murray 定律

植物中最佳的水分运输体系应该是使运送组织的水压电导率达到最大值，为了证明这种最优选择是如何实现的，McCulloh[14] 等通过计算机模拟了树枝运输系统的水压电导率。他们发现，最优化的网络不是通过通常认为的导管模型实现的。在众多的描述中，木质部导管的数目和面积在每个树枝中都是一个常数。相反，最优化的网络在导管末梢有着最少数量的宽导管，这就遵循了 Murray 定律。研究发现，只要这些导管不是支撑植物体的承力部位，那么这些木质部导管就符合 Murray 定律。

4.1.11　树木集水方式

植物学家通常认为，水从土壤中蒸发出来，经过植物的茎管，再到空气中，是通过被动的灯芯机理得以实现的。这个机理被描述为内聚力理论。水分通过蒸腾作用而丧失，从而减小了叶子中液态水的大气压，这个减小的压力把液态水从土壤中推出并上升到木质部以维持水合作用。在木质部中水的绝对压力常常是负值，这样液体就是有张力的，并且相对于蒸汽相来说是处于热力学亚稳态的。定性地看，这一机理和人造灯芯驱动液体是一样的。这对于热传送、燃料电池、便携式化学体系来说，在技术上都是关键因素。定量地看，植物中液体压力的不同，从而驱动液体流动的力要比灯芯中的驱动力大上百倍。Wheeler[15] 等在水凝胶中制造了一个微流系统(图 4.26)，这个人造树具有植物蒸腾作用的主要特性，把不饱和蒸汽转变为了在负压下稳定的可以流动的液态水，伴随着负压下液态水的蒸发，实现了连续的热转换，并可以从不饱和的来源中不断地提取液态水。这一发现开启了水在张力作用下的应用技术，对液态水的研究提供了新的技术。

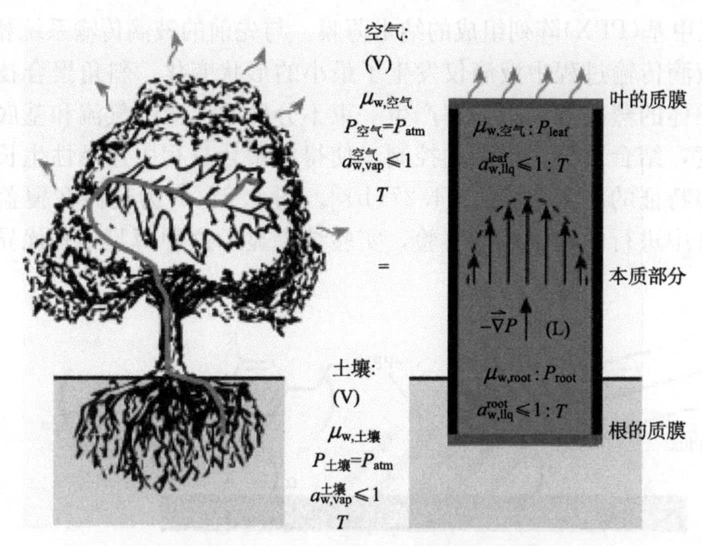

图 4.26　具有植物蒸腾作用的微流系统

4.2　典型梯度表面的可控制备

正是由于生物体表现出如前所述的优异性能，科学工作者才迫切地想用各种方法可控制备仿生梯度表面，以实现将这些性能应用到实际生活中。把科学理论和现代化分析技术及工具相结合，进一步探索并解释生物体组成、结构和功能之间的关系，以便合理设计、仿生制备特殊的浸润表面。正是出于这个目的，本节选取几个有代表性的梯度表面的可控制备，如类蝴蝶翅膀结构、蜘蛛丝表面结构、甲壳虫亲疏水交替结构和仿水黾腿结构，简单总结一下仿生可控制备所用到的各种方法及取得的进展，希望拓展它们的应用范围。

4.2.1　倾斜几何梯度表面的制备

倾斜状的纳米结构材料的制备方法可以分为两大类：①利用特殊的生长技术或直接通过具有倾斜状的纳米尺度的模板复型得到；②先制备具有垂直结构的纳米结构材料，然后通过一系列的后处理使其转变为倾斜状的纳米结构，这些后处理包括选择性金属沉积、离子束照射、电沉积等。

1. 气相技术

宾夕法尼亚州立大学的 Demirel 教授研究小组[16]用一种自上而下的气相技

术——斜角聚合[oblique angle polymerization，OAP，图 4.27(a)]合成了由聚对亚苯基二亚甲基(PPX)阵列组成的纳米薄膜。与先前的液滴传输系统相比，他们的系统在液滴传输过程中液滴仅发生了最小的形状变化。斜角聚合技术通过对二甲苯前驱体的蒸发和高温分解产生一束不分散的气流。气流和基底之间存在一定的角度，结合对沉积形状的控制，使得在聚合过程中选择性生长从而合成了具有斜角特征的纳米薄膜[图 4.27(b)]。图 4.27(c)为他们在覆盖有上述薄膜的半圆管中进行的液滴运动实验，实验结果显示这种薄膜具有优异的单一方向浸润性。

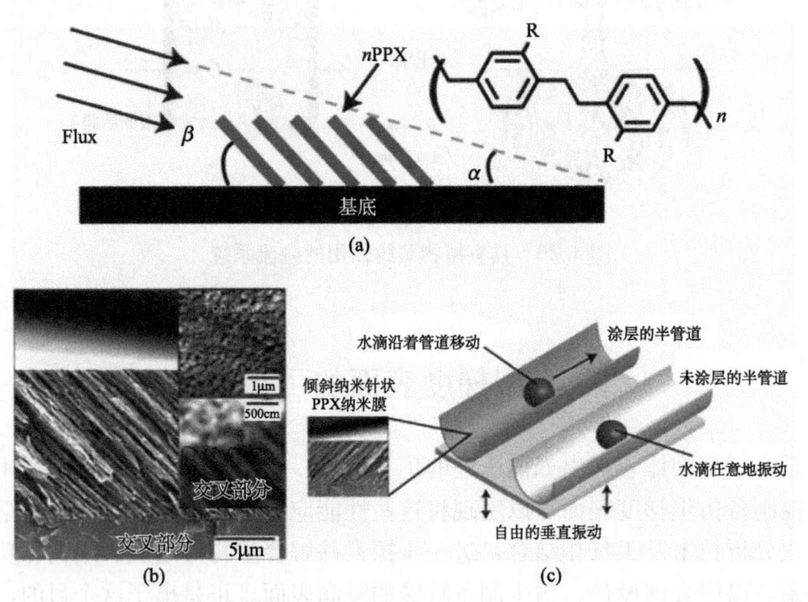

图 4.27 OAP 合成 PPX 纳米薄膜的过程简图(a)，合成的 PPX 纳米薄膜的电子显微镜侧视图(插图为顶视图和高分辨率的侧视图)(b)和液滴运动实验装置(c)。(c)中一个半圆管涂有 PPX 纳米薄膜，另一个没有。

他们还提出了液滴在倾斜状微纳米纤维阵列表面的前进角和后退角模型。模型中涉及的参数有材料的本征前进角 $\theta_{a,0}$ 和后退角 $\theta_{r,0}$，微纳米纤维的倾斜角度 β，微纳米纤维的直径 d，纤维间间距 δ。他们将固体部分分数定义为 $s=d/(d+\delta)$。沿着液滴释放方向，前进角大小为

$$\theta_{a,\,REL}=\lambda\min(\pi,\ \max(\theta_{a,\,1},\ \theta_{a,\,2}))+(1-\lambda)\pi \tag{4.8}$$

其中 $\theta_{a,1}=3\pi/2-\beta-\arctan(\cot\beta/(1-s))$(图 4.28，情况 1)和 $\theta_{a,2}=\theta_{a,0}+\pi/2-\beta$(图 4.28，情况 2)和后退角为

$$\theta_{r,\,REL}=\lambda(\theta_{r,\,0}+\beta-\pi/2)+(1-\lambda)\pi \tag{4.9}$$

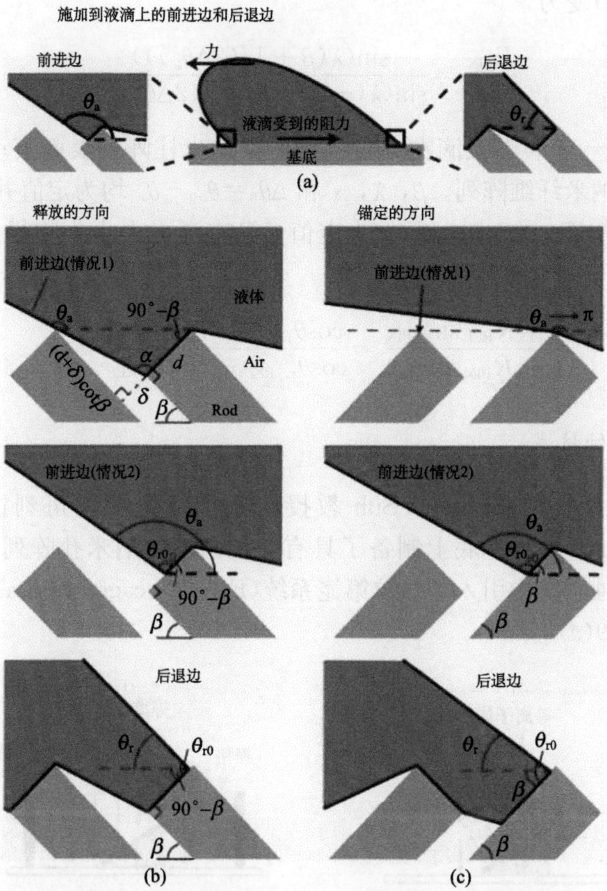

图 4.28　倾斜状微纳米纤维表面的前进角和后退角的模型。(a)液滴在粗糙表面前进和后退接触边界的简图；(b)、(c)沿着释放和固定方向液体和表面粗糙元素之间的结合参数。

沿着液滴固定方向，前进角大小为

$$\theta_{\mathrm{a,\ PIN}}=\lambda\min(\pi,\ \theta_{\mathrm{a,\ 0}}+\beta)+(1-\lambda\pi) \tag{4.10}$$

后退角大小为

$$\theta_{\mathrm{r,\ PIN}}=\lambda(\theta_{\mathrm{r,\ 0}}-\beta)+(1-\lambda)\pi \tag{4.11}$$

对一液滴，沿着固定方向和释放方向的滞力比为

$$\frac{F_{\mathrm{PIN}}}{F_{\mathrm{REL}}}=\frac{\cos\theta_{\mathrm{r,\ PIN}}-\cos\theta_{\mathrm{a,\ PIN}}}{\cos\theta_{\mathrm{r,\ REL}}-\cos\theta_{\mathrm{a,\ REL}}} \tag{4.12}$$

这个模型同样适用于沟槽结构，若液滴沿着平行于沟槽结构方向滚动，则 $\delta=0$，

$s=1$，式(4.12)变为

$$\frac{F_{\mathrm{PIN}}}{F_{\mathrm{REL}}}=\frac{\sin(\lambda(\beta+1/(2\Delta\theta_0)))}{\sin(\lambda(\pi/2-\beta+1/(2\Delta\theta_0)))} \tag{4.13}$$

其中 $\Delta\theta_0=\theta_{\mathrm{a},0}-\theta_{\mathrm{r},0}$；若液滴在垂直结构的微纳米柱阵列表面滚动，则 $\beta=90°$。对于特定的微纳米纤维阵列，β，λ，s 和 $\Delta\theta_0=\theta_{a0}-\theta_{r0}$ 均为定值并且可测。这样由式(4.13)可知 $F_{\mathrm{PIN}}/F_{\mathrm{REL}}=C_0$，为定值。又有滞力大小为临界重力 $\rho Vg\sin\alpha$，从而得

$$\frac{V_{\mathrm{PIN}}R_{\mathrm{REL}}\sin\alpha_{\mathrm{PIN}}}{V_{\mathrm{REL}}R_{\mathrm{PIN}}\sin\alpha_{\mathrm{REL}}}=\frac{\cos\theta_{\mathrm{r,\ PIN}}-\cos\theta_{\mathrm{a,\ PIN}}}{\cos\theta_{\mathrm{r,\ REL}}-\cos\theta_{\mathrm{a,\ REL}}}=C_0 \tag{4.14}$$

2. 斜角刻蚀技术

韩国首尔大学的 Kahp Y. Suh 教授研究小组使用斜角刻蚀技术(angled etching technique)在硅基底上制备了具有一定角度的纳米孔阵列[17]。他们在传统的等离子刻蚀系统中引入了法拉第笼系统(Faraday cage system)来控制离子的入射角[图 4.29(a)]。

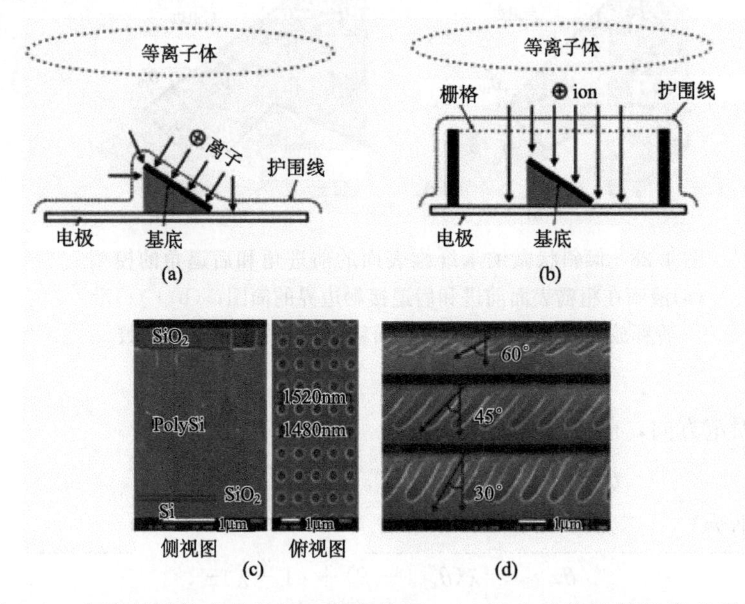

图 4.29 斜角刻蚀技术的机理和制备结果。(a)没有法拉第笼的等离子刻蚀；(b)装有法拉第笼的等离子刻蚀；(c)实验所用的聚合硅的 SEM 图；(d)制备出的具有一定倾斜角的纳米孔阵列，倾斜角度分别为 30°、45°和 60°。

然后采用模板复型技术，以制备的具有斜角的纳米孔阵列硅基底为模板，直接复型制备了具有倾斜结构的聚氨酯(polyurethane acrylate，PUA)纳米柱阵列(图 4.30)。

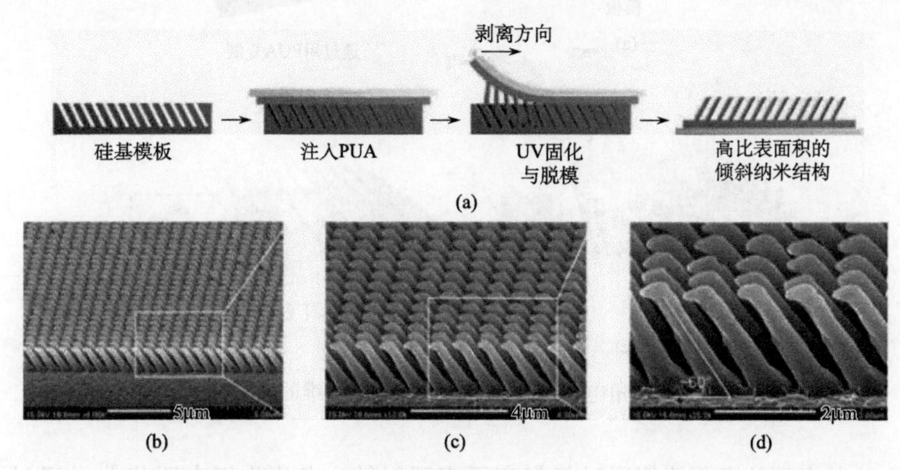

图 4.30　模板复型技术制备具有倾斜特征的 PUA 纳米纤维的示意图(a)以及不同放大倍数的制备的 PUA 纳米纤维的 SEM 图(b)～(d)。

3. 模板复型和电子束

韩国首尔大学的 Kahp Y. Suh 教授研究小组采用模板复型和电子束照射的方法合成了具有倾斜特征的并且具有高纵横比的聚氨酯丙烯酸酯(polyurethane，PUA) 纳米纤维[18-20]。选择 PUA 作为合成材料是由于合成具有高纵横比的纳米结构要求材料具有合适的力学特性，而 PUA 既不会太软也不会太硬。

图 4.31 为制备过程简图。首先用光刻平版印刷技术和反应离子刻蚀(RIE)技术制备具有孔结构的硅模板。硅模板表面先用 1H，1H，2H，2H-全氟辛基三氯硅烷((tridecafluoro-1，1，2，2-tetrahydrooctyl) trichlorosilane，FOTCS)自组装单层模(SAM)进行氟化修饰，这样使得复制的聚合物与模板的分离过程变得容易。然后少量的紫外光固化的预聚物(约 5mL)一滴一滴地滴到模板表面，再轻轻压上一块作为支撑底板的聚对苯二甲酸乙二酯(PET)薄膜。用紫外光照射聚合并且和模板分离后，在纳米纤维上覆盖一层 4nm 厚的 Pt 层，然后用电子束成 30°角照射，实验所用的电子束来自于场放射扫描显微镜。电子以一定角度入射，进入到聚合物内部，在电子作用下，聚合物中的 C＝O 单元分解为—COOH，进一步分解为 CO_2，这样被照射的聚合物一侧收缩，体积变小，这样就导致了纤维向被照射聚合物的一侧弯曲。

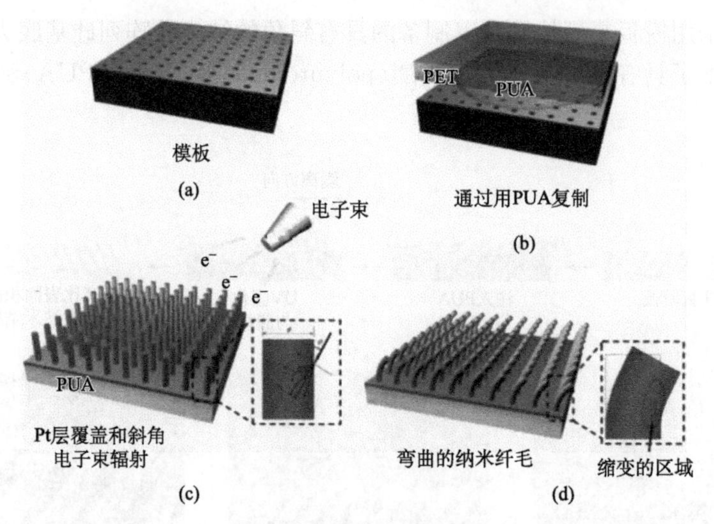

图 4.31 斜角电子束照射制备倾斜纳米纤维的过程示意图

这种表面的表面能能通过氧气离子束照射结合老化作用来调节[21]。通过这种处理，表面能能够从 47.1mJ/m^{2}变化到 71.9mJ/m^2。亲水材料表面上的剪切力从 25.2N/cm^{2}变化到 58.1N/cm^2，疏水材料表面上的剪切力从 22.8N/cm^{2}变化到 45.7N/cm^2。将测试得到的数据与基于 Johnson-Kendall-Roberts(JKR)、修正的 JKR、拉伸区域(PZ)和 Kendall 拉伸模型的理论结果对比，表明纳米纤维的接触模式为尖端和侧面同时接触。

除了电子束照射之外，金属沉积后退火也能使直立的纳米纤维弯曲，并且不同的金属其弯曲方向不同[22,23]。弯曲的机理可以通过基于挤出机械力学：一个由不同热膨胀系数材料组成的两面柱在受热的情况下回想着热膨胀系数小的那一侧弯曲(图 4.32)。

以此为基础的模型中，弯曲曲率可以通过式(4.15)求得：

$$\frac{1}{r}=\frac{6(\alpha_{\mathrm{m}}-\alpha_{\mathrm{p}})\Delta T}{E_{\mathrm{eff}}[(1/E_{\mathrm{p}})(t/t_{\mathrm{p}})+(1/E_{\mathrm{m}})(t/t_{\mathrm{m}})]t} \tag{4.15}$$

式中，r 是曲率半径；E_{eff}是有效模量(E_{p} 为 PUA 模量，E_{m} 为金属模量)；t 是总厚度($t=t_{\mathrm{p}}+t_{\mathrm{m}}$，$t_{\mathrm{p}}$ 为 PUA 厚度，t_{m} 为金属厚度)；T 是温度差；α_{p} 和 α_{m} 分别是 PUA 和金属的热膨胀系数。这里有效模量可以通过式(4.16)计算得到：

$$E_{\mathrm{eff}}=\frac{E_{\mathrm{m}}^2(t_{\mathrm{m}}/t)^4+E_{\mathrm{p}}^2(t_{\mathrm{p}}/t)^4+2E_{\mathrm{m}}E_{\mathrm{p}}(t_{\mathrm{m}}/t)(t_{\mathrm{p}}/t)[2(t_{\mathrm{m}}/t)^2+2(t_{\mathrm{p}}/t)^2+3(t_{\mathrm{m}}/t)(t_{\mathrm{p}}/t)]}{E_{\mathrm{m}}(t_{\mathrm{m}}/t)+E_{\mathrm{p}}(t_{\mathrm{p}}/t)} \tag{4.16}$$

4. 多孔氧化铝模板

韩国首尔大学的 Kyusoon Shin 教授研究小组以可重复使用的多孔氧化铝

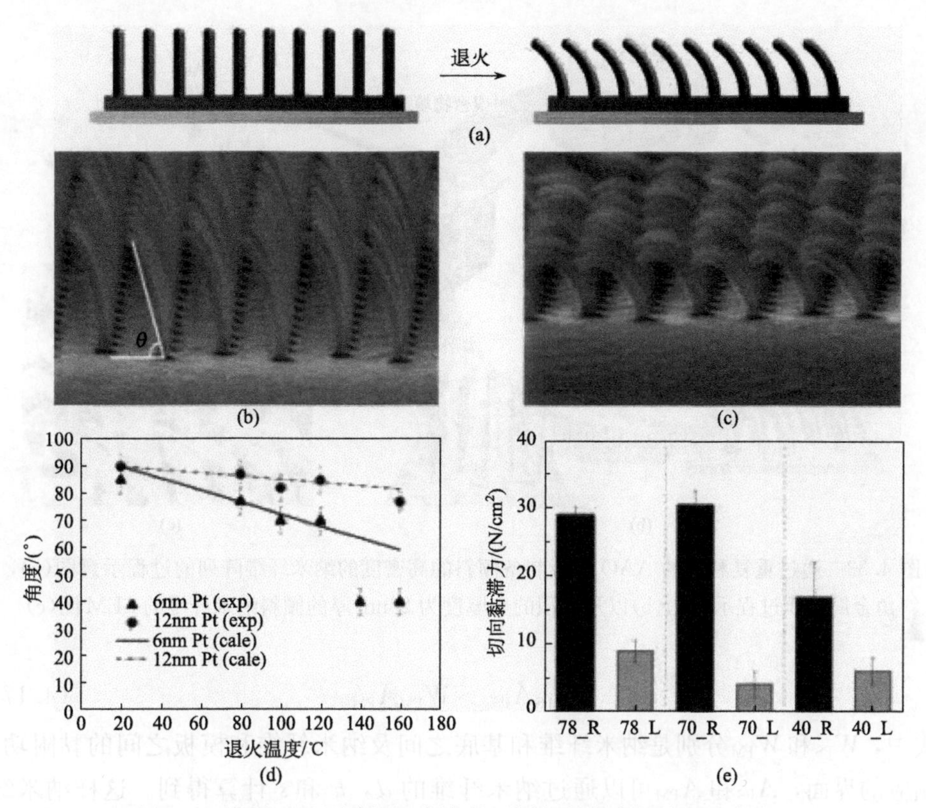

图 4.32　退火过程示意图和制备的不同倾斜角度的纳米纤维阵列

(anodize aluminum oxide，AAO)为模板，制备了非对称的高宽比的聚合物纳米纤维阵列[24]，如图 4.33(a)所示。他们首先利用二次阳极氧化法制备了多孔氧化铝模板，然后用(3-(aminopropyl triethoxysilane)，APTES)进行表面修饰，然后和(monoglycidyl ether-terminated poly(dimethylsiloxane)，PDMS)反应，在多孔氧化铝表面修饰上一层约 10nm 厚的 PDMS 层，通过 PDMS 修饰达到和氟硅烷修饰相同的目的：降低多孔氧化铝表面的自由能，使得后续的剥离过程变得容易。同时采用 PDMS 修饰可以使氧化铝的直径变化更小(根据文献报道，采用氟硅烷修饰后的氧化铝孔径变化为 40nm)。然后利用紫外固化的聚氨酯复型得到垂直结构的纳米纤维，之后采用斜角热蒸发技术在纳米纤维的一侧沉积上一层金，得到了倾斜状的纳米纤维阵列。采用这种方法，多孔氧化铝模板可以多次重复使用而不会被破坏。

由于尺寸很小，制备过程中很大的问题就是脱膜过程。当纳米纤维和基底之间的黏附功大于纳米纤维和模板之间的黏附功时，纳米纤维就能从模版上剥离。上述关系可以用式(4.17)表达：

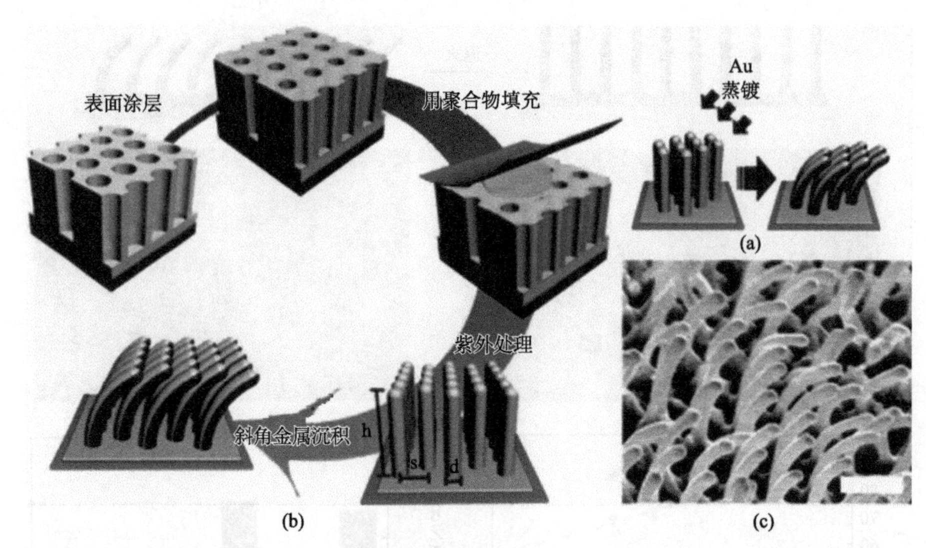

图 4.33 通过重复利用的 AAO 模板制备倾斜的高密度的纳米纤维阵列的过程示意图(a)，斜角金属沉积过程示意图(b)以及沉积的金厚度为 20nm 厚的倾斜纳米纤维的 SEM 图(c)。

$$W_{PS}A_{PS} > W_{PM}A_{PM} \tag{4.17}$$

式中，W_{PS}和W_{PM}分别是纳米纤维和基底之间及纳米纤维和模板之间的黏附功。相应的界面，A_{PS}和A_{PM}可以通过纳米纤维的 d，h 和 s 计算得到。这样纳米纤维能从模版上剥离的限制高宽比 h/d 可以用式(4.18)计算得到：

$$AR < \frac{\sqrt{3}}{2\pi}\left(\frac{s}{d}\right)^2\left(\frac{W_{PS}}{W_{PM}} - 1\right) \tag{4.18}$$

另外，纤维之间存在吸引力，从而导致纤维的不规则弯曲。随着纤维尺寸的减小，这种效应就会变得十分明显。不发生不规则弯曲的最大高宽比可以通过纤维的间距 s-d，表面能 γ_{SV}、杨氏模量 E、泊松(Poisson)比 ν 计算得到，等式如下：

$$AR_{max} = 0.25\left[\frac{6^3\pi^4\ (s-d)^6}{(1-\nu^2)d^2}\right]1/12\left(\frac{E}{\gamma_{SV}}\right)1/3 \tag{4.19}$$

5. 投影平版印刷技术

麻省理工大学的 Evelyn N. Wang 教授研究小组[25]利用投影平版印刷技术和深度反应离子刻蚀技术制备了垂直特征的纳米乳突结构阵列，然后在乳突的一侧沉积上一层金的薄膜，在沉积过程中，金通过电子束蒸发然后在纳米柱表面凝结。结果纳米柱表面覆盖了一层金膜或者说表面承受了应力。同时，硅柱受到凝结到表面上的热的金原子加热。沉积结束后，待样品冷却到室温，由于金膜和硅柱之间热膨胀的不同，从而产生了热残余应力。所有的残余应力结合使得纳米柱倾斜，根据修饰的金薄膜的厚度的不同，纳米乳突呈现不同的倾斜角(φ)。液滴在这种表面上铺展呈现方向性(图 4.34)。

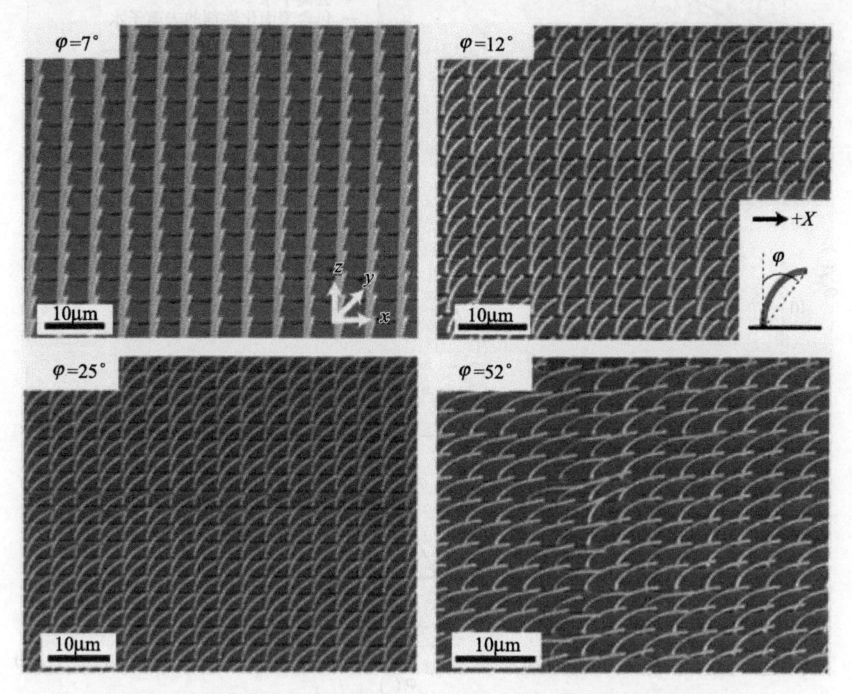

图 4.34　制备的规则阵列的各向异性表面的扫描电子显微镜图。纳米纤维的倾斜角 φ 分别为 7°，12°，25°和 52°。

为了解释液滴在这种表面上的运动行为，他们提出了一个简化的三维模型。制备的不对称的纤维简化为倾斜的长方形。这个模型假设只有在接触线能够触及下一排纤维时液滴的铺展才能发生。这样液滴的本征接触角 θ_{eq} 必须等于或小于一个临界值定义为 θ_{cr}，如图 4.35 插图。途中 $\theta_{cr}=\tan-1H_{eff}/l_{eff}$，其中，$H_{eff}$ 和 l_{eff} 分别是纤维的有效高度和有效间距。因此，沿着 $+X$ 方向的临界角为

$$\theta_{cr,+X}=\tan^{-1}\frac{(H/l)\cos\varphi}{1-(H/l)\sin\varphi} \tag{4.20}$$

式中，H 和 l 分别是纤维的真实高度和真实间距；φ 是纤维的倾斜角度。类似的沿着 $-X$ 方向，临界值为

$$\theta_{cr,-X}=\tan^{-1}\frac{(H/l)\cos\varphi}{1+(H/l)\sin\varphi} \tag{4.21}$$

如果 $\theta_{cr}>\theta_{eq}$，液膜就能在纳米纤维之间铺展。

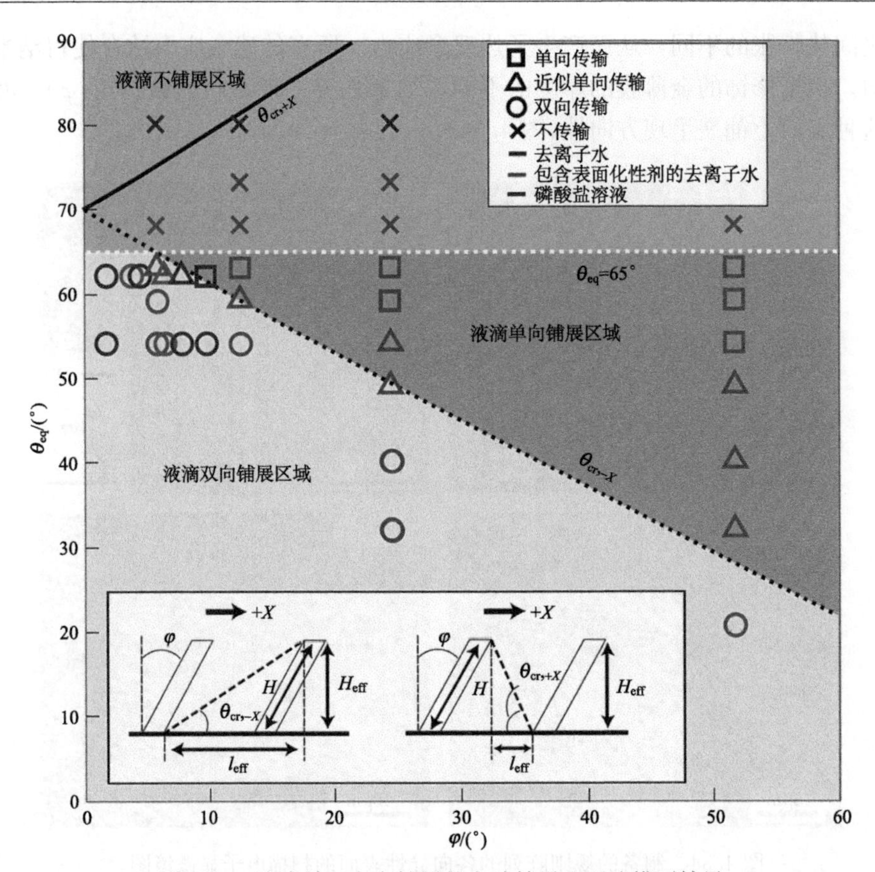

图 4.35 液滴单一方向铺展的实验结果和理论模型结果

6. 机械力形变技术

哈佛大学的 Joanna Aizenberg 教授研究小组采用机械力来将垂直的纳米纤维制备成各种不同形貌的表面[26]。首先通过一次复型得到了具有一定高宽比的 PDMS 纤维阵列，然后挤压、拉伸、应力、卷曲等来使原本材料变形得到不同结构的表面，如图 4.36 所示。

他们还发展了一种新的方法-基于图案基底上的电化学沉积的结构变形[26-28]（structural transformation by electrodeposition on patterned substrates, STEPS)，如图 4.37 所示，根据不同的设计可以分为四种类型：STEPS-Ⅰ，STEPS-Ⅱ，STEPSⅢ，STEPS-Ⅳ。首先在纳米结构图案基底上采用离子束蒸发或溅射沉积上一层金属薄膜，这层金属薄膜作为后面电化学沉积的一个电极。这种方法可以得到锥形或者弯曲结构的纳米纤维阵列。另外，不同类型的 STEPS 之间可以结合，如 STEPS-Ⅲ和 STEPS-Ⅳ结合就可以得到微纳米结构符合的倾斜状的纳米纤维阵列。

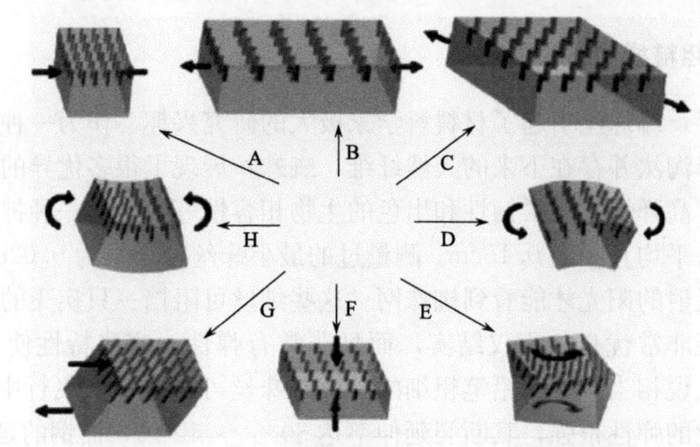

图 4.36　PDMS结构表面的各种变形机制示意图

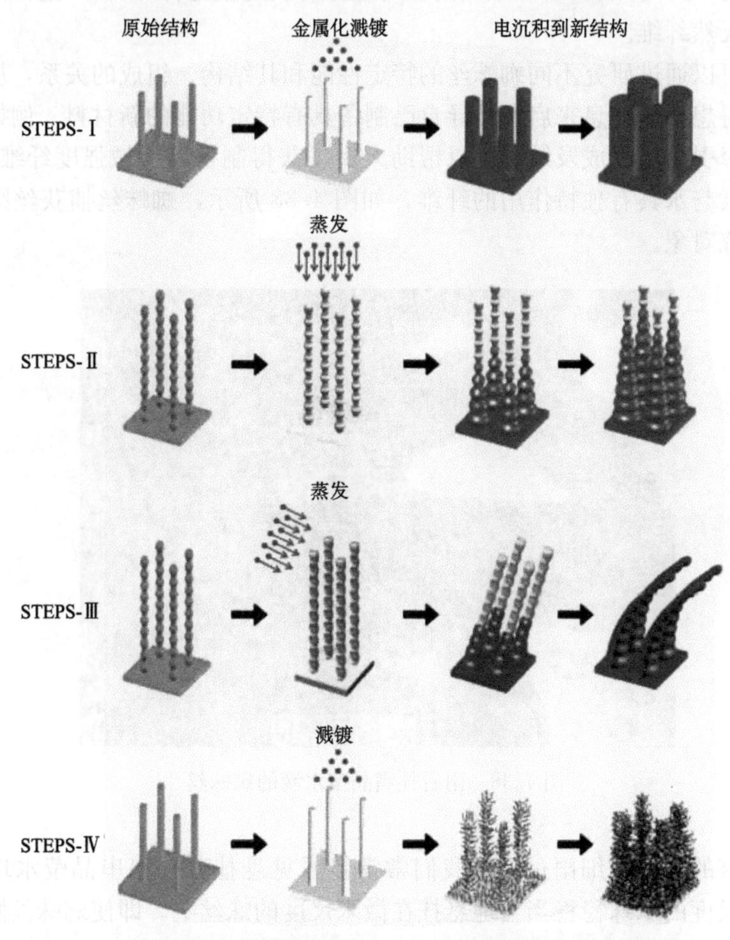

图 4.37　不同类型的 STEPS 的示意图和它们的比较

4.2.2 曲率粗糙梯度纤维的制备

近几十年，蜘蛛丝引起了材料科学家极大的研究兴趣。作为一种经历了上亿年自然界选择淘汰并存在下来的天然纤维，蜘蛛丝展现了很多优异的性能，如高的机械强度、高弹性、高柔韧性和出色的生物相容性等。作为一种神奇的天然纤维。蛛蛛丝的平均直径为 0.15cm。测量过的最小蛛丝直径仅为 0.02cm，只有通过蜘蛛丝上反射的阳光才能看到蜘蛛网。这些细丝可阻挡一只疾飞的蜜蜂。蜘蛛丝的力学性能非常优良，不仅结实，而且非常有弹性，这些特性使材料非常坚韧。甚至有人说相当于一枝铅笔粗细的一束蜘蛛丝可阻挡一架飞行中的波音 747 飞机。蜘蛛丝的弹性很强，其断裂延伸率达 30% ～ 40 %，而钢的延伸率只有 8 %，尼龙为 20 %左右。蜘蛛吐出的丝可在原有长度上延伸 20 倍，是目前已知的最结实的天然纤维。

人们可以通过研究不同蜘蛛丝的特定性能和其结构、组成的关系，从而可以选择性获得想要的信息来启发指导自己制备具有特定功能的新材料。例如，通过研究蜘蛛牵引丝的组成及结构可以帮助人们去获得制备高机械强度纤维的信息。如果要探索与水具有独特作用的纤维，如图 4.38 所示，蜘蛛丝捕获丝则是一个很好的研究对象。

图 4.38 雨后挂满晶莹水滴的蜘蛛丝

在多雾的早晨或细雨过后，我们常常能看见悬挂着一串串晶莹水珠的蜘蛛网。毫米尺度的水珠稳稳当当地悬挂在微米尺度的蛛丝上。即使蜘蛛丝倾斜一定角度，这些水珠也不会滚动或滑落下来。蜘蛛丝在这里展现了很强的挂水能力(即黏附水滴的能力)。因此，我们不由会猜想，这是否会与蜘蛛丝的某种结构有关系。我们知道蜘蛛网由四种丝组成，即支撑丝、框丝、辐射丝和捕获丝。仔细地观察挂水的蜘蛛网，可以发现水滴主要挂在横向的捕获丝上。因此，研究将从蜘蛛的捕获丝开始。

草间蜘蛛的捕获丝浸湿以后结构有很大变化，泡芙状结构迅速收缩成周期性排列的纺锤状结构。这种梯度表面结构在水收集过程中使得小水滴(直径小于100μm)从节点处向纺锤状节点处定向移动。受蜘蛛丝的启发，我国科学研究人员对蜘蛛丝做了研究，并制备出仿生蜘蛛丝纤维材料，并实现了类蜘蛛丝的集水性能。本节对仿蜘蛛丝纤维材料领域的研究进展进行详细总结，主要是功能纤维的制备及应用，并就以后的研究方向进行了展望。

蜘蛛丝是由细长的鞭状的蛋白质组成，它由一系列尺度在100μm左右的泡芙状结构组成，每个泡芙结构又包含成千上万的纳米级的原纤维。图4.39(a)是筛腺捕获丝的扫描电镜照片，可以清晰地看出这些泡芙结构实际上是由两根主干丝所支撑。两根主轴纤维上排列着周期性的纳米纤维蓬松结构，这些蓬松结构之间大约是(85.6±5.1)μm，蓬松结构的直径大约是(130.8±11.1)μm，它们之间被直径大约是(41.6±8.3)μm的链接隔开。对于湿态的捕获丝(如被雾气或雨水浸入)，这些原纤维会因为合并收缩使得泡芙结构的体积大大减小。图4.39(b)展示了湿态捕获丝的光学照片。可见对于湿态丝，仍然保留有其非均一的突起节形貌，细的部位直径为5μm，突起部位直径为13μm。既然湿态捕获丝仍然具有非均一的突起节形貌，人们自然会想到是否这种形貌导致了蜘蛛丝显著的挂水能力。如我们引言中所提到，简单的结构就可以导致特殊的功能。

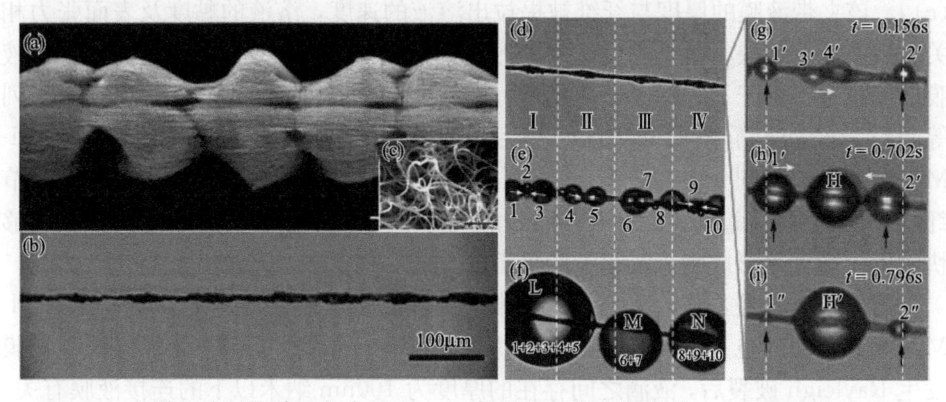

图 4.39　蜘蛛丝表面形貌及集水过程。(a)筛腺丝扫描电镜照片，上间距在100μm左右的突起节，标尺为150μm；(b)每个突起节由大量直径为20～30nm的原纤丝组成；(c)组成突起节的原纤维图片；(d)～(f)为蜘蛛丝集水过程；(g)～(i)为一个纺锤节点上典型的小水滴凝结及聚合过程。

郑咏梅研究小组对蜘蛛丝集水的机理进行讨论[7,29]，蜘蛛丝湿润后的结构由周期性排列的纺锤状结构和节点组成。纺锤状结构包含了大量随机原纤维，表面有孔状的粗糙结构，而节点包含定向排列的原纤维，表面光滑。如前面所述，蜘蛛丝是由亲水蛋白质组成，由 Wenzel's 方程 $\cos\theta'=r\cos\theta$(其中 θ' 和 θ 分别代表表观和实际接触角，r 是粗糙度系数)，可得随着粗糙度增加，亲水的区域会变得更亲水，相应疏水的区域会更疏水。因此纺锤状结构比节点更加亲水，有更高的表面能，这就是所谓的表面能因素。同时考虑到拉普拉斯压差的因素，纺锤状的结构处的曲率差使得水滴从曲率小处移向曲率大的区域。两种因素共同作用使得在潮湿空气中水汽首先在亲水的节点和纺锤状结构处凝结成小水滴，然后小水滴有两端节点处向纺锤状结构定性移动，并在此处汇聚成大液滴。此后在节点处又会有小液滴凝结，开始一个水滴定向移动的新循环[图 4.39 (g)～(i)]。

1. *浸涂方法*

根据 Plateau-Rayleigh 不稳定性(也常简称为 Rayleigh 不稳定性)原理，高曲率纤维表面的液膜无法稳定存在，会自发地破裂成沿纤维长轴方向规则分布的一系列液滴。基于该原理，采用一种简单的方法制备了人工突起节纤维[30]，其光学照片如图 4.40(a)所示，称该方法为 RBIH(Rayleigh break-up induced humps)方法。其制备过程如图 4.40 (b)～(e)所示。首先，一根商业的尼龙纤维被浸入一定浓度的 PMMA 的 DMF 溶液[图 4.40 (b)]。几秒钟后，该纤维被快速地提拉出液面，速度为 3～4m/s，这样会导致纤维表面产生一层夹带液膜[图 4.40 (c)]。该夹带液膜的厚度与纤维被提拉出溶液的速度，溶液的黏度及表面张力相关。提拉速度越快，溶液黏度越高，形成夹带液膜越厚；表面张力越大，夹带液膜厚度越薄。由于 Rayleigh 不稳定性，纤维表面的液膜会迅速地破裂成一系列等间距分布的液滴[图 4.40 (d)]。然后，液滴中的 DMF 会蒸发，导致干的 PMMA 突起节点规则分布在纤维上[图 4.40 (e)]。这样，我们就获得了人工突起节纤维。由于 Rayleigh 破裂后形成液滴的尺寸取决于夹带液膜的厚度，所以足够快的提拉速度是形成明显突起节的关键。

需要指出的是，该人工突起节纤维整个表面化学成分均为 PMMA，即 PMMA 突起节之间也有一层极薄的 PMMA(厚度在几十纳米以下)。这应该与液膜发生 Rayleigh 破裂后，液滴之间存在的厚度为 100nm 纳米以下的连接液膜有关。这层薄的连接液膜之所以能稳定存在，是由于液体与纤维的范德华(van der Waals)作用力所导致，所以能对抗液体内部的拉普拉斯压力差异而不被液滴所吸收。

用这种方法制备的仿生蜘蛛丝纤维材料实现了定向水收集，关键的三个参数是：高分子聚合物的表面张力、溶液的黏度及提拉速度。

一个非常有趣的发现是，我们实验中 Rayleigh 破裂现象并不完全相同于传统的 Rayleigh 破裂。传统的 Rayleigh 破裂会导致单一尺度的液滴规则地分布在纤维上，而我们的实验观察到的是两种不同尺度的突起节交替分布在纤维上。图 4.40(a)展示了一个典型的人工突起节纤维的光学照片。从图中可以看出，图中存在两种尺度的突起节。大的突起节高度在 47μm 左右，彼此间距为 400μm 左右。两个大的突起间中间还有一个很不显眼的小突起节，其高度不超过 19μm；因为尼龙纤维本身厚度为 18μm，所以小突起节部分的 PMMA 层厚度不超过 1μm。我们推测这种反常的 Rayleigh 破裂可能与二次 Rayleigh 破裂有关，即发生了基本的 Rayleigh 破裂后，形成的两个液滴之间的液膜又发生了二级破裂。据我们所知，这种 Rayleigh 破裂导致的双尺度液滴分布现象还未见报道。我们所使用溶液的两相特性(即 DMF 相和 PMMA 相)可能对这种独特的 Rayleigh 破裂起了关键作用，其准确的机制值得深入研究。

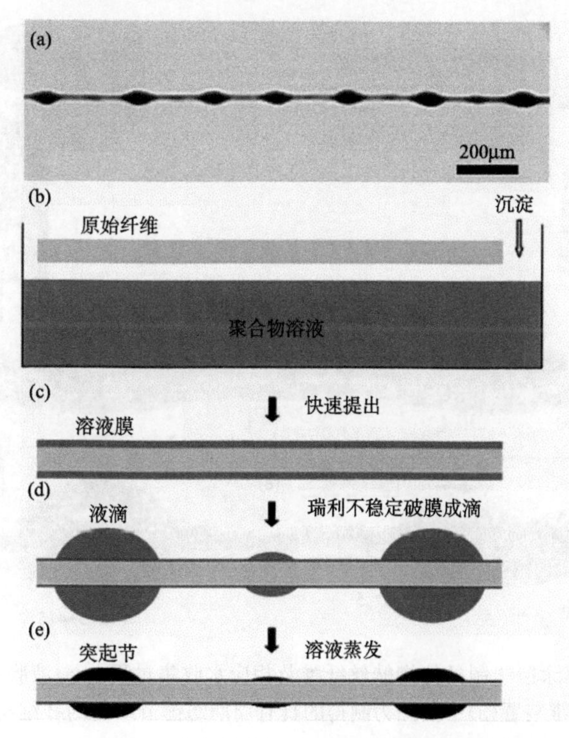

图 4.40　Rayleigh 不稳定性人工突起节纤维照片及制备过程示意图

2. *液膜涂覆法*

浸涂法制备的纤维材料有着比较好的仿蜘蛛丝的结构，并实现了水的定向收集，但是它有一个很大的缺点，在每次的浸涂过程中只是有限长度的一根纤维的提拉，不能连续制备。在现实的水收集应用中，需要找到一个简单、低成本快速制备大量具有纺锤状结构的纤维的方法。柏浩等利用一个简单而又实用的方法[图 4.41(a)]，实现了连续大规模地制备带有纺锤状结构的仿蜘蛛丝纤维材料[31]。纤维穿过储存溶液的槽并一直处于拉紧状态，一定浓度的溶液(聚甲基丙烯酸甲酯(PMMA)/N，N-二甲基甲酰胺(DMF))当大于某个速率时，可以得到具有很好结构的纤维材料。文中详细地讨论了影响纺锤节结构形成的参数，与溶液的黏度、表面张力以及纤维的拖拉速度有关。在某个浓度时有个纤维的临界拉速，当纤维的拖拉速率小于此值时，在纤维表面形成均一的很薄的一层膜，看不到结；只有大于临界速率才能看到纺锤节结构。同时节点的宽度和高度以及节点间距与速率有着明显关系。更重要的是，实现了水汽的收集和水滴的定向收集[图 4.41 (b)～(e)]。

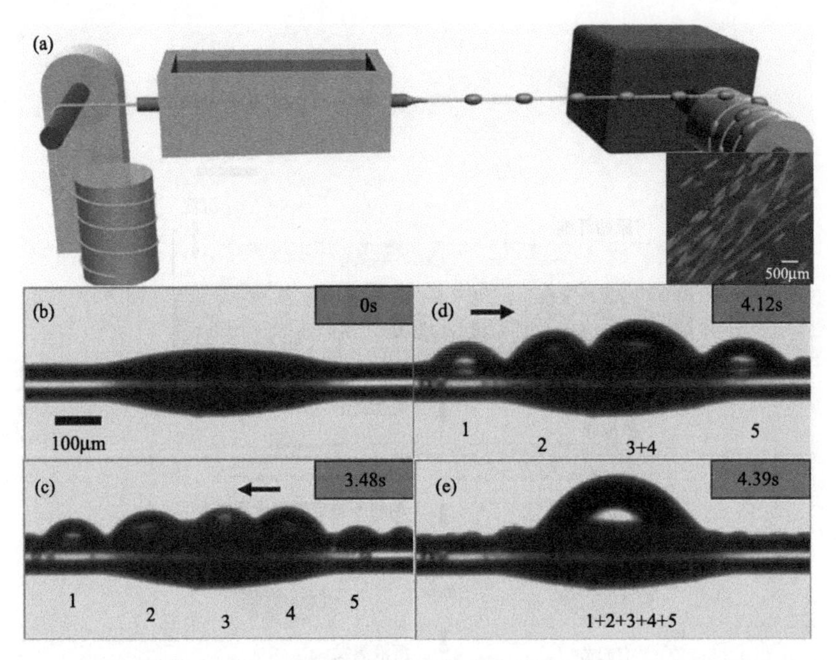

图 4.41　液膜涂覆法制备仿蜘蛛丝纤维及相应水收集过程。(a)液膜浸涂方法制备仿蜘蛛丝纤维装置(a)中插图为制得的具有周期纺锤节结构的纤维材料；(b)～(e)仿生纤维的集水过程。

进一步做实验得出，不仅是锦纶，铜纤维、玻璃纤维等也可以用这种方法在不同溶液，如聚偏氟乙烯(PVDF)/DMF、聚苯乙烯(PS)/DMF 等溶液中制备，使得在一些恶劣条件，如高温、强酸碱等条件下也能实现水收集。这个方法实现了大量制备低成本、耐用的水雾收集的纤维材料，使它向实际生活中水收集迈出了重要一步。

3. 静电纺丝制备法

基于电喷和电纺的电流体力学技术，是制备微尺度颗粒或纤维的简单有效的方法。大量的高分子聚合物或半导体氧化物的微尺度材料已基于该方法得到制备。电流体技术不仅可以大面积地制备微尺度材料，而且可以非常有效地控制材料的尺度、形貌与结构。纤维状、管状、核-壳结构、阴阳脸结构和多通道结构都被成功地制备出来。Xia 等将多组分前驱体电纺技术和后续煅烧结合起来，成功地制备了树枝状的 V_2O_5/TiO_2 异质结构材料，V_2O_5 纳米棒分布在 TiO_2 纤维上。

同轴电流体技术是将两个直径不同的喷头轴对称套在一起，内外层分别输送不同的流体，然后利用静电力驱动流体喷射出去从而制备复合材料的方法。研究人员[32]使用一种新的同轴电流体力学的方法来制备串珠状异质结构微纤[图 4.42 (a)]。其独特之处在于，既不同于同轴电喷必须使用低黏度的流体，也不同于同轴电纺必须使用高黏度的外流体，我们内外流体分别使用高黏度的可电纺溶液和低黏度的可电喷溶液。其基本设计思想是，利用内部流体的可纺性来获得纤维，而低黏度的外流体则因为 Rayleigh 不稳定性会破裂形成规则分布在内部纤维上的串珠。外层流体用亲水的 PE，内层用疏水的 PS，成功制备出串珠状结构的仿蜘蛛丝纤维。并发现纤维材料对环境湿度有智能响应，随着环境湿度改变，亲水的串珠状节点会相应膨胀或收缩，而疏水的部位没有明显变化[图 4.42 (b)～(d)]。通过在“珠子”中引入荧光基团(异硫氰酸荧光素)，成功地获得了图案化的发光纤维，即明-暗交替的发光纤维[图 4.42 (e)、(f)]，进一步证实纤维异质结构。

研究还发现电纺过程内外流体的流速和外流体稀释液的浓度会显著影响产物的形貌[33]。只有以一个合适的流速以及外流体恰当的浓度，才能制备出有均匀突起节的纺锤状结构的纤维。把制得的产物放到潮湿的雾气中，小水滴会在纤维上凝结，进一步朝突起节处移动，而不是在原地蒸发，和蜘蛛丝集水一样。

将电纺和电喷技术同时结合到同轴电流体技术中，制备了具有新颖串珠状的异质结构微纤。相比于同轴电纺，该技术的独到之处在于内流体使用了高黏度的可电纺溶液，外流体反而使用黏度较低的只能电喷的溶液。该方法操作简洁，不需要任何后处理步骤，是一种实用的制备异质结构微尺度材料的新方法。同轴电纺也是一种快速、大范围、低成本制备纺锤状纤维的方法，给干旱地区集水带来希望。

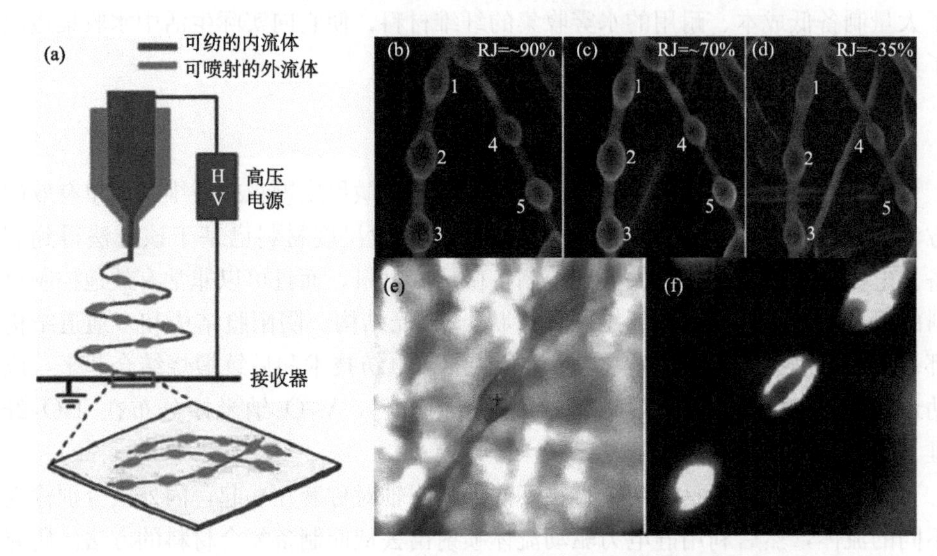

图 4.42　同轴电纺示意图(a)，仿蜘蛛丝纤维对湿度的智能响应(b)～(d)以及荧光性质(e)～(f)。

4. 微流体制备法

最近，Lee 研究小组发明了一种微流体装置能够制备可控形貌、结构，可控调节组分量的功能性纤维[34]。这个装置[图 4.43(a)]包括微流体芯片、数字控制器等，是模仿蜘蛛的吐丝的筛腺器而制成的。一方面，通过阀门独立控制每个流体流量，实现了物质组成的编码控制，此外，编码区域的数量和大小也很容易调控。另一方面，微流体装置实现了可控形貌和结构的仿生纤维的制备。例如，成功制备了有周期性排列纺锤状结构的仿蜘蛛丝纤维，并且突起节的高度和长度可控；而且，突起节的表面结构(如多孔)可以通过改变材料流量控制。如图 4.43(b)所示，制备多孔纺锤状结构的仿蜘蛛丝材料，并实现了对水的收集。这种编码制备的微纤维在组织工程学、药物输运、新的纺织面料等方面有很大的应用前景。

5. 仿蜘蛛丝纤维的应用

如前文所述，有独特浸润性的仿蜘蛛丝纤维的材料可以用多种方法制备。北京航空航天大学郑咏梅教授与课题组人员[29]进一步通过改变突起节的化学组成和表面结构的方法来研究仿生纤维材料上水滴驱动的机制。具体来说，纺锤节的表面能梯度与所选的聚合物有很大关系。我们可以用聚乙酸乙烯酯(PVA)、PMMA、PS 和 PVDF，这些物质对水的接触角分别是 56.7°、68.4°、93.3°和

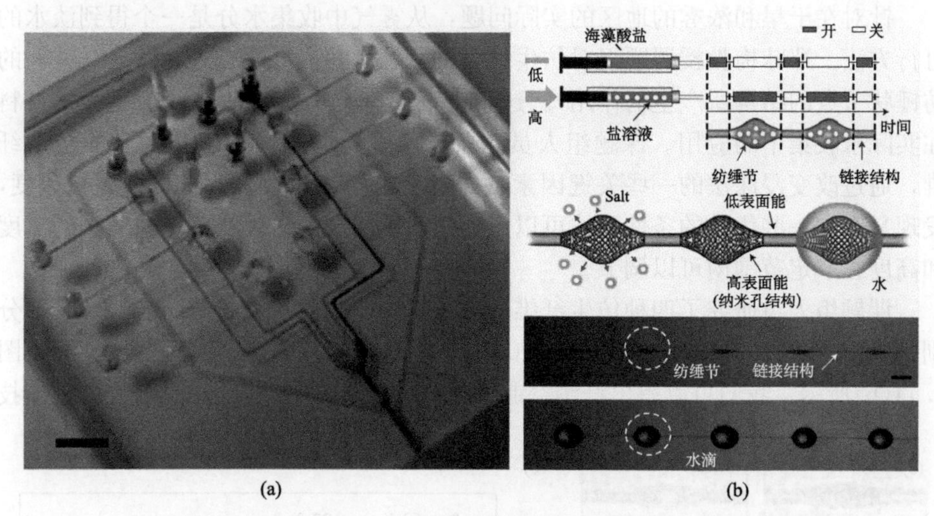

图 4.43　微流体装置图(a)和制备出的仿蜘蛛丝纤维及其集水过程(b)

92.7°。此外，纺锤状结构可以设计成光滑和粗糙两种类型。他们研究了小水滴在八种有不同突起节的纤维材料上的移动现象。发现微小液滴在纤维上可控驱动，如“朝向”和“远离”纺锤节。如图 4.44(a)所示，在光滑和粗糙 PS 纤维上，小水滴移动方向不同。在一开始的水滴在纺锤节上凝结是一样的，随着水滴的不断长大，几个水滴就会聚合，聚合后的大液滴，由于水滴在三相接触线两端受力的不均衡，会从节点位置“朝向”和“远离”纺锤节。水滴驱动的机理是由于纤维上的梯度所致。也就是曲率、化学和粗糙梯度，他们共同作用，使得最后的合驱动力有不同的大小和方向。随着水滴不断凝结，新的水滴传输循环又开始。总之，我们实现了纤维上水滴方向的可控驱动。

Quéré 研究小组报道[35]，在光滑的锥形铜丝纤维上，0.2～1mm^3体积的硅油滴连续地移向曲率半径大的一端，驱动力只有拉普拉斯压差。我们知道亚毫米级的水滴在拉普拉斯压梯度或者表面能梯度作用下都可以移动，然而随着液滴的变小，液滴驱动也越困难，因为此时接触角滞后成为一个重要的影响因素[36]。Danel 等在光滑的平面上依靠水滴聚合释放的能力驱动 0.1～0.3mm^3的液滴运动。而郑咏梅教授课题组研究人员综合考虑化学梯度差、接触角滞后、拉普拉斯压差三重因素共同作用，分析了微小液滴(小于 100μm)在蜘蛛丝纤维上的定向快速驱动的机理。这个研究给了设计仿生多功能纤维一些灵感，可以通过调整化学梯度，组建表面多级结构等实现仿生纤维上的特殊浸润性。

不仅实现了水滴的方向可控驱动，更重要的是对找到了微小液滴(小于 100μm)快速驱动的机理，为以后水滴传输、微流体装置、过滤等提供了很大帮助。

针对在干旱和浓雾的地区的实际问题，从雾气中收集水分是一个得到淡水的可行方法。郑咏梅教授课题组对仿生纤维的水收集进行了研究(尤其是纤维上的纺锤状节点的结构所产生的作用)。这个研究很有意义，帮助实现仿生纤维材料在实际水收集中的应用。课题组人员制备了一系列的不同突起节大小的仿生纤维，通过改变浸涂法的一些关键因素，如溶液黏度、溶液表面张力、提拉速度，发现只有在一些优化的条件下才可以得到周期性排列的纺锤状节点，节点的宽度和高度在一定范围内可以调节。

课题组人员研究了四种仿生纤维的集水能力，它们的突起节(光滑节)尺寸分别是 0.22nL、0.16nL、0.09nL 和 0nL[37]。不同时间纤维上集水的体积如图 4.44(b)所示。我们可以得出纤维突起节越大，集水的体积越大。通过微流体技

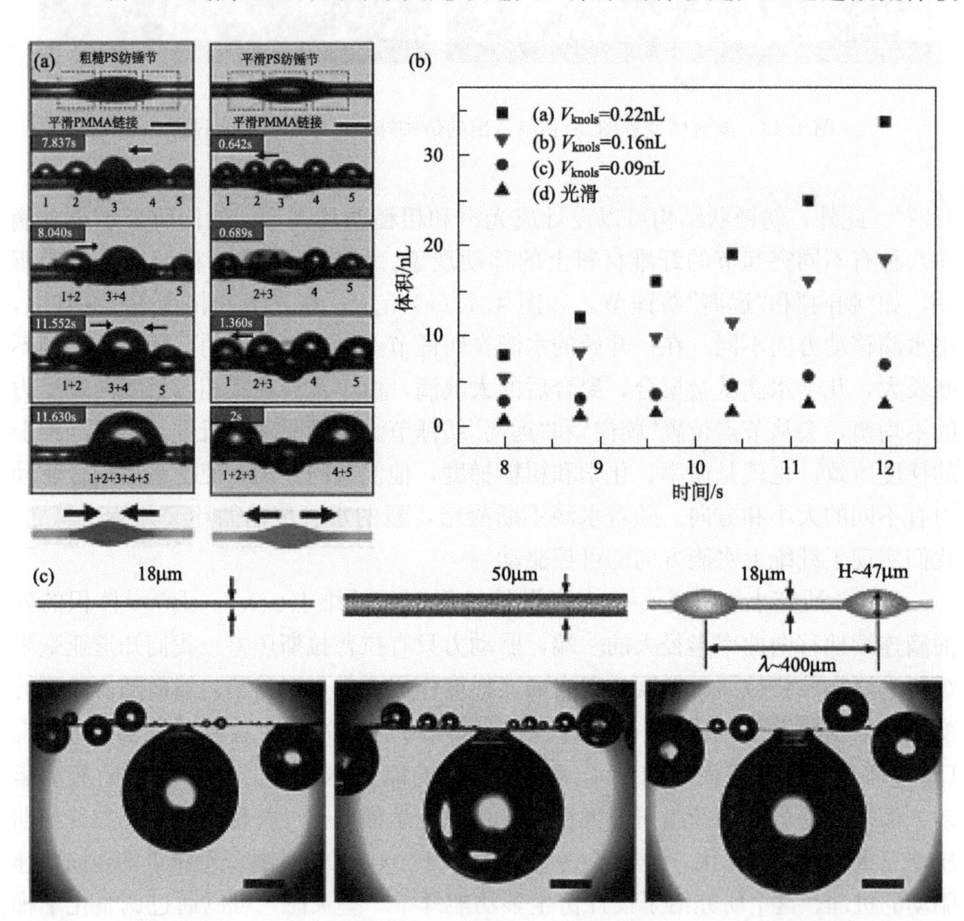

图 4.44　(a) 粗糙节 PS 上水滴向着突起节移动，而光滑节上小水滴从节点向两边移动。(b) 仿生纤维上节点大的比节点小的集水要多。(c) 有纺锤状节点的纤维相比于光滑纤维，增加了对水滴在固液界面上的吸附。

术制备的纤维也得出了同样的结果。纺锤状结构处凝结的水滴迅速移到两边，为了下次集水循环释放原来凝水位置，使得具有周期纺锤状结构的仿生纤维在雾气集水方面较直径、浸润性均一的纤维有更高的效率。

固液吸附在表面浸润性上是一个很重要的因素。尤其是调整纤维表面和液滴的固液吸附很重要，它能优化基于纤维的一些设备集水的效率。研究证明仿蜘蛛丝纤维较普通的光滑纤维有更强的固液吸附能力[38]。图 4.44(c)中明显地看到大水滴能够稳定地固着在纤维上。纤维上所悬挂的接近临界体积的液滴均具有近似椭球的形状，通过测量椭球的长半轴长 r_a，短半轴长 r_b，即可计算出纤维的最大悬挂水滴体积 MVHD：$V_m=4\pi r_a^2 r_b/3$。测量表明，直径为 18μm 的简单纤维的 MVHD 为 2.03μL；而在该纤维表面引入高度在 47μm 左右，间距在 400μm 左右的突起节后，其 MVHD 竟然达到了 4.38μL，相比于简单纤维增大了一倍有余。对于直径为 50μm 的纤维，尽管其宽度超过了突起节纤维的最宽部位，但其 MVHD 还是明显小于突起节纤维，只有 3.32μL。从体积角度考虑，同样长度的 50μm 纤维的体积差不多是突起节纤维的 7 倍以上，而其最大悬挂水滴体积却只有后者的 76%左右。综合上述数据，我们可以认为突起节纤维展现了相比于普通纤维显著增强的挂水能力。其中的原因在于突起节对液滴的三相线有个锁定作用，这与普通的纤维有着不同之处，也正是这个原因使得大水滴在所谓的“斜率”和“曲率”等阻碍条件下能够稳定存在。用这种方法，通过设计特殊的几何异质结构加强了固液的吸附，使得纤维能收集更大的水滴，挂水能力明显增强。

需要指出的是，我们的实验还表明表面化学组成似乎对纤维的 MVHD 没有明显影响。如相同直径的原始锦纶纤维和表面用 PMMA 处理的纤维，它们的 MVHD 均在 2μL 左右。对于突起节纤维，用聚苯乙烯或聚醋酸乙烯酯溶液来制备突起节，所得纤维的 MVHD 与同样尺度特征的 PMMA 突起节纤维也没有明显差别。

一维纤维材料相比于二维平面材料的一个显著特点就是，液体在其上很容易就会采用球形液滴构型，而不会因为材料亲水而铺展或塌陷。而突起节不仅能有效地调节纤维的挂水能力，而且可以起到一定的固定液滴的作用。即使纤维倾斜一定程度，液滴也不会滚动。因此，突起节纤维不仅可以用来保持液滴的球形，还可以定位液滴的位置。这两种属性对于进行微量可溶性样品的检测及分析具有重要意义。因此，突起节纤维在微样品化验、单分子光谱等技术领域都有应用潜力。我们的研究不仅有助于更深刻地理解固液界面的黏附现象，包括蜘蛛丝的强大挂水能力之谜，而且有助于启发我们设计具有特殊黏附能力的功能界面材料，同时对于很多技术领域也具有重要的参考价值。

6. 展望

本章我们对有独特浸润结构的仿蜘蛛丝功能纤维的研究进展进行了详细总结，清晨蜘蛛网挂满水滴的漂亮场景给了我们设计制备仿生集水材料一个很好的灵感。并且我们现在有很多种制备有纺锤状结构纤维的方法，包括浸涂法、液膜涂法、电流体力学法和微流体技术法等。实现了低成本、大批量、快速制备应用于实际生活中的集水耐用纤维材料。并分析了有独特浸润性的仿蜘蛛丝纤维上液滴方向可控高效率驱动，即使液滴很小，我们也实现了对它的驱动。发现有突起节较均一的纤维材料挂水能力有明显提升，是因为它对液滴有三相线锁定的作用，即很强的固液吸附能力。

对于以后仿蜘蛛丝的纤维材料的研究内容，我们认为可以通过调整纤维表面化学组成和结构特征来取得一些新的效果。例如，在纤维表面引入对光、电、pH、热等响应性的分子，通过外加刺激，实现液滴的可控驱动[图 4.45(b)]。此外，通过在纺锤状节点处设计非对称结构或者表面浸润梯度，如图 4.45(a)和图 4.45(c)[39,40]所示，还可以通过制备出由小到大均匀变化的梯度结，实现水滴在纤维上的单向驱动。如此能够实现水在纤维上快速、高效率、远程驱动。

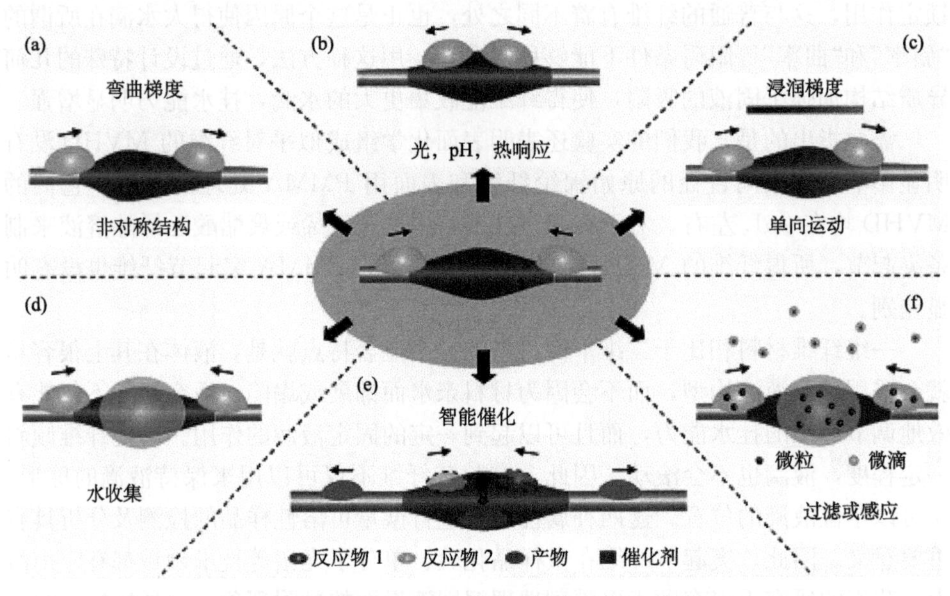

图 4.45 阐述有独特浸润性的仿生纤维设计理念和其他应用示意图

重要的是由独特浸润性的仿生功能纤维应用范围很广：水收集、智能催化、过滤、传感等领域。纤维上小水滴的定向驱动聚合成大水滴的过程可以增强水收集的效率[图 4.45(d)]。通过把反应物从纺锤状节点两端驱动到由催化剂构成的纺锤状节点上，导致催化反应的发生，生成产物从节点处输运出来，由此类似一个微反应器，实现了智能催化[图 4.45(e)][41]。另一个重要应用是，空气中的微量物质(微尘等)很容易被小水滴捕获，随着水滴向纺锤状节点处移动不断聚合增大，微量物质越来越多，在纺锤状节点处的大水滴内浓集、过滤[图 4.45(f)]，起到净化空气的作用，还可以应用到过滤、传感等装置中。

4.2.3　类甲壳虫异质图案的表面

在非洲广袤干旱的大沙漠中的生活着一种神奇的虫类——甲壳虫，在它拇指大的身躯上布满了大大小小、密密麻麻的突起物，这些“麻点”分布在背部的翅膀上。自然界的亿万年进化，小小的它又凭借什么经历了“物竞天择，适者生存”的严酷考验呢！Parker[10]等发现了其奇妙的结构，甲壳虫正是依靠其翅膀上亲疏水交替图案结构来从荒凉的而又炎热的沙漠中获取水源。

受甲壳虫集水方式的启发，Cohen[42]等制备模拟甲虫的亲疏水图案表面进行相关水收集研究。这些图案化表面是用水和 2-丙醇的聚合电解质溶液在超疏水表面上构筑亲水区域，进而构筑有鲜明对比的浸润表面。此外，还可以在图案区域上修饰特定的功能基团和多层的聚合物电解质层，如可以在亲水区域有选择沉积多层膜以得到如超疏等多种不同的性能的表面。这些图案还可以通过其他方法制备，如油墨印刷、微量吸移管技术以及未接触印刷等。如图 4.46 (a)为在有着亲水区域的超疏水表面上喷溅的小液滴的照片，(b)为在亲水区域喷溅的小液滴积聚在一起，(c)和(d)分别为亲、疏水区域的原子力显微镜成像图片。

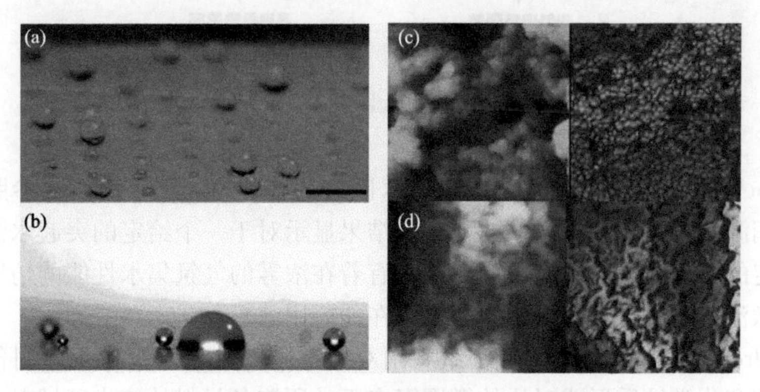

图 4.46　两种不同表面上液滴照片(a)、(b)以及亲、疏水区域原子力显微镜图片(c)、(d)。

Badyal 等报道曾用等离子体化学的方法制备仿甲壳虫的亲疏水交替表面的冷凝器材料[43]。他们用到的两种超疏水基底分别是：等离子体氟化的聚丁二烯(前进角/后退角＝154°/152°)和等离子体刻蚀的聚四氟乙烯(前进角/后退角＝152°/151°)。如图 4.47 所示在两种超疏水的基底上一行亲水的等离子体聚合物膜形成图案化，对其的冷凝性能进行了比较。评估冷凝效率主要从亲水区域的化学本质及其尺寸大小来研究。他们发现超亲水的聚 4-乙烯基吡啶斑点有很强的集水效率，并且最佳的亲水斑点/中心距是 500μm/1000μm，与甲壳虫背部的亲疏图案相比更有优势。两种等离子体氟化的聚丁二烯和等离子体刻蚀的聚四氟乙烯材料为在亲水的聚 4-乙烯基吡啶冷凝得到的水滴提供了足够的疏水基底，从而提高了冷凝效率。这个非常简单的只需两步的等离子体化学方法，可以很好地应用于微冷凝器表面材料的制备。

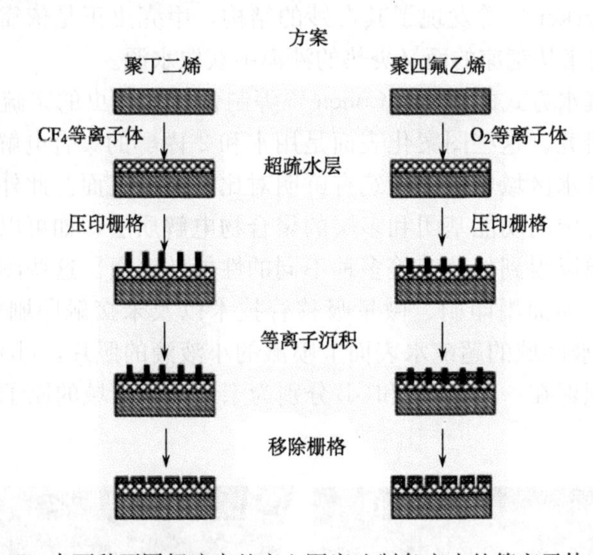

图 4.47　在两种不同超疏水基底上图案法制备亲水的等离子体有机膜

Ruhe[44]等制备了有着光滑圆形亲水区域的各种超疏水表面，并参照原来液滴不能润湿的表面研究浸润性的变化。结果显示对于一个给定的突起水滴的定位力是一定的，与其体积没有关系。这些有着在浓雾的气氛集水性能的仿甲壳虫的材料在微流体设备、集水等领域有着潜在的应用前景。

Andrew T. Harris[45]研究小组利用双层薄膜的自发缩锡作用，制备出了区域化形貌和化学性质形成对比的微图案表面，所制备材料的疏水区域对水滴有很好的分离作用，实验结果显示这种表面比相应的普通表面对大气中水分的吸收能力要强很多，这种表面可以利用传统的喷涂、浸涂、旋涂等方法在任何形状的基底上制备，成本低、步骤简单，并且可以大规模制备。如图 4.48 所示，所用的亲水层是 PVP 有机薄膜，疏水层是 PS 膜。

亲疏水图案表面为控制液体的浸润行为提供了一种方法，这对包括细胞生长、蛋白质操纵、微流体(控制液体的位置和流动)、表面防雾防霜等在内的技术应用领域很有帮助。

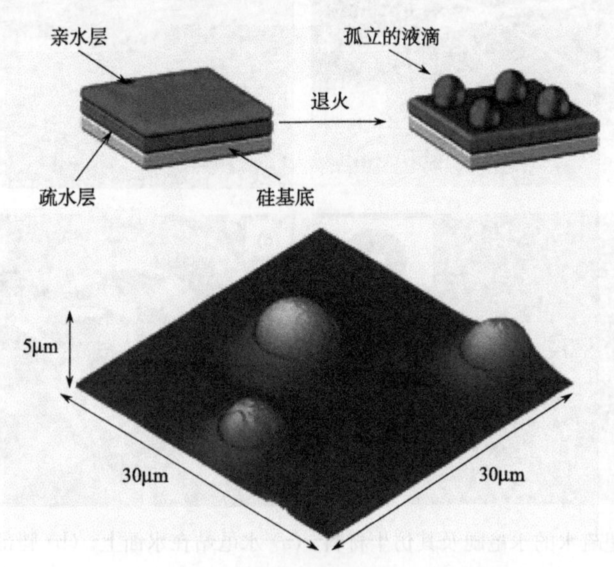

图 4.48　制备方法的示意图及原子力显微镜图片

4.2.4　类水黾腿表面的极端超疏水性

“水上漂”是武侠故事中的一种功夫，更是多少年来人们心中不变的梦想，但是这对于水黾(Gerris remigis)来说，却是极其容易的事，它能毫不费力地站在湖、池塘甚至宽阔的海洋面上，并且快速游动、行走乃至跳跃，这一切都要归功于他那双神奇的腿[46,47]。最近，它们生物体的微观结构和在水面上游走的本领吸引了更多学者的注意。科研工作者起初认为只是腿部覆盖的一层蜡状物质使得能够防水，经过深入研究发现，在其腿上覆盖有大量的定向排列、如针状的微米级刚毛，这些刚毛和表面呈 20°角的倾斜。每个刚毛由很多螺旋的纳米槽组成，在这些纳米槽中藏有小气泡[11]，如图 4.49(b)所示。正是水黾腿的这种多尺度结构使其具有持久的、强大的超疏水能力，远优于荷叶及鸭子羽毛[48-49]。水黾腿直到在水面上形成 4.3mm 深度的水涡时其才会伸入到水下，每个腿的在水面获得的最大支持力是其整个身体重量的 15 倍，相应的排水体积是其腿部体积的 300 倍，这些都表明了其很强的超疏水能力。这些力足够让其及时在暴风雨般的天气也能轻松游走在水面上避免被淹死，如图 4.49 (a)所示。然而荷叶不具有这种持久、强大的超疏水能力，当荷叶被水浸透后甚至有可能变成亲水的。

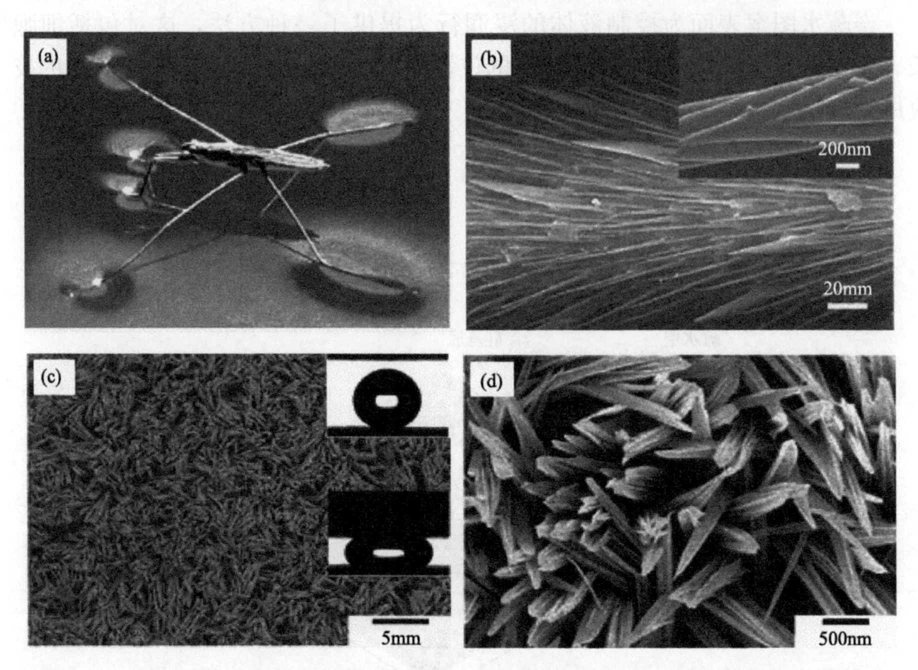

图4.49　超疏水的水黾腿及其仿生材料。(a) 水黾站在水面上。(b) 腿部定向排列的细长的微米级刚毛，插图是在每根刚毛上的纳米级沟槽。(c) 和 (d) 分别是低倍和高倍的呈肋状的 $Cu(OH)_2$ 纳米针阵列。(c)中的插图显示了仿水黾腿材料具有极好的超疏水性质。

近来，受水黾腿的启发，人们开始仿生制备拥有很强超疏水能力的多尺度结构材料，如在 Cu 或者 $Cu(OH)_2$ 纳米针表面雕刻纳米槽，如图 4.49(c)和(d)所示，是江雷[49]研究团队设计并制备的呈肋状的圆锥形纳米针超疏水表面，在每根纳米针的侧面定向雕刻有纳米沟槽，把水滴置于这两种表面之间进行挤压/松开操作时，可以实现水滴在固体表面完全可逆的变化，更证明了其优异的疏水性。在圆锥形纳米针侧面的纳米沟槽被认为当释放加在两个表面上的作用力时，它们能够在变形的界面上为去黏滞(depinning)状态提供接触线。此外，这种设计超疏水材料的理念从微观角度为减小防水材料界面阻力提供了解决办法。

中国科学院江雷课题组人员[42]等还在玻璃表面铸造一层蒽的衍生物有机溶剂，得到了自组装有微纳米线结构的超疏水的表面，把这种材料作为腿组装到质量为 259.6mg(接近于十个实际水黾的质量)的铜制水黾模型上，靠腿部的自组装的微纳米线结构，模型可以像真水黾那样轻松地“站”在水面上，相比没有超疏水结构的而言，腿部所能承受的最大支持力至少增加了 2.4 倍。腿部覆盖有

1.0mg 的自组装微纳米线就可以大概支持 372mg 的水黾模型，表明了其有很强的疏水能力。如图 4.50 所示，(a)为制备的自组装有微纳米线超疏水表面，接触角为 151°，(b)为轻松“站”在水面上的水黾模型。

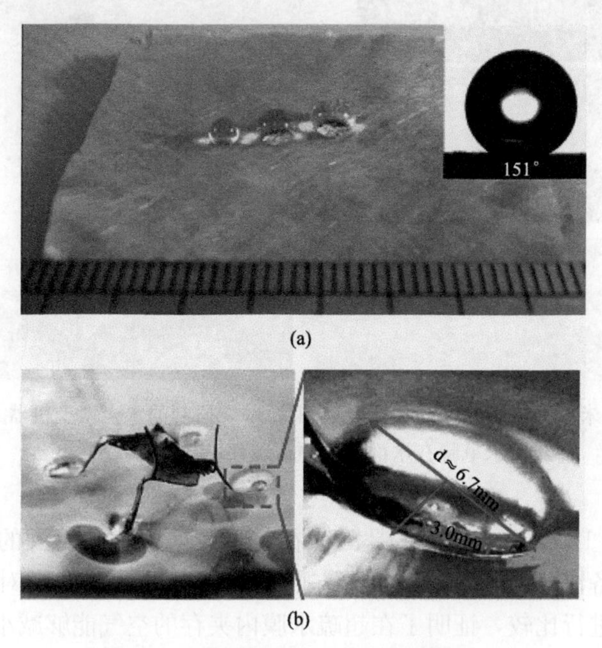

图 4.50　超疏水表面(a)和水黾模型(b)

哈尔滨工业大学的潘教授课题组[50]，报道他们研究出来一个像水黾一样在水上行走的微型机器人。体积微小，却有着超高的负载能力，一个体积只有 8.0cm^{3}的机器人负载能力大于 11.0 g。这个新奇的机器人由十个支撑腿、两个微型直流电动机和两个驱动腿组成，在水面上它不仅能够毫不费力地行走，还能自由转向。而最重要的原因在于它的十个假腿上面长满了半定向的 $Cu(OH)_2$ 纳米带，并用月桂酸进行修饰，从而具有超疏水的性能。如图 4.51(a)为纳米带的逐级放大的扫描电镜图片，图 4.51(b)为研制的水上微型机器人，图 4.51(c)和图 4.51(d)分别为仿水黾腿在水面上的顶视图和侧视图。正是由于这个微型机器人在水面上具有移动快、灵活、低成本、容易制备等优势，在水质监管、水污染监测等领域有很大的潜在应用。

另有研究小组曾报道其仿水黾腿结构，他们用的是交替沉积自组装技术和电化学沉积技术制备了超疏水的树枝状的金纳米线，其可以漂浮在水面上，是因为重力、浮力和曲率力达到了平衡。文中报道他们制得的覆有超疏水(接触角为 156°)膜的仿水黾腿每厘米长度能够提供 0.4mN 支持力比未修饰超疏水膜的金纳

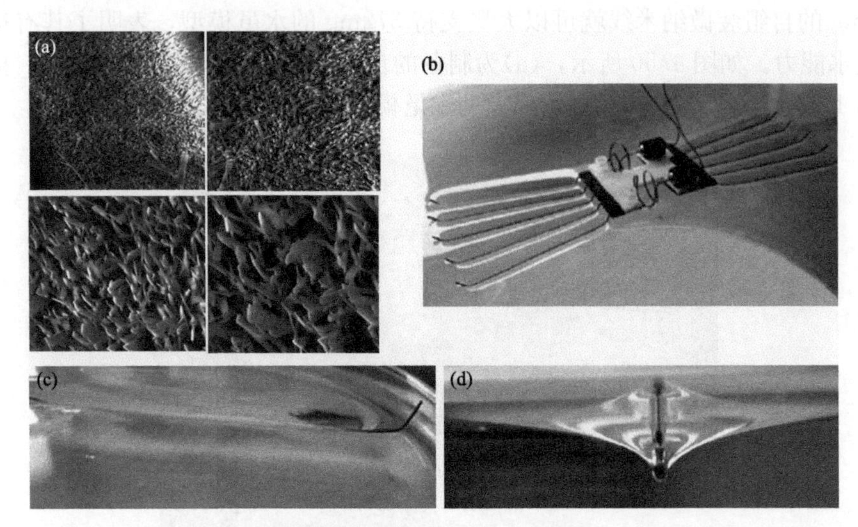

图 4.51 纳米带的逐级放大的扫描电镜图片(a)，研制的水上微型机器人(b)以及仿水黾腿在水面上的顶视图(c)和侧视图(d)。

米线(接触角为 110°)要大得多，是因为在疏水表面产生了更大的曲率力。这些研究在仿生制备快速推进、减小阻力方面有很大应用[51]。通过对制得的仿水黾腿疏水性大小进行比较，证明了在超疏水膜内夹存的空气能够减小实物体在水面移动时的流动阻力[52]。利用这种推进力，超疏水纳米金线的移动速率是普通疏水纳米线的 1.7 倍。

4.2.5 小结

大自然是最好的课堂，是我们灵感的来源。它包含的千万种生物为科学工作者仿生发明提供了大量灵感。向大自然学习，我们可以不断充实自己；模仿大自然，我们才能提高自己。近些年来，仿生制备的高黏附材料、超疏水材料、自清洁材料、集水材料等，它们更好地服务于我们的生活，让我们的生活更便利、更幸福，让我们的社会向前迈进了一大步。向自然学习，模仿自然，最后才能超越自然，我们时刻不要忘了身边这位好老师!

参 考 文 献

[1] Zheng Y，Han D，Zhai J，et al. In situ investigation on dynamic suspending of microdroplet on lotus leaf and gradient of wettable micro-and nanostructure from water condensation. Appl Phys Lett，2008，92：084106.

[2] Liu K，Jiang L. Multifunctional Integration：FromBiological to Bio-Inspired Materials. ACS Nano，2011，

5：6786-6790.

[3] Mei H，Luo D，Guo P，et al. Multi-level micro-/nanostructures of butterfly wings adapt at low temperature to water repellency. Soft Matter，2011，7：10569.

[4] Zheng Y，Gao X，Jiang L. Directional adhesion of superhydrophobic butterfly wings. Soft Matter，2007，3：178-181.

[5] Liu M，Zheng Y，Zhai J，et al. Bioinspired super-antiwetting interfaces with special liquid-solid adhesion. Accounts Chem Res，2009，43：368-377.

[6] Liu K，Jiang L. Bio-inspired design of multiscale structures for function integration. Nano Today，2011，6：155-175.

[7] Zheng Y，Hai H，Huang Z，et al. Directional water collection on wetted spider silk. Nature，2010，463：640-643.

[8] Zhang J，Wang J，Zhao Y，et al. How does the leaf margin make the lotus surface dry as the lotus leaf floats on water? Soft Matter，2008，4：2232-2237.

[9] Zhang J，Cheng Z，Zheng Y，et al. Ratchet-induced anisotropic behavior of superparamagnetic microdroplet. Appl Phys Lett，2009，94：144104.

[10] Parker A R，Lawrence C R. Water capture by a desert beetle. Nature，2001，414：33-34.

[11] Gao X，Jiang L. Biophysics：Water-repellent legs of water striders. Nature，2004，432：36-36.

[12] Prakash M，Quéré D，Bush J W M. Surface tension transport of prey by feeding shorebinrods：The capillary ratchet Science，2008，320：931-934.

[13] Chu K H，Xiao R，Evelyn N W. Uni-directional liquid spreading on asymmetric nanostructured surfaces. Nat Mater，2010，9：413-417.

[14] McCulloh K A，John S S，Frederick R A，et al. Water transport in plants obeys Murray's law. Nature，2003，421：939-942.

[15] Wheeler T D，Abraham D. The transpiration of water at negative pressures in a synthetic tree. Nature，2008，455：208-212.

[16] Malvadkar N A，Hancock M J，Sekeroglu K，et al. An engineered anisotropic nanofilm with unidirectional wetting properties. Nature Mater，2010，9：1023-1028.

[17] Jeong H E，Lee J K，Kim H N，et al. A nontransferring dry adhesive with hierarchical polymer nanohairs. Proceedings of the National Academy of Sciences of the United States of America，2009，106：5639-5644.

[18] Kim T I，Pang C，Suh K Y. Shape-tunable polymer nanofibrillar structures by oblique electron beam irradiation. Langmuir，2009，25：8879-8882.

[19] Kim T I，Jeong H E，Suh K Y，et al. Stooped nanohairs：Geometry-controllable，unidirectional，reversible，and robust gecko-like dry adhesive. Adv Mater，2009，21：2276-2281.

[20] Kim T I，Suh K Y. Unidirectional wetting and spreading on stooped polymer nanohairs. Soft Matter，2009，5：4131-4135.

[21] Rahmawan Y，Kim T，Kim S J，et al. Surface energy tunable nanohairy dry adhesive by broad ion beam irradiation. Soft Matter，2012，8：1673-1680.

[22] Yoon H，Woo H，Choi M K，et al. Face selection in one-step bending of janus nanopillars. Langmuir，2010，26：9198-9201.

[23] Yoon H，Jeong H E，Kim T I，et al. Adhesion hysteresis of Janus nanopillars fabricated by nano-

molding and oblique metal deposition. Nano Today，2009，4：385-392.

[24] Choi M K，Yoon H，Lee K，et al. Simple fabrication of asymmetric high-aspect-ratio polymer nanopillars by reusable AAO templates. Langmuir，2011，27：2132-2137.

[25] Chu K H，Xiao R，Wang E N. Uni-directional liquid spreading on asymmetric nanostructured surfaces. Nature Mater，2010，9：413-417.

[26] Pokroy B，Epstein A K，Persson-Gulda M C M，et al. Fabrication of bioinspired actuated nanostructures with arbitrary geometry and stiffness. Adv Mater，2009，21：463-469.

[27] Kim P，Epstein AK，Khan M，et al. Structural transformation by electrodeposition on patterned substrates (STEPS)：A new versatile nanofabrication method. Nano Lett，2012，12：527-533.

[28] Kim P，Adorno-Martinez W E，Khan M，et al. Enriching libraries of high-aspect-ratio micro- or nanostructures by rapid，low-cost，benchtop nanofabrication. Nature Protocols，2012，7：311-327.

[29] Bai H，Tian X，Zheng Y M，et al. Direction controlled driving of tiny water drops on bioinspired artificial spider silks. Adv Mater，2010，22：5521-5525.

[30] Hou Y，Chen Y，Zheng Y，et al. Water collection behavior and hanging ability of bioinspired fiber. Langmuir，2012，28：4737-4743.

[31] Bai，H，Sun R，Ju J，et al. Large-scale fabrication of bioinspired fibers for directional water collection. Small，2011，7：3429-3433.

[32] Tian X，Bai H，Zheng Y，et al. Bio-inspired heterostructured bead-on-string fibers that respond to environmental wetting. Adv Funct Mater，2011，21：1398-1402.

[33] Dong H，Wang N，Wang L，et al. Bioinspired electrospun knotted microfibers for fog harvesting. Chem Phys Chem，2012，13：1153-1156.

[34] Kang E，Jeong G S，Choi Y Y，et al. Digitally tunable physicochemical coding of materila composition and topography in continuous microfibres. Nature Mater，2011，10：877-883.

[35] Lorenceau L，Quere D. Drops on a conical wire. J. Fluild Mech. 2004，510：29-45.

[36] Mettu S，Chaudhury M K. Motion of drops on a surface induced by thermal gradient and vibration. Langmuir，2008，24：10833-10837.

[37] Bai H，Ju J，Sun R，et al. Controlled fabrication and water collection ability of bioinspired artificial spider silks. Adv Mater，2011，23：3708-3711.

[38] Tian X，Chen Y，Zheng Y，et al. Controlling water capture of bioinspired fibers with hump structures. Adv Mater，2011，23：5486-5491.

[39] Yao Z，Bowick M J. Self-propulsion of droplets by spatially-varying surface topography. Soft Matter，2012，8：1142-1146.

[40] Guo P，Zheng Y，Liu C，et al. Directional shedding-off of water on natural/bio-mimetic taper-ratchet array surfaces. Soft Matter，2012，8：1770-1775.

[41] Owens TL，Leisen J，Beckham HW，et al. Control of microfluidic flow in amphiphilic fabrics. ACS Appl Mater Interfaces，2011，3：3796-3803.

[42] Zhai L，Berg M C，Cebeci F C，et al. Patterned superhydrophobic surfaces：toward a synthetic mimic of the Namib desert beetle. Nano lett，2006，6：1213-1217.

[43] Garrod R P，Harris L G，Schofield W C，et al. Mimicking a stenocara beetle's back for microcondensation using plasmachemical patterned superhydrophobic-superhydrophilic surfaces. Langmuir，2007，23：689-693.

[44] Dorrer C，Ruhe J，Mimicking the stenocara beetle dewetting of drops from a patterned superhydrophobic surface. Langmuir，2008，24：6154-6158

[45] Thickett S，Neto C，Harris T A. Biomimetic surface coatings for atmospheric water capture prepared by dewetting of polymer films. Adv Mater，2011，23：3718-3722

[46] Jiang L，Yao X，Li H，et al. "Water strider" legs with a self-assembled coating of single-crystalline nanowires of an organic semiconductor. Adv Mater，2010，22：376-379

[47] Hu D L，Chan B，Bush J W M. The hydrodynamics of water strider locomotion. Nature，2003，424：663-666.

[48] Ball，P. Material witness：Natural waterproofing. Nat Mater，2009，8：250-1250.

[49] Yao X，Chen Q，Xu L，et al，Bioinspired ribbed nanoneedles with robust superhydrophobicity. Adv Funct Mater，2010，20：656-662.

[50] Zhang X B，Zhao J，Zhu Q，et al，Bioinspired aquatic microrobot capable of walking on water surface like a water strider. ACS Appl Mater Interfaces，2011，3：2630-2636.

[51] Shi F，Wang Z，Zhang X. Combining a layer-by-layer assembling technique with electrochemical deposition of gold aggregates to mimic the legs of water striders. Adv Mater，2005，17：1005-1009.

[52] Shi F，Niu J，Liu J，et al，Towards understanding why a superhydrophobic coating is needed by water striders. Adv Mater，2007，19 ：2257-2261.

第5章 仿生智能人工肌肉

5.1 引 言

在漫长的进化过程中，自然赋予了肌肉灵巧、柔韧的特性，使它具有信息传递、能量传递、废物排除、能量供给、传动及自修复等多重功能。因此，这些天然肌肉的特性成为科学家开发智能人工肌肉(致动器)的灵感来源，人们开始模仿天然肌肉，制作出与之功能相似甚至性能更好的智能人工肌肉。目前，由于许多智能材料在光、电、热、湿度等刺激下会产生弯曲、伸缩等类似肌肉的力学形变，因此广泛应用于仿生智能人工肌肉的研究，并在仿生机器人、智能传感器、生物医学等诸多领域显示出极大的应用前景。

早在1958年，美国医生McKibben就发明了用于驱动假肢运动的气动执行器，称为McKibben气动人工肌肉(pneumatic artificial muscles，PAM)[1]。它主要包含内部的橡胶套筒、外部的双螺旋纤维编织的编织层，其中外部编织层刚度较大。当对内部橡胶套筒充气时，橡胶套筒因弹性变形而压迫外部纤维编织层，由于纤维编织网刚度很大，导致其只能径向变形，从而使其直径变大，长度缩短。但是，由于当时制造工艺、控制阀和气压装置技术的不足，阻碍了这种PAM的发展。直到20世纪80年代，日本Bridgestone轮胎公司重新设计了由橡胶制成的McKibben肌肉，这个功力更强大的人工肌肉称为柔软的手臂，主要用于涂漆工业[2]。随着PAM的研究深入，它的实际应用价值逐渐被人们所认识，因此相应的研究工作也随之兴起。目前，由于PAM具有适合用于机器人的良好的屈从性、较低的质量功率比，而被广泛用于医疗器械、可行走和跑步的机器人、甚至是类人机器人[3-7]。例如，英国Shadow Robot组[8]和德国Festo公司[9]制备了各种不同类型的PAM，用于机器人研究。但是，由于McKibben人工肌肉体积大，而且受到辅助系统的限制，制约了其实际应用。随着材料的发展，Wakimoto等[10, 11]开发了小型化的柔性橡胶微致动器，在致动时可以像手指一样做弯曲运动。目前，一些新材料如碳纳米管[12]、形状记忆聚合物[13]等也被用于开发PAM。此外，传统的压电陶瓷，如ZnO、锆钛酸铅(PZT)、GaN等用于人工肌肉的研究，但是这类材料存在着脆性大、应变小的致命缺点，从而限制了它的广泛应用[14-17]。形状记忆合金也被用于智能人工肌肉的研究，它们在如机器人、积极制动、控制、铰链及其他许多领域得到了广泛应用，但是它们存在着有限的可恢复形变等问题[18]。近年来，电活性聚合物(electroactive polymers,

EAP)由于其与生物肌肉的相似性，可以进行规模移植的潜在价值，并且具有密度小、价格便宜等特点，而成为智能人工肌肉的研究热点[19]。此外，随着材料科学与技术的发展，其他响应性材料，如pH响应、热响应、光响应、生物分子响应等，被广泛运用到人工肌肉(致动器)的研究。由于篇幅所限，本章将主要介绍形状记忆材料、电活性聚合物及其新型的响应性材料在人工肌肉(致动器)领域的最新研究成果及应用。

5.2 形状记忆合金与聚合物

5.2.1 形状记忆合金

形状记忆合金(shape memory alloys，SMA)是一种在加热升温后能完全消除其在较低温度下发生的变形，恢复到其变形前的原始形状的合金材料，人们将这种能记忆形状的性能称为“形状记忆效应”。早在20世纪30年代，人们就发现Au-Cd合金受热后可以恢复到原始状态，但当时并未引起人们的注意。直到1962年，美国海军武器实验室的Buehle偶然发现Ni-Ti合金具有形状记忆功能[18]，这引起了人们极大的兴趣与关注，开启了SMA新的研究阶段。目前，Ni-Ti合金成为新一代SMA的代表。

SMA的主要特征是它的形状记忆效应(SME)和超弹性(SE)，它的这些性能主要是由马氏体相转变产生的。它的SME是基于两个依赖温度相的转变：低温的马氏体相和高温的奥氏体相。当材料从低温向高温转变时，为了达到最低能量值其晶格结构由面心立方变为体心立方。奥氏体相态经冷却到马氏体相态后，材料可发生形变，其最高值可达8%。当加热后，回到奥氏体相恢复原来的形貌，这称为“单程形状记忆”。如当加热回到奥氏体，冷却再回到低温相，这种能重复记住高温和低温两种状态称为“双程形状记忆”，Ni-Ti合金的形状记忆效应如图5.1所示[18,20]。

Tobushi等[21]利用SMA的这些特性，制备了具有扭转形变性能的Ti-50.18%Ni(原子分数)形状记忆合金带，以及具有旋转致动的Ti-50.98%Ni超弹合金带。当Ti-Ni带受到扭转时，由于边缘被拉长而发生马氏体转变，其边缘局部发热，并向中心部分扩散，最高温度出现在Ti-Ni带的边缘上，因此可用红外成像技术观察到明显的马氏体转变。在当Ti-Ni带的扭转角θ为26.2 rad/m时，Ti-Ni带边缘的温度开始升高。他们设计了旋转开关门模型，它是采用具有形状记忆效应的合金带(SMA)和室温超弹特性的合金带(SEA)进行驱动。首先将厚度为0.25mm、长为2.5mm的SEA带进行热处理，形成具有记忆效应的平面结构。在室温条件下，将SEA带按平面安装，而将SMA带扭曲$\phi=\pi/2$角度安装，其

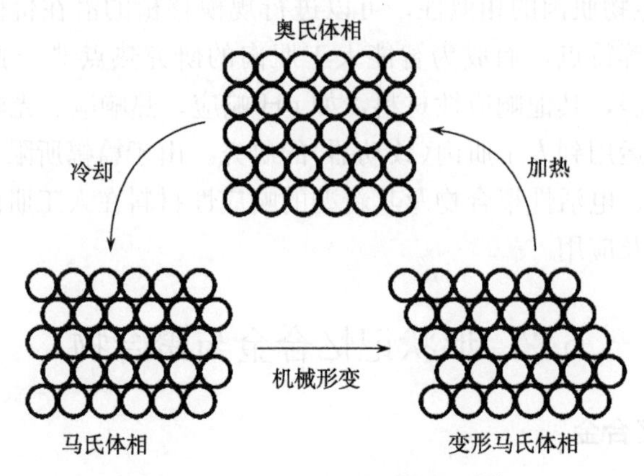

图 5.1　Ni-Ti 合金的相转变[18]

中，SMA 带可通过电流被焦耳热加热。开始时，SEA 的扭矩(M_{SEA})大于 SMA 带的扭矩(M_{SMA})，此时门处于关闭状态。当加热后，SMA 带恢复扭转，扭矩关系变化为 $M_{SMA}>M_{SEA}$，SMA 带恢复平面结构，此时门被打开。因此，如果 SMA 带同时具有 SME 效应和 SE 效应，可进一步发展得到双向旋转单元。

Matovic 等[22]设计了基于双程记忆效应的掺杂 Cu 的 Ni-Ti 合金片的致动器，并用于航空飞行器研究。他们设计的致动器是 50μm 厚的掺杂 Cu 的 Ni-Ti 合金片，它是奥氏体和马氏体相的形变致动器，其容差度在 6%以内。将该致动器用于飞行器的温度调控系统，可使百叶窗式导流栅的重量从 4～5kg/m²减小到小于 500g/m²。现场测试表明，该致动器在经历 300 000 次负载循环，其性能没有任何衰减，显示出优异的可靠性。Chen 等[23]制备了形状记忆 Ti-Ni 合金弹簧致动器，该致动器直径和长度分别为 0.3mm 和 2mm，它可通过直流电进行驱动。当施加 7V 电压，持续时间为 5s 时，它可产生的形变为 60μm、应变率达到 3%。他们将该致动器用于光纤布拉格光栅，在 1550nm 波长范围内，可得到 50nm 宽的可调光谱。Icardi 等[24]将记忆合金致动器驱动用于小型无人机，进行了可适应性机翼的可行性研究，并通过有限元模拟对机翼气动载荷的承载力、功率，以及飞行过程中的力和扭矩等都进行了评估。该机翼的下层由薄板状的三明治结构的盒子、柔性骨架和柔性蒙皮构成。反向旋转和同轴扭矩的 SMA 管用于机翼外倾角的控制，SMA 操控杆用于局部形状控制。SMA 内管和外管通过电机械离合器和定位的偏压马达与柔性骨架相连，可分别调控上下的运动。当 SMA 在发生 4%的有限形变时，机翼具应力较小的形变能力。并且，当柔性骨架做平均 27.1°的旋转时，其顶端具有 40°的旋转，这与机翼的副翼旋转完全一致。在定巡航速度时，从顶部到底部可观察至少 10°的弧度变化。该致动器管的扭矩可以达到 200N·m、功率达到 1223W，这些特性与无人机兼容。

具有形状记忆性能的超细晶粒已被证实可增强工程材料的机械性能和功能性，其中伪弹性形状记忆材料的超细晶体颗粒在医药设备工程已得到广泛应用。Frenzel 等[25]将常规的线拉伸与热处理结合，得到了具有微结构的超细晶粒 Ni-Ti 弹簧致动器。微晶的大小可通过改变热处理温度实现调控，在加热温度为 400℃、加热时间为 600s 时，可获得尺寸为 34nm 的微晶；而当加热为 600℃、加热时间相同时，可得到尺寸约为 5μm 的微晶。此外，可观察到微晶的大小直接影响马氏体相转变基本过程。

在 SMA 体系中，磁性形状记忆合金(magnetic shape memory，MSM)是一类新型的形状记忆材料，在磁场作用下，MSM 可诱导的孪晶界迁动可用于致动器，同时它的能量耗散过程也可用于减震器件。研究显示，具有可调马氏体结构的 Ni_2MnGa 单晶材料具有大于 10％的应变。然而，大部分单晶结构的 MSM 太脆，不能承受较大的弹性形变。Scheerbaum 等[26,27]采用微拉法的新技术，制备了 Ni-Mn-Ga 纤维。他们将安装了边槽的旋转轮带放入熔池中，并与在耐热坩埚中被加热的熔融物接触。由于旋转轮的离心作用，熔融物被抛出，并冷却固化，得到纤维，制备过程如图 5.2 所示。采用该制备方法，他们制备了直径和长分别为 60μm 和 1cm 的 $Ni_{50.9}Mn_{27.1}Ga_{22}$ 纤维，它是由直径为 5μm 的多晶颗粒构成，其中部分颗粒具有孪晶结构。热处理过程可显著活化纤维中颗粒的生长，并在碾磨后使颗粒具有竹子结构。在熔抽法制备 $Ni_{50.9}Mn_{27.1}Ga_{22}$ 纤维过程中，无论是束缚态还是游离态都可观察到磁场诱导的孪晶界迁动，并显示出 1％的宏观应变。此外，解决 MSM 脆性的另一个方法就是将有取向的 MSM 材料分散在刚度与之匹配的聚合物基质中，有一定刚度的聚合物不仅可以将 MSM 颗粒黏结在一起，并且可以保持复合物的形状。因此，复合材料中聚合物的刚度对于磁场和应变诱导的孪晶界迁动都是非常重要的。研究表明[28]，聚合物基质越软，磁场诱导的

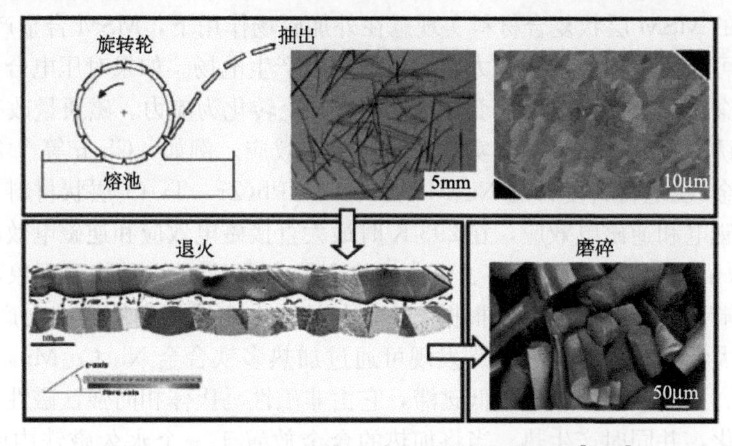

图 5.2　Ni-Mn-Ga 纤维和单晶颗粒的制备过程[26,27]

孪晶界迁动越大，其中，有不同刚度的环氧树脂和聚氨酯常用作聚合物基质。

Chmielus 等[29]开发了具有可逆磁场诱导应变大于10%的多晶 Ni-Mn-Ga 泡沫，泡沫结构如图 5.3 所示。通常情况下，磁场各向异性能量而产生的内应力可诱导孪晶界迁动，并由此进一步形成磁场诱导应变。一般来说，Ni-Mn-Ga 很容易形成微细颗粒，它的孪晶界迁动会受到小颗粒的边界限制，导致其磁诱导应变接近为零。但是，当在该合金中引入与颗粒大小一样的孔时，就可以移除部分边界限制，使多晶 Ni-Mn-Ga 泡沫具有 0.12%的可逆磁场诱导应变值，这个值已接近目前最好的商业化磁致伸缩材料。当在合金中引入小于颗粒尺寸的孔时，迁动限制进一步减小，使可逆磁场诱导应变值可达到 2.0%～8.7%。重要的是，它具有超过 200 000 次循环的应变稳定性，好于大部分多晶活性材料的应变稳定性。

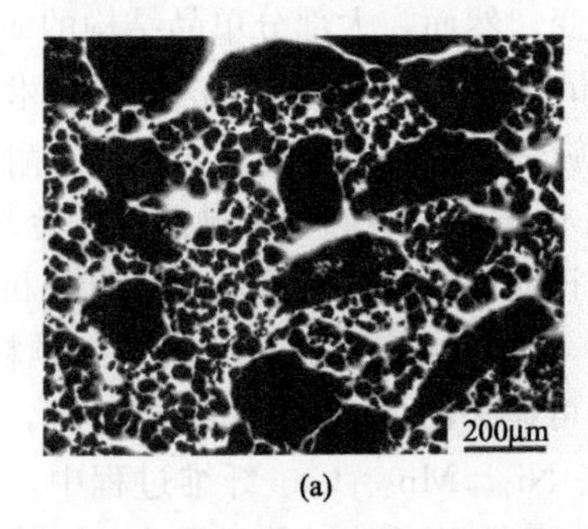

(a)

(b)

图 5.3 具有双孔的 Ni-Mn-Ga 泡沫的横截面。(a)Ni-Mn-Ga 合金的光学照片，黑色为合金，白色为孔；(b)孪晶的光学照片(色带由交叉极化制备)。[29]

MSM 除了可逆磁场诱导应变性能外，不含铁磁元素的 Heusler 合金还具有磁电(magnetoelectric，ME)和热电(thermoelectric，TE)效应[30]。ME 性能通常由压电层的 MSM 层状复合材料实现。在外加磁场作用下，MSM 合金产生应变，而该应变可在压电层上产生应力，然后该应力产生电场。如果对压电合金施加电场，该合金产生应变，这个应变在 MSM 合金上转化为应力。磁通量改变引起的应力可以诱导相的转化，从而实现逆向的磁电效应。例如，Chen 等[30]制备了形状记忆合金/压电材料复合的 $Ni_{43}Mn_{41}Co_5Sn_{11}/Pb(Zr, Ti)O_3$ 层状材料，该材料具有直接磁电和逆磁电效应，在 293 K 时最大直接磁电效应和逆磁电效应分别为 956mV/(cm · Oe)和 2.91G/V。经典的热电效应(TE)是一种物理现象，就是当材料的两端处在不同温度时，根据 Seeback 效应在高温端到低温端会产生电压。明尼苏达大学的 Srivastava 等[31]发现可通过加热多铁合金 $Ni_{45}Co_5Mn_{40}Sn_{10}$ 直接产生电能。该多铁合金具有较低磁滞，它由非磁性马氏体相向强铁磁性奥氏体相的可逆转化，并同时产生热。当将加热的合金放置于一个永久磁铁内时，通过相转化产生的热会引起磁矩的大幅度增加，这样其周围的线圈就会产生电流。

由于合金的低磁滞特性，因此可将环境中储存的热量直接转化为电能。此外，铁磁形状记忆合金-聚合物具有显著的能量吸收性能而被应用于阻尼研究。Feuchtwanger 等[32]将采用火花刻蚀制备的 Ni-Mn-Ga 颗粒定向分散于聚合物基质中，形成比例为 3∶1 的复合物。研究显示，该复合物能量损失率达到 63%～67%，而不填充聚合物的纯合金的能量损失率仅为 17%。

由于 Fe-Pd 基的 MSM 具有力-磁耦合性和生物相容性，作为不接触式磁力传感器被广泛应用于生物医药领域。但是，对于细胞和组织用致动器和应变传感器，具有足够黏附性是非常重要的。对哺乳动物细胞而言，精氨酸-甘氨酸-天冬氨酸(RGD)序列是最重要的基序，它们显示出具有黏附的特性，因此通过 RGD 涂层实现黏附是可能的。Zink 等[33]首次采用密度功函数大规模理论计算了 RGD 和 Fe-Pd 表面的键合的物理作用，证实了 O 和 N 原子与 Fe 的配位键，以及同时伴随的静电作用力。他们通过实验验证了预测的黏附性的理论，他们认为 Fe-Pd 表面的 RGD 是非常合适的菌株介体。细胞实验进一步证实了 Fe-Pd 上 RGD 涂层的黏附特性对细胞形态和传播行为的影响，研究表明，RGD 和 Fe-Pd 之间的黏附力超过了细胞产生的 RGD 涂层的黏附，该发现为组织工程和再生医学领域的细胞和组织致动器、传感器的应用铺平了道路。

此外，由于 SMA 的抗腐蚀性能，也可使该材料在水下发挥作用。最直接的应用是将 SMA 致动器用于产生波浪运动的仿生鱼。Sreekumar 等的综述介绍了 SMA 致动器用于智能机器人。文中指出 Shinjo 和 Swain[34]最早设计了 SMA 驱动的摆动推进系统，用于仿生鱼。他们将 SMA 线做成三角形结构固定，这样可得到加强的波浪运动，具体结构如图 5.4 所示。

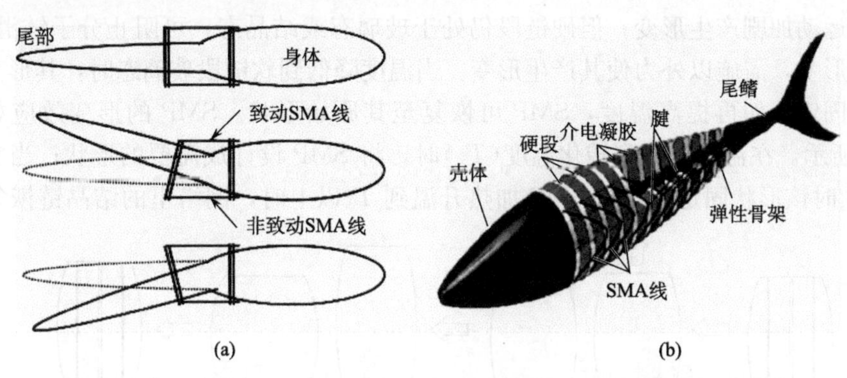

图 5.4　水下应用的 SMA 致动器。(a) 典型配置；(b) 鱼致动器原型[34]。

SMA 材料还具有机构简单、抗腐蚀性等特点，使其在机器人、医疗卫生、航空等领域得到应用，但是该材料的可恢复形变小于 8%、成本高、硬度大、不灵活的转变温度等不足之处，明显限制了其应用领域。因此，SMA 的这些不足激发起人们开发可替代的新材料的兴趣，特别是聚合物形状记忆材料。

5.2.2　形状记忆聚合物

形状记忆聚合物(shape memory polymers，SMP)是一类重要的智能高分子材料，它能在温度、光等物理刺激下，从临时形态恢复到原来形态。第一个关于聚合物的“形状记忆”效应的报道是1941年的Vernon的美国专利，他声称由甲基丙烯酸酯制备的牙科材料具有弹性记忆，当加热后能恢复它原来的形状。但是，这个发现并没有引起足够的重视。直到20世纪60年代报道了经辐射交联后的聚乙烯具有形状记忆效应，随后美国国家航空航天局(NASA)对不同型号的聚乙烯辐射交联后的形状记忆特性进行了研究，进一步证实了辐射交联聚乙烯的形状记忆性能。70年代末80年代初，美国Radiation Dynamics Inc. (RDI)公司进一步将交联聚烯烃类形状记忆聚合物商品化，目前已广泛应用于电线电缆、管道以及航空等领域[35, 36]。

通常，SMP具有对电、磁、电磁等外部刺激的响应性。但是，目前有关SPM的大部分的报道主要集中在温度响应性。温度响应SMP的主要构成是两相结构[36]：一是在形状记忆过程中保持固定形状的固定相(称为硬链段)；二是随温度变化，能可逆地固化和软化的可逆相(称为软链段)。通常，固定相包括物理交联结构或化学交联结构，在形状记忆过程中其聚集态结构保持不变，一般为玻璃态、结晶态或两者的混合体。而可逆相为物理交联结构，通常在形状记忆过程中表现为软链段的结晶态、玻璃态与熔化态的可逆转换；因此，该类聚合物的形状记忆机理可以解释为：当温度上升到软链段的熔点或高弹态时，软链段的微观布朗运动加剧产生形变；但硬链段仍处于玻璃态或结晶态，可阻止分子链滑移，抵抗形变，需施以外力使其产生形变。当温度降低到软链段玻璃态时，其形变被冻结固定。如再提高温度，SMP可恢复至其原始形状。SMP的形变效应如图5.5所示，在温度升高到转化温度(T_s)时，将SMP设计成需要的形状；当它低于T_s时该形状固定；再把SMP加热升温到T_s以上时，网络里的结晶链恢复到

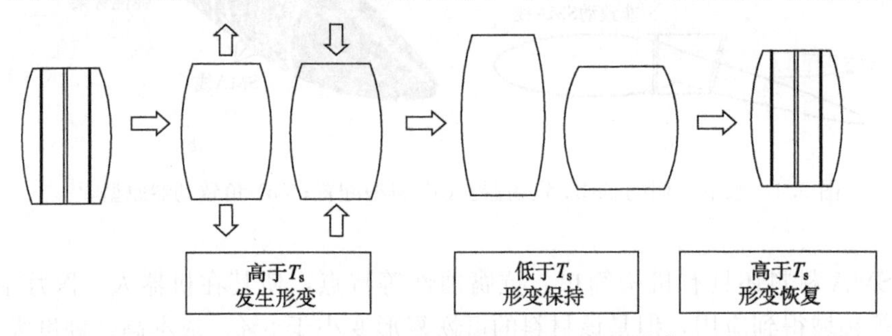

图5.5　SMP宏观形状记忆效应示意图[36]

无规卷曲状态，使其宏观恢复到它原来的形状。这里 T_s 可以是聚合物的玻璃化转化温度或它的熔点。

Ahir 等[37]制备了苯乙烯-异戊二烯-苯乙烯基的三嵌段热塑性聚合物，其中较大的中间嵌段是向列相，它由具有自发伸长特性的主链型向列聚合物构成。它具有较大的形状记忆效应，是由于它的各向异性的结构特点，它由主链折叠成发卡结构的向列相而形成。如图 5.6 所示，为三嵌段共聚物 4‴-[α-(4-{1-[4′-(正十一烷氧基)联苯-4-甲基]丙基}苯基)-ω-(正十一烷氧基)[聚氧十亚甲基-4，4′-联苯-(2-丁烯-1，4-苯基)二三联苯二羧酸二甲酯(MCDTE)的纤维光学照片，该纤维是直径约为 0.2mm 的圆形长纤维，其直径依赖于拉伸速度。这个具有取向结构的热塑性弹性体在 40℃和 50℃的杨氏模量分别为 10.7MPa 和 4.8MPa。它的致动应变幅度随温度的增加而显著增加，在玻璃化转化温度和向列相各向异性转变温度范围内，应变幅度可达到 500%。

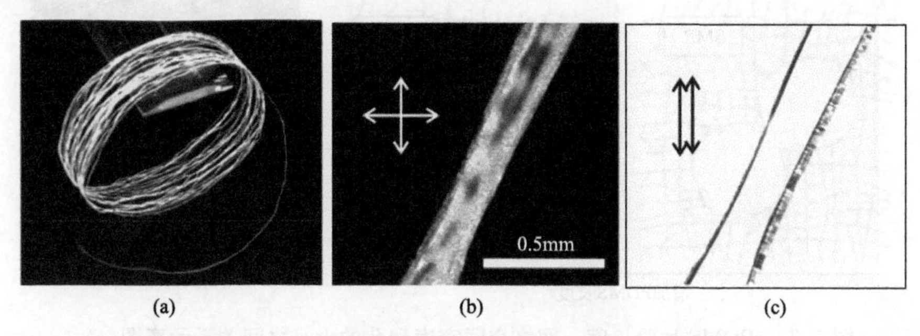

图 5.6 MCDTE 纤维卷的光学照片(a)和两个偏振光光学纤维图像(b)、(c)。(b)交叉偏光图像；(c)平行偏光图像。它的向列相整体是透明的[37]。

多孔的 SMP 泡沫与非孔结构的 SMP 相比具有非常独特的性质，具有广泛的应用前景，特别是在生物医学领域。Singhal 等[38, 39]制备了系列化学交联结构的低密度聚氨酯形状记忆泡沫，在低丁玻璃化转变温度和在一定湿度环境下时，它们可具有较大致动的能力。在 45～70℃的范围内，通过改变组分中单体的组成可以调节该聚氨酯泡沫的致动温度。尽管该材料具有非常低的密度，但是仍显示出高达 200～300 kPa 的储能模量，体积变化达到 70 倍，其初始循环具有 97%～98%的形状恢复能力。Zhang 等[40]制备了由无机的聚二甲基硅烷(PDMS)和有机的聚已内酯(PCL)构成的有机/无机复合物。其中，作为开关链段的 PCL 可诱导形状的改变，而作为软性链段 PDMS 的长度可进行调节。SMP 泡沫的制备采用改进的溶剂铸膜/颗粒滤除的方法，将丙烯酸基(AcO)大分子单体进行光化学固化而形成圆柱形。本研究中，丙烯酸大分子单体为 AcO-PCL_{40}-$PDMS_m$-PCL_{40}-OAc，其中 m 为 PDMS 软链长度，其取值分别为 0、20、37、66 和 130，相应地标记为 PSMP0、PSMP1、PSMP2、PSMP3、PSMP4。显然，m 取值显著影响 SMP 泡沫的化学和物理性质。当 m 增加时，PDMS 泡沫有较小幅度的收缩，但是 SPM 泡沫的孔密度和孔径增加，结果如图 5.7 所示。当一个循环完成后，所有泡沫的 R_r 值均大于 85%。当泡沫的形状固定率(R_f)为 100%时，其形状恢复率(R_r)随 PDMS 链长的增加而减小。正如预期的那样，由于 PDMS 有较低的玻璃化转变温度，因此压缩模量会随着 PDMS 链段长度的增加而减小，并伴随着 PCL 结晶区的含量减少，降低了交联密度，增加了孔径。一般该 PDMS-PCL 的泡沫的热转化温度约为 53℃，表现出优异的形状记忆性能。

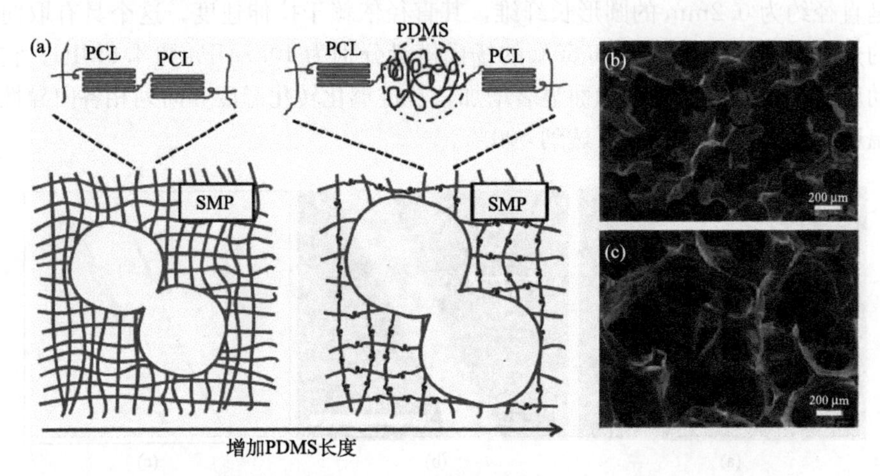

图 5.7 PDMS 片段长度、网络交联密度和孔的大小之间关系示意图(a)、PSMP0 的 SEM 图(b)和 PSMP4 的 SEM 图(c)[40]。

从生物相容性和可持续性出发，生物基的 SMP 是非常令人渴望的。Guo 等[41]通过发酵和抽提等技术，以 1，3-丙二醇、癸二酸(sebacic acid)、衣康酸(itaconic acid)为主要原料，制备了具有生物相容性的癸二酸聚丙烯酸酯，其中 1，3-丙二醇可裁剪聚酯主链的柔韧性。该聚酯具有优异的形状恢复性，其固定率达到 100%。在 12～54℃温度范围内可以实现形状的持续改变，而该温度范围内的形变非常适合用于生物医药领域。

Li 等[42]首次报道了具有多重记忆效应(SME)的聚合物。他们将线形聚乙二醇(PEG)与甲基丙烯酸甲酯(MMA)进行均聚和交联，得到了含有半互穿网络结构的聚甲基丙烯酸甲酯/聚乙二醇(PMMA/PGE)聚合物，它具有一重到五重的多重记忆效应。由于该聚合物的半互穿网络有较宽的玻璃化转变温度和结晶链段，这使它含有多重梯度的玻璃化转变温度和熔融温度，使其在一个形状记忆循环中表现出多重形状的固定和恢复功能。如图 5.8 所示为多重形状记忆转化机制，半互穿的PMMA网络和线性PEG是强制交错的，这使分子运动受到限制，从而导致聚合物分子的松弛相对滞后。半互穿网络的玻璃化转变温度(T_{trans})跨越非常宽的范围，从而产生了多重转化的玻璃化转变温度(如$T_{g,high}$和$T_{g,low}$)。同时，交联网络的存在有助于形成熔点为(T_m)的PEG相的聚集。在$T_{g,high}$时，半互穿网络中的所有聚合物链段都是柔软的；当从$T_{g,high}$冷却到$T_{g,low}$时，一旦冷却到足够固定形状的温度，在无定形的PMMA/PEG聚合物链段发生部分玻璃化，导致第一个暂时形状的形成。随后，继续从$T_{g,high}$冷却到T_m时，所有无定形的PMMA/PEG相全部变为完全的玻璃态，这导致第二个暂时形状的形成。在T_m时，在聚集的PEG相的链段依然还是柔软的，它可以向融合-结晶过渡。当进一步冷却到结晶温度(T_c)时，形成物理交联而固定到第三个暂时形状。一旦材料按分阶段方式又加热到$T_{g,high}$时，先前冷冻的能量被部分活化，这样可以驱使从三个步骤的形状恢复到它的永久形状。

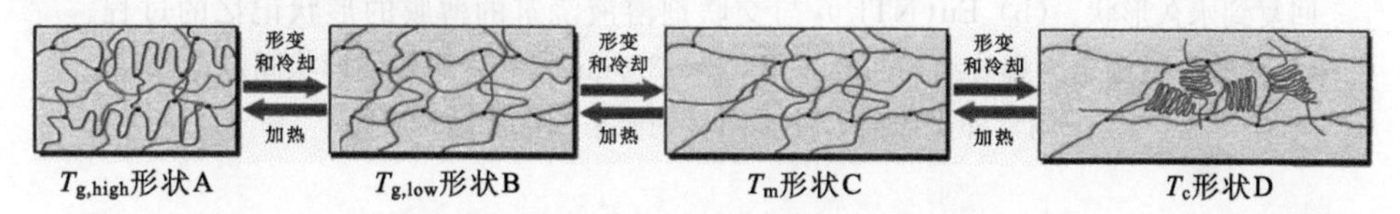

图5.8 PMMA/PEG多重形状记忆效应机制。形状A中弯曲的线为无定形PMMA/PEG的弹性聚合物链；略弯的线为聚集PEG的柔性聚合物链；形状B中的无定形PMMA/PEG聚合物链转化为部分玻璃态；形状C中无定形PMMA/PEG相的完全玻璃态聚合物链；形状D中PEG链成为结晶态。图中黑点为交联[42]。

此外，Kumpfer等[43]报道了热、光和化学多重响应的形状记忆功能的光交联金属-超分子聚合物。他们采用4-氧-2，6-二(*N*-甲基苯并咪唑基)吡啶(-OMebip)配体封端的低相对分子质量的聚丁二烯，然后加入过渡金属盐，可形成高相对分子质量的金属-超分子聚合物。如果在该聚合物中加入四巯基交联剂和光引发剂，通过溶液铸膜的方法可制备机械性能稳定的薄膜。薄膜主要由聚丁二烯软相和金属-配合物硬相构成，硬相作为可逆相用于固定暂时形状。通过热、光或电的刺激可导致硬相的软化和破络的增加或金属-配体的交换，以获得形状记忆性能。光引发形状记忆主要包括4个过程，其可能形状记忆机制如图5.9(a)所示。二(三氟甲基磺酰)亚胺铕($Eu(NTf_2)_3$)金属盐超分子聚合物和交联剂溶液浇注的薄膜的整个形变过程，如图5.9(b)所示，该薄膜先被固定为螺旋卷曲形状，并用紫外光照射使形状固定；再用紫外光照射，使其回复到原来的螺旋结构。此外，聚合物的低热导可使光具有选择性地保持暂时形状的局部形状记忆效应。研究发现，通过改变软相的交联密度，可以获得初始应变大于80%、应变恢复超过95%的形状记忆性能。同时通过不同的金属盐以调整硬相的性质，使这些材料具有可裁剪的固定形状。

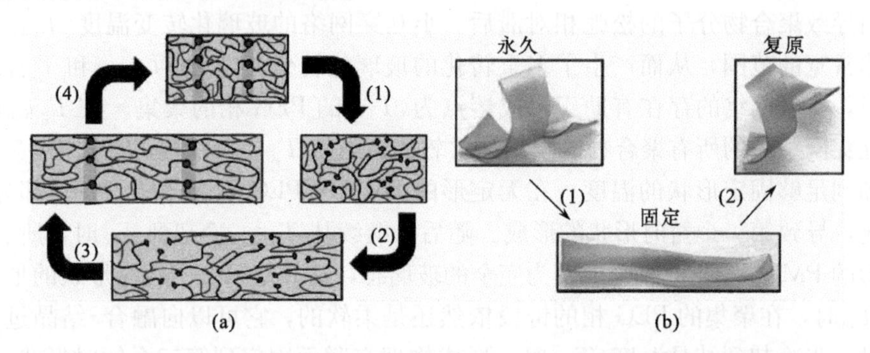

图 5.9 (a)用光引发形状记忆行为的可能机制。(1) 金属-配体复合物吸收紫外光，局部转化为热，热扰乱相分离；(2) 材料发生变形；(3) 材料变形时，移走紫外光使金属-配体复合物重组，并固定在临时形状；(4) 再用紫外光照射，移走后使它回复到永久形状。(b) $Eu(NTf_2)_3$ 与交联剂溶液浇筑的薄膜的形状记忆的过程。(1)薄膜先被固定为螺旋结构曲卷，用 320～390nm 紫外光照射使形状固定；(2)再用紫外光照射，使其回复到原来的螺旋结构[43]。

Iijima 等[44]设计了并合成了具有亲水和疏水链的阴离子表面活性剂，它有阴离子端基、疏水的有机链烷基和亲水的聚乙二醇基(PEG)。用该表面活性剂修饰TiO_2纳米颗粒，使其可以均匀地分散在各种有机溶剂、聚甲基丙烯酸酯(PMMA)和环氧树脂中。例如，当 18.4 %(质量分数)的表面改性的 TiO_2 纳米颗粒分散在环氧树脂中，观察不到纳米颗粒的聚集与析出。该复合材料在室温处于硬态，当温度升高到60℃时，复合物变得柔软，由于部分 PEG 基熔化，复合物可变成任意形状。当变形的复合物降低到室温后，PEG 链的固化，使其形状被固定。而此时，环氧树脂处在弯曲应力状态下，如果再次升温到 60℃时，由于 PEG 基的熔化和松弛，复合物的形状恢复到初始形状，具体形变过程如图 5.10 所示。

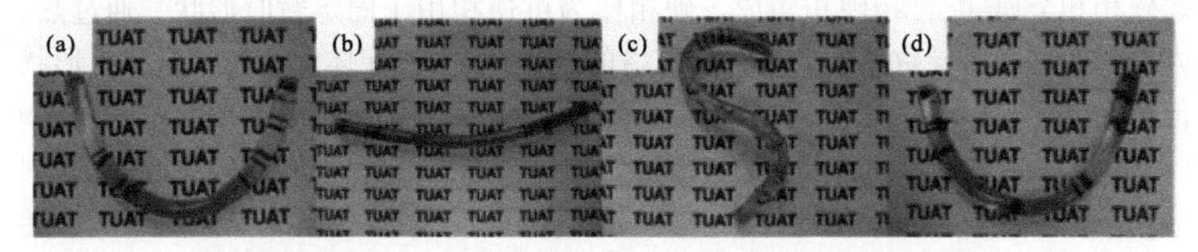

图 5.10 含 18.4%表面改性的 TiO_2/环氧树脂复合物的形状记忆性质。(a)初始结构；(b)、(c)变形状态的样品；(d) 第二个加热过程后的形状复原。复合物棒的直径和长度分别为 4.0mm 和 100mm[44]。

由于 SMP 不仅具有高分子材料的质轻、柔软、可机械加工和生物相容性好等优点，还具有形状记忆的特点，因此广泛应用于我们日常生活中，如自修复的车身、开关、传感器、厨房用具以及智能包装等[35, 36]。现在，越来越多的研究开始关注其在生物领域中的应用，如外科手术用降解缝线[45]、智能支架[46]、药物输运[47]、加热可收缩导管[48]等领域[49]。

内窥镜手术通常面临用打结器打结和缝合切口。其中，最困难的是控制缝合，在适当的压力下使创口挤压在一起进行缝合。如果采用较强的外力固定，会发生周围组织的坏死。如果用力太小，会产生疤痕组织，可能会导致氙气的形成。Langer[45]报道了一种可生物降解的热塑性弹性体基的 SMP，可用于智能缝合。其基本的作用机制是：在初始形变状态时打宽松的结，当温度升高到转变温度(T_{trans})时缝线形变收缩，而结受力被打紧。如图 5.11(a)所示，将热塑性形状记忆聚合物被拉伸 200%后打了一个很松的结，当温度升高到 40℃后(照片中从上到下)，该缝线的结自动系紧。随后，他们将热塑性 SMP 挤压成细丝，并用老鼠做模型进行测试，具体结果如图 5.11(b)所示。先在小鼠的腹部肌肉上切开一个切口，然后切口用该外科手术线很宽松地缝合；当温度增加到 41℃时，该缝线的形状记忆效应被触发，使切口闭合。重要的是，该形状记忆缝线可生物降解。因此，他们的研究为 SMP 在医学领域的应用开辟了新的篇章。SMP 也被用于生物医药设备是由于它具有微创手术和在体内恢复它预设的形状的能力。Shandas 等[46]设计了一种心血管扩张支架。他们将丙烯酸叔丁酯和(乙二醇)二甲基丙烯酸酯进行光聚合，得到热机械性响应可控的聚合物。他们利用支架的形状记忆功能，将该聚合物支架以最小入侵的方式植入，随后该聚合物支架在体温下可被激发膨胀，而不需要任何辅助设备。如图 5.11(c)所示为 20%交联的

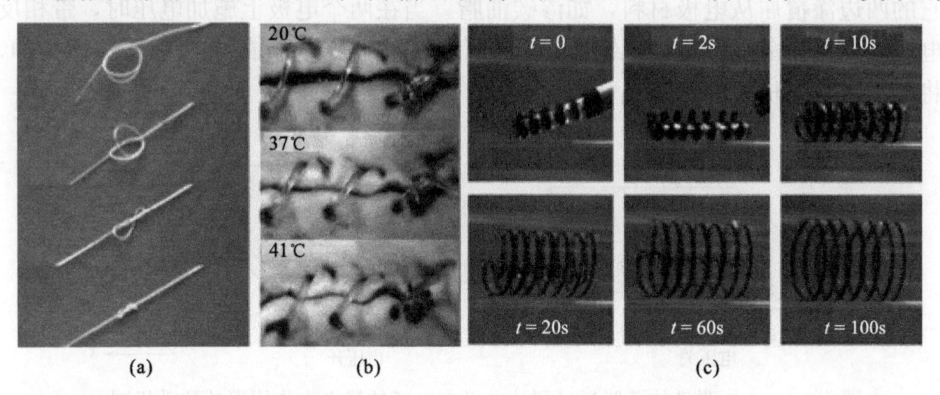

图 5.11　(a)拉伸 200%的缝线打一个松的结，结在 40℃时逐渐系紧；(b)可降解缝线在老鼠皮肤上的创口缝合随着温度升高，缝线收缩，伤口很好地缝合；(c)支架在体温(37℃)中扩张的过程[45, 46]。

SMP 支架，它的 T_g 为 52℃，将该支架放入装有 37℃水的内径为 22mm 的玻璃管中，可以逐渐观察到支架的扩张形变，并达到玻璃管直径，恢复到它初始的固定形状。利用 SMP 的形状记忆性能，非常方便地可将支架置于稍大的装置中。

虽然 SMP 有很大的应用前景，但它的实际应用仍然存在一定的局限性，如回复应力小、精确控制难、循环时间长、循环次数少[33]等缺点。尽管已有研究从设计高分子聚合物的角度出发，寻找其局限性的影响因素，但是真正解决这些问题尚需进一步的探索。

5.3 电活性聚合物

至 20 世纪 90 年代初期电活性聚合物(electroactive polymer，EAP)发现以来，由于这类材料能够在外加电场作用下，通过材料内部结构改变可以产生伸缩、弯曲、束紧或膨胀等各种类似于人工肌肉的力学响应，而称为人工肌肉，并广泛应用于仿生机器人、机器鱼、生物医学等领域[50-52]。一般根据电活性高聚物的致动机理[50, 52]，可以将其分为电子型 EAP(electronic EAP)和离子型 EAP(ionic EAP)两大类。电子型 EAP 主要包括介电弹性体、电致伸缩接枝弹性体、电-黏弹性弹性体、铁电聚合物等；离子型 EAP 主要包括碳纳米材料、导电聚合物、离子聚合物凝胶、离子聚合物金属复合物等[50]。

5.3.1 介电弹性体

介电弹性体(dielectric elastomers，DE)是具有高介电常数的弹性体材料，在外界电刺激下可改变面积和形状[53]。通常介电弹性体的薄膜厚度为 10～200μm，它的两边涂覆屈从电极材料，如渗碳油脂。当在两个电极上施加电压时，带相反电荷的电极使薄膜厚度被压缩而靠近，而同一电极上相同的电荷使薄膜被拉伸，将电能转化为机械能，实现驱动(图 5.12)。

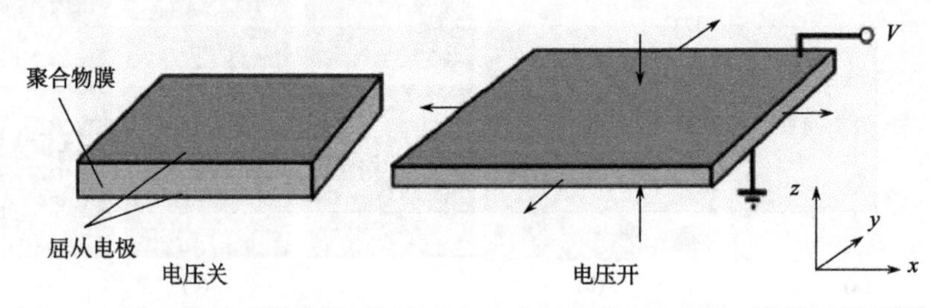

图 5.12　介电弹性体薄膜通过屈从电极在电场的静电力作用下的致动机制[53]

对于大多数弹性体而言，由于它们的体积基本是固定的，因此在应力范围内它们的致动压缩和伸长模量是耦合的。在厚度方向上，薄膜的有效压缩应力 p

可用静电模型表示：

$$p = \varepsilon_r \varepsilon_0 E^2 \tag{5.1}$$

式中，ε_r是相对介电常数；ε_0是真空介电常数；E 是电场，V/m。对于两个刚性的充电电容器板，由于弹性体的平面拉伸耦合于厚度压缩，薄膜的压缩和拉伸应力相当于同时施加在厚度方向上，严格地说是在厚度方向的压缩应力和平面方向的拉张应力共同作用的结果产生压缩应力，因此式(5.1)中的压缩应力(p)通常是计算应力的两倍。如果应变小于 20%，它的厚度应变可以用式(5.2)表示：

$$s_z = -p/Y = \varepsilon_r \varepsilon_0 E^2/Y \tag{5.2}$$

式中，Y 是弹性模量。如果应变大于 20%，式(5.2)是不适用的，这是因为这时 Y 值逐渐依赖于它的应变。如果是高的致动应变，需要修改其他传统致动器材料的本构关系，甚至要设定一个常数模量。

在致动器材料中的弹性应变能量密度 u_e，表示为 $u_e = 1/2 p s_z = 1/2\, Y {s_z}^2$，但是这个方程是在低应变下使用的。对于高应变的情况，当材料被压缩，超过压缩作用的平面面积会逐渐增加。对于高应变的非线性材料，如果压缩应力已知，那么更有价值的性能测量应该是电机械能量密度 e，它被定义为单位体积、每循环内电能转化为机械能的量。电机械能量密度被表示为

$$e = -p \ln(1 + s_z) \tag{5.3}$$

式中，p 是压缩应力，如果将 $p = Y s_z$ 代入式(5.3)的右边，展开 s_z 的对数，于是出现了 $1/2e = u_e$。因此，这可以为前面讨论的非线性高应变材料与常规应变材料(压电材料)的能量密度公式进行有效的比较[53]。

在 20 世纪 90 年代末和 21 世纪早期，大量的弹性体包括硅橡胶、聚氨酯、聚异戊二烯、含氟弹性体和聚丙烯酸树脂等被广泛研究。其中，被科学界最看好的是硅橡胶和丙烯酸树脂，它们的薄膜在面积上的应变都不超过 100%。Pelrine 等[53]制备了两面涂有屈从电极的弹性体树脂(Dow Corning 的 HS3 硅橡胶，NuSil 的 CF19-2186 和 3M 的 VHB4910 丙烯酸树脂)电致动器。当施加电压时，薄膜在静电力的作用下向厚度方向压缩、面积方向膨胀，产生应力达 30%～40%。他们研究发现，薄膜的预形变可极大地改善薄膜的性能，通过双轴向和非轴向的预形变，硅橡胶致动应变达到 117%，而丙烯酸弹性体可达到 215%。这些硅橡胶的应变、压力和响应时间超过天然肌肉，比能量密度大大超过其他电致动材料。如图 5.13 所示为环形硅橡胶和条形预拉伸的聚丙烯酸树脂薄膜，在没有施加和施加电场时，薄膜的形变。

通常，聚丙烯酸树脂薄膜(3M 公司的 VHB)是非常柔软的，杨氏模量约为 500 kPa。Ha 等[54]用 1，6-己二醇二丙酸酯作为聚合和交联的液体添加剂加入到双轴等预拉伸的 VHB 薄膜中，经过热化学固化，在预处理的 VHB 网络中形成

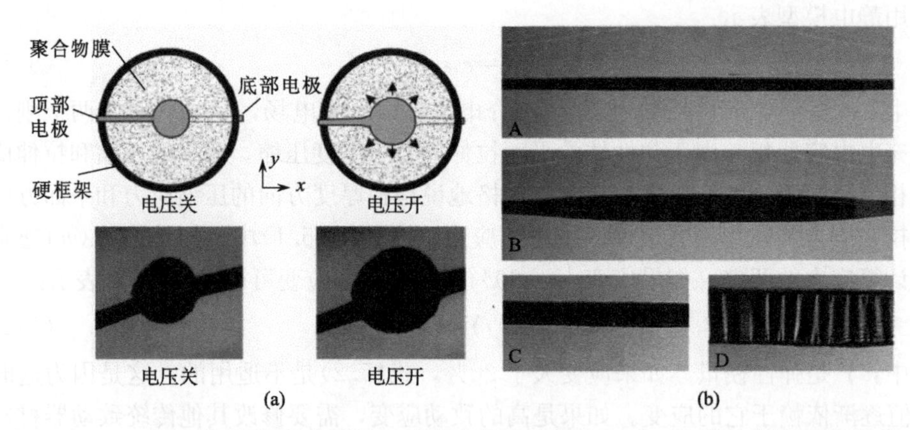

图 5.13　(a) 圆环的膨胀应变测量，硅橡胶薄膜施加电压时，达到 68%的面积膨胀；(b) (A、B) 128V/μm 的电场在关、开时，有高预拉伸的硅橡胶 HS3 的线性应变测试，中间区域可以观察到 117%的相对应变，(C、D) 在电场关、开时，聚丙烯酸弹性体的致动产生大约 160%的相对应变，C 中的黑色区域为活性区域[53]。

聚(1，6-己二醇二丙酸酯)的互穿网络。由于聚(1，6-己二醇二丙酸酯)网络的硬度远大于聚丙烯酸网络，因此在 VHB 中添加少于 20%的添加剂，就可以得到高预拉伸的聚丙烯酸树脂。当复合物膜含质量分数为 18.3%的添加剂时，在施加电场为 300 MV/m 时，薄膜的电诱导应变可高达 233%。如图 5.14 所示为自支撑薄膜 VHB4910 的双晶片致动器的膨胀过程，由于双晶片致动器中有空气压力，因此薄膜有些张力；当在薄膜上施加 300mV/m 电压时，薄膜像气球一样膨出。

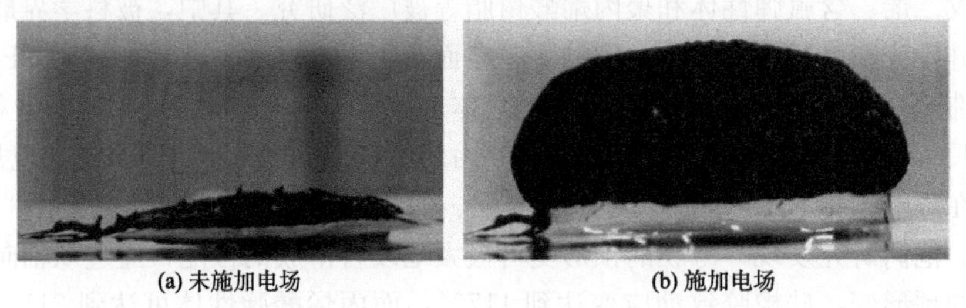

图 5.14　自支撑复合物 VHB4910 薄膜的双晶片致动器，内径为 19mm[54]

Opris 等[55]采用不同的交联剂和固化剂制备了系列羟基封端的功能化聚二甲基硅烷，并详细研究了这些硅橡胶的机械性能和电机械性能，且在性能最好的硅橡胶中加入用聚二乙基苯(PDVB)封装的聚苯胺(PANI)颗粒使其性能进一步得到改善。该合成复合物显示出优异的性能，如断裂应变增加、高介电常数、高击穿电场等。与介电弹性体致动器中常用的商业化的 3M 公司的 VHB 4905 相比，该合成的复合物形变滞后减小，致动电压更小。例如，在 4V/μm 的电场下，30%的预拉伸的新合成的复合物具有约为 12%的致动应变，而在同样电压下，被预拉伸 300%的 VHB 4905 薄膜的致动应力仅为其一半。并且，在 5Hz 和 3100V 电压(接近击穿电压)下，该合成复合物的致动性能在测试 100 000 个致动循环后没有观察到任何性能衰减。

通常，典型的介电弹性体的致动需要提供高的电场，还需要在电致动前进行预拉伸，以减小薄膜的厚度，这些缺点制约着介电弹性体的商业化前景[53, 55]。Vargantwar 等[56, 57]成功制备了具有优异电机械性能的系列丙烯酸类的热塑性弹性体凝胶(ATPEGs)。热塑性凝胶是含不同相对分子质量和组成的聚(甲基丙烯酸-丙烯酸正丁酯-甲基丙烯酸)三嵌段共聚物以及低挥发的溶剂，凝胶在富含溶剂的基体中形成球形或圆柱形的胶束。由于 ATPEGs 有较高的相对介电常数，因此它不需要进行预拉伸；与常规介电弹性体相比，只需较小的驱动电压。研究显示，圆柱形结构共聚物比球形结构的共聚物具有高的击穿电压，因此共聚物的结构直接影响其电致动性能。该三嵌段共聚物薄膜的最大的致动应变、能量密度和电机械耦合效应分别约为 100%、50kJ/m^3 和 80%，这相当于甚至有些超过了骨骼肌的电机械性能[57]。

Kussmaul 等[58]将聚二甲基硅氧烷(PDMS)在分子水平进行改性，获得了介电常数增大的硅橡胶基质。一步成膜过程中，他们将功能化的推挽偶极分子(*N*-烯丙基-*N*-甲基-对硝基苯胺)和 PDMS 同时与交联剂接枝，得到偶极子接枝的硅橡胶，具体过程如图 5.15 所示。研究表明，当偶极分子的含量从 0 增加到 13.4%时，相对介电常数从 3.3 增加到 5.9，弹性模量从 1900 kPa 减小到 550 kPa。将该网络弹性体与两个屈从电极构成三明治结构的致动器，在施加电压时，其致动形变性比常规硅橡胶高 6 倍以上。

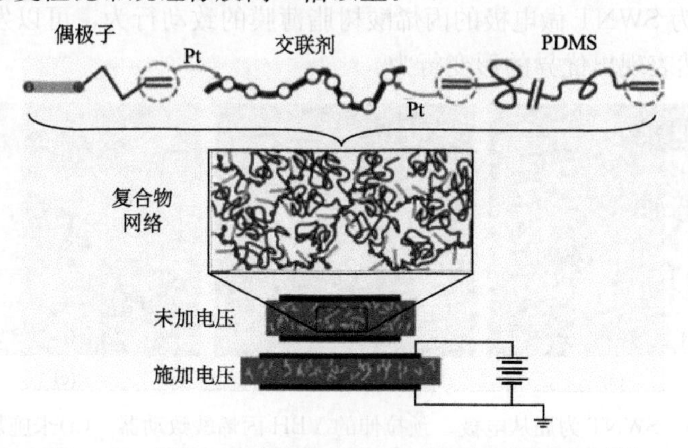

图 5.15　偶极子功能化的 PDMS 弹性体网络的制备[58]

Kim 等[59]将介电失配的纳米畴引入介电弹性体，获得了意想不到的超大电致伸缩效应，在低电场作用下可实现大的电机械形变。他们主要采用三嵌段共聚物、聚(苯乙烯-乙基丁烯-苯乙烯)接枝顺丁烯二酐(MA)或者聚(苯乙烯-乙基丁烯-苯乙烯)(SEBS)凝胶，并用矿物油增塑后作为热塑性弹性体凝胶。这些较小相对分子质量分布的共聚物具有明确的胶束网络和体心立方纳米结构。该纳米结构凝胶具有超大电致伸缩系数，且凝胶越软，电致伸缩系数越大。这些独特的性质源自于介电错配界面的高位错密度，它在凝胶中可以构建不均匀电场。

另外，弹性介电体性能的实现，屈从电极是关键因素之一。常见的屈从电极主要是含碳油脂、石墨和碳粉材料。碳屈从电极的介电弹性体致动器的介电失效是其早期失效的重要因素。碳纳米管、导电聚苯胺纳米纤维被认为是具有自修复的电极材料用于介电弹性体致动器研究[60]。Pei 等[61]使用超长的单臂碳纳米管(SWNT)作为屈从电极，得到了具有自修复能力的介电弹性体致动器。以SWNT 为屈从电极，当施加 5kV 的电压后，双轴向预拉伸 300%的 VHB4910 丙烯酸树脂(拉伸后厚度大约 62μm)薄膜的形变可达到 200%。相同条件下，如果用含碳油脂做屈从电极，在 3.5 kV 时双轴预拉伸 300%的 VHB4910 的应变为190%。在薄膜没有裂纹前，在 3 kV 时含碳油脂电极的薄膜的应变为 125%；而在相同电压下，碳纳米管电极的薄膜的应变为 100%。但是，如果用针刺穿该薄膜，碳油脂做屈从电极的薄膜，在施加高电压后观察不到薄膜有任何变化；而用碳纳米管做屈从电极的薄膜，在施加电压后薄膜具有容错能力，可观察到 80%的形变，并表现出充放电行为。如果扣除没有活性的区域，该碳纳米管屈从电极薄膜的应变达到 100%。这种碳纳米管的容错性，主要是由于在薄膜的刺穿区域，电击穿导致碳纳米管局部燃烧而在击破点失去导电性，这将破损区域从致动器上自动去除。这种自修复的容错能力，可以消除高压致动器的安全问题。如图 5.16所示为 SWNT 做电极的丙烯酸树脂薄膜的致动行为，可以发现，用针刺穿的薄膜依然表现出优异的形变行为。

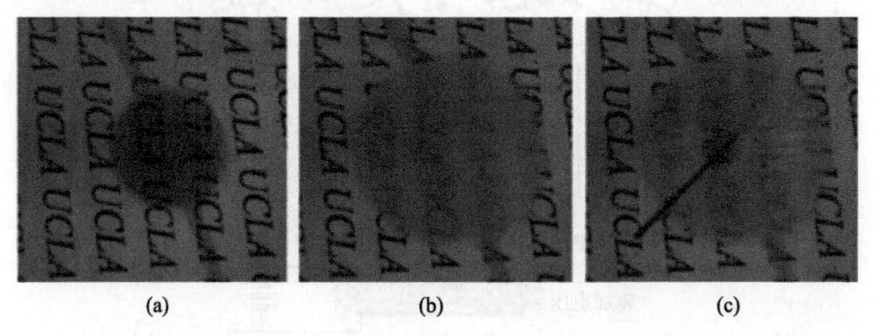

图 5.16　SWNT 为屈从电极、预拉伸的 VBH 丙烯酸致动器。(a)未施加电压；(b) 施加电压；(c) 用仙人掌刺刺穿薄膜后，施加电压[61]。

双稳定电活性聚合物是一类新型的智能材料，它结合了形状记忆聚合物和介电弹性体的双重功能。双稳定电活性聚合物需要有屈从电极，它可获得超过100%的应变。此外，也需要焦耳热电极，它也可以维持高应变。最理想的状况是，一个屈从电极可以同时提供高致动应变和焦耳热。Yun 等[62]合成了一个基于银纳米线-聚合物的复合屈从电极，这个电极是将形成网络的银纳米线包埋在聚丙烯酸叔丁酯-丙烯酸酯(poly(TBA-co-AA))层表面，该复合物属于双稳定电活性聚合物。该银纳米线复合物具有高的电传导(表面电阻小于10Ω/sq)，并在高达140%的应变时依然表现出高电导(表面电阻为10^2～10^3Ω/sq)。在重复高达90%的应变操作后，该复合物的电阻的增加也非常小；在30%～90%的应变范围内重复5000次后，复合物依然保持很高的电导。如图5.17(a)和(b)所示，Ag纳米线复合电极具有良好的焦耳热效应。当施加一定功率的电量，Ag复合电极的温度迅速增加，并随时间的增加达到稳定状态。当施加416 W 的电量时，电极在5s内温度可以升高到85℃，并在10s后稳定在95℃。而且，当施加电压时，Ag复合电极的温度升高，尽管软化的聚合物形变增加，但是电流没有明显的衰减，如图5.17(b)所示。当该Ag复合物被用于屈从电极时，在焦耳热驱动下，双稳定电活性聚合物致动器可以重复进行平面外致动。在施加不同强度的电场时，可以观察到不同程度的面积应变，产生的最大面积应变达到68%，结果

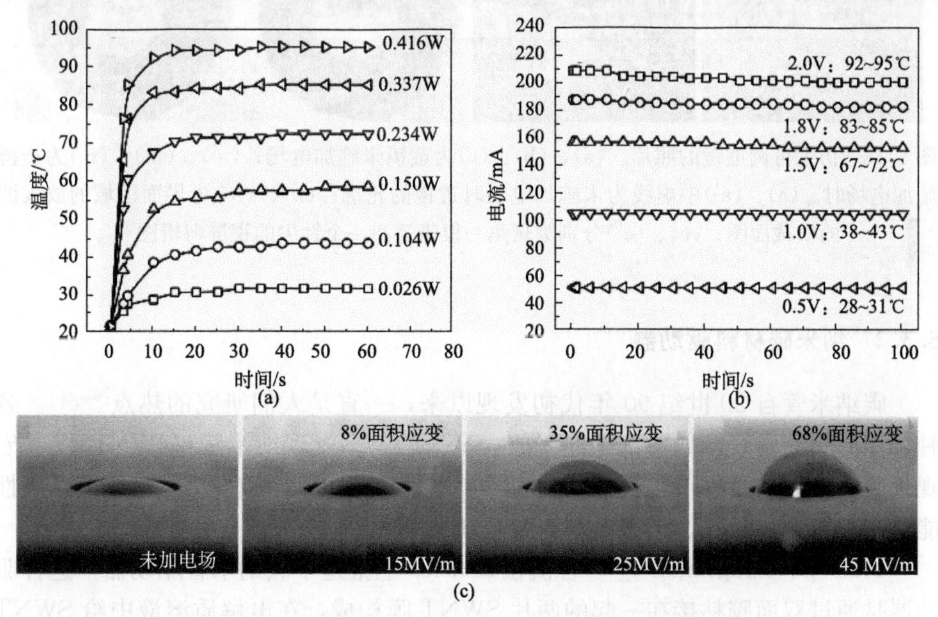

图5.17　(a) Ag纳米线复合电极的焦耳热性能，反映了电压、温度和时间的依赖关系；(b)Ag纳米线复合电极的焦耳热性能，反映了电流、电压和时间的依赖关系；(c)不同幅度的双稳态活性聚合物致动器在施加不同电位时表现出不同程度的形变特性[62]。

如图 5.17(c)所示。

目前，介电弹性体被广泛用于仿生机器人研究，从简单的跳跃机器人、尺蠖机器人到更复杂的行走机器人、扑翼机器人等[63-68]。而且，它还可以应用到其他的类人设备上。Carpi 等[69]制备了在电场下可螺旋形收缩的介电弹性体致动器，并制备了可电场调控的仿生透镜。受人眼睫状肌的启示，他们将一个充满液体的弹性体透镜与充当人工肌肉的环形弹性体致动器相结合。通过电场活化，环形人工肌肉使弹性体透镜发生形变，使该仿生透镜和人类的晶状体一样具有可调的焦距。如图 5.18 所示，电压诱导致动的人工肌肉透镜，它可以分别聚焦离透镜约为 10cm 和 3cm 处的一根铅笔和一个针尖。Liu 等[70]利用可膨胀致动器也设计了一个眼球致动器，它们可以像眼球一样产生从−50°到 50°的旋转。另外，介电弹性体致动器还可用于扬声器、可调衍射光栅和透射光栅等[71-74]。除了介电弹性体致动器如上述的仿生应用外，还有许多应用领域，如手康复用夹板[75]、可更新的盲文显示器[76]、可穿戴式触觉显示器[77, 78]、微流体设备[79, 80]、轻型汽车[81]、仿生推进系统[82]、可调光子晶体[83, 84]等应用。

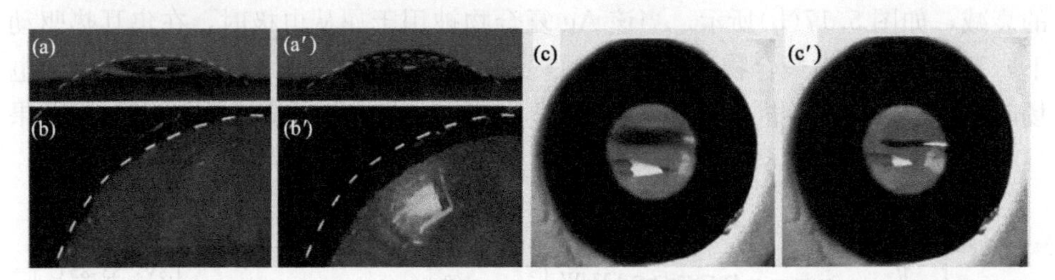

图 5.18　仿生可调透镜的照片。(a)、(b)、(c)为透镜未施加电场；(a′)、(b′)、(c′)为透镜施加电场时。(a)、(a′)中虚线为未施加电场时透镜的轮廓；(b)、(b′)为界面区域的放大图的横截面图；(c)、(c′)分别为聚焦一根铅笔和一个针尖的视屏剪辑图[69]。

5.3.2　纳米碳材料驱动器

碳纳米管自 20 世纪 90 年代初发现以来，一直是人们研究的热点[85, 86]。各种类型的碳纳米管，如单壁碳纳米管(SWNT)、多壁碳纳米管(MWNT)及其宏观聚集体等被陆续报道，其优异的力学、电学性能也不断被挖掘，用以制备高性能的多功能纳米材料、超级电容器及致动器等[86-93]。

1999 年，Baughman 等[92]首次在 *Science* 上报道了碳纳米管驱动器，这种驱动器是通过双面胶粘接在一起的两片 SWNT 膜构成，在电解质溶液中给 SWNT 膜施加电场，该 SWNT 薄膜具有形变为 0.2%的致动行程，可产生大于天然肌肉 100 倍的应力。它的致动如图 5.19(a)所示，在液体或固体电解质中，当对碳纳米管施加电场时，大量电荷注入纳米管电极，电解液中的离子因补偿电极上注入的电荷，在纳米管和电解液界面形成双电层。并且，在电荷注入过程由于库仑排斥作用引起的 C—C 键长的变化，使碳纳米管上的化学键结构发生改变。事实上，致动器在共价键上发生的变化主要是由于量子化学效应和双电层的静电效应作用的结果。图 5.19(b)所示为碳纳米管致动器，它由两个碳纳米管电极和中间层的双面胶带构成。在电解质中，施加电压，引起致动器向右或向左的位移。

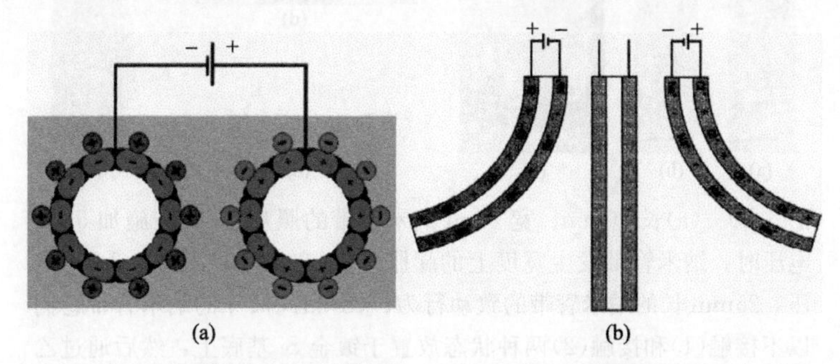

图 5.19　(a)在液体或固体电解质中，施加电场，在两个碳纳米管电极上注入相反电荷。在每个电极中的电荷完全被电解质中的离子平衡(电荷小球表示离子)。单个纳米管电极表示电极上任意数量的纳米管，每个纳米管具有平行的机械和电学性能；(b)在 NaCl 电解质中悬臂致动器的致动边示意图。当施加电压时，致动器向左或向右位移。其中两片 SWNT 电极(阴影部)、双面胶带(白色)压层在一起，纳米管片中 Na^+ 和 Cl^- 代表在纳米管束中双电层中的离子，它们注入纳米管束补偿电荷[92]。

Jiyoung 等[94]从碳纳米阵列拉出了碳纳米管气凝胶片，该碳纳米管气凝胶片的密度为 1.5mg/cm^3、面密度为 1～3μg/cm^2，厚度为 20μm，该碳纳米管片可构成致动器。当操作温度从 80K 变化到 1900K 时，碳纳米管致动器具有优异的伸长率和拉伸速率，它们分别为 220 和 3.7×10^4%/s。这个固态法制备的碳纳米管片是焙橡胶，它比空气轻，在一维方向具有比钢片高的强度，并具有比橡胶高的泊松比。由于高的泊松比使它们在宽度和长度的致动方向上产生相反的信号，使它们表现出独特的负线性压缩和拉伸性能。如图 5.20(a)～(c)所示，为温度从室温变化到 1500K 时，该致动器在宽度方向产生大约 220%的形变。图 5.20(d)为将该致动膨胀带放置于基底上，利用纳米管和基底之间的范德华作用力将电诱导膨胀了三倍的致动带进行固定，以防止它回到原来的非膨胀态。如图 5.20(e)和(f)所示，在纳米管带循环致动过程中，纳米管带的中心位置有宽度从 0%到 220%的膨胀，并在宽度方向产生周期性波纹。

大部分报道的碳纳米管人工肌肉都是提供收缩和弯曲致动，还未见有旋转致动的报道。Foroughi 等[95]制备了比头发丝还细的充满电解质的捻纺碳纳米管纱

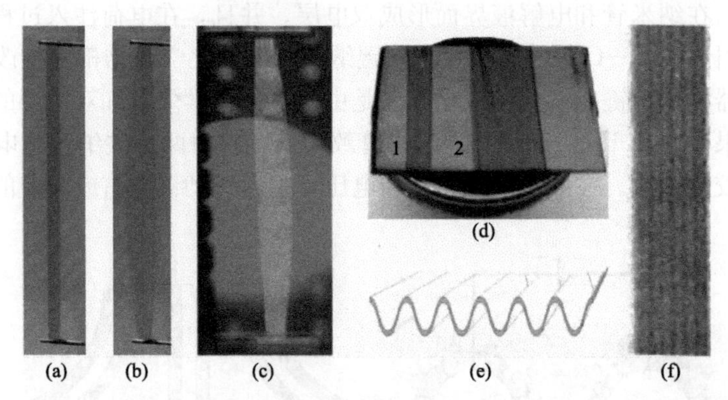

图 5.20 (a)长 50mm、宽 2mm 纳米管带的照片；(b)在施加 5 kV 电压时，纳米管带发生宽度上的膨胀；(c)在 1500K，施加 3 kV 电压，25mm 长的纳米管带的致动行为；(d)相同尺寸的纳米管带它们以不接触(1)和接触(2)两种状态放置于镀金 Si 基底上，然后通过乙醇的吸收和蒸发以致密化。(e)、(f)为便于观察，取宽度方向～45°角带的示意图(e)和光学照片(f)，在宽度方向上的周期性波纹是由纳米管带的膨胀引起的不均匀性应变产生的[94]。

线，当这种捻纺碳纳米管纱线浸于电解质中时，对其施加一个电压，该纳米管纱线会发生旋转。如果将电压反转，捻纺碳纳米管纱线的旋转方向也会跟着反转。为研究其致动性能，他们分别设计了三种电化学装置，以测量其旋转致动性能，如图 5.21(a)～(c)所示。装置(a)是将纳米管纱线底端用桨固定，并可在电解液中旋转。装置(b)是一个两端被固定的装置，可以同时测量纱线扭转和拉伸，顶部是一个力/距离传感器，它保持纱线恒定的拉伸力；它的底端被固定以防止底端旋转，桨被放置在纱线中间，当桨在空气中旋转时，测量纱线在轴线上的长度变化。装置(c)是一个底端固定的装置，桨在空气中旋转。研究显示，在三电极电化学体系中，将扭曲的碳纳米管纱线和对电极置于电解液中，在电极之间施加电压，该碳纳米管纱线的转速为 590 转速/分钟，可产生 15 000°可逆旋转，该材料平均每厘米的旋转性能要比其他材料高出 1000 倍，与商用的电动马达大小一样。其致动机制可以解释如下：当施加电场时，电化学双层电荷的注入引起纱线的体积变化，导致其在纵向收缩，而产生扭转旋转。

Yun 等[96]采用水辅助的化学气相沉积制备了高达 4mm、面积为 $1mm^2$ 的取向多壁碳纳米管(MWNT)塔。在 2mol/L NaCl 电解质溶液中，施加 2V 和 10Hz 频率的方波电压时，该碳纳米管塔产生 0.15%的应变。其致动机制也主要是电荷注入产生的双电层电容，而其高电容特性可以使纳米管中 C—C 键有效膨胀。该高度取向的长纳米管具有单向应变能力，因此它可以获得比片状缠绕的纳米管

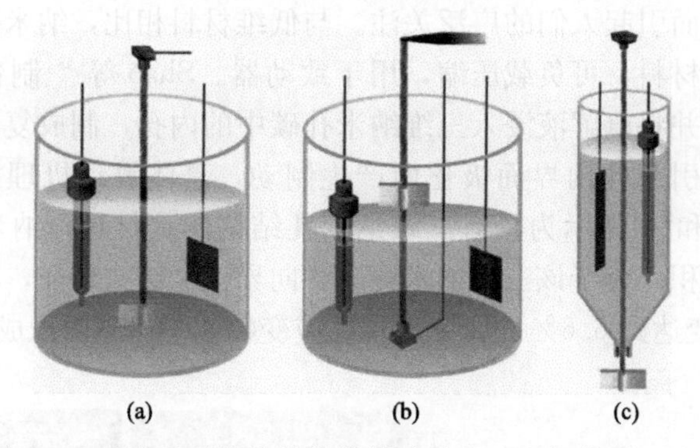

图 5.21　研究碳纳米管纱线旋转致动的三电极体系，从左向右分别为 Ag/Ag^+ 参比电极、致动的碳纳米管纱线电极、Pt 对电极，电解液为 0.2mol/L 的 $TBA \cdot PF_6$ 丙烯腈溶液，施加 5V(vs. Ag/Ag^+)脉冲电压[95]。

致动器更高的致动效率。Mukai 等[97]成功制备了可在空气中操作、低电压下快速应变的碳纳米管电机械致动器。首先将超长 SWNT 分散在二甲基甲酰胺和离子液体 1-乙基-3-甲基咪唑(三氟甲基磺酰基)亚胺(EMITFSI)中，超声分散得到凝胶。然后，将该凝胶用二甲基乙酰胺稀释后浇注在聚四氟乙烯的模具中，减压干燥后得到碳纳米管薄膜。用该碳纳米管薄膜做屈从电极、聚偏氟乙烯(PVDF)与 EMITFSI 混合物做中间隔膜，制备成双晶压片结构的致动器，结构如图 5.22(a)所示。当在该双晶片致动器上施加方波电压时，该致动器具有在 1s 内表现出快速弯曲的行为。从图中可以看出，当施加＋3V 电压时，致动器向阴极方向弯曲；而施加－3V 电压时，致动器向相反方向发生弯曲致动。

三维纳米网络孔结构的碳基材料，具有机械强度高、质轻、成本低以及高表

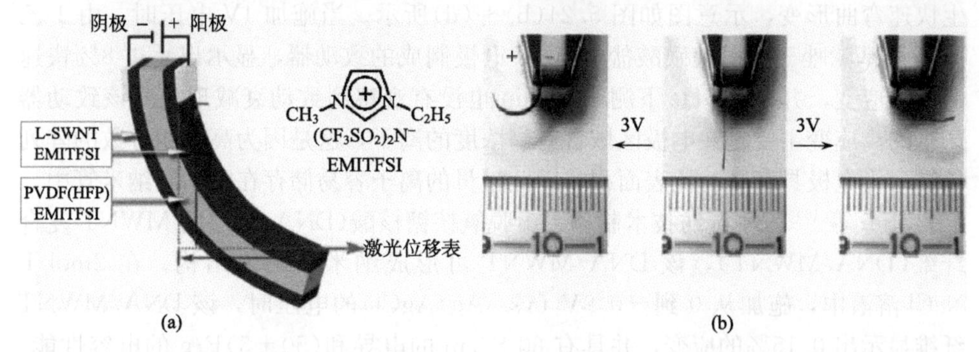

图 5.22　致动器带的双晶片结构示意图(a)(它由 SWNT 与 EMITFSI 膜做屈从电极，PVDF 与 EMITFSI 做中间隔膜)以及致动器在未施加(中间)和施加±3V(左/右)电压时的致动器的致动弯曲照片(b)[97]。

面积的特性，从而引起人们的广泛关注。与低维材料相比，纳米孔碳基材料可制成微米级的块体材料，可负载压缩，用于致动器。Shao 等[98]制备了具有纳米孔结构的碳材料，并将电解液浸入三维纳米孔碳中的内孔，制成复合制动器。当施加电场偏压时，引起孔内界面极化而产生制动，具体致动机理如图 5.23(a)所示。图 5.23(b)和(c)所示为具有三维纳米孔结构的碳材料，纳米孔的存在极大地改善了比表面积。由于该三维纳米孔碳各向异性的结构特征，其线性应变达到 2.2%、体积应变达到 6.6%。研究发现，应变幅度与比表面积成正比。

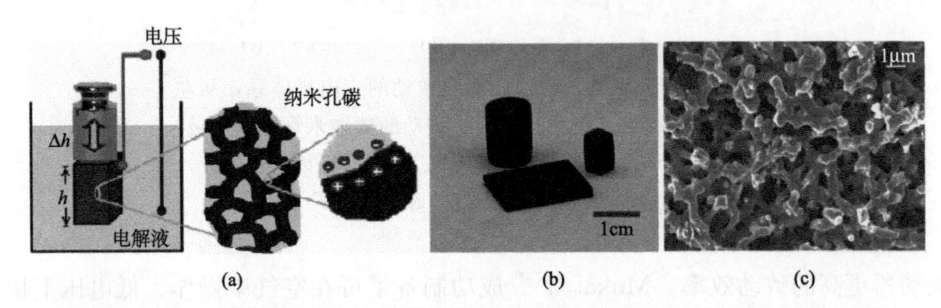

图 5.23 纳米孔碳-电解液复合材料致动器的工作机理示意图(a)、纳米孔碳材料的光学照片(b)和三维网络结构的 SEM 图(c)[98]。

Liu 等[99]将高体积分数的阵列碳纳米管(AV-CNT)与离子聚合物制成网络复合物(CNC)电极，然后将离子聚合物全氟磺酸(Nafion)膜为中间黏附层，它是物理和电绝缘层，制备了具有三层结构的离子电活性聚合物致动器，结构示意图如图 5.24(a)所示。在电解液中，施加电场时，该致动器中易移动的阳离子在 CNC 阴极上聚集，在阳极上消耗，造成两个区域有相反的体积变化，而导致弯曲制动。CNC 电极中高度取向的碳纳米管之间是离子传输的途径，从而使致动器产生快速弯曲形变，示意图如图 5.24(b)～(d)所示。当施加 4V 电压时，由 1-乙基-3-甲基咪唑三氟甲烷磺酸盐的 CNC 电极制成的致动器，显示出超过 8%快速的制动应变，并在 0.5Hz 下测试 10min 也没有观察到致动衰减现象。该致动器产生的高应变主要是在电极区域含有高浓度的离子，这是因为高体积分数的阵列碳纳米管电极具有高的比表面积，因此过量的离子容易储存在阵列碳纳米管中。

Shin 等[100]采用湿纺技术制备了由脱氧核糖核酸(DNA)涂层的 MWNT 复合纤维(DNA/MWNT)，该 DNA/MWNT 可形成纳米线网络结构。在 2mol/L NaCl 溶液中，施加从 0 到－0.9V (vs. Ag/AgCl)的电压时，该 DNA/MWNT 纤维显示出 0.15%的应变，并具有 60 S/cm 的电导和(50±5)F/g 的电容性能。此外，Chen 等[101]以生物相容性的化合物构成了复合离子致动器，他们将壳聚糖(CS)包覆的 MWNCT(CS/MWNCT)作为超分子导电结构制备的电化学微电极，该微电极与壳聚糖支持的电解质紧密接触，具体制备过程如图 5.25 所示。由于

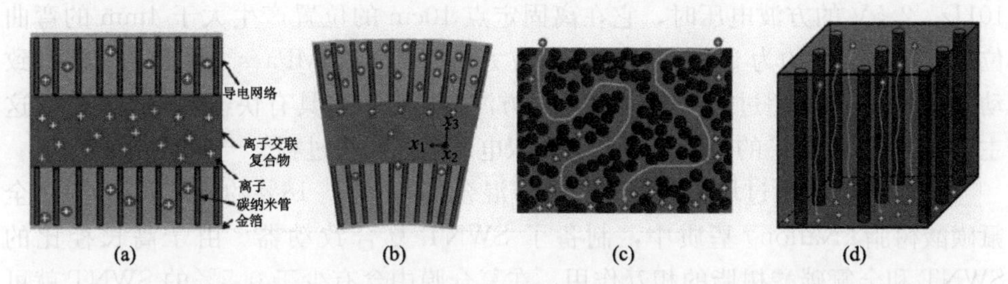

图 5.24 (a)CNC/离子聚合物/CNC三层压片制动器示意图；(b)施加电压时，过量的阳离子迁移向阴极，引起体积膨胀；(c)在电极的纳米颗粒/Nafion中离子是弯曲传输途径；(d)在电极的VA-CNT/Nafion中离子是直接传输途径。黑点：导电颗粒[99]。

离子液体1-乙基-3-甲基咪唑四氟硼酸盐($BMIBF_4$)与壳聚糖和碳纳米管之间具有良好的相容性，使离子在阴极和阳极之间产生有效的传输，使其在低电压下具有弯曲致动性能。在CS/MWNCT电极上施加电场，正、负离子将分别注入两个电极，其中负离子BF_4^-迁移向阳极，正离子BMI^+为平衡电荷迁移向阴极。由于空间效应，富含大离子BMI^-的电极比含小离子的电极有较大的膨胀，从引起复合膜向阳极方向弯曲。两个含有80%MWNCT的电极与电解质层构成的双晶片复合致动器的快速致动位移。研究表明，在厚度为170μm时，在离固定端15mm的致动器施加方波电压，用激光定位系统记录的位移约有200nm。

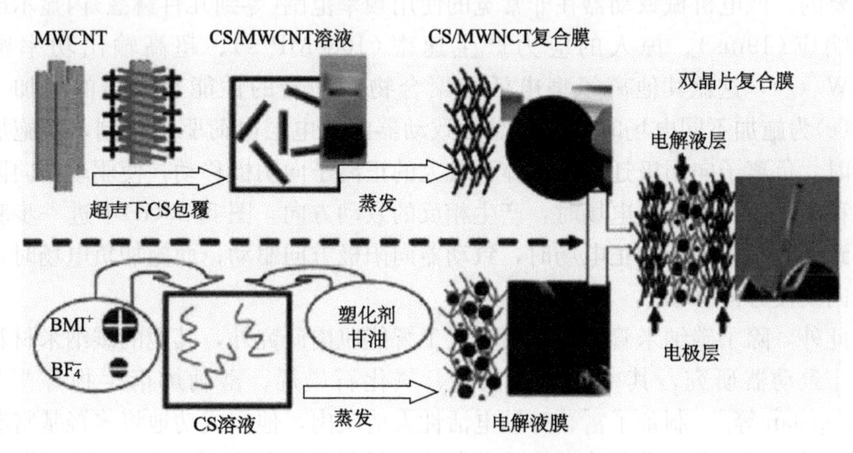

图 5.25 复合致动器的制备过程图[101]

Mukai等[102]不使用聚合物支持，制备了以微米级超长单壁碳纳米管(SG-SWNT)自支撑膜为电极的致动器，该致动器具有高频电场下快速致动的性能。由于SG-SWNT的超长尺寸增加了碳纳米管的缠绕，有利于制备自支撑碳电极。制备SG-SWNT致动器的长和宽分别为15mm和1mm，当给该制动器施加

10Hz、2.5V 的方波电压时，它在离固定点 10cm 的位置产生大于 4mm 的弯曲位移、每秒应变约为 2.28%、相应的应力速度为 3.26MPa/s。该 SG-SWNT 致动器在施加高频(超过 100Hz)的 2V 的方波电压下，也具有快速响应的特性，这主要归因于 SWNT 的氧化还原反应和双电层电荷两个过程。

Landi 等[103]通过均化和高剪切机械混合将 0.1%～18%的 SWNT 分散在全氟磺酸树脂(Nafion)基质中，制备了 SWNT 复合致动器。由于高长径比的 SWNT 和全氟碳酸树脂的相互作用，在复合膜中含有少于 0.5%的 SWNT 就可观察到致动现象的产生。将两电极压片悬臂致动器置于 LiCl 电解液中，施加电压后其尖端变形量达到 4.5mm。Hu 等[104]通过简单的溶液混合和铸膜方法，制备了高质量分数的 SWNT-壳聚糖复合薄膜。在空气中，通过较低的电压刺激，该复合膜展示出可控的电机械制动行为。有趣的是，它的位移输出在频率和波形方面完全与施加的电压相符。Takeuchi 等[105]使用铸膜方法制备了含胶状的室温离子液体的 SWNT 的巴基凝胶电极，然后将两个巴基电极和离子液体凝胶层制备成三明治结构的致动器。在各种频率的正弦电压下，该致动器具有频率依赖的弯曲致动现象。Li 等[106]报道了 SWNT 基的双晶片电机械致动器，它的构成是 SWNT 为双电极层、含离子液体的壳聚糖电解质为中间层，结构如图 5.26(a)和(b)所示。SEM 图显示中间电介质层与电极层之间具有好的黏附性，这主要是由于 SWNT 的多孔结构和各组分间有好的相容性，这对电机械致动器的性能是非常重要的。该电机械致动器在非常宽的使用频率范围(零到几百赫兹)内显示出超快的响应(19ms)、惊人的应力产生速率(1080MP/s)、超高输出功率密度(244W/kg)，这比其他离子型电活性聚合物致动器的性能有成倍的增加。图 5.26(c)为施加不同电场时，该双晶片致动器的双电层电荷驱动机制，当施加正电场时，负离子向阳极迁移，而体积较大的正离子向阴极移动，使驱动器向阳极方向移动；而施加相反电场时，产生相反的致动方向。图 5.26(d)中进一步验证了其致动机制，当施加正电场时，致动器向阳极方向驱动；而施加负电场时，致动器向阴极方向移动。

此外，除了碳纳米管用于电活性人工智能肌肉研究外，其他的碳纳米材料也被用于致动器研究，其中包括石墨烯、氧化石墨烯、富勒烯衍生物等[107-113]。Rajagopalan 等[107]制备了富勒醇基电活性人造肌肉，他们成功地将多羟基富勒烯(PHF)纳米颗粒均匀分散在具有生物相容性的磺化的聚醚酰亚胺(SPEI)基质中，通过溶剂重铸方法制备了离子网络复合物薄膜。与纯的 SPEI 膜相比，这个 PHF-SPEI 复合物膜具有更高的水吸收和质子导电性，并显示比纯 SPEI 膜致动器高三倍的移动范围和高两倍的阻滞力。

石墨烯是二维结构的碳纳米材料，具有独特的高比表面积、高机械强度、良好的导电性等，使其成为电机械致动器的理想的材料。Xie 等[108]开发了不对称

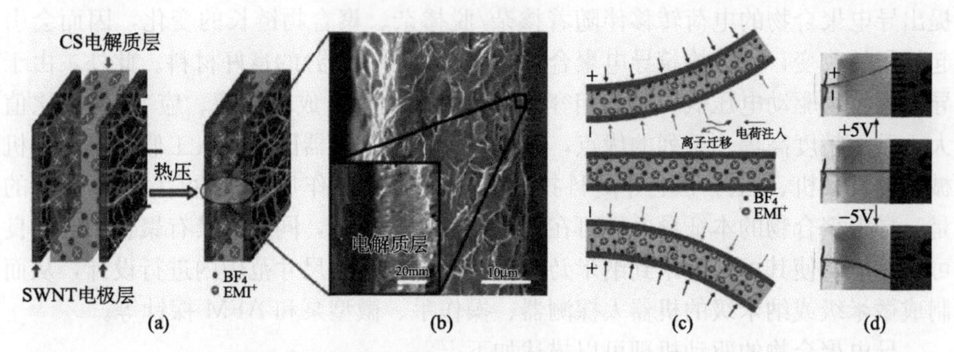

图 5.26　(a)双晶片致动器的结构示意图，CS电解质为中间层，SWNT为两边电极电极为构成的；(b)双晶结构致动器横截面的SEM图；(c)未加电压(中)和施加正/负电压时(上/下)的致动器致动示意图；(d)在上述电压下，双晶片致动器产生相对于不同施加电位的致动响应[106]。

改性的石墨烯薄膜的电化学致动器，他们分别采用己烷和氧气等离子体处理石墨烯薄膜的两面，使其产生不对称的改性表面，从而在电场作用下产生不对称的电化学充放电过程，并诱导产生致动。Xie 等[109]制备了具有一定负载能力的高应变响应的石墨烯片。在 1mol/L $NaClO_4$ 电解质溶液中，施加方波电位，它获得 0.85%的应变，这个值比报道的碳纳米管基致动器(0.2%)大 4 倍，并当施加 6.1MPa 的负载时，其应变变化非常小。Liang 等[110]将过滤得到的柔性石墨烯纸致动器和石墨烯/四氧化三铁(Fe_3O_4)复合纸致动器进行了对比。在 1mol/L 的 NaCl 电解质溶液中，施加−1V 的电压，纯石墨烯致动器具有 0.064%的致动应变；而对于复合致动器，当施加−1V 的电压，磁性石墨烯/Fe_3O_4 复合纸具有 0.1%的应变，这比纯石墨烯纸的值增加 56%。复合纸的致动和电容器性能的改善，主要是由于 Fe_3O_4 纳米颗粒的加入，它可以部分阻止石墨片的堆积，这使电解质离子更容易进入石墨烯纸中。其高的形变是由于电子注入的量子机械诱导应变和依赖于溶剂化阳离子的体积效应共同作用的结果。Kim 等[114]发展了由两个 CNT 臂制备的纳米镊子。这两个 CNT 臂是将 CNT 分别连接在两个分开的钨基底尖端上构成，臂的长度可以通过电化学刻蚀进行控制。这个分离的基底具有可抓取大的颗粒、可重复镊取运动等。碳纳米材料致动器的发展为机械设备的小型化实现具有非常重要的意义。

5.3.3　导电聚合物

自 1977 年 Alan G. MacDiarmid 、Alan J. Heeger 和 H. Shirakawa 三位科学家发现导电聚合物以来，具有 π-共轭结构的导电聚合物如聚苯胺、聚吡咯和聚噻吩等引起了人们的广泛关注与研究[115-117]。20 世纪 80 年代，Baughman[118]

提出导电聚合物的电荷转移伴随着掺杂/脱掺杂、聚合物链长的变化，因而会引起体积的改变，这是构筑导电聚合物人工肌肉(致动器)的良好材料。此外，由于导电聚合物驱动电压低、生物相容性好、易于制作、成本低廉、应变/应力比值大、重复精度高等一系列的优点，可望在机器人、机器昆虫、人工假肢、人工机械手、发动机、医疗卫生等高科技领域发挥巨大的作用[119]。更为引人注目的是，导电聚合物的本征导电性可在整个分子链上传导，同时又具有聚合物的优良可塑性能，使其可从微米到纳米乃至分子水平的所有尺寸范围内进行设计，从而制成微米级或纳米级的机器人探测器、操作手、微型泵和 AFM 探针等。

导电聚合物的驱动机理可以描述如下[120]：

$$P^{+}(A^{-}) + e^{-} \longrightarrow P^{0} + A \tag{5.4}$$

$$P^{+}(A^{-}) + C^{+} + e^{-} \longrightarrow P^{0}(AC) \tag{5.5}$$

离子进入导电聚合物既可以是它的氧化态[方程(5.4)]也可以它的还原态[方程(5.5)]。其中，P^{+}是导电聚合物的掺杂态(氧化态)；P^{0}是导电聚合物的未掺杂态(还原态、中性态)；A^{-}是阴离子，也称为对离子，作为掺杂剂与导电聚合物结合；C^{+}是指阳离子(共离子)。根据方程，为保持导电聚合物的电中性，电子电荷的改变总是伴随着离子电荷的当量变化。当导电聚合物被氧化时，阴离子掺杂进入导电聚合物主链；当它被还原成中性态时，既可发生阴离子的迁出[方程(5.4)]，也可发生阳离子的迁入[方程(5.5)]。一般，当导电聚合物由小的可移动的阴离子掺杂时，还原过程中是方程(5.4)占主导，因此它在氧化态膨胀。然而，当导电聚合物是由大的固定的阴离子掺杂时[方程(5.5)]，在还原过程中，阴离子不能被迁出，而是通过与阳离子结合来完成电荷补偿，因此它在还原态膨胀，具体过程如图 5.27 所示。对于大小居中的阴离子，这两个过程都可以发生，这是不受欢迎的。而对于聚苯胺而言，质子的迁入和迁出也可以引起体积的变化，这主要取决于 pH。

在众多导电聚合物中，导电聚苯胺(PANI)由于其具有结构的多样性、独特的质子酸掺杂机制、良好的稳定性，以及可逆的氧化还原性等特性，被公认为是最具规模化应用前景的导电聚合物之一[115,121]。Sansiñena 等[122]以已烷为凝固浴，采用相反转技术制备了 PANI 不对称膜，它具有不对称密度的空腔结构。该不对称膜显示出 1.421GPa 的杨氏模量、7.6%的断裂伸长率，而常规水溶液制备的对称 PANI 膜的杨氏模量和断裂伸长率分别为 123MPa、1.8%。该膜的不对称结构可制备单片电化学致动器，在盐酸电解质溶液中，它显示出高达 20Hz 的弯曲运动，对于角位移分别为±45°(0.1Hz)和±2°(5Hz)的弯曲致动，其寿命分别达到 3000 次到 329 500 次。该电化学致动器表现出角位移与消耗电荷之间、角速度与应用电流之间呈线性关系的位移特征，这表明单片 PANI 致动器的运动既不依赖于使用信号(恒电势、恒电流)，也不依赖于使用频率。

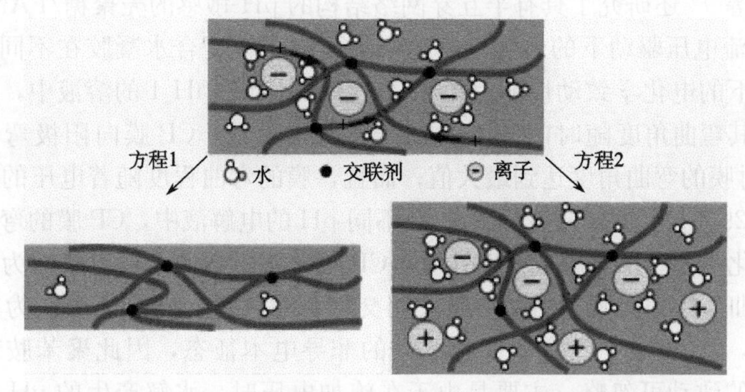

图 5.27　导电聚合物的中性态(a)，方程 1 的还原过程［方程(5.4)］(b)和方程 2 的还原过程［方程(5.5)］(c)[120]。

Kim 等[123]采用自组装法制备了对甲苯磺酸(TSA)掺杂的 PANI 纳米棒，将其在 N，N-二甲基甲酰胺(DMF)中溶解，并与全氟磺酸树脂(Nafion)的溶液相混合，旋涂在基底上，待溶剂挥发后得到 Nafion /PANI 的混合薄膜，并将三层这样的薄膜叠加起来提高薄膜硬度，对该薄膜施加±1.0V 的电压，其平均弯曲为 82.4°，位移为 16mm，曲率为 $0.075mm^{-1}$。此外，Kim 等[124]还以电纺的高强弹性聚氨酯(PU)纤维为模板，原位化学聚合苯胺，得到了仿肌原纤维的 PU/PANI 复合纳米纤维束，结构如图 5.28 所示，它的电导率约为 0.5 S/cm。该纤维束是由直径约为 900nm 的纤维构成，在 1mol/L 的甲磺酸溶液中，在 1.03MPa 的应力下，经电诱导该仿生纤维束可产生高达 1.65%的线性致动形变。在超过 100 次的电化学致动循环，其循环功效依然高于 75%。并且，在施加 11mN 的负载时，它可以保持稳定的致动，而没有显著的蠕变发生。由于该纳米纤维束之间的多孔结构使其具有高的表面积，因此在电解质中的离子传输效率得到提高，从而产生了高的应变和电荷存储容量。

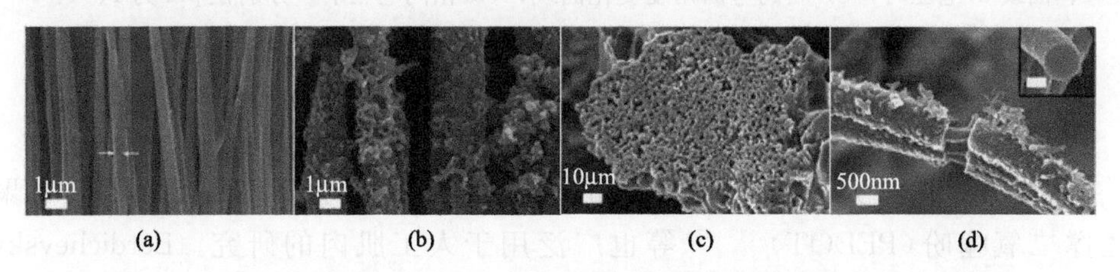

图 5.28　电纺 PU 纤维(a)、PU/PANI 复合纤维(b)、PU/PANI 复合纤维束(c)和 PU/PANI 复合纤维断口(d)[124]。

Kim 等[125]还研究了具有半互穿网络结构的 pH-敏感的壳聚糖/PANI 复合膜(CP)在直流电压驱动下的自震荡行为，并研究了该复合水凝胶在不同 pH 电解液和电压下的电化学致动性能。图 5.29(a)所示为在 pH 1 的溶液中，施加不同电压时，其弯曲角度随时间的变化曲线。研究显示，CP 膜向阳极弯曲，约在 15～25s 时膜的弯曲角度达到最大值；而且，膜的弯曲程度随着电压的增加而增加。图 5.29(b)为施加 5V 电压时，在不同 pH 的电解液中，CP 膜的弯曲角度随时间的变化关系。当电解液为酸性时，CP 膜向阳极弯曲，而电解液为碱性时则向阴极弯曲，中性时则在阴阳两极之间交替弯曲震荡。机理分析认为：在碱性电解液中，PANI 处于没有电化学活性的非导电本征态，因此聚苯胺氧化还原过程引起的致动可忽略，主要是由于在施加电压时，水解产生的 pH 梯度，接近阳极的 pH 较低，从而引起靠近阳极的壳聚糖和 PANI 的质子化而膨胀，使膜向阴极方向弯曲。在酸性电解液中，聚苯胺的电化学氧化还原反应促进它向阳极弯曲。中性电解液中的摇摆振动则是由于电荷屏蔽和质子化/脱质子化的竞争而引起的。

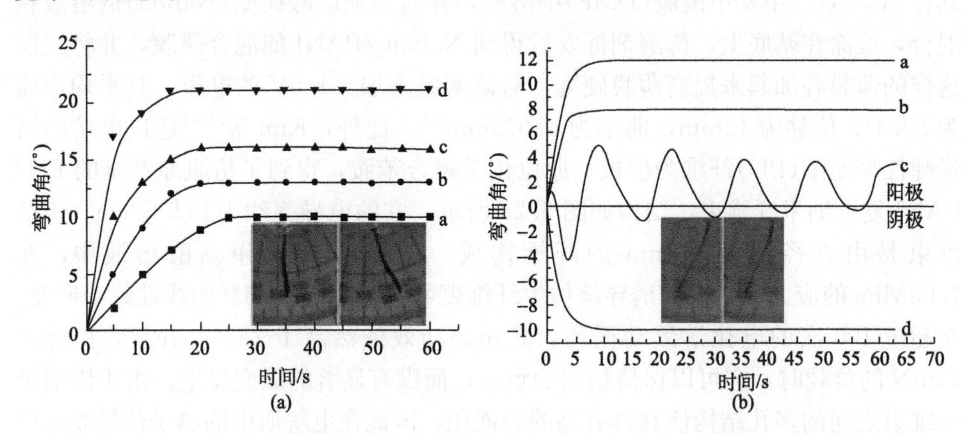

图 5.29 (a)pH 为 1 的溶液中，分别施加 3V、5V、7V 和 10V(曲线 a、曲线 b、曲线 c、曲线 d)电压时，CP 膜的弯曲角度变化曲线；(b)相同电压下，分别在 pH 为 1、4、7 和 10(曲线 a、曲线 b、曲线 c、曲线 d)的电解液中 CP 膜的弯曲角度曲线以及 pH7 时限制振荡曲线[125]。

除导电 PANI 人工肌肉外，其他的导电聚合物，如聚吡咯(PPy)[126-134]、聚乙撑二氧噻吩(PEDOT)[135-137]等也广泛用于人工肌肉的研究。Berdichevsky 等[127]采用多孔的铝膜为模板，电化学制备了十二烷基苯磺酸(BDS)掺杂的 PPy 纳米线[PPy(DBS)]，该纳米线的长度可通过聚合时间进行调控。他们采用三种不同方法处理样品，并进行相应的电化学氧化还原研究。样品 1 是将电化学制备的 PPy 膜用机械抛光去除 15μm 的上层，将其置于十二烷基苯磺酸钠电解质溶液中，施加还原电压，可以清楚地观察到 PPy 纳米线露出了铝模板，这是由于阳离子的流入导致聚合物的膨胀而形成的。样品 2 将铝模板溶解掉，留下金膜支撑的 PPy 纳米线，将该薄膜一段固定在基底上；然后将其置于电解质溶液中，施加 0 ～1V 的循环电压，可以观察到该薄膜分别离开或接近基底。这是由于 PPy(DBS)氧化时(0V)收缩，而还原时(－1V)膨胀而造成的结果，这一结果与 PPy 纳米线和金的双晶片致动器是一致的。此外，为研究纳米线是否发生膨胀与收缩，他们在 PPy 纳米纤维上溅射了薄层金，并将其完全固定在基底上。电化学的研究完全与上面相同，当对纳米线施加－1V 的还原电压时，可以观察到与之相对的金膜离开 1.3μm；而当在 0V 的氧化电压时，金膜回到原来的位置；这一步骤重复 20 次，膨胀和收缩的大小依然相同。

Otero 等[128]开发了具有触觉敏感的 PPy 人工肌肉。PPy 薄膜的制备是在吡咯和 $LiClO_4$的乙腈溶液(含体积分数为 1%的水)电解液中，采用方波电位法制备而成。两片 PPy 薄膜由双面胶黏结在一起，构成三明治结构的人工肌肉膜，膜的左侧为阳极、右侧为阴极。将膜置于 1mol/L 的 $LiClO_4$电解液中，并在反应池中放入一个障碍物，施加 5mA 的恒电流，薄膜产生自由运动，当运动的 PPy 人工肌肉膜接触到障碍物时，可以观察到一个与障碍物的质量呈线性关系的电势阶跃(图 5.30)。因此，通过电势阶跃与物质质量的线性关系，可以推算出与人工肌肉接触的未知物体的质量。

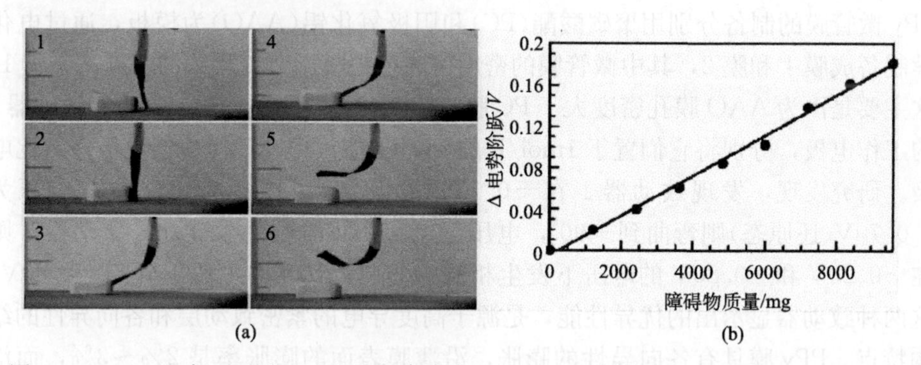

图 5.30　(a)(1)在 1mol/L $LiClO_4$ 水溶液中、5mV 的恒电流下，人工肌肉产生致动；(2) 10s后，人工肌肉遇到质量为 6000mg 的障碍物；(3、4) 障碍物被推动；(5)角运动使人工肌肉越过障碍物边界；(6) 运动持续到电流停止。(b)在 1mol/L $LiClO_4$溶液中，对 PPy 人工肌肉施加 5mA 电流时，PPy 膜的电位阶跃与障碍物质量的函数关系[128]。

Bay 等[129]研究了烷基苯磺酸(ABS)掺杂的 PPy 具有线性应变响应，他们发现掺杂的 ABS 的烷基链(超过 C8)的长度的增加，获得的应变减小。实际上，那些 ABS 掺杂在 PPy 上的长链阳离子实际上是不迁移的，而 PPy/ABS 中短链的阴离子是迁移的。因为阳离子和阴离子的插入趋势对聚合物体积变化有相反的效应，所以使它获得的应力减小。对于辛基苯磺酸掺杂的 PPy/ABS 可获得最高面内拉伸率(4%)，而支化的十二烷基苯磺酸(BDS)掺杂的 PPy 略微减小(2.5%)。此外，他们[130]还发现，在合成 PPy 的电解质中加入少量的戊醇，戊醇作为共表面活性剂可改变电解质胶束的结构，增加 PPy/DBS 带的导电性，产生高达5.6%的形变。在上述研究基础上，他们[131]进一步用含戊醇的 PPy/DBS 体系制备了高应变的致动器。有补偿电极的聚合物带为 3mm×5mm 时，在负载0.5MPa 下，可获得的12%最大线性形变。即使电极长达 5cm，在施加电势阶跃至 1.5V，也可在 20s 内也可获得 8%的线性应变。

清华大学的石高全教授课题组在导电聚吡咯人工肌肉方面取得了显著的进展[132-134]。他们[132]以光子晶体为模板，以 DBS 为掺杂剂，采用电化学聚合法制备了具有反蛋白石结构的 PPy 薄膜，该 PPy 薄膜的孔穴大小和孔口的直径可以通过模板粒子的大小和牺牲层的厚度进行调整。在电解液中，在给定电位下，反蛋白石结构的 PPy 致动器与普通 PPy 膜制备的制动器相比，达到一定的弯曲角度时它们消耗相同的电荷和能量，但具有更高的运动速率。重要的是，在不同电势驱动时，该制动器可实现抓取、控制、释放聚苯乙烯(PS)小球。该研究可以从混合的 PS 小球中，分离出不同直径的 PS 小球。此外，他们[133]还制作了一种由 DBS 掺杂的 PPy 紧致层(15μm)和微管层(15μm)构成的双层致动器。其中，PPy 微管膜的制备分别用聚碳酸酯(PC)和阳极氧化铝(AAO)为模板，通过电化学制备成膜 1 和膜 2，其中微管膜的密度可通过模板调节，膜 2 的密度高于膜 1，这主要是因为 AAO 膜孔密度大于 PC 膜。膜 1 和膜 2 分别为致动器 1 和致动器 2 的工作电极，分别将它们置于 1mol/L 的 $LiClO_4$溶液中，以氯化银电极作参比电极。研究发现，发现致动器 1 在－0.10V(氧化态)可以弯曲到－90°，电压为－0.70V(还原态)则弯曲到＋90°，电压至－0.80V 时则发生卷曲。致动器 2 则在－0.20V 和－0.80V 的电压下发生相同的弯曲，其卷曲电压下降到－0.90V。这两种致动器显示出的优异性能，是源于高度导电的紧密致动层和各向异性的结构特点。PPy 膜具有各向异性的膨胀，沿薄膜表面的膨胀率是 2%～3%，而沿表面法线方向的膨胀率达到 30%。相反，微管处于离散状态，在氧化还原过程中体积变化非常小。机理分析认为，由 DBS 掺杂的氧化态 PPy 薄膜属于阳离子驱动型的薄膜(阳离子膨胀)。当薄膜被还原时，由于 DBS^- 大离子不能迁移出薄膜，为保持薄膜的电荷平衡，溶液中的阳离子 Li^+ 和水分子进入薄膜中引起薄膜膨胀，随后，溶液中的 ClO_4^- 也会参与到离子运动中，因此对阳离子驱动也会产生一定影响。在还原过程中，紧致层 PPy 薄膜的膨胀率大于微管层，导致致动器向微管层弯曲；相反，当氧化时则双层膜向紧密层弯曲。此外，他们利用该致动器，从稀溶液中抓取 PS 微球，并通过电化学控制或者超声释放到其他溶液中。在含0.28μm和1.14μm的PS小球的电解质中，分别将微管开口的制动器2在电解质中致动和浸渍后，观察其微管表面的变化。如图5.31所示，浸渍后，在PPy微管致动器2的在100μm^2的表面捕获小、大的颗粒的数分别为(14 ±1)/(4 ±1)。而对于致动后，同样条件下致动器2可以捕获的小、大颗粒数为(65 ±5)/(27 ±2)。实验研究表明，电化学致动比浸渍可抓获更多PS小球，同时小颗粒的捕获程度要高于大颗粒。一般而言，小颗粒主要在微管内，而大颗粒主要黏附在微管表面，这主要是由于微管的密度分布和微管间的体积大小导致的。

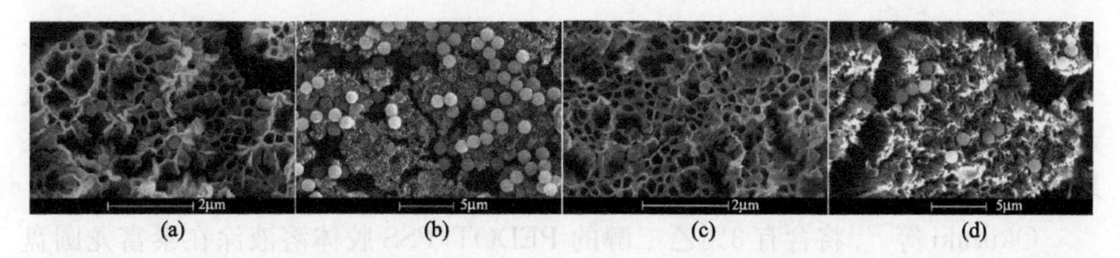

图5.31 致动器2微管表面的SEM图。(a)、(b)为致动后微管的表面；(c)、(d)为浸渍后微管的表面。电解液是含1%PS小球的0.1mol/L的$HClO_4$溶液，PS微球的直径分别为0.28μm(a、c)和1.14μm(b、d)。致动器2采用循环伏安法进行三个扫描循环，扫描电压范围为0.8～1.2V，扫描速率为50mV/s[133]。

此外，他们[134]还通过电化学沉积方法制备了一种双层的Au/PPy致动器。首先，先在ITO上沉积一层金，然后采用电化学方法沉积PPy，将所得电极浸入1mol/L的HCl溶液中8h，使ITO表面的氧化层被破坏，将Au/PPy双层膜撕下，最后在该薄膜上涂一层生物黏附性的聚多巴胺，得到具有三层复合膜结构的Au/PPy/聚多巴胺薄膜。在1%NaCl电解液中，以氯化银电极作为参比、Au/PPy/聚多巴胺薄膜为工作电极，在施加氧化或还原电压后，薄膜发生相应的弯曲变化，致动结果如图5.32所示。进一步的研究表明，该驱动器在溶液中被电化学驱动的同时，还可以从溶液中抓取细菌细胞，且在驱动下抓取的效果明显优于直接将从溶液中蘸取，说明电化学驱动的过程有利于Au/PPy/聚多巴胺薄膜抓取细菌细胞。这项研究提供了一种简单而有效的从水溶液中集聚细胞的方法。

Kemerink等[135]在光刻蚀的有突起阳极金电极上，通过旋涂的方法得到聚乙撑二氧噻吩-聚苯乙烯磺酸盐(PEDOT/PSS)的薄膜，在大气环境中，通过施加偏压，可观察到部分薄膜高度和体积的可逆变化。当阳极电压在4～10V时，金电极覆盖的PEDOT/PSS发生膨胀，且膨胀高度随时间的增加而增大，最后在366s时达到最大膨胀率为307%；阴极处的PEDOT在4V电压、100s的时间内颜色变化为浅蓝色，说明阴极处的PEDOT被还原成中性态。进一步研究表明，薄膜的高度和体积变化与薄膜的起始厚度无关，21nm厚薄膜首次循环时膜

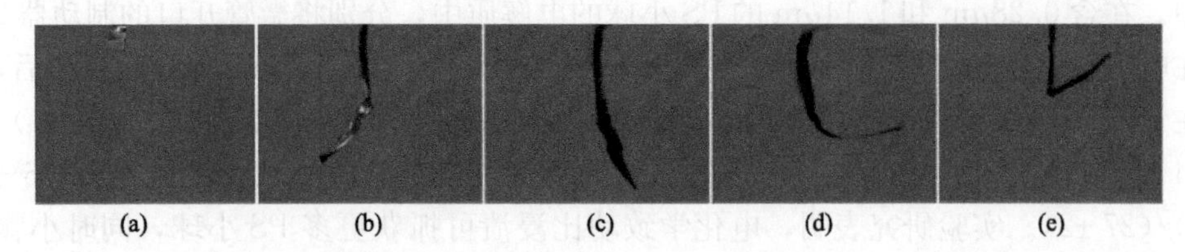

图 5.32　Au/PPy 双层膜的电化学驱动过程。(a)氧化态 0V；(b)氧化态−0.4V；(c)初始状态；(d)还原态 −0.7V；(e)还原态−1.0V[134]。

高度相对变化率可达 950%。分析认为，电化学致动过程存在两个的区域，第一个是可逆区域，发生 PEDOT 的可逆氧化还原反应，高度的可逆变化来自于吸收水的渗透效应，主要是由于阳极离子浓度的升高；第二个区域，是不可逆的区域，主要是由于 PEDOT 不可逆的过氧化，并发生 PSS^- 传输。

Okuzaki 等[136]将含有 3%乙二醇的 PEDOT/PSS 胶体溶液涂在泰富龙圆盘上，在 60℃下使溶剂挥发 6 h，然后在 160℃真空干燥箱中退火 1h，得到 PEDOT/PSS 自支撑薄膜，该膜的表面粗糙度约为 3.9nm。薄膜的电化学机械性能研究表明[137]，当水蒸气相对压力为 0.95 Pa 时，PEDOT/PSS 膜可以吸收 60%的水分；在 50%的环境湿度下，施加 10V 的电压，薄膜可以收缩 2.4%；而在 90%的环境湿度下，收缩率增加到 4.5%。在 50%的环境湿度下，对薄膜施加 6V 的电压时，薄膜可产生的应力为 17MPa，杨氏模量从 1.8GPa 增加到 2.6GPa。Zainudeen 等[138]研究了提高膜的化学应力的方法，他们通过控制电化学氧化在聚吡咯上合成一薄层 PEDOT 膜，制备了 PPy(DBS)/PEDOT(DBS)的双层 PPy(DBS)/PEDOT(DBS)/PPy(DBS)三层薄膜，其中十二烷基苯磺酸(DBSA)为掺杂剂。尽管加入的 PEDOT 膜很薄，但是它可以显著地改善薄膜的应变，在快速扫描下氧化态和还原态之间产生的应力不同。三层膜产生最大的形变，它是单层膜的两倍。

但是，导电聚合物低的应变以及有限的断裂强度，使导电聚合物人工肌肉的实际应用受到限制。为了改善它们的机械性能，碳纳米管被用于增强导电聚合物的机械强度。Spinks 等[139]将 SWNT 分散在 2-丙烯酰胺基-2-甲基-1-丙磺酸和二氯乙酸的混合溶剂中，并将 PANI 溶解于上述混合溶剂中，然后将混合物湿纺得到 PANI/SWNT 复合纤维。在电化学循环中，该 SWNT 增强的复合纤维可维持应力到 120MPa 而不发生失效，该值是先前报道的 PANI 纤维的 3 倍[140]。对复合纤维进行干态拉力测试显示，仅加入 0.76%(质量分数)的 SWNT 可以使 PANI/SWNT 复合纤维的断裂强度从 170MPa 提高到 255MPa；弹性模量从 3.4GPa 提高到 7.3GPa。此外，对于加 0.76% SWNT 的复合纤维，它的循环功为 325kJ · m^3，较纯 PANI 略微减小，但是它比骨骼肌的做功能力大 8～40 倍。在施加 100MPa(高于骨骼肌 300 倍)以上的应力时，该纤维也可产生有效的致动形变。研究表明，碳纳米管的加入可以有效地提高 PANI 的强度，该复合材料在应力放大系统或者模拟生物骨骼肌系统领域具有潜在的应用价值。Spinks 等[141]还制备了由纯 PPy、填充 PPy 的碳纳米管片(CNT)交替的 PPy/CNT 叠层材料，制备过程如图 5.33 所示，该制备过程可以非常简单地控制 CNT 的取向和质量分数，使添加的 CNT 负载量不超过 3.5%，这可以显著增加该叠层材料的抗蠕变性、强度、模量等。研究表明，由于 CNT 纳米管片加入 PPy 形成叠层结构，使该复合材料表现出优异的性能。与纯 PPy 相比(杨氏模量为 0.4GPa、抗涨强度为 21MPa、电导率为 163 S/cm)，当添加纳米管的质量仅为 3.5%时，该叠层材料的径向和横向杨氏模量分别达到 2.1GPa 和 1.7GPa；径向和横向抗张强度分别为 75MPa 和 35MPa；径向和横向电导率分别为 257 S/cm、221 S/cm。而这些改善的性能，使其在横向产生比纯 PPy 高的致动应变。此外，由于其质轻和高硬度，即使在相同负载下，也使其比纯 PPy 有高的应变，同时会产生两倍的循环功。并且，电化学加速的机械蠕变也随着片层结构而迅速降低。

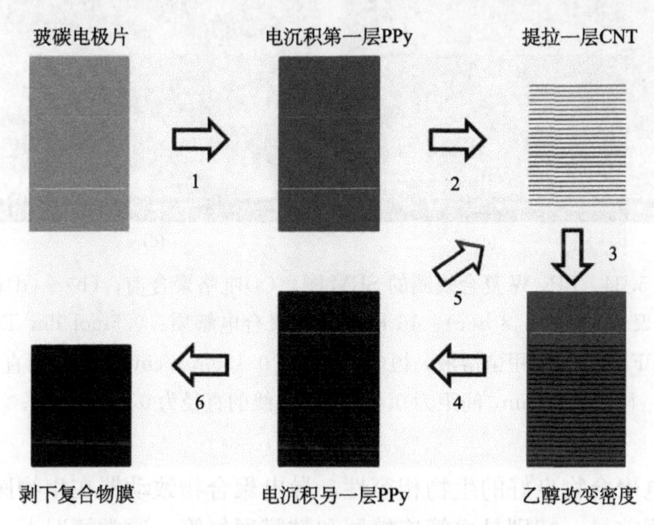

图 5.33　制备 PPy/CNT 片层的过程示意图[141]

为进一步改善聚合物致动器的位移和力学性质，不同形状的致动器被开发。Hara 等[142]在聚苯二甲酸二乙醇酯基底上溅射上 Ti 或 Au，形成具有手风琴状的 Z 字形金属线，以其为工作电极，然后采用电化学方法制备了 Z 字形 PPy 金属线复合膜致动器。在该复合膜上施加 0.7V(vs. Ag/Ag^{+})方波脉冲时，在一个循环内可观察到 4.1～4.7mm 的位移、5%的电化学应变。此外，Hara 等[143]将在四氟硼酸四丁铵($TBABF_4$)的苯甲酸甲酯溶液中，将 PPy 电化学沉积在直径为

0.25mm 的 W 微线圈上(PPy-W)，如图 5.34 所示。在 $NaBF_4$电解液中，通过电化学诱导该复合微米线圈产生了 11.6%的应变，这个应变稍小于 PPy 在相同 W 电极表面的应变(12.1%)。然而，调整 PPy-W 线圈的结构(空隙：线直径=1：1)时，在线圈空隙中的 PPy 的有效应变可以达到 23.2%。W 线圈与 PPy 的接触面积增加，减小了 PPy 的电压降，因此导致较大应变的产生。而电化学产生的位移和力可分别通过 PPy 复合线圈的长度和数目进行调整。

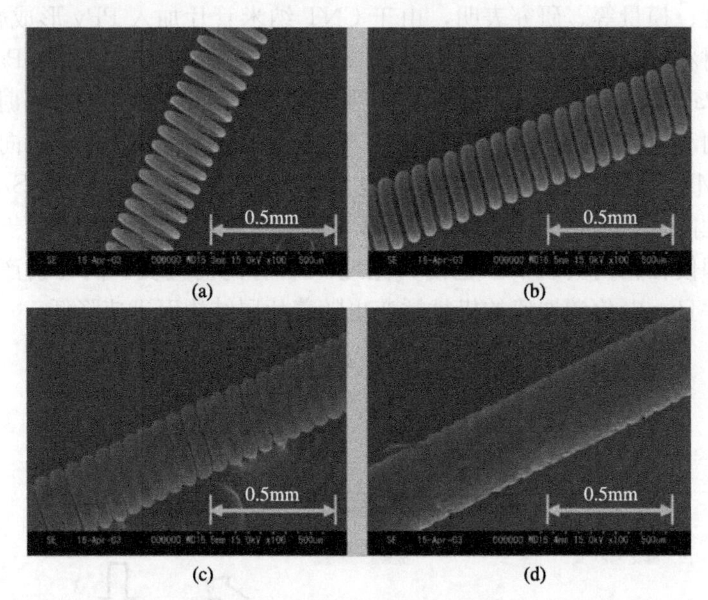

图 5.34　PPy-W 复合线圈的 SEM 图。(a)吡咯聚合前；(b)～(d)吡咯聚合 6 h(b)、8 h(c)、16 h(d)后。聚合电解质：0.5mol/dm^3 TB-ABF_4的苯甲酸甲酯溶液，恒电流密度：0.135mA/cm^2。W 线圈直径为 0.25mm，间距为 0.06mm，W 线的直径为 0.03mm[143]。

由于导电聚合物良好的生物相容性，导电聚合物致动器在生物医学领域显示出巨大的应用前景，特别是血管连接器和鼓膜通气管。通常情况下，外科连接血管遇到的最大挑战是操作时间长和不良的反应。而导电聚合物的血管连接器可以改善这个状况，它插入血管只需要两分钟[144]。如图 5.35 所示，血管连接器是由 PPy 双层制成卷曲的圆柱状，施加还原电位成还原态，将其插入断开的血管两端。然后移走电压，PPy 回复到原来的氧化态而舒张开来，将血管的断口处连接上。在愈合过程中，血管壁的舒张保持断口两端的接触，使断口愈合。值得关注的是，由于 PPy 的生物相容性非常好，同时膜较薄，因此不会在血管中形成血栓。

Jager 和 Smela 教授课题组在 PPy 致动器/微机械设备的研究方面取得了系

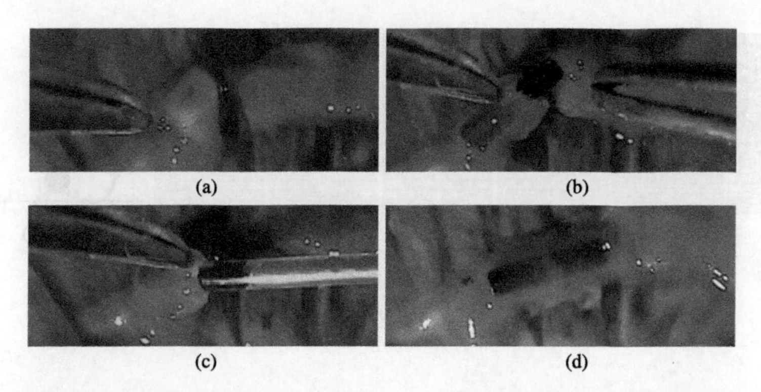

图 5.35　血管接头插入手术示意图。(a)断开的血管；(b)卷成筒状的还原状态 PPy/Au 双层膜，部分插入血管的断口；(c)、(d)血管的另一断口套在剩余的 PPy/Au 卷筒上，移除电压，PPy 回到氧化态，膨胀的 PPy/Au 圆筒把血管的两端固定在一起[144]。

列成果[145-149]。Smela 等[145]制备 PPy/Au 的双层体系，并将该双层体系制成了微致动器，该微致动器可以举起盘子；由于该致动器可以旋转 180°，因此可被用于微量瓶的盖子。随后，他们[147,148]设计了由 PPy(DBS)/Au 双层构成的微机器手臂，长 670μm、宽 170～240μm，这个宽度取决于线的宽度。该手臂由手肘、手腕和有手指的手构成，关节通过硬的苯并环丁烯连接。通过一系列的抓取、移动和释放等动作，这个机器手臂可将直径为 100μm 的玻璃球移动 200～250μm。为进一步验证手臂的性能，他们制备了聚氨酯轨道模仿传送带系统，该轨道高 20μm、间距为 60μm，它由宽为 20μm 的聚氨酯带构成。把直径为 100μm 的玻璃球放在轨道 4 上，使用机器手臂可以将玻璃球从轨道 4 移动到轨道 2、轨道 1 和轨道 3 上，然后从轨道移动到机器手臂的下部，珠子的整个位移达到 270μm，如图 5.36 所示。这个 PPy/Au 微型致动器可以在盐溶液、血浆、尿和细胞培养介质中使用，因此他们认为该机器手臂可用于生物流体中。在医学上，它可以用于最小入侵手术。此外，该机器手臂可应用包括“芯片实验室”、多站单细胞诊断。如果将机器手臂的手指用黏附性分子处理，还可以从样品中选择被指定的细胞和细菌，然后将它们转移到多用传感器上。此外，该含 PPy 的微致动器还可用于细胞培养[148]，他们称为“细胞诊所”，这非常适合用于单细胞的研究。

Jeon 等[150]以多孔氧化铝(AAO)为模板，电化学制备了 DBS 掺杂的 PPy 膜(PPy/DBS)。该膜有非常规则的孔和很高的孔密度。利用 PPy/DBS 膜对电化学依赖的体积变化，可通过电场调节孔的尺寸。他们以荧光标记的蛋白为模型物，通过脉冲成功验证了药物释放。由于快速的响应时间和高的药物通量，该 PPy 膜可被用于心绞痛和偏头痛的快速治疗，以及诊断与荷尔蒙有关的疾病和代谢综

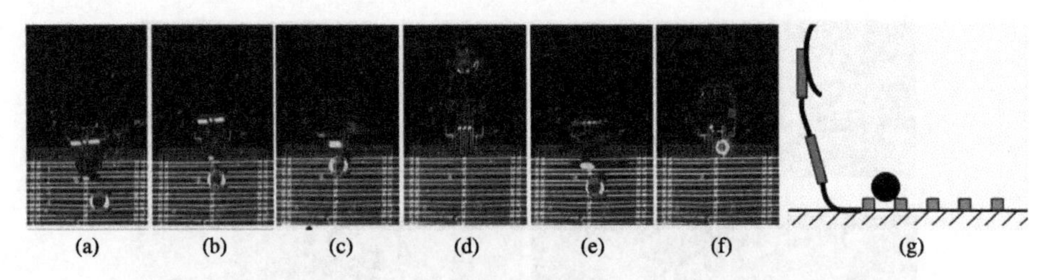

图 5.36　机器人手臂可以从聚氨酯基底上“抓”走 100μm 的玻璃球 (a)～(f)以及机械手抓取玻璃球示意图(g)[147]。

合征等。

与现有的水下机械设备相比，可游动的机器鱼由于其具有方便控制、可缩小化、能无声移动等诸多优异性能，而成为科学工作者的研究热点。由于导电聚合物优良的氧化还原可逆性，使之成为构筑机器鱼尾鳍致动器的首选材料之一。McGovern 等[151]设计了如图 5.37 所示的机器鱼。其尾部是由两个弹性的 PPy 驱动器连接到刚性的尾鳍上，该 PPy 驱动器是由外面的两层 PPy 膜和中间的聚偏氟乙烯(PVDF)膜构成的三层复合结构。如果在 PPy 驱动器上施加一个固定频率的方波电压，可以使机器鱼尾鳍摆动，在水中的游动速度最大可达 33mm/s(每秒 2.4 倍体长)，这个数值比先前报道的人工肌肉驱动设备快 10 倍；其最小转弯半径为 15cm(1.1 倍体长)。

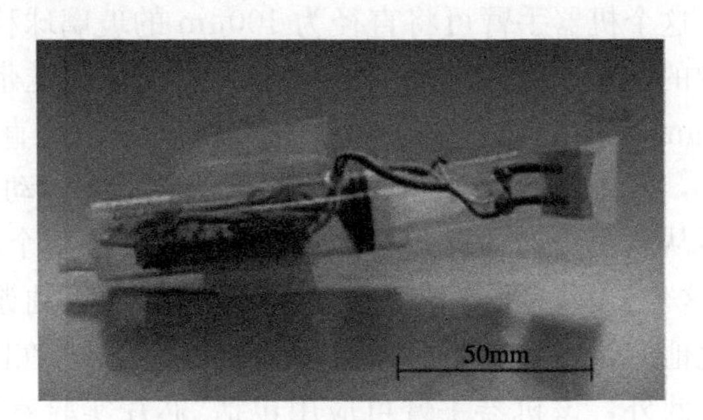

图 5.37　机器鱼原型照片[151]

Ikushima 等[152]制备了 PEDOT/PSS 弯曲致动器，并用于致动聚焦微透镜。他们将疏水的聚偏氟乙烯(PVDF)多孔膜进行亲水化处理，然后将 PEDOT/PSS 涂在 PVDF 表面，PEDO/PSS 与 PVDF 膜接触后，其在表面区域渗透。由于 PVDF 膜表面亲水，而膜的中间是疏水的，因此 PEDOT/PSS 不会浸入膜中间。这样 PEDOT/PSS 层主要在 PVDF 膜表面，而 PVDF 膜层中间是绝缘的。该复合膜致动器的致动测试显示，其最大位移距离为 1.7mm，并具有超过 100 万次的可靠性，非常适合微透镜的使用。将该可弯曲致动器用于微致动聚焦透镜，可实现自动对焦，其结构如图 5.38 所示。

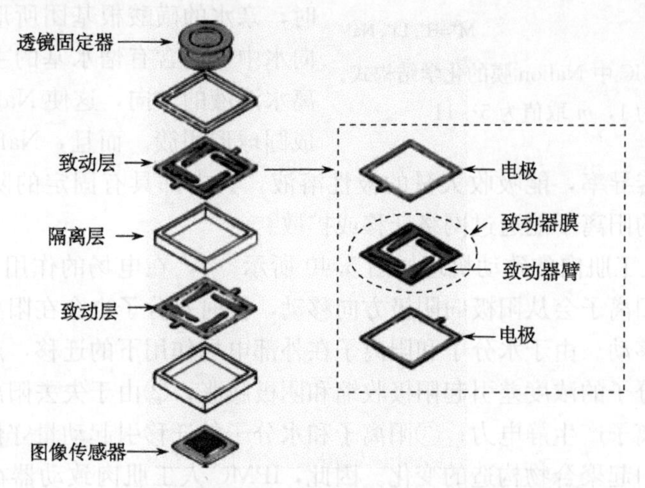

图 5.38　导电聚合物弯曲致动器用于自动对焦的微透镜[152]

目前导电聚合物人工肌肉迈向高科技应用领域，还有很多问题需要解决，如人工肌肉的设计，包括材料的合成、性能、组装及控制等理论与工程技术问题都有待于进一步优化。其中，人工肌肉的智能调控是阻碍其发展的关键因素之一，人类器官的活动靠的是复杂而微妙的神经系统，而目前人工肌肉仅依靠电压、电解质等的变化，它们之间存在着本质的差异，因此，导电聚合物人工肌肉在智能化的进程中还有很长的路要走。

5.3.4　离子聚合物-金属复合物

离子聚合物-金属复合材料(ionic polymer metallic composite，IPMC)是一种属于离子型电活性聚合物(EAP)的新型聚合物材料[19]。IPMC 最大的特点是它能够模拟生物肌肉，具有很大的柔韧性、大的驱动应变以及固有的振动阻尼，故得名“人工肌肉”。自 1992 年发现 IPMC 以来[153-156]，它的质轻、驱动电压低、大的形变以及响应速度快等特点使其在人工肌肉(致动器)、传感器、水下机器人、活性导管系统等领域具有重要的应用价值。

IPMC 通常是以聚合物薄膜为基体材料，然后通过化学镀的方法将某种金属颗粒(Pt、Au 等)渗透并沉积在基体薄膜表面，形成两个电极层和一个基体层的致动器。IPMC 中聚合物基为离子聚合物，如 DuPont 公司的 Nafion、Asahi Glass 公司的 Flemion、Asahi Chemical 公司的 Aciplex 等[157]。其中，最常用的是 Nafion 膜，它是一种全氟离子交换膜，由疏水性的碳氟高分子主链和亲水性

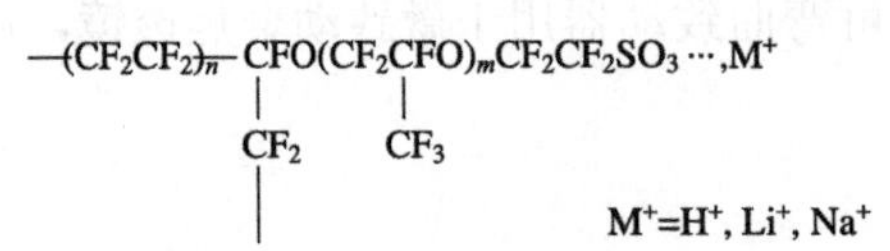

$—(CF_2CF_2)_n— CFO(CF_2CFO)_m CF_2CF_2SO_3 \cdots, M^+$

（其中 CF 上分别连有 CF_2 与 CF_3）

$M^+=H^+, Li^+, Na^+$

图 5.39 IPMC 中 Nafion 膜的化学结构式。m 取值为 1，m 取值为 5～11[158]。

的烷基磺酸根侧链构成，结构如图 5.39 所示[158]。当该聚合物被置于水溶液中时，亲水的磺酸根基团所形成的侧链伸向水中，而含有憎水基的主链则伸向远离水溶液的方向，这使 Nafion 膜内部形成圆球形团簇。而且，Nafion 基膜具有较高的离子传导率，能吸收大量的极性溶液。其内部具有固定的阴离子带电网络，可移动的阳离子能通过网络迁移或扩散。

IPMC 人工肌肉的致动机理如图 5.40 所示[159]，在电场的作用下，IPMC 基体材料中的阳离子会从阳极向阴极方向移动，同时水分子也会在阳离子的迁移作用下向阴极移动。由于水分子和阳离子在外部电场作用下的迁移，产生了以下的结果：①水分子的浓度差引起阳极收缩和阴极膨胀；②由于失去阳离子，带负电荷的磺酸根离子产生静电力；③阳离子和水分子的迁移引起动量守恒效应；④阳离子的迁移引起聚合物构造的变化。因此，IPMC 人工肌肉致动器在外加电场的作用下产生阳极收缩、阴极膨胀，从而产生变形。

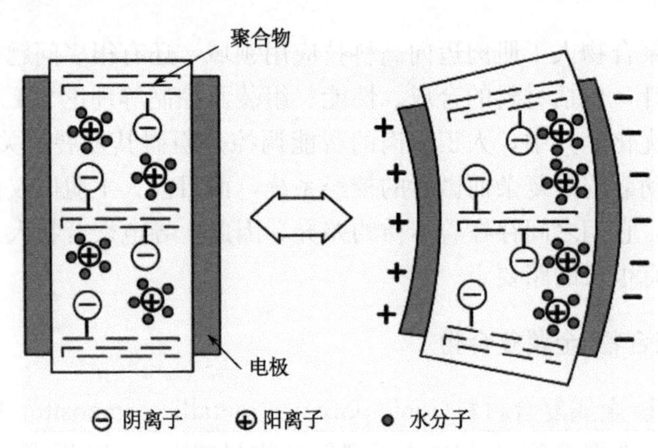

图 5.40 电场诱导下离子聚合物电荷的再分布情况[159]

Jung 等[159]认为施加电场的波形和输入频率都将影响 IPMC 致动器的性能，因此他们分别施加方波、三角波和谐波用于 IPMC 致动器。研究发现，由于 IPMC 致动器具有高通阻尼滤波器的性能，因此在致动过程中驱动波形的高频成分引起大电流消耗。所以，他们认为 IPMC 的致动要避免输入高频组分。他们设想在频率小于阻尼高通量滤波器带宽时，光滑波形(如正弦波)也可作驱动波形。并且，通过引入简单等效电路模型，使这个设想得到实验验证。这一推断对实际设计 IPMC 致动器系统是非常有价值的。

在 IPMC 中，离子聚合物的选择对致动器性能的影响是非常巨大的。近年来，大部分都采用全氟磺酸离子聚合物，这些聚合物中的全氟亚甲基骨架为高弹模量相；而端基磺酸基是有低玻璃化转变温度(T_g)的低弹模量相。当被电解质分子增塑时，低的T_g有利于离子的迁移，但是，它也抑制了迁移离子和Teflon骨架之间的应变耦合。因此，不同的聚合物膜被开发应用于IPMC研究。Panwar等[160]采用聚偏氟乙烯/聚乙烯吡咯烷酮/聚苯乙烯磺酸(PVDF/PVP/PSSA)混合膜用于IPMC致动器。PVDF/PVP/PSSA混合物膜的比例有25/15/60(S1)和30/15/55(S2)两种，其中PVDF是疏水聚合物，PVP是水溶性聚合物，PSSA具有强水溶性聚电解质。与Nafion膜相比，该混合膜具有高的离子交换能力、高吸水量、高储存系数，而质子交换能力与Nafion膜相当。在施加1～2V的DC和AC电压时，该IPMC致动器显示出较快速的致动性能，具有最大致动位移和阻滞力，而且观察不到弛豫现象。混合物膜致动器产生大的致动位移，主要是由于它较高的离子电导和加强的吸水能力。Liu等[161]研究了没有侧链的聚合物基质，聚(偏氟乙烯-三氟氯乙烯)(P(VDF-CTFE))和P(VDF-CTFF)/聚甲基丙烯酸甲酯(PMMA)交联混合物用于电活性致动器，采用离子液体1-乙基-3甲基咪唑三氟甲磺酸盐([C_2mim][TfO])作为电解质、Au片为对电极。与传统的Nafion离子聚合物基的致动器相比，P(VDF-CTFE)和P(VDF-CTFF)/PMMA基的电活性致动器的致动应变显著增强，还原电容量显著降低。应变-电荷率(ε/C)的增加主要是[C_2mim][TfO]电解质和聚合物基质之间改善的弹性耦合产生的结果。Vargantwar等[162]使用磺化五嵌段离子聚合物(PBI)为中间离子交换膜层，该离子聚合物具有磺化的中间嵌段和玻璃态的端嵌段，且具有自组装的能力和在极性溶剂中稳定分子网络的作用。它与Nafion不同，其溶解性强，而溶于铸模制备成薄膜，并膜厚容易改变，并且它的溶剂吸收能力强等。在膨胀的聚合物表面循环沉积Pt，增加沉积程度使电极渗入薄膜中以改善聚合物与电极的界面接触。由不同溶剂制备的IPMC，其最大弯曲致动大致相当。

Guo等[163]采用了新技术制备了高度多孔的SiO_2/Nafion复合膜，该复合膜用于高电化学性能的IPMC致动器。该新技术是将无定形SiO_2颗粒携带的多金酸盐基(POM)超分子与Nafion的形成复合膜(POM-Nafion)。将POM-Nafion复合物膜置于碱性溶液中进行水解，可得到多孔结构Si-Nafion的复合膜。SEM研究表明，新制备的Si-Nafion复合膜具有0.4～1.4μm的通道和300～700nm的孔，制备过程如图5.41所示。将具有相同Nafion含量的多孔Si-Nafion膜和浇筑Nafion膜制备了IPMC致动器，通过激光位移传感器、力传感器和高速摄像机测量IPMC致动器的性能。结果显示，在2.5V和1.5V的驱动电压下，Si-Nafion膜致动器分别具有3.78g和2.39 g的阻滞力，与Nafion膜相比分别增加了2.97倍和4.19倍；最大位移输出分别为7.2mm和5.9mm，比Nafion膜分别增大了4.8倍和9.7倍；在空气中致动时，其稳定工作时间分别为480s和

710s，比 Nafion 膜分别增大 4.36 倍和 2.22 倍。

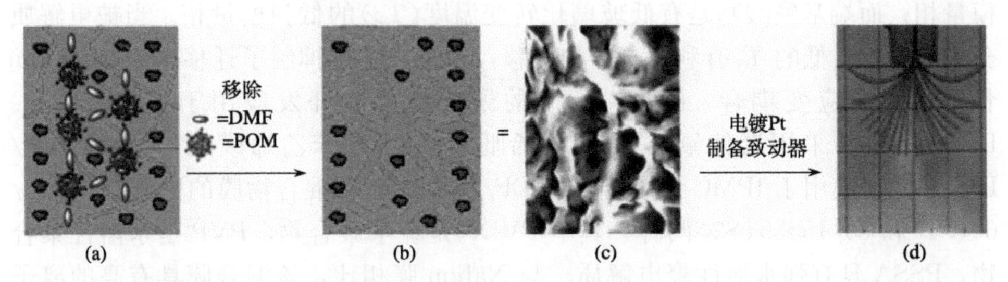

图 5.41　IPMC 致动器中多孔的 Nafion 膜的制备过程。(a)含 POM 超分子基的无定形 SiO_2 与 Nafion 混合制备的复合膜的示意图；(b) 在碱液条件下移除 PMO 和溶剂 DMF，得到高度多孔 Si-Nafion 膜示意图；(c)具有高质量孔道和孔结构的 Si-Nafion 膜的 SEM 图；(d)镀 Pt 的 Si-Nafion 的致动器光学照片，并在电压驱动下，产生连续致动的特性[163]。

Lian 等[164]将剥层的 GO 均匀分散在 Nafion 基质中制备成 Nafion 复合膜，其中 GO 质量分数为 0.5%～10%。然后，他们将该复合膜浸入含碳纳米管(CNTs)的二甲基亚砜溶液中，拉出干燥，得到碳纳米管在 Nafion 膜表面的致动器(GO/Nafion)。电机械性能研究显示，掺杂 4%的 GO 的复合膜致动器的阻滞力是纯 Nafion 的 4 倍，位移是纯 Nafion 的 2 倍。GO/Nafion 致动器性能的显著改善，是由于高纵横比 GO 在 Nafion 中分布的高度均匀性。

一般情况下，IPMC 致动器中 Nafion 膜的水溶胀性会影响其实际应用。离子液体由于具有独特的低挥发性、高导电性、高热力学稳定性，被用于电机械致动器，并显示出巨大的应用前景。Bennett 等[165]为克服水对致动器带来的影响，在 Nafion 膜致动器中，他们选择了 1-乙基-3-甲基咪唑三氟甲磺酸盐(EMI-Tf)和 1-乙基-3-甲基咪唑双(三氟甲基磺酸酰基)亚胺(EMI-Im)两个离子液体代替水，主要是因为它们具有低黏度和高导电性的特点。尽管这两种离子液体的物化性质十分相似，但是 EMI-Tf 是亲水的，而 EMI-Im 是疏水的。小角 X 射线衍射研究了离子液体溶胀 Nafion 膜性能，结果揭示了离子液体的结构对膜形貌的影响。疏水的 EMI-Im 离子液体对膜的溶胀使其具有更均匀的形貌，很少区域有离子簇，这是因为疏水的 EMI-Im 可以与 Nafion 的氟碳链相容，使膜具有均匀性。红外光谱(FTIR)和核磁共振谱(NMR)结果显示，膜对离子液体的临界吸收有一个拐点，认为是最少量的离子液体取代所有的对离子。由于大的对离子更容易被取代，所以临界吸收随着对离子尺寸的增大而减小。膜的电机械性能研究显示，致动器的致动速度和离子电导随对离子尺寸和离子液体含量的增加而增加。基于上述结果，他们提出了离子液体溶胀膜中电荷迁移机制模型，其中聚合物对离子是主要的电荷载体。

Kim 等[166]采用化学沉积技术成功制备了一种新型的离子聚合物-金属-ZnO复合物(IPMZC)，其中，ZnO 膜是六边形结构颗粒构成，颗粒大小为 200～300nm，平均厚度为 300～400nm。他们将 ZnO 的光和压电特性与 IMMC 的电活性相结合，因此 IPMZC 的电-机械-光响应致动性能可以采用非接触模式的荧光光谱(PL)观察进行测量。测量的工作范围激发波长为 375～475nm。研究发现，在激发波长为 384nm 和 468nm 时，随着曲率和电场强度的增加，PL 猝灭成比例地增加。当电场为 12.5×10^3 V/m、膜的曲率为 78.74m^{-1}时，PL 的猝灭效率达到 53.4%。

此外，IPMC 致动的几何结构也可以影响其致动性能。Lee 等[167]设计和制备了双轴向弯曲的 IPMC 致动器，它是一个有正方形横截面的棒，表面有四个互相隔绝的 Pt 电极。当在四个电极表面分别施加电压时，可以诱导棒产生双轴向的弯曲运动，结果如图 5.42(a)、(b)所示。Li 等[168]将热处理的 IPMC 条螺旋缠绕在玻璃棒上，可得到具有螺旋结构的 IPMC 致动器。该螺旋结构致动器不仅可以产生弯曲运动，而且还可以产生扭转和纵向运动。结果显示，它的直径和结构参数对致动性能起重要的作用，因此，这要求有效地控制螺旋支架的半径。图 5.42(c)为螺旋结构 IPMC 在初始、膨胀和收缩状态时的示意图。

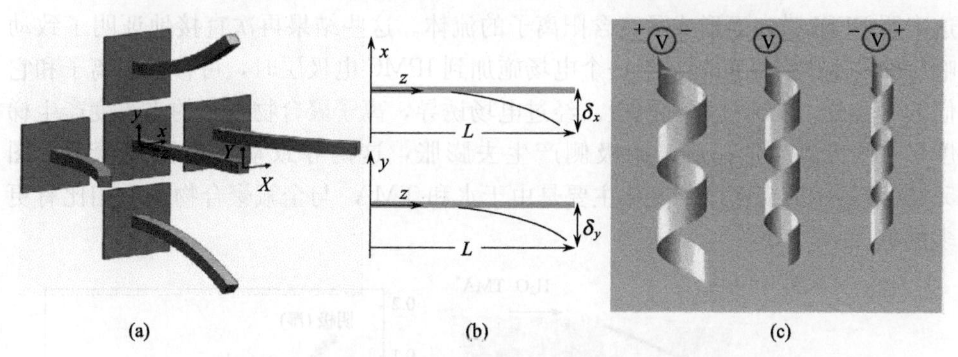

图 5.42　IPMC 双轴弯曲制动器的立体视图(a)、平面视图(b)以及螺旋 IPMC 的膨胀、初始和收缩状态的示意图(c)[167,168]。

尽管 IPMC 致动器研究已开展了十年多，但是它们的致动机理依然不是十分清楚。在 IPMC 致动器中，深刻了解离子传输的对设计"人工肌肉"是非常必要的。此外，在使用亲水膜系统的敞开体系中，离子液体基的 IPMC 材料体系和致动器设计必须慎重考虑环境水的效应，因为离子液体与水之间的传输将对致动器的致动性能和稳定性产生巨大的影响。目前，中子成像、扩散加权成像、原子力等现代测试技术已被应用于 IPMC 致动器的致动机制研究。Li 等[169]首次采用了 NMR 技术定量分析了 IPMC 中吸附的水和离子液体之间微妙的相互作用。使用^1H和^9F的NMR测量离子液体EMI-Tf中EMI阳离子和Tf阴离子的扩散系数，在块体EMI-Tf和Nafion膜内，EMI阳离子扩散比Tf阴离子扩散快。通过原位^1H NMR定量分析发现，随温度从环境温度升高到60℃时，每摩尔EMI-Tf中含水的物质的量χ_{H_2O}从1降到0.5，从而引起离子液体的膨胀系数下降36%～60%。Park等[170]采用中子成像、电场原子力(APAFM)、电流传感原子力(CSAFM)等技术，研究电场诱导对IPMC中的水和对离子的浓度梯度的影响。直接中子成像结果显示，经过IPMC横切面的水-对离子浓度梯度从阴极到阳极是一个不等密度的刨面，如图5.43(a)所示，深色区域为水-四甲基铵基(TMA^+)的耗尽区，左侧浅色条形区为水-TMA^+富集区。由于在电场刺激下水-对离子进行再分配，这使APAFM-CSAFM的图形特征发生变化。当施加偏压从0V变化到3V时，APAFM图的颜色会变深，更多的能量消耗特征消失，这说明表面发生了脱水。表面脱水毫无疑问地说明了质子和水迁移到负电荷基质。水-对离子的再分配进一步被CSAFM所证实。在一个负电荷基质上施加2V偏压，与AFM针尖接触的全氟磺酸离子聚合物(PFSI)表面上可探测到2.8pA的平均电流，这认为在该表面上有带正电荷的阳离子的消耗。相反，在一个正电荷基质施加－2V偏压，与AFM针尖接触的PFSI表面产生－90pA的平均电流，这表明PFSI膜表面形成了富含阳离子的流体。这些结果再次直接地证明了致动响应涉及水的分配问题。当一个电场施加到IPMC电极层时，可移动阳离子和它们的水合分子快速迁移到阴极。经过电场诱导，离子聚合物膜中的水浓度产生梯度，在阴极侧产生膨胀，阳极侧产生去膨胀，这诱导致动器向阳极弯曲。图5.43(b)所示的光密度的变化主要是由于水和TMA^+与全氟聚合物基质相比有更多的氢。

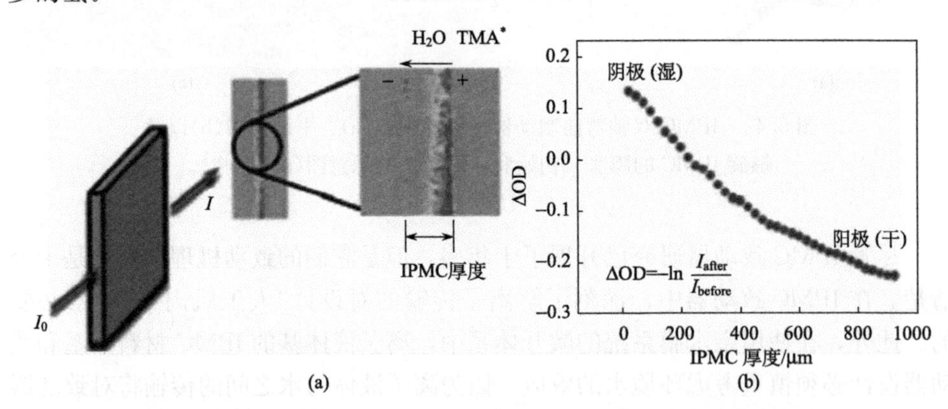

图5.43　施加3V直流电压时，IPMC的照片(a)和IPMC厚度与光密度关系图(b)(光密度(ΔOD)的改变被定义为$\ln(I_{after}/I_{before})$，其中$I_{after}$和$I_{before}$分别代表电场诱导前后的经过IPMC样品中中子强度的衰减)[170]。

Naji 等[171]将扩散加权图像(DWI)用于研究含水的 Li^+ 交换 Nafion 膜和用 Nafion 浸渍 Pt 电极的 IPMC 致动器的水扩散系数(D)的空间分布。D 值从两个直角方向分别进行评价，一是沿着样品的长度方向(D_x)，另一个是它的厚度方向(D_z)。对样品膜厚的方向施加 3V 直流电，纯 Nafion 的 D_x 和 D_z 形同，约为 $6\times10^{-10}\,m^2/s$；而 IPMC 可观察到两个结果：①在 IPMC 的电极表面 D 值比样品中间的 D 值高；②D_z 值大于 D_x 值。这两个结果是由于浸渍在聚合物基质上的 Pt 的影响。电化学测量过程的 D 分布显示，在阴极上 D 值较高($8\times10^{-8}\,m^2/s$)，在阳极上的 D 值较小($1\times10^{-10}\,m^2/s$)，这可以用 Li^+ 向阴极强制电迁移的 Nafion 膜的纳米结构效应得到解释。

由于 IPMC 具有驱动电压低、质轻等优异特性，因此可用来制作具有高度可操纵性、无噪声、动作灵活、可模仿人体手臂、鱼类、昆虫等动作的仿生机器人，也可应用于生物医学，如人工心室或辅助心脏肌肉、人造约肌和眼外肌、仿生眼和矫正屈光不正、尿失禁辅助装置、外科手术用蠕动泵以及微电机系统等领域[172-179]。Chen 等[178, 179]受鱼鳍结构的启发，仿生设计了由 IPMC 推进的机器鱼，并首次建立了用于 IPMC 推进机器鱼的稳态巡航模型，该模型结合了 IPMC 的致动力学以及 IPMC 和流体之间的相互作用，进一步认识了该鱼鳍在机器鱼中的性能。该模型在不同尺寸鱼鳍的机器鱼实验中得到证实。该模型被用于设计和控制机器鱼，达到移动速度和能量消耗的平衡。此外，他们还仿生制备了机器瑶鱼，它是由 IPMC 人造胸鳍推动的，能产生有扭转角度的振荡运动，这与观察到的瑶鱼游动非常相似。人造鱼鳍是将一个 IMPC 致动器和聚甲基硅烷(PDMS)弹性体在一个预先设计外形的模子里成型，鱼鳍分成两个区域，前沿是 IPMC 梁，后缘是 PDMS 被动膜，结构如图 5.44(a)所示。当 IPMC 致动时，PDMS 被动膜随着 IPMC 的弯曲产生一个滞后的弯曲。小机械瑶鱼[图 5.44(b)]自由泳的速度为 0.067 身长/秒，消耗 2.5W 的能量。

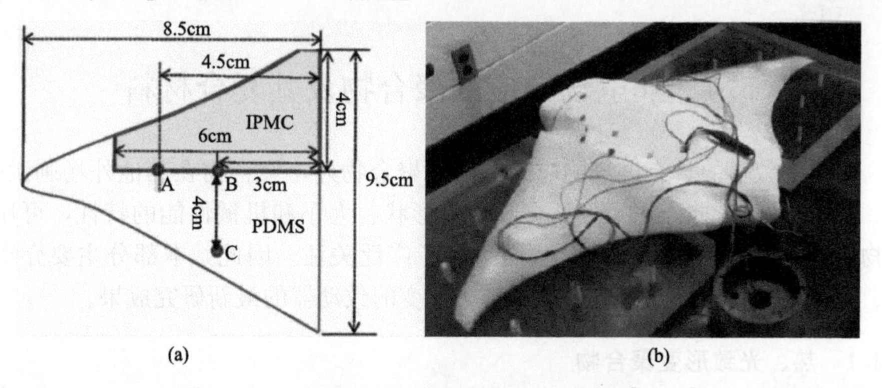

图 5.44 人造鱼鳍的结构和机械瑶鱼的照片[178, 179]

由 IPMC 制备的人造肌肉有一定的机械强度、弹性且具有质轻等特性，并在 1ms 或 1m 内快速地响应，使其在航空领域具有重要的应用[180]。太空中具有各种极端环境，从真空到部分大气、从微重力到部分重力、极端低温和高温。在火星和月亮表面上的操作系统分别将承受约 1/4 或 1/5 地球引力的引力。因此，将 IPMC 设备用于太空时必须考虑太空辐射和温度的影响。美国 NASA、Johnso 航空中心的 Krishen 等[180]详细介绍了基于 IMPC 的设备在航空任务中的应用，如用于行星表面的机器手臂、末端执行器、运动产生马达、致动器和控制器等(图 5.45)。

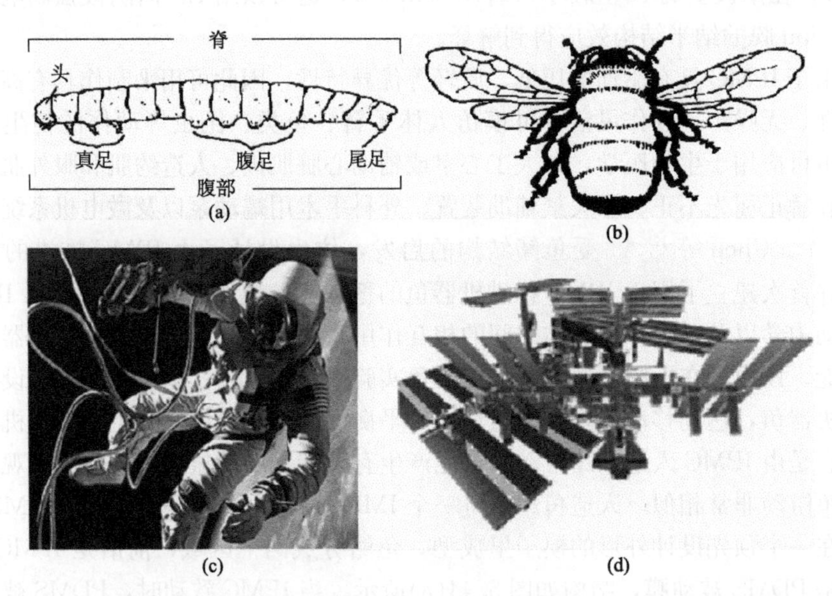

图 5.45　人造的用于火星或月亮探测用的蠕虫(a)、苍蝇(b)，宇航员舱外活动室的振动检测和控制图(c)以及航空飞机停靠国际空间站(d)[180]。

5.4　非电场响应的聚合物及其复合材料

除前面叙述的具有电场响应的电活性聚合物外，聚合物在其他外场刺激(如光、热响应、溶剂和 pH 等)具有改变其形状、大小和机械性能的特性，可用于生物医学和机械用致动器等，从而引起了广泛关注。因此，本部分主要介绍在热、湿度、光、生物分子等诱导下产生形变的致动器的最新研究成果。

5.4.1　热、光致形变聚合物

液晶弹性体(liquid crystal elastomer，LCE)是液晶聚合物经适度交联，并在各向同性态或液晶态显示弹性的聚合物。LCE 兼有弹性体的熵弹性和液晶的自组装特性，其独特性在于它自发的可逆形变。在加热、光照等诱导下产生可逆形变，例如，柱子可改变高度、悬臂可发生弯曲、颗粒从球形变为棒状，因此 LCE 人工智能肌肉/致动器的研究引起了广泛关注[181-186]。Ohm 等[187]采用微流体技术成功制备了系列 LCE，它们是具有不同程度各向异性的微米颗粒。值得注意的是，LCE 的链和分子指向矢总是相互平行的，也就是说当温度变化引起液晶从向列相向各向同相转变时，这些 LCE 会沿着分子指向矢的方向收缩。研究发现，这些组成相同、各向异性不同的颗粒，随温度变化产生的形变有两种：一种是收缩，另一种是膨胀，它们的位移分别约为 60%或 80%。经 X 射线衍射研究显示，这种不同的致动性质主要是由于微米颗粒中的液晶基有不同指向矢分布。对于弱各向异性的微米颗粒，它们具有同心指向矢场(指向矢垂直于对称轴)，而高度各向异性的纤维状颗粒显示出沿纤维轴向的指向矢列。他们形象地比喻这两个不同的取向机制：一是拉伸流动；二是“原木滚动”。将这两种致动方向的致动器耦合，可仿生制备天然的对抗肌。Elias 等[188]采用 UV 聚合和表面修正技术开发了热响应的图案化液晶聚合物膜。对表面锚定的自支撑液晶聚合物膜的热制动行为研究发现，将薄膜锚定到基底上会限制材料的形变。采用简单的光图案化可以制备宽 200μm、长 17μm 的单相结构的胆甾醇液晶聚合物。当将该聚合物加热到 200℃时，聚胆甾醇液晶薄膜可以膨胀到原来厚度的 11%。Sánchez-Ferrer 等[189]将向列型侧链的液晶融入硅基微器件作为微流体用的微阀。该微阀的致动原理是根据 LCE 从向列相向各向同相转变的致动过程中，该微阀在垂直于指向矢的方向膨胀、平行于指向矢的方向收缩。

碳纳米材料及其复合物在电场诱导而产生机械形变方面的研究取得了较大进展，目前，利用碳纳米复合材料的热膨胀效应用于致动器也引起了科学界的普遍关注[190-192]。Marshall 等[190]开发了 MWNT 分散的单筹侧链液晶复合材料，它们具有聚合物网络和向列有序性的内部结构，完全不同于它们各自材料的结构。研究发现，少量的 MWNT(0.1%)不改变聚合物的热响应性能，但是却可以使聚合物显示出红外-可见光响应的特性。他们认为 MWNT 会吸收长波长范围内的光，然后局部转化为热，触发 LCE 的相变。Lima 等[193]设计了客体填充的捻纺碳纳米管纱线，它作为无电解质人工肌肉具有快速且大的扭转行程和拉伸致动特性。该纳米管纱线是从 MWNT 丛抽出的纳米管捻纺而成，这个纳米管丛的高度约为 350μm，它由外径约为 9nm 的纳米管构成。固体石蜡是典型的客体材料，通过热、化学和光子激发使纱线中的客体的大小发生变化，从而使纱线产生扭转旋转和收缩。他们已获得了超过 100 万次的扭转和拉伸致动循环，其中一个旋转肌肉转子的转速有 11 500 转/分钟；或者在每分钟 1200 次循环产生 3%的拉伸收缩。他们发现纱线的结构可以优化纱线的扭转和拉伸致动，其中的变量包括：客体浸润是整个纺纱或是一半纺纱；纱线是否是同手性的或是不同手性；纱线是否不合股或合股。如图 5.46 所示为用于拉伸和扭转致动实验的不同纱线结构。

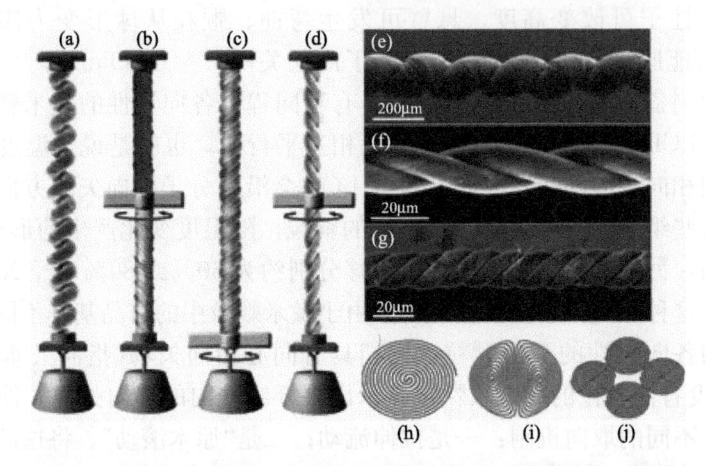

图 5.46　用于拉伸和扭转致动实验的肌肉构造和纱线结构，拉伸加载和桨叶的位置分别为：(a)两端固定，蜡全浸透的单手性纱线；(b)两端固定，下半部蜡浸透的单手性纱线；(c)一端固定，蜡全浸透的单手性纱线；(d)两端固定，蜡全浸透的不同手性纱线。这些描述的纱线分别是缠绕、不缠绕、四股或两股。箭头方向是热致动过程中可观察到的桨叶旋转方向。上端和下端均是固定栓，以防止端部旋转；同时上端固定栓也防止平移位移。(e)蜡全浸透单手性的螺旋形纱线的 SEM 图；(f)两股纯纱线的 SEM 图；(g)四股纯纱线的 SEM 图；(h) 费玛(Fermat)纱线的典型横截面示意图；(i)双阿基米德(Archimedean)纱线的典型横截面示意图；(j)蜡浸透的四股 Fermat 纱线典型横截面示意图[193]。

Hu 等[194]将 MWNT 碾磨到 PDMS 基中制成了具有低电压诱导的自支撑的复合致动器。该复合致动器在施加电压时显示出可逆的拉伸运动，当施加 30V 电压时，可获得 7.5%的可见应变，这主要是由于电场的诱导使复合物中碳纳米管的网络结构产生电热效应和热膨胀。此外，通过调整输入的功率可以控制致动位移，并在电场刺激下能保持相当长一段时间而没有任何减退，主要是由于复合物中热的产生和消耗达到了动态热力学平衡。在施加电场时，该致动器可支撑大于它 40 倍重量的硬币，显示了优异的举重性能。Shin 等[195]采用电纺技术制备了聚乙烯醇(PVA)与铁蛋白颗粒复合的纤维，该纤维可制备 pH 响应的凝胶致动器。在 pH 4 和 pH 9 时，该复合凝胶产生膨胀和收缩性能。由于铁蛋白含有的—COOH 和—NH_2与 PVA 中的—OH 基形成氢键将 PVA 和铁蛋白连接在一起，而铁蛋白作为纳米弹簧可使模量增加、蠕变减小，而不干扰致动过程。铁蛋白改善了产生高应力致动的稳定性和循环功容量，同时纤维的网络结构也可以显著缩短响应时间。Chen 等[196]将超阵列碳纳米管(CNT)片包埋在 PDMS 基质中，这可使 PDMS 基质的热膨胀系数减小为原来的一半。用该 PDMS 复合材料制成 U 形致动器，当施加小于 40V 的电压、78.5mA 电流时，它可以在空气中产生非常大的弯曲致动。该致动器的致动主要是由于 CNT 是高热导的黑体，显示出优异的热吸收性能。在致动过程中，CNT 将吸收的电能转化为热能，迅速加热整个致动器。同时，由于 CNT 层与 PDMS 之间热膨胀系数错配较大，升高温度会造成 PDMS 层的膨胀大于 CNT 层的膨胀，从而导致该结构的致动器显示出额外的弯曲。由于该致动器操作简单，因此他们用该膜制成镊子，通过电压控制可以拿取小物体。此外，Zhu 等[197]开发了将石墨烯制备在有机膜上的方法，并结合批处理微加工技术制备了石墨烯与环氧树脂复合的悬臂。他们将非常薄的石墨烯单片集成在一起，这可充分利用石墨烯独特的负热膨胀和高电导特性。在非常低的输出电压时，该悬臂可以产生快速的响应。对于 1V 的初始输出电压，悬臂的尖端在 0.02s 时的位移为 1μm(约 50μm/s)，并在 0.1s 快速恢复到它的起始状态(约 13.3μm/s)。通过改变施加电压的频率和持续时间，可以使该致动器产生拍打和弯曲运动。Sun 等[198]利用溶剂蒸发诱导的自组装技术，将剥层 GO 组装成多级结构的 GO 纸，并利用其密度梯度结构开发了温度诱导致动器。在 100℃、60s 时，GO 膜的弯曲曲率可以达到 0.36mm^{-1}。当暴露于 80℃时，该 GO 膜致动器展示出 1.4MPa 的应力，并且经过 10 个循环测试，它的应力基本保持不变。该温度致动机制是：当温度发生变化时，GO 层间的含水量发生变化，从而产生弯曲致动；较大的弯曲曲率归因于 GO 纸独特的密度梯度结构。

此外，将碳纳米管[199, 200]、石墨烯[201]纳米材料与响应性聚合物混合后，使该复合物具有光热双重响应的致动行为。Zhang 等[199]利用热敏性聚异丙基丙烯酰胺(PNIPAM)与 SWNT 复合凝胶，制备了具有热、光可逆响应的致动器。他们采用 2%的脱氧胆酸钠(DOC)作为表面活性剂分散 SWNT；得到分散均匀的 SWNT 溶液；然后将 SWNT 分散液与 NIPAM 混合，引发聚合得到 PNIPAM-SWNT 复合凝胶。研究表明，SWNT 的加入可以加快凝胶的致动时间，当 SWNT 的负载量达到 0.75mg/mL 时，复合凝胶的热响应时间仅为 5s。可能的机制如下：一是复合凝胶的热导增加，加快了热传导；二是由于凝胶结构中 SWNT 流体加强了水的传输。他们还将复合凝胶组合到低密度聚乙烯薄膜(LDPE)上，利用 SWNT-PNIPAM/LDPE 双层结构，制备成热致动驱动器，并进一步利用双层的铰链结构，制备了可开关的盒子。在温度升高到 48℃时，聚合凝胶由于收缩产生的应力引起铰链折叠，使盒子关闭；当温度降低到 23℃时，铰链为开启状态，可逆开关效应如图 5.47 所示。有趣的是，SWNT-PNIPAM/LDPE 双层致动器在近红外激光照射下，由于 SWNT-PNIPAM 层的收缩，使其变得不透明；当撤掉红外激光后，凝胶回到膨胀状态，使薄膜变得透明。

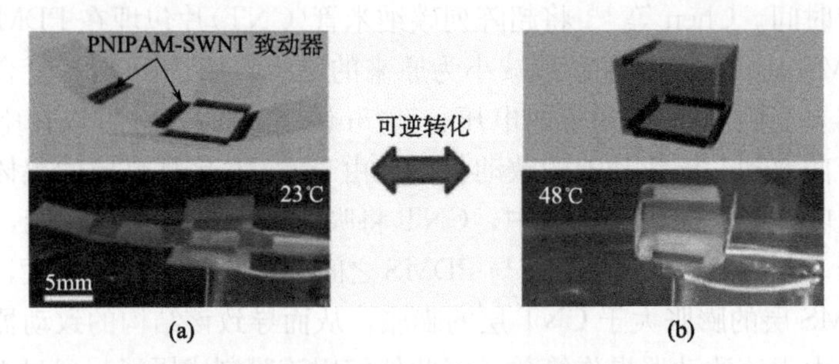

图 5.47 基于 SWNT-PNIPAM/LDPE 双层致动器的热响应的立方盒子。
(a) 在 23℃水中方盒开启；(b) 在 48℃水中方盒关闭[199]。

尽管聚合物基的致动器(如聚合物凝胶、液晶弹性体、共轭聚合物)在外场诱导下，可显示出可逆的形变特性。但是，还没有关于主-客体刺激响应的人工肌肉的研究报道。Harada 教授课题组[202, 203]在光致形变聚合物研究取得了引人注目的成果。最近，他们课题组[204]合成了 α-环糊精为主体、偶氮衍生物为光响应客体分子的光响应行超分子凝胶。在 365nm 紫外光和 430nm 的可见光照射下，该凝胶在微尺度上其大小和形状发生可逆的形变。该超分子凝胶的形变依赖于入射光的方向，选择紫外光的入射方向，使板状凝胶在水里发生弯曲；然后用可见光照射后，形变的凝胶立刻恢复到原来的形状。他们相信，该刺激响应的凝胶可用于支架和选择性释放药物的载体。

5.4.2 湿度诱导形变聚合物

水诱导膨胀的聚合物也被用于致动器研究。但是，它们与动物肌纤维相比具有响应速度慢、产生应力低和极限稳定性，限制了它们的应用[205]。Ma 等[206]开发了湿度响应的聚合物膜，它是将刚性的 PPy 基质与聚多元醇-硼酸盐的互穿网络结合起来，形成高强的柔性膜。在这里，聚多元醇-硼酸盐的网络作为 PPy 的大分子对离子，这个网络对水的敏感性依赖于水解，硼酸酯交联中心能增强水的吸附和脱附，这些性能将改变复合物的机械性能。聚多元醇-硼酸盐网络和 PPy 的分子间氢键也可以调节分子间堆积，而改变该水响应性膜的机械性能。因此，该膜能与环境进行水的交换，诱导薄膜的膨胀和收缩，导致快速和持续的运动。多元醇是乙氧化季戊四醇(PEE)，其中四臂乙二醇单体可以与硼(Ⅲ)配位形成动态网络结构。PEE-PPy 薄膜有适度的导电性(30 S/cm)、高抗张强度(115 MPa)、好的柔韧性(断裂拉伸率 23%)。PEE-PPy 膜致动器能在潮湿的衬底上具有形变功能，其运动过程分为 5 个，如图 5.48(a)所示。当薄膜与潮湿衬底接触时，底层吸收的水分比上层多，这引起薄膜的不对称膨胀，使薄膜卷曲离开衬底(Ⅰ)。这时薄膜和衬底的接触面积减小，薄膜的重心向中心移动，而这种移动会产生机械不稳定性(Ⅱ)使卷曲的薄膜翻转(Ⅲ)。同时，由于薄膜的上升部位发生水的释放，产生产生水平运动(Ⅳ)。最后，大部分接触的薄膜又回落到衬底上，使新的一面与衬底接触(Ⅴ)。这种薄膜与衬底间的不对称的水吸收是重复进行的，因此它产生下一次新的循环(Ⅰ)。在翻转过程中，薄膜的两面与衬底上的水和上部低湿度的空气之间是平衡的。因此，薄膜与衬底间的水的梯度表现出不对称的薄膜形变，它与薄膜的重力和基底的摩擦力共同作用，将驱动薄膜的翻转运动。从图 5.48(b)可以看出，薄膜的翻转运动频率与同一温度、不同水蒸气压力的关系图接近于线性关系，这说明薄膜的运动可以通过水的蒸发速度进行调节。重要的是，该薄膜的运动可产生高达 27MPa 的收缩应力，可举起比它本身重 380 倍的物体，运输比它重 10 倍的物体。特别是，如果将 27μm 厚的 PEE-PPy 致动器与 9μm 厚的压电材料聚偏氟乙烯(PVDF)组装成发电机，它可以产生的开路电压达到 3V。当 10mg 的电阻负载在这个发电机上时，可产生峰电压为 1.0V 的交流电，交流电信号的频率为 0.3Hz；平均输出功率达到 5.6 nW。将这个电能储存在电容器中，可以驱动微米或纳米级设备。

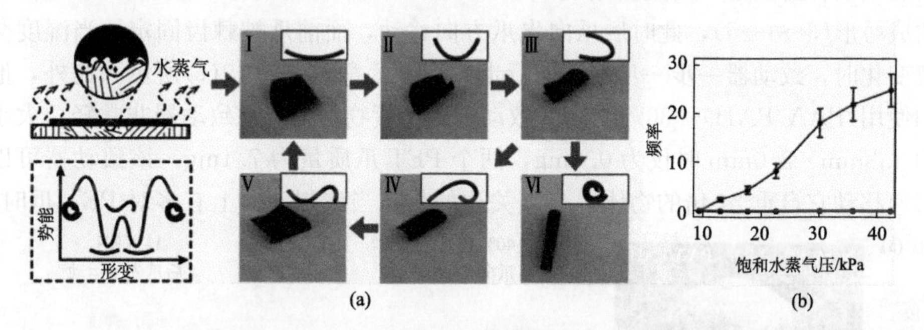

图 5.48　PEE-PPy 薄膜在潮湿衬底上的运动。(a)多阶段的运动薄膜的典型图片和示意图，薄膜弹性势图表；(b) PEE-PPy 薄膜的运动频率与同一衬底温度不同水蒸气压力的关系。[206]

Ma 等[207]又开发了由聚阴离子和聚阳离子交替的湿度响应的多层薄膜(PEM)，它是 30 层热交联的聚丙烯酸/聚丙烯氯化铵双层薄膜((PAA/PAH)* 30)，在双层膜上是一层柔性的不吸水的 Norland 紫外光固化黏结剂 63(NOA63)膜，形成复合薄膜((PAA/PAH)* 30/NOA63)，其中 PAA/PAH 和 NOA63 的厚度分别为(1.79 ±0.01)μm 和(10.37 ±0.06)μm。交联的 PAA/PAH 层具有吸收水/解吸水的能力，因此可导致 PAA/PAH 膜的膨胀/收缩，它的湿度膨胀的线性系数可达到(6.0 ±1.1) $\times 10^{-4}$/%RH，而 NOA63 层对湿度改变是惰性的。当相对湿度(RH)从 0 增加到 100%时，该复合材料吸收水使它的质量增加

12.5%。利用 PAA/PAH 和 NOA63 膜不同的湿度响应特性，以及它们高柔韧性和机械强度，(PAA/PAH) * 30/NOA63 被开发成湿度相应致动器。一个自支撑的 PAA/PAH 膜(0.5×0.8cm)固定在滤纸的一个边缘上，在室温和 12%湿度时，它几乎是平的。用干燥氮气轻轻吹过薄膜使湿度从 12%降低到 5%时，上层的 PAA/PAH 层失去水分而收缩；而下层的 NOA63 不变。这个大的收缩错配使 PAA/PAH 和 NOA63 层产生界面应力，是该双层膜在 9s 内在顺时针方向产生接近 180°的弯曲。当湿度增加到原来的 12%时，由于 PAA/PAH 层的吸收膨胀，使双层膜在 27s 内回到初始状态。当交替湿度变化时，该双层致动器重复弯曲和伸展的响应，且没有任何疲劳[图 5.49(b)]。这个湿度响应致动器，被进一步开发成行走器件，将两片聚对苯二甲酸二乙酯(PET)作为爪子相对连接在致动器两边，如图 5.49(a)所示。当湿度在 11%和 40%之间变化时，该致动器件在一个棘齿衬底上被驱动单向行走。开始时，在 40%湿度时，上层 PAA/PAH 膜的膨胀，整个致动器向上弯曲成弓形；当湿度降到 11%时，上层 PAA/PAH 膜的收缩，这是行走设备沿着棘齿方向伸展(1→2→3)，伸展过程中，前爪向前，而后爪被棘齿固定。当湿度增加到 40%时，PAA/PAH 膜再次膨胀，致动器弯曲成弓形(3→4→5)，此时后爪向先爪方向移动，而前爪被棘齿固定。当湿度交替变化时，致动器一步一步地单向行走，行走示意图如 5.49(c)所示。此外，他们使用(PAA/PAH) * 30/NOA63 致动器用于货物运输。该致动器非常轻，大小为 4.3mm×2.0mm 时仅为 0.3mg，两个 PET 爪质量为 7.1mg。该致动器可以快速移动它自重 24 倍的物体。令人关注的是，当该制动器上有多对 PET 爪时，

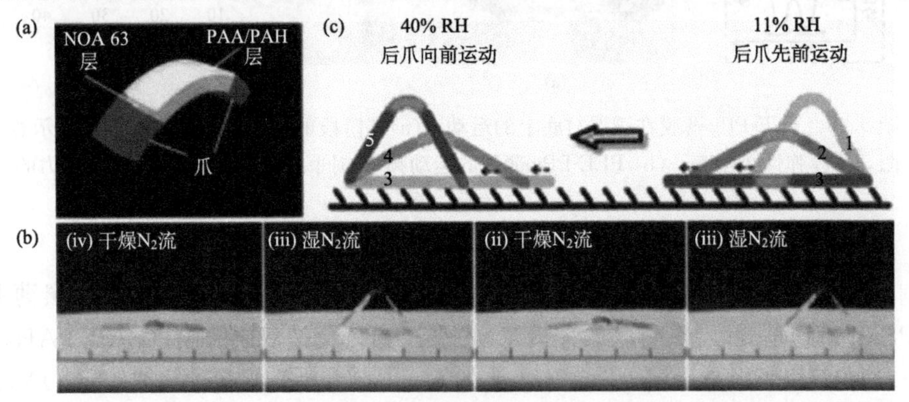

图 5.49　(a)(PAA/PAH) * 30/NOA63 致动器和两个 PET 爪构成的行走器件，上层是热交联的 PAA/PAH 薄膜，下层是紫外固化的 NOA63；(b)当环境相对湿度在 11%和 40%之间变化时，行走器件在有棘齿的 PE 基底上从右往左行走，致动器长 4.3mm、宽 2.0mm，爪的宽度与致动器一样，长度为 4.0mm；(c)湿度诱导驱动的器件在棘齿基底上行走的分解示意图[207]。

可增加其负载量。

5.4.3　生物分子人工肌肉

尽管人工肌肉在一定的时间、空间或力范围内与天然肌肉相吻合，但是它们还不能完全代替天然肌肉。因此，生物技术、组织工程等被用于在微米、纳米尺度甚至分子水平上构建仿生人工肌肉[208-217]。Feinberg 等[208]利用组织工程和聚合物薄膜组装技术制备了生物复合材料，他们在 PDMS 弹性体薄膜上培养乳鼠心肌细胞，得到了二维(2D)各向异性的心肌组织。在心肌细胞生成过程中，肌肉薄膜是 2D 平面生长的，然后被塑形成三维(3D)结构。在心肌收缩时，心肌细胞缩短而引起 PDMS 收缩，使其产生弯曲；当心肌舒张时，它们又回到原来的形状。他们共制备了三种类型的 2D 心肌组织：各向相同、各向异性和肌肉独立的阵列，他们是通过将隔离的心肌细胞种植在蛋白修饰或微接触打印的表面上。然后，他们通过改变组织的结构、薄膜的形状、电起搏参数设置等，设计了在时间和空间上可控的各种抓、抽吸、走和游泳等动作，并产生高达 4mN/mm^2 的力。图 5.50 所示为能自动或遥控行走的 Myopod。在舒张期，腿松弛回来，倾斜的脚垫保持不动。当收缩期，心肌收缩而引起"腿"伸展，推动 Myopod 前进。如果施加 1Hz 电压起搏，Myopod 可产生速度为 8mm/min 的连续和定向的运动。Myopod 相对速度与 Xi 等报道的相似[209]，但是这个 Myopod 可以重新配置、折叠成其他构型，不需要采用其他微加工。

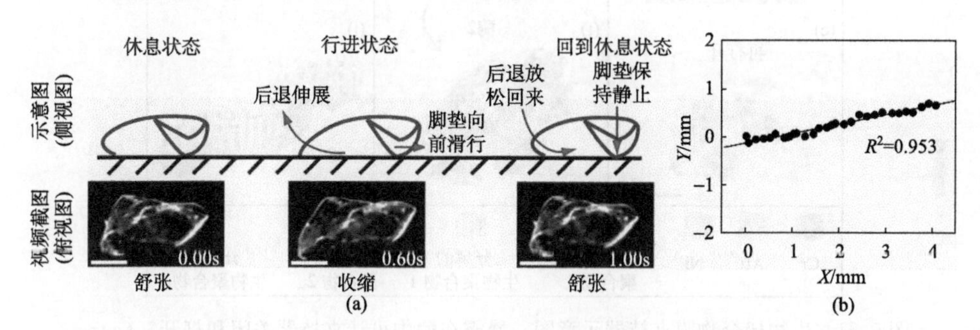

图 5.50　可自动或遥控行走的 Myopod，这个 Myopod 是由各相相同心肌手工折成三角形 3D 结构的肌肉薄膜。(a)Myopod 肌肉薄膜的运动的俯视图和示意图，包括舒张时开始、收缩时迈步前进；(b)1s 间隔内 Myopod 前进的视频跟踪图(黑点为时间间隔、实线为线性回归)[208]。

此外，化学反应常被用于改变材料的物理性质，这些过程在自然界被广泛应用于驱动运动，但是这些化学信号很少被人工应用。Johns Hopkins 大学的 Gracias 等[214]利用多肽、多糖和多核苷酸构成的生物聚合物分别被蛋白酶、水解酶和核酸酶选择性降解反应，开发了生物酶触发致动的小型夹持器。他们设计了有铰链结构的多层夹持器，其中铰链由生物聚合物构成，它们是多肽的明胶或多糖的羧甲基纤维素(CMC)。同时，铰链还含有预应变的金属膜。这些铰链通过光刻得到图案，然后与刚性链段结合得到夹持器。初始状态，夹持器在交联的厚生物膜作用下，保持平坦状态。当夹持器暴露于蛋白酶时，生物分子被酶选择性降解，模量降低，使夹持器关闭；然后让它暴露于葡萄糖酶，夹持器被致动打开。他们设计了花瓣形的小型夹持器，它由镍、铬和金构成，每个花瓣包括刚性部分、两个预应变的金属部分，在平衡状态时可引起结构的弯曲。具体的开启和关闭过程如图 5.51 所示。此外，他们用该酶触发的夹持器完成了与医学相关的任务。一般情况下，将约束工具送达人体内的封闭腔是相当困难的，如胆道系统。

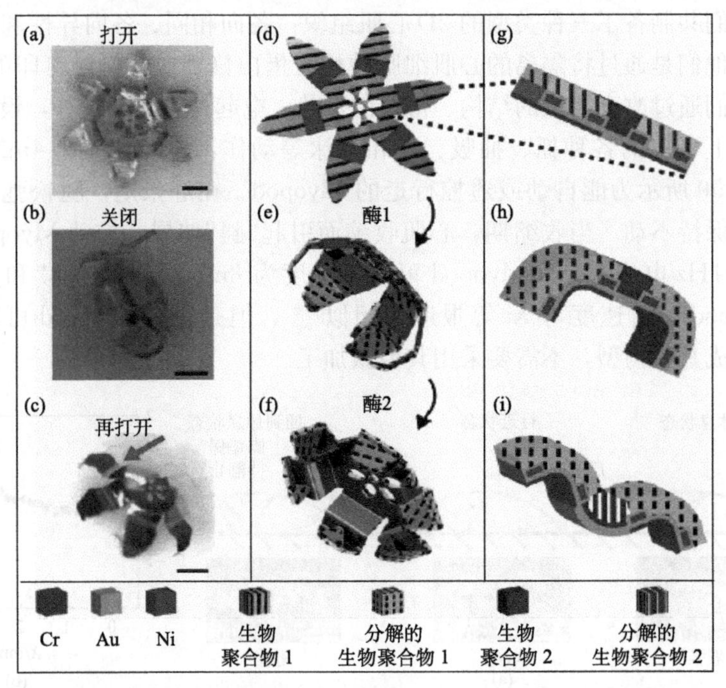

图 5.51 生物聚合物膜夹持器示意图，暴露在酶中可让夹持器关闭和打开。(a)～(c)分别为夹持器在平铺、关闭和再打开状态时的光学图片，箭头所指是第二个铰链，标尺为 200μm；(d)～(f)为上述三个状态的夹持器示意图；(d)夹持器被厚的交联生物聚合物控制，当生物聚合物在酶 1 选择性降解时，它的模量下降，夹持器打开；(e)对酶 1 不敏感的硬生物聚合物在第二个夹持器，防止第二个铰链致动，保持夹持器关闭；(f)夹持器被酶 2 致动再次打开；(g)～(i)生物聚合物夹持器中一个铰链的横截面放大图；(g)两个生物聚合物都是硬的，以阻止弯曲；(h)当生物聚合物被酶 1 降解时，第二个铰链保持平铺；(i)第二个聚合物被酶 2 降解时，这个铰链向相反方向弯曲[214]。

他们使用具有打开和闭合功能的 CMC-明胶夹持器夹取 700μm 的藻元酸珠，使用纤维素酶关闭夹持器；然后用磁性笔移动抓有珠子的夹持器，再使用胶原酶开启夹持器，释放珠子。此外，他们设计和建立了肝脏模型，将纤维素酶响应关闭的 CMC 夹持器放入十二指肠，然后引导并通过胰胆壶腹和胆总管，进入肝脏。纤维素酶通过注射方式加入，夹持器在组织周围闭合。而且，通过生物分子与癌细胞分泌的酶进行匹配，可能将得到只对癌细胞响应的工具。

Marini 等[215]设计了具有自发开关运动的自组装 DNA-“折纸”纳米致动器，在外部化学环境刺激下，它显示出对结构和形状具有独特的寻址特性。该 DNA 折纸纳米致动器的致动是完全可逆的，其致动原理是采用核苷酸链的碱基配对原则。如图 5.52 所示，这个 DNA 折纸致动器是直径约为 100nm 的圆形结构，它由直径为 60nm 的内盘、直径为 20nm 的外环构成，内盘被外环上相对的两点固定，非互补的四聚核苷酸保证内盘(称为翅膀)上两个半盘的柔韧性，半盘可做相对于平的外环的运动。将称为探针的单链 DNA 分子连接在内盘的两个边缘上，垂直于约束的轴线。当存在目标分子时，探针缠绕成双螺旋结构而拉伸内盘，迫使两个半盘的边缘向彼此移动。当加入第三个单链分子时，目标分子从探针上移走，使圆盘恢复到 DNA 折纸的初始状态。

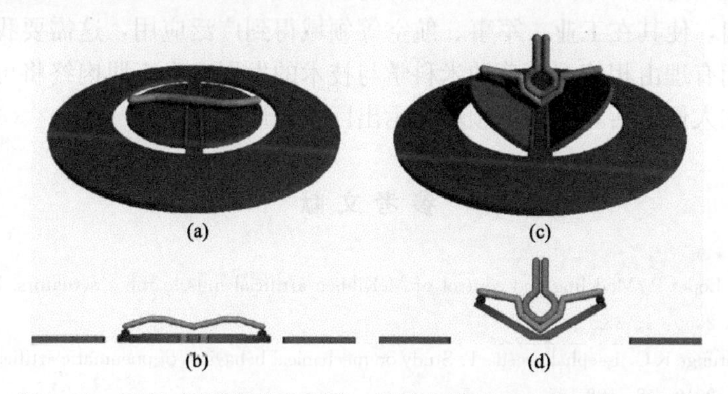

图 5.52　DNA 折纸模型示意图，折纸由外环和内盘两个亚单元构成，内盘被外环上相对的两点固定，内盘的柔韧性由非互补的四聚核苷酸提供。(a)、(b)为含单链探针的闭合 NDA-折纸的上部和侧视图；(c)、(d)为致动的 DNA-折纸的上部和侧视图，探针分子与发卡状目标分子互补产生螺旋结构而拉伸内盘[215]。

Schmittel 等[216]采用杂配三联吡啶-邻二氮杂菲复合物制备技术(HETTAP)定量制备了一个三组分的双卟啉超分子镊子（PT)。当在将客体分子插入 PT 的耦合卟啉空腔时，可引起 PT 的致动，其中客体分子是 1，4-二氮杂二环[2.2.2]辛烷(DABCO)或吡嗪(py)。从氢的核磁共振(HMR)、变温 NMR 和紫外可见光谱滴定检测发现，DABCO分子在卟啉中心有一个快速的结合或分离。一旦给PT加入等物质的量的DABCO和py混合物，仅得到一个动态五组分自组装结构。氢的NMR和*K*值已验证了异质负载的PT-(DABCO)(py)体系比单独负载体系(如PT-(DABCO)和PT-py)的稳定性高。PT-(DABCO)(py)的高度稳定性是由于电荷经过卟啉平面从DABCD到py的空的π反键轨道转移的结果。Schafmeister等[217]制备了双缩氨酸基的分子机械致动器，它对Cu^{2+}的加入和移除可产生收缩和膨胀运动，这可以采用沉降分析和尺寸排除色谱法直接观察它的水动力性能的改变。当它与铜结合时，分子在沉降系数、轴比、尺寸排除色谱的流出时间发生了较大变化。该分子致动器在机械性质的可控改变证实了这对分子器件的发展是一个好的起点，它们是利用分子的大小和形状变化的产生而产生的，如传感器、分子阀等。

5.5 本章小结

大自然千百年的进化赋予了生物许多独特的功能与结构，学习自然并超越自然，是我们最终的目标。如何从天然肌肉独特的结构和性能获得灵感，开发和制备人工肌肉，使其在工业、军事、航空等领域得到广泛应用，这需要我们不懈地努力。我们有理由相信，随着纳米科学与技术的发展，人工肌肉终将可以代替自然肌肉，在人们生活和工业等领域显示出巨大的应用价值。

参考文献

[1] Tondu B, Lopez P. Modeling and control of McKibben artificial muscle robot actuators. IEEE Control Syst Mag, 2000: 15-38.

[2] Wickramatunge K C, Leephakpreeda T. Study on mechanical behaviors of pneumatic artificial muscle. Int J Eng Sci, 2010, 48: 188-198.

[3] Choi J H, Lee S K, Lim J M, et al. Designed pneumatic valve actuators for controlled droplet breakup and generation. Lab Chip, 2010, 10: 456-461.

[4] Wang X, Zhang Y, Fu X, et al. Design and kinematic analysis of a novel humanoid robot eye using pneumatic artificial muscles. J Bionic Eng, 2008, 5: 264-270.

[5] Gordon K E, Sawicki G S, Ferris D P. Mechanical performance of artificial pneumatic muscles to power an ankle-foot orthosis. J Biomech, 2006, 39: 1832-1841.

[6] Daerden F, Lefeber D. Pneumatic artificial muscles: actuators for robotics and automation. Eur J Mech Environ Eng, 2002, 47: 11-21.

[7] Sasaki T, Kawashima K. Remote control of backhoe at construction site with a pneumatic robot system. Autom Constr, 2008, 17: 907-914.

[8] Shadow Robot Group (London). The Shadow Air Muscle. http://www.shadowrobot.com/.

[9] FESTO. Fluidic Muscle. http://www. festo. com/.
[10] Wakimoto S, Ogura K, Suzumori K, et al. Miniature soft hand with curling rubber pneumatic actuators. IEEE International Conference on Robotics and Automation, 2009, 556-561.
[11] Wakimoto S, Suzumori K, Ogura K. Miniature pneumatic curling rubber actuator generating bidirectional motion with one air-supply tube. Adv Robotics, 2011, 25: 1311-1330.
[12] Spinks G M, Wallace G G, Fifield L S, et al. Pneumatic carbon nanotube actuators. Adv Mater, 2002, 14: 1728-1732.
[13] Takashima K, Rossiter J, Mukai T. McKibben artificial muscle using shape-memory polymer. Sen Actua A, 2010, 164: 116-124.
[14] Xu S, Qin Y, Xu C, et al. Self-powered nanowire devices. Nat Nanotech, 2010, 5: 366-373.
[15] Scrymgeour D A, Hsu J W P. Correlated piezoelectric and electrical properties in individual ZnO nanorods. Nano Lett, 2008, 8: 2204-2209.
[16] Wang J, Sandu C S, Colla E, et al. Ferroelectric domains and piezoelectricity in monocrystallinePb(Zr, Ti)O_3nanowires. App Phys Lett, 2007, 90: 133107(3pp).
[17] Xu X, Potié A, Songmuang R. et al. An improved AFM cross-sectional method for piezoelectric nanostructures properties investigation: application to GaN nanowires. Nanotech, 2011, 22: 105704 (8pp).
[18] Bogue R. Shape-memory materials: A review of technology and applications. Assembly Autom, 2009, 29: 214-219.
[19] Bar-Cohen Y. Electro-active polymers: Current capabilities and challenges, Proceedings of the SPIE Smart Structures and Materials Symposium. San Diego, CA: EAPAD Conference, 2002, 4695-4702.
[20] Asua E, Etxebarria V, García-Arribas A. Neural network-based micropositioning control of smart shape memory alloy actuators. Eng Appl Artif Intel, 2008, 21: 796-804.
[21] Tobushi H, Pieczyska E, Miyamoto K, et al. Torsional deformation characteristics of TiNi SMA tape and application to rotary actuator. J Alloy Compd, 2011, 2013, 577: S745-S748.
[22] Matovic J, Reichenberger K. Two-way SMA actuators for space application: Performances and reliability. Procedia Eng, 2010, 5: 1372-1375.
[23] Chen CF, Zheng R T, Kung T T, et al. A strain-fiber actuator by use of shape memory alloy spring. Optik, 2009, 120: 818-823.
[24] Icardi U, Ferrero L. Preliminary study of an adaptive wing with shape memory alloy torsion actuators. Mater Design, 2009, 30: 4200-4210.
[25] Frenzel J, Burow J A, Payton E J, et al. Improvement of NiTi shape memory actuator performance through ultra-fine grained and nanocrystalline microstructures. Adv Eng Mater, 2011, 13: 256-268.
[26] Scheerbaum N, Hinz D, Gutfleisch O, et al. Textured polymer bonded composites with Ni-Mn-Ga magnetic shape memory particles. Acta Mater, 2007, 55: 2707-2713.
[27] Scheerbaum N, Heczko O, Liu J, et al. Magnetic field-induced twin boundary motion in polycrystalline Ni-Mn-Ga fibres. New J Phys, 2008, 10: 073002.
[28] Liu J, Scheerbaum N, Kauffmann-Weiss S, et al. NiMn-based alloys and composites for magnetically controlled dampers and actuators. Adv Eng Mater, 2012, 14: 653-667.
[29] Chmielus M, Zhang X X, Witherspoon C, et al. Giant magnetic-field-induced strains in polycrystalline Ni-Mn-Ga foams. Nat Mater, 2009, 8: 863-866.
[30] Chen S Y, Ye Q Y, Miao W, et al. Direct and converse magnetoelectric effects in $Ni_{43}Mn_{41}Co_5Sn_{11}$/Pb

(Zr, Ti)O_3 laminate. J Appl Phys, 2010, 107: 09D901.

[31] Srivastava V, Song Y, Bhatti K, et al. The direct conversion of heat to electricity using multiferroic alloys. Adv Energy Mater, 2011, 1: 97-104.

[32] Feuchtwanger J, Richard M L. Large energy absorption in Ni-Mn-Ga/polymer composites. J Appl Phys, 2005, 97: 10M319.

[33] Zink M, Szillat F, Allenstein U, et al. Interaction of ferromagnetic shape memory alloys and RGD peptides for mechanical coupling to cells: from Ab initio calculations to cell studies. Adv Funct Mater, 2013, 23: 1383-1391.

[34] Sreekumar M, Nagarajan T, Singaperumal M, et al. Critical review of current trends in shape memory alloy actuators for intelligent robots. Industrial Robot: An Inter J, 2007, 34: 285-294.

[35] Liu C, Qin H, Mather P T. Review of progress in shape-memory polymers. J Mater Chem, 2007, 17: 1543-1558.

[36] Ratna D, Karger-Kocsis J. Recent advances in shape memory polymers and composites: A review. J Mater Sci, 2008, 43: 254-269.

[37] Ahir S V, Tajbakhsh A R, Terentjev E M. Self-assembled shape-memory fibers of triblock liquid-crystal polymers. Adv Funct Mater, 2006, 16: 556-560.

[38] Singhal P, Rodriguez J N, Small W, et al. Ultra low density and highly crosslinked biocompatible shape memory polyurethane foams. J Polym Sci Part B: Polym Phys, 2012, 50: 724-737.

[39] Singhal P, Boyle A, Brooks M L, et al. Controlling the actuation rate of low-density shape-memory polymer foams in Water. Macromol Chem Phys, 2013, 214: 1204-1214.

[40] Zhang D, Petersen K M, Grunlan M A. Inorganic-organic shape memory polymer (SMP) foams with highly tunable properties. ACS Appl Mater Interfaces, 2013, 5: 186-191.

[41] Guo B, Chen Y, Lei Y, et al. Biobased poly(propylene sebacate) as shape memory polymer with tunable switching temperature for potential biomedical applications. Biomacromolecules, 2011, 12: 1312-1321.

[42] Li J, Liu T, Xia S, et al. A versatile approach to achieve quintuple-shape memory effect by semi-interpenetrating polymer networks containing broadened glass transition and crystalline segments. J Mater Chem, 2011, 21: 12213-12217.

[43] Kumpfer J R, Rowan S J. Thermo-, photo-, and chemo-responsive shape-memory properties from photo-cross-linked metallo-supramolecular polymers. J Am Chem Soc, 2011, 133: 12866-12874。

[44] Iijima M, Kobayakawa M, Yamazaki M, et al. Anionic surfactant with hydrophobic and hydrophilic chains for nanoparticle dispersion and shape memory polymer nanocomposites. J Am Chem Soc, 2009, 131: 16342-16343.

[45] Lendlein A, Langer R. Biodegradable, elastic shape-memory polymers for potential biomedical applications. Science, 2002, 296: 1673-1676.

[46] Yakacki C M, Shandas R, Lanning C, et al. Unconstrained recovery characterization of shape-memory polymer networks for cardiovascular applications. Biomaterials, 2007, 28: 2255-2263.

[47] Metcalfe A, Desfaits A, Salazkin I, et al. Cold hibernated elastic memory foams for endovascular interventions. Biomaterials, 2003, 24: 491-497.

[48] Langer R, Tirrell D A. Designing materials for biology and medicine. Nature, 2004, 428: 487-492.

[49] Behl M, Lendlein A. Actively moving polymers. Soft Matter, 2007, 3: 58-67.

[50] Bar-Cohen Y. Electroactive polymer (EAP) actuators as artificial muscles - reality, potential and challenges. 2004, 136: 1-765
[51] Bar-Cohen Y, Breazeal C. Biologically-inspired intelligent robots. 2003, 122: 1-393.
[52] Bar-Cohen Y. Proceedings of the first SPIE's Electroactive polymer actuators and devices (EAPAD). Conf Smart Structures and Materials Symposium, 1999, 3669: 1-414.
[53] Pelrine R, Kornbluh R, Pei Q, et al. High-speed electrically actuated elastomers with strain greater than 100%. Science, 2000, 287: 836-839.
[54] Ha S M, Yuan W, Pei Q, et al. Interpenetrating polymer networks for high-performance electroelastomer artificial muscles. Adv Mater, 2006, 18: 887-891.
[55] Opris D M, Molberg M, Walder C, et al. New silicone composites for dielectric elastomer actuator applications in competition with acrylic foil. Adv Funct Mater, 2011, 21: 3531-3539.
[56] Shankar R, Krishnan A K, Ghosh T K, et al. Triblock copolymer organogels as high-performance dielectric elastomers. Macromolecules, 2008, 41: 6100-6109.
[57] Vargantwar P H, Özçam A E, Ghosh T K, et al. Prestrain-free dielectric elastomers based on acrylic thermoplastic elastomer gels: A morphological and (electro)mechanical property study. Adv Funct Mater, 2012, 22: 2100-2113.
[58] Kussmaul B, Risse S, Kofod G, et al. Enhancement of dielectric permittivity and electromechanical response in silicone elastomers: Molecular grafting of organic dipoles to the macromolecular network. Adv Funct Mater, 2011, 21: 4589-4594.
[59] Kim B, Park Y D, Min K, et al. Electric actuation of nanostructured thermoplastic elastomer gels with ultralarge electrostriction coefficients. Adv Funct Mater, 2011, 21: 3242-3249.
[60] Brochu P, Pei Q. Advances in dielectric elastomers for actuators and artificial muscles. Macromol Rapid Commun, 2010, 31: 10-36.
[61] Yuan W, Hu L, Yu Z, et al. Fault-tolerant dielectric elastomer actuators using single-walled carbon nanotube electrodes. Adv Mater, 2008, 20: 621-625.
[62] Yun S, Niu X, Yu Z, et al. Compliant silver nanowire-polymer composite electrodes for bistable large strain actuation. Adv Mater, 2012, 24: 1321-1327.
[63] Dubowsky S, Kesner S, Plante J S, et al. Hopping mobility concept for search and rescue robots. Ind Robot: Int J, 2008, 35: 238-245.
[64] Pelrine R, Larsen S P, Kornbluh R D, et al. Applications of dielectric elastomer actuators. Proc SPIE, 2001, 4329: 335.
[65] Choi H, Ryew S, Jung K, et al. Biomimetic actuator based on dielectric polymer. Proc SPIE, 2002, 4695: 138.
[66] Pelrine R, Kornbluh R, Pei Q, et al. Dielectric elastomer artificial muscle actuators: Toward biomimetic motion. Proc SPIE, 2002, 4695: 126.
[67] Khatib O, Kumar V, Pappas G, et al, Experimental Robotics: The 11th International Symposium (Springer Tracts in Advanced Robotic). Springer Science Business Media B V, 2009, 54: 25.
[68] Lochmatter P, Kovacs G. Concept study on active shells driven by soft dielectric EAP. Proc SPIE, 2007, 6524: 65241O.
[69] Carpi F, Frediani G, Turco S, et al. Bioinspired tunable lens with muscle-like electroactive elastomers. Adv Funct Mater, 2011, 21: 4152-4158。

[70] Liu Y, Shi L, Liu L, et al. Inflated dielectric elastomer actuator for eyeball's movements: fabrication, analysis and experiments. Proc SPIE, 2008, 6927: 69271A.

[71] Heydt R, Kornbluh R, Eckerle J, et al. Sound radiation properties of dielectric elastomer electroactive polymer loudspeakers. Proc SPIE, 2006, 6168: 61681M.

[72] Chiba S, Waki M, Kornbluh R, et al. Extending applications of dielectric elastomer artificial muscle. Proc SPIE, 2007, 6524: 652424.

[73] Aschwanden M, Stemmer A. Low voltage, highly tunable diffraction grating based on dielectric elastomer actuators. Proc SPIE, 2007, 652: 65241N.

[74] Aschwanden M, Niederer D, Stemmer A. Tunable transmission grating based on dielectric elastomer actuators. Proc SPIE, 2008, 6927: 69271R.

[75] Carpi F, Mannini A, Rossi D D. Elastomeric contractile actuators for hand rehabilitation splints. Proc SPIE, 2007, 6927: 692705.

[76] Ren K, Liu S, Lin M, et al. A compact electroactive polymer actuator suitable for refreshable Braille display. Proc SPIE, 2007, 6524: 65241G.

[77] Koo I M, Jung K, Koo J C, et al. Development of soft-actuator-based wearable tactile display. IEEE Trans On Robotics, 2008, 24: 549-558.

[78] Bolzmacher C, Biggs J, Srinivasan M. Flexible dielectric elastomer actuators for wearable human-machine interfaces. Proc SPIE, 2006, 6168: 616804.

[79] Xia F, Tadigadapa S, Zhang Q M. Electroactive polymer based microfluidic pump. Sen Actuators A, 2006, 125: 346-352.

[80] Jhong Y Y, Huang C M, HsiehC C, et al. Improvement of viscoelastic effects of dielectric elastomer actuator and its application for valve devices. Proc SPIE, 2007, 6524: 65241Y.

[81] Michel S, Dürager C, Zobel M, et al. Electroactive polymers as a novel actuator technology for lighter-than-air vehicles. Proc SPIE, 2007, 6524: 65241Q.

[82] Michel S, Bormann A, Jordi C. et al. Feasibility studies for a bionic propulsion system of a blimp based on dielectric elastomers. Proc SPIE, 2008, 6927: 69270S.

[83] Wu L Y, Wu M L, Chen L W. The narrow pass band filter of tunable 1D phononic crystals with a dielectric elastomer layer. Smart Mater Struct, 2009, 18: 015011(8pp).

[84] Yang W P, Chen L W. The tunable acoustic band gaps of two-dimensional phononic crystals with a dielectric elastomer cylindrical actuator. Smart Mater Struct, 2008, 17: 015011(6pp).

[85] Iijima S. Helical microtubules of graphitic carbon. Nature, 1991, 354: 56-58.

[86] Iijima S, Ichihashi T. Single-shell carbon nanotubes of 1-nm diameter. Nature, 1993, 363: 603-605.

[87] Treacy M M J, Ebbesen T W, Gibson J M. Exceptionally High Young's Modulus Observed for Individual Carbon Nanotubes. Nature, 1996, 381: 678-680.

[88] Poncharal P, Wang Z L, Ugarte D, et al. Electrostatic deflections and electromechanical resonances of carbon nanotubes. Science, 1999, 283: 1513-1516.

[89] Stampfer C, Helbling T, Obergfell D, et al. Fabrication of Single-Walled Carbon Nanotube-Based Pressure Sensors. Nano Lett, 2006, 6: 233-237.

[90] Jensen K, Kim K, Zettl A. An atomic-resolution nanomechanical mass sensor. Nature Nanotech, 2008, 9: 533-537.

[91] Jensen K, Weldon J, Zettl A. Nanotube radio. Nano Lett, 2007, 7, 3508-3511.

[92] Baughman R H，Cui C，Zakhidov A A，et al. Carbon nanotube actuators. Science，1999，284：1340-1344.

[93] Fennimore A M，Yuzvinsky T D，Han W Q，et al. Rotational actuators based on carbon nanotubes. Nature，2003，424：408-410.

[94] Aliev A E，Oh J，Mikhail E，et al. Giant-stroke，superelastic-carbon nanotube aerogel muscles. Science，2009，323：1575-1578.

[95] Foroughi J，Spinks G M，Wallace G G，et al. Torsional carbon nanotube artificial muscles. Science，2011，334：494-497.

[96] Yun Y，Shanov V，Tu Y，et al. multi-wall carbon nanotube tower electrochemical actuator. Nano Lett，2006，6，689-693.

[97] Mukai K，Asaka K，Sugino T，et al. Highly conductive sheets from millimeter-long single-walled carbon nanotubes and ionic liquids：Application to fast-moving，low-voltage electromechanical actuators operable in air. Adv Mater，2009，21：1582-1585.

[98] Shao L H，Biener J，JinH J，et al. Electrically tunable nanoporous carbon hybrid actuators. Adv Funct Mater，2012，22：3029-3034.

[99] Liu S，Liu Y，de Villoria R G，et al. High electromechanical response of ionic polymer actuators with controlled-morphology aligned carbon nanotube/nafion nanocomposite electrodes. Adv Funct Mater，2010，20：3266-3271.

[100] Shin S R，Lee C K，Eom T W，et al. DNA-coated MWNT microfibers for electrochemical actuator. Sen Actuators B，2012，162：173-177.

[101] Lu L. Chen W. Biocompatible composite actuator：a supramolecular structure consisting of the biopolymer chitosan，carbon nanotubes，and an ionic liquid. Adv Mater，2010，22：3745-3748.

[102] Mukai K，Asaka K，Hata K，et al. High-speed carbon nanotube actuators based on an oxidation/reduction reaction. Chem Eur J，2011，17：10965-10971.

[103] Landi B J，Raffaelle R P，Heben M J，et al. Single wall carbon nanotube-nafion composite actuators. Nano Lett，2002，2：1329-1332.

[104] Hu Y，Chen W，Liu J，et al. Electromechanical actuation with controllable motion based on a single-walled carbon nanotube and natural biopolymer composite. ACS nano，2010，4：3498-3502.

[105] Takeuchi I，Asaka K，Kiyohara K，et al. Electrochemical impedance spectroscopy and electromechanical behavior of bucky-gelActuators containing ionic liquids. J Phys Chem C，2010，114：14627-14634.

[106] Li J，Ma W，Song L，et al. Superfast-response and ultrahigh-power-density electromechanical actuators based on hierarchal carbon nanotube electrodes and chitosan. Nano Lett，2011，11：4636-4641.

[107] Rajagopalan M，Oh I-K. Fullerenol-based electroactive artificial muscles utilizing biocompatible polyetherimide，ACS Nano，2011，5：2248-2256.

[108] Xie X，Qu L，Zhou C，et al. An Aymmetrically Surface-Modified Graphene Film Electrochemical Actuator. ACS Nano，2010，4：6050-6054.

[109] Xie X，Bai H，Qu L. Load-tolerant，highly strain-responsive graphene sheets. J Mater Chem，2011，21：2057-2059.

[110] Liang J，Huang Y，Oh J，et al. Electromechanical actuators based on graphene and graphene/Fe_3O_4 hybrid paper. Adv Funct Mater，2011，21：3778-3784.

[111] Fukushima T，Asaka K，Kosaka A，et al. Fully plastic actuator through layer-by-layer casting with

ionic-liquid-based bucky gel. Angew Chem Int Ed, 2005, 44: 2410-2413.
[112] Biso M, Ansaldo A, Futaba D N, et al. Cross-linking super-growth carbon nanotubes to boost the performance of bucky gel actuators. Carbon, 2011, 49: 2253-2257.
[113] Li J, Vadahanambi S, Kee C-D, et al. Electrospun fullerenol-cellulose biocompatible actuators. Biomacromolecules, 2011, 12: 2048-2054.
[114] Lee J, Kim S. Manufacture of a nanotweezer using a length controlled CNT arm. Sen Actuators B, 2011, 156: 539-545.
[115] Chiang C K, Fischer C R, Park Y W, et al. Electrical conductivity in doped polyacetylene. Phys Rev Lett, 1977, 39: 1098.
[116] Chiang C K, Druy M A, Gau S C, et al. Synthesis of highly conducting films of derivatives of polyacetylene, $(CH)_x$. J Am Chem Soc, 1978, 100: 1013-1015.
[117] MacDiarmidA G. Synthetic metals: A novel role for organic polymers. Angew Chem Int Ed, 2001, 40: 2581-2590.
[118] Murthy N S, Shacklette LW, Baughman R H. Effect of charge transfer on chain dimension in trans-polyacetylene. J Chem Phys, 1987, 87: 2346-2348.
[119] Mirfakhrai T, J. Madden D W, Baughman R H. Polymer artificial muscles. Mater Today, 2007, 10: 30-38.
[120] Smela E. Conjugated polymer actuators for biomedical applications. Adv Mater, 2003, 15: 481-494.
[121] Wan M A. template-free method towards conducting polymer nanostructures. Adv Mater, 2008, 20: 2926-2932.
[122] Sansiñena J-M, Gao J, Wang H-L. High-performance, monolithic polyaniline electrochemical actuators. Adv Funct Mater, 2003, 13: 703-709.
[123] Kim S H, Oh K W, Choi J H. Preparation and self-Assembly of polyaniline nanorods and their application as electroactive actuators. J Applied Polym Sci, 2010, 116: 2601-2609.
[124] Gu B K, Ismail Y A, Spinks G M, et al. A linear actuation of polymeric nanofibrous bundle for artificial muscles. Chem Mater, 2009, 21: 511-515.
[125] Kim S J, Kim M S, Kim S I, et al. Self-oscillatory actuation at constant DC voltage with pH-sensitive chitosan/polyaniline hydrogel blend. Chem Mater, 2006, 18: 5805-5809.
[126] Otero T F, Sansiñena J M. Soft and wet conducting polymers for artificial muscles. Adv Mater, 1998, 10: 491-494.
[127] Berdichevsky Y, LoY H. Polypyrrole nanowire actuators. Adv Mater, 2006, 18: 122-125.
[128] Otero T F, Cortés M T. Artificial muscles with tactile sensitivity. Adv Mater, 2003, 15: 279-282.
[129] Bay L, Mogensen N, Skaarup S, et al. Polypyrrole doped with alkyl benzenesulfonates. Macromolecules, 2002, 35: 9345-9351.
[130] Bay L, Skaarup S, Skaarup S. Pentanol as co-surfactant in polypyrrole actuators. Polymer, 2002, 43: 3527-3532.
[131] Bay L, West K, Skaarup S, et al. A conducting polymer artificial muscle with 12 % linear strain. Adv Mater, 2003, 15: 310-313.
[132] Zhao L, Tong L, Li C, et al. Polypyrrole actuators with inverse opal structures. J Mater Chem, 2009, 19: 1653-1658.
[133] He X, Li C, Chen F E, et al. Polypyrrole microtubule actuators for seizing and transferring micropar-

ticles. Adv Funct Mater, 2007, 17: 2911-2917.

[134] Liu A, Zhao L, Bai H, et al. Polypyrrole actuator with a bioadhesive surface for accumulating bacteria from physiological media. ACS Appl Mater Interfaces, 2009, 4: 951-955.

[135] Charrier D S H, Janssen R A J, Kemerink M. Large electrically induced height and volume changes in poly(3, 4-ethylenedioxythiophene)/poly(styrenesulfonate) thin films. Chem Mater, 2010, 22: 3670-3677.

[136] Okuzaki H, Suzuki H, Ito T. Electromechanical properties of poly(3, 4-ethylenedioxythiophene)/poly(4-styrene sulfonate) films. J Phys Chem B, 2009, 113: 11378-11383.

[137] Hara Y, Yamaguchi Y. Development of Actuator with PEboT-PSS thim film as an electorde, Actutors, 2014, 3: 285-292.

[138] Zainudeen U L, Careem M A, Skaarup S. PEDOT and PPy conducting polymer bilayer and trilayer actuators. Sen Actuators B, 2008, 134: 467-470.

[139] Spinks G M, Mottaghitalab V, Bahrami-Samani M, et al. Carbon-nanotube-reinforced polyaniline fibers for high-strength artificial muscles. Adv Mater, 2006, 18: 637-640.

[140] Smela E, Lu W, Mattes B R. Polyaniline actuators Part 1. PANI(AMPS) in HCl. Synth Met, 2005, 151: 25-42.

[141] Zheng W, Razal J M, Whitten P G, et al. Artificial muscles based on polypyrrole/carbon nanotube laminates. Adv Mater, 2011, 23: 2966-2970.

[142] Hara S, Zama T, Ametani A, et al. Enhancement in electrochemical strain of a polypyrrole-metal composite film actuator. J Mater Chem, 2004, 14: 2724-2725.

[143] Hara S, Zama T, Takashima W, et al. Polypyrrole-metal coil composite actuators as artificial muscle fibres. Synth Met, 2004, 146: 47-55.

[144] Elisabeth S. Conjugated Polymer Actuators for Biomedical Applications. Adv Mater, 2003, 15, 481-494.

[145] SmelaE, Inganäs O, Lundström I. Controlled folding of micrometer-size structures. Science, 1995, 268: 1735-1738.

[146] Smela E. Amicrofabricated movable electrochromic "Pixelo" based on polypyrrole. Adv Mater, 1999, 11: 1343-1345.

[147] Jager E W H, Inganäs O, Lundström I. Microrobots for micrometer-size objects in aqueous media: potential tools for single-cell manipulation. Science, 2000, 288: 2335-2338.

[148] Jager E W H, Smela E, Inganäs O. Microfabricating conjugated polymer actuators. Science, 2000, 290: 1540-1545.

[149] Jager E W H, Inganäs O, Lundström I. Perpendicular actuation with individually controlled polymer microactuators. Adv Mater, 2001, 13: 76-79.

[150] Jeon G, Yang S Y, Byun J, et al. Electrically actuatable smart nanoporous membrane for pulsatile drug release. Nano Lett, 2011, 11: 1284-1288.

[151] McGovern S, Alici G, Truong V-T, et al. Finding NEMO (novel electromaterial muscle oscillator): A polypyrrole powered robotic fish with real-time wireless speed and directional control. Smart Mater Struct, 2009, 18: 095009(10pp)

[152] Ikushima K, John S, Ono A, et al. PEDOT/PSS bending actuators for autofocus micro lens applications. Synth Met, 2010 160: 1877-1883.

[153] Shahinpoor M. Conceptual design，kinematics and dynamics of swimming robotic structures using ionic polymeric gel muscles. Smart Mater Struct，1992，1：91-94.

[154] Sadeghipour K，Salomon R，Neogi S. Development of a novel electrochemically active membrane and smart material based vibration sensor/damper. Smart Mater Struct，1992，1：172-179.

[155] Oguro K，Kawami Y，Smith R C，et al. An actuator element of polyelectrolyte gel membrane-electrode composite. Osaka Kogyo Gijutsu Shikensho kiho，1992，43，21-24.

[156] Osada Y，Okuzakl H，Hori H. A polymer gel with electrically driven motility. Nature，1992，355：242-244.

[157] Hirano L A，Escote M T，Martins-Filho L S，et al. Development of artificial muscles based on electroactive ionomeric polymer-metal composites. Artif Organs，2011，35：478-483.

[158] Bennett M D，Leo D J，Wilkes G L，et al. A model of charge transport and electromechanical transduction in ionic liquid-swollen Nafion membranes. Polymer，2006，47：6782-6796.

[159] Jung K，Nam J，Choi H. Investigations on actuation characteristics of IPMC artificial muscle actuator. Sen Actuators A，2003，107：183-192.

[160] Panwar V，Cha K，Park J O，et al. High actuation response of PVDF/PVP/PSSA based ionic polymer metal composites actuator. Sen Actuators B，2012，161：460-470.

[161] Liu Y，Ghaffari M，Zhao R，et al. Enhanced electromechanical response of ionic polymer actuators by improving mechanical coupling between ions and polymer matrix. Macromolecules，2012，45：5128-5133.

[162] Vargantwar P H，Roskov K E，Ghosh T K，et al. Enhanced biomimetic performance of ionic polymer-metal composite actuators prepared with nanostructured block ionomers. Macromol Rapid Commun，2012，33：61-68.

[163] Guo D，Fu S，Tan W，et al. A highly porous nafion membrane templated from polyoxometalates-based supramolecule composite for ion-exchange polymer-metal composite actuator. J Mater Chem，2010，20：10159-10168.

[164] Lian Y，Liu Y，Jiang T，et al. Enhanced electromechanical performance of graphite oxide-Nafion nanocomposite actuator. J Phys Chem C，2010，114：9659-9663.

[165] Bennett M D，Leo D J，Wilkes G L，et al. A model of charge transport and electromechanical transduction in ionic liquid-swollen Nafion membranes. Polymer，2006，47：6782-6796.

[166] Kim S-M，Tiwari R，Kim K J. A novel ionic polymer metal ZnO composite（IPMZC）. Sensors，2011，11：4674-4687.

[167] Lee G-Y，Choi J-O，Kim M，et al. Fabrication and reliable implementation of an ionic polymer-metal composite（IPMC）biaxial bending actuator. Smart Mater Struct，2011，20：105026（13pp）.

[168] Li S-L，Kim W-Y，Cheng T-H，et al. A helical ionic polymer-metal composite actuator for radius control of biomedical active stents. Smart Mater Struct，2011，20：035008（8pp）.

[169] Li J，Wilmsmeyer K G，Hou J，et al. The role of water in transport of ionic liquids in polymeric artificial muscle actuators. Soft Matter，2009，5：2596-2602.

[170] Park J K，Jones P J，Sahagun C，et al. Electrically stimulated gradients in water and counterion concentrations within electroactive polymer actuators. Soft Matter，2010，6：1444-1452.

[171] Naji L，Chudek J A，Baker R T. Time-resolved mapping of water diffusion coefficients in a working soft actuator device. J Phys Chem B，2008，112：9761-9768.

[172] Shahinpoor M, Kim K J. Ionic polymer-metal composites: IV. Industrial and medical applications. Smart Mater Struct, 2005, 14: 197-214.

[173] Lumia R, Shahinpoor M. IPMC microgripper research and development. J Phys: Conference Series, 2008, 127: 012002(15pp).

[174] Najem J, Sarles SA, Akle B, et al. Biomimetic jellyfish-inspired underwater vehicle actuated by ionic polymer metal composite actuators. Smart Mater Struct, 2012, 21: 094026 (11pp).

[175] Shahinpoor M. Biomimetic robotic Venus flytrap (Dionaea muscipula Ellis) made with ionic polymer metal composites. Bioinsp Biomim, 2011, 6: 046004 (11pp).

[176] Kim S J, Cho C, Kim Y H. Polymer packaging for arrayed ionic polymer-metal composites and its application to micro air vehicle control surface. Smart Mater Struct, 2009, 18, 115009 (10pp)

[177] Kim K J, Pugal D, Leang K K. A twistable ionic polymer-metal composite artificial muscle for marine applications. Mar Tech Society J, 2011, 45: 83-98.

[178] Chen Z, Shatara S, Tan X. Modeling of biomimetic robotic fish propelled by an ionic polymer-metal composite Caudal fin. IEEE/ASME Transactions on Mechatronics, 2010, 15: 448-459.

[179] Chen Z, Um T. Bart-Smith H. Ionic polymer-metal composite artificial muscles in bio-inspired engineering research: underwater propulsion. Smart Actuation and Sensing Systems-Recent Advances and Future Challenges: 10. 5772/2760. www. intechopen. com/books. 2004-04.

[180] Krishen K. Space applications for ionic polymer-metal composite sensors, actuators, and artificial muscles. Acta Astronautica, 2009, 64: 1160-1166.

[181] Warner M, Terentjev E M. Liquid crystal elastomers. Oxford: Oxford University Press: 2003.

[182] Yang Z Q, Herd G A, Clarke S M, et al. Thermal and UV shape shifting of surface topography. J Am Chem Soc, 2006, 128: 1074-1075.

[183] Yang H, Buguin A, Taulemesse J M, et al. Micron-sized main-chain liquid crystalline elastomer actuators with ultralarge amplitude contractions. J Am Chem Soc, 2009, 131: 15000-15004.

[184] van Oosten C L, Bastiaansen C W M, Broer D J. Printed artificial cilia from liquid-crystal network actuators modularly driven by light. Nat Mater, 2009, 8: 677-682.

[185] Yang Z, Huck W T S, Clarke S M, et al. Shape-memory nanoparticles from inherently non-spherical polymer colloids. Nat Mater, 2005, 4: 486-490.

[186] Ohm C, Brehmer M, Zentel R. Liquid crystalline elastomers as actuators and sensors. Adv Mater, 2010, 22: 3366-3387.

[187] Ohm C, Kapernaum N. Microfluidic synthesis of highly shape-anisotropic particles from liquid crystalline elastomers with defined director field configurations. J Am Chem Soc, 2011, 133: 5305-5311.

[188] Elias A L, Harris K D, Bastiaansen C W M, et al. Photopatterned liquid crystalline polymers for microactuators. J Mater Chem, 2006, 16: 2903-2912.

[189] Sánchez-Ferrer A, Fischl T, Stubenrauch M, et al. Liquid-crystalline elastomer microvalve for microfluidics. Adv Mater, 2011, 23: 4526-4530.

[190] Marshall J E, Ji Y, Torras N, et al. Carbon-nanotube sensitized nematic elastomer composites for IR-visible photo-actuation. Soft Matter, 2012, 8: 1570-1574.

[191] Worajittiphon P, Jurewicz I, King A A, et al. Enhanced thermal actuation in thin polymer films through particle nano-squeezing by carbon nanotube belts. Adv Mater, 2010, 22: 5310-5314.

[192] Sellinger A T, Wang D H, Tan L S, et al. Electrothermal polymer nanocomposite actuators. Adv Ma-

ter, 2010, 22: 3430-3435.

[193] Lima M D, Li N, de Andrade M J, et al. Electrically, chemically, and photonically powered torsional and tensile actuation of hybrid carbon nanotube yarn muscles. Science, 2012, 338: 928-932.

[194] Hu Y, Wang G, Tao X, et al. Low-voltage-driven sustainable weightlifting actuator based on polymer-nanotube composite. Macromol Chem Phys, 2011, 212: 1671-1676.

[195] Shin M K, Spinks G M, Shin S R, et al. Nanocomposite hydrogel with high toughness for bioactuators. Adv Mater, 2009, 21: 1712-1715.

[196] Chen L, Liu C, Liu K, et al. High-performance, low-voltage, and easy-operable bending actuator based on aligned carbon nanotube/polymer composites. ACS Nano, 2011, 5: 1588-1593

[197] Zhu S-E, Shabani R, Rho J, et al. Graphene-based bimorph microactuators. Nano Lett, 2011, 11: 977-981.

[198] Sun G, Pan Y, Zhan Z, et al. Reliable and large curvature actuation from gradient-structured graphene oxide. J Phys Chem C, 2011, 115: 23741-23744.

[199] Zhang X, Pint C L, Lee M H, et al. Optically- and thermally-responsive programmable materials based on carbon nanotube-hydrogel polymer composites. Nano Lett, 2011, 11: 3239-3244.

[200] Lim Z H, Sow C H. Laser-induced rapid carbon nanotube micro-actuators. Adv Funct Mater, 2010, 20: 847-852.

[201] Wu C, Feng J, Peng L, et al. Large-area graphene realizing ultrasensitive photothermal actuator with high transparency: new prototype robotic motions under infrared-light stimuli. J Mater Chem, 2011, 21: 18584-18591.

[202] Tomatsu I, Hashidzume A, Harada A. Contrast viscosity changes upon photoirradiation for mixtures of poly(acrylic acid)-based a-cyclodextrin and azobenzene polymers. J Am Chem Soc, 2006, 128: 2226-2227.

[203] Tamesue S, Takashima Y, Yamaguch H, et al. Photoswitchable supramolecular hydrogels formed by cyclodextrins and azobenzene polymers. Angew Chem Int Ed, 2010, 49: 7461-7464.

[204] Takashima Y, Hatanaka S, Otsubo M, et al. Expansion-contraction of photoresponsive artificial muscle regulated by host-guest interactions. Nat Commun, 2012, 3: 1270.

[205] Sidorenko A, Krupenkin T, Taylor A, et al. Reversible switching of hydrogel-actuated nanostructuresinto complex micropatterns. Science, 2007, 315: 487-490.

[206] Ma M, Guo L, Anderson D G, et al. Bio-inspired polymer composite actuator and generator driven by water gradients. Science, 2013, 339: 186-189.

[207] Ma Y, Zhang Y, Wu B, et al. Polyelectrolyte multilayer films for building energetic walking devices. Angew Chem Int Ed, 2011, 50: 6254-6257.

[208] Feinberg A W, Feigel A, Shevkoplyas S S, et al. Muscular thin films for building actuators and powering devices. Science, 2007, 319: 1366-1370.

[209] Xi J, Schmidt J J, Montemagno C D. Self-assembled microdevices driven by muscle. Nat Mater, 2005, 4: 180-184.

[210] Shin M K, Spinks G M, Shin S R, et al. Nanocomposite hydrogel with high toughness for bioactuators. Adv Mater, 2009, 21: 1712-1715.

[211] McDonald T O, Qu H, Saunders B R, et al. Branched peptide actuators for enzyme responsive hydrogel particles. Soft Matter, 2009, 5: 1728-1734.

[212] Strack G, Bocharova V, Arugula M A, et al. Artificial muscle reversibly controlled by enzyme reactions. Phys Chem Lett, 2010, 1: 839-843.

[213] Kim B, Chilkoti A. Allosteric actuation of inverse phase transition of a stimulus-responsive fusion polypeptide by ligand binding. J Am Chem Soc, 2008, 130: 17867-17873.

[214] Bassik N, Brafman A, Zarafshar A M, et al. Enzymatically triggered actuation of miniaturized tools. J Am Chem Soc, 2010, 132: 16314-16317.

[215] Marini M, Piantanida L, Musetti R, et al. A revertible, autonomous, self-assembled DNA-origami nanoactuator. Nano Lett, 2011, 11: 5449-5454.

[216] Schmittel M, Samanta S K. Orthogonal actuation of a supermolecular double-porphyrin tweezer. J Org Chem, 2010, 75: 5911-5919.

[217] Schafmeister C E, Belasco L G, Brown P H. Observation of contraction and expansion in a bis(peptide)-based mechanical molecular actuator. Chem Eur J, 2008, 14: 6406-6412.

第6章　仿生结构纳米材料

6.1 引　言

材料是人类赖以生存和发展的物质基础[1]，与国民经济建设、国防建设和人民生活密切相关，材料的发展及其应用是推动社会发展以及人类社会文明和进步的重要因素。20世纪70年代人们把信息、材料和能源誉为当代文明的三大支柱。80年代以高技术群为代表的新技术革命，又把新材料、信息技术和生物技术并列为新技术革命的重要标志。材料按其应用一般可以分为两大类：结构材料和功能材料。结构材料主要是利用其强度、韧性、力学及热力学等性质。功能材料则主要利用其光、电、磁、声、热等特殊的物理、化学、生物学性能[2]。

通过几十亿年的进化，大自然中各种生物的结构与功能组合达到了近乎完美的地步，人类自古以来就秉承着"向自然学习"的理念，在技术思想、工程原理等方面受到自然的启发。仿生学(Bionices)是在具有生命之意的希腊语言bion上，加上有工程技术涵义的ices而组成的词语。大约从1960年才开始使用。生物具有的功能迄今比任何人工制造的机械都优越得多，仿生学就是要在工程上实现并有效地应用生物功能的一门学科。仿生学研究生物体的结构、功能和工作原理，并将这些原理移植于工程技术中[3]，发明性能优越的仪器、装置和机器，创造新技术[4]。从仿生学的诞生、发展，到现在短短几十年的时间内，它的研究成果已经非常可观[5]。仿生学的问世开辟了独特的技术发展道路，也就是向生物界索取蓝图的道路，它大大开阔了人们的眼界，显示了极强的生命力。而在材料学的发展之中，自然带给人类的启发也是无穷无尽的，仿生学在材料科学中的分支称为仿生材料学(bio-inspired materials science)，它是指从分子水平上研究生物材料的结构特点、构效关系，进而研发出类似或优于原生物材料的一门新兴学科，是化学、材料学、生物学、物理学等学科的交叉[6]。仿生合成(bio-inspired synthesis)一般是指利用自然原理来指导特殊材料的合成，即受自然界生物特殊结构和功能的启示，模仿或利用生物体结构、功能和生化过程并应用到材料设计，以便获得接近或超过生物材料优异特性的新材料，或利用天然生物合成的方法获得所需材料[7]。

目前仿生材料的制备方法可简单地归纳为以下两种：①通过制备与生物结构或形态相似的材料来替代天然材料，如光子晶体材料、仿生空心结构材料、仿生离子通道、仿生物体骨骼等[8]；②直接模仿生物的独特功能以获取人们所需要的新材料，如仿蜘蛛丝超韧纤维、仿荷叶超疏水材料、仿贝壳高强材料、仿壁虎脚高黏附性材料等[9]。本章将通过介绍仿生高强超韧层状复合材料、仿生超强韧纤维材料、仿生空心结构材料三个方面来介绍生物结构纳米材料的性能研究与仿生制备[10]。

仿生结构纳米材料是仿生智能材料中非常重要的一个领域，自然界有众多拥有优异力学性能的无机矿化和无机/有机复合天然结构纳米材料，其优异性能涵盖强度、刚度、韧性、轻质高强等多个方面。具有优异性能的同时，这些天然材料都拥有着规则并且特殊的微观纳米结构，探索其微观结构与优异力学性能之间的规律，有助于我们制备优良力学性能的仿生复合结构纳米材料。

6.2　仿生高强超韧层状复合材料——贝壳珍珠层

生物矿化英文名为 biomineralization，是指由生物体通过生物大分子的调控生成无机矿物的过程。自然界在长期的进化演变过程中，形成了结构组织完美且性能优异的生物矿化材料[11]，如贝壳、珍珠、蛋壳、硅藻、牙齿、骨骼等。生物矿化是一个十分复杂的过程，其重要特征之一是无机矿物在超分子模板的调控下成核和生长，最终形成具有特殊组装方式和多级结构特点的生物矿化材料，在生物矿化过程中，生物矿物的形貌、尺寸、取向以及结构等受生物大分子在内的有机组分的精巧调控[12]。

在众多的天然生物材料中，贝壳珍珠层由于其独特的结构、极高的强度和良好的韧性而受到广泛的关注[13]，已成为制备轻质高强超韧性层状复合材料的模型结构。贝壳珍珠层属于天然的有机/无机层状多级结构复合材料[14]（图 6.1），其中 95%（体积分数）是片状文石，蛋白质-多糖有机体等有机基质仅为 5%左右，但正是这些有机基质在文石晶体核化、定向、生长和空间形态等方面的调控作用，使珍珠层在纳米水平上表现出非凡的有序性和强度[15]，使其抗张强度为天然文石的 3000 倍。贝壳珍珠层优美的微观结构和独特的力学性能引起了国内外课题组的极大兴趣，科学家已经用不同方法制备了一系列仿贝壳珍珠层的层状复合材料[16]。

贝壳珍珠层的优异性能主要源于其独特的“砖-泥”结构，即以碳酸钙薄片为“砖”、有机质为“泥”组成的多层次结构[17]。这种结构对于珍珠层的增韧有着重要的意义[18]，首先，珍珠层的文石层能对裂纹有明显的偏转，裂纹首先沿着文石片层间的有机层扩展一段距离，然后发生偏转，穿过文石层，再一次偏转进入与之平行的另一有机层[19]。这种裂纹的频繁偏转必然导致材料韧化和有机质的桥连。其次，有机质的桥连在贝壳珍珠层的增韧中也起到不可替代的作用[20]。在珍珠层形变和断裂过程中，有机基体与相邻的文石层彼此黏合[21]。在有机相与文石片之间存在着较强的界面，从而增大了相邻文石层之间的滑移阻力，也增强了纤维拔出的增韧效果[22]。

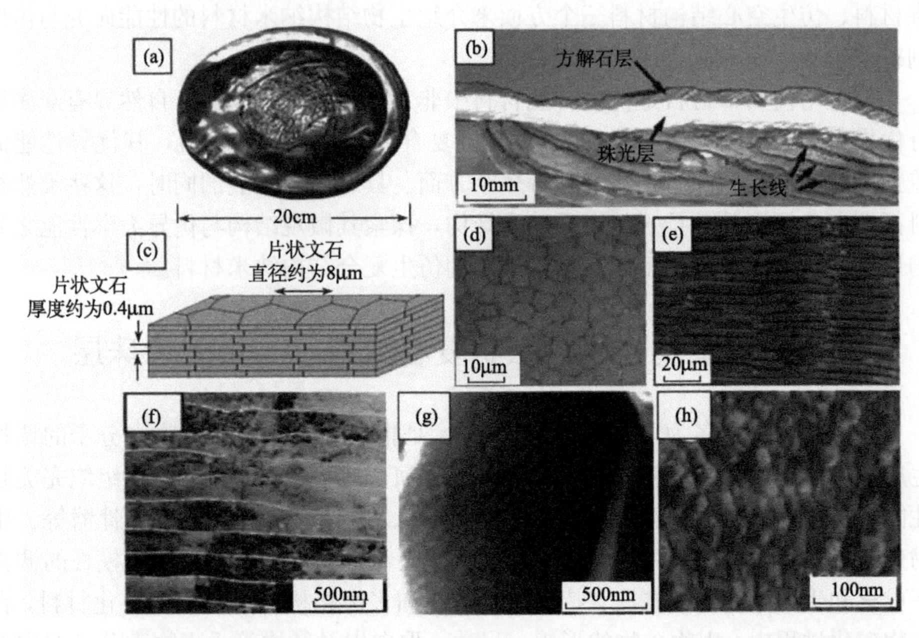

图 6.1　多级尺度下的贝壳珍珠层结构。(a)鲍鱼壳的数码照片；(b)鲍鱼壳从表层向内的结构示意图，从里向外分别为方解石、珠光层；(c)贝壳珍珠层“砖-泥”结构示意图；(d)贝壳珍珠层横截面的光学显微镜照片；(e)贝壳珍珠层纵切面的扫描电子显微镜照片；(f)透射电子显微镜照片，显示出层状的结构；(g)、(h)都为贝壳珍珠层表面的原子力显微镜照片，可以发出在珍珠层“砖”的表面有纳米尺度的突起。

6.2.1　贝壳珍珠层的组成与结构

孙家美[23]等用 X 射线荧光光谱仪对多种贝壳的珍珠层进行元素检测，指出其一般含有 Ca、Al、Cu、Fe、K、Mg、Mn、Si、Sr、Cr、S、P 等。贝壳的种类不同，珍珠层中矿物质的形式也不同。陈贵卿等对 21 种贝类进行 X 射线衍射分析，发现大部分的贝类珍珠层都由文石组成；近江牡蛎等极少数贝类的珍珠层完全由方解石组成。1972 年，Crenshaw 等发现贝壳珍珠层中的有机质主要为蛋白质，组成蛋白质的氨基酸以甘氨酸和丙氨酸为主。

贝壳珍珠层的优异性能主要源于其独特的“砖-泥”结构[24]，即以碳酸钙薄片为“砖”、有机质为“泥”组成的多层次结构。这种结构对于珍珠层的增韧有着重要的意义。首先，珍珠层的文石层能对裂纹有明显的偏转，裂纹首先沿着文石片层间的有机层扩展一段距离[25]，然后发生偏转，穿过文石层，再一次偏转进入与之平行的另一有机层[26]。这种裂纹的频繁偏转必然导致材料韧化而使有机质发生桥连。其次，有机质的桥连在贝壳珍珠层的增韧中也起到不可替代的作用。在珍珠层形变和断裂过程中，有机基体与相邻的文石层彼此黏合[27]。在有机相与文石片之间存在着较强的界面，从而增大了相邻文石层之间的滑移阻力，也增强了纤维拔出的增韧效果[28]。

对于贝壳珍珠层的形成机制，科学家还未得出一个较为统一的定论，以下为贝壳珍珠层形成机制学说的发展历程[29]。

(1) 隔室说。隔室说的基本前提是有机质预先形成隔室[30] (compartment)，晶体在隔室中成核生长，隔室的形状限制了晶体的形状。对正在生长的珍珠层去钙化及染色后，有机质显示出一系列由平行层面的有机板片(sheet，相当于IM)在垂直层面上间隔排列，而正在生长的文石晶体总是被一薄层有机质包覆物(envelope，相当于SM)覆盖，晶体结晶只限于两层板片之间的空间中。此理论有效地解释了珍珠层层状结构的成因，但对文石晶体的定向生长及受控成核和贝壳中碳酸钙多型的控制等问题缺乏解释。Watabe等[31]在对双壳类珍珠层的研究中并没有发现预先形成的隔室，当晶体随着生长而与其他晶体接触时，有机质当然会夹在晶体中间，当此时用化学试剂溶去钙质后，有机基质会显示出包壳的构型并围绕在晶体周围，从而给人一种错误的隔室假象。这个理论在提出不久就很快被更进一步的现象所否定了。

(2) 矿物桥说。Watabe等[31]认为，晶体可以在已经生成的晶体上继续发育，可能通过微层间的基质的网孔进行交生，并通过幕间沉积的方式形成珍珠层。Shaffer等[32]通过深入细致的工作认为，这种假设是正确的，并正式提出了珍珠层形成的矿物桥理论。Miyanoto矿物桥理论认为，通过层间有机板片的孔隙，文石晶体保持生长，每一个新成核的文石小板片朝套膜方向垂直生长，直到碰到另一层层间基质板片，此时垂直生长才会终止，然后小板片横向生长形成新的小板片。在堆垛型珍珠层中，垂直生长的速度约是横向生长的2倍，表明一个新成核的小板片沿 c 轴方向生长最快，一旦正在生长的板片碰到板片上方邻近的层间基质中的孔隙时，它将像一个矿物桥一样穿过孔隙使一个新的小板片结晶生长，相对于下伏板片，这个新板片存在一个横向偏移，当较老的板片横向生长时，在新老板片间会形成更多的矿物桥，使板片在较多位置上同时生长。然而，在使新的板片成核时，第一个矿物桥起了最关键的作用。矿物桥理论主要是基于对腹足类堆垛型珍珠层结构研究的基础上提出的，对砖墙型珍珠层是否适用还有待于进一步研究。

(3) 模板说。模板理论由Weiner等[33]提出，经较多研究者完善，是影响最为广泛的理论，也是迄今为止唯一试图从分子水平上解释珍珠层形成机制的。模板理论认为，当无机相的某一面网的结晶学周期正好与带活性基团有机基质的结构周期相匹配时，就会降低无机相晶体的成核活化能并诱导晶体沿该面网方向生长，从而导致晶体呈有序定向的结构。模板说较好地解释了珍珠层的结构特征，对珍珠层中文石晶体的受控成核、形貌及结晶学定向控制等问题给出了很好的解释[34]，但对有机质与碳酸钙多型、珍珠层中文石的结晶学定向等的控制无法作出解释。

6.2.2 贝壳珍珠层层状结构的增韧机制

珍珠层的硬度是普通文石的 2 倍，韧性是后者的 1000 倍。为了揭示其高韧性的根本原因，同时也为设计制备更优异的复合材料提供依据，许多研究小组对珍珠层的力学性能与其微结构之间的关系进行了探索。经过总结，贝壳珍珠层层状结构的主要增韧机制包括：

(1) 裂纹偏转。裂纹偏转(crack deflection) 是珍珠层中最常见的一种裂纹扩展现象[35]，尤其当裂纹垂直于文石层扩展时，这一现象更为明显。裂纹首先沿着文石片层间的有机层扩展一段距离，然后生偏转，穿过文石层，再一次偏转进入与之平行的另一有机层。这种裂纹的频繁偏转必然导致材料韧化，其主要有两个原因：首先，与直线扩展相比，裂纹的频繁偏转造成扩展途径的延长，从而使吸收的断裂功增加；其次，当裂纹从一个应力状态有利的方向转向另一个应力状态不利的方向扩展时，将导致扩展阻力的明显增加，从而引起外力增加，使材料韧化[36]。

(2) 纤维拔出。裂纹偏转的同时常常伴随着纤维的拔出(platelet pullout)，这里的纤维就是指文石片，这是增韧的另一种机理[37]。断裂主要沿垂直于文石层的界面发生，而平行于文石层的界面则保持紧密接触。于是，有机基体与文石层之间的黏接力和摩擦力将阻止裂纹的进一步延伸，从而增加断裂所需的能量，使材料的韧性提高。

(3) 有机质桥连。有机质虽然仅占壳重的 5%左右，但其在贝壳增韧中能起到不可替代的作用，有机基体桥接在人工合成陶瓷的复合材料中是不存在的。在珍珠层形变和断裂过程中，有机基体与相邻的文石层彼此黏合。在有机相与文石片之间存在着较强的界面，从而增大了相邻文石层之间的滑移阻力，也增强了纤维拔出的增韧效果。从另一方面来说，有机基体就像一座桥一样连接着彼此隔开的文石层，降低了裂纹尖端的应力场强度因子，增强了裂纹扩展阻力，从而提高了材料的韧性。

(4) 矿物桥与纳米孔作用。1997 年，Schaffer[32]等首次提出了矿物桥理论，后来 Song 等证实了此理论，并用统计的方法计算出矿物桥的总面积约占文石板片总面积的 1/6。在有机质中可以直接观察到矿物桥及纳米尺寸孔的存在。纳米孔(5～50nm) 是由于矿物桥被拉出而形成的。矿物桥对珍珠层整体力学性能的影响也是不可忽略的。在珍珠层断裂过程中，由于矿物桥和纳米孔的存在及其位置的随机性，加强了裂纹扩展的偏转作用。在裂纹穿过有机基质后，由于有机基质和矿物桥的作用，上下文石片间仍然保持着紧密连接，除有机相和文石结合力和摩擦力将阻止晶片的拔出外，要拔出晶片必须先剪断晶片上所有的矿物桥，这样才能增加断裂所需的能量，进一步提高韧性。

6.2.3　贝壳珍珠层层状结构的仿生制备

人们从贝壳珍珠层特殊结构的研究中寻求仿生材料的设计方法和灵感，通过探讨其结构与功能之间的关系，结合实验表征手段测定其性能参数，总结规律，揭示其构成机理和运行机制。在此基础上，深入到仿生学高度，运用仿生设计方法和理念实现新型轻质高强超韧层状复合材料的研制。材料仿生设计包括材料结构仿生、功能仿生和系统仿生三个方面。目前，对于仿生结构材料的设计主要包括结构组分的选择优化、几何参数和界面性质等。在探索仿贝壳珍珠层结构的材料的过程中，以下几种方法有效而简便，是比较成熟的仿贝壳珍珠层无机/有机复合材料的工艺。

1. *层层组装法*

层层组装法(layer-by-layer methodology)是一种基于物质交替沉积而制备复合层状材料的方法，可以实现膜层的结构和组成的精确调控。短短的十多年来，在基础研究方面LBL得到了巨大的发展[38]。LBL适用的原料已由最初的经典聚电解质扩展到聚电解质、聚合物刷、无机带电纳米粒子(如MMT、CNT、胶体等)。近年来，利用层层组装法构建类贝壳珍珠层的特殊层状结构备受关注[39]。图6.2为LBL薄膜制备工艺及原理。

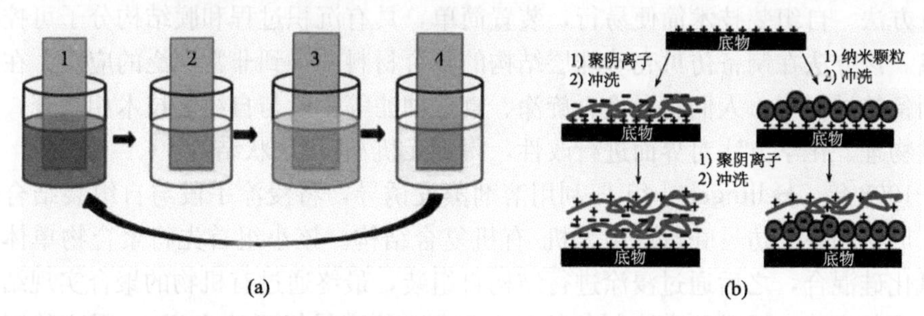

图6.2　LBL法薄膜制备工艺及沉积原理。(a)第一步与第三步为阳离子与阴离子的吸附，第二步与第四步为冲洗；(b)LBL工艺中聚合物与无机粒子结合的两种方式。

2003年，Tang小组[25]利用静电作用连续沉积，制备了聚二烯丙级二甲基氯化铵(PDDA)与蒙脱土的层状复合薄膜，膜厚可达5μm。这是较早的利用LBL

方法制备仿贝壳层状结构的思路。所得薄膜与单一有机组分相比，力学性能有了大幅度的提高。作者利用致密堆叠的大分子链的离子交联，制备了力学性能优异的复合材料，最终的多层材料的拉伸强度接近于贝壳珍珠层的水平，而最终的模量甚至可以超过片层骨的模量。

Kotov 小组[40]经过大量实验和创新，在引进新的化学组分和新的制备方法上很大程度地改善了层层组装技术，提高了无机相与有机相的载荷传递，从而提高了复合材料的力学性能[41]。2008 年，Kotov 小组[42]为了进一步提高 LBL 材料的力学性能，在两相界面引入了化学成分，使制备的蒙脱土/PVA 层状复合材料通过交联与氢键的相互作用，获得了近似于贝壳珍珠层的无机/有机复合结构，同时通过力学性能测试，发现所得结构显著提高了材料的强度和刚性。同样在 2008 年，Kotov[43]对于快速增长 LBL 模式(e-LBL)进行了探索，发现在聚醚酰亚胺(PEI)与蒙脱土的复合薄膜生长中，聚合物在无机纳米片中发生了快速渗透和表面滑移。利用此类的制备方法最终获得的无机/有机复合膜的膜厚可以达到 200μm，而这种制备方式对于提升制备无机/有机复合膜的速度和产率上都有着重大的突破，因此在制备高强度和独特光学性能的膜技术有非常重要的意义。

2010 年，Kotov 小组[44]在 LBL 制备方法上又进行了大胆的创新，利用佳能打印机结合 LBL 方法开创了喷涂 LBL 自组装方法，该方法简单有效，大幅地减少了制备薄膜的时间。这种方式大胆而高效，并且为今后多种多样的 LBL 制备方法提供了新的思路。

2. 由下而上的自组装法

自组装法(bottom-up self-assembly methodology)是一种基本结构单元基于非共价键的相互作用下自发地组织或聚集为一个稳定、具有一定规则几何结构的制备方法。自组装技术简便易行，装置简单，具有沉积过程和膜结构分子可控的优点。该方法在制备仿贝壳珍珠层结构的复合材料中得到非常广泛的应用。在材料制备的过程中，人们将浸涂、旋涂、真空抽滤等手段与自组装技术相结合，并通过物理、化学方法对界面进行改性，得到无机/有机层状结构[45]。

1998 年，Sellinger 小组[46]利用溶剂蒸发诱导，将浸涂手段与自组装结合起来，成功制备了仿贝壳珍珠层无机/有机复合结构。该小组首先将聚合物单体与二氧化硅混合，之后通过浸涂进行结构自组装，最终通过有机物的聚合实现结构的调节与完善。通过此方法制备的复合材料，硬度最终可达 1GPa。用这种制备方法与 LBL 等方法比较起来，更为高效和方便。

2010 年，Brinson 小组[47]通过真空辅助自组装的工艺制备了氧化石墨烯/聚合物的高度有序结构，根据所选溶剂不同，该小组分别制备了亲水性的氧化石墨烯/PVA(聚醋酸乙烯酯)薄膜和疏水性的氧化石墨烯/PMMA(聚甲基丙烯酸甲酯)薄膜。所得复合材料的拉伸强度和弹性模量都可达到单一组分的 2～3 倍，力学性能得到了极大的提高。

2010 年，Yu 小组[48]通过旋涂自组装法制备了 LDH/壳聚糖复合薄膜，LDH 为层状双羟基复合金属氧化物，是水滑石和类水滑石化合物的统称。以壳聚糖为载体，LDH 为无机增强相，可以实现对于层状复合材料结构和性能的调控。用这种方法制备的无机/有机复合膜材料，结构与贝壳珍珠层较为相似。图 6.3 为旋涂自主装方法的工艺流程。该方法制备的复合薄膜除了有良好的力学性能外，还有优异的光学性能。

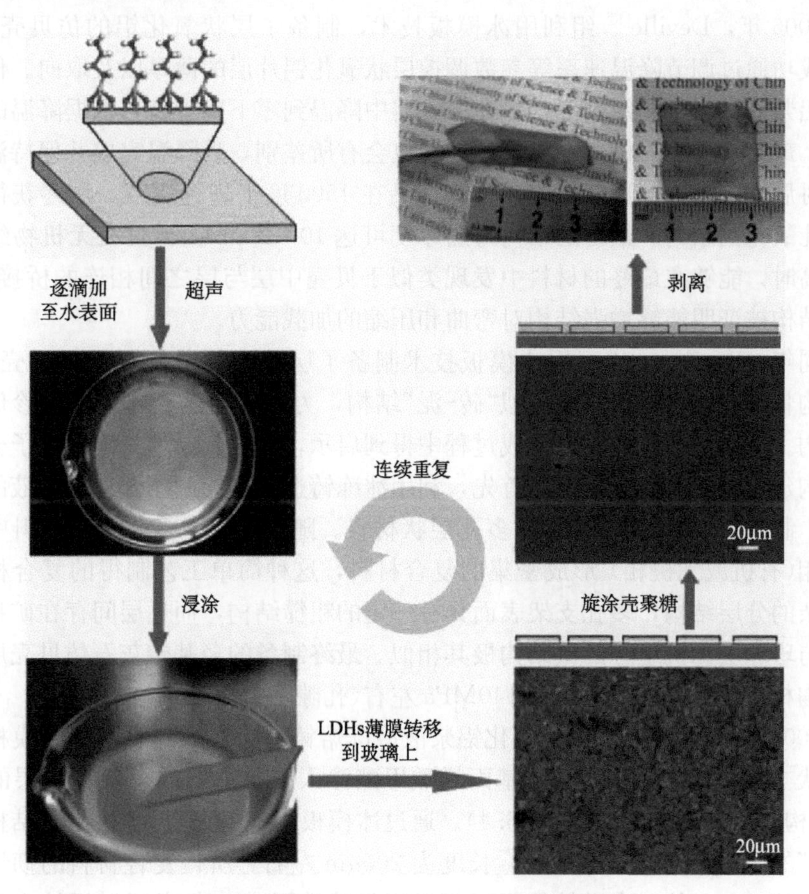

图 6.3　自下而上的旋涂组装方法流程

同样在 2010 年，Yu 小组[49]利用杂化组分自组装的方法制备了蒙脱土/壳聚糖的仿珍珠层结构。该方法首先将蒙脱土与壳聚糖(溶解在 2%乙酸中)在浆液中充分搅拌 24h 混合，保证了壳聚糖在蒙脱土表面的充分附着。之后通过真空抽滤或溶剂蒸发的方法诱导壳聚糖/蒙脱土进行杂化自组装，从而获得层状无机/有机复合结构。该方法与 LBL 方法相比，工艺简单快速高效。

3. 冰模板法

冰模板法(ice-templated methodology)又称冷冻铸造法(freezing cast methodology)，是近些年受到科学家青睐的制备高强度高韧性复合材料的方法之一[50]。冰模板法是通过将陶瓷粉末分散水中，降温使水自然结晶，之后加热使冰直接升华获得仿贝壳珍珠层层状结构。这种方法最大的优势在于可以通过工艺参数调节陶瓷材料整体孔隙率、孔径分布等结构参数[51]。

2006 年，Deville[52]组利用冰模板技术，制备了层状氧化铝的仿贝壳结构。并且成功通过调节降温速率等参数调控层状氧化铝片层的薄厚以及取向。作者将氧化铝浆液与有机黏结剂混合，在冷冻器中降温到零下四十度，根据降温的速率不同，最终获得的无机多孔材料的结构也会有所差别，当降温完成并保持温度两个小时后，冰模板已逐渐形成，再将样品在 1500 度下进行烧结，最终获得层状的多孔氧化铝结构。最终的结构每层厚度可达 10～20μm，并且在无机物组分比例较高时，能够在最终的材料中发现类似于贝壳中层与层之间相连的桥接结构，这种结构被证明能够增强结构对弯曲和压缩的加载能力。

同年，Deville[53]组利用冰模板技术制备了层状羟基磷灰石的仿贝壳结构，其结构骨架与环氧树脂组成类似“砖-泥”结构，力学性能已经超过贝壳珍珠层天然结构。作者从天然海冰的形成过程中得到启示，利用其原理将陶瓷粒子分散于水中构建精细的仿贝壳结构。首先，利用冰冻铸造工艺控制陶瓷粒子溶液的定向冷冻，制备出层厚约为 1μm 的多孔层状材料。随后，向该多孔支架材料中填充第二相(有机或无机相) 形成密集的复合材料，这种简单工艺制得的复合材料具备复杂的分层结构，多孔支架表面具有一定的粗糙结构，而且层间存在矿物桥连接，与珍珠层无机组分的微结构极其相似。最终制备的羟基磷灰石仿贝壳层状多孔结构材料抗压强度可以达到 140MPa 左右(孔隙率为 50%时)。

2008 年，Ritchie[54]组将氧化铝浆液冷冻熔铸，同样得到以冰晶为模板导向的层状支架结构，之后将聚甲基丙烯酸甲酯渗入骨架中形成类似珍珠层的“砖-泥”结构的高韧性复合材料(图 6. 4)。通过冰模板制备的无机/有机层状结构，其中“砖”的厚度可达到 5～10μm，长度为 200μm 左右。所得复合材料的韧性是单一组分的 300 多倍，力学性能远远超过天然珍珠层[55]。作者通过压缩实验，验证了类似于贝壳珍珠层中无机薄片滑移断裂机制，并且在结构中发现了无机矿物层中层与层之间的桥接[56]。

4. 磁性控制法

2012 年，Studart 小组[57]利用磁场控制氧化铁粉末包裹的氧化铝薄片，在聚

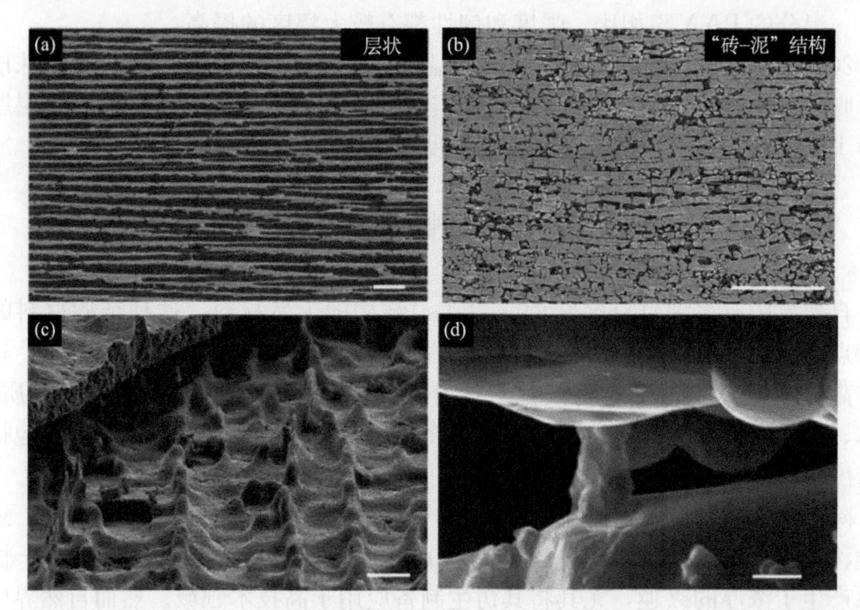

图 6.4　冰模板法制备仿珍珠层层状结构扫描电子显微镜照片。(a)Al_2O_3/PMMA 层状复合结构(亮的部分为无机物，暗的部分为有机聚合物)；(b)拥有 80%无机组分的仿贝壳“砖-泥”结构；(c)和(d)可以看出无机组分之间的“矿物桥”结构。标尺：(a)和(b)为 100μm；(c)为 10μm；(d)为 600nm。

酰胺和聚乙烯基吡咯烷酮的有机载体中形成层状均匀分布的珍珠层状结构。该小组通过大量实验发现，在氧化铝薄片的粒径处于 1～10μm，磁场强度 H 处于 0.5mT 到 2mT 时，磁场控制效果最好。Studart 小组使用的氧化铝薄片直径为 7.5μm，厚度为 200nm，包裹的氧化铁占总体积分数的 1%左右。该小组通过磁场方向变化等方法可以得到横向、纵向以及横向纵向皆有的 3D 层状结构。通过此方法制备的无机/有机复合材料，拉伸强度和磨损强度都比单一组分高出两到三倍，不仅制备了性能优异的仿贝壳珍珠层多层次复合材料，还为该仿生领域提供了新的思路[58]。

5. 其他方法

电泳沉积是在胶体溶液中对电极施加电压时，胶体粒子移向电极表面放电而形成沉积层的过程。2007 年，Wang 小组[59]利用电泳沉积得到了单体丙烯酰胺改性的有机黏土复合涂层，主要方法是在有机黏土分散的悬浮液中进行电泳沉积，之后利用紫外线照射引发丙烯酰胺单体的自由基聚合，通过这种方式可以获得类似于贝壳珍珠层的复合结构。之后，Wang 小组结合水热法和电泳沉积法制备了聚酰胺酸(PAA)/蒙脱土的类似珍珠层结构的无机/有机复合薄膜。该结构与单一组分的 PAA 膜相比，强度和韧性都有较大幅度的提高。

2009 年，Burghard 小组[60]利用低温化学浴沉积技术制备了仿贝壳珍珠层复合薄膜，其中二氧化钛为“砖”，多层聚电解质(PE)为“泥”，当 TiO_2/PE 层厚度比为 10∶1 时，该材料的断裂韧性、硬度和杨氏模量达到最大值。

6.3 天然多级蜂窝形多孔材料

自然界中有多种具有蜂窝型(cellular)结构的天然材料，这种结构材料的性能特点是能保证材料有较为优异的力学性能的同时，大幅降低材料的重量，达到轻质高强的优异性能[60]。自然界中拥有此类特殊结构的材料有木材、松质骨、软木、鸟喙和玻璃水母等。影响蜂窝形多孔材料力学性能的重要因素主要包括表观密度、结构构建以及底层材料性能。

除了全部规则的蜂窝型结构(regular-cellular structure)的材料结构[61]，还有一类称为随机型结构(random-cellular structure)，科学家也对此类的结构-性能关系产生了浓厚的兴趣，尤其将其仿生制备应用于高技术领域。然而自然界中的材料大部分既不属于特别规则的规则蜂窝型结构，也不属于随机型蜂窝型结构，人类股骨中的松质骨是一种非常完美的具有各向异性的蜂窝型结构(图 6.5)，通过对人类股骨前端中段的小梁结构分析，发现与起重机主应力轨迹的受力模型有

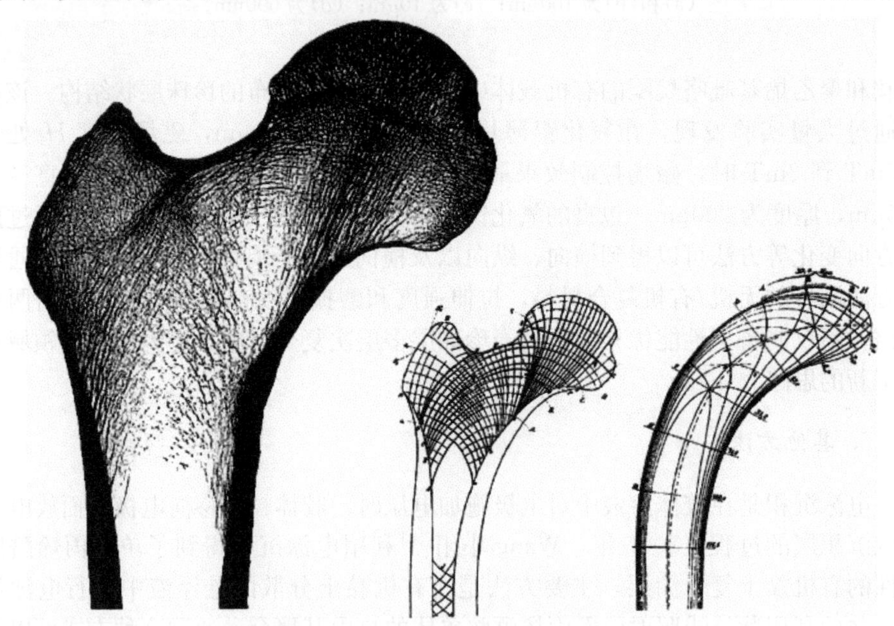

图 6.5 人类股骨近端中段的小梁结构架构。右侧两图分别为股骨小梁结构与起重机主应力轨迹受力分析模型的对比[61b]。

着惊人的相似之处。

6.3.1　云杉等木材中的蜂窝型结构

自然界中很多木材拥有着蜂窝型结构，这种结构有利于分散垂直方向的加载，对树木的垂直生长和承重性能有着非常重要的作用[62]。云杉是一种拥有此类结构的优异植物，其枝干高大通直，通常可达 45m，切削容易，无隐性缺陷。可作电杆、枕木、建筑、桥梁用材。云杉木中的蜂窝型结构是由长棱型的管胞组成，而这些管胞组成的材料在结构和力学性能上都有各向异性的特点，即沿着长轴管胞方向的韧性和强度远高于垂直长轴管胞方向，同时发现木材在长棱管胞方向上，其压缩强度要低于其拉伸强度[63]。这种强度上的不均衡对于生物在自然界中生存有着重要的意义，为了弥补管胞的低压缩强度，这些管胞会被施加一种天然的拉伸预应力，可以有效地达到增韧的目的，这与建筑工业中的混凝土预应力增韧有着相似之处，不过混凝土的增韧预应力为压缩预应力。

为了达到更为优异的材料设计，云杉会尽量达到较高(即更长的枝干)，但是同时要保证较小的重量，因此自然进化成的蜂窝型多孔结构能够满足密度低同时强度高的要求。

图 6.6 为多种材料的密度与模量关系图，由图可见，木材虽然本身多数由有机物组成(木质纤维及管胞)，但其模量要远远高于一般的有机聚合物，在低密度的区间内力学性能最高，是建筑材料中非常合适的选择。

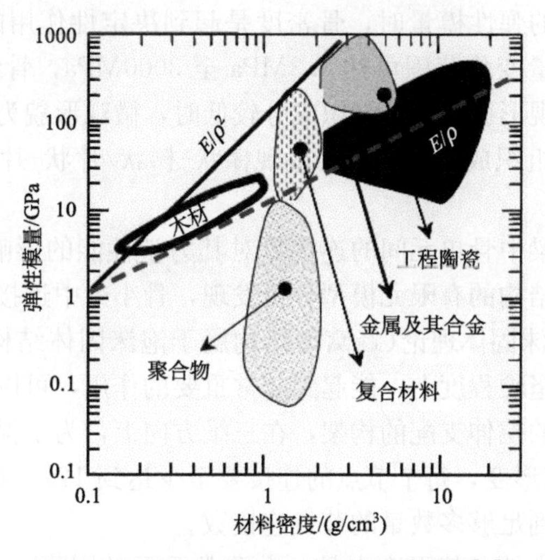

图 6.6　材料密度与杨氏模量的关系图[64]

6.3.2　松质骨蜂窝型结构

人的骨质分为骨松质和骨密质[65]。骨松质是由许多针状或片状的叫做骨小梁的骨质互相交织构成的。骨松质分布于长骨的两端和短骨、扁骨及不规则骨的内部。松质骨呈海绵状，由相互交织的骨小梁排列而成，分布于骨的内部[66]。骨小梁按照骨所承受的压力和张力的方向排列，因而骨能承受较大的重量。骨髓和骨细胞充满于骨小梁所组成的蜂窝型结构的骨架空间中。骨小梁的结构排列虽然与骨密质中圆柱体的层状排列有些相似，但也有所不同，属于简单的骨小梁层状结构重复[67]，同时由于新生成的骨组织属于未矿化的组织，随着时间的推移，骨组织矿化的程度逐渐增加，最终使整体的硬度增大。因此在多级结构的尺度上，松质骨的骨组织可以看做是不同矿物组分组成的骨小梁组合堆叠而成，而在骨质纤维和纳米矿物质颗粒组成的纳米复合材料的尺度上，骨质纤维和矿物质颗粒的取向都沿着骨小梁的取向[68]。

在探索人的骨骼力学性能的时候，最重要的是研究和评估骨骼的断裂危险，而骨的断裂一般发生在骨组织分布并非完全规整的区域，如股骨中骨小梁的自发性失效和股骨“颈部”的断裂。在日常生活中，骨骼的形变不会超过0.3%，在形变的区域内，松质骨可以近似看成线性弹性材料，同时松质骨还有一定的黏弹性，黏弹性主要来源于松质骨骨架中充满的骨髓和骨架本身一定的黏弹性，但是考虑到生理学而非材料学上的塑性形变，黏弹性的作用并不明显。

在讨论松质骨的弹性模量时，骨密度是起到决定性作用的因素[69]，骨密度的不同能够导致模量变化范围可达0.3MPa至3000MPa，骨组织的成分变化还体现在松质骨的微观形貌上，骨组织成分较低时，微观形貌为棒状构成的蜂窝型骨架结构，随着骨组织成分提升，会呈现棒状-棒状/片状-片状的蜂窝型骨架结构(图6.7)。

目前对于骨小梁中骨单元间的连接数对其力学性能的影响还没有一个定论，有科学家通过微观结构的有限元模型分析发现，骨小梁中连接数与强度并无直接关系[71]。但基于泡沫固体理论(蜂窝型结构属于泡沫固体结构)，基本单元的连接数在决定结构的坚硬程度上，能起到非常重要的作用，可以将较软的弯曲支配的构架转变为较硬的拉伸支配的构架，在三维方向上，为了保证各种情况分析下能够进行拉伸/压缩形变，每个节点的连接要至少达到12。但在骨小梁的微观结构中，并没有观察到足够多数量的节点连接数。

探索骨小梁的失效，其强度也是一个非常重要的因素[72]。因为强度和弹性模量之间有一定的线性关系，因此在讨论强度的时候与讨论弹性模量有些相似，当假设将加载只限定在单轴方向的时候发现强度也是具有各向异性的特点。有趣的是，随着年龄增长，人体的肩胛骨中骨组织密度的下降，其横向与纵向的压缩

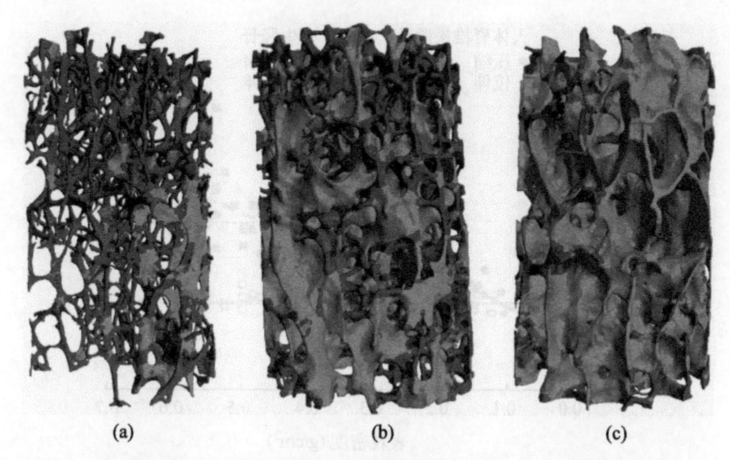

图6.7　骨组织成分比例不同时微观形貌的差别。(a)棒状；(b)棒状/层状；(c)片层状。从左至右，骨组织成分由低至高。深色为棒状架构，浅色为片层状组织架构[70]

强度比会逐渐增加。科学家通过不同部位的测试[73]，大量实验数据发现，强度和密度呈现幂指数关系，指数接近2，而在一些特定的位置，强度与密度之间呈现线性关系。在泡沫固体理论中，关系指数达到2就意味着柱形弯曲的失效。与弹性模量相比，强度在拉伸/压缩加载环境下是不对称的，在压缩环境下的强度高于拉伸环境下的强度。因为在皮质骨中有类似的材料行为特点，骨小梁的强度不对称的原因可以通过材料层面的假设推算出。骨小梁的失效行为会变得出人意料的简单，可以通过形变来衡量，而非通过应力[74]。由于上述提到的强度与模量之间有较强的关联性，因此失效时的形变率趋近一个常数，当只考虑密度单一因素的情况下，骨小梁在拉伸环境下的屈服形变率可以达到0.8%，并且不受密度的影响。而在压缩加载下，这个数值稍高，并且密度增加时，形变率也有微弱的提升(图6.8)。在松质骨中骨小梁的形变率均一性，也是蜂窝结构最经典的Wolff法则的体现之处，即一个高度取向的结构构架会尽可能地降低弯曲。

对于一个给定的骨小梁架构，一个很重要的问题就是，当骨组织成分下降，骨质是以怎样的方式损失，同时强度是如何随之下降的。关于骨质损失，目前有两个假设学说：①所有的骨小梁骨架均匀变薄；②单一骨小梁柱体的损失耗尽。通过不同的理想化模型计算分析得出，与所有骨小梁骨架均匀变薄相比，随机单一骨小梁柱体的损失更为普遍，对强度降低作用也更大。这个结果在医学治疗中有着重要的意义，也就是说在治疗过程中，通过药物使松质骨中骨小梁柱体加厚并使骨质量增加并不能保存住与原来质量相比提升的力学性能，而通过一些药物手段，增加骨小梁节点的连接数将成为今后药物治疗的主要手段。

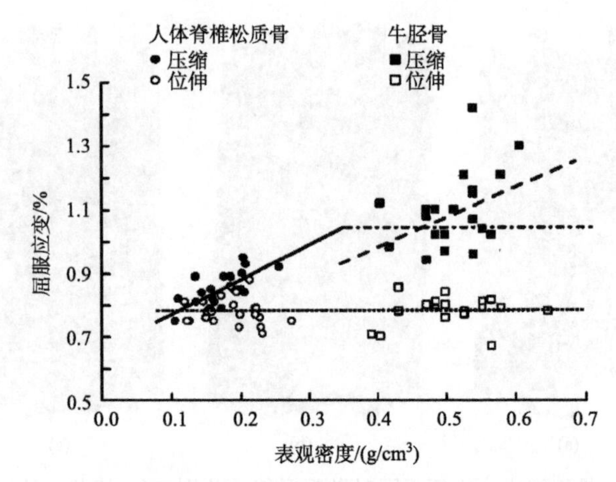

图 6.8　人体脊椎松质骨与牛胫骨的屈服应变与表观密度的关系图。无论人的脊椎还是牛胫骨，骨小梁的拉伸屈服应变都不受表观密度的影响，而人脊椎骨小梁压缩硬度与表观骨密度呈近似线性关系。

当骨小梁加载超过屈服应变临界点后，完全卸载之后会发现还有一定的残余应变，重新加载时，只有在开始的较小的应变范围内还能保持最初的模量，之后弹性模量和强度都有一定程度的下降。材料的力学性能的降低可以归结于试样的损坏，用较为简单的理论解释，即材料本身的损坏造成了材料内部连续性的破坏，使得承载面积下降最终导致模量和强度的降低。材料的损坏主要来源于较高的应变[75]，也称为蠕变损坏，需要与多次低应变累积造成的疲劳损伤区分开来。一般临床上的骨骼失效主要来源于孤立的过载和疲劳，虽然不一定会是突然的断裂(即骨折)，但也会对日常生活造成难以估计的影响。不同类型的骨骼失效结果可以通过光学显微镜观察加以区别，包括不同取向的裂纹，剪切带和完全的骨小梁断裂，而更为先进的光学观测手段甚至可以推测出裂纹的产生和增长过程，不过现在对于微米级别的微量损伤还很难进行十分精确的量化表征。而人类松质骨骨小梁的疲劳失效，则通常是通过压缩加载环境下，受应力幅度范围和结构架构影响，而疲劳失效的循环次数主要与失效前的弹性模量有关。Haddock 等[76]通过观察多种松质骨的疲劳失效现象，发现包括成年人的脊椎、幼年牛的胫骨在内，多种疲劳失效都较为简单，Haddock 等得出结论，松质骨中的骨小梁疲劳断裂机理，更多的并非在结构的层次上[77]。

6.3.3　玻璃海绵多孔结构

众所周知，玻璃是一种较为脆性的材料，但是玻璃在建筑工业中依然有着广泛的应用。玻璃海绵[78](glass sponge)属于六放海绵纲(hexactinelida)，也称玻璃海绵纲(hyalospongiae)，骨骼全由硅质骨针组成，组成非常精细的多层多孔结构[79]。虽然玻璃是一种脆性的材料，但是玻璃海绵经过进化，在很大的程度上弥补了本身材料的不足，Levi C[78]等科学家通过研究发现，一些种类的硅质海绵，与相同尺度的玻璃棒组成的结构相比，拥有了比较好的柔韧性和韧度。Aizenberg[80]等着重研究了一种称为小丽织海绵(euplectella，是一种西太平洋深海中的一种沉积型海绵)的单根骨针的力学性能和光学特征，因为此类海绵的结构不仅比普通的玻璃结构有独特的光学特征[81]，并且结构有很高的力学稳定性。由图 6.9 可以发现，而这些骨针仅是多级、复杂、高矿物化的玻璃海绵中简单的一个层级。他们发现这种海绵从微观到宏观有七个结构层次。其中包括二氧化硅纳米微球颗粒整齐排列成同轴结构，由有机质层进行相互分离，构成层状纤维。在微米尺度上，这些纤维聚扎成束，分布在二氧化硅的基体中，最终构成坚固的大梁型复合物[82]。在宏观的尺度上，这些梁形单元以矩形脚手架的方式相互交错，规则排列，达到的结构可以抵抗一定的拉伸应力和剪切应力。

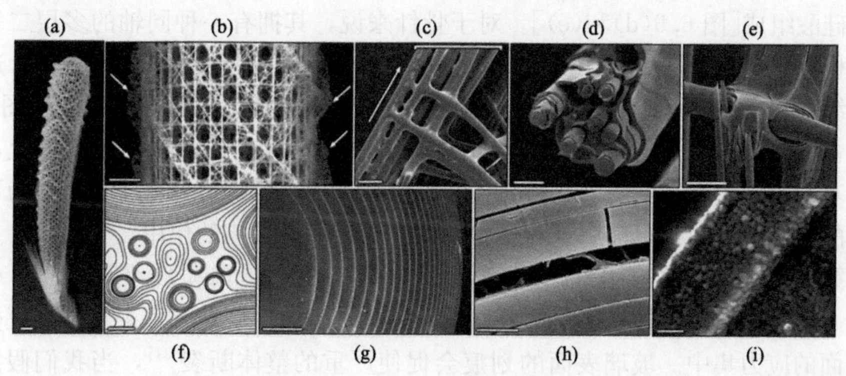

图 6.9　小丽织海绵的多级结构。(a)整个玻璃海绵的整体框架照片，可以用肉眼看出的圆柱玻璃笼型多孔结构，标尺 1cm；(b)笼型结构的切片图，可以看出无论在垂直还是水平方向，都是规整的“棋盘”排列，标尺 5mm；(c)框架上的柱体单元的扫描电镜图，箭头方向为骨架的长轴方向，标尺 100μm；(d)断裂的单根梁形单元的扫描电子显微镜照片，由纤维/陶瓷基体组成的复合物，标尺 20μm；(e)骨架连接处的扫描电镜照片，可以看出骨架是由多层二氧化硅层层构建而成，标尺 25μm；(f)骨架横截面的增强对比度照片，照片显示出分布的不同尺寸的骨针和多层二氧化硅层构成的基体，标尺 10μm；(g)一根典型的骨针横截面的电镜照片，可以看出多层的结构构架，标尺 5μm；(h)单根骨针的断裂电镜照片，中间能发现有机质的间层，标尺 1μm；(i)脱色后的天然生物二氧化硅表面，显示出天然的生物矿化纳米颗粒，标尺 100nm。

Aizenberg[81]等对小丽织海绵进行了多级结构观测和分析发现，在肉眼可观察的宏观尺度上，海绵的结构是一种笼型的多孔泡沫结构[图 6.9(a)]，整只海绵形状近似为圆柱形，长度为 20～25cm，直径 4cm，并且能够看到侧面直径为 1～3cm 的开口(即口器)，整体的直径和口器的直径从低端向上都逐渐增大。小丽织海绵的底部固定在深海海底软沉积层中，较为宽松地与笼型结构连接在一起，上部笼型结构暴露在海洋中，主要作用是过滤和捕获食物，这些生活习性和特点可以由其结构很适合的完成。

在宏观尺度上，笼型结构的强度被一种外面垂直于圆柱体表面并以 45°角螺旋上升的横纹增强[图 6.9(b)中的箭头处]，并且从低端向上端，横纹逐渐减少。圆柱体的表面由水平和垂直的圆体整齐堆砌而成[图 6.9(b)]，而每一根柱体都由相互平行的骨针聚扎成束而成[图 6.9(c)]，同时每两个方形的结构单元都有对角线连接。通过微观尺度上，梁型结构的横截面图可以发现，这些梁体都是由二氧化硅的骨针组成(骨针直径 5～50mm 不等)，这些骨针分布在二氧化硅的基体中[图 6.9(d)、(f)]。用氢氟酸处理后的连接处骨针比基本的骨针相比，有更多的硅酸组成[图 6.9(d)和(e)]。对于骨针来说，其拥有一种同轴的多层二氧化硅结构，单层厚度从中心(1.5μm)向外围(0.2μm)逐渐降低[图 6.9(g)]。这些层围绕着蛋白质的纤维芯呈圆柱形排列，又通过有机质的间层相互分离[图 6.9(h)]。通过对骨针层和周边连接处的蚀刻处理，可以发现，在纳米尺度上，构成的基本单元为直径 50～200nm 的硅酸盐纳米颗粒[图 6.9(i)]。图 6.10 为不同层级的结构示意图，下面将从力学性能角度探索七级结构的作用。

第一层结构是由矿化的二氧化硅纳米球堆积在蛋白质纤维周围[图 6.10(a)]。玻璃作为建筑材料，最主要的失效方式是脆裂，这种方式主要是强度受限于表面的应力集中。玻璃表面的划痕会促使严重的整体断裂[83]，当我们假设生物二氧化硅表面的缺陷是点载荷诱导的，那么无论是生物性的加载或者其他类型的加载，当受到张力或者弯曲应力的时候，有了划痕的骨针都会发生断裂失效。将这应力量化即是著名的 Griffith 公式，这个公式表明了强度和缺陷最大尺寸之间的关系。

$$\sigma_f = \frac{k_{1c}}{\sqrt{\pi h}} \approx \sigma_f^{th}\sqrt{\frac{h^*}{h}} \qquad \text{—— Griffith 公式}$$

式中，σ_f为强度；h 为最大缺陷长度，$h \geqslant h^*$，k_{1c}为玻璃的断裂韧性，σ_f^{th}为无缺陷玻璃的理论强度，h^*为特征长度(对于典型的材料，这个长度一般在 10～30nm)。当缺陷长度小于 h^* 时，缺陷上不会形成应力集中，材料的强度也就近似地等于无缺陷材料的理论强度。当骨架中有大量纳米颗粒时，材料就不会对缺陷非常敏感，也就意味着有一定的韧性，但这里对生物矿化的纳米颗粒并不适用，因为我们发现二氧化硅纳米球直径为50～200nm，远远超出了特征长度。玻璃天然较低的强度在第二层的结构中得到了平衡，骨针的整体可以看成层压的复合材料，而作为间层的有机质可以起到阻碍裂纹扩展的作用[图6.10(b)]，当在骨针外部进行单点加载的时候，破坏可能只会发生在相对靠外的层上，而大量的硅质层聚集可以有效地保护骨针免受此类点加载的损伤。二氧化硅层从里向外厚度逐渐降低也可以在一定程度上增强骨针的强度，较厚的内层可以保证整体材料结构的坚固，而较薄的外层可以有效限制裂纹的扩展[84]。

当扩展到下一级的结构时，骨针平行排列聚扎成束[图6.10(c)]，这是在陶瓷结构中非常常见的一类结构。通常来说，不同低强度的骨针聚集成束后，可以有效地提高整体材料的缺陷忍耐性。在实际情况中，单根纤维受到张力的作用下失效时，裂纹会发生偏折，受到周围纤维的支撑和保护，这种在纤维之间(或者纤维与基体之间)的弱作用力是在增韧机制中非常重要的。这些聚集成束的骨针通过垂直和水平的编织排列，形成了方形的非常规整的棋盘型结构[图6.10(d)]，每两个棋盘格子之间有对角线连接。这种规整的泡沫/蜂窝型结构，承受张力的能力要强于承受弯曲的加载。

图6.10(a)～(d)揭示了小丽织海绵的多级骨架逐级提升的结构，但是最终坚固的海绵骨架还需要两级加固的结构。首先是所有的骨针纤维聚集在节点时，周围的二氧化硅基质非常完好地进行了覆盖，最终形成了纤维-基体型复合结构[图6.10(e)]。对整体的海绵来说，也有非此类结构的例外，就是将海绵固定在海底的部位，只是由二氧化硅基体构成，但此处的二氧化硅基体也是由多层单层堆叠而成，在一定程度上能够阻碍裂纹的扩展。

小丽织海绵圆柱骨架这种坚固的结构通过多种方式在二维方向上尽可能地降低玻璃本身的脆性，而在三维方向上，小丽织海绵圆柱结构周围的斜纹对降低笼型圆柱体整体的弯曲加载作用，起到了重要的作用[图6.10(f)]。用于加固的斜纹与基质紧密相连，首先的作用是防止整体的椭圆化，同时为了保证由下至上的稳定性，圆柱骨架上部的密度会相对较高，上部的层也相对较厚。

因为小丽织海绵圆柱骨架下端需要固定在海底，所以不可避免地会遭受到弯曲应力的作用。对于此处的应力集中，有两种基本的力学思路可以解决，首先是接触点的强度提高，可以承受较为大的弯曲应力；或者是使固定的方式更加灵活，即稍微宽松的固定。海绵在进化的过程中选择了第二种防止过大的应力集中的方式[图6.10(g)]，这种方式的优点在于，可以避免非常大的应力集中，使整个结构随着应力发生摆动，就不会容易发生应力集中，甚至断裂失效，这算是大自然解决材料本身缺陷的一种灵活的方式。

除了小丽织海绵外，Woesz等[85]还研究了一种叫做M. chuai的海绵，这种海绵具有优良的力学性能，并且可以长达数米。这种海绵的骨针也是由同轴的几

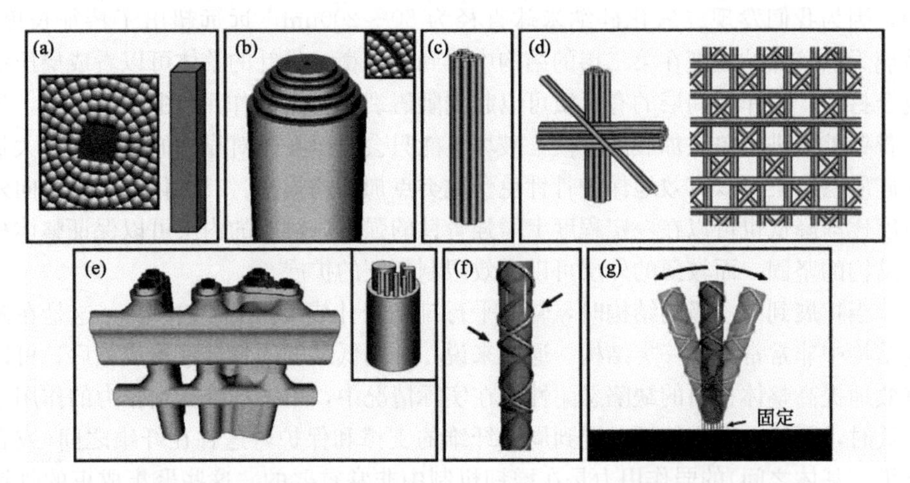

图 6.10　小丽织海绵的七级结构的示意图。(a)二氧化硅矿化颗粒组成轴向纤维；(b)有机质和层状二氧化硅交替排列组成多层结构的骨针；(c)骨针集结成束；(d)骨针在水平和垂直方向上整齐排列成棋盘型，并且每两个结构单元会有对角线进行加固；(e)骨架结构中节点处的连接体与骨针，右上角图为单根梁形柱的纤维增强复合材料示意图；(f)骨架管的表面斜纹保护；(g)规整的笼型结构宽松地固定在海底的软质沉积质上。

微米厚的玻璃层堆叠而成，中间有较薄的蛋白质层将其分隔而来，构成海绵的玻璃是胶质的，硬度大约为石英玻璃的一半，模量大约为80GPa。层状的玻璃层可以使裂纹偏折，使这些骨针得到额外的断裂抗性。

玻璃海绵的多级结构从纳米尺度到微米尺度再到宏观尺度上多级的材料结构组合，在很大程度上提高了海绵骨架结构的强度以及力学稳定性，这多级结构中有着很多用于工程材料的基础结构理论，如多层结构、纤维增强复合结构、纤维聚集成束结构、纤维梁横纵规则排列结构。在生物界中，资源总是有限的，大自然的优化选择，会使很多生物仅用最少的资源，便可获得复杂而实用的多级结构，将自身的强度和力学稳定性达到可以生存的层次，这不仅能让我们更加明确地有目的性地去探索自然界中结构与功能的关联，也为我们设计和制备工程材料、结构材料等提供了非常广泛的思路和指导[86]。

6.3.4　鸟类喙蜂窝型结构

鸟类的喙作用主要用于捕食、梳理羽毛、筑巢、争斗等，捕食的过程中喙会起到撕咬、叼住的作用，因此鸟喙通常有一定的强度和硬度，并且为了更利于飞行，轻质量也是必须考虑的因素。大自然中的鸟类通过近亿年的进化，逐渐形成了蜂窝型的鸟喙内部结构，这种结构能够减少组成材料的脆性(松质骨)，降低鸟喙整体的质量，并且对于一些类似啄木鸟这种特殊的鸟类，蜂窝型多孔结构还可以起到减震的作用。

Seki[87]等探索了巨嘴鸟(toucan)鸟喙的结构与功能关系，鸟喙的组成是一种类似于三明治的结构，分别为鳞片型的外壳(直径 50μm，厚度 1μm)和胶质构成的纤维网格内核，角质鳞片的模量为 6.7GPa，而泡沫型的内核模量大约是角质鳞片的两倍，为 12.7GPa。

从图 6.11(a)可以看出，巨嘴鸟鸟喙外部是由多层的角质鳞片组成，每个单独的角质鳞片的厚度为 2～10μm，长 30～60μm[图 6.11(b)]，这些鳞片是正六边形的，并且互相堆叠覆盖。尽管还没有可靠的证据表明，但是可以推测出这些鳞片是由生物胶连在一起，最终总体的外壳厚度从 0.5mm 到 0.75mm 不等。鸟喙外壳中所含硫含量相对较低。图 6.11(c)展示了鸟喙内部泡沫型结构，大部分的蜂窝结构中的结构单元都被 2～25μm 的有机薄壁包覆，因此可以看成是一种封闭单元结构体系。这些结构单元尺寸变化很大，并且整个封闭体系是由连接数

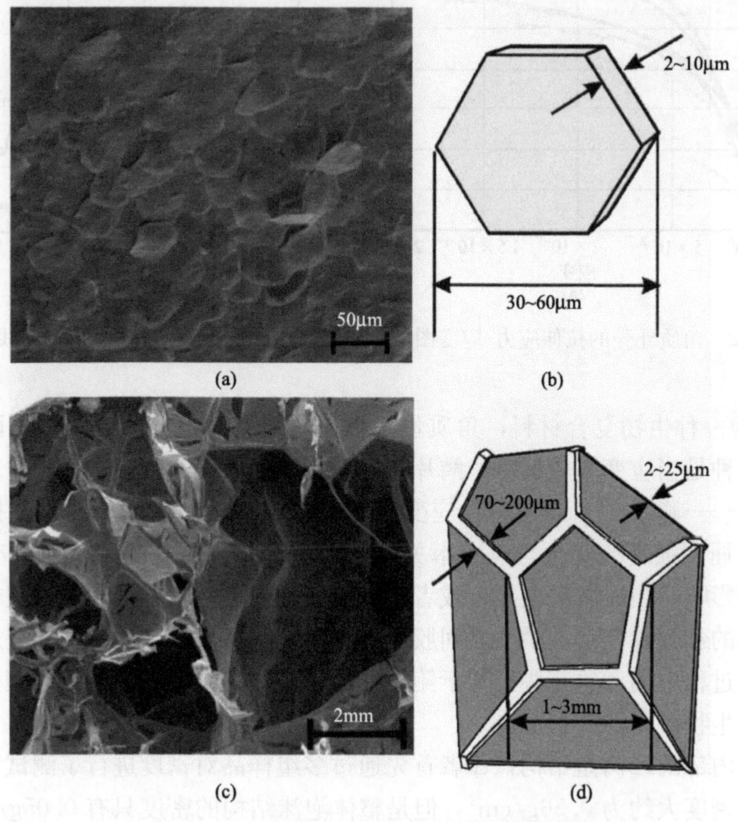

图 6.11　巨嘴鸟喙外层角质鳞片及内部蜂窝型结构扫描电镜照片与示意图。(a)鸟喙外部照片；(b)外部单独鳞片；(c)鸟喙内部蜂窝结构；(d)内部蜂窝结构示意图。

为三到四的大量棒形骨架组成，这些棒形骨架长 70～200μm。

图 6.12(a)是典型的拉伸应变-应力曲线，是对巨嘴鸟喙的鳞片外壳进行纵向的和横向的拉伸测试所得。对于鸟喙外壳横向和纵向两个方向上的模量和屈服强度没有非常系统化的差别，模量平均为 1.7GPa，屈服强度平均为 30MPa，因此角质外壳可以看成是横向的各向同性。图 6.12(b)是典型的巨嘴鸟喙内部泡沫结构压缩测试应变-应力曲线，曲线的最初阶段的斜率即为内部泡沫结构的模量，曲线中间的平坦区域为内部结构单元周边壁的失效损坏，同时材料的抗压压力随着泡沫结构的密度增加而提高。压碎强度平均为 0.17MPa，杨氏模量平均为 5×10^{-3}GPa，并且在形变率达到 0.9 时，材料发生完全的致密化[88]。

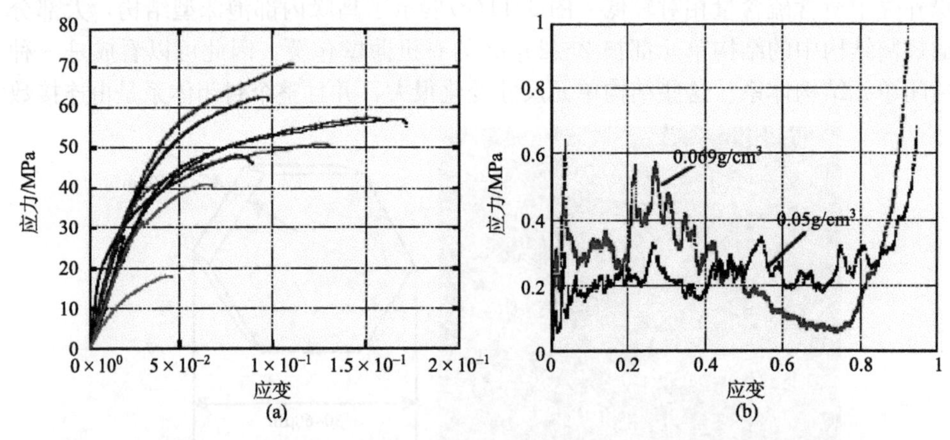

图 6.12　角质外壳的拉伸应力-应变图(a)和内部泡沫结构压缩的应力-应变曲线图(b)

作为一种生物复合材料，角质蛋白根据应变率的不同，展现出了两种断裂模式，一种是当应变率较低时，鳞片被拉出，应变率逐渐提高，最终呈现第二种断裂模式——脆断[89]。影响材料应变率的主要因素是屈服强度和极限抗拉强度(UTS)，屈服强度的变化与应变率关系非常敏感，主要是受鳞片之间有机胶质的黏弹性影响，当屈服强度接近或者超过极限抗拉强度时，鳞片的断裂模式更倾向于胶质的黏弹性变形。鳞片之间胶质的黏弹性剪切和鳞片的拉伸断裂这两种模式在断裂过程中的竞争有些类似于鲍鱼壳在受到张力时的断裂模式，鲍鱼壳的主要组成是生物矿化的文石[90]。

对于内部的蜂窝型结构，作者首先通过多组样品对密度进行了测试，发现固体部分的密度大约为 0.56g/cm^3，但是整体泡沫结构的密度只有 0.05g/cm^3，即巨嘴鸟鸟喙内部结构相对密度为 0.1，而通过微米压痕测试测量到屈服强度大约为 91MPa。而内部蜂窝型结构的断裂也是由泡沫组成单元的局部断裂和整体断裂两种模式共同作用产生，当整体的结构受到弯曲的作用时，蜂窝型结构中组成单元类似于树木中的纤维结构会发生部分性断裂。在组成单元断裂处可以发现树枝状连接，因此可以判断，泡沫结构整体不会发生碎裂，而是以一种半塑形的方式失效。通过研究得到结论，巨嘴鸟的结构强度和力学稳定性是由外部角质鳞片外壳和内部镂空泡沫结构共同作用所达到的。

Seki 等[91]又将巨嘴鸟鸟喙和犀鸟鸟喙进行了对比研究，犀鸟鸟喙与巨嘴鸟鸟喙结构有些相似，也是三明治型的复合结构，外层的鳞片外壳包裹着内核的蜂窝型结构，与巨嘴鸟鸟喙不同的是，在犀鸟的喙鞘外壳上有明显的盔形突起，并且在角质蛋白的基质中可以用 TEM 观察到相连的纤维，通过前文可知，巨嘴鸟的鸟喙角质在横向和纵向上是各向同性的，而犀鸟的喙鞘外壳是各向异性的，在压缩加载环境下，犀鸟的鸟喙内部泡沫结构会呈现碎裂式失效，但是临界强度是巨嘴鸟内部结构的六倍。作者利用微米压痕和纳米压痕测试，测量了巨嘴鸟和犀鸟喙鞘外部角质和内部多孔骨架基本单元的力学性能，并通过卡拉姆-吉布斯和吉布斯-阿什利模型进行有限元分析，证明了内部多孔结构对于弯曲的抵抗作用[92]。

前文提到了巨嘴鸟的鸟喙外壳是由六边形单元组成的，而与巨嘴鸟相比，犀鸟的喙鞘组成单元并不是那么规则，单元的尺寸大概为 20μm×50μm，犀鸟鸟喙喙鞘的整体厚度从接近身体的 1mm 逐渐增厚到鸟喙末端的 2mm，当然这里没有将盔状突起计算在内。图 6.13 是犀鸟鸟喙各个部分的扫描电镜微观形貌图，图

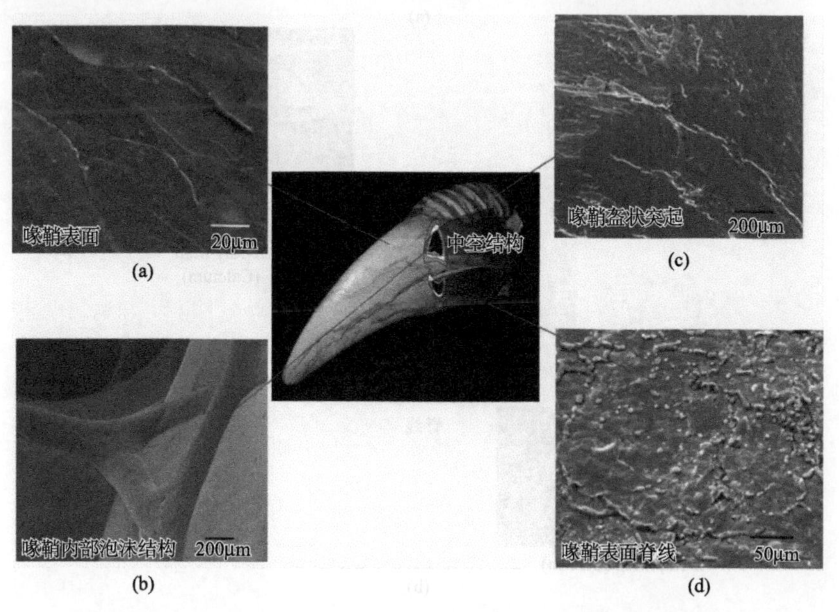

图 6.13 犀鸟各部位的扫描电子显微镜微观形貌图。(a)喙鞘表面部位；(b)喙内部泡沫骨架骨小梁结构图；(c)喙鞘上盔状突起部位；(d)喙鞘表面脊线部位。

6.13(d)呈现出了喙鞘上的横纹部分，在这部分，组成单元的“瓷砖”与“瓷砖”之间没有非常明显的界线，而喙鞘的盔状部位与横纹处的微观结构的差别在于此部分为富碳区域，并且有波浪形的脊线[图 6.14(b)]。通过能量色散 X 光谱测试发

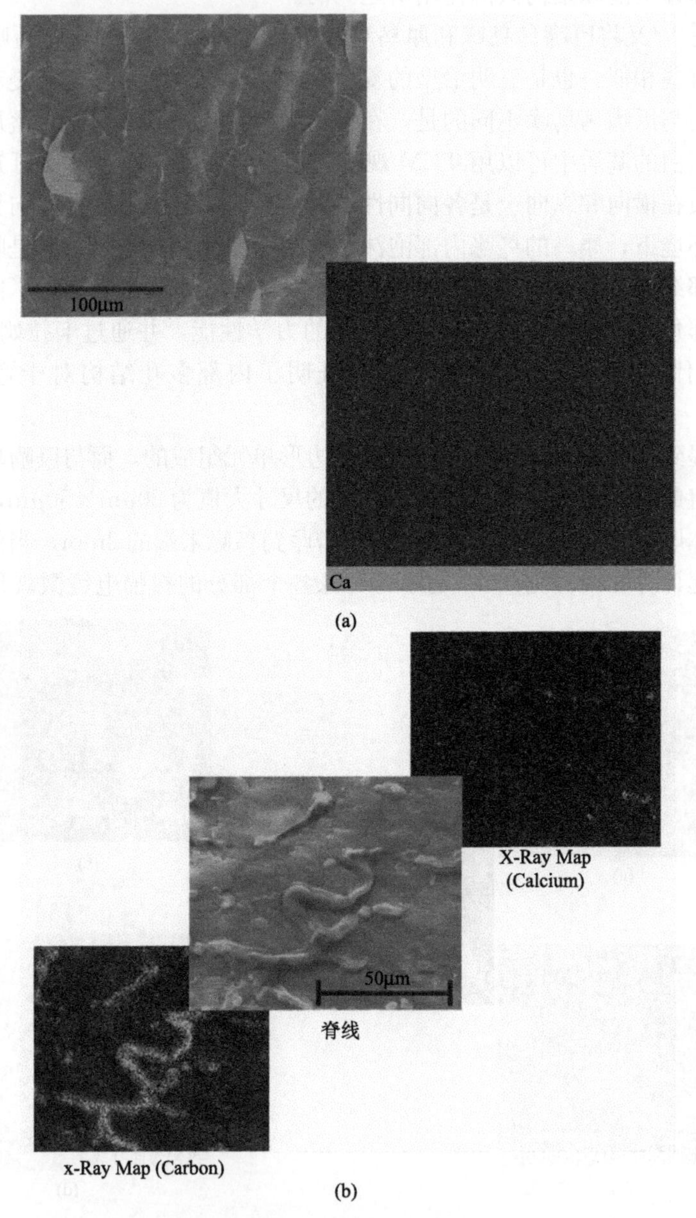

图 6.14　巨嘴鸟髓鞘的扫描电镜照片和钙含量分布图(a)以及犀鸟脊线处的扫描电镜照片与钙含量和碳含量分布图(b)。

现[93]，无论是巨嘴鸟还是犀鸟，鸟喙整体中的钙含量不足1%，但是在犀鸟的盔状附近的横纹处，钙含量却超过了1%。图6.14(a)是巨嘴鸟的鸟喙用X射线点阵处理的扫描电镜图，从中可以观察到碳含量的分布。图6.14(b)是犀鸟鸟喙盔状处用X射线点阵处理的扫描电镜图，可以发现，背面的碳含量比表面处要高，但是钙含量差距并不大。

与巨嘴鸟鸟喙的内核镂空结构相似，犀鸟的鸟喙中间部分也是蜂窝型的多孔结构，构成结构骨架的基本单元骨小梁尺寸为几个微米的级别，横截面多为圆形和椭圆形，但是比巨嘴鸟的骨小梁要稍厚，通过能量色散X光谱测试得知，泡沫结构的钙含量为15%～33%。

同样也将巨嘴鸟与犀鸟鸟喙的力学性能一起进行对比，通过纳米压痕测试两者的微观硬度发现，犀鸟鸟喙的平均硬度大约为巨嘴鸟的两倍，而具体到骨小梁的微观硬度，犀鸟鸟喙比巨嘴鸟鸟喙要硬44%，平均硬度可以达到0.85GPa，平均模量可以达到9.3GPa，更高的硬度和模量主要源于犀鸟生物矿化的程度更高。

在探索巨嘴鸟和犀鸟中部蜂窝型结构抗压力性能时，作者发现尽管犀鸟的骨架密度相对更小，但是由于其模量较高，因此抗压强度临界值要高于巨嘴鸟鸟喙，因为在压缩过程中，骨架中的结构单元骨小梁对整体强度的影响最大，而单元周围的膜起到的作用微不足道。最后作者还用卡拉姆-吉布斯模型和吉布斯-阿什利模型对巨嘴鸟和犀鸟的骨架结构稳定性进行了分析，发现泡沫型结构对于整体材料的力学稳定都有所提高。

6.4　天然多级多尺度复合材料

6.4.1　海洋生物扭曲夹板纤维复合结构

扭曲夹板纤维复合结构(fibrous twisted-plywood structure)是自然界中，尤其是海洋圈中甲壳类动物前螯内部常见的一种结构。这种结构是由相互平行的纤维并列成板层，继而层层堆叠而成，每一层与上一层扭转一定的角度，这些纤维板层分布在基质中组成独特的结构复合材料。拥有此类结构的材料或者器官大多用以捕食、争斗、钳拿等，因此硬度高，断裂性能好是这种结构最大的优点[94]。

Chen等[95]研究了一种螃蟹(loxorhynchus grandis)外壳的结构和性能，此类螃蟹的外壳就是由高度矿化的几丁质-蛋白质纤维层层堆叠组成扭曲夹板结构，并且在垂直表面的方向有密度较多的孔道。这些孔道有着双重功能：一是传输离子和营养物质；二是还起到连接层与层的关系[96]。

节肢动物的外壳结构有一个很显著的特点，就是拥有架构非常完善的多级结构，多级结构可以从图6.15中观察到。在分子尺度上，构成的基本单元为多糖

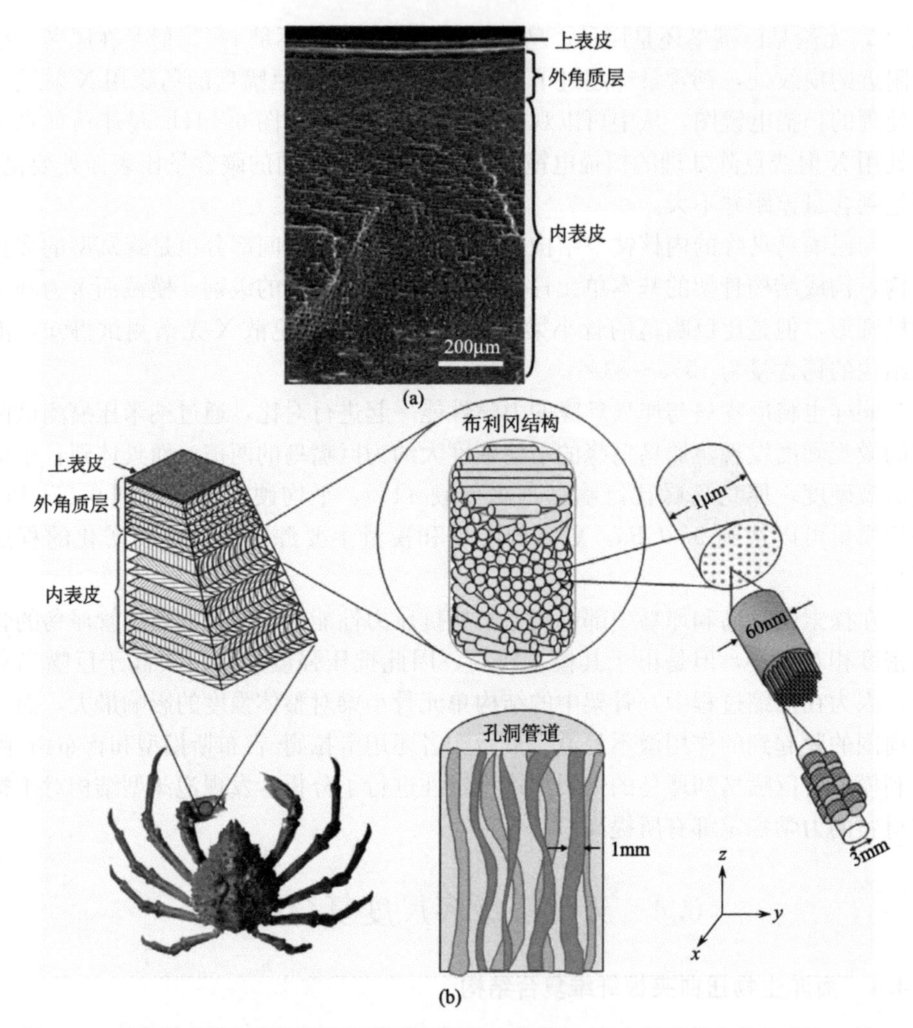

图 6.15　螃蟹外骨骼不同层断裂面横截面扫描电镜照片(从上至下依次为上表皮，外角质层和内表皮)(a)和螃蟹的外骨骼多级结构示意图(b)。

组成的几丁质纤维，这些纤维的直径为 3nm，长度大约为 300nm，这些纤维被蛋白质包裹着，并且聚扎成直径为 60nm 的纤维束。纤维束之间相互平行排列组成一层板型平面，而这些板型平面以一种螺旋的方式堆叠，最终形成扭曲夹板结构[97](twisted plywood structure)。多层堆叠的板层能够完成 180°角度的旋转，这种结构也被称为布利冈模型，这种结构不断地重复构建，组成了节肢动物外壳的外角质层和内表皮。布利冈结构通常也会出现在密质骨的胶原纤维、植物细胞壁的纤维素纤维和其他的纤维结构材料中。在节肢动物的外骨骼中，矿物元素通常是以方解石和无定形碳酸钙的方式储存在几丁质纤维的基质中[98]。

在垂直于表面的方向上（z 轴方向），有大量柔韧性较好、密度高、发育良好的孔洞管道贯穿于外骨骼的结构之中[图 6.15(b)]。这些管道不仅能够运输离子和营养物质，并且对于节肢动物外骨骼的蜕换也有着重要的作用[99]。

作者对螃蟹的蟹爪和行走足的力学性能进行了全面的测试并进行了对比，因为这两个部位的功能不尽相同，蟹爪更主要的作用是进行捕食和争斗，行走足用来运动，因此这两个部位的力学性能有着明显的差异。在微观硬度方面，样品表面下深 100μm 的区域为外层角质区域，蟹爪的强度为(947±97)MPa，行走足的为(247±19)MPa，而在深 200μm 的内表皮区域，这个数值下降了一半，即蟹爪的为(471±50)MPa，行走足的为(142±17)MPa，并且硬度的分布及下降是非连续的。为了更好地探索这种结构的断裂机理，作者还进行了拉伸测试，在纵向方向上的拉伸断裂实验中，发现几丁质纤维被拉断，呈现出较为平整的平面，而在垂直于表面的方向上的拉伸（z 轴方向上的拉伸），前文中提到的贯穿于结构中的管道结构能起到很重要的作用。因为在扭曲夹板结构中，纤维束排列而成的板层之间，平面较为平整，因此结合力较小，对抗竖直方向上的拉力较差，非常容易发生分离而使断裂失效。但是因为密集分布，竖直贯穿的管道结构存在，能使材料在承受竖直方向拉伸加载时，抵抗断裂的能力有所提高[100]。

Fabritius 等[101]研究了一种龙虾（homarus americanus）外骨骼中的扭曲夹板结构，这种龙虾的外骨骼的角质层也是一种多尺度多层级结构的复合材料，由几丁质-蛋白质纤维组成的扭曲夹板基体和均匀分布的结晶态或无定形态的碳酸钙组成。龙虾的扭曲夹板结构与螃蟹的类似[102]，并且作者观察到了横截面孔洞结构组成的较为规则的蜂窝型结构。作者也通过硬度测试、拉伸测试以及压缩测试发现此类材料拥有独特的结构的同时，也拥有着优异的力学性能[103]。

无论是螃蟹蟹爪还是龙虾前螯，此类外骨骼中的独特结构是研究生物矿化多级复合结构材料的一个理想的模型，与其他的结构材料相比（如骨骼），这种结构的复杂程度更低，但构成性更完整[104]。对于节肢动物的外骨骼，通常力学性能在不同的尺度下变化范围很大，通过拉伸测试可以非常明显地反映出生物矿化和水合作用对于材料断裂性能的影响[105]，非矿化的水合成分能展现较好的塑性，而矿化程度的增加则意味着硬度和韧性的提高，即对基体有机组分的脱水处理可以造成材料塑性下降，硬度提高。而结构中蜂窝型结构的存在，使材料整体对抵抗压缩加载有了一定程度的提高，并且高密度分布的管道，可以有效地抵抗横向的剪切力。整体的扭曲夹板结构和蜂窝结构的组合[106]，保证了材料在较轻的质量下，获得了优异的力学性能，其结构与功能之间的规律为我们设计和制备高性能复合结构材料提供了非常理想的模板[107]。

6.4.2　密质骨类多级复合结构材料

骨骼是组成脊椎动物内骨骼的坚硬器官，功能是运动、支持和保护身体，制造红细胞和白细胞，储藏矿物质。骨骼由各种不同的形状组成，有复杂的内在和外在结构，使骨骼在减轻重量的同时能够保持坚硬[108]。骨骼的成分之一是矿物质化的骨骼组织，其内部是坚硬的蜂巢状立体结构[109]；其他组织还包括了骨髓、骨膜、神经、血管和软骨。骨是由有机物和无机物组成的，有机物主要是蛋白质，使骨具有一定的韧度，而无机物主要是钙质和磷质，使骨具有一定的硬度。人体的骨就是这样由若干比例的有机物以及无机物组成，所以人骨既有韧度又有硬度，只是所占的比例有所不同；人在不同年龄，骨的有机物与无机物的比例也不同，以儿童及少年的骨为例，有机物的含量比无机物多，因此他们的骨，柔韧度及可塑性比较高，而老年人的骨，无机物的含量比有机物多，因此他们的骨，硬度比较高，所以容易折断。

骨骼也是一类具有多级结构的复合材料[110]，前文中讨论过松质骨的蜂窝型结构，而密质骨即皮质骨因为支撑和运动等功能，对于强度和模量有更高的要求，因此拥有较为复杂和独特的结构。密质骨的多级多尺度结构中最为基本的一级为分子尺度上的材料，基本化学组成、水分、羟基磷灰石、胶原蛋白及其他蛋白质等，在此尺度上，羟基磷灰石为片层状排布。在第二级别的构成尺度上，矿物质薄片加固的矿化纤维结构被 Weiner 和 Wagner[111]率先发现，而这些纤维相互平行，构成一层层的纤维板，即组成了第三层次的结构。这些纤维板的排列即第四层次的研究内容，排列方式涵盖了平行排列、编织织构以及夹板结构。圆柱形的骨单元(osteon)构成该骨架系统的第五层[112]，在这一层上，考虑的不仅有生物矿化材料结构的架构，还有骨细胞[113]的活性以及骨细胞对于骨骼结构的再成型。蚀骨细胞会吸收侵蚀掉骨骼结构，在骨骼中形成一条条通道，而成骨细胞继续堆叠使通道结构变得完整，这些孔道在功能上为神经、血管提供通道[114]。第六级别为骨组织的分化，紧密排列的纤维状密质骨和低密度蜂窝型排列的松质骨，不同骨组织共同构成宏观上的骨骼，即第七级别的整体性结构(图 6.16)。每一层级的增韧机制同样不尽相同，在分子尺度上，主要依靠骨骼基本单元的大分子链与结构中的微裂纹效应进行增韧，而在矿化增韧的纤维层次上，纤维的滑动成为主要的形变形式，分布在纤维周围的薄片型矿物质能够起到硬度上的提高。而骨密质纤维的桥接则是防止断裂的最为有效的方式[115]。除了骨密质纤维的桥接，在基质中的未开裂的桥接也能起到增韧的效果。在宏观的尺度上，骨细胞以及骨细胞组成的管道将为整体结构的强度和抗断裂性能提供基本的结构和性能保证[116]。

骨骼因为其支撑和运动的重要功能，拥有着较为优异的力学性能，探索其结构与性能的规律引起了众多科学家的兴趣。Nalla[117]等研究了骨骼在断裂性能上的各向异性，并且发现在骨骼的断裂机制中，桥连为增强骨骼的韧性起到了很重要的作用[118]。Launey[119]等在探索多种生物矿化材料的增韧机制中提出，骨骼

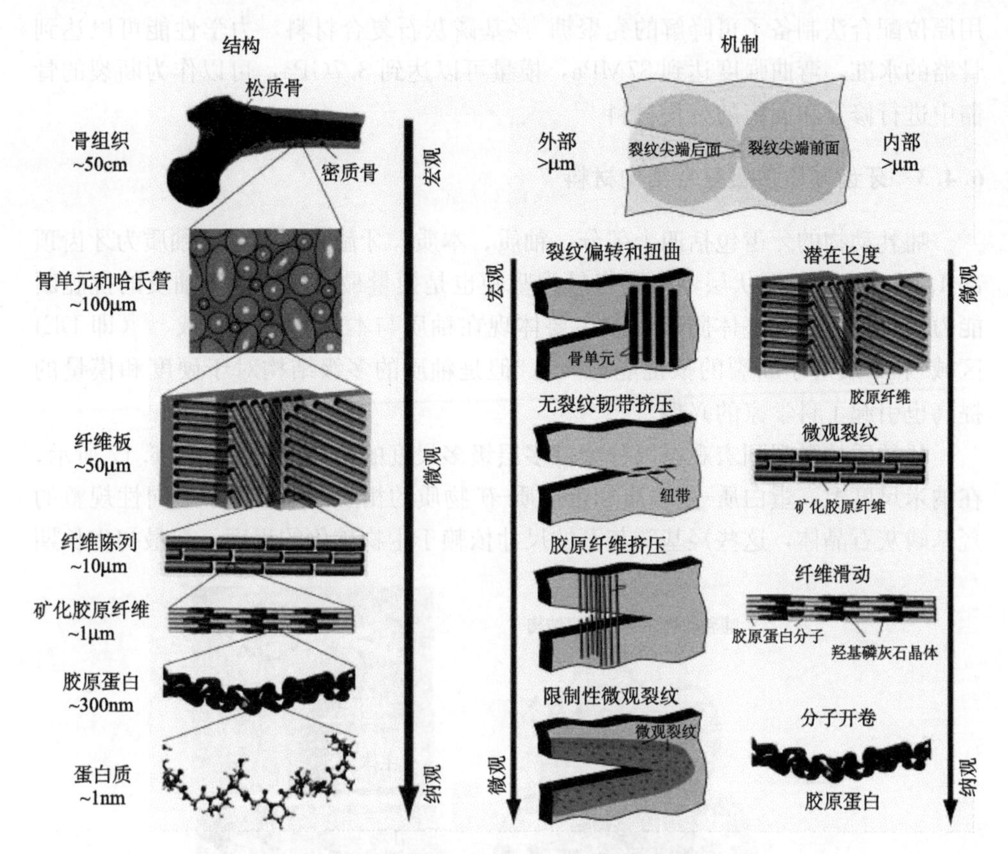

图 6.16　骨密质多级结构与多级结构的增韧机制

材料的韧性来源于材料内部增韧机制(extrinsic toughness)和外部增韧机制(intrinsic toughness)的相互竞争[120]。内部增韧机理主要是指在裂纹的尖端阻止裂纹生长，分散应力集中的作用。在最小尺度上，胶原蛋白和矿化原纤之间存在分子的开卷和分了间的滑动。纤维束之间能够观察到维裂纹和纤维滑动现象[121]。在更大的尺度上，纤维阵列间的阵列和键合作用增加了能量耗散的能力。在10～100μm 的尺度上，主要的增韧来源是外部增韧机制，包括裂纹偏折作用和断裂桥接带[122]。Nalla[123]等对骨骼的疲劳断裂进行了测试和研究，探索了疲劳断裂与骨骼内晶体生长之间的联系，并且发现在疲劳断裂过程中，未开裂的桥接同样起到很重要的作用[56]。

近些年随着材料学和医学的发展，作为替代骨骼的人造骨骼的应用越来越广，也就越促进了对于骨骼材料本身及相关仿生材料制备的研究。Moursi[124]等制备了 PMMA/HA 复合材料作为移植用的替代材料，并且通过生物免疫学的测试，不仅排异反应较小，而且能够有效地促进蚀骨细胞的活性[125]。Hu[126]等利用原位配合法制备了可降解的壳聚糖/羟基磷灰石复合材料，力学性能可以达到骨骼的水准，弯曲强度达到87MPa，模量可以达到3.7GPa，可以作为断裂的骨骼中进行修复和固定的替代材料[127]。

6.4.3　牙齿釉质多级复合结构材料

哺乳动物的牙齿包括四个部分：釉质、本质、牙髓和牙骨质，釉质为牙齿顶部1～2mm厚的冠状层，为牙齿最为坚硬也是模量最高的区域，釉质的抗脆断能力较差，牙齿的整体防断机制主要体现在釉质与本质相连的区域[128]（即DEJ区域）和本质对于断裂的抵抗能力[129]。但是釉质的多级结构对于硬度和模量的提高也引起了科学家的兴趣[130]。

牙釉质从微观到宏观可以分为许多层级多尺度的结构层次，如图6.17所示，在纳米尺度上，蛋白质-蛋白质和蛋白质-矿物质的相互作用组成了取向性规整的羟基磷灰石晶体，这些羟基磷灰石的尺寸依赖于生物矿化的程度，在最初生长期

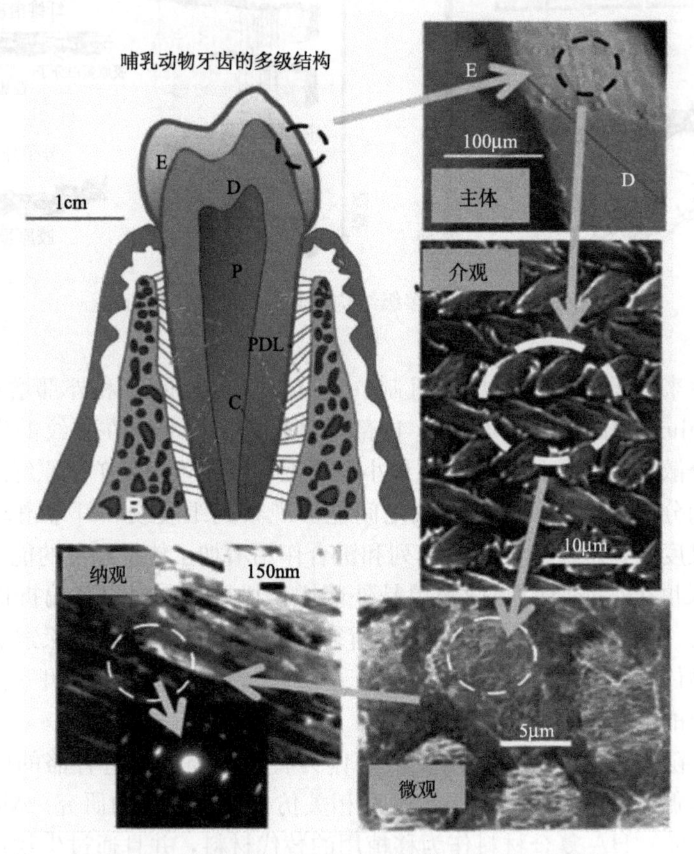

图6.17　哺乳动物牙釉质多级结构的扫描电镜照片

(分泌阶段)，晶体生长主要体现在长度上，之后随着牙齿的成熟，牙齿内的羟基磷灰石晶体在厚度上逐渐增大。负责调控牙齿内羟基磷灰石晶体生长的蛋白质被称为牙釉蛋白。当纳米尺度发生材料失效时，则体现的是断裂，因为这个尺度下，材料的塑形变形很小。在中间尺度下，牙齿釉质的主要组成单元为规则取向的羟基磷灰石晶体组成的棒形结构，这些矿物棒互相编织成独特的结构，可以在图 6.17 中观察。除了棒形的基本结构外，组成釉质的基本单元还有类棒(类棱柱)的结构[131]，类棒形与棒形结构的最大差别在于，棒形结构中的晶体排列非常规整，而类棒形的晶体排列并非完全规则。规整的棒形结构与规整性较差的类棒形结构共同作用能使釉质对裂纹的阻碍作用有一定的提升，并且能够承受较高的载荷。在宏观的尺度上，釉质中邻近 DEJ[132](釉质与本质连接过渡区)的区域有着显著的特点[133]，这一部分为棱柱区，而这部分棱柱区被认为是牙齿韧性增强的最原始区域[134]。

6.5　仿生空心结构材料

自然界中的许多生物采用了多通道的超细管状结构[135]，例如，许多植物的茎都是中空的多通道微米管，这使其在保证足够强度的前提下可以有效节约原料

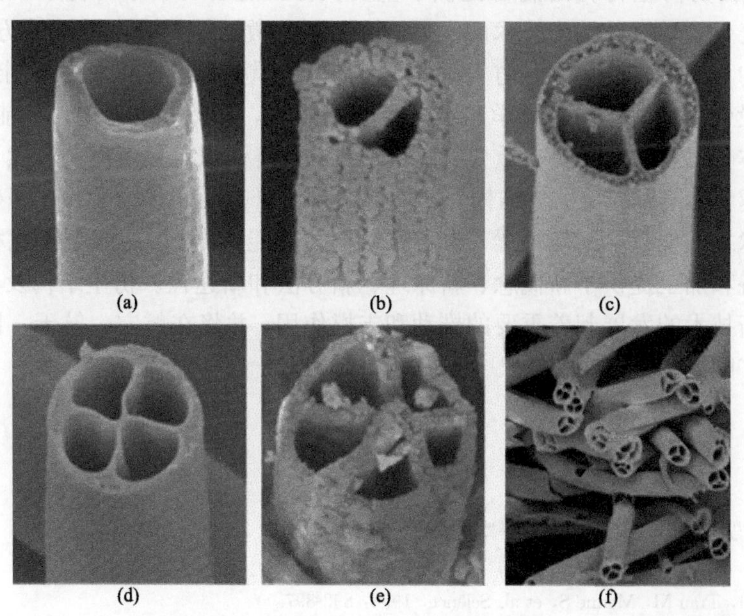

图 6.18　具有不同通道的微米管扫描电子显微镜照片(a)～(e)及三通道微米管的大面积扫描电子显微镜照片(f)。(a)～(e)分别为 1，2，3，4，5 通道 TiO_2 微米管的扫描电子显微镜照片。

及输运水分和养料；为减轻重量以及保温，鸟类的羽毛也具有多通道管状结构；许多极地动物的皮毛具有多通道或多空腔的微/纳米管状结构，使其具有卓越的隔热性能[136]。夏幼南[137]研究小组采用电纺技术，在聚乙烯吡咯烷酮(PVP)-钛酸异丙酯($Ti(OiPr)_4$)-矿物油-乙醇-乙酸体系制备了核-壳结构纳米纤维，经高温焙烧后即可得到单轴定向排列的空心 TiO_2 纳米纤维。采用电纺技术可以制备 SiO_2、ZnO、ZrO_2 等空心纳米纤维材料[138]。最近，作者的课题组利用复合电纺丝技术，仿生制备了多通道 TiO_2 微纳米管，而且通过简单调控内流体的数目，可以精确得到与内流体相应数目的 1，2，3，4，5 通道微米管(图 6.18)。此外，以二氧化钛溶胶为外流体、液体石蜡为内流体，利用多流体复合电喷技术可制备内部具有多室结构的微胶囊[139]。

6.6 结论与展望

仿生材料自 20 世纪 90 年代发展以来所取得的成就以及对各个领域的影响和渗透一直引人关注。尤其是纳米科学技术的迅速发展使仿生研究实现了在原子、分子、纳米及微米尺度上深入揭示生物材料优异宏观性能与特殊微观结构之间的关系，从而为仿生材料的制备提供了重要支撑。随着材料学、化学、分子生物学、系统生物学以及纳米技术的发展，仿生学向微纳结构和微纳系统方向发展，实现结构与功能一体化将是仿生材料研究前沿的重要分支。以二元协同纳米界面材料为设计思想，将仿生科学与纳米科学相结合，开展仿生结构、功能及结构-功能一体化材料的研究具有重要的科学意义，它将认识自然、模仿自然、在某一侧面超越自然有机结合；将结构及功能的协同互补、有机结合；并在基础学科和应用技术之间架起了一座桥梁，为新型结构、功能及结构-功能一体化材料的设计、制备和加工提供了新概念、新原理、新方法和新途径。仿生结构及其功能材料对高新技术的发展起着重要的推动和支撑作用，并将在航空、航天、国防等领域具有广阔的应用前景。

参 考 文 献

[1] 江雷，冯琳. 仿生智能纳米界面材料. 北京：化学工业出版社，2007.
[2] 刘克松，江雷. 科学通报，2009，54(18)：2667-2681.
[3] Aksay I，Trau M，Manne S，et al. Science，1996：892-897.
[4] Dunlop J W C，Fratzl P. Annual Review of Materials Research，2010，40(1) ：1-24.
[5] Cahn R W. Nature，1996，382：684.
[6] Cha J N，Stucky G D，Morse D E，et al. Nature，2000，403(6767)：289-292.
[7] Sanchez C，Arribart H，Guille M M G. Nature Materials ，2005，4(4)：277-288.

[8] Bellamkonda R V. Biomimetic materials：Marine inspiration. Nature Materials，2008，7(5)：347-348.
[9] Wegst U，Ashby M. Philosophical Magazine，2004，84(21)：2167-2186.
[10] Fratzl P，Weinkamer R. Progress in Materials. Science，2007，52(8)：1263-1334.
[11] Liu K，Jiang L. Nano Today，2011，6(2)：155-175.
[12] Song F，Soh A，Bai Y. Biomaterials ，2003，24(20)：3623-3631.
[13] Falini G，Albeck S，Weiner S，et al. Science，1996，271(5245)：67.
[14] Kamat S，Su X，Ballarini R，et al. Nature，2000，405(6790)：1036-1040.
[15] Mayer G. Science，2005，310(5751)：1144-1147.
[16] Gao H，Ji B，Jäger I L，et al. Proceedings of the National Academy of Sciences，2003，100(10)：5597-5600.
[17] Bruet B，Qi H，Boyce M，et al. Journal of Materials Research，2005，20(09)：2400-2419.
[18] 孙娜，吴俊涛，江雷. 高等学校化学学报，2011，32(10)：2231-2239.
[19] Li X，Chang W C，Chao Y J，et al. Nano Lett，2004，4(4)：613-617.
[20] Nukala P K，Simunovic S. Biomaterials，2005，26(30)：6087-6098.
[21] Oaki Y，Imai H. Angewandte Chemie International Edition，2005，44(40)：6571-6575.
[22] Rousseau M，Lopez E，Stempflé P，et al. Biomaterials，2005，26(31)：6254-6262.
[23] 万欣娣，任凤章，刘平，等. 材料导报，2006，20(10)：21-24.
[24] Li X，Xu Z H，Wang R. Nano Lett，2006，6(10)：2301-2304.
[25] Tang Z，Kotov N A，Magonov S，et al. Nature materials，2003，2(6)：413-418.
[26] Rubner M. Nature，2003，423(6943)：925-926.
[27] Wang R，Suo Z，Evans A，et al. Journal of Materials Research，2001，16(09)：2485-2493.
[28] Evans A，Suo Z，Wang R，et al. Journal of Materials Research，2001，16(09)：2475-2484.
[29] Okumura K，de Gennes P G. The European Physical Journal E，2001，4(1)：121-127.
[30] Nakahara H. Venus，1979.
[31] Watabe N. Progress in Crystal Growth and Characterization，1981，4(1)：99-147.
[32] Schäffer T E，Ionescu-Zanetti C，Proksch R，et al. Chemistry of Materials，1997，9(8)：1731-1740.
[33] Weiner S，Traub W，Parker S. Biological Sciences，1984，304(1121)：425-434.
[34] Addadi L，Weiner S. Nature，1997，389(6654)：912-915.
[35] Fleischli F D，Dietiker M，Borgia C，et al. Acta Biomaterialia，2008，4(6)：1694-1706.
[36] Luz G M，Mano J F. Physical and Engineering Sciences，2009，367(1893)，1587-1605.
[37] Moshe-Drezner H，Shilo D，Dorogoy A，et al. Advanced Functional Materials，2010，20(16)：2723-2728.
[38] Podsiadlo P，Arruda E M，Kheng E，et al. Acs Nano，2009.
[39] Burghard Z，Zini L，Srot V，et al. Nano Lett，2009，9(12)：4103-4108.
[40] Podsiadlo P，Kaushik A K，Arruda E M，et al. Science，2007，318(5847)：80-83.
[41] Podsiadlo P，Arruda E M，Kheng E，et al. Acs Nano，2009，3(6)：1564-1572.
[42] Podsiadlo P，Kaushik A K，Shim B S，et al. The Journal of Physical Chemistry B，2008，112(46)：14359-14363.
[43] Podsiadlo P，Michel M，Lee J，et al. Nano Lett，2008，8(6)：1762-1770.
[44] Andres C M，Kotov N A. Journal of the American Chemical Society，2010，132(41)：14496-14502.
[45] Kahn H，Ballarini R，Bellante J，et al. Science，2002，298(5596)：1215-1218.

[46] Lu Y, Yang Y, Sellinger A, Lu M, Huang J, Fan H, et al. Nature, 2001, 411: 617.
[47] Putz K W, Compton O C, Palmeri M J, et al. Advanced Functional Materials, 2010, 20(19): 3322-3329.
[48] Yao H B, Tan Z H, Fang H Y, et al. Angewandte Chemie International Edition, 2010, 49(52): 10127-10131.
[49] Yao H B, Fang H Y, Tan Z H, et al. Angewandte Chemie International Edition, 2010, 49(12): 2140-2145.
[50] Deville S, Saiz E, Nalla R K, et al. Science, 2006, 311(5760): 515-518.
[51] Deville S, Bernard-Granger G. Journal of the European Ceramic Society, 2011, 31(6): 983-987.
[52]Deville S, Saiz E, Tomsia A P. Acta Materialia, 2007, 55(6): 1965-1974.
[53] Deville S, Saiz E, Tomsia A P. Biomaterials, 2006, 27(32): 5480-5489.
[54] Munch E, Launey M E, Alsem D H, et al. Science, 2008, 322(5907): 1516-1520.
[55] Launey M E, Munch E, Alsem D H, et al. Journal of the Royal Society Interface, 2010, 7(46): 741-753.
[56] Launey M E, Munch E, Alsem D, et al. Acta Materialia, 2009, 57(10): 2919-2932.
[57] Erb R M, Libanori R, Rothfuchs N, et al. Science, 2012, 335(6065): 199-204.
[58] Chopra I S, Chaudhuri S, Veyan J F, et al. Nature Materials, 2011, 10(11): 884-889.
[59] Long B, Wang C A, Lin W, et al. Composites Science and Technology, 2007, 67(13): 2770-2774.
[60] Burghard Z, Zini L, Srot V, et al. Nano Lett, 2009, (12): 4103-4108.
[61] Hunt D G, Collins M, Atherton M A. Optimisation mechanics in nature. Wit, 2004.
[62] Gibson L J. Journal of Biomechanics, 2005, 38(3): 377-399.
[63] Greenhill A. Determination of the greatest height consistent with stability that a vertical pole or mast can be made, and of the greatest height to which a tree of given proportions can grow. Proc Cambridge Philos Soc, 1881, 4: 65-73.
[64] Ashby M F. Oxford: Pergamon Press: 1999.
[65] Roschger P, Gupta H, Berzlanovich A, et al. Bone, 2003, 32(3): 316-323.
[66] Jaschouz D, Paris O, Roschger P, et al. Journal of applied crystallography, 2003, 36(3): 494-498.
[67] Camacho N P, Rinnerthaler S, Paschalis E, et al. Bone, 1999, 25(3): 287-293.
[68] Landis W J, Hodgens K J, Arena J, et al. Microscopy Research and Technique, 1996, 33(2): 192-202.
[69] Landis W J. Connective Tissue Research, 1996, 34(4): 239-246.
[70] van Lenthe G, Stauber M, Müller R. Bone, 2006, 39(6): 1182-1189.
[71] Nazarian A, Müller R. Journal of Biomechanics, 2004, 37(1): 55-65.
[72] Kopperdahl D L, Keaveny T M. Journal of Biomechanics, 1998, 31(7): 601-608.
[73] Bayraktar H H, Keaveny T M. Journal of Biomechanics, 2004, 37(11): 1671-1678.
[74] Silva M, Gibson L. Bone, 1997, 21(2): 191-199.
[75] Guo X, Kim C. Bone, 2002, 30(2): 404-411.
[76] Haddock S M, Yeh O C, Mummaneni P V, et al. Journal of Biomechanics, 2004, 37(2): 181-187.
[77] Rapillard L, Charlebois M, Zysset P K. Journal of Biomechanics, 2006, 39(11): 2133-2139.
[78] Levi C, Barton J, Guillemet C, et al. Journal of Materials Science Letters, 1989, 8(3): 337-339.
[79] Hamm C E, Merkel R, Springer O, et al. Nature, 2003, 421(6925): 841-843.
[80] Aizenberg J, Weaver J C, Thanawala M S, et al. Science, 2005, 309(5732): 275-278.

[81] Aizenberg J，Sundar V C，Yablon A D，et al. Proceedings of the National Academy of Sciences of the United States of America，2004，101(10)：3358-3363.
[82] Sarikaya M，Fong H，Sunderland N，et al. Journal of Materials Research，2001，16(05)：1420-1428.
[83] Sundar V C，Yablon A D，Grazul J L，et al. Nature，2003，424(6951)：899-900.
[84] Weaver J C，Aizenberg J，Fantner G E，et al. Journal of Structural Biology，2007，158(1)：93-106.
[85] Woesz A，Stampfl J，Fratzl P. Advanced Engineering Materials，2004，6(3)：134-138.
[86] Green D J，Colombo P. Mrs Bulletin，2003，28(4)：296-300.
[87] Seki Y，Schneider M S，Meyers M A. Acta Materialia，2005，53(20)：5281-5296.
[88] Miserez A，Li Y，Waite J H，Zok F. Acta Biomaterialia，2007，3(1)：139-149.
[89] Miserez A，Schneberk T，Sun C，et al. Science，2008，319(5871)：1816-1819.
[90] Seki Y，Kad B，Benson D，et al. Materials Science and Engineering，2006，26(8)：1412-1420.
[91] Seki Y，Bodde S G，Meyers M A. Acta Biomaterialia，2010，6(2)：331-343.
[92] Dresp B，Langley K. Anatomical Record Part A Discoveries in Molecular Cellular & Evolutionary Biology，2006，288(3)：213-222.
[93] Dresp B，Jouventin P，Langley K. Biology Letters，2005，1(3)：310-313.
[94] Vincent J F，Wegst U G. Arthropod Structure & Development，2004，33(3)：187-199.
[95] Chen P Y，Lin A Y M，McKittrick J，et al. Acta Biomaterialia，2008，4(3)：587-596.
[96] Raabe D，Sachs C，Romano P. Acta Materialia，2005，53(15)：4281-4292.
[97] Bouligand Y. Tissue and Cell，1972，4(2)：189-217.
[98] Giraud-Guille M-M. Tissue and Cell，1984，16(1)：75-92.
[99] Giraud-Guille M-M，Chanzy H，Vuong R. Journal of Structural Biology，1990，103(3)：232-240.
[100] Giraud-Guille M-M. Current Opinion in Solid State and Materials Science，1998，3(3)：221-227.
[101] Fabritius H O，Sachs C，Triguero P R，et al. Advanced Materials，2009，21(4)：391-400.
[102] Romano P，Fabritius H，Raabe D. Acta Biomaterialia，2007，3(3)：301-309.
[103] Sachs C，Fabritius H，Raabe D. Journal of Structural Biology，2006，155(3)：409-425.
[104] Nikolov S，Petrov M，Lymperakis L，et al. Advanced Materials，2010，22(4)：519-526.
[105] Raabe D，Romano P，Sachs C，et al. Materials Science and Engineering：A，2006，421(1)：143-153.
[106] Roer R D. The Journal of Experimental Biology，1980，88(1)：205-218.
[107] Mayer G. Materials Science and Engineering：C，2006，26(8)：1261-1268.
[108] Palmer L C，Newcomb C J，Kaltz S R. Chemical Reviews，2008，108(11)：4754-4783.
[109] Landis W J，Hodgens K，Arena J，et al. Micro Res Tech，1996，33：192-202.
[110] Rho J Y，Kuhn-Spearing L，Zioupos P. Medical Engineering & Physics，1998，20(2)：92-102.
[111] Weiner S，Wagner H D. Annual Review of Materials Science，1998，28(1)：271-298.
[112] Fratzl P，Gupta H，Paschalis E，et al. Journal of Materials Chemistry，2004，14(14)：2115-2123.
[113] Rho J，Zioupos P，Currey J，et al. Bone，1999，25(3)：295-300.
[114] Ascenzi A，Bonucci E，Generali P，et al. Calcif Tissue Int，1979，29(1)：101-105.
[115] Weiner S，Arad T，Sabanay I，et al. Bone，1997，20(6)：509-514.
[116] Roschger P，Fratzl P，Eschberger J，et al. Bone，1998，23(4)：319-326.
[117] Nalla R K，Kinney J H，Ritchie R O. Nature Materials，2003，2(3)：164-168.
[118] Kruzic J，Scott J，Nalla R，et al. Journal of Biomechanics，2006，39(5)：968-972.
[119] Launey M E，Chen P Y，McKittrick J，et al. Acta biomaterialia，2010，6(4)：1505-1514.

[120] Launey M E, Buehler M J, Ritchie R O. Annual review of materials research, 2010, 40: 25-53.
[121] Barth H D, Launey M E, MacDowell A A, et al. Bone, 2010, 46(6): 1475-1485.
[122] Balooch G, Balooch M, Nalla R K, et al. Proceedings of the National Academy of Sciences of the United States of America, 2005, 102(52): 18813-18818.
[123] Nalla R K, Kruzic J J, Kinney J H, et al. Biomaterials, 2005, 26(14): 2183-2195.
[124] Moursi A M, Winnard A V, Winnard P L, et al. Biomaterials, 2002, 23(1): 133-144.
[125] Morita S, Furuya K, Ishihara K, et al. Biomaterials, 1998, 19(17): 1601-1606.
[126] Hu Q, Li B, Wang M, Shen J. Biomaterials, 2004, 25(5): 779-785.
[127] Bonfield W, Grynpas M D, Tully A E, et al. Biomaterials, 1981, 2(3): 185-186.
[128] Imbeni V, Kruzic J, Marshall G, et al. Nature materials, 2005, 4(3): 229-232.
[129] Niu X, Rahbar N, Farias S, et al. Journal of the Mechanical Behavior of Biomedical Materials, 2010, 2(6): 596-602.
[130] Ang S F, Bortel E L, Swain M V, et al. Biomaterials, 2010, 31(7): 1955-1963.
[131] Ho S P, Marshall S J, Ryder M I, et al. Biomaterials, 2007, 28(35): 5238-5245.
[132] (a)Ho S P, Yu B, Yun W, et al. Acta biomaterialia, 2009, 5(2): 707-718; (b) Marshall S J, Balooch M, Habelitz S, et al. Journal of the European Ceramic Society, 2003, 23(15): 2897-2904; (c) White S N, Paine M L, Luo W, et al. Journal of the American Ceramic Society, 2000, 83(1): 238-240.
[133] Habelitz S, Marshall S J, Marshall G W, et al. Journal of Structural Biology, 2001, 135(3): 294-301(298).
[134] Niu X, Yang Y, Soboyejo W. Materials Science and Engineering: A, 2008, 485(1): 517-523.
[135] Zhao Y, Jiang L. Advanced Materials, 2009, 21(36): 3621-3638.
[136] Zhao Y, Cao X, Jiang L. Journal of the American Chemical Society, 2007, 129(4): 764-765.
[137] Li D, Xia Y. Nano Lett, 2004, 4(5): 933-938.
[138] (a)Loscertales I G, Antonio B, Manuel M, et al. Journal of the American Chemical Society, 2004, 126(17): 5376-5377; Hongjun L, Angelini T E, Braun P V, et al. Journal of the American Chemical Society, 2004, 126(43): 14157-14165.
[139] Chen H Y, Song Y L, Jiang L, et al. Journal of the American Chemical Society, 2008, 130(25): 7800-7801.

第7章　仿生纤维材料

7.1　引　言

纤维是材料家族中的重要一员，也是与人类生产生活密切相关的基本材料之一，它分为天然纤维和人造纤维。天然纤维主要分为植物纤维和动物纤维，它们由于生物所生存的自然环境不同，因而具有许多独特的结构和生物功能。例如，竹纤维可以增强竹子的力学强度；蒲公英纤维的中空结构可以有效减重，使种子飘得更远；鸟类的羽毛也是中空结构，可以有效地减重和保温，有利于其飞行和抵抗高空的寒冷环境，类似的中空结构也在北极熊毛中发现，这就是北极熊可以生活在极地严寒环境中的重要原因之一。除此之外，蜘蛛丝具有极为优异的力学特性；孔雀羽毛具有周期性微纳米结构，使其不需要色素就显示出丰富多彩的颜色；水鸟可以潜入水中而不被粘湿是因为其羽毛具有极佳的疏水特性；等等。尽管如此，生物纤维仍有许多特殊的结构和功能等待着人们去发掘和利用。

纤维最重要的应用就是各种衣物面料，从柔软舒适的贴身衣物、防寒保暖的羽绒服、光彩亮丽的时装到高科技含量的阻燃服、防弹衣、防辐射服等，都是由各种天然或人造的功能纤维编织而成。数千年来，人类一直都是以天然纤维作为主要的衣物原料，如从植物中获得的棉、麻等和从动物中获得的丝和皮毛等。随着科技的不断进步，特别是化学中的高分子行业的兴起，人造纤维从无到有，在短短的数十年时间得到突飞猛进的发展，现已成为生产生活中不可或缺的重要材料。人造纤维快速发展的最主要原因在于它不受制于气候和土地的大规模生产，且具有优良的耐磨、耐色、耐生物降解性能。因此，在20世纪中叶，人们一度认为人造纤维将取代天然纤维，从而兴起了穿人造纤维衣物的热潮。但很快人们就发现，人造纤维透气性差、吸水性差且刺激皮肤、易产生静电，其舒适程度远不如天然纤维，因此，回归自然，选择天然动植物纤维衣物又重新成为时代流行。这种理性回归与天然纤维材料的许多独特的优异性质是密不可分的，天然生物纤维材料的化学组成主要是多糖或蛋白质，比人工合成材料具有更好的生物亲和性；传统的人造纤维形状由喷丝头所决定，多为光滑的圆柱形，加之人造纤维化学成分多为疏水性材料，因此吸水透气性差，而天然生物纤维表面和内部具有许多特殊的微纳米结构，使天然生物纤维具有良好的吸水、透气、保温等特性。受天然生物纤维启发，人们对于人造纤维制备方法进行了许多技术改进，开发了许多改性人造纤维材料，例如，将天然纤维与人造纤维混纺，使织物既具有天然纤维的舒适性，又具有人造纤维的耐久性；将人造纤维进行表面改性，提高纤维亲和性；改进纺丝头形状，开发各种异形截面的人造纤维材料，改善纤维的透湿性；设计异型喷口，制备具有多孔结构的中空纤维，提升纤维的保温性能；等等。当然，我们也看到，一些高性能人造合成纤维及其衍生产品具有天然纤维材料所不具有的特殊性能，如高强度纤维用于防弹，阻燃隔热纤维用于防火，防辐射纤维用于宇航服或核设施等，这是由于自然界中的生物体一般不会遇到这些极端的特殊环境，因此没有进化出相应的防御功能。

可以看出，纤维材料是一种受自然材料启发的飞速发展的重要材料，人们不断从天然生物纤维材料中获得新的灵感，开发出一代又一代新型纤维材料，是一个源于自然、高于自然的创新过程。因此，本章将首先介绍一些比较常见的天然生物纤维材料及其特性和功能；然后介绍一下几种主要人造纤维的制备方法及纤维性质；此外，我们还将介绍一种近年来新兴的制备纳米纤维的方法——静电纺丝法；最后，介绍一下各种纤维的应用及未来发展方向。

7.2 天然生物纤维

7.2.1 植物纤维

1. 棉花

提到植物纤维，人们首先会想到的是棉花(cotton fibers)。尽管人类使用棉花已有数千年的历史，迄今为止它仍然是世界上人工种植产量最大的天然纤维材料。棉花是植株果实成熟后裂开翻出来的果子内部纤维[图 7.1(a)]，其纤维成分以纤维素为主，占干重的 93%～95%。棉纤维直径较细，纵向呈扁平的卷曲带状结构[图 7.1(b)]，保暖性较好，且不产生静电[1,2]。常见的棉花纤维为白色或浅黄色，为了美观，棉纤维织物通常需要后期染色，但染料的使用会对自然环境造成污染，近年来人们通过采用现代生物工程技术培育出来一种天然彩色棉花，其颜色是棉纤维中腔细胞在分化和发育过程中色素物质沉积的结果由于彩棉在生产过程中无需染色，除去了化学用剂的污染过程，因而成为具有环保功能的新产品[3]。

2. 麻纤维

麻纤维是从各种麻类植物中取得的纤维，主要包括亚麻、苎麻、黄麻、青麻、大麻、罗布麻和槿麻等。这里我们以较常见的亚麻纤维为例说明，亚麻纤维(flax fibers)是人类最早使用的天然植物纤维之一，它是天然纤维中唯一的束性植物纤维[图 7.2(a)]，一般取自茎部韧皮纤维，这部分纤维构造如棉，细长而

图 7.1　成熟的棉花照片(a)和棉纤维的 SEM 图片(b)(呈卷曲带状结构)[3]

有光泽[图 7.2(b)]，为优良纺织原料，单丝纤维可长达 120cm。亚麻纤维具有耐摩擦、耐高温、散热快等独特优点[4]。有研究显示，亚麻纤维不仅柔软、细度好，而且拉力强，Baley 等[5]对其相关性能进行了测试，结果显示，直径在 25～27.5μm 的亚麻纤维，其平均拉伸强度为(1060 ± 290)MPa，其强度是棉纤维的 1.5 倍，此外，相对其他植物纤维而言，亚麻纤维还具有独特的抗菌性和突出的吸湿透湿特性。

图 7.2　经过初加工的亚麻纤维照片(a)和亚麻纤维 SEM 照片[21](b)

3. 竹纤维

竹纤维(bamboo fibers)是从天然生长的竹子中提取出来(图 7.3)经过纺丝形成的纤维材料，主要成分是纤维素、半纤维素和木质素。由于竹子生长迅速、很容易再生，因此竹纤维具有环境负荷小的优点。与黄麻和棉花等天然纤维相比，竹纤维具有较高的强度[6]，Trujillo 等对竹纤维的力学性能的研究显示，其强度值可达 800MPa，弹性模量高达 43GPa，这证明竹纤维具有优良的抗拉性能[7]。竹纤维具有良好的透气性、染色性、耐磨性、瞬间吸水性等特性，同时又具有天然抗菌、抑菌、防臭和抗紫外线功能[8]。

竹纤维的多项性能优势，为竹纤维的开发奠定了一个光明的前景，包括竹纤维医用产品的研发，竹纤维复合材料的研发等[9,10]。通过竹纤维的高强度来增强聚丙烯材料的比模量和比强度[11]，可以使其力学性能有显著的提高。有研究表明，竹纤维增强聚丙烯复合材料的弯曲强度、拉伸强度、抗冲击强度分别可达42MPa、29MPa、5.9kJ/m^2[12]，均高于原基体聚丙烯。此外，以竹纤维为基础的聚合物复合材料还具有高的强度重量比、尺寸稳定性和耐久性，广泛应用于生产生活中的许多领域[13]。

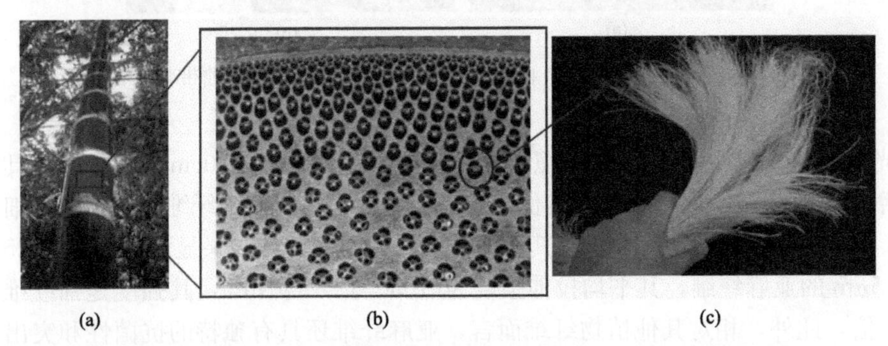

图 7.3　竹子的茎(a)、竹子茎的横截面(b)和经过机械化工序提取的竹纤维(c)[7]

4. 木棉纤维

木棉纤维(kapok fibers)是从木棉树的种子里提取出来的天然植物纤维[图 7.4(a)]，短而细软，无扭曲；它是一种果实纤维，属单细胞纤维，同时也是最细的天然超细纤维之一，纵向呈圆柱形，表面光滑，截面为圆形或椭圆形[14]。Lim 等对木棉纤维的微观结构进行了观察[图 7.4(b)]，研究显示，木棉纤维内部中空，外部直径为(16.5 ± 2.4)μm，内直径为(14.5 ± 2.4)μm[15]，纤维壁厚约为 1.0μm[16]。木棉纤维的中空度高达 86%以上，远超人工纤维如聚丙烯纤维[17]和其他天然材料[18,19]。此外，木棉纤维耐压性强，保暖性强，天然抗菌，不蛀不霉[17]，因此，木棉纤维被誉为“植物软黄金”，是目前天然纤维中最细、最轻、中空度最高、最保暖的纤维材料[20]。

木棉纤维的一个特点是不吸水，这是因为其表面有一层植物蜡，它的防水性能与鸭子背部羽毛的防水性能非常类似。Lim 等发现木棉纤维具有非常优异的疏水亲油特性，水和柴油对木棉纤维的接触角分别为 117°和 13°[图 7.4(c)、(d)]，显示出木棉纤维在油水过滤方向有潜在的应用前景[15]。

5. 牛角瓜纤维

牛角瓜(calotropis gigantea)是一种直立灌木，幼枝部分有灰白色绒毛[图

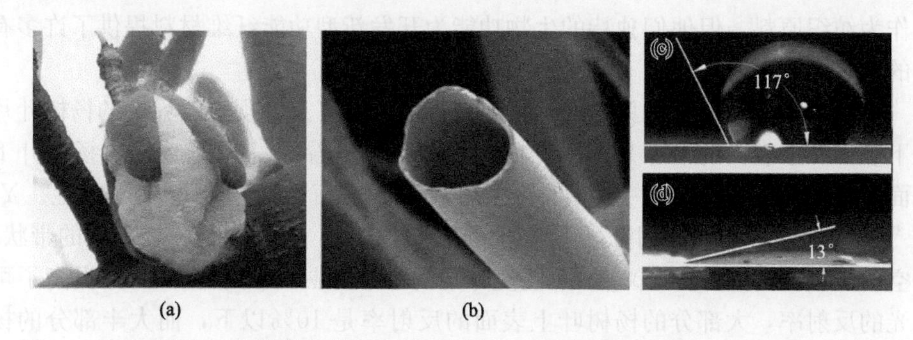

图 7.4　木棉照片(a)和木棉纤维 SEM 图片(b)(一种中空管状材料，具有很高的中空度)[17]以及水(c)和柴油(d)在木棉纤维表面的接触角[15]

7.5(a)]。其茎皮纤维坚韧，可制人造棉、造纸、织麻布等。种毛可作丝绒原料及填充物[21]。牛角瓜纤维是从牛角瓜种子上生长出来的，其主要成分为纤维素，有研究表明，牛角瓜纤维呈中空结构[图 7.5(b)]，其纤维壁很薄，中空度可达80%，纤维宽壁厚的比值为 20～26，与木棉类似，可以作为潜在的保暖材料、浮力材料和吸水吸油材料等。

基于形态学和化学分析的结果表明，在牛角瓜树皮和种子纤维组分有明显不同。树皮材料具有较低的木质素含量，比种子纤维有较高的纤维素和提取物含量。牛角瓜树皮纤维和种子纤维的密度大约分别为 0.56g/cm^3 和 0.68g/cm^3，其拉伸强度分别为 296MPa 和 381MPa[22]，与棉纤维相比，断裂强度小，断裂伸长率较低，导致纤维的相对扭曲刚度大，但牛角瓜纤维具有较好的化学性能，耐酸性好。

图 7.5　牛角瓜的灌木丛照片(a)[21]和牛角瓜纤维的 SEM 照片(b)[22]

6. 其他植物纤维

除了以上常见的用于纺织的植物纤维以外，自然界中还有许多植物的表面具有一些特殊的纤维结构，如植物的叶片、茎、种子等，尽管人们通常不利用它们来作为纺织原料，但他们独特的生物功能为开发新型功能纤维材料提供了许多有益的启示。

杨树是人们生活中常见的树种，但是可能很少有人发现自然界中的杨树叶片的下表面和上表面的形态是不一样的，从图中可以看到[图 7.6(a)]，杨树叶下表面是白色的，覆盖着一层厚厚的棉层，而上表面为绿色，且几乎无毛。Ye 等[23]通过研究发现，杨树叶子下表面的白色“棉层”，实际上是一层白色的带状、中空的纤维结构[图 7.6(b)]，不仅使叶子的下表面具有疏水性，而且提高了可见光的反射率，大部分的杨树叶上表面的反射率是 10%以下，而大半部分的杨树叶下表面的反射率是高于 55%的。利用杨树叶的这种性能，有望制造一种“凉屋顶”通过反射更多的太阳光回太空，减缓全球变暖[23]。

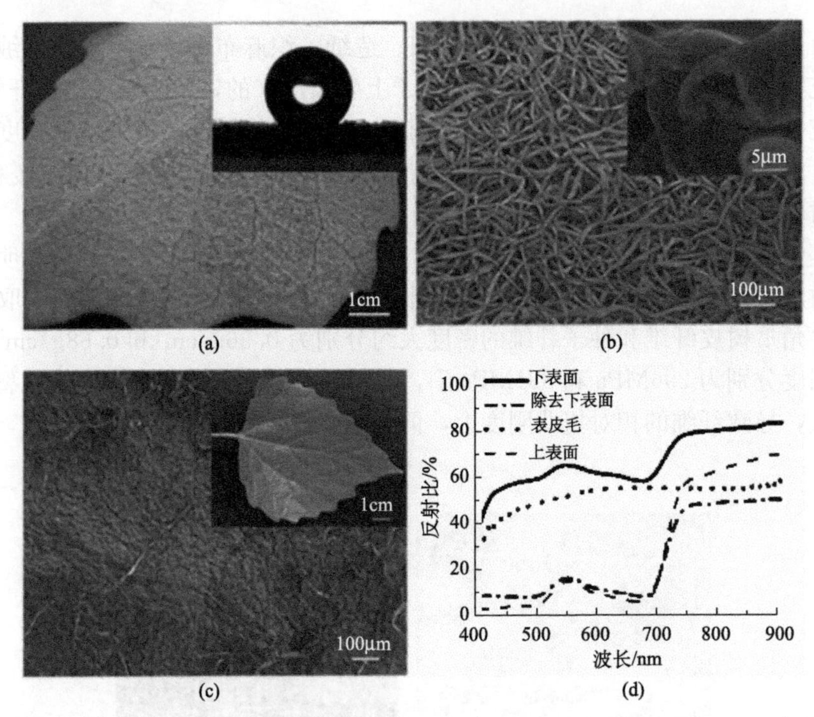

图 7.6 (a)白杨树叶的下表面图片(CA 絮状下表面为 146.0°±2.1°)；(b) 白杨树叶下表面类似带状纤维的 SEM 照片(单根纤维的中空结构的横截面图)；(c)白杨树叶上表面 SEM 图像，电镜表征上表面几乎没有绒毛覆盖；(d) 叶的两个表面的反射光谱[23]，有毛与无毛白杨叶反射光谱比值，在 400～500nm 和 600～700nm 两个波段内，下表面的反射率明显变得更强。

雪绒花(*Leontopodiumalpinum*)是在欧洲的高海拔山峰上的一种多年生的草本植物，常见于 3400m 海拔以上的阿尔卑斯山脉。这种植物全身，包括茎、叶、苞片都被浓密白色绒毛覆盖[图 7.7(a)]。在高海拔地区，由于空气稀薄，紫外线辐射强度很高，但是雪绒花并没有受到紫外线的损伤而影响生长。Vigneron等研究了雪绒花绒毛的结构和生理特性，发现这些绒毛是由一些直径在 10μm 左右的细丝组成，这些细丝在光学显微镜下是透明的，折射率比水稍高，大约在1.4左右[图 7.7(b)]。SEM 观察发现这些绒毛细丝内部具有空心孔道结构和精细的纳米结构，表面存在有沿着细丝的伸长方向的结构[图 7.7(c)]，表明细丝表面是有一系列细纤维平行排列构成。这种白色绒毛在 0.4～1μm 的范围均保持较高的反射率[图 7.7(d)]，证明了绒毛结构对光的作用[24]。

图 7.7 雪绒花的光学照片(a)，光学显微镜下雪绒花绒毛细丝在水中悬浮(表观为透明)的照片(b)，白色绒毛的 SEM 照片(c)和白色绒毛的反射光谱(d)[24]。

7.2.2 动物纤维

1. 蚕丝

蚕丝是熟蚕结茧时分泌丝液凝固而成的连续长纤维[图 7.8(a)]，是自然界中最轻最柔最细的天然纤维之一，手感细腻光滑，撤销外力后可轻松恢复原状。蚕丝分为桑蚕丝和柞蚕丝，其中桑蚕丝应用价值较高。对蚕丝进行染色发现蚕茧包含双层结构[图 7.8(b)]，内层中包含大量的纤维并且纤维能从中剥离出来，而桑蚕单根丝纤维的横截面图显示单丝纤维横截面为椭圆形，由两根平行的半椭圆形丝素外面包裹着丝胶组成[25,26]。近年来研究表明，蚕丝与其他生物降解高分子一起可以用作组织工程支架增强材料[27]，蚕丝的长度和含量对生物复合材料力学性能和热性能都有影响。除此之外，Chae 等[28]通过模仿蚕的纺丝机制结合开尔文-亥姆霍兹不稳定原理，提出了一种新的纺丝技术，该种方法使在单个的微流体系统中制备极细、有序结晶状多聚合物纤维成为可能。

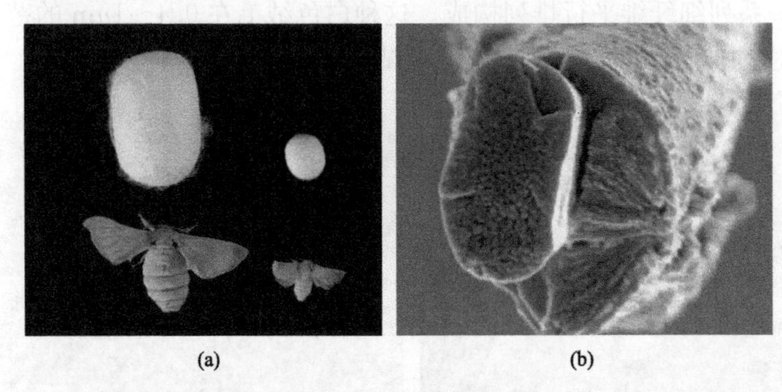

图 7.8 不同种类蚕丝实物图(a)和蚕丝横截面图(b)。它是由两根平行的半椭圆形丝素外面包裹着丝胶组成[26]。

2. 蜘蛛丝

蜘蛛丝是最著名的高性能生物材料之一，因其极高的力学强度和优异的弹性从而受到科学家广泛而深入的研究[图 7.9(a)]。蜘蛛丝具有独特的多级结构以及极好的弹性和强度，即蜘蛛丝纤维的力学性能较强，这使得仿蜘蛛丝材料在国防、军事和建筑方面具有十分广泛的应用。Zheng 等研究人员[29]通过观察薄雾中蜘蛛捕获水珠的过程和蜘蛛丝的结构(单丝上有水珠似的凸起即黏珠结构)，研究了蜘蛛丝集水的物理机制，发现蜘蛛丝的集水具有方向性[图 7.9(b)]。Omenetto 等[30]分析了蜘蛛丝不同部位丝的力学性能，发现其优异的强度是吐丝过程和纤维特性综合控制的结果[图 7.9(c)]。Porter 等[31]给出了蜘蛛丝力学性能相关的解释，认为小的直径对强度高的纤维很重要，高的氢键能量密度使蜘蛛丝具有韧性。

蜘蛛丝和蚕丝同为天然动物纤维，纺丝机制相似，蜘蛛丝的理化性质与蚕丝相比，具有非常明显的优势，但蜘蛛丝却不如蚕丝那样可以大量生产。我们都知道，结构决定性能，Hakimi 等[32]对桑蚕丝和蜘蛛丝的结构、性能和应用作了综合的阐述，其中包括结构对比，多功能性、蜘蛛丝超收缩性及生物医药应用等，发现二者的结构差异较大，蜘蛛丝的力学性能较蚕丝高。Cheung 等[33]利用原子

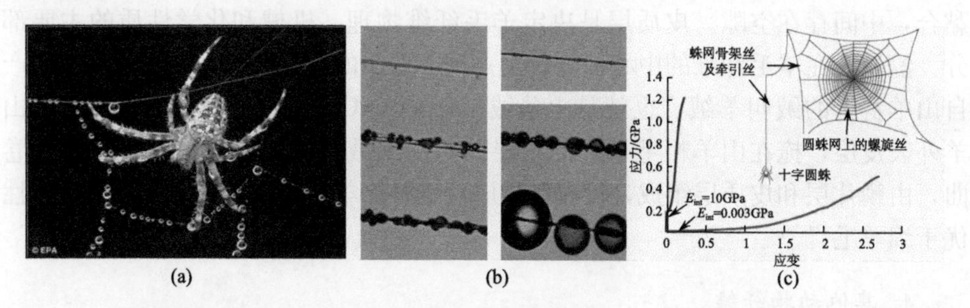

图 7.9　(a)蜘蛛丝是最有代表性的高性能生物纤维材料之一，具有优异的力学性质和集水性能；(b) 蜘蛛丝集水过程，水凝结时捕捉丝由蓬松结构收缩为周期性纺锤节，雾气被定向的凝结到纺锤节的突起部分[29]；(c) 蜘蛛网中不同部位的蜘蛛丝具有不同的力学性能[30]。

力显微镜分析了蚕丝和蜘蛛丝在超分子组织方面的相似点和不同点，发现两种材料的基本结构均是纳米小球，蜘蛛丝的纳米球是各向同性在拉伸情况下结构尺寸发生变化，而蚕丝纳米球是各向异性松散地沿着纤维轴排列。

3. 羊毛

羊毛通常是指绵羊毛(wool)，具有弹性好、吸湿性强、保暖性好等优点。羊毛是细长的实心圆柱体，它是由许多细胞聚集构成，呈卷曲状，从外到内分为三层，即鳞片层、皮质层和髓质层。羊毛的最外层是鳞片层，它的生长方向沿毛根指向毛尖，一片片覆盖衔接，这层鳞片层使羊毛有良好的光泽(图 7.10)。鳞片结构坚韧，使羊毛具有抗磨损性及抗污染性。皮质层是羊毛纤维的主要组成部分，它由许多蛋白质细胞组成，其组成物质叫做角朊或角蛋白质。细胞之间互相

图 7.10　绵羊(a)和羊毛(b)。羊毛表面具有沿毛囊根部指向毛尖端方向的层状鳞片[35]

黏合，中间存在空隙。皮质层是决定羊毛纤维物理、机械和化学性质的主要部分。髓质层在羊毛纤维的中心部分，是一种不透明的疏松物质。除绵羊毛外，产自山羊身上的绒叫羊绒，也就是山羊绒、开司米(Cashmere)。羊绒是生长在山羊外表皮层，掩在山羊粗毛根部的一层薄薄的细绒，具有不规则的稀而深的卷曲，由鳞片层和皮质层组成，没有髓质层，直径比羊毛更细，其伸长度、吸湿性优于绵羊毛[34,35]。

4. 其他动物纤维

与羊毛类似，很多鸟类和哺乳动物由于保持体温恒定的需要，都进化出具有很好的保暖性能的羽毛或皮毛，如人们熟知的各种兽皮，人类也很早就开始利用各种动物皮毛的这种保暖特性来帮助自己抵御寒冬。这种特性在寒带动物中体现得尤为明显。

生活在极地的北极熊为了适应极地严寒的环境[图 7.11(a)]，经过不断的进化，形成了具有特殊结构的毛发。通过电子显微镜观察北极熊毛，可以发现它具有透明的中空多孔结构[图 7.11(b)]，中空的毛发通过反射和散射可见光，将温暖的阳光传输到黑色的皮肤上使得它具有极好的红外吸收能力，起到保温、绝热的作用，进而抵御北极的严寒[36]。

图 7.11　北极熊(a)和北极熊毛发(b)。北极熊毛横截面图显示其具有中空多孔结构。

很多水鸟的羽毛具有优异的疏水效果，如水鸟在潜水离开水面后轻轻一抖就可以抖掉身上的水珠，鸽子在雨中飞行羽毛不会被雨水打湿等。这是因为鸭毛和鸽子毛表面具有多级微纳结构和疏水油脂。在 2007 年，Bormashenko 等[37,38]分析鸽子羽毛排斥水的原因，并观察了浸润性两种模型间的转换过程，他们又通过研究鸽子羽毛[图 7.12(a)、(b)]和荷叶的微观结构，解释了鸟类羽毛独特的超疏水性物理机制，即高的临界压力引起的 Cassie 模型和能量势垒共同造成了鸟类羽毛的超疏水性质。另外，Liu 等[39]通过扫描电镜逐步放大程序观察了鸭毛的微观多级结构[图 7.12(c)]，探究了鸭毛的排水性能[图 7.12(d)]，发现鸭毛的微观多级结构以及整羽的油是鸭毛具有超疏水性能的重要原因。Choi 等[40]把带有颜色的水和十六烷油液滴滴在鸭毛上，观察了鸭毛对水和油的浸润性，电镜显示鸭毛上包含着具有微米结构的圆柱形羽小枝周期阵列。除了具有疏水性能以外，鸭毛的保暖作用也是其一大优点。因为鸭毛大部分体表覆盖着非常致密的绒毛纤维，保暖性能很好，对寒冷有较强的抵抗力，所以加工后的鸭毛可以作为填料制作各种御寒用品。

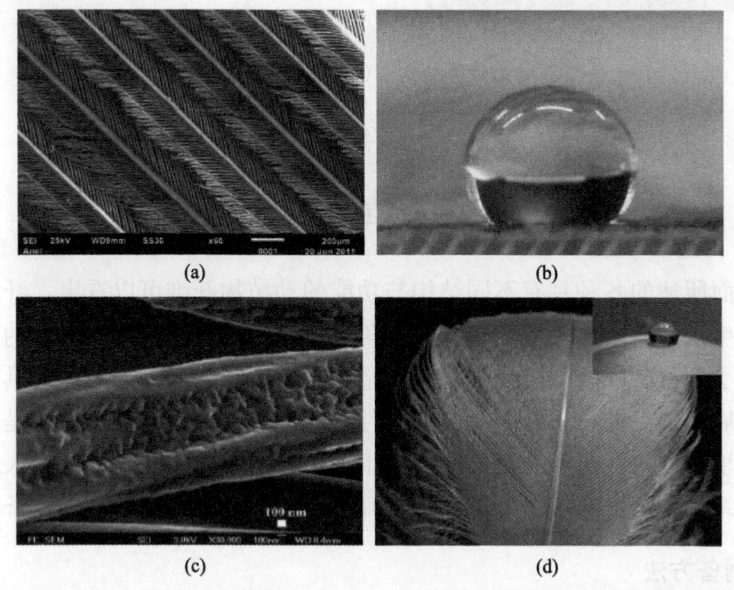

图 7.12　鸟类羽毛的微观结构及浸润性。(a) 鸽子毛的 SEM 图；(b) 水滴在鸽子毛上接触角 θ_a 达 94°[38]；(c) 鸭子羽毛的 SEM 图；(d) 鸭毛的实物图，插图为水滴在鸭毛上的状态，表明鸭子羽毛具有很好的疏水性[39]。

自然界中的色彩产生途径之一是色素对光的选择性吸收作用，但也有些生物在进化的过程中选择了结构色，即依靠自然光在与之波长尺度相近的微结构的相互作用，如光的干涉和衍射，从而产生颜色。蛋白石、孔雀羽毛、蝴蝶翅膀等作为结构色彩的典型代表，他们丰富多彩的颜色来源于内部空间有序排列的周期结构与光的波长相互作用。和大多数具有结构色的动物一样，孔雀羽毛[41]之所以呈现出五彩缤纷的颜色[图 7.13(a)]，也是因为羽毛中含有二维的光子晶体结构。Burgess 等[42]详细分析了孔雀尾羽的分级结构[图 7.13(b)、(c)]，发现其羽小枝呈薄膜三明治状，此结构减轻了自身尾羽的重量且具有一定的强度，是孔雀开屏时能支撑其全部尾羽的原因。因此，孔雀是集结构学、光学、美学于一身，在三个方面进行同步优化的动物，这为人们仿生合成纤维材料提供了很好的借鉴。

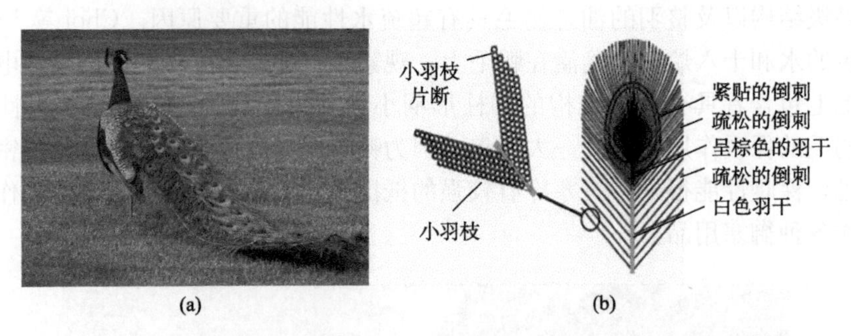

图 7.13 孔雀羽毛及分级结构。(a) 孔雀；(b) 尾羽分级结构图[7]

7.3 人造纤维材料

从前面所述的各种具有不同结构与功能的动植物纤维可以看出，纤维材料在人类生产生活中扮演着不可或缺的重要角色。因此，随着高分子工业的发展，人们也开发了各种各样的人造纤维材料。绝大多数人工合成高分子并不具有纤维结构，而是后期加工的结果，因此，从某种意义上说，纤维结构本身就是一种仿生结构。这里我们将从仿生制备方法、仿生结构和仿生功能几个方面对人造纤维材料进行介绍，并着重介绍一下近年来新兴的一种静电纺丝纳米纤维制备技术。

7.3.1 制备方法

1. 传统纺丝法

传统纺丝法是目前工业产生化学纤维的主要手段，一般常用的方法有溶液纺丝法、熔体纺丝法等。溶液纺丝是将高聚物浓溶液定量从喷丝孔挤出，溶液细流经凝固浴、热空气或热惰性气体固化成纤维的方法。溶液纺丝技术又可分为干法纺丝和湿法纺丝。干法纺丝是历史上最早制备化学纤维的成型方法。干法纺丝是将成纤聚合物溶于挥发性溶剂中，通过喷丝孔喷出细流，在热空气中形成纤维的化学纺丝方法。湿法纺丝是将聚合物纺丝溶液定量从喷丝孔挤出，溶液细流直接进入凝固浴固化成纤维的纺丝方法[43]。熔融纺丝法是另一种较常用的纤维制备法，其原理是将聚合物熔融后并定量从喷丝孔挤出形成细流，经空气或水冷却固化，以一定的速度卷绕成纤维的纺丝方法。熔点低于分解温度、可熔融形成热稳定熔体的成纤聚合物，都可采用这一方法成型。例如，在生活中广泛应用的四孔棉、七孔棉、九孔棉等，就是一种涤纶纤维产品。所谓“孔”就是纤维截面的空腔数目。纤维的空腔数越高，其透气、保温性就越好，这种多孔结构就是一种典型的仿生结构。对于难溶性聚合物，熔融纺丝提供了一种有效的成丝方法，例如，通过该法可以得到聚乳酸纤维[44,45]。当然该法并不限于难溶性聚合物，对于可溶性聚合物同样适用[46]。

2. 相分离法

相分离法[47]是以聚合物溶液作为纺丝原液，通过改变温度使纺丝液细流固化的纺丝方法。选用一种合适的在较高温度下能溶解聚合物的溶剂，配成纺丝溶液，当纺丝溶液从喷丝头压入纺丝通道后，和冷空气相遇，发生"相分离"，析出纤维相而固化成丝。该法所用纺丝溶液的浓度范围与湿纺法相同，可用于聚乙烯醇、聚丙烯腈、聚乙烯、聚丙烯、聚氯乙烯纤维的生产。设备与干法纺丝相仿，生产能力大，纺丝速度和拉伸倍率高，但适用的聚合物-溶剂体系窄，溶剂回收较困难。

3. 气相沉积法

气相沉积法是利用气态或蒸气态的物质在气相或气固相界面上反应生成固态沉积物的技术[48-50]，可分为两种：一是通过一种或几种气体之间的反应来产生沉积；另一种是通过气相中的一个组分与固态基体表面之间的反应来沉积形成一层薄膜。气相沉积法是制备高纯相纤维材料的有效方法之一，在科研工作中应用广泛，通过该法已经成功制备碳化硅、碳、二氧化钛等纤维材料，但该方法成本很高，大规模生产较困难。

4. 自组装法

分子自组装技术是近几年来在化学合成、纳米技术、高分子材料和工程等领域的一种新方法。用这一方法可得到自组装纤维材料，这些材料可能具有新奇的光、电、催化等特性，在分子器件、分子调控方面有潜在的应用价值[51-53]。分子自组装就是在适当条件下，分子间通过非共价键相互作用自发组合形成的结构明确、构造稳定、具有某种理化性能的分子聚集体或超分了结构。特别是由氢键复合物构成的具有长链螺旋结构的多级组装体非常类似自然界中的生物大分子结构，如DNA双螺旋结构以及蛋白质螺旋结构等，这些对于理解由最小单元构筑生物多级结构具有重要的意义。如利用氢键作用，通过控制溶剂极性和溶液浓度，成功地将小分子单元组装成为不同形貌的纤维。

7.4　静电纺丝法制备仿生纳米纤维材料及应用

7.4.1　静电纺丝技术简介

静电纺丝技术(electrostatic spinning)简称电纺(electrospinning)，是近些年

来兴起的一种制备纳米至微米级纤维的高效且实用的方法。电纺的原理是利用高压电场的作用来实现纺丝液的喷射，即将聚合物溶液或熔体置于高压静电场中，带电的聚合物液滴在电场库仑力的作用下被拉伸。当电场力足够大时，聚合物液滴克服表面张力形成喷射细流，细流在喷射过程中随溶剂挥发而固化，最后落在接收装置上形成无纺布状的微纳米纤维膜。1934 年，Formhals 发明了电场力制备聚合物超细纤维的实验装置，并申请了一系列的专利。将聚合物溶液(醋酸纤维素)置于电场中，两个电极分别与喷丝头和收集板相连，一旦聚合物溶液从带小孔的金属喷丝头喷射出来，这种带电的聚合物溶液随着溶剂的挥发就可以在携带相反电荷的电极间形成纤维并收集在收集板上。他发现所需的电压主要取决于溶液的性质，包括聚合物的相对分子质量和溶液的黏度。1966 年，Simons 采用电纺技术制备了超薄超轻的无纺布织物，发现用低黏度溶液得到的纤维长度较短，而用高黏度溶液得到的纤维则相对连续。1971 年，Baumgarten[54]将直流电源与毛细管相连，通过灌气泵控制液体流动速度从而保持液滴的尺寸，使纺丝液滴悬在不锈钢毛细管口得到了直径为 0.5～1.0μm 的丙烯腈纤维，并且发现纤维的直径随着溶液黏度的增加而逐渐变大。1981 年，Larrondo 和 Manley[55-57]报道了聚乙烯和聚丙烯的熔融电纺研究。他们发现电场强度和熔融体黏度是影响纤维直径的主要因素。2002 年，Loscertales 等提出了一种由粗细不同的两根毛细管共同组成的同轴静电喷雾装置，这种方法可以一步制备微胶囊[58]。随后，一些研究组将这一技术扩展到电纺体系，将其称为同轴电纺（coaxial electrospinning)，并在这一全新的领域开展了一系列工作，制备出了各种不同材料的微纳米管和核-壳复合结构纳米纤维[59-64]。

近十年来，随着纳米技术的兴起，由于纳米纤维材料具有孔隙率高、比表面积大等一些常规材料所不具有的特殊性质。同时，其材料制备过程简单，能够连续制备直径介于纳米至微米级的超长超细纤维，是仿生制备纤维材料的一种有效方法。

7.4.2 仿生制备单根纤维

1. 仿蜘蛛丝结构的集水纤维

自然界的生物为了适应所生存的环境，进化出了多种完美的技能，自然界中的生物为人类认识自然、适应自然提供了捷径[65,66]。水是生命之源，几乎所有的生命活动都需要水的参与。自然界中的大多数生物都可以通过现成的水源获取所需要的水。对于生活在干旱地区的生物来说，集水便是它们的一项重要生存技能[67]。沙漠甲虫和蜘蛛就是典型的例子，沙漠甲虫能够通过分布于其背部的疏水亲水交错排列的阵列促进对空气中雾滴的收集。Zheng 等研究发现蜘蛛丝的周期性分布的纺锤节使得凝结于丝上的水滴更倾向于向节点上聚集，从而完成集水的过程[68]。他们进一步采用提拉法成功制备了具有周期排列的纺锤节的仿生蜘蛛丝，并且证明了这类仿生蜘蛛丝同样具备集水的能力[69]。在此基础之上，他们采用同轴静电纺丝技术，通过控制电纺溶液浓度和电压等参数，成功制备了周期性的丝-节相结合仿蜘蛛丝聚合物纤维。同轴电纺(coaxial electrospinning)是用于制备具有微观核壳结构或中空结构的纤维的一种常用方法。图7.14(a)为同轴电纺装置示意图，其由高压直流电源、供液系统、收集板、地线构成，供液系统由内、外两种流体共同组成。通常情况下，同轴电纺的外流体都是采用高黏度的聚合物溶液，用来形成电纺丝的外壳结构并限制内流体的流动，因此得到具有光滑表面形貌的核壳或中空纤维[70-73]。这些产物的形成是一个动力学过程，在这个过程中，溶液的黏度必须克服其瑞利不稳定性(Rayleigh instability)，以形成光滑的纤维。如果瑞利不稳定性无法克服，从喷头出来的液体线就会发生收缩，形成粗细不匀的纺锤节结构，或者完全断裂最后形成微球，这便成了电喷。制备过程中，通过采用高黏度聚苯乙烯(PS)溶液作为内流体，低黏度聚甲基丙烯酸甲酯(PMMA)溶液作为外流体，同轴电纺形成以PS为主丝，而PMMA溶液在其表面由于瑞利不稳定性而发生断裂形成纺锤节，得到形貌类似于天然蜘蛛丝的微米纤维[图7.14(c)][74]。同时，PMMA与PS相比更加亲水，因此在这种纤维中，由PMMA组成的纺锤节与由PS组成的连接处相比，具有化学组成和微观结构两方面的优势，更有利于水滴在节点上的收集。

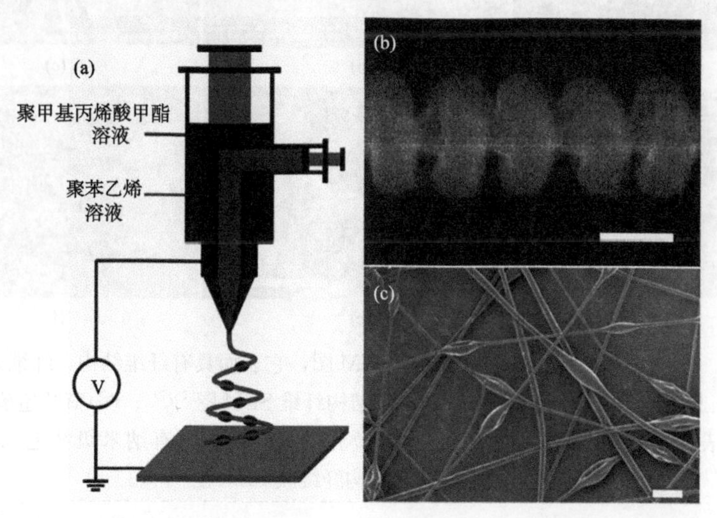

图7.14　同轴电纺装置示意图(a)、天然蜘蛛丝SEM照片(b)(它具有周期性纺锤节点，标尺：100μm)[68]以及电纺制备得到的类蜘蛛丝结构纤维(c)(标尺：10μm)[74]。

2. 仿植物叶的超疏水纤维

自然界中植物体特殊的微米、纳米结构同样赋予其特殊的性能。例如，自然界中一些植物的叶片，由于其表面具有特殊的微观结构，当雨露等小液滴富集在其上时，在叶片表面固液界面形成气膜，从而导致水滴不能浸润而呈现超疏水性。图 7.15(a)[75]、(d)为狗尾草和荷叶照片及水滴在其上呈现的状态。通过扫描电子显微镜观察可以发现，狗尾草叶片由许多弯曲的纤维构成，这些纤维的直径处于微米级。纤维表面不光滑，具有纳米级突起和沟槽[图 7.15(b)][75]。又如，观察荷叶表面也可发现荷叶表面上分布微/纳米级微乳突，并且乳突上具有纳米级纤毛二级结构[图 7.15(e)][69,76-78]。正是这些微纳复合的特殊结构，导致水滴不能浸润而在叶面呈现超疏水性。Yasuhiro 等通过静电纺丝技术制备了聚苯乙烯纤维(PS)，调节不同挥发性溶剂制备表面褶皱不平、带有凹陷沟槽的类狗尾草纤维，水滴在其上呈现出超疏水性[79]。Jiang 等利用静电纺丝技术仿荷叶通过调控静电纺丝溶液浓度制备出纤维丝和球相结合并且球上有纳米微结构的聚苯乙烯纤维膜，其具有超疏水低黏附性[图 7.15(f)][80]。

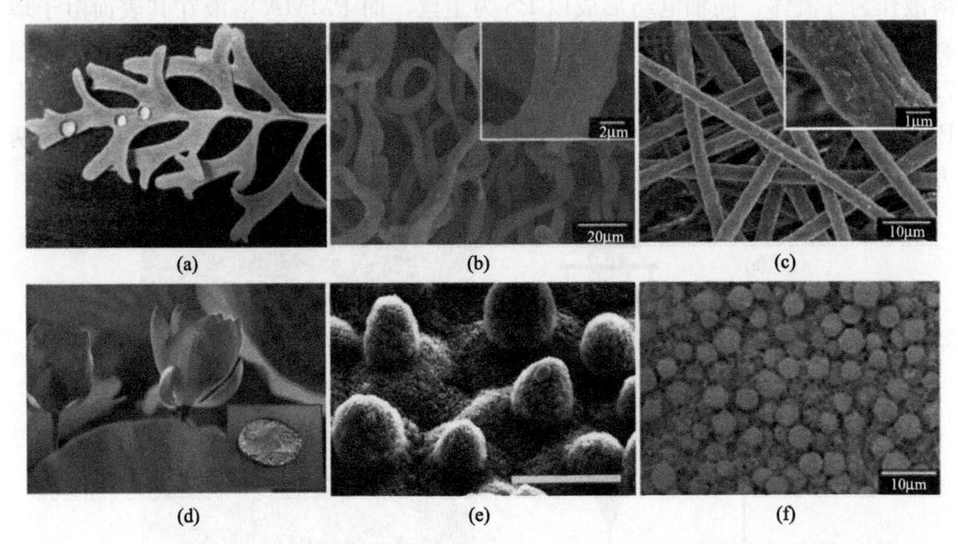

图 7.15 (a)狗尾草照片[75]；(b)狗尾草 SEM 图，它表面具有纤维结构，纤维表面具有纳米级凸起和沟槽；(c)电纺制备仿狗尾草结构纤维 SEM 图[75,79]；(d)荷叶超疏水照片；(e)荷叶表面 SEM 图，它具有微/纳米级微乳突，乳突上具有纳米级纤毛二级结构；(f)电纺制备仿荷叶结构纤维膜 SEM 图[69,80]。

3. 仿水黾腿结构的超疏水纤维

水黾是一种能够在水上自由行走的昆虫，它的腿部是身体最敏感的器官，它们可以感受到落入水中的昆虫的挣扎，能够做 30～40cm 远和高的跳跃。水黾通过滑动中间一对腿，可以以 1.5m/s 的速度在水上快速自由行走，被誉为“池塘中的溜冰者”[图 7.16(a)][81]。Jiang 等从根本上揭示了水黾能够在水上快速自由行走的秘密，即其腿部存在特殊的微米和纳米相结合的特殊结构[82]。水黾腿部的沟槽结构[图 7.16(b)]使得水黾腿与水之间形成稳定的气垫，赋予其超疏水的特性，使其在水面上自由行走。在深入认识水黾能够在水上自由行走的原理的基础上，林彤等采用静电纺丝法，电纺多面体齐聚倍半硅氧烷-聚甲基丙烯酸甲酯(POSS-PMMA)共聚物，制备了类似于水黾腿的表面具有沟槽结构的 POSS-PMMA 纤维，共聚物纤维有近 165°的水的接触角及小于 6°的滚动角，仿生制备了类似水黾腿结构纤维的同时也获得了其超疏水的性质[图 7.16(c)][83]。

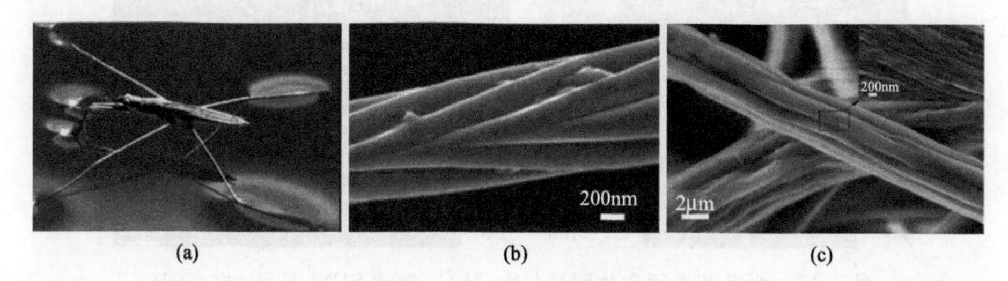

图 7.16　水黾在水上自由行走的照片[81](a)，水黾腿部 SEM 图(b)(它具有微米和纳米级的沟槽结构)[81,82]以及电纺水黾仿腿表面沟槽结构的纤维[83](c)

4. 仿西番莲卷须弯曲结构纤维

西番莲如同多数攀爬生长的植物一样，有着细长、柔软、呈卷曲状的须蔓。这些须蔓卷曲回旋，像植物的触手一般探索植物生长环境周围可以让其攀爬附着生长的载体。当须蔓攀爬住附着物后，它便会形成扭曲的螺旋结构，多数情况下在一条须蔓上有一部分是呈左手螺旋扭曲，另一部分呈右手螺旋扭曲，这两部分扭曲之间通过一小段直的须蔓连接[图 7.17(a)～(d)][84]。受到植物须蔓这种卷曲结构的启发，近些年来很多研究者致力于研究植物须蔓这种卷曲结构所具有的性能，并且通过多种方法来制备这种类须蔓卷曲结构的材料[85-87]。静电纺丝法便捷和简便的操作以及较为容易通过调节电纺参数来实现电纺纤维形貌控制的优势为其仿生制备植物须蔓的卷曲结构创造极大可能。将两种不同导电性能和不同弹性的聚合物混合电纺，例如，将聚对苯乙炔(PPV)和聚乙烯吡咯烷酮(PVP)混合电纺并进行不同热处理，通过调控 PPV 在电纺前驱体中的含量能够得到不同形貌卷曲结构的超细纤维[图 7.17(e)、(f)][88]。Kessick 等研究者报道了电纺不导电聚合物聚环氧乙烷和导电聚合物聚苯胺磺酸这两种混合聚合物，来制备螺旋结构的纤维。结果发现制备的纤维在导电聚合物富集区发生卷曲[89]。这种螺旋卷曲结构的聚合物微纳米纤维在微机电加工体系、光学元件以及药物传输等体系的应用具有广阔的潜力。

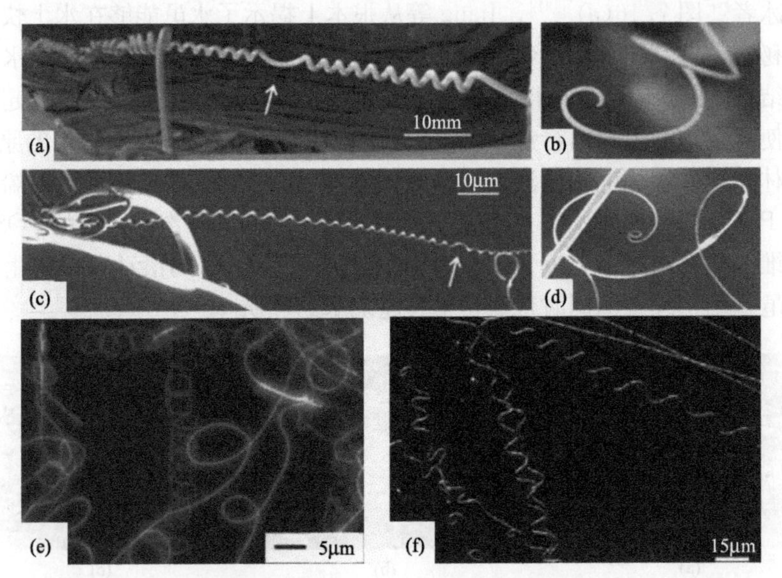

图 7.17　西番莲卷须实物照片(a)、(b)，卷须 SEM 图[84](c)、(d)，电纺仿生制备卷须光学纤维照片(e)以及电纺仿生纤维 SEM 图[88](f)。

5. 仿动物毛多空腔结构纤维

自然界中很多动物的毛发和很多鸟类的羽毛都具有极为精细的多通道和多空腔的结构。正是这种精确的多通道和多空腔结构在保证了动物毛发和羽毛的机械强度的前提下同时赋予了它们优异的性能。例如，北极熊毛发呈从毛的尖端到根部逐渐变大的多空腔细管结构[图 7.18(a)]，这种多空腔结构使得北极熊的皮毛有极好的红外吸收和保温功能，因此北极熊能够长期在严寒地区生活[90]。受此启发，科学家设想是否能通过设计和制备具有中空管状的纤维制造保温隔着的人造中空纤维。Zhao 等首先提出了采用多流体同轴电纺技术，制备纤维内部孔道数目可控的多孔道纤维[91]。图 7.18(b)是同轴电纺的实验装置的示意图。它是由内液输送系统、外液输送系统、内外喷管、供液泵、静电高压电源及接收器等组成。喷丝头由一个直径较大的外喷管和多个直径较小的内喷管组成，其中内喷管具体数目视实际需要而定。当内层液体、外层液体以合适的流速从各自的管路中流出并施加高压电时，外层纺丝液体包覆着多个内层纺丝液体形成一股由多流体复合的极细的液流从喷丝头喷出，液流在飞向对电极的过程中不断拉伸细化并逐渐固化，选择性地除去内流体就可形成多通道的微纳米管或多组分复合的微纳米纤维。图7.18(c)、(d)分别为采用多流体技术制备的内部具有四孔道和五孔道的二氧化钛纤维。同时，Jiang等还利用微乳液电纺的方法，实现了类似鸟类羽毛的多级次孔道结构纤维的制备[图7.18(e)、(f)][92]。

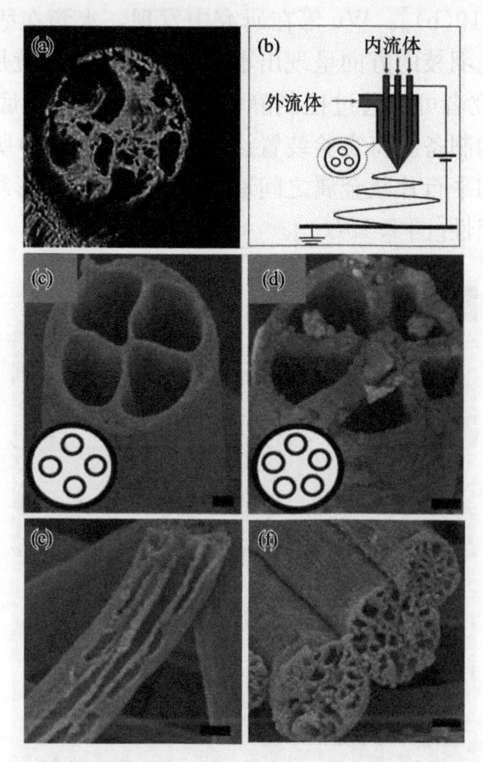

图7.18　(a)北极熊毛断面SEM图，它具有极为精细的多空腔结构[90]；(b)多流体电纺装置示意图，在电场作用下，外层纺丝液体包覆着多个内层纺丝液体形成一股由多流体复合的极细的液流；(c)利用多流体电纺技术制备得到四孔道纤维断面SEM图；(d)利用多流体电纺技术制备得到五孔道纤维断面SEM图[91]；(e)、(f)微乳液电纺法制备的多级次孔道纤维的SEM图(标尺：100nm)[92]。

7.4.3　仿生制备有序纤维结构

静电纺丝技术除了能够仿生制备具有特殊结构的单根纤维外，还可以通过设计和调节电纺设备中的接收装置，例如，采用转鼓和平行电极收集装置获得平行取向的纤维[93-95]；在电纺体系中加入磁场来控制电纺纤维下落的轨迹等方法来获得纤维的特定组装结构[96]。

1. 仿羽毛结构纤维

鸭毛、鹅毛等动物的羽毛有着各向异性的特质，这种各向异性主要体现在羽毛的浸润性上[图 7.19(b)]。Wu 等在研究中发现，水滴在鹅毛表面沿着鹅毛羽枝的方向和垂直鹅毛羽枝的方向呈现出不同的接触角，也就是说沿着这两个方向浸润性不同[97]。研究者可以通过控制静电纺丝过程接收基底来实现这种类似羽毛形貌结构纤维膜的制备。将实验装置设计成如图 7.19(a)所示，电纺过程中在接收极的尖端金属和平行片状金属之间形成放射状类羽毛形貌纤维，水滴在其上具有各向异性的浸润性[图 7.19(c)]。

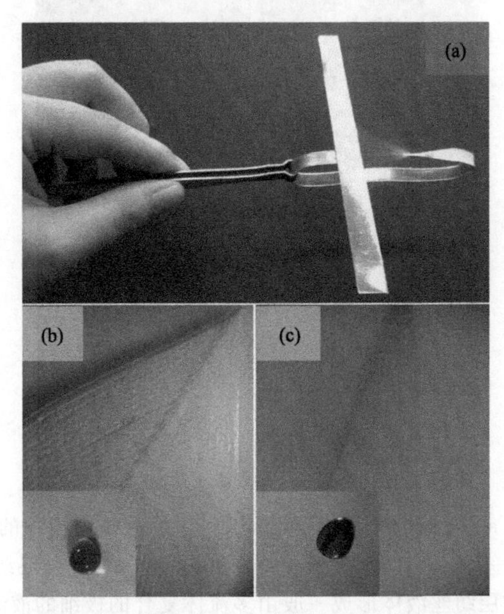

图 7.19　电纺接收基底照片(a)、水鸟羽毛照片和水滴在其上浸润行为(b)以及制备得到仿羽毛纤维照片及水滴在其上浸润行为[97](c)。

2. 仿蜂房及网状结构纤维

蜜蜂用分泌的蜂蜡制造的六角形的巢，是蜜蜂产卵和储藏蜂蜜的地方。有趣的是蜂房的构造是由一个个内角为 120°，三个六边形围成 360°的这样的单元构成，这样的构造有效地实现了用最少的材料充分利用最大的空间[图 7.20(a)][98]。蜂房的这种独特几何构型被用于多种材料的设计和实际应用中。科研工作者用纸张、石墨烯以及氧化铝来模拟制备这种质轻且具有大比表面积的蜂房结构。采用静电纺丝技术，设计具有特殊微纳米结构地接收基底，在电纺过程中控制电纺纤维在接收基底上的堆叠和组装，可以较为便捷地制备这种密堆六边形结构。Thandavamoorthy 报道了采用自组装电纺聚氨酯纤维得到了蜂房状结构[99]，Yan 等报道了调控电纺参数及选择不同的高分子聚合物，分别成功制备出具有蜂房状结构的聚丙烯腈、聚乙烯醇和聚环氧乙烷蜂房状纤维[100]。这些密堆六边形蜂房状结构纤维大的比表面积及特殊结构为其在药物输运、过滤材料及组织工程等领域的应用创造了广阔前景。

除此之外，在静电纺丝制备纤维材料的过程中，还可以通过调控接收装置来仿生制备类蜘蛛网的网状纤维以及设计喷丝口来仿生蜘蛛喷丝过程。通过仿生制备纤维材料，为功能化纤维的制备提供了可行的方法。

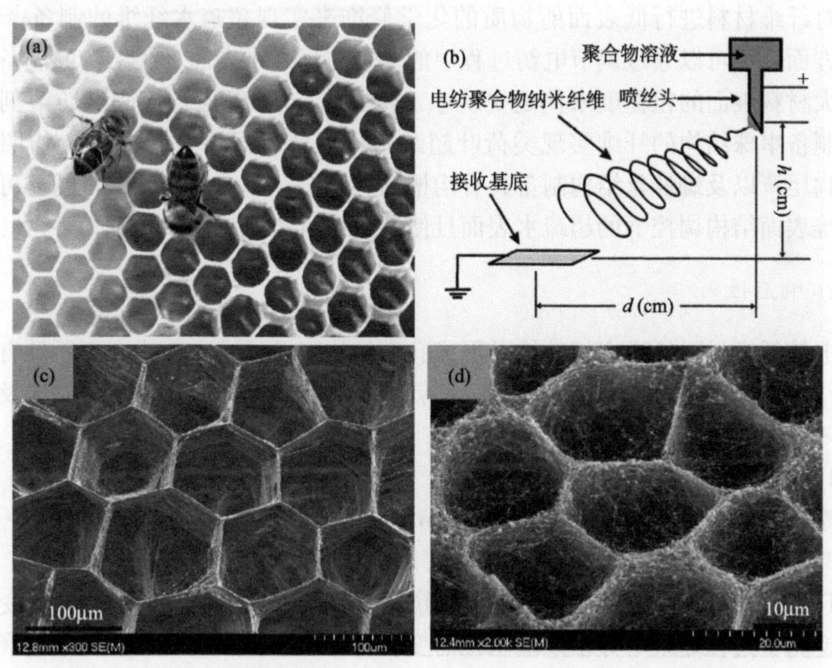

图 7.20　自然界中蜂房照片(a)[98]、电纺实验装置图(b)和电纺不同聚合物制备的仿蜂房结构纤维(c)、(d)[99,100]。

7.4.4　电纺纤维性质及应用

随着对静电纺丝方法研究的不断深入和电纺设备的改进，静电纺丝法作为一种适用范围广、操作简单易行的制备微纳米级超长纤维的方法，被广泛用于基础科学研究和实际生产生活中。而电纺纤维相对于体相材料来说，其具有多孔结构、较大的比表面积。同时，可以通过调控纺丝条件高效快捷地制备出具有二级微纳米结构的纤维。在这一部分内容中，我们将主要介绍电纺纤维所具有的独特性质及其在自清洁、催化、储能等主要方向的应用。

1. 超疏水自清洁性能

自然界中植物叶的表面自清洁的效果受到了人们的很大关注，以荷叶为代表，中国自古对其就有“出淤泥而不染”的美誉。科研工作者对植物叶片的表面结构进行了研究，认为这种自清洁的特征是由表面粗糙的乳突结构以及疏水的蜡状物质共同引起的。其呈现出超疏水的特性，与水的接触角大于150°，并且表面污染物等可以随着水滴滚落而不留下痕迹。基于对自然界生物体具有自清洁效应的机理的研究，结合静电纺丝技术，我们发现一方面，可以通过电纺低表面能的材料或对纤维材料进行低表面能物质的化学修饰来实现超疏水纤维的制备[101,102]。另一方面，也可以通过调节电纺过程中的参数实现纤维表面二级结构的制备，从而增大材料表面的粗糙度来使之更疏水。例如，Jiang 等通过控制电纺溶剂的挥发性制备串珠结构的纤维实现类荷叶超疏水自清洁表面仿生制备[80]；仿照水黾腿、狗尾草以及蜘蛛丝结构制备具有沟槽结构和纺锤节结构的纤维，同样可以实现纤维表面结构调控下的超疏水表面且使其具有自清洁效应。

2. 响应性

电纺纤维材料纤维之间的堆叠形成孔洞结构以及纤维内部或表面所具有的多级次结构能够提供较大的比表面积，这就为电纺材料在传感、催化、储能及过滤吸附等领域的应用创造了独特的优势。

1）温度响应性

聚(*N*-异丙基丙烯酰胺)(PNIPAAm)是一种性能优异的热响应聚合物，其在32～33℃有一个临界温度(LCST)，在 LCST 之下，它可以在水中溶胀，而在 LCST 之上，其不溶于水。这种现象是其分子内氢键与分子间氢键在温度变化下的可逆竞争过程导致的分子亲疏水性的变化。Lee 等制备了聚丙交酯共聚聚己内酯(PLCL)纳米纤维膜，并将 NIPAAm 修饰在 PLCL 纤维膜上，发现接枝 NIPAAm 后纤维膜具有较高的溶胀-解溶胀平衡率[103]。江等则利用简单易行的静电纺丝技术一步制备了 PNIPAAm 掺杂的聚苯乙烯电纺纤维膜，其不但在 LCST 附近具有温度响应润湿性变化，同时还具有温度-润湿性可逆响应的性质(图 7.21)[104]。

2）化学响应

我们主要将化学响应分为三类，包括气体、蛋白质和葡萄糖。近些年来，研究人员报道了利用静电纺丝法制备能够对 NH_3、H_2S、NO_2、CO_2、挥发性有机化学物质(VOC)以及环境湿度等具有响应性的纤维膜，并且通过阻抗、光学、石英晶体微天平等测定方法来测试具有气体响应性纤维膜的响应性能[105-111]。

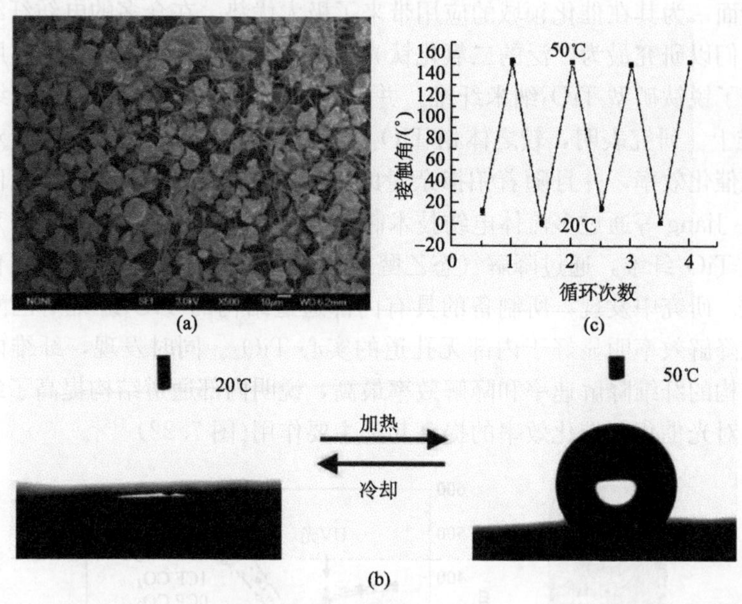

图7.21　电纺PNIPAAm掺杂PS纤维SEM形貌图(a)，浸润性温度响应变化(b)以及浸润性可逆响应表征(c)[104]。

Ding等研究者制备了聚丙烯酸-聚乙烯醇(PAA-PVA)双层纤维膜，将其贴附在石英晶体微天平上来探测空气中的湿度变化，发现电纺制备的纤维膜较Vogt等研究者采用涂覆法制备的PAA-PVA双层聚合物纤维膜，对空气中湿度探测的灵敏度高两个数量级[112,113]。除了高分子聚合物纤维外，一些无机物电纺微纳米纤维如二氧化钛(TiO_2)和氧化锌(ZnO)被用于各种化学气体和湿度的探测中。Wei等研究者设计并制备了LiCl掺杂的TiO_2电纺纤维，所制备的超细纤维具有极快的湿度响应性和响应恢复性，其响应时间小于3s而回复时间小于7s[114]。

葡萄糖是大多数生物体的营养来源及生命活动和生物过程的能量来源。目前，利用安培计葡萄糖感应器来检测葡萄糖成为研究的热点，高效、快速并且具有选择性地检测葡萄糖对于糖尿病的治疗具有重要的作用。利用静电纺丝法制备的纤维材料由于其具有大的比表面积、无纺布孔洞状结构为高效快速的信号传递提供了极大优势。目前大多数基于电纺纤维检测葡萄糖的基本思想是在制备的微纳米纤维的表面接枝葡萄糖响应性酶，如葡糖糖氧化酶，来将葡萄糖转化成葡萄糖酸内酯，在这个过程中电荷的转移能够被监测到从而实现对葡萄糖的检测。同样，电纺纤维材料所具有的优点也为其在标记蛋白质检测的应用创造了优势。

3. 催化

电纺纤维材料在制备过程中，纤维固化交叠下落形成的堆叠和孔洞结构构成了多相界面，为其在催化领域的应用带来了极大优势。在众多的电纺纤维催化材料中，我们以研究最为广泛的二氧化钛光催化剂为例，Xia 等研究者利用静电纺丝法制备了锐钛矿型 TiO_2 纳米纤维，并进一步将铂纳米颗粒和铂纳米线沉积在 TiO_2 纤维上。研究表明，较之体相 TiO_2 光催化材料，TiO_2 纤维展现出对甲基橙优异的光催化效率，并且随着铂掺杂量的增加，掺杂铂的 TiO_2 纤维光催化性能增强[115]。Jiang 等通过多流体电纺技术制备了实心结构、内部单通道、双通道及三通道的 TiO_2 纤维，通过降解气态乙醛来考察所制备的 TiO_2 纤维光催化剂的光催化性能。研究中发现，所制备的具有内部通道结构的 TiO_2 纤维对乙醛的降解率和催化降解效率明显好于内部无孔道的实心 TiO_2。同时发现，纤维内部具有三通道结构的纤维降解速率和降解效率最高，说明内部通道结构提高了纤维的比表面积，对光催化剂催化效率的提高起到主要作用(图 7.22)[116]。

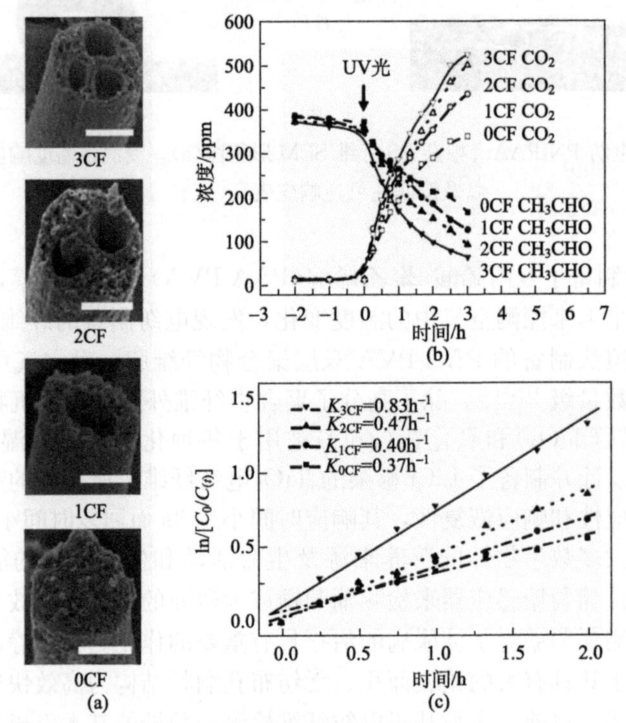

图 7.22　(a)三通道(3CF)、双通道(2CF)、单通道(1CF)及实心(0CF) TiO_2 纤维 SEM 图(标尺：1μm)；(b) 不同内部结构 TiO_2 纤维对气体乙醛光催化降解效率表征；(c) 光催化降解速率比较[116]。

4. 过滤

过滤和吸附材料在很多领域具有重要的作用，特别是环境污染的治理及环境保护领域。例如，利用过滤材料对空气中的灰尘及悬浮颗粒物过滤从而实现空气净化，再如利用吸附材料对污水中的油污污染吸附处理等。随着近年来工业化进程的加快，人们开始意识到发展工业的同时对环境的保护和治理也非常重要，因此更为关注用于环境污染治理和环境保护中材料的设计和制备。目前，多种化学方法如涂覆法[117]、层层自组装[118,119]、干法纺丝[120]等都被用于高效过滤或吸附材料的制备。然而，在这些方法中普遍存在制备过程复杂、成本高昂、一次制备材料量有限等问题，这些问题将直接影响到材料在实际中的应用。采用静电纺丝技术能够克服上述不足，实现一步简单高效制备纤维，为高效过滤、吸附纤维材料的制备提供可行的方法。Jiang 等采用价格低廉的聚苯乙烯(PS)作为原料，成功制备了表面具有二级纳米级孔洞结构的 PS 纤维，通过测试发现孔洞结构 PS 纤维具有高的吸油能力及油水体系中选择吸油性，其吸油量能够达到自身重量的约 100 倍[121]。

7.5　总结与展望

在本章中我们首先介绍了一些自然界中比较有代表性的动植物纤维材料并展示了其结构与性能。然后介绍了人造纤维的制备方法，重点介绍了一种近年来新兴的静电纺丝技术制备纳米纤维的国内外相关工作。可以看出，仿生纤维材料是一个具有悠久历史但又始终保持活力的研究方向。自然界中无数的生物纤维材料向人们展示出许多适应于其生存环境的独特的表面或内部结构与组成。这些纤维材料是长期的自然选择优胜劣汰的结果，因此，发现和研究自然界中具有特殊性质的纤维材料，找出其中的规律性，指导我们设计制备具有仿生结构与功能的新型纤维材料是材料研究的捷径之一。近年来，随着先进的表征手段的不断涌现和纳米技术的兴起，人们已经越来越多地认识到生物材料的许多优异功能是通过从分子到纳米再到微米甚至宏观材料的多级有序组装而实现的，而目前人造纤维材料的结构控制方法仍然有限，人们仍然需要从自然界中寻求启示，仿生设计性能更加优良、更加环保的新型纤维材料，以更好地满足人们生产生活中对高性能纤维材料的需求。

参考文献

[1] Wilkins T A, Arpat A B. The cotton fiber transcriptome. Physiol Plant, 2005, 124: 295-300.

[2] Varesano A, Aluigi A, Florio L, et al. Multifunctional cotton fabrics. Synthetic Met, 2009, 159: 1082-1089.

[3] 郭顺. 天然彩棉的性能特点和实际应用分析. 中国纤检, 2013, 7: 86-88.

[4] 徐智权, 张路路, 周向东. 亚麻与其它纤维性能对比测试及分析. 山东纺织科技, 2012, 2: 53-56.

[5] Baley C. Influence of kink bands on the tensile strength of flax fibers. J Mater Sci，2004，39：331-334.
[6] Takagi H，Ichihara Y. Effect of fiber length on mechanical properties of "green" composites using a starch-based resin and short bamboo fibers. JSME Inter J A，2004，47：551-555.
[7] Trujillo E，Osorio L，Van Vuure A W，et al. Characterisation of polymer composite materials based on bamboo fibers. 14th European conference on composite materials，2010，344-ECCM-14.
[8] Sekerden F. Investigation on the unevenness，tenacity and elongation properties of bamboo/cotton blended yarns. Fibers & Textiles in Eastern Europe，2011，19：26-29.
[9] Nahar S，Khan R A，Dey K，et al. Comparative studies of mechanical and interfacial properties between jute and bamboo fiber-reinforced polypropylene-based composites. J Thermoplast Comp Mater，2012，25：15-32.
[10] Malkapuram R，Kumar V，Negi Y S. Recent development in natural fiber reinforced polypropylene composites. J Reinf Plast Comp，2009，28：1169-1189.
[11] Chattopadhyay S K，Khandal R K，Uppaluri R，et al. Bamboo fiber reinforced polypropylene composites and their mechanical，thermal，and morphological properties. J Appl Polym Sci，2011，119：1619-1626.
[12] Lee S H，Wang S. Biodegradable polymers/bamboo fiberbiocomposite with bio-based coupling agent. Comp A：Appl Sci Manuf，2006，37：80-91.
[13] Chung K F，Yu W K. Mechanical properties of structural bamboo for bamboo scaffoldings. Engin Struct，2002，24：429-442.
[14] 肖红，于伟东，施楣梧. 木棉纤维的基本结构和性能. 纺织学报，2005，26：4-6.
[15] Lim T T，Huang X. Evaluation of hydrophobicity/oleophilicity of kapok and its performance in oily water filtration：comparison of raw and solvent-treated fibers. Ind Crops Prod，2007，26：125-134.
[16] Chung B Y，Hyeong M H，An B C，et al. Flame-resistant kapok fiber manufactured using gamma ray. Radiat Phys Chem，2009，78：513-515.
[17] Lim T T，Huang X. Evaluation of kapok (*Ceibapentandra* (L.) Gaertn.) as a natural hollow hydrophobic-oleophilic fibrous sorbent for oil spill cleanup. Chemosphere，2007，66：955-963.
[18] Ji Y P，Wang R. Properties and product development of the kapok fiber. Adv Mater Res，2013，627：62-66.
[19] Yan J，Fang C，Wang F M，et al. Compressibility of the kapok fibrous assembly. Textile Res J，2013，83，1020-1029.
[20] Cui P，Wang F M，Wei A.，et al. The performance of kapok/down blended wadding. Textile Res J，2010，80：516-523.
[21] Ashori A，Bahreini Z. Evaluation of calotropisgigantea as a promising raw material for fiber-reinforced composite. J Comp Mater，2009，43：1297-1304.
[22] 高静，赵涛，陈建波. 牛角瓜，木棉和棉纤维的成分. 结构和性能分析，东华大学学报（自然科学版），2012，38：151-155.
[23] Ye C Q，Li M Z，Hu J P，et al. Highly reflective superhydrophobic white coating inspired by poplar leaf hairs toward an effective "cool roof". Energ Environ Sci，2011，4：3364-3367.
[24] Vigneron J P，Rassart M，Vertesy Z，et al. Optical structure and function of the white filamentary hair covering the edelweiss bracts. Phys Rev E，2005，71：011906.
[25] Reddy N，Jiang Q R，Yang Y Q. Properties and potential medical applications of silk fibers produced by

Rothischildialebeau. J Biomater Sci, Polym Ed, 2013, 24: 820-830.

[26] Poza P, Pérez-Rigueiro J, Elices M, et al. Fractographic analysis of silkworm and spider silk. Eng Fract Mech, 2002, 69: 1035-1048.

[27] Pérez-Rigueiro J, Elices M, Plaza G R, et al. Similarities and differences in the supramolecular organization of silkworm and spider silk. Macromolecules, 2007, 40: 5360-5365.

[28] Chae S K, Kang E, Khademhosseini A, et al. Micro/nanometer-scale fiber with highly ordered structures by mimicking the spinning process of silkworm. Adv Mater, 2013, 25: 3071-3078.

[29] Zheng Y M, Bai H, Huang Z B, et al. Directional water collection on wetted spider silk. Nature, 2010, 463: 640-643.

[30] Omenetto F G, Kaplan D L. New opportunities for an ancient material. Science, 2010, 329: 528-531.

[31] Porter D, Guan J, Vollrath F. Spider silk: Super material or thin fibre? Adv Mater, 2013, 25: 1275-1279.

[32] Hakimi O, Knight D P, Vollrath F, et al. Spider and mulberry silkworm silks as compatible biomaterials. Comp B: Eng, 2007, 38: 324-337.

[33] Cheung H Y, Lau K T, Tao X M, et al. A potential material for tissue engineering: Silkworm silk/PLA biocomposite. Comp B: Eng, 2008, 39: 1026-1033.

[34] 郭天芬，李维红，牛春娥，等. 羊毛纤维的结构及影响羊毛品质的因素. 畜牧与饲料科学，2011，32：125-126.

[35] Pakdel E, Daoud W A, Wang X G. Self-cleaning and superhydrophilic wool by TiO_2/SiO_2 nanocomposite. Appl Surf Sci, 2013, 275: 397-402.

[36] He J H, Wang Q L, Sun J. Can polar bear hairs absorb environmental energy? Therm Sci, 2011, 15: 911-913.

[37] Bormashenko E, Bormashenko Y, Stein T, et al. Why do pigeon feathers repel water? Hydrophobicity of pennae, Cassie-Baxter wetting hypothesis and Cassie-Wenzel capillarity-induced wetting transition. J Colloid Interf Sci, 2007, 311: 212-216.

[38] Bormashenko E, Gendelman O, Whyman G. Superhydrophobicity of lotus leaves versus birds wings: different physical mechanisms leading to similar phenomena. Langmuir, 2012, 28: 14992-14997.

[39] Liu Y Y, Chen X Q, Xin J H. Hydrophobic duck feathers and their simulation on textile substrates for water repellent treatment. Bioinspir Biomim, 2008, 3: 046007.

[40] Choi W, Tuteja A, Chhatre S, et al. Fabrics with tunable oleophobicity. Adv Mater, 2009, 21: 2190-2195.

[41] Zi J, Yu X D, Li Y Z, et al. Coloration strategies in peacock feathers. P Natl Acad Sci USA, 2003, 100: 12576-12578.

[42] Burgess S C, King A, Hyde R. An analysis of optimal structural features in the peacock tail feather. Opt Laser Technol, 2006, 38: 329-334.

[43] 鹤见隆，施祖培. 溶液纺丝. 国外纺织技术，1997，143：20-32.

[44] Fambri L, Pegoretti A, Fenner R, et al. Biodegradable fibres of poly(l-lactic acid) produced by melt spinning. Polymer, 1997, 38: 79-81.

[45] Schmack G, Jehnichen D, Vogel R, et al. Biodegradable fibers of poly(3-hydroxybutyrate) producedby high-speed melt spinning and spin drawing. J Polym Sci B: Polym Sci, 2000, 38: 2841-2850.

[46] Pötschke P, Brünig H, Janke A, et al. Orientation of multiwalled carbon nanotubes in composites with-

polycarbonate by melt spinning. Polymer, 2005, 46: 10355-10363.
[47] Luo Y. New developments in hi-tech synthetic fibers. Hi-Tech Fiber Appl, 2000, 25: 1-8.
[48] Motojima S, Asakuba S, Kasemura T, et al. Catalytic effects of metal crbides, oxides and Ni single crystal on the vapor growth of micro-coiled crabon fibers. Carbon, 1996, 34: 289-296.
[49] Varadan V K, Hollinger R D, Varadan V V, et al. Development and characterization of micro-coil carbon fibers by a microwave CVD system. Smart Mater Struct, 2000, 9: 413-420.
[50] Jiang H Q, Sun X P, Huang M H, et al. Rapid self-assembly of oligo(o-phenylenediamine) into one-dimensional structures through a facile reprecipitation route. Langmuir, 2006, 22: 3358-3361.
[51] Qu S N, Zhao L J, Yu Z X, et al. Nanoparticles, helical fibers, and nanoribbons of an Aachiraltwintperedbi-1, 3, 4-oxadiazole derivative with strong fluorescence. Langmuir, 2009, 25: 1713-1717.
[52] Lin X K, WangY L, Wu L. Hexagonal mesostructure and its disassembly into nanofibers of a diblock molecule/polyoxometalate hybrid. Langmuir, 2009, 25: 6081-6087.
[53] Liu Q T, Zhang H, Yin S Y, et al. Hierarchical self-assembling of dendritic-linear diblock complex based on hydrogen bonding. Polymer, 2007, 48: 3759-3770.
[54] Baumgarten P K. Electrostatic spinning of acrylic microfibers. J Colloid Interf Sci, 1971, 36: 71-79.
[55] Larrondo L, John Manley R S. Electrostatic fiber spinning from polymer melts I Experimental observations on fiber formation and properties. J Polym Sci: Polym Phys Ed, 1981, 19: 909-920.
[56] Larrondo L, St John Manley R. Electrostatic fiber spinning from polymer melts Ⅱ Examination of the flow field in an electrically driven jet. J Polym Sci: Polym Phys Ed, 1981, 19: 921-932.
[57] Larrondo L, St John Manley R. Electrostatic fiber spinning from polymer melts Ⅲ Electrostatic deformation of a pendant drop of polymer melt. J Polym Sci: Polym Phys Ed, 1981, 19: 933-940.
[58] Loscertales I G, Barrero A, Guerrero I, et al. Micro/nano encapsulation via electrified coaxial liquid jets. Science, 2002, 295: 1695-1698.
[59] Larsen G, Velarde-Ortiz R, Minchow K, et al. A method for making inorganic and hybrid (organic/inorganic) fibers and vesicles with diameters in the submicrometer and micrometer range via sol-gel chemistry and electrically forced liquid jets. J Am Chem Soc, 2003, 125: 1154-1155.
[60] Loscertales I G, Barrero A, Márquez M, et al. Electrically forced coaxial nanojets for one-step hollow nanofiber design. J Am Chem Soc, 2004, 126: 5376-5377.
[61] Li D, Xia Y N. Direct fabrication of composite and ceramic hollow nanofibers by electrospinning. Nano Lett, 2004, 4: 933-938.
[62] Caruso R A, Schattka J H, Greiner A. Titanium dioxide tubes from sol-gel coating of electrospun polymer fibers. Adv Mater, 2001, 13: 1577-1579.
[63] Li D, McCann J T , Xia Y N. Use of electrospinning to directly fabricate hollow nanofibers with functionalized inner and outer surfaces. Small, 2005, 1: 83-86.
[64] McCann J T, Li D, Xia Y N. Electrospinning of nanofibers with core-sheath, hollow, or porous structures. J Mater Chem, 2005, 15: 735-738.
[65] AksayI A, Trau M, Manne S, et al. Biomimetic pathways for assembling inorganic thin films. Science, 1996, 273: 892-898.
[66] Cha J N, Stucky G D, Morse D E, et al. Biomimetic synthesis of ordered silica structures mediated by block copolypeptides. Nature, 2000, 403: 289-292.
[67] Cahn R W. Imitating nature's designs. Nature, 1996, 382: 684-684.

[68] Zheng Y M, Bai H, Huang Z B, et al. Directional water collection on wetted spider silk. Nature, 2010, 463: 640-643.

[69] Feng L, Li S H, Li Y S, et al. Super-hydrophobic surfaces: from natural to artificial. Adv Mater, 2002, 14: 1857-1860.

[70] Onda T, Shibuichi S, Satoh N, et al. Super-water-repellent fractal surfaces. Langmuir, 1996, 12: 2125-2127.

[71] Yu X, Wang Z, Jiang Y, et al. Reversible pH-responsive surface: From superhydrophobicity to superhydrophilicity. Adv Mater, 2005, 17: 1289-1293.

[72] Feng X J, Feng L, Jin M H, et al. Reversible super-hydrophobicity to super-hydrophilicity transition of aligned ZnO nanorod films. J Am Chem Soc, 2003, 126: 62-63.

[73] Feng X J, Zhai J, Jiang L. The fabrication and switchable superhydrophobicity of TiO_2 nanorod films. Angew. Chem Int Ed, 2005, 44: 5115-5118.

[74] Dong H, Wang N, Wang L, et al. Bioinspired electrospun knotted microfibers for fog harvesting. ChemPhysChem, 2012, 13: 1153-1156.

[75] Lin J, Cai Y, Wang X, et al. Fabrication of biomimetic superhydrophobic surfaces inspired by lotus leaf and silver ragwort leaf. Nanoscale, 2011, 3: 1258-1262.

[76] Sun M, Luo C, Xu L, et al. Artificial lotus leaf by nanocasting. Langmuir, 2005, 21: 8978-8981.

[77] Gao J, Liu Y, Xu H, et al. Biostructure-like surfaces with thermally responsive wettability prepared by temperature-induced phase separation micromolding. Langmuir, 2010, 26: 9673-9676.

[78] Liu K S, Yao X, Jiang L. Recent developments in bio-inspired special wettability. Chem Soc Rev, 2010, 39: 3240-3255.

[79] Kanehata M, Ding B, Shiratori S. Fabrication of a silver-ragwort-leaf-like super-hydrophobic micro/nanoporous fibrous mat surface by electrospinning. Nanotechnology, 2006, 17: 5151.

[80] Jiang L, Zhao Y, Zhai J. A lotus-leaf-like superhydrophobic surface: a porous microsphere/nanofiber composite film prepared by electrohydrodynamics. Angew Chem Int Ed, 2004, 43: 4338-4341.

[81] Feng X Q, Gao X F, Wu Z, et al. Superior water repellency of water strider legs with hierarchical structures: Experiments and analysis. Langmuir, 2007, 23: 4892-4896.

[82] Gao X F, Jiang L. Water-repellent legs of water striders. Nature, 2004, 432: 36-36.

[83] Xue Y, Wang H, Yu D, et al. Superhydrophobicelectrospun POSS-PMMA copolymer fibres with highly ordered nanofibrillar and surface structures. Chem Commun, 2009, 42: 6418-6420.

[84] Godinho M H, Canejo J, Feio P G, et al. Self-winding of helices in plant tendrils and cellulose liquid crystal fibers. Soft Matter, 2010, 6: 5965-5970.

[85] Veretennikov I, Indeikina A, Chang H C, et al. Mechanism for helical gel formation from evaporation of colloidal solutions. Langmuir, 2002, 18: 8792-8798.

[86] Kong X Y, Wang Z L. Spontaneous polarization-induced nanohelixes, nanosprings, and nanorings of piezoelectric nanobelts. Nano Lett, 2003, 3: 1625-1631.

[87] Zhang H F, Wang C M, Buck E C, et al. Synthesis, characterization, and manipulation of helical SiO_2 nanosprings. Nano Lett, 2003, 3: 577-580.

[88] Xin Y, Huang Z H, Yan E Y, et al. Controlling poly(phenylenevinylene)/poly(vinyl pyrrolidone) composite nanofibers in different morphologies by electrospinning. Appl Phys Lett, 2006, 89: 053101-053103.

[89] Kessick R, Tepper G. Microscale polymeric helical structures produced by electrospinning. Appl Phys Lett, 2004, 84: 4807-4809.

[90] Grojean R E, Sousa J A, Henry M C. Utilization of solar radiation by polar animals: an optical model for pelts. Appl Opt, 1980, 19: 339-346.

[91] ZhaoY, Cao X Y, Jiang L. Bio-mimic multichannel microtubes by a facile method. J Am Chem Soc, 2007, 129: 764-765.

[92] Chen H Y, Di J C, Wang N, et al. Fabrication of hierarchically porous inorganic nanofibers by a general microemulsionelectrospinning approach. Small, 2011, 7: 1779-1783.

[93] Mathew G, Hong J P, Rhee J M, et al. Preparation and anisotropic mechanical behavior of highly-oriented electrospun poly(butylene terephthalate) fibers. J Appl Polym Sci, 2006, 101: 2017-2021.

[94] Theron A, Zussman E, Yarin A L. Electrostatic field-assisted alignment of electrospunnano fibres. Nanotechnology, 2001, 12: 384.

[95] Li D, Xia Y N. Electrospinning of nanofibers: Reinventing the wheel? Adv Mater, 2004, 16: 1151-1170.

[96] Yang D Y, Lu B, ZhaoY, et al. Fabrication of aligned fibrous arrays by magnetic electrospinning. Adv Mater, 2007, 19: 3702-3706.

[97] Wu H, Zhang R, Sun Y, et al. Biomimetic nanofiber patterns with controlled wettability. Soft Matter, 2008, 4: 2429-2433.

[98] Evans K E. The design of doubly curved sandwich panels with honeycomb cores. Comp Struct, 1991, 17: 95-111.

[99] Thandavamoorthy S, Gopinath N, Ramkumar S S. Self-assembled honeycomb polyurethane nanofibers. J Appl Polym Sci, 2006, 101: 3121-3124.

[100] Yan G, Yu J, Qiu Y, et al. Self-assembly of electrospun polymer nanofibers: A general phenomenon generating honeycomb-patterned nanofibrous structures. Langmuir, 2011, 27: 4285-4289.

[101] Kanehata M, Ding B, Shiratori S. Nanoporous ultra-high specific surface inorganic fibres. Nanotechnology, 2007, 18: 315602.

[102] Guo M, Ding B, Li X, et al. Amphiphobic nanofibrous silica mats with flexible and high-heat-resistant properties. J Phys Chem C, 2009, 114: 916-921.

[103] Jeong S, Lee Y, Lee J, et al. Preparation and characterization of temperature-sensitive poly(N-isopropylacrylamide)-g-poly(L-lactide-co-ε-caprolactone) nanofibers. Macromol Res, 2008, 16: 139-148.

[104] Wang N, Zhao Y, Jiang L. Low-cost, thermoresponsive wettability of surfaces: poly(N-isopropylacrylamide)/polystyrene composite films prepared by electrospinning. Macromol Rapid Commun, 2008, 29: 485-489.

[105] Sakai Y, Matsuguchi M, Hurukawa T. Humidity sensor using cross-linked poly(chloromethyl styrene). Sensors Actuat B: Chem, 2000, 66: 135-138.

[106] Brook T E, Taib M N, Narayanaswamy R. Extending the range of a fibre-optic relative-humidity sensor. Sensors Actuat B: Chem, 1997, 39: 272-276.

[107] Neshkova M, Petrova R, Petrov V. Piezoelectric quartz crystal humidity sensor using chemically modified nitrated polystyrene as water sorbing coating. Anal Chim Acta, 1996, 332: 93-103.

[108] Wang X, Zhang J, Zhu Z, et al. Humidity sensing properties of Pd^{2+} doped ZnO nanotetrapods. Appl Surf Sci, 2007, 253: 3168-3173.

[109] Ding B, Kim J, Miyazaki Y, et al. Electrospunnanofibrous membranes coated quartz crystal microbalance as gas sensor for NH_3 detection. Sensors Actuat B: Chem, 2004, 101: 373-380.

[110] Ding B, Wang M, Yu J, et al. Gas sensors based on electrospun nanofibers. Sensors, 2009, 9: 1609-1624.

[111] Zhao Y, Wang X, Lai C, et al. Electrospun carbon nanofibrous mats surface-decorated with Pd nanoparticles via the supercritical CO_2 method for sensing of H_2. Rsc Adv, 2012, 2: 10195-10199.

[112] Wang X, Ding B, Yu J, et al. A highly sensitive humidity sensor based on a nanofibrous membrane coated quartz crystal microbalance. Nanotechnology, 2010, 21: 055502.

[113] Vogt B D, Soles C L, Lee H J, et al. Moisture absorption and absorption kinetics in polyelectrolyte films: Influence of film thickness. Langmuir, 2004, 20: 1453-1458.

[114] Li Z, Zhang H, Zheng W, et al. Highly sensitive and stable humidity nanosensors based on LiCl doped TiO_2 electrospunnanofibers. J Am Chem Soc, 2008, 130: 5036-5037.

[115] Formo E, Lee E, Campbell D, et al. Functionalization of electrospun TiO_2 nanofibers with Pt nanoparticles and nanowires for catalytic applications. Nano Lett, 2008, 8: 668-672.

[116] Zhao T Y, Liu Z, Nakata K, et al. Multichannel TiO_2 hollow fibers with enhanced photocatalytic activity. J Mater Chem, 2010, 20: 5095-5099.

[117] Feng L, Yang Z, Zhai J, et al. Superhydrophobicity of nanostructured carbon films in a wide range of pH values. Angew Chem Int Ed, 2003, 115: 4349-4352.

[118] Kotov N A, Dekany I, Fendler J H. Layer-by-layer self-assembly of polyelectrolyte-semiconductor nanoparticle composite films. J Phys Chem, 1995, 99: 13065-13069.

[119] Radetic M, Ilic V, Radojevic D, et al. Efficiency of recycled wool-based nonwoven material for the removal of oils from water. Chemosphere, 2008, 70: 525-530.

[120] Abdullah M A, Rahmah A U, Man Z. Physicochemical and sorption characteristics of Malaysian Ceibapentandra (L.) Gaertn. as a natural oil sorbent. J Hazard Mater, 2010, 177: 683-691.

[121] Wu J, Wang N, Wang L, et al. Electrospun porous structure fibrous film with high oil adsorption capacity. ACS Appl Mater Interf, 2012, 4: 3207-3212.

第8章　仿生自修复材料

8.1　仿生自修复材料简介

智能原本是生物体才具有的特性，智能材料的概念源于仿生构思。从仿生角度出发，材料智能化要求材料具有的一些功能，如传感、判断、处理、执行和自预警、自修复等。因此材料智能化是极具挑战性的任务，目前仍处于发展的初级阶段。关于材料智能化研究主要集中于科研院所的实验室工作，工程性应用还很不成熟。

智能材料(intelligent materials)的概念是由日本高木俊宜教授1989年在日本科学技术厅航空与电子等技术评审会上提出的，是指对环境具有感知、响应和功能发现能力的新材料。同时，美国的R. E. Neunham教授提出灵巧材料(smart materials)的概念，其中又分为仅具有感知功能的"被动灵巧材料"，能够感知变化和响应环境变化的"主动灵巧材料"，以及具有感知、主动响应并可以改变特性参数的"很灵巧材料或智能材料"。自修复材料即属于"很灵巧材料"的范畴。智能材料通常不是一种单一的材料，而是一个材料系统(由多种材料组元通过紧密复合而构成的材料系统)，它一般由传感器、执行器和控制器组成。

但近年来，对于如何实现材料本身具有自诊断、自适应和自修复的能力，已经有可喜的研究结果；特别是在高分子材料的仿生自修复机理方面，已经有高水平的研究报道。有人预计，21世纪将向模糊高分子即结构-功能-仿生高分子材料发展。这是多学科交叉的研究领域，对其研究和开发需要多学科协同进行，当然应用前景也十分广阔，有望开创材料研究的新纪元。

20世纪90年代以来，美国、日本、英国、德国等发达国家都在大力加强对仿生自修复材料在内的智能材料的基础与应用研究。特别是美国更是将智能材料的开发作为武器装备更新替代的关键技术予以资助。

虽然智能自修复材料的研究起步较晚，但这一领域的研究进展将来可能左右航空、航天和原子能等高技术产业的发展趋势。预计未来飞机将会有自动适应的智能翼面，使飞机更像鸟类，可以自如灵活地自动飞翔。

自修复材料包括高分子材料、金属材料、无机非金属材料及其复合材料。本章主要介绍化学结构更为多样化和功能化的高分子材料，包括自修复机理、自修复性能和材料类型。同时对于自修复金属材料和自修复陶瓷等，也进行简要的介绍。

8.2　高分子材料自修复概念的发展

用自修复手段来提高高分子材料及其复合材料的整体性能和安全可靠性，是 20 世纪 80 年代以来各国特别是发达国家研究的热点，这通常是由政府机构的需求推动的(如美国 NASA 的“smart 飞机”计划等)，而美国空军和欧洲太空局等更是对该类材料研究进行了持续和强力资助[1,2]。

通常要使一种化学组成单一的合成材料具有类似于生物体的多种功能(控制器、感知器和驱动器)是很困难的，因此目前较成熟的“智能自修复聚合物材料”是由多种材料组分共同构成的一个复合系统，属于“智能材料”或“灵巧材料”[3]。

在外界应力等环境因素的影响下材料不可避免地产生裂纹等损伤，从而造成性能下降；损伤的累积还会造成材料失效。采用传统的机械连接、塑料焊接和胶接等修复技术可以对材料的可见裂纹进行修复，但是对于材料内部的微观损伤，已经不能采用传统修复技术，因此必须寻找合适的修复方法。仿生自修复技术是理想的和有广阔应用前景的新材料修复技术，自 20 世纪 80 年代材料的仿生自修复概念建立以来，在自修复机理、自修复工艺和自修复材料应用等方面都有深入的发展[4,5]。

自修复机理来源于生物体具有的自动感知、自动响应和自愈合损伤的特性，但是目前在合成高分子材料中完全模拟并实现生物体自修复功能是不现实的。目前研究工作大多集中在利用复合材料技术将感知元件和修复元件以胶囊或空心纤维的形式埋置在高分子基体中制得具有一定自修复功能的高分子复合材料[6]。这并不是真正意义上的自修复高分子，因为对于高分子材料内部微观损伤的愈合不是通过高分子自身来实现的。近几年运用分子设计和计算机模拟，在高分子利用自身化学键实现自修复功能方面取得很大进展，很多研究工作见诸 *Nature* 和 *Science* 等顶级期刊上[7-9]。

从概念上说，自修复高分子材料是这样一类仿生智能高分子材料，通过对外界造成的不可见裂纹自动(或在施以外界刺激的情况下)进行主动修复，使裂纹基本愈合从而达到性能可以基本维持的目的。自修复性能的评价一般以材料性能的恢复程度作为指标，如断裂韧性、拉伸强度和断裂形变率等，按照 Wool 和 O'Connor 的定义自修复效率如式(8.1)所示[10]。

$$R(\sigma)=\frac{\sigma_{\text{healed}}}{\sigma_{\text{initial}}}$$

$$R(\varepsilon)=\frac{\varepsilon_{\text{healed}}}{\varepsilon_{\text{initial}}}$$

$$R(E)=\frac{E_{\text{healed}}}{E_{\text{initial}}} \tag{8.1}$$

式中，R 是性能恢复效率，即自修复效率；σ 是拉伸强度；ε 是拉伸变形率；而 E 是断裂功。

高分子材料的传统修复方法(塑料熔焊、打补丁、粘接和铆接等)并不是材料本身的特性；而仿生自修复是在微观尺度或分子水平上进行的，是材料的内在性能，是仿生学、复合材料学和高分子科学相结合的交叉科学，并且有望形成在军事和民用领域广泛应用的新材料技术。

8.3　第一代和第二代自修复高分子材料

8.3.1　第一代自修复高分子材料

利用埋植技术制备自修复高分子复合材料是迄今比较成功的方法。通过在聚合物基体中埋置修复剂微胶囊或含修复剂的液芯纤维，当聚合物基体受外力而形成裂纹时，会引起微胶囊或液芯纤维的破裂而释放修复剂热固性树脂和固化剂，借助于树脂的修复剂热固性的固化交联反应将裂纹“焊接”起来(图 8.1)[11,12]。这被认为是第一代自修复高分子材料。

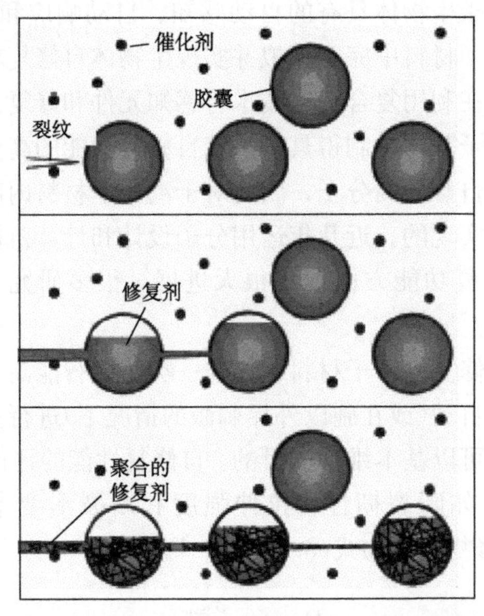

图 8.1　基于微胶囊的自修复高分子复合材料[11]

例如，Dry 等为探讨材料对裂纹的自修复能力，在玻璃微珠填充的环氧树脂基复合材料中嵌入长约 10cm、容积为 100pL 的空芯纤维，修复剂为双组分环氧树脂。在动态载荷的作用下液芯纤维破裂，适时释放(timed release)黏合剂到裂纹处固化，从而填满基体裂纹，阻止裂纹的进一步扩展[13]。

杨红等将灌注修复剂胶液的液芯光纤埋入玻璃钢复合材料中制成兼有自诊断和自修复功能的智能材料，测得其对拉伸性能的修复可以达到原始值的 1/3，对压缩性能达到 2/3 以上[14]。

Zako 等研究了微胶囊环氧树脂体系，损伤的材料经过热修复后强度几乎恢复到损伤前的水平，充分显示了自修复的效果和潜力(图 8.2)[15]。

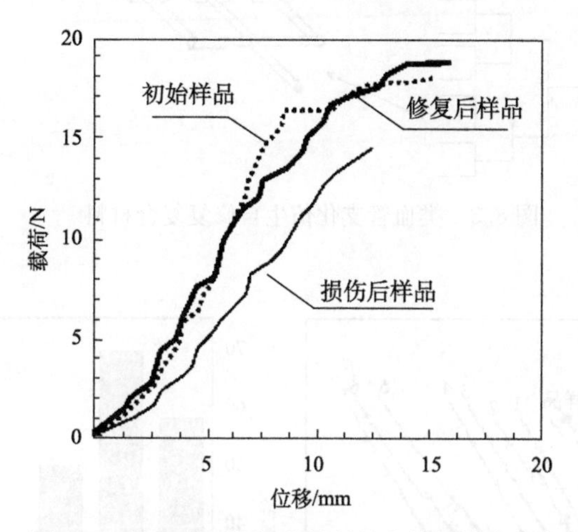

图 8.2　微胶囊环氧复合材料的自修复效率[15]

8.3.2　第二代自修复高分子材料

近年来出现了所谓的“第二代自修复聚合物材料”(如美国伊利诺伊大学香槟分校的 S. R. White 教授和英国布里斯托(Bristol)大学 I. P. Bond 教授的研究工作)，在埋置修复剂时采用了类似于人体血管形式的仿生方式(图 8.3)[16]。当聚合物内部某处出现裂纹时，会将周围的空心纤维切断，预先灌注在空心纤维中的液体修复剂在毛细作用下流出并汇集在裂纹处，液体修复剂固化后将裂纹修补好[17]。相比于第一代自修复聚合物材料，它的优点是：当裂纹较大，周围空心纤维中修复剂不足时，远处的修复剂会借助于相互贯通的孔道补充到裂纹处；当修补好的裂纹处再次出现裂纹时，仍然可以进行一定程度的修复。相比于第一代自修复高分子复合材料，该类材料的自修复速率较高，且能实现同一部位的多次修复，因此极大提高了材料的安全性和可靠性[18]。如图 8.4 所示，Kathleen S.

Tooheys 等将双环戊二烯树脂灌注在类毛细血管微管系统中，并包覆在含有 Grubbs 催化剂的环氧树脂中做成涂层，用三点弯曲试验评价了其自修复性，该材料实现了多次自修复，且修复效率在 7 次修复后仍维持 50%[19]。

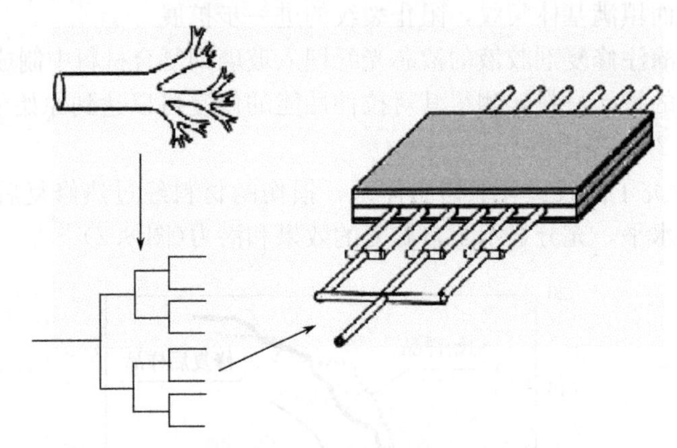

图 8.3　类血管支化仿生自修复复合材料[16]

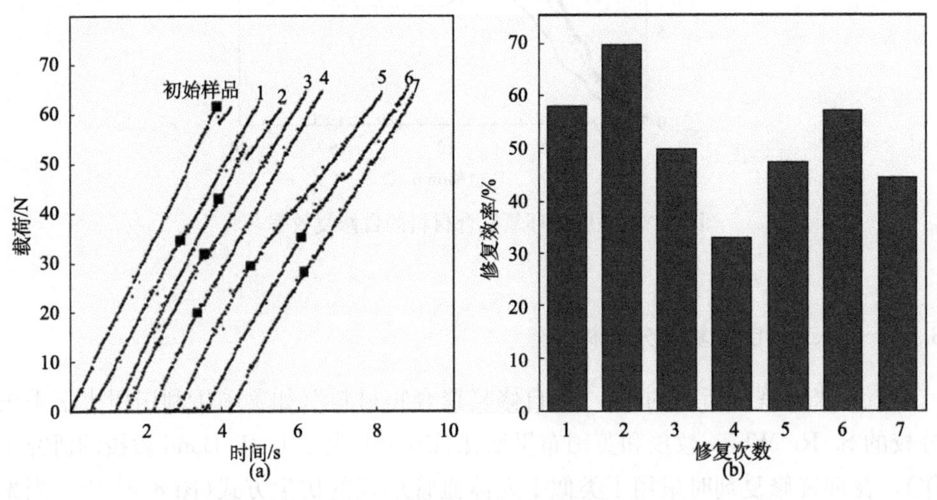

图 8.4　自修复环氧涂层材料的可重复修复[19]

尽管利用液芯纤维或微胶囊进行聚合物材料的自愈合很有潜力，但仍然有一些实际限制：裂纹愈合的微观动力学过程仍然不够清楚；材料服役期间催化剂性能也会衰减；材料多次自修复的能力有限。但这一领域的自愈合研究还处于初级阶段，可以想象自修复人工材料在将来的潜在应用会涉及一般材料所无法胜任的领域，如高空探索、深海潜航乃至人造器官的移植等[20]。

但是以上自修复聚合物材料本身并不具备对损伤的应激性和修复功能，它必须借助外加的修复剂(及其固化催化剂)完成对裂纹的修补。所以近年来，如何赋予高分子本身对外界感知和修复性，成为高分子化学和智能材料领域的研究热点[21]。

8.4　基于可逆化学键的自修复高分子

8.4.1　基于可逆共价键的自修复高分子

如果高分子中某些共价键在施加一定外界刺激(如光照、加热等)可以断裂、而撤销外界刺激后又可恢复成键，这样高分子便具有了内在自修复裂纹的能力：损伤发生时，施加光照、加热或电压等促使损伤处的高分子链断裂成单体或预聚态，从而使损伤裂纹两侧分子具有足够的扩散活动性而缠结在一起；撤销光照或加热等外界条件，断裂的高分子链重新聚合起来。近几年关于这方面的研究工作成果丰硕，归纳起来可以利用的可逆共价键体系有：

(1) 基于 Diels-Alder[4+2]环加成可逆反应，如马来酰亚胺-呋喃基高分子、环戊二烯基高分子等；

(2) 基于光二聚[2+2]电环化可逆反应，如含古马隆高分子、含蒽高分子等；

(3) 基于可逆氧化还原反应，如含硫醇高分子体系；

(4) 基于自由基交换反应，如含 N—O 键高分子。

基于 Diels-Alder[4+2]环加成可逆反应的自修复高分子中含有可逆成键-断键的活性基团，这是近几年研究的热点之一[22]。美国加州大学 Los Angeles 分校的 Fred Wudl 教授在该领域有很出色的研究工作[23]。在高分子骨架上键接上可以发生可逆环加成反应的官能团，如马来酰亚胺基和呋喃基或古马隆基团，改变外界条件(对于马来酰亚胺基和呋喃基聚合物如加热-冷却，对于含古马隆基团聚合物如光照-外力)，借助于开环反应实现高分子链的迁移、扩散和缠结，而通过环加成反应实现高分子交联从而愈合损伤(图 8.5)。这样就赋予了高分子材料本身对于损伤的自修复特性。

常见的 Diels-Alder 环加成可逆自修复高分子材料有：含呋喃环-马来酰亚胺环高分子，如聚(*N*-乙酰乙基亚胺)[24]、聚硅氧烷[25]、聚苯乙烯[26]等，甚至有关的树枝状聚合物也有报道[27]；含双环戊二烯高分子[28,29]；另外有少量报道的含蒽高分子自修复材料，如 Jones 报道的含蒽基和马来酰亚胺基聚酯[30]。McElhanon 等合成的含呋喃环和马来酰亚胺环环氧树脂，在 110℃热处理 1h 大约 40%开环成呋喃环和马来酰亚胺环，而在 65℃下缓慢冷却数日可以完全闭环而

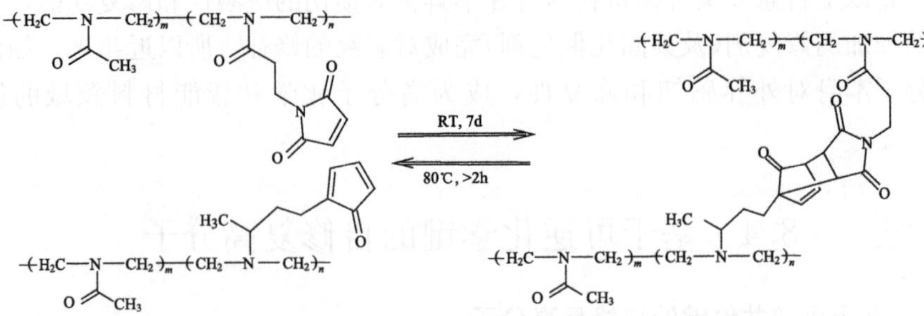

RT, 7d

80℃, >2h

图 8.5　侧链带有呋喃基和马来酰亚胺基高分子中的热可逆 Deils-Alder 反应[23]

交联[31]。

Liu 和 Hsieh 等研究了三官能度马来酰亚胺单体 TMI 和三官能呋喃单体 TF 组成的共混高分子[4＋2]Diels-Alder 可逆反应的热自修复过程。在热处理后，经由开环-闭环可逆反应，实现了对裂纹的完全修复，而且该修复过程可以重复多次。如图 8.6 所示，在微米尺度，材料自修复后裂纹基本愈合[32]。

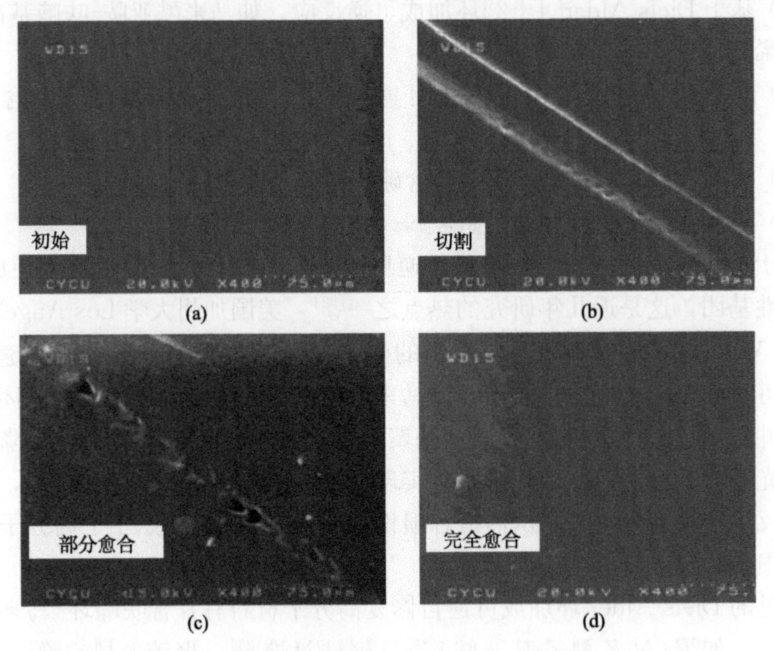

图 8.6　扫描电镜观察自修复效率。(a)原始样品；
(b) 切口；(c) 50℃，12h；(d) 50℃，24h[32]。

基于[2＋2]光二聚电环化可逆反应作为高分子自修复机制也得到深入研究，如图 8.7 所示，当材料出现损伤时(分子内四元环开环导致分子链断裂)，只需将材料在一定波长的紫外光下照射即可发生闭环反应而实现自我修复[33]。

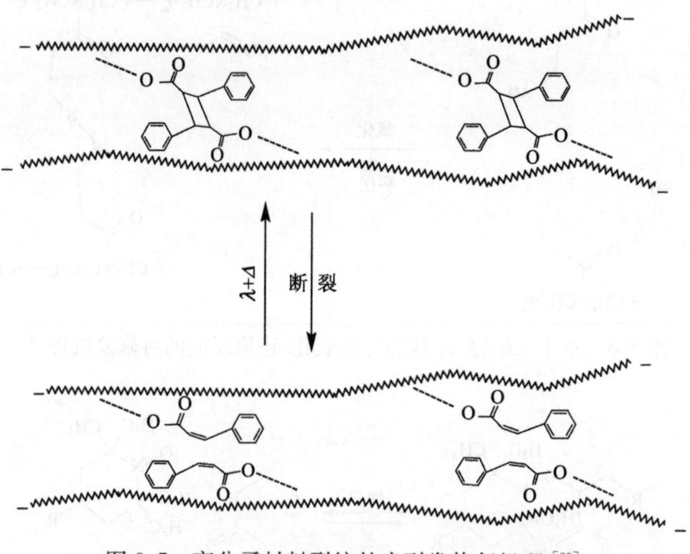

图 8.7　高分子材料裂纹的光引发修复机理[33]

Saegusa 等研究了含古马隆侧基的聚噁唑啉，在约 300nm 紫外线照射下可以发生古马隆双键的[2+2]成环交联反应，而在 253nm 紫外线照射下会可逆地开环为古马隆双键[34]，这就为高分子材料自修复提供了前提条件。光引发的可逆自修复过程是颇受关注的，相比于其他自修复方法，光照是方便和绿色环保的(如太阳光)[35]。

基于可逆氧化还原反应(reversible redox)的自修复机理举例如下：如图 8.8 所示，高分子骨架间的二硫键结构在还原条件下(化学还原剂)解聚为巯基(硫醇基)，使分子链活动性增强，高分子在受损部位进行扩散融合；而含硫醇基分子链在氧化条件下(化学氧化剂)重新聚合为二硫键，从而恢复受损前的状态[36]。例如，Tesoro 等合成了含二硫键的聚酰亚胺，作为可逆交联材料使用，大大提高了聚酰亚胺材料的性能可靠性[37]。M. W. Urban 则报道了基于硫醇/二硫键的星形聚合物[38]。

基于热可逆自由基交换反应的自修复高分子，主要指含 N—O 键的高分子体系。例如，Otsuka 等系统研究了含烷氧氮基高分子的热可逆成键反应，如图 8.9 所示：大约 60℃时发生自由基型断键反应，冷却后会恢复成键[39]。Higaki 等合成了侧链含烷氧氮基的 PMMA 树脂，在 10%苯甲醚溶液中，冷却时是不流动态，而 100℃加热变为液态[40]。

基于可逆共价键(断键-成键)的自修复过程，其可贵之处在于它无需额外添

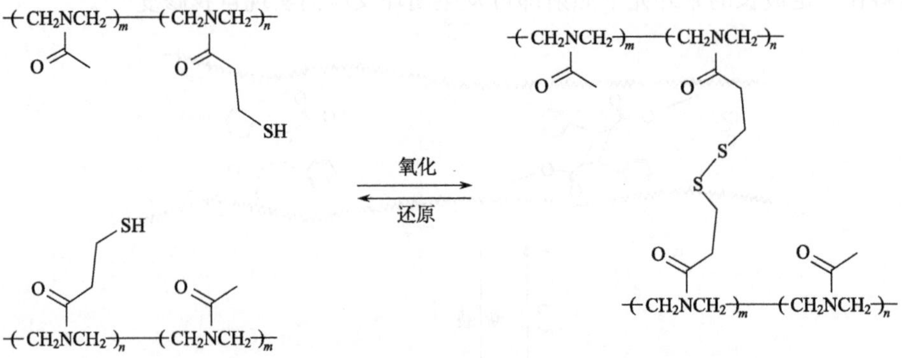

图 8.8 基于二硫键-巯基的可逆氧化-还原反应的自修复机理[36]

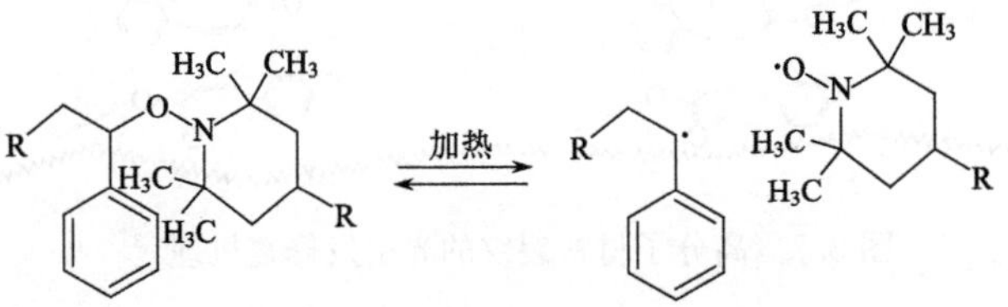

图 8.9 热可逆自由基交换反应的自修复高分子[39]

加催化剂、修复剂单体或进行其他特殊处理即具有“无限”的内在自我修复能力。作为一种新颖的修复方法还有一些问题需要完善，如马来酰亚胺单体熔点太高、不溶于呋喃四聚体；需要降低反应单体的熔点和改善互溶性；该聚合物在 130℃ 下固化完全，固化耗时较长，需要加快反应速率。此外，该聚合物的使用温度（80～120℃）对于许多聚合物的应用显得过低，也许对于易产生裂纹的电子封装材料则比较理想。

8.4.2 基于可逆非共价键的自修复高分子

由非共价键构筑的超分子体系具有一定的可逆性，可以利用其作为自修复机制。目前已研究的基于非共价键的自修复高分子材料主要有

利用氢键的高分子体系、基于金属配体配位的高分子、主客体高分子、离子聚合物、可逆共价键-可逆非共价键复合体系。

当聚合物链上具有多个可以形成氢键的基团时，在一定条件下会聚集成可逆交联态的超分子结构[41]。如图 8.10 所示，高分子链上的氢键易于在低温下形成，而在升高温度时氢键会断裂，这样可以用来愈合高分子内的微裂纹[42]。Yagai 等报道了利用三重氢键构筑基于双三聚氰胺和巴比妥酸酯的超分子聚合物，同时设计合成了基于双三聚氰胺和巴比妥酸酯的部花青染料[43]。

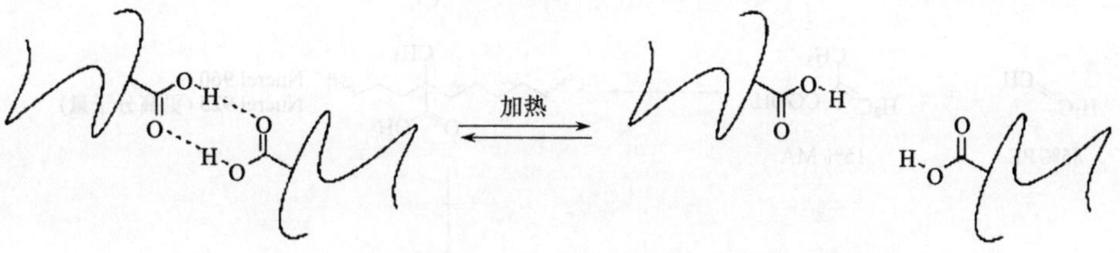

图 8.10　聚丙烯酸链上氢键实现的热控可逆交联[42]

利用金属配位反应是构筑可逆超分子聚合物体系的常见方法。如图 8.11 所示，Schubert 利用 tpy 配体(2，29：69，20-terpyridine)与 Fe(Ⅱ)的配位合成了超分子金属聚合物，tpy 配体之间由二乙基乙二醇连接，与等物质的量的 Fe(Ⅱ)配位聚合得到紫红色水溶性的高分子，该配位高分子在乙二胺四乙酸作用下会解配位为配体[44]。Lehn 等借助缩聚-配位-脱质子反应合成了中性的金属超分子聚合物，反应是在二酰肼、醛和 Zn(Ⅱ)或 Ni(Ⅱ)盐之间进行的。由于配位键可逆性(配体交换和重新结合)，这类高分子溶液具有可逆的动态行为[45]。

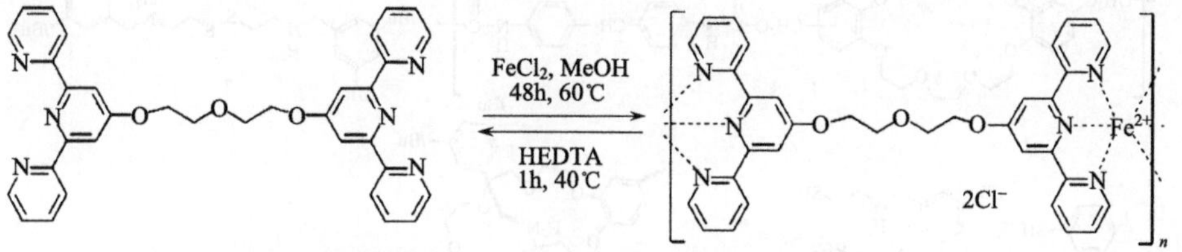

图 8.11　可溶性铁配位聚合物的可逆形成过程[44]

借助于主体-客体相互作用构筑的环糊精超分子聚合物和聚[2]轮烷超分子聚合物，由于主客体相互作用的可逆性，可以在一定程度上实现自修复性，但该类高分子材料在可逆转变前后往往会有形态、结构和性能上的改变[46]。

离聚物是离子性热塑性聚合物，最初是由 DuPont 公司通过部分中和乙烯-甲基丙烯酸共聚物而发展起来的[47]。一些离聚物对于外界刺激具有即时的和自动的自修复反应。DuPont 公司的 Surlyn 8920，Surlyn 8940，Nucrel 960 和 Nucrel 925 都具有自修复特性，其中 Surlyn 8940 还被用在射击场的靶标背衬上(图 8.12)[48]。在所有自修复高分子中，离聚物能够从材料灾难性损伤中迅速完成自动修复，并且制造成本相对较低[49]。

共价键-非共价键复合方法也被用到自修复高分子的合成中。如图 8.13 所示，Takata 等设计合成了含有硫醇-二硫键的类轮烷聚合物，二到三个冠醚环由二硫键铵盐串联起来形成 $M_n=5100$，$M_w/M_n=7.1$ 的高离散性聚合物[50]。Kolomiets 和 Lehn 研究了一类在分子和超分子水平均具有动态性能的双重动

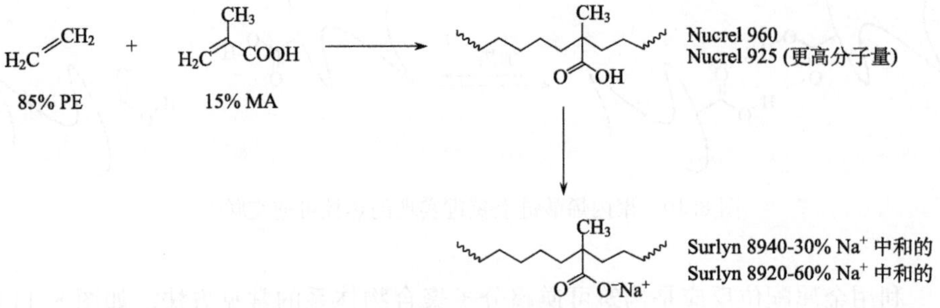

图 8.12　离聚物具有的自修复特性[48]

聚物(double dynamers)，既含有 DAD-DAD 受体间的六重氢键(可逆非共价键)，也含有乙酰腙键(可逆共价键，由连在氰尿酸上的酰肼和醛基缩合而成)[51]。

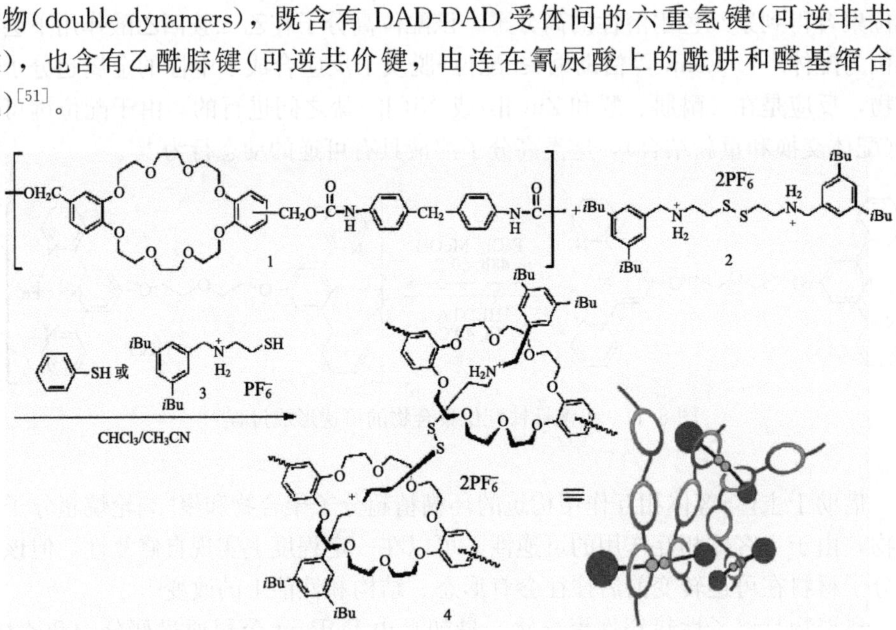

图 8.13　基于可逆共价键-非共价键复合机理的类轮烷聚合物[50]

8.5　基于其他机理的自修复高分子

除以上所述自修复高分子外，其他自修复机理的自修复高分子体系有纳米粒子作为修复剂的高分子体系和活性聚合物等。

与其他自修复机理将断裂的高分子链重新键接起来不同，纳米粒子对损伤的修复是借助于均匀分散的纳米粒子对微裂纹的填充，具体过程如图 8.14 所示[52]。计算机模拟表明：只要材料中有足够的纳米粒子即可实现材料的多次自修复；据认为纳米粒子向微裂纹的迁移富集是靠高分子链断裂引发的损耗吸引驱动的，直到将裂纹填满迁移才停止[53]。纳米粒子修复方法的关键是对纳米粒子表面进行合适的官能化修饰[54]。

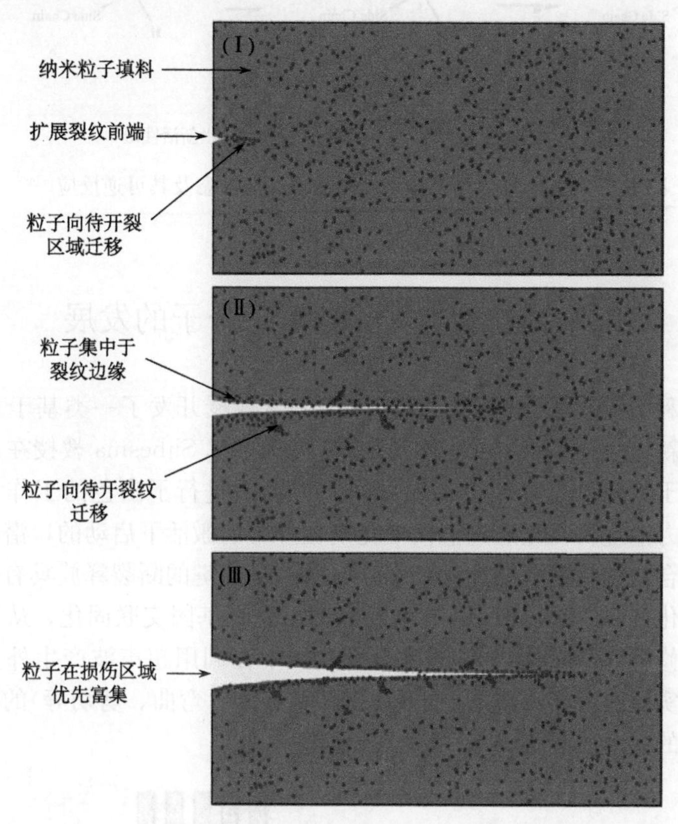

图 8.14　聚合物中纳米粒子的迁移和对裂纹的填充[52]

活性聚合物具有可以控制的再聚合活性，一定条件下处于休眠状态，而在一定条件下会再次启动聚合反应，因此作为高分子自修复机制，活性自由基聚合物是很适合的[55,56]，如图 8.15 所示为活性自由基聚合反应作为可逆自修复机理的原理图。分子水平的修复过程是由高分子自由基的扩散速率控制的(即决定于聚合物的玻璃化转变温度 T_g)；只有在 T_g以上，自修复过程才具有较高的效率。Chipara 和 Wooley 研究了聚苯乙烯活性聚合物自修复体系，但该方法也适用于热固性树脂[57]。活性聚合物自修复体系不需外加催化剂，是分子级别的再修复，特别适合外太空环境下材料的防护；若与包覆单体微胶囊结合使用，将会构成多级自修复材料。

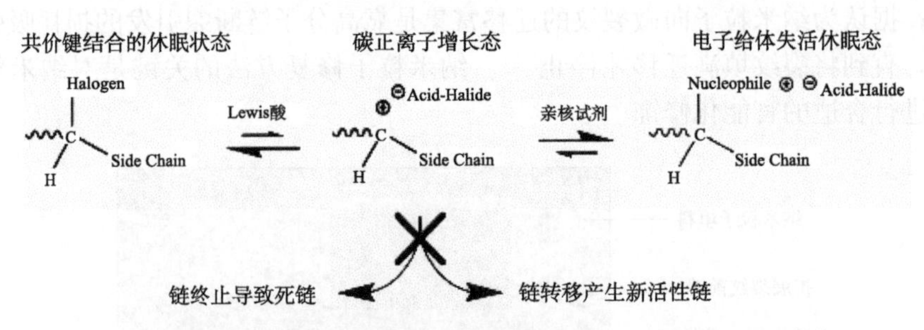

图 8.15　自由基活性聚合中的休眠态、活性态及其可逆反应[56]

8.6　自感应型自修复高分子的发展

美国伊利诺伊大学香槟分校的 J. S. Moore 教授开发了一类基于力化学的聚合物自修复新途径[58]。荷兰埃因霍温理工大学的 R. Sijbesma 教授在外力激活潜伏催化剂用于原位自修复聚合物内部损伤方面也进行了出色的工作[59-61]。高分子材料的外力响应特性是通过潜伏催化剂在外力的激活下启动的，潜伏型催化剂的配键是聚合物中最薄弱的连接，在外力作用下配键的断裂释放具有聚合催化活性的金属催化剂(如 Ru、Pt 等)，引发周围可聚合基团交联固化，从而完成对裂纹或损伤的修补(图 8.16)。尽管目前研究集中在利用超声波产生外力作用，但最终目标是实现对真实环境下外力(如拉伸、压缩、弯曲、剪切等)的应激响应性和对微裂纹的主动修复性。

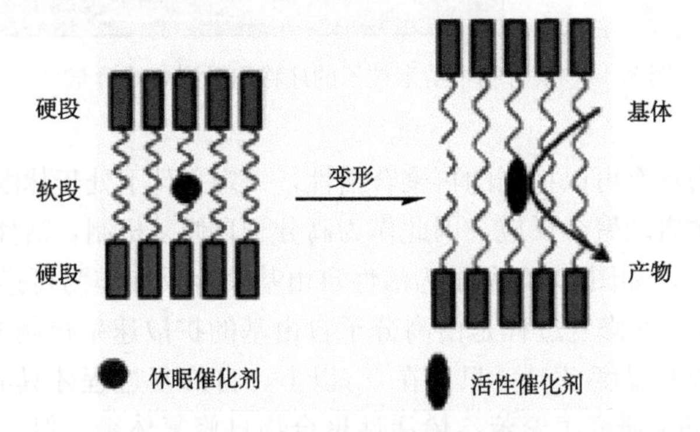

图 8.16　外力引发自修复聚合物中潜伏催化剂的激活[60]

另外，在自然条件下修复自身裂纹的聚合物将会极受欢迎，美国南密西西比大学的 Marek W. Urban 教授报道了一种紫外光敏性自修复涂层用高分子，它是含有氧杂环丁烷取代基壳聚糖的聚氨酯，因此是一种可以在紫外光照条件下实现裂纹自修复的环境友好材料[62,63]。当涂层出现擦痕时，将其暴露在紫外光下(在日光下也有同样的效果)，壳聚糖环体会开环产生自由基，在损伤断裂时打开的氧杂环丁烷产生的自由基会和壳聚糖自由基键连在一起，从而将损伤修补，这是完全借助自身分子结构进行的分子级别修复。这种环境友好的自修复高分子材料非常适合应用于汽车涂层和包装材料等(图 8.17)。

图 8.17　氧杂环丁烷修饰壳聚糖作为光引发自修复汽车涂层材料[62]

到目前为止，自修复智能高分子材料在自感应功能方面的研究还很缺乏，很少有此类的报道。美国伊利诺伊大学香槟分校的研究人员在高分子自感应(self-sensing)方面进行了探索，发现将螺吡喃环结构接在高分子链上，可以赋予高分子对外力的感应性[64]。在正常状态下，高分子材料显示本体颜色淡黄色，但在外加载荷达到一定程度时，螺环会打开形成部花青结构而显示红色，从而指示材料可以承受的极限载荷(图 8.18)。美国南密西西比大学的 Marek W. Urban 教授则用偶氮苯交联溴化聚乙烯基酯，在受到外力(如拉伸 300%时)或损伤时，在 302nm 紫外光照射下，偶氮苯基团可以发射绿色荧光，这可以作为微观裂纹的感应器或检测器[65]。如果将自感应和自修复结合起来，将会极大提高自修复高分子材料的可靠性。

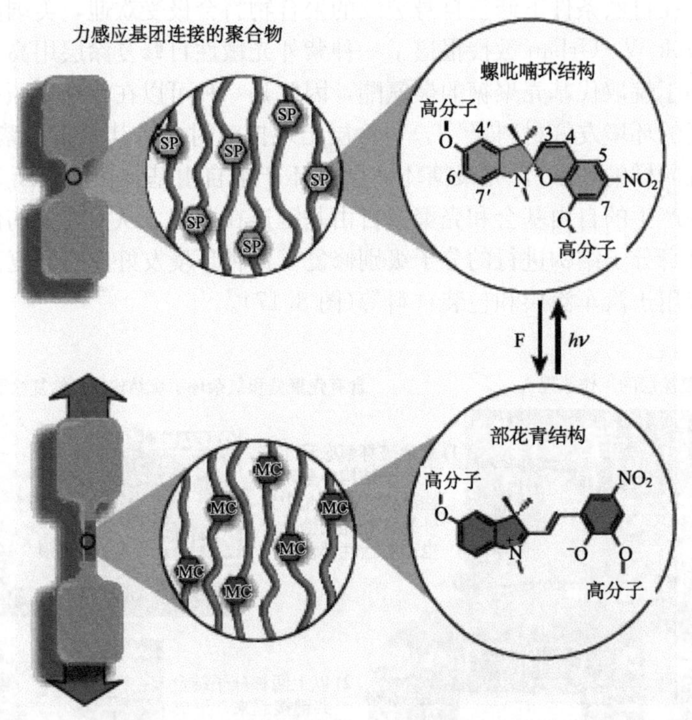

图 8.18 力感应变色高分子及其可逆机理[64]

8.7 自修复高分子研究展望

回顾近十年来在高分子材料自修复理论和技术方面的进展，高分子材料自修复能力几乎可以解决分子和结构层面的大部分损伤模式。除了广泛采用的空心纤维和微胶囊方法外，由光、热或电引发的分子自修复机制(如分子扩散缠结、热可逆交联、光可逆交联、可逆氧化还原交联等)都得到了深入研究。建立在模拟毛细血管结构基础上的修复剂网络输运方法，是主动修复高分子复合材料研究中的大进展。

可逆聚合作为智能自修复高分子材料的自修复机理，具有明显的优点：①可以实现对同一损伤部位的多次修复；②自修复高分子材料为单组分而不是通常的多组分高分子复合材料，这样可以保证材料可靠性和稳定性。但是也有以下缺点：①自修复过程的启动必须给以热或光等外界条件；②可供利用的单体和聚合物很少，且比较昂贵。而相比于单一组分可逆聚合自修复高分子材料，自修复高分子复合材料借助不同组分的协调实现了主动修复，具有如下优点：①无需借助外界干预即可进行对材料内部损伤的修复，是真正意义的主动修复；②可以方便应用到大多数商业聚合物材料上；③有望大规模产业化[66]。但是该体系的缺点是：①一般只能进行单次修复；②虽然类毛细血管修复技术可以满足多次重复修复要求，但制备液芯类毛细血管纤维网络以及含有该网络的块状高分子材料繁琐且很难放大；③修复剂一般为双组分(树脂和固化催化剂)，活性匹配和存储期问题都会导致材料不稳定[67-69]。

尽管在自修复机理和相应高分子材料制备方法研究上取得了大量成果，但在合成高分子中复制哪怕最简单的生物自修复机理研究方面依然有很长的路。诸如实现类似生物体修复过程的多步修复，“快速补丁 + 缓慢修复”，在目前已经研究的方法中都没有很好的体现[70]。另一个值得模仿的生物体自修复特性是生物体多重修复机理的同时作用[71,72]，但在合成高分子材料中往往是单一的修复过程。可以期待的是自修复高分子材料将会越来越具有仿生自愈合能力，就像人体血液循环系统一样，连续不断地将化学修复剂及时有效地输送到需要修复的部位，达到完全恢复；并且具有无限重复该自修复过程的能力。

自修复高分子材料的应用前景是光明的，尽管目前还没有商业化应用的自修复高分子材料，但自修复系统的不稳定性或修复剂成本问题，都会得到解决，相信在不久将来诸如大桥坍塌等多发事故将会得以避免[73]。

我国在自修复仿生材料方面的研究与世界先进水平相比还存在明显的差距，理论和实验的研究开展得还不够深入和广泛，多是在国外的研究基础上进行的[74]。研究工作大多集中在微胶囊(脲醛树脂包覆液态环氧和胺类催化剂)改性热塑性聚合物上，属于第一代自修复高分子复合材料[75]。尽管在微胶囊填充型自修复聚合物及其复合材料方面已经有了很大的进步，得到了许多有价值的成果[76]，但仍有必要进一步加大研究力度，进行高性能热塑性聚合物、热固性聚合物及其复合材料的智能自修复理论、方法、工艺和应用各方面的研究。

8.8　自修复无机材料

8.8.1　自修复金属材料

许多金属材料中有许多数十微米以下的微孔或缺陷，在使用过程中因产生疲劳裂纹和蠕变变形而受到损伤。目前设计构思的自修复过程，主要是通过材料内部分散或复合一些功能性物质来实现的。当材料受损伤时，这些物质率先发生某种变化，从而抑制损伤进一步发展，而实现自修复。将功能性物质在材料内部分散的尺寸大小，可将自修复功能分为三种类型：第一种是微量元素型，分散尺寸在纳米级别以下，加入量较少；第二种是微球型，其尺寸在微米级别；第三种类型是丝线或薄膜型，其直径或厚度在毫米以下。

袁朝龙等借鉴人体组织损伤愈合规律，采用拟生方法研究了金属孔隙性缺陷的自修复过程，提出了孔隙性缺陷自修复再结晶机理，以及拟生方法研究裂纹修复现象及规律[77]。他们指出孔隙性缺陷修复过程可分为三个阶段：第一阶段为再结晶逐渐消除裂纹孔隙；第二阶段为原子迁移扩散消除自由面；第三阶段为再结晶完全消除瘢痕。应该指出的是，该自修复过程中所需要的物质是通过原子迁移扩散获得的，也可以利用能量引导、控制缺陷自由面上细晶粒形核和生长，对缺陷修复速度、方向和质量进行控制。

金属基复合材料由于金属基体特有的属性，一般都是采用能量补给的方式进行修复。例如，高温保温的方法可以对基体内部的缺陷进行修复，严格地说这并不是自修复的过程，因为它需要外界因素的作用才可以进行修复。对金属基复合材料的自修复并没有很好的办法，采用埋植技术进行的自修复也少有报道[78]。郭义等仿照生物体损伤愈合的原理，对金属基复合材料内部纤维开裂、分离和折断损伤的愈合进行了尝试[79]。

在复合材料结构中埋入形状记忆合金(SMA)丝，可以构成强度增强复合材料结构。在复合材料自修复结构中，即使损伤使液芯光纤断裂，由于光纤的两端封闭，胶液不能通畅地流出，影响对损伤的自修复。在SMA增强智能复合材料结构中，采用激励SMA来对液芯光纤产生压应力使胶液流出的方法可以解决这一问题[80]。当结构内发生开裂、分层、脱胶等损伤时，激励损伤处的SMA将产生压应力，使结构恢复原有形状，这将有利于提高对结构的修复质量。当液芯光纤内所含的环氧树脂和固化剂流到损伤处后，SMA激励时所产生的热量，将大大提高固化的质量，使自修复工作完成得更好。

8.8.2 自修复无机非金属材料

陶瓷和水泥等无机非金属材料通常是脆性材料，在使用中面临增韧和增强问题。如果能够实现该类脆性材料的自诊断和自修复功能，将会大大提高其性能可靠性和服役寿命。

日本三桥博三等用水玻璃和环氧树脂等材料作为修复剂，将其注入空心玻璃纤维并掺入混凝土材料中，测试不同修复时间下，不同修复剂在开裂修复后，混凝土材料的强度回复率；其自愈合机理如图8.19所示[81]。

赵晓鹏等以水泥为基体，加钢丝短纤维组成复合材料，同时嵌入玻璃空心纤维，在其内部注入缩醛高分子溶液，分层浇注，固化后浇水养护4天。在材料试验机上进行三点弯曲试验，当基体出现裂纹即停止加力，发现有部分纤维管破裂，修复剂流出，经一段时间后，裂口处可重新黏合[82]。影响混凝土材料的修复过程及修复效果的主要因素有：①纤维管与基体材料的性能匹配。基本要求是在基体材料出现裂纹时，纤维管也要适时破裂；②纤维管的数量。太少不能完全

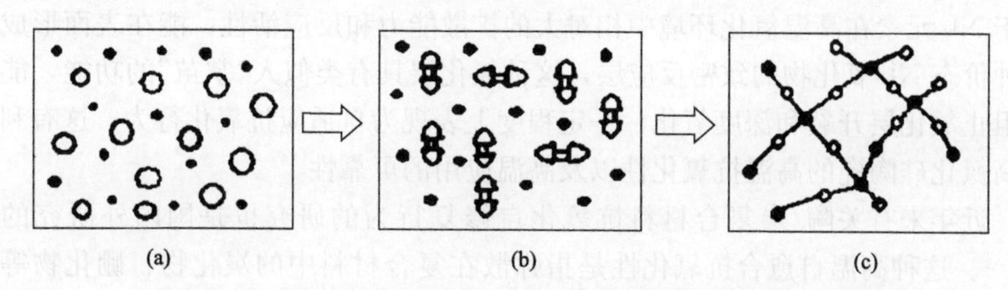

图 8.19　内置胶囊仿生自愈合机理示意图。(a)内含修补剂的胶囊被事先埋藏于混凝土内；(b)裂纹的发生使胶囊破裂，修复剂流出；(c)流出的修复剂修复裂纹。

修复，太多则可能对材料本身的宏观性能带来不良影响；③修复剂的黏结强度。它决定着修复后的材料强度与原始材料强度的比值。此外，黏结质量、黏结剂的渗透效果、管内压力也对自修复作用产生很大影响。

Bang 等研究了一种应用微生物进行裂纹修复的方法，利用微生物 Bacillus pasteurii 脲酶代谢尿素时副产物碳酸钙的沉积实现对微裂纹的愈合。将微生物包覆在聚氨酯中，可以抵抗碱性混凝土环境，同时可以对混凝土裂纹进行修复，如图 8.20 所示，当混凝土产生裂纹时微生物代谢促使碳酸钙在裂纹处不断累积，愈合后的材料达到断裂前的水平[83]。

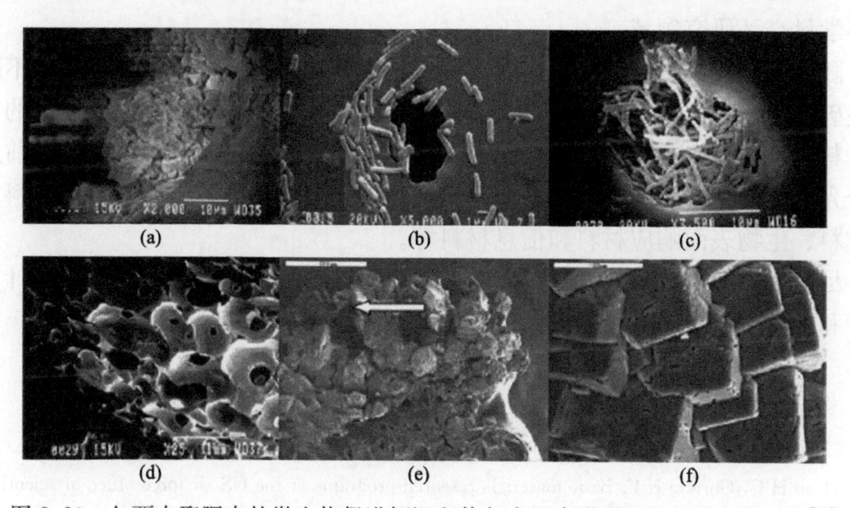

图 8.20　包覆在聚脲中的微生物促进钙沉积修复水泥中微裂纹的扫描电镜观察[83]

在动态负载工作过程中，氮化硅陶瓷表面在高温氧化环境中形成的氧化阻挡层容易发生开裂或剥落，氧能通过表面形成的裂纹继续向内部扩散而深度氧化基体，氧化层开裂和深度氧化的交互作用使材料的性能迅速劣化而失效，从而一定程度上限制了氮化硅陶瓷的应用。李建保等在氮化硅陶瓷中添加一定量的 NbN，由于Nb元素在高温氧化环境中相对大的扩散能力和反应活性，能在表面形成有多种价态Nb氧化物的致密反应层，这种氧化层具有类似人"掌茧"的功能，能有效阻止氧化层开裂和深度氧化，一定程度上表现为自适应抗氧化行为，这有利于提高氮化硅陶瓷的高温抗氧化性以及高温应用的可靠性[84]。

近年来有关陶/炭复合材料抗氧化自修复行为的研究也是国内外研究的热点[85]。这种高温自愈合抗氧化性是指弥散在复合材料中的炭化物、硼化物等陶瓷粒子在高温和氧化性气氛中能够氧化成膜以封闭炭材料的表面，起到自我保护的作用，从而在很大程度上抑制或完全阻止氧化反应的发生，赋予陶/炭复合材料很好的高温抗氧化性能。

8.9 仿生自修复材料的应用前景

智能自修复技术对提高产品的安全性和可靠性有着深远的意义。在材料一经投入使用就不可能对其人为修复的情况下，这种方法能够表现出特殊的优势。但目前仅局限于对各种材料自修复机理的实验室研究，实际应用较少，且效果远没有达到预想的要求。仿生自修复机理和仿生自修复材料的研究与工程应用将涉及化学、微电子学、自动控制、人工智能、材料学和结构工程等多种学科的技术，是多学科交叉研究领域。

随着材料自修复机理的研究更加深入，以及在工程应用中的瓶颈技术不断得以突破，相信不久的将来，太空飞行器、火箭、飞机和空间站等应用大量的自修复材料。自修复智能材料在人造器官、桥梁、建筑物和道路等工程领域中前途也十分光明。另外，功能材料也会应用自修复技术，如传感器、能量转换材料、分离材料、生物表面响应材料和信息材料等。

尽管目前智能自修复材料的应用和研究尚处于初级阶段，但预计会像计算机芯片和机器人研制一样引起人们的重视，在材料领域开拓出新的学科。

参考文献

[1] Carlson H C, Goretta K C. Basic materials research programs at the US air force office of scientific research. Mater Sci Eng Part B- Solid State Mater Adv Tech, 2006, 132: 2-7

[2] Semprimosching C European Space Agency Materials Report Number 4476. Enabling self-healing capabilities— a small step to bio-mimetic materials . Noordwijk: European Space Agency, 2006

[3] 杨大智. 智能材料与智能系统. 天津：天津大学出版社，2000

[4] 吴建元，王卫，袁莉，等. 聚合物基自修复复合材料的研究进展. 材料导报：综述篇，2009，23(1)：38-45

[5] Jud K, Kausch H H, Williams J G. Fracture-mechanics studies of crack healing and welding of polymers. J Mater Sci, 1981, 16: 204-210

[6] 姚康德，成国祥. 智能材料. 北京：化学工业出版社，2002
[7] Chen X，Dam M A，Ono K，et al. A thermally re-mendable cross-linked polymeric material. Science，2002，295：1698-1702
[8] Davis D A，Hamilton A，Yang Y，et al. Force-induced activation of covalent bonds in mechanoresponsive polymeric materials. Nature，2009，459：68-72
[9] White S R，Sottos N R，Moore J，et al. Autonomic healing of polymer composites. Nature，2001，409：794-797
[10] Wool R P，O'Connor K M. A theory of crack healing in polymers. J Appl Phys，1981，52：5953-5963
[11] Trask R S，Williams G J，Bond I P. Bioinspired self-healing of advanced composite structures using hollow glass fibres. J Roy Soc Interface - Special Issue：Self Healing Materials，2007，4(13)：363-371
[12] Wu D Y，Meure S，Solomon D. Self-healing polymeric materials：A review of recent developments. Prog Polym Sci，2008，33：479-522
[13] Dry C. Procedure developed for self-repair of polymer matrix composite materials. Comp Struct，1996，35：263-269
[14] 杨红，陶宝棋，梁大开，等. 光纤智能结构自诊断、自修复的研究. 功能材料，2001：32(4)：419-424
[15] Zako M，Takano N. Intelligent material systems using epoxy particles to repair microcracks and delamination in GFRP. J Int Mater Sys Struct，1999，10：836-841
[16] Hansen C，Wu W，Toohey K S，et al. Self-healing materials with interpenetrating microvascular networks. Adv Mater，2009，21：1-5
[17] Therriault D，White S R，Lewis J A. Chaotic mixing in three-dimensional microvascular networks fabricated by direct-write assembly. Nat mater，2003，2：265-271
[18] Williams H R，Trask R S，Knights A C，et al. Biomimetic reliability strategies for self-healing vascular networks in engineering materials. J Roy Soc Interface，2008，5(24)：735-747
[19] Toohey K S，Sottos N S，Lewis J A，et al. Self-healing materials with microvascular networks. Nat Mater，2007，6(8)：581-585
[20] Heinhorst S，Cannon G. Nature：Self-healing polymers and other improved materials. J Chem Edu，2002，79：10-11
[21] Galaev I Y，Mattiasson B. "Smart" polymers and what they could do in biotechnology and medicine. Trends in Biotechnology，1999，17(8)：335-340
[22] Laita H，Boufi S，Gandini A. The application of the Diels-Alder reaction to polymers bearing furan moieties. 1. Reactions with maleimides. Eur Poly J，1997，33(8)：1203-1211
[23] Bergman S D，Wudl F. Mendable polymers. J Mater Chem，2008，18：41-62
[24] Imai Y，Itoh H，Naka K，Chujo Y. Thermally reversible IPN organic-inorganic polymer hybrids utilizing the Diels-Alder reaction. Macromolecules，2000，33：4343-4346
[25] Gheneim R，Perez-Berumen C，Gandini A. Diels-Alder reactions with novel polymeric dienes and dienophiles：Synthesis of reversibly cross-linked elastomers. Macromolecules，2002，35：7246-7253
[26] Canary S A，Stevens M P. Thermally reversible crosslinking of polystyrene via the furan-maleimide Diels-Alder reaction. J Polym Sci Part A：Polym Chem Ed，1992，30：1755-1760
[27] McElhanon J R，Wheeler D R. Thermally responsive dendrons and dendrimers based on reversible furan-maleimide Diels-Alder adducts. Org Lett，2001，3：2681-2683
[28] Kennedy J P，Castner K F. Thermally reversible polymer systems by cyclopentadienylation. II. The

synthesis of cyclopentadiene-containing polymers. J Polym Sci Part A：Polym Chem Ed，1979，17：2055-2070

[29] Salamone J C，Chung Y，Clough S B，et al. Thermally reversible，covalently crosslinked polyphosphazenes. J Polym Sci Part A：Polym Chem Ed，1988，26：2923-2939

[30] Jones J R，Liotta C L，Collard D M，et al. Cross-linking and modification of poly(ethylene terephthalate-co-2，6-anthracenedicarboxy by Diels-Alder reactions with maleimides. Macromolecules，1999，32：5786-5792

[31] Small J H，Loy D A，Wheeler D R，et al. Method of making thermally removable polymeric encapsulants. US Pat 6 271 335，2001

[32] Liu Y L，Hsieh C Y. Crosslinked epoxy materials exhibiting thermal remendablility and removability from multifunctional maleimide and furan compounds. J Polym Sci Part A：Polym Chem Ed，2006，44：905-913

[33] Chung C-M，Roh Y-S，Cho S-Y，et al. Crack healing in polymeric materials via photochemical [2+2] cycloaddition. Chem Mater，2004，16：3982-3984

[34] Chujo Y，Sada K，Saegusa T. Polyoxazoline having a coumarin moiety as a pendant group. Synthesis and photogelation. Macromolecules，1990，23：2693-2697

[35] Zheng Y，Micic M，Mello S V，et al. Formation of PEG-based hydrogel via the photodimerization of anthracene groups. Macromolecules，2002，35：5228-5234

[36] Chujo Y，Sada K，Naka A，et al. Synthesis and redox gelation of disulfide-modified polyoxazoline. Macromolecules，1993，26：883-887

[37] Tesoro G C，Sastri V R. Polyimide resins. US Pat 5 260 411，1993

[38] Liu F，Jarrett W L，Urban M W. Glass (T_g) and stimuli-responsive (T_{sr}) transitions in random copolymers. Macromolecules，2010，43(12)：5330-5337

[39] Otsuka H，Aotani K，Higaki Y，et al. Thermal Reorganization and molecular weight control of dynamic covalent polymers containing alkoxyamines in their main chains. Macromolecules，2007，40：1429-1434

[40] Higaki Y，Otsuka H，Takahara A. Thermodynamic polymer cross-linking system based on radically exchangeable covalent bonds. Macromolecules，2006，39：2121-2125

[41] Bosman A W，Sijbesma R P，Meijer E W. Supramolecular polymers at work. Mater Today，2004，7：34-39

[42] Kalista S J，Ward T C，Oyetunji Z. Self-healing of poly(ethylene-co- methacrylic acid) copolymers following projectile puncture. Mech Adv Mater Struct，2007，14：391-397

[43] Yagai S，Higashi M，Karatsu T，Kitamura A. Dye-Assisted structural modulation of hydrogen-bonded binary supramolecular polymers. Chem Mater，2005，17：4392-4398

[44] Schmatloch S，González M Fernández，Schubert U S. Metallo-supramolecular diethylene glycol：Water-soluble reversible polymers. Macromol Rapid Commun，2002，23：957-961

[45] Chow C F，Fujii S，Lehn J-M. Metallo-dynamers：Neutral dynamic metallosupramolecular polymers. Angew Chem Int Ed，2007，46：5007-5010

[46] Harada A. Supramplecular polymers based on cyclodextrins. J Polym Sci Part A：Polym Chem，2006，44：5113-5119

[47] Holliday L. Ionic Polymers. New York：John Wiley & Sons，1975

[48] Kalista S J，Ward T C. A quantitative comparison of puncture-healing in a series of ethylene based iono-

mers. Proc Ann Meet Adhes Soc, 2004, 27: 212-214

[49] Kalista S J, Ward T C. Self-healing in carbon nanotube filled thermoplastic poly (ethylene-co-methacrylic acid) ionomer composites. Pro Ann Meet Adhes Soc, 2006, 29: 244-246

[50] Oku T, Furusho Y, Takata T. Insulated molecular wires: Synthesis of conjugated polyrotaxanes by Suzuki coupling in water. Angew Chem Int Ed, 2004, 43: 966-969

[51] Kolomiets E, Lehn J-M. Double dynamers: Molecular and supramolecular double dynamic polymers. Chem Commun, 2005, 1519-1521

[52] Lee J Y, Buxton G A, Balazs A C. Using nanoparticles to create self-healing composites. J Chem Phys, 2004, 121: 5531-5540

[53] Tyagi S, Lee J Y, Buxton G A, et al. Using nanocomposite coatings to heal surface defects. Macromolecules, 2004, 37: 9160-9168

[54] Gupta S, Zhang Q, Emrick T, et al. Entropy-driven segregation of nanoparticles to cracks in multilayered composite polymer structures. Nat Mater, 2006, 5: 229-233

[55] Coates G W, Hustad P D, Reinartz S. Catalysts for the living insertion polymerization of alkenes: access to new polyolefin architectures using Ziegler-Natta chemistry. Ang Chem Int Ed, 2002, 41: 2236-2257

[56] Goethals E J, Du Prez F. Carbocationic polymerizations. Prog Polym Sci, 2007, 32: 220-246

[57] Chipara M, Wooley K. Molecular self-healing processes in polymers. Mater Res Soc Symp Proc, 2005, 851: 127-132

[58] Caruso M M, Davis D A, Shen Q, et al. Mechanically-induced chemical changes in polymeric materials. Chem Rev, 2009, 109: 5755-5798

[59] Paulusse J M J, Sijbesma R P. Reversible mechanochemistry of a Pd Ⅱ coordination polymer. Angew Chem, 2004, 116(34): 4560-4562

[60] Paulusse J M J, Sijbesma R P. Selectivity of mechanochemical chain scission in mixed palladium(Ⅱ) and platinum(Ⅱ) coordination polymers. Chem Commun, 2008, 37: 4416-4418

[61] Paulusse J M J, Beek van D J M, Sijbesma R P. Reversible switching of the sol-gel transition with ultrasound in rhodium(Ⅰ) and iridium(Ⅰ) coordination networks. J Am Chem Soc, 2007, 129: 2392-2397

[62] Ghosh B, Urban M W. Self-repairing Oxetane-substituted chitosan polyurethane networks. Science, 2009, 323(5920): 1458-1460.

[63] Ghosh B, Chellappan K V, Urban M W. Self-healing inside a scratch of oxetane-substituted chitosan-polyuretheane (OXE-CHI-PUR) networks. J Mater Chem, 2011, 21, 14473-14486

[64] Davis D A, Hamilton A, Yang J, et al. Force-induced activation of covalent bonds in mechanoresponsive polymeric materials. Nature, 2009, 459: 68-72

[65] Ramachandran D, Urban M W. Sensing macromolecular rearrangements in polymer networks by photochromic crosslinkers. J Mat Chem, 2011, 21: 8300-8308

[66] Pang J W C, Bond I P. 'Bleeding composites' - damage detection and self-repair using a biomimetic approach. Composites Part A, 2005, 36: 183-188

[67] Toohey K S, Sottos N R, Lewis J A, et al. Self-healing materials with microvascular networks. Nat Mater, 2007, 6, 581-585

[68] Jones A S, Rule J D, Moore J S, et al. Catalyst morphology and dissolution kinetics for self-healing polymers. Chem Mater, 2006, 18: 1312-1317

[69] White S R, Sottos N R, Geubelle P H, et al. Autonomic healing of polymer composites. Nature, 2001,

409：794-797
[70] Liu X，Lee J K，Yoon S H，et al. Characterization of diene monomers as healing agents for autonomic damage repair. J Appl Polym Sci，2006，101：1266-1272
[71] Carano R A D，Filvaroff E H. Angiogenesis and bone repair. Drug Discov Today，2003，8：980-989
[72] Singer A J，Clark R A F. Mechanisms of disease-cutaneous wound healing. New Engl J Med，1999，341：738-346
[73] Delft University of Technology，Netherlands. Self healing materials research. http://www.selfhealingmaterials.nl/index_eng.htm. Downloaded at 2011-08-30
[74] 陈大柱，何平笙，杨海洋. 具有自修复能力的聚合物材料. 化学通报，2004，2：138-142
[75] 田薇，王新厚，潘强，等. 自修复聚合物材料用微胶囊. 化工学报，2005，56：1138-1140
[76] 江海平，容敏智，章明秋. 微胶囊填充型自修复聚合物及其复合材料. 化学进展，2010，22(12)：2397-2407
[77] 袁朝龙，钟约先，马庆贤，等. 孔隙性缺陷拟生自修复机制研究. 中国科学(E辑)，2002；32(6)：747-753
[78] Tortai J H，Denat A，Bonifaci N. Self-healing of capacitors with metallized film technology：- experimental observations and theoretical model. Journal of Electrostatics，2001，53(2)：159-169
[79] 郭义，周本濂，刘鹏，等. 金属基复合材料内部损伤仿生愈合. 材料研究学报，1991，(6)：539-542.
[80] 陶宝祺，梁大开，熊克，等. 形状记忆合金增强智能复合材料结构的自诊断、自修复功能的研究. 航空学报，1998，19(2)：250-252
[81] 晁小练，杨祖培，杜宗罡，等. 自修复技术及自修复复合材料. 塑料科技，2006，34(1)：55-58
[82] 赵晓鹏，罗春荣，等. 具有自修复行为的智能材料模型. 材料研究学报，1996，10(1)：101-104
[83] Bang S S，Galinat J K，Ramakrishnan V. Calcite precipitation induced by polyurethane-immobilized Bacillus pasteurii. Enzyme Microb Technol，2001，28：404-409
[84] 孔向阳，李建保，黄勇. 添加NbN的氮化硅陶瓷高温氧化自适应性. 科学通报，1998，43(11)：570-572
[85] Guo Q G，Song J R，Liu L. Relationship between oxidation resistance and structure of B_4C-SiC/C composites with self-healing properties. Carbon，1999，37：33-40

第9章 仿生智能光电转换材料与器件

生物体独特的能量转换系统为我们开发新型能量转换材料与器件提供了广阔的研究空间，其能量输入归根结底都是来源于光能，能量输出最具备实用化的方式是电能。研究生物体中的能量转换系统使我们更好地认识自然的同时，也为我们开发新材料提供了新的研究思路，从而最终实现从光能到电能高效率的转换。

本章将分为四个部分进行介绍，分别为生命中的光能利用系统，仿生能量转换材料的设计思路，智能纳米孔道在能量转换中的应用，以及仿生微纳米结构光电功能材料的研究进展。

9.1 生命中的光能利用系统

植物在进化过程中，发展出了非常成熟的光合作用机制，具有较高的能量转换效率以及长效的作用寿命。光合作用过程在叶绿体内进行，光活性的类囊体膜组成基粒。类囊体膜由一些蛋白质复合体组成，包括光系统Ⅱ(PSⅡ)、细胞色素 b6f 复合体(cyt b6f)、光系统Ⅰ(PSI)以及 ATP 合酶[1]。光合作用的基本原理是可见光引发多步的电子传递进行氧化还原反应，产生质子泵效应，质子参与反应导致高能化合物三磷酸腺苷(ATP)合成。最初的电荷分离在光系统Ⅱ(PSⅡ)中发生，随后通过一系列的氧化还原链将电子传递到蛋白质复合体，最终在 ATP 合酶位置合成 ATP 产物，见图 9.1。

光合作用并不是自然界中利用光能的唯一方法，菌紫质使用了一种不同的但是更普遍的产生质子推动力的方式[2]。菌紫质家族包括细菌视紫红质(bR)与变形菌视紫质(pR)，利用光能直接产生质子推动力，进而被其他酶利用进行主动离子的运输、调控跨膜蛋白以及产生高能化合物三磷酸腺苷(ATP)和烟酰胺腺嘌呤二核苷酸(NADH)[3]。在质子推动力弱的导致关键的酶反应受限时，质子推动力可以由氧化磷酸化作用或者变形菌视紫质(pR)提供，从而推动许多进程，包括 ATP 的合成、离子运输以及将氧化态烟酰胺腺嘌呤二核苷酸(NAD^+)转换为还原态烟酰胺腺嘌呤二核苷酸(NADH)，见图 9.2。

以上提到的微生物型视紫质主要在古细菌、原核生物、真核生物中存在。在人、兔、猫和鱼视网膜水平的细胞膜上也包括直接由光门控的杆状光接收器，与

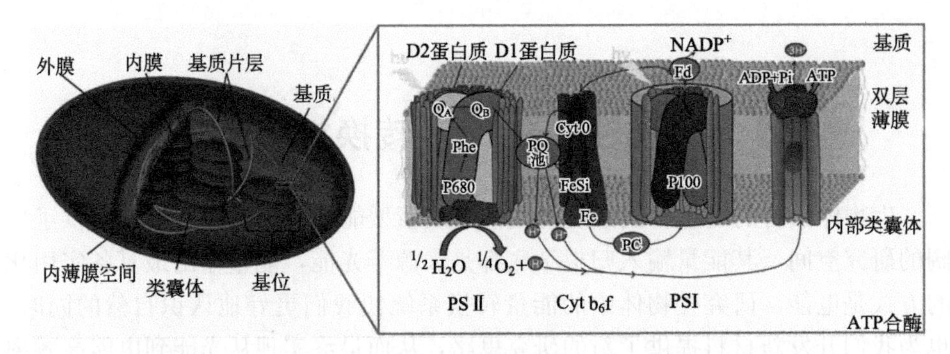

图 9.1 绿色植物的叶绿体内部由光活性的类囊体膜组成，由周围的基质连接在一起。类囊体膜由镶嵌在其中的蛋白复合体组成。蛋白质作为反应中心的同时，对质子的输运也起到通道的作用，从而最终完成从电能到生物能的能量转换[1]。

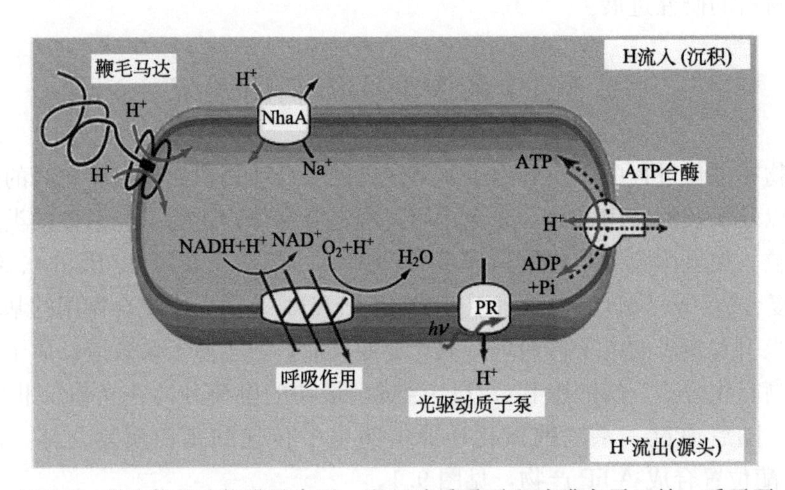

图 9.2 微生物的生物膜示意图，光驱动质子泵和跨膜离子运输。质子泵的能量来源依靠呼吸作用以及变形菌视紫质(pR)，能量用来驱动鞭毛的旋转和三磷酸腺苷(ATP)的合成[3]。

G 蛋白耦合调节视觉信号的传递，也是典型的七个螺旋组成的跨膜蛋白质接收器，核心部分是视黄醛[4]。动物的视网膜感光细胞接收光刺激，产生兴奋性电信号，再由双极细胞向神经节传导，神经信号调制的根本机制是神经元膜通道介导的离子跨膜运动及膜电位的变化[5]，见图 9.3。

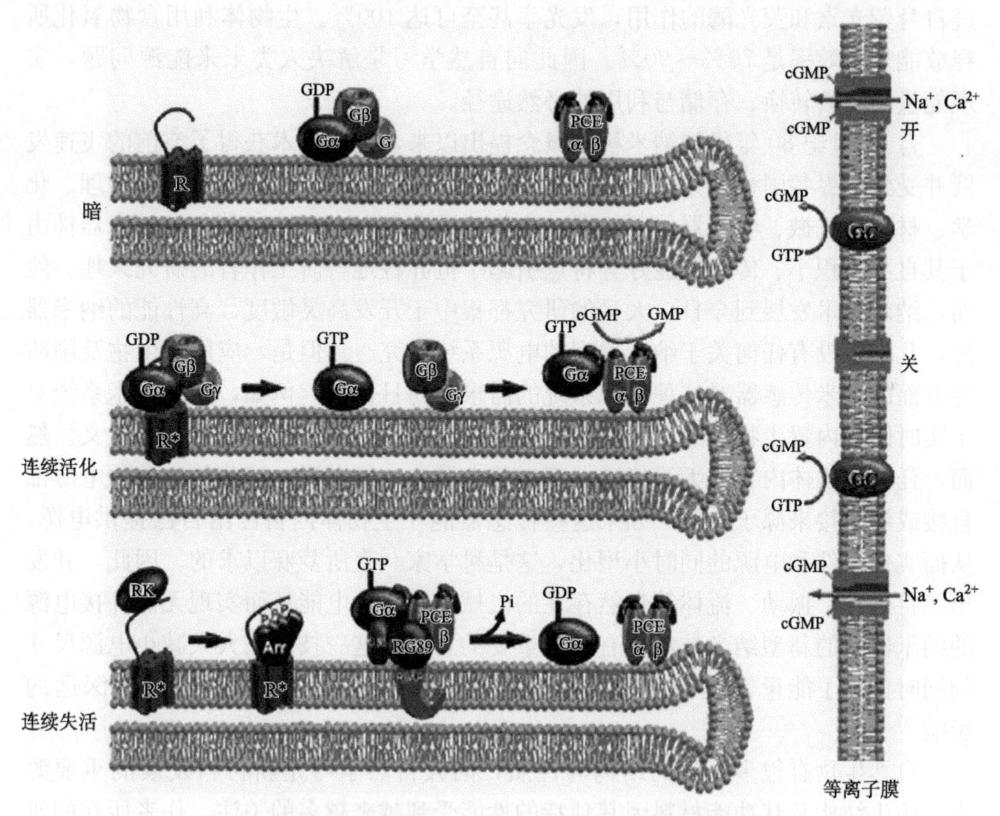

图 9.3　动物的视网膜感光细胞内，光引发一系列离子通道的激活与失活[5]

9.2　仿生能量转换材料的设计思路

能源是整个世界发展和经济增长的最基本驱动力，是人类赖以生存的基础。自工业革命以来，随着人类世界的进步和科学技术的发展，人类社会对于能源的需求量呈逐年急增的状况。目前，人类所能够利用的能源形式主要包括煤炭、石油、天然气以及少量的核能。但是，地球上这些现有能源还是非常有限的，这就需要科学家去探索一些新型的能源形式——可再生能源[6]。根据预测，到 2100 年，新型可再生能源将在人们的生活中占据主导地位，未来 50 年人类面临的最大问题中能源问题居于首位。

自然界中的动物和植物经过 45 亿年优胜劣汰、适者生存的进化，使其结构和功能已达到近乎完美的程度，从而能适应环境的变化，得到生存的发展。生物体内可以进行如光能、电能、化学能等各种能量的高效转换[7]。例如，萤火虫通过自身荧光素和荧光酶的作用，发光率甚至可达100%。生物体利用食物氧化所释放能量的效率是70%～90%。因此向自然学习是解决人类未来能源问题，实现能量的高效转换、存储与利用的必然途径。

自20世纪80年代初纳米科学概念提出以来，纳米技术获得了空前的飞速发展并受到世界各国科学家的广泛关注。目前，纳米技术已被广泛应用到物理、化学、材料、机械、电子器件、航天、生物、医药等多个领域。其中，纳米器件由于其自身体积小、传输性能好等特点引起了世界各地科研工作者的研究兴趣。然而，纳米技术发展到今日，大量的研究都集中于开发高灵敏度、高性能的纳米器件，几乎还没有任何关于纳米尺度的电源系统研究[8]。但是，应用于生物及国防等方面的纳米传感器对这种电源系统的需求却与日俱增。例如，无线纳米系统对于实时同步内置生物传感器和生物医药监控、生物活体探测具有重大的意义。然而，任何生物体内置的无线传感器都需要电源，一般来说，这些传感器的电源都直接或者间接来源于电池。如果这些传感器能在生物体内自己给自己提供电源，从而实现器件和电源的同时小型化，这是科学家一直所梦寐以求的。因此，开发出能将运动、振动、流体等自然存在的机械能转化为电能从而实现无需外接电源的纳米器件的新型纳米技术具有极其重要的意义。这一技术在大大减小电源尺寸的同时提高了能量密度与效率，在集成纳米系统的微型化方面将产生深远的影响[9]。

自然生物有很多奇异的结构与性质，向大自然学习是新材料发展的重要源泉，仿生结构及其功能材料因其独特的性能受到越来越多的关注。作者所在的研究小组致力于研究新型的能量转换材料，将仿生概念与纳米技术相结合，从结构与原理两个层次来开发仿生智能光电转换材料与器件(图9.4)。

(1) 从模仿生物体的能量转换系统的结构出发，研究纳米通道(典型的例子是离子通道)、微纳米复合结构(典型的例子是荷叶的乳突)在生物体中所起的作用，将其与智能分子或材料相结合，从而获得仿生智能光电转换功能材料。

生物膜对无机离子的跨膜运输有被动运输(顺离子浓度梯度)和主动运输(逆离子浓度梯度)两种方式。被动运输的通路称为离子通道，主动运输的离子载体称为离子泵。离子通道实际上是控制离子进出细胞的蛋白质，广泛存在于各种细胞膜上，具有选择透过性[10]。生物纳米通道在生命的分子细胞过程中起着至关重要的作用，如生物能量转换、神经细胞膜电位的调控、细胞间的通信和信号传导等。仿生纳米通道的制备不仅为模拟生物体中的离子传输过程提供了一个平台，而且可以促进智能纳米通道器件在生物检测[11]、纳米流体[12]、分子过滤[13]和能量转换领域[14]中的实际应用。

自然界的生物材料都具有多功能、显著的综合特征，并且在微小的尺度上也有微纳米结构。因此，研究微纳米尺度上的复合结构对于设计合成微纳米材料有

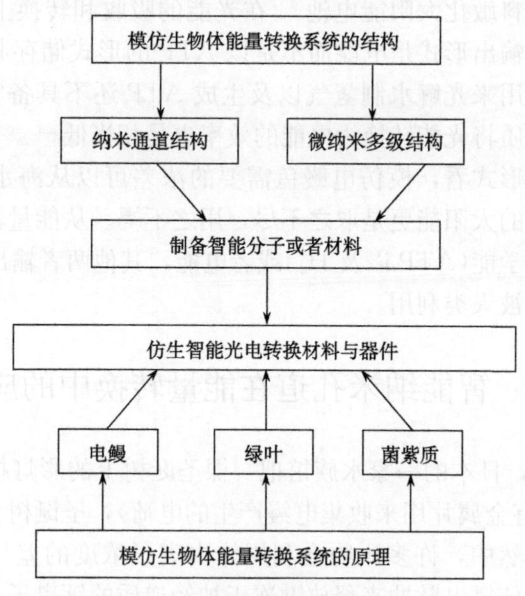

图 9.4　能量转换材料的设计思路

很大作用[15]。理论上，在染料敏化太阳能电池中一个有效的光阳极具有以下结构：电子的快速注入和分离、低的电子重组、有效的电子转移、高的表面积、有效的光能收集等。多重结构在电子的快速注入和分离、高的表面积和有效的光能收集等能力上有巨大的优势。因此，复合结构包括有序的一维纳米材料和多层复合结构，在染料敏化太阳能电池中都有很大的发展前景。例如，受荷叶表面结构激发，利用电子动力学技术制得了仿荷叶多级结构光阳极。这种微米孔(微米球)和纳米孔形成了微纳米结构复合的薄膜。围绕 TiO_2 微米球表面，形成了很多的微米孔，进而形成微米孔道。在纳米颗粒周围存在的纳米孔形成了纳米孔道。这种在电极上分层的支链复合孔道就像人体血液循环系统中的血管和毛细血管，在黏性电解质中有更好的电荷传输能力[16]。

(2) 从模仿生物体的能量转换系统的原理出发，根据自然界中现已存在的能量转换系统的原理不同将分为以下三种进行介绍：模仿电鳗鱼将化学能转换为电能，模仿绿叶光合作用将光能转换为化学能或者电能，模仿菌紫质将光能转换为电能。

目前有大量研究针对生物方法以及仿生方法进行能量转换[17]，但是从原理上归类大体可分为三种。在实用化阶段，现在使用的燃料电池[18]、锂离子电池[19]在原理上均是模仿电鳗鱼的发电原理。只不过前者通过阳极上发生氧化反应来维持离子的浓度梯度，后者利用 ATP 水解释放的能量通过质子泵来维持离子的浓度梯度。染料敏化太阳能电池[20]在光能的吸收和转换上模仿绿叶的光合作用，最后的能量输出形式是电能而不是以 ATP 的形式储存起来。在理论研究阶段，模仿光合作用来光解水制氢气以及生成 ATP 还不具备实际应用价值[21]，利用或者模仿菌紫质将光能转换为电能的效率也是相当低[22]。

从能量输入的形式看，模仿电鳗鱼需要的浓差可以从海水与淡水交界处找到，另外两者需要的太阳能更是取之不尽，用之不竭。从能量输出的形式看，模仿绿叶输出的是化学能(ATP 以及 H_2)或者电能，其他两者输出的是电能，都能直接向外电路输出被人类利用。

9.3 智能纳米孔道在能量转换中的应用

2008 年 12 月，日本的一家水族馆把一棵圣诞树上的彩灯接到养有电鳗的水箱上(水箱两侧装有金属片用来收集电鳗产生的电荷)，圣诞树上的彩灯灯泡即被点亮。其实在大自然中，许多生物会利用体内离子浓度的差异来进行工作。例如，人类的大脑就依靠电脉冲来释放键连于神经递质的钙离子，从而使其与神经系统的其余部分进行交流；而电鳗则是利用其体内大约 6000 个称作发电细胞的特殊细胞中的钙离子浓度的差异来产生电流的(电鳗发出的电流强度与民用电相当)。从电学角度来看，这些细胞是互相隔离的。一旦电鳗测定好猎物的方位后，化学信号到达后引起细胞膜高选择性通道开放，它就打开一系列细胞的“门”让离子流动起来。离子交换升高了细胞膜两侧的电压。当电鳗处于一种像水这样的导电液体中时，带电离子的这种运动就变为一股电流[23]。

生物纳米通道在生命的分子细胞过程中起着至关重要的作用，如生物能量转换、神经细胞膜电位的调控、细胞间的通信和信号传导等[24]。

关于仿生纳米孔道的智能化设计在第 2 章中已经进行了详细介绍，本章节重点介绍纳米孔道在能量转换中的应用。根据能量转换原理的不同将分为以下三种进行介绍：模仿电鳗鱼将化学能转换为电能，模仿绿叶光合作用将光能转换为电能或者化学能，模仿菌紫质将光能转换为化学能。

9.3.1 模仿电鳗鱼——将化学能转换为电能

细胞膜包含无数纳米尺寸的离子通道、离子泵，协同作用产生跨膜的离子浓度梯度导致电压的产生。LaVan 等[25]发现，电鳗的发电细胞可以产生高达 600V 的电压来捕获猎物和驱赶敌人。其能量转换的原理是，电鳗鱼受到外界刺激时，乙酰胆碱配体释放到受体和相邻细胞突触组成的结点，乙酰胆碱受体和乙酰胆碱结合，细胞膜变得对钠离子和钾离子通透，从而使细胞打开并使得细胞膜去极化，导致电压控制的钠离子通道打开。由于钠离子进入细胞，膜电压进一步升高，导致其余的电压控制的钠离子通道打开。乙酰胆碱的串联打开了大量的钠离子通道，产生了膜的动作电位。向内整流的钾离子通道在这个阶段闭合，加速了膜电压的增大。最大的膜电位达到 65mV，无数的细胞串联起来向外电路输出可观的 600V 电压。离子浓度梯度被 Na^{+}/K^{+} ATP 泵维持着，所需的能量来自于三磷酸腺苷 ATP 的水解[26]，见图 9.5。

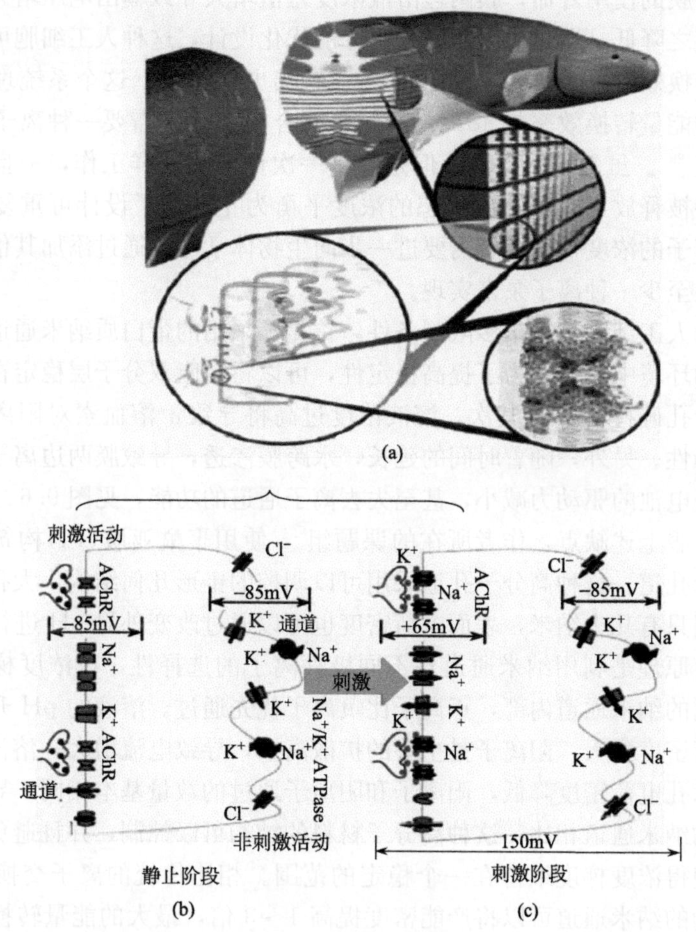

图 9.5　电鳗的解剖图以及自然发电细胞的结构。(a) 电鳗的解剖图；(b) 静息状态下的发电细胞；(c) 刺激状态下的发电细胞[25]。

为了人工模拟这个过程，Funakoshi 等[27]在 2006 年使用磷脂与油的混合物，最早合成了内部含有通道蛋白的双分子层结构，但是寿命只有几秒钟。随后，Holden 等[28]通过制造很小组分的人工合成细胞来研究和再现生物中的能量转换过程。人工合成细胞，通常包括一个磷脂双分子层(由两层疏水/亲水作用形成的磷脂分子组成），以及膜蛋白（如 α-溶血素）作为纳米通道来稳定磷脂双分子层。α-溶血素本身对阴离子具有选择性，产生的电压与电极产生的电压方向相反。因此，需要对 α-溶血素经过定点杂交，修饰后纳米通道变得只对阳离子有选择性，从而增大了总电压。能量转换效率不仅受纳米通道的密度影响，而且取决于单个纳米通道的性能以及外界条件[23]：纳米通道的密度过低会导致离子流动性降低，过高将影响膜的使用寿命；膜两边溶液浓度差值增大导致输出电压增大，但是使用寿命也随之降低。通过对以上各种组分的优化设计，这种人工细胞可以达到的最大能量转换效率是 19.7%。如果不考虑输出电能密度，这个系统理论上能达到的最大的能量转换效率是 48%。最简单的合成细胞仅需要一种离子通道就可以提供直流[29]。虽然效率很高，但是像是一次性电池一样工作，一旦离子开始流动能量将被释放，直到达到稳态的浓度平衡为止。为了设计可重复使用的电池，维持离子的浓度梯度，就需要进一步向生物体学习，通过添加其他组分的离子通道以及至少一种离子泵来实现。

然而，人工细胞具有很多限制条件。首先，采用的蛋白质纳米通道必须在类似生物体的环境中工作；为了提高稳定性，可以将磷脂双分子层稳定在多孔的基底上，如介孔硅材料[30]。其次，溶液浓度过高将导致 α-溶血素对阳离子和阴离子失去选择性。另外，随着时间的延长，水跨膜渗透，导致膜两边离子浓度达到平衡，使得电池的驱动力减小，甚至失去离子通道的功能，见图 9.6。

为了克服上述缺点，作者所在的课题组[31]使用聚酰亚胺(PI)构筑了高分子材料的纳米孔道。这种高分子孔道采用可以调控的锥形几何结构，大孔端几百纳米，小口端只有几十纳米，表面电荷密度也可以通过改变外界 pH 进行调控。它的能量转换原理是利用纳米通道对不同极性离子的选择性，在浓度梯度的作用下，带负电的纳米通道内部，正离子比负离子优先通过。溶液的 pH 升高时，纳米通道电荷密度增大，阳离子是主要的扩散离子，导致电流增大；溶液的 pH 降低时，纳米孔电荷密度降低，阳离子和阴离子通过的数量基本相同，导致电流减小。与生物纳米通道相比，这种高分子材料的结构可以控制，并且避免了水的渗透，从而使得浓度梯度维持在一个稳定的范围。相比传统的离子交换膜[32]，这种锥形结构的纳米通道可以将产能密度提高 1～3 倍，最大的能量转换效率达到 4%。之后，研究了基于离子扩散系数不同的能量转换系统[33]，发现当与孔道表面电荷异种极性的离子比与通道表面电荷同种极性的离子的迁移数大或者相等时，增大孔道表面电荷密度，才会增大电流。这种简易并且廉价的能量转换系统未来可以用于为纳米尺寸的生物医学器件供能。

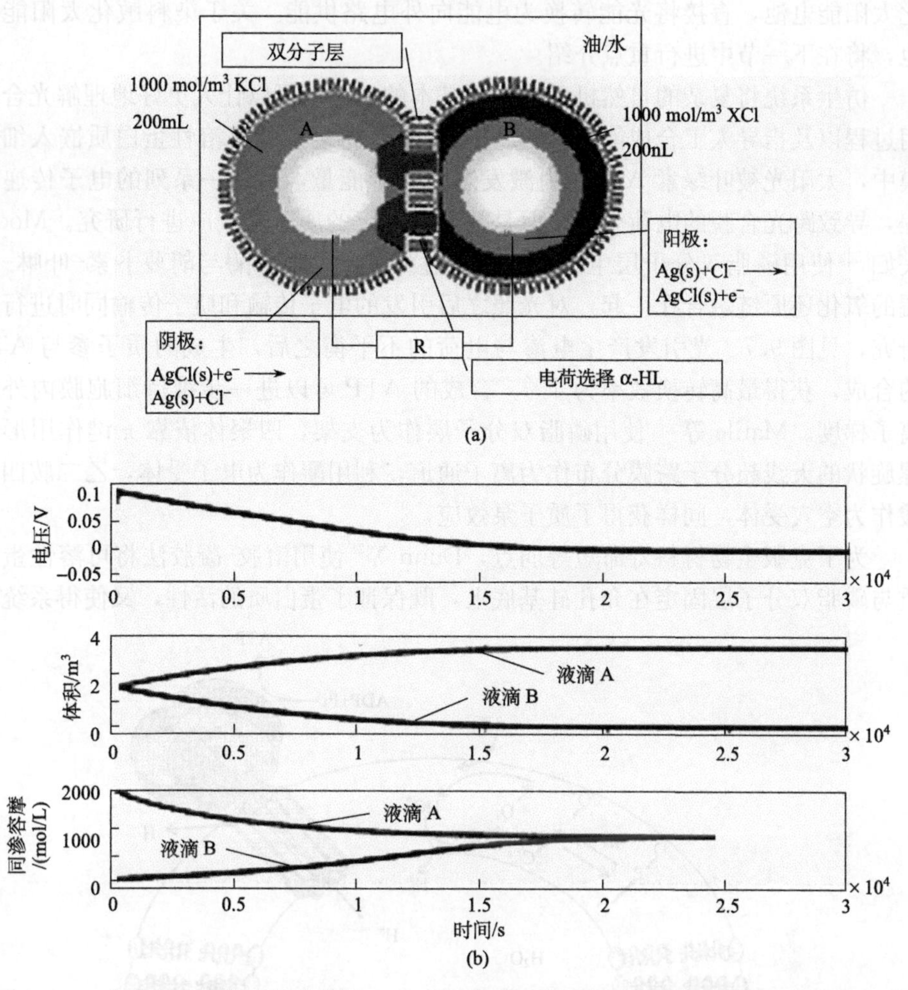

图 9.6　一个直流生物电池的示意图。(a) 基于阳离子选择性的α-溶血素的一个器件，产电机理是阳离子选择性的离子通道和两端不同的电极反应。(b) 随着时间的延长，电压的输出、体积和液滴离子浓度的改变[28]。

9.3.2　模仿绿叶——将光能转换为化学能

光合作用的基本原理是可见光引发多步的电子传递进行氧化还原反应，产生质子泵效应，质子参与反应导致高能化合物三磷酸腺苷(ATP)合成[34]。目前模仿光合作用主要有两种思路：一是使用纳米通道和人工合成的光响应分子相结合，对光合作用过程进行全模拟或者部分过程的模拟，将光能转换为化学能；二是使用半导体等人工合成材料在原理上以及结构上进行模仿，典型体现是染料敏化太阳能电池，直接将光能转换为电能向外电路供能。关于染料敏化太阳能电池，将在下一节中进行重点介绍。

仿生系统将复杂的自然机理减少到基本的组分，可以让人更好地理解光合作用过程以及指导人工合成能源材料。Rosa 等[35]将复杂的可溶性蛋白质嵌入细胞膜中，太阳光被叶绿素 A 转换为激发态的电子能量，引发一系列的电子传递过程，导致跨光合膜的电荷分离，但是并未对后续的质子泵效应进行研究。Moore 夫妇[36]使用磷脂双分子层生物材料，通过将 F_0F_1-ATP 酶与胡萝卜素-卟啉-萘醌的氧化还原链融合在一起，对光照之后引发的电子传输和质子传输同时进行了研究，见图 9.7。光引发产生电渗与电荷的不平衡之后，生成的质子参与 ATP 的合成，获得最高转换效率为 4%。合成的 ATP 可以进一步维持细胞膜内外的离子梯度。Matile 等[37]使用磷脂双分子层作为支架，四聚体依靠 π 键作用形成螺旋状的天线超分子跨膜分布作为离子通道，利用醌作为电子受体，乙二胺四乙酸作为空穴受体，同样获得了质子泵效应。

为了克服生物材料寿命短等弱点，Dunn 等[38]使用溶胶-凝胶法将可溶性蛋白质与磷脂双分子层固定在介孔硅基底上，既保证了蛋白质的活性，又使得系统坚

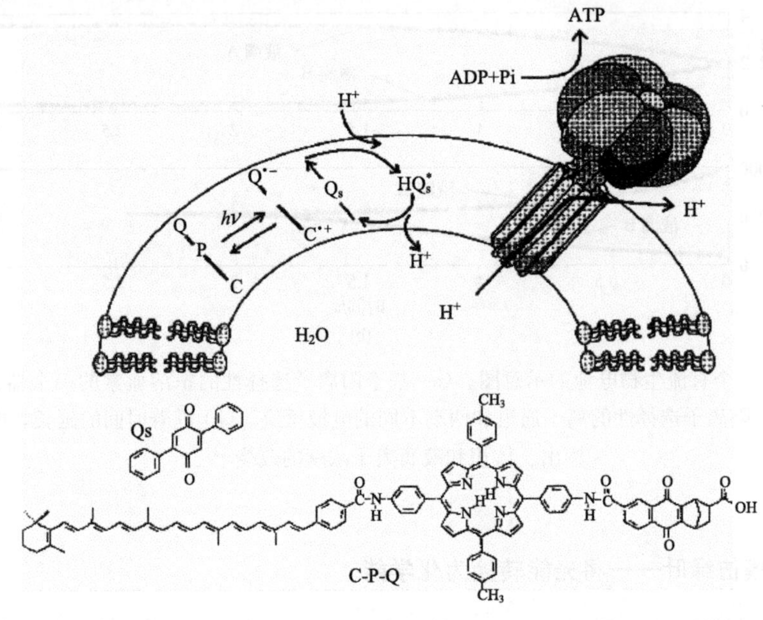

图 9.7　基于磷脂双分子层的人工光合作用离子通道，使用胡萝卜素-卟啉-萘醌组成氧化还原链（C-P-Q）替代蛋白质；受光激发后变为激发态 C·+-P-Q·−，再将能量传递给连在一起的醌（Qs），醌在氧化态和还原态之间转换，起到将质子从膜外运输到膜内的作用。运输到膜内的质子通过扩散作用推动 ATP 合成酶，合成 ATP，从而最终完成从电能到化学能的能量转换[36]。

固稳定。作者所在的课题组[39]使用高分子材料聚对苯二甲酸乙二醇酯(PET)，对光合作用的最后一步进行了仿生模拟。F_0F_1-ATP 酶被组装在 PET 多孔薄膜的一侧，然后磷脂双分子层自组装在通道的内表面。膜的两端的质子浓度不同，在浓度梯度的作用下，质子从左边的溶液流经 F_0 到右边的溶液时，ATP 在右边的溶液 F_1 上合成。在膜的通道外的 F_0F_1-ATP 酶，由于没有质子通过，不能催化 ATP 的合成。和囊泡状生物多孔材料[40]相比，这种薄膜状的高分子材料稳定性高，可以重复使用，并且膜两边的组分可以任意改变，见图 9.8。

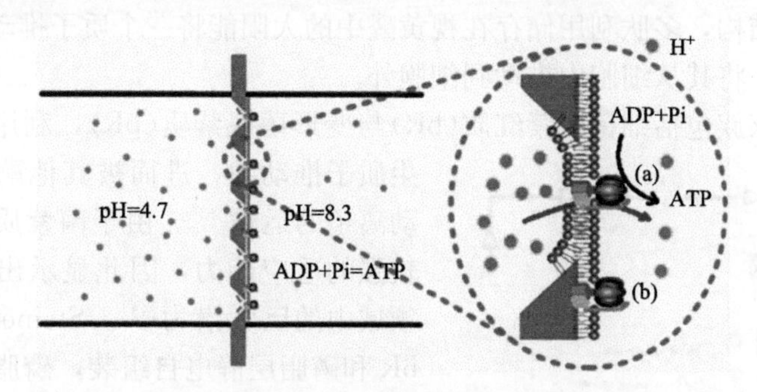

图 9.8　F_0F_1-ATP 酶和纳米孔薄膜系统(ANPMS)的示意图。(a) 当质子从左边的溶液(低 pH)流经 F_0 到右边的溶液(高 pH)时，ATP 在右边的溶液的 F_1 上合成。(b) 在膜的外表面的 F_0F_1-ATP 酶不能催化 ATP 的合成[39]。

模仿光合作用的关键不是各组分的单独作用，而是如何将各组分衔接在一起形成一个复杂的系统，能够行使一个特定的功能。例如，单个的天线染料分子可以吸光，但是能量转换需要合适的染料分子之间的电子传递，这些过程反过来被空间关系影响。这需要反应中心分子高效、快速、有序完成光引发的电荷分离以及缓慢的电荷复合。由于生成的 ATP 只能在生物体内发挥作用，因此未来的研究方向将是使用超分子或者半导体等人工合成材料在原理上以及结构上进行模仿，将光能转换为电能或者氢能，从而为人类社会的发展服务。

9.3.3　模仿菌紫质——将光能转换为电能

光合作用并不是自然界中利用光能的唯一方法，菌紫质使用了一种不同的但是更普遍的产生质子推动力的方式。光合膜(又称类囊体膜)是紫细菌进行原始反应和产生质子梯度的场所。在这里，光照激发将引起膜上电子和质子的连锁循环传递并最终实现高能化合物 ATP(三磷酸腺苷)的合成。紫细菌光合膜上包含了大量的细菌叶绿素和类胡萝卜素分子。这些色素分子都是以非共价键的方式结合在蛋白质的骨架上与蛋白质亚基一起形成组织有序的色素——蛋白复合体。

Kühlbrandt 等[41]发现太阳光作为它唯一的能量来源，这些生物大分子能够逆着电化学电势运输离子(离子泵)。在菌紫质中，膜的两端质子浓度相差 10 000 倍的情况下，可以逆着浓度梯度运输质子。这种运输过程是所有生命的基础。菌紫质是一个简单的分子机器，它包括 7 个横跨膜的螺旋结构。细胞膜的每一端都被短的封闭环连接，在每个细胞的周围形成壁垒，通常对生命所需的离子和营养物是关闭的。每个菌紫质包含一个线性的色素分子叫做视黄醛，一端连接在 G 螺旋的赖氨酸部分的 N 原子上，另一端深深地嵌入菌紫质蛋白中。可见光照射时视黄醛改变结构，多肽利用储存在视黄醛中的太阳能将一个质子推动穿过七个螺旋组成的束，将其从细胞内推动到细胞外。

菌紫质家族包括细菌视紫红质(bR)与变形菌视紫质(pR)，利用光能直接产生质子推动力，进而被其他酶利用进行主动离子的运输[42]。由于菌紫质对环境具有较强的适应能力，因此显示出在能量转换领域中的巨大潜力[43]。Steinem 等[44]利用 bR 和磷脂层静电自组装，磷脂层通过化学键修饰到多孔孔道或者电极的外表面，光照下引发膜的两端产生质子梯度，导致电流产生。El-Sayed 等[45]将菌紫质的悬浮液涂在导电玻璃(ITO)上，与 PVA(聚乙烯醇)在电极上形成多层膜，氧化钨在里面起到对电流信号的增强效应。随后采用多孔的氧化铝多孔膜与 bR 结合，并且在膜的一侧添加了银纳米粒子导致等离子体增强效应，光照下产生的峰值比 Nafion 膜要高，但是持续的稳态电流时间不如 Nafion 膜[22]，见图 9.9。

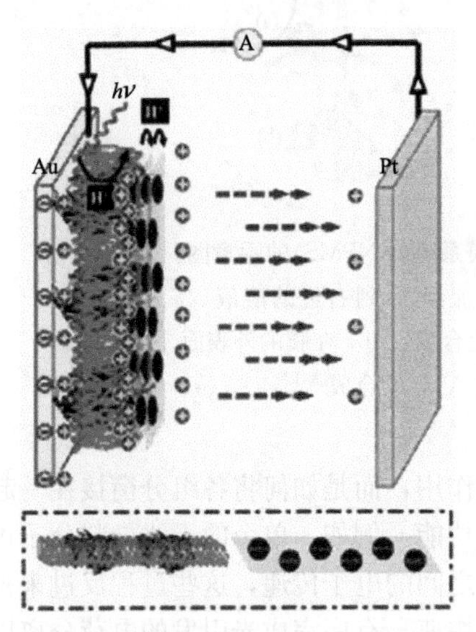

图 9.9　菌紫质的悬浮液和 PVA(聚乙烯醇)在导电玻璃(ITO)形成多层膜的光电转换模型[45]。

目前，针对从光合紫红细菌中分离纯化出来的反应中心复合体(reaction center，RC)的结构和功能研究更是成为了当前的一大热点。在对 RC 原初光物理和光化学过程深入理解的基础上，将结构简单(相对于绿色植物的光系统)但功能强大的 RC 应用于复合仿生光电材料的研制，并进一步揭示蛋白质在仿生膜内伴随激发态弛豫而发生的电子/能量转移过程，是一项有趣而又意义重大的课题。

作者所在的课题组受此启发，将光酸分子和质子响应的纳米通道组合，制备了仿生质子泵的光电转换体系[46]。在 PET 纳米通道的内表面修饰 C4-DNA，其构型受质子的影响保证对质子的通透而阻止其他离子通过；8-羟基芘-1，3，6-三磺酸(HA)作为光驱动的质子源，光照之后，产生的质子穿过Ⅰ部分和Ⅱ部分之间的纳米通道，导致膜两端的电荷不平衡，产生扩散电势 E_{dif}。最终完成了将光能转换为吉布斯自由能，再转换为电能的过程。另外，Ⅲ部分的 A^- 可以接受质子，重新合成起始的 HA 分子。目前虽然能量转换效率很低，今后可以通过提高光酸分子的光生质子效率以及增大纳米通道对质子的选择性(如换成多孔单一结构的通道)进一步提高，见图 9.10。

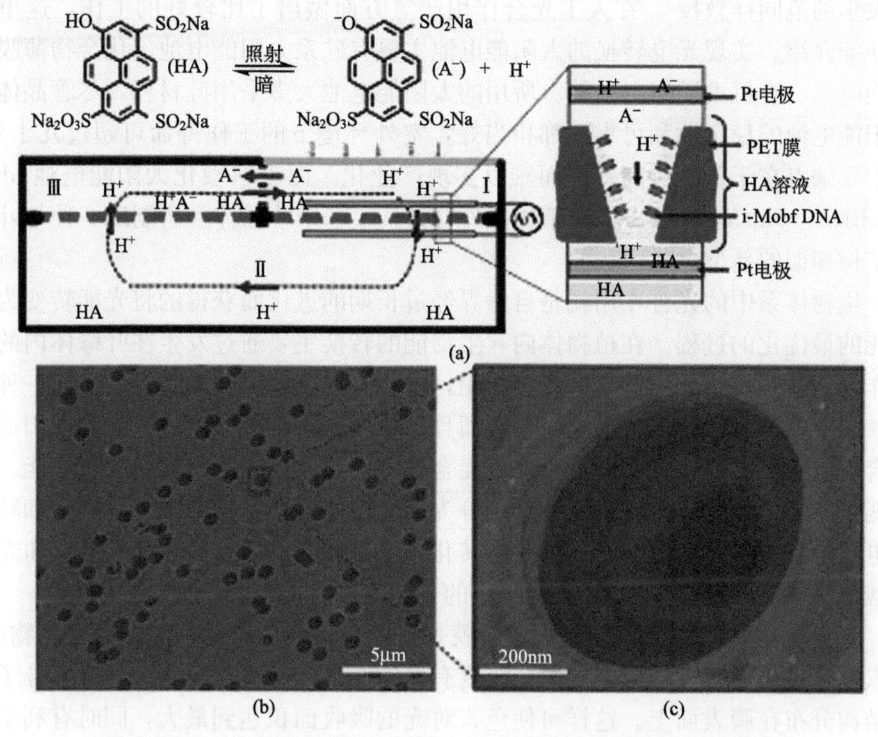

图 9.10　光电转换系统的示意图，使用三部分光电化学池组成[46]

总结上述智能纳米通道参与能量转换体系的四种类型，它们的共同点归纳如下：①需要使用纳米尺寸的通道或者纳米孔；②纳米通道经过修饰对外界刺激(如光、质子)具有智能响应性，或者纳米通道内部本身带有电荷，对不同极性的电荷具有智能选择性；③能量的转换效率除了上述两条孔自身的性质，还受外界条件的影响，如电解质溶液类型和浓度、浓差的大小、pH 等。

虽然有大量的研究发展生物方法以及仿生方法进行能量转换，然而用来解决日益严重的能源问题仍是很大的挑战。目前智能纳米通道在能量转换应用上只是原理上可行，尚不具备实际的商业应用，将实验室里的高效活性反应和系统转化为商业器件仍需漫长的科研探索。下面介绍相对实用化的能量转换材料-染料敏化太阳能电池。

9.4 仿生微纳米结构光电功能材料

目前太阳能利用主要有光热转换、光电转换和光化转换三种方式。其中，光热转换后的热能难以有效运输，光化转换指利用半导体光解水产生 H_2。上海交通大学的范同祥教授[47]在人工光合作用产氢方面做出了比较好的工作，这里不再详细介绍。实现光电转换的太阳能电池主要有硅系太阳能电池、化合物薄膜太阳能电池、有机太阳能电池等。所用的太阳能电池大多采用硅材料，尽管晶体硅太阳能电池的稳定性和可靠性都相当好，室外环境下的工作寿命可超过几十年，但主要缺点在于价格过高，因而难以实现产业化。而染料敏化太阳能电池(dye-sensitized solar cells，DSC)在植物体外“拷贝”了一个叶绿体，研制出一种与叶绿体结构相似的新型电池[48]。

生物体系中的光合作用就是自然界经过长期的进化而获得的将光能转变为化学能的最优化的过程。在植物体内，生物能的转换主要通过发生在叶绿体内的光合作用完成。植物体内神奇的光合作用，是所有光化学过程中备受关注的一种过程，不仅地球大气的演化与之有关，而且动物用来维持生命的能量也和太阳通过光合作用所提供给植物的能量有关。光合作用的实质是将光能转变为化学能。根据能量的转化的性质，可将光合作用分为三个阶段：①光能的吸收、传递和转化为电能(通过原初反应完成)；②电能转化为活跃的化学能(通过电子传递和光合磷酸化)；③活跃的化学能转化为稳定的化学能(通过碳的同化完成)[49]。

染料敏化太阳能电池[50]结构本身就是对叶绿体结构的模仿。在高等植物中，色素分子被包裹在脂蛋白膜内组成高度有序的叶绿体结构，色素分子呈单分子层状结构分布在膜表面上。这样可使色素对光的吸收面积达到最大，同时有利于色素向膜的特定位点传输能量。聚光色素是大量的，这些分子密集地排列在一起，它们行动一致，有效地收集太阳光子，然后快速把大量光能汇聚、传递给少数的反应中心的色素分子，并使其达到激发态，实现电荷分离。由色素分子组成的阵列在整个光合作用体系中起着一种集光式的天线作用。光系统中的电子供体是质体蓝素或酪氨酸残基等，叶绿色分子或去镁叶绿素分子等充当电子受体。反应中心色素分子、电子供体和电子受体紧密接触并相互作用，完成电荷的转移和传输，实现能量的转化。

9.4.1 染料敏化太阳能电池的工作原理

1991 年，瑞士的 Michael Gratzel 教授在 *Nature* 上发表论文，报道了一种全新的太阳电池——染料敏化纳米晶 TiO_2 薄膜太阳电池[51]。由于纳米晶薄膜具有很大的比表面积和较高的光电转换率，而且具有价格低廉、工艺简单、稳定的性能和寿命长等优点，因而成为世界各国研究机构争相开发的研究热点。液态 DSC 主要由透明导电玻璃基板、TiO_2 纳米晶多孔薄膜、染料、电解质溶液和透明对电极(一般涂有 Pt)组成。DSC 的基本工作原理如下[52]：当能量低于半导体纳米 TiO_2 禁带宽度，但等于染料分子特征吸收波长的入射光照射在电极上时，吸附在电极表面的染料分子中的电子受激跃迁至激发态，然后注入到 TiO_2 导带，而染料分子自身成为氧化态。注入到 TiO_2 中的电子通过扩散富集到导电玻璃基板，然后进入外电路。处于氧化态的染料分子从电解质溶液中获得电子而被还原成基态，电解质中被氧化的电子给扩散至对电极，在电极表面获得电子被还原，这完成了一个光电化学反应循环。在整个过程中，DSC 的开路电压 V 取决于 TiO_2 的费米能级 $E(TiO_2)$ 和电解质中氧化还原电对的能斯特电势之差，见图 9.11。目前 DSC 的研究开发已扩展为液态 DSC、准固态 DSC 以及全固态 DSC 三个主要领域，这三类 DSC 的主要区别是液态电解质，准固态电解质和全固态电解质的不同。

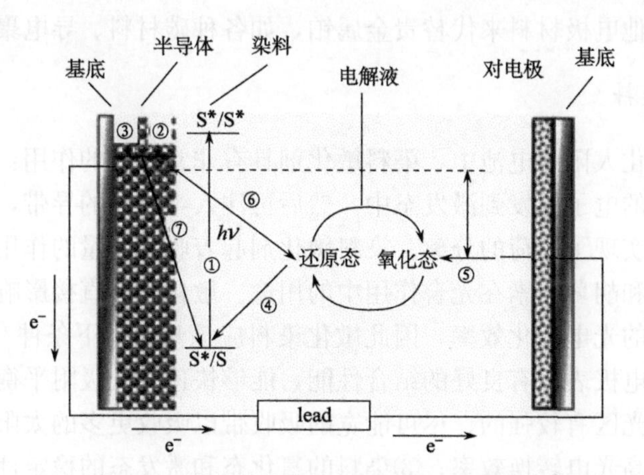

图 9.11　染料敏化太阳能电池的工作原理[51]

DSC 电池与其他 pn 结太阳能电池的最大区别在于它的工作原理是模拟自然界的光合作用，电池对光的吸收主要通过吸附在 TiO_2 表面的染料来实现的，而电荷的分离、传输是通过动力学反应速率来控制的。光生电子的产生、染料的再生及电荷的分离速率分别在皮秒、纳秒、微秒量级，而 I_3^- 与染料分子的复合、电子在光阳极的传输速度则在毫秒量级，这种动力学上的差异保证了 DSC 电池高效运行[53]。

9.4.2 染料敏化太阳能电池器件的组成部分

由于DSC电池是一个由光阳极、敏化剂、电解质及对电极构成的有机整体，因此，为了提高DSC电池性能，不仅要对电池的每个部分进行优化，还必须充分实现这几部分的协同工作[54]。首先，染料的选取将直接影响对光的利用效率、电荷在光阳极表面注入效率及界面复合等过程。目前广泛使用的染料仍然是钌-多吡啶配合物和有机染料。近年来，半导体量子点因能带可调、光吸收范围宽、吸光系数大、稳定性好等优点而备受瞩目，将量子点用作DSCs电池光敏化剂具有独特的优势，这方面的研究呈现很好的发展态势。其次，纳晶半导体薄膜对于DSC电池起着关键作用，一方面它能提供大比表面积吸附染料以保证高光吸收效率和光电转换效率；另一方面，纳晶半导体薄膜的表面形貌和纳米颗粒的表面态、缺陷态将影响光生电子的传输，引起暗反应，从而影响电池性能。再次，高催化活性的对电极对于电池持续、稳定的运行至关重要，目前最广泛使用的是Pt电极，为了进一步降低成本，研究人员正在开发性能优良、价格低廉和化学稳定性高的其他电极材料来代替贵金属铂，如各种碳材料、导电聚合物等。

1. 敏化染料

在染料敏化太阳能电池中，染料敏化剂具有非常重要的作用：它们通过吸收太阳光将基态的电子激发到激发态中，然后再注入半导体的导带，而空穴则留在染料分子中核实现了电荷的分离。染料敏化剂起着收集能量的作用，类似于自然界中的叶绿素和胡萝卜素在光合作用中的用途。敏化染料直接影响到对光子的吸收和整个电池的光电转化效率，因此敏化染料应该具有以下条件[55]：①与 TiO_2 纳米晶半导体电极表面有良好的结合性能，能够快速达到吸附平衡，而且不易脱落；②在可见光区有较强的、尽可能宽的吸收带以吸收更多的太阳光，可以捕获多的能量，提高光电转换效率；③染料的氧化态和激发态的稳定性较高，且具有尽可能高的可逆转换能力；④激发态寿命足够长，且具有很高的电荷传输效率；⑤有适当的氧化还原电势以保证染料激发态电子注入 TiO_2 导带中；⑥敏化染料分子应含有大二键、高度共轭并且有强的给电子基团。

经过20多年的研究，现已开发的光敏染料主要有金属配合物染料和纯有机染料两大类[56]。金属配合物染料吸收太阳光后产生金属中心到配体的电子跃迁(MLCT)并将电子注入光阳极的半导体导带中，这类染料主要包括多吡啶配合物、酞菁类和卟啉类配合物，其中研究最深入的是钌的配合物。纯有机染料敏化剂吸收太阳光后，通过分子内的电子跃迁将电子注入半导体导带中。无机染料受稀有金属钌的制约而成本较高，开发有机染料是降低染料敏化太阳电池成本的有效手段，成为目前研究的热点。根据有机染料敏化剂的基本结构，将有机染料敏化剂分为吲哚啉类染料、香豆素类染料、三苯胺类染料、菁类染料、方酸类染料、二烷基苯胺类染料、咔唑类染料、芴类染料、二萘嵌苯类染料、四氢喹啉类染料、卟啉类染料及酞菁类染料等。

2. 光阳极

目前研究的电极材料主要包括 TiO_2、ZnO、Nb_2O_5、SnO_2 等一系列半导体材料，其中，TiO_2光阳极[57]由于具有合适的禁带宽度，优越的光电、介电效应和光电化学稳定性，一直以来都作为染料敏化太阳电池中光阳极研究的核心。TiO_2纳米多孔膜具有孔隙率高、比表面积大的优点，应用于DSC一方面可吸收更多的染料分子；另一方面薄膜内部晶粒间的互相多次反射，使太阳光的吸收加强。纳米 TiO_2电极是太阳能电池的关键，其性能直接关系到太阳能电池的效率。此外，TiO_2膜晶粒的大小和有序程度，对电池的性能也有很大影响。基于对染料敏化纳米晶 TiO_2太阳电池的深入研究，人们也开始寻找其他可以替代 TiO_2的半导体材料，ZnO 是最有可能成为替代 TiO_2 的半导体材料[58]。因为 ZnO 和 TiO_2均为宽禁带半导体，且具有相同禁带宽度(均为 3.2eV)，导带电位相差很小，均位于染料的 LUMO 之下，所以染料的光激发电子能够注入导带；另外，与 TiO_2相比，电子在 ZnO 中的迁移率大，能够减少电子在薄膜中的传输时间；ZnO 的制备方法更加多样化，低温条件下也可实现 ZnO 的制备，有望进一步降低电池成本。

关于微纳米多尺度结构在光阳极中的应用，将在下一节进行重点介绍。

3. 电解质

染料敏化电池中，电解质中一般含有氧化-还原电对，当染料分子受到激发后，电子从基态跃迁至激发态并迅速注入 TiO_2的导带中，处于氧化态的染料的氧化-还原电位很好地匹配[59]。电解质对整个电池的性能有很大影响，电解质的关键作用是将电子传输给光氧化染料分子，并将空穴传输到对电极。液态电解质是透明的液体，不会阻碍染料对光的吸收，而且能完全覆盖涂有染料的纳米多孔 TiO_2膜，充分利用了纳米膜的高比表面积，有利于电荷的传输，但也存在一些缺点：①液态电解质的存在易导致吸附在 TiO_2薄膜表面的染料解吸，影响电池的稳定性；②溶剂会挥发，可能与敏化染料作用导致染料发生光降解；③密封工艺复杂，密封剂也可能与电解质反应，因此所制得的太阳能电池不能存放很久，一般不超过 7 天；④电解质本身不稳定，易发生化学变化，从而导致太阳能电池失效。因此要使 DSC 走向实用，须首先解决电解质问题。固体电解质是解决上述问题的有效途径之一[16,60]。

Gratzel 研究小组[61]最早利用固体有机空穴材料(OMeTAD)取代了液体电解

质，制备全固型染料敏化电池，受到了广泛的关注。固态电解质的利用，可以解决电池的封装、稳定性、安全以及使用温度等诸多问题。目前，固态太阳能电池的研究重点集中寻找最适宜的空穴传输材料，主要包括聚合物凝胶、聚合物电解质、导电聚合物等。固态电解质的发展对 DSC 电池能否产业化至关重要。目前固态电解质面临的最大问题是光电转换效率还无法同液体电解质相比，主要原因是电解质在纳晶 TiO_2 圆薄膜中填充不充分，载流子在电解质中扩散速率慢。为了解决这个问题，在深入研究染料、光阳极、电解质及对电极的各界面电荷传输性能等方面的同时，需要积极研发新材料、新材料制备方法以获得高效稳定的固态电解质。同时从电池结构整体出发，要优化电池的各个组成部分以提高电池的光电转换效率[53]。

以半导体纳晶薄膜为基础的染料敏化太阳能电池由于高效低价得到人们广泛关注。尤其是制作工艺技术简便，使它在降低大规模生产的成本上显示很大的潜力。为实现实用化目标，并使其产品在市场上具有一定的竞争力，多年来研究工作主要集中在提高光电转换效率、增加使用寿命和降低生产成本方面。目前报道的光电转换效率达到 11%[51]，接近非晶硅电池的水平。另外，通过用导电聚合物电解质取代液体电解质，实现电解质固态化，使电池的稳定性得到改善，增加了使用寿命。与此同时，为更有效地降低生产成本和简化制作过程，便于大规模工业生产，以及扩展其应用范围，发展柔性太阳电池作为有竞争力的实用化技术受到高度重视并取得很大进展[62]。

9.4.3 微纳米多尺度结构在染料敏化太阳能电池中的应用

自然界的生物材料都具有多功能、显著的综合特征，并且在微小的尺度上也有微纳米结构，如荷叶的自清洁、蚊子的复眼、鸟的羽毛等。因此，研究微纳米尺度上的复合结构对于设计合成微纳米材料有很大的作用。众所周知，光合作用系统是量子转换与太阳能存储最有效的系统。叶子表面是收集光最前的大门，有效的光偏转对提高光吸收最佳路径是很重要的。绿色植物叶子表面的微结构中，其上有微纳米分层的结构，这种特殊的分层结构不仅可以带来自清洁的特性，通过光闪射和偏转也提高了光合作用中光的收集效率[15]。

受荷叶表面结构[63]启发，作者所在的课题组利用电子动力学技术制得了仿荷叶多级结构光阳极[64]，见图 9.12。这种多尺度薄膜的球型团簇的直径为 1μm 左右。除球型团簇外，在薄膜中存在直径为 2nm 到 1μm 的纳米孔和微米空。微米孔(微米球)和纳米孔形成了微纳米结构复合的薄膜。围绕 TiO_2 微米球表面，形成了很多的微米孔，进而形成微米孔道(黑线所示)，见图 9.13。在纳米颗粒周围存在的纳米孔形成了纳米孔道(灰线所示)。这种在电极上分层的支链复合孔道就像人体血液循环系统中的血管和毛细血管，在黏性电解质中有更好的电荷传输能力。理论上，在染料敏化太阳能电池中一个有效的光阳极具有以下结构：电子的快速注入和分离、低的电子重组、有效的电子转移、高的表面积、有效的光能收集等。多重结构在电子的快速注入和分离、高的表面积和有效的光能收集等能力上有巨大的优势。因此，复合结构包括有序的一维纳米材料和多层复合结构，在染料敏化太阳能电池中都有很大的发展前景。

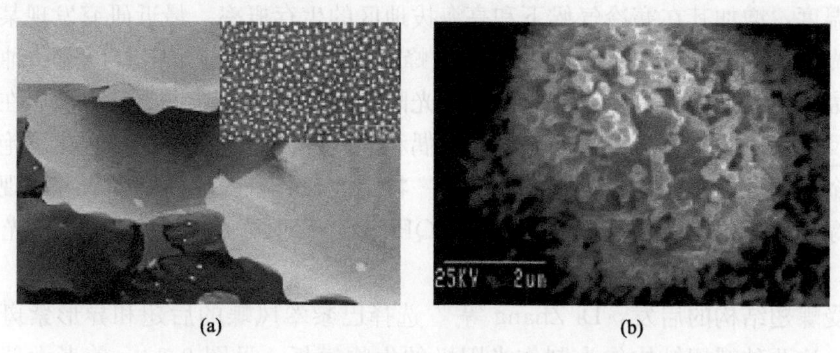

图 9.12　荷叶表面乳突的微纳米复合结构[63]

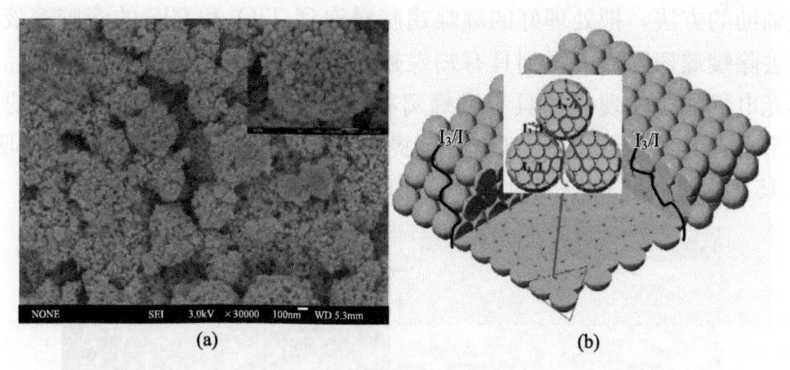

图 9.13　静电纺丝法制备的微纳米复合结构的 TiO_2 光阳极材料[64]

DSC 中的电子受体多采用 TiO_2 纳米晶体多孔膜结构。与致密膜相比，TiO_2 多孔膜电极吸附的燃料和光合单位中的聚光色素一样，呈单分子层排列，利于燃料对光的吸收和染料激发态电子向 TiO_2 电极的注入。有人曾尝试用燃料多层膜替代单层膜，导致电池的光电转换效率降低。由染料分子组成的单分子膜在电池中也起到集光天线的作用。TiO_2 多孔膜、染料和电解质紧密接触并相互作用，完成电荷的转移和传输，实现能量的转化。为提高光电转化效率，Gratzl 等[65]研究了光阳极的微观结构，并指出垂直于导电玻璃表面的有序纳米阵列电极材料可能比现有的多孔电极材料更有优势。此后许多纳米微观结构，如纳米管、光子晶体结构被引入到光阳极的制备中。这些结构在增加光程长度、提高光捕获效率的同时，在一定程度上也增加了电极的比表面积，提高了染料吸附的效率，进而有可能提高总体的光电转化效率。

仿生学中通过自然界中蝴蝶各种色彩缤纷的翅膀其颜色进行大量研究后发现，蝶翅颜色与其微观结构有关[66]。一方面，有些蝴蝶翅膀呈现出黑色或者深灰褐色，深色的翅膀能使其吸收更多的能量，从而能使自己的体温快速升高到合适的温度，增加其在寒冷气候下和高海拔地区的生存概率。最近研究发现某些凤蝶科蝴蝶黑色翅膀上的微细鳞片具有准蜂窝的结构(QHS)。实验证实这种结构可以最大限度地吸收可见光，起到类似光陷阱的作用，即光进入其表面后在其内表面反复反射吸收。另一方面，由于求偶和捕食的需要，某些蝴蝶进化出艳丽的带有金属光泽的蓝色或绿色，亦即对某一特定波长具备高反射率。研究发现，这些蓝绿色鳞片内具有准光子晶体结构(QPCS)，反射光的颜色正处于其光子禁带中。

受蝶翅结构的启发，Di Zhang 等[67]选择巴黎翠凤蝶的后翅和异形紫斑蝶的前翅，这两种蝶翅结构作为制作光阳极的生物模板，见图 9.14。前者大部分处于黑褐色，具有准蜂窝状结构，后者大部分为蓝色，具有准光子晶体结构。利用超声波辅助的方法，把处理好的蝴蝶翅膀浸泡到 TiO_2 和 CIS 的溶胶溶液中，高温煅烧去除蝴蝶翅膀模板得到具有蝴蝶翅膀结构的 TiO_2 和 CIS 的复型品。通过比较其光电性能，发现蝶翅具有准蜂窝状结构的巴黎翠凤蝶具有较大的比表面积，复型得到的 TiO_2 光电极可以有效提高对染料的吸附能力和对光的吸收率，见图 9.15。这一研究希望能对 DSSC 光电极的研究提供新的结构依据，从而获

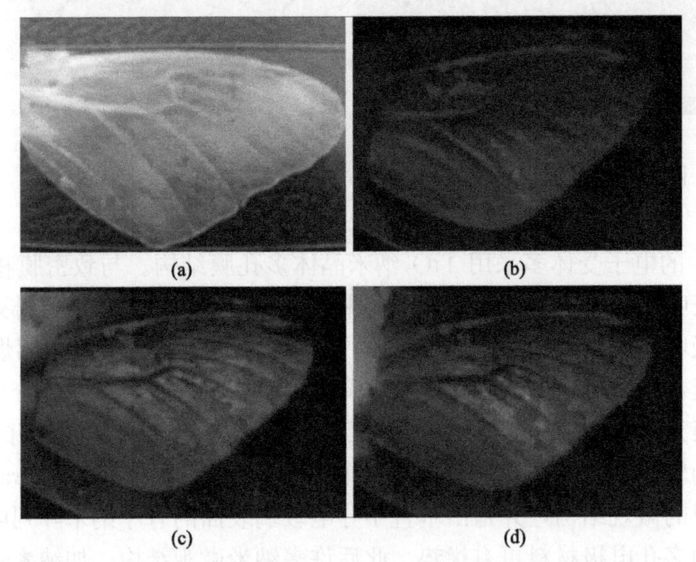

图 9.14 原始蝶翅照片以及赋形之后得到的光阳极材料照片[67]

图 9.15　原始蝶翅结构与复型得到的 TiO_2 膜结构的照片[67]

得具有较高光捕获效率乃至高光电转化效率的 DSSC，使人类早日实现清洁能源的梦想。

1. 纳米棒、纳米线、纳米管

尽管半导体纳米粒子已经用在太阳能电池中，但是，电子在半导体纳米粒子网络中的转移，经常限制光伏系统的性能，这是其最大的瓶颈。电子在转移过程中遭遇到晶界，有效地聚集到电极表面前就会发生电子重组。纳米棒有特殊的电子转移特性，因此其也被用于太阳能电池中。Alivisatos 等[68]将 CdSe 纳米棒和 P3HT 混合用于太阳能电池他们的结构表明，半导体纳米棒相对于纳米粒子来说有更优越的电子转移能力。Liu 等[69]通过简单的水热合成法在透明导电基地上制备了定向单晶结构的金红石 TiO_2 纳米棒薄膜。通过改变生长参数，如生长时间、生长温度、初始反应浓度、酸性和添加剂等，可以改变纳米棒的直径、长度、密度。用 $TiCl_4$ 处理后，在染料敏化太阳能电池光阳极上使用长度为 4μm 的 TiO_2 纳米棒薄膜，电池的光电转换效率为 3%。Adachi 等[70]利用水热合成法合成了直径为 30nm，长度大于 100nm 的单晶 TiO_2 纳米棒，用其制备染料敏化太阳能电池，其光电转换效率达到 7.1%。通过提高了电子转移速率，得到了更有效的性能。在染料敏化太阳能电池中，TiO_2 纳米棒独特的结构对电子传输转移有一定作用，同时对电子的存在时间、电子扩散长度的增加有非常大的贡献。

作者所在的课题组通过利用半导体一维纳米线(包括纳米管)来制备染料敏化太阳能电池。与常用的纳米粒子相比，一维纳米线有更多附加的特性：①由于纳米线高的长径比以及其总长度达到了几百微米，因此，纳米线显著提高了可见光散射和吸收；②一维几何结构能够使电子快速、无扩散地转移到电极。因此，半导体纳米线或纳米管有可能增大电荷收集和电荷转移，见图 9.16。Yang 等[71]通过温和的化学反应，在光阳极上得到了定向排列的 ZnO 纳米线。与此同时，树枝状结构的 ZnO 纳米线用于染料敏化太阳能电池中，得到了 70%的内部量子效率和 0.5%的能力转换效率。光滑的 ZnO 纳米线达到了几微米的长度，二级纳米线的直径约为 20nm。从最初的纳米线处成核生长直到长度为 100nm ，这大大增加了 ZnO 的表面积。

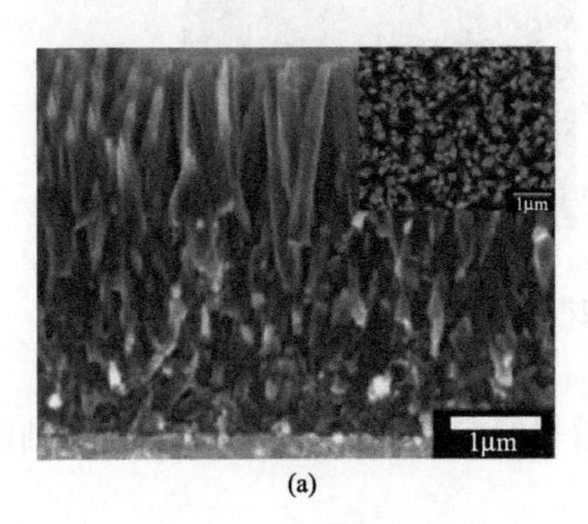

(a)　　(b)

图 9.16　两步水热合成的金红石 TiO_2 纳米棒薄膜 FE-SEM 图(a)和生长在 FTO 上 ZnO 的 SEM 图(b)[71]。

染料敏化太阳电池中半导体是作为电子的传输通道，实现有效的电荷分离。激发态的染料将电子迅速地注入半导体导带中，电子经过纳晶网络结构传输到导电基底上。电子在传输的过程中，可能与氧化态的染料或者电解质发生载流子复合，从而引起载流子浓度下降，光电效率降低。如果在半导体多孔膜的表面修饰一层宽禁带半导体材料，形成复合的核壳(core-shell)结构光阳极，在不改变电极本身性质的情况下，结构的引入能够有效地抑制电子与氧化态的染料和电解质的复合，从而减小载流子损失，即有效地抑制电荷复合。2008 年，Yang 等[72]制备了 n-p 复合壳核结构的硅纳米线太阳能电池，其光电转换效率将近 0.5%。利用无定形硅化学气相沉积和结晶制备了硅纳米线 n-p 壳核结构的太阳能电池，见图 9.17。

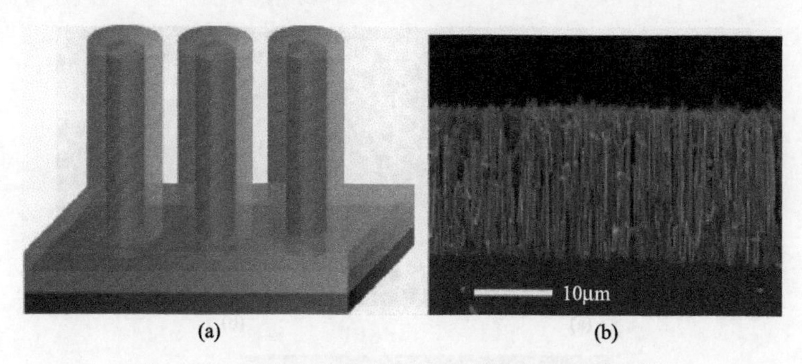

图 9.17　硅纳米线核壳结构太阳能电池示意图[72]

Uchida 等[73]在 TiO_2 纳米粒子上合成了 TiO_2 纳米管，并用作光阳极。Grimes 等[74]利用高规整的 TiO_2 纳米管制备染料敏化太阳能电池，得到了超过 2.9%的转换效率，最近有报道指出，通过两步阳极氧化，可以得到大面积规整的 TiO_2 纳米管薄膜。TiO_2 纳米管紧密竖直有序地排列，从 Ti 基体上剥离后，结构也没有遭到破坏。在 FTO 玻璃上用 25μm 厚的直立的 TiO_2 纳米管薄膜制备的染料敏化太阳能电池其光电效率超过 5.5%，大大高于在 Ti 基体上相同厚度 TiO_2 纳米管制备的染料敏化太阳能电池效率。Schmuki 等[75]在电解质溶液中有氟化物存在的情况下，利用交流电压阳极氧化 Ti，得到了 TiO_2 纳米管。在这种条件下，纳米管层的厚度将近 8μm，单个纳米管的直径为 120nm，分层之间的间距也能够估算出来。基于这种纳米管制得的染料敏化太阳能电池单色光最大转换效率达到 82%和 85%，而光滑的纳米管单色光最大转换效率为 50%。从单色光转换效率结果中可以知道，这种竹形结构的纳米管制备的染料敏化太阳能电池最大转换效率为 2.48%和 2.96%，而光滑的纳米管转化效率仅为 1.9%。他们认为材料的竹形环能够提高该材料中染料的转换效率，见图 9.18。

2. 作为光散射中心或散射层的球型结构

有效地利用太阳光能够提高染料敏化太阳能电池的性能。另外，光散射层也用来提高太阳能电池的性能和光的利用。Hore 等[76]通过烧结直径在 400nm 的聚苯乙烯颗粒，得到了具有空心球型结构 TiO_2 薄膜，在这种薄膜中 TiO_2 的空心球型结构作为光散射中心。报道指出，空心球结构能够提高薄膜的散射性能，因此，结构内部也能够有效地捕获光，其光电转化效率达到 25%。而且，这种特殊的薄膜能够使电解液扩散渗透到 TiO_2 薄膜的孔中，因此能够有效地使用高黏附力的溶剂，如熔融盐电解液，这种状态下电解液基质中离子浓度很低。利用乙烯氧化物和丙烯氧化物的两亲性嵌段共聚物作为结构基地，层层沉积制得了中孔性的 TiO_2 薄膜。多层结构的沉积并没有扰乱微孔结构。一层膜和三层膜的形态

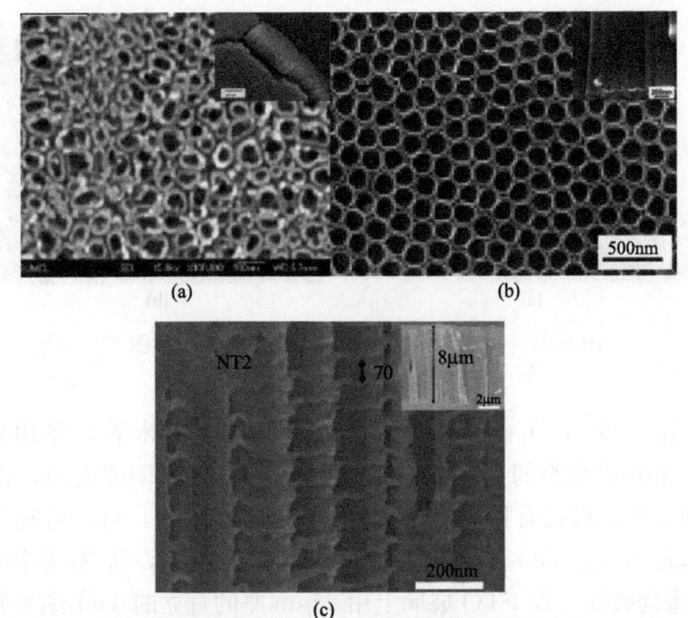

图 9.18　TiO_2纳米管的俯视表面 SEM 图[73] (a)，阳极氧化制得的 TiO_2纳米管俯视 SEM 图[74] (b)以及竹形纳米管的 SEM 图(c)[75]。

相似，微孔尺寸约为 7nm，见图 9.19。用钌联吡啶染料敏化后，1μm 厚的中孔性薄膜相对于相同厚度的传统薄膜[77]来说，其光电转换效率提高了 50%。

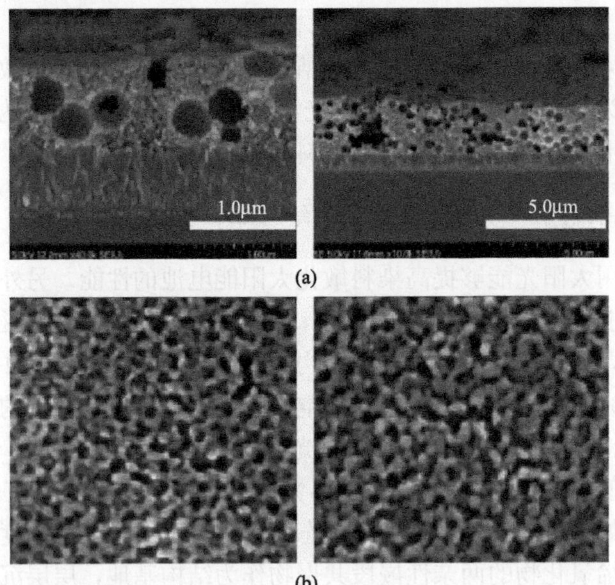

图 9.19　TiO_2空心球结构的 SEM 图(a)以及一层(左)和三层(右)TiO_2薄膜的 SEM 图(b) [76]

3. 光子晶体

光子晶体可以用于太阳能电池的对电极中[78]。Mallouk 等[79]通过将 TiO_2 光子晶体与传统的纳米粒子组成的薄膜耦合在一起，发现染料敏化之后的光阳极的光吸收效率显著增加。通过耦合光子晶体，可见波段的光电流与传统的纳米晶 TiO_2 染料敏化太阳能电池相比，增大了 26%。Lee 等[80]在三维的聚苯乙烯胶束模板中，使用 TiO_2 纳米粒子构筑了紧密的反光子晶体结构。发现 1000nm 的聚苯乙烯模板的效率最高，达到了 3.47%，见图 9.20。

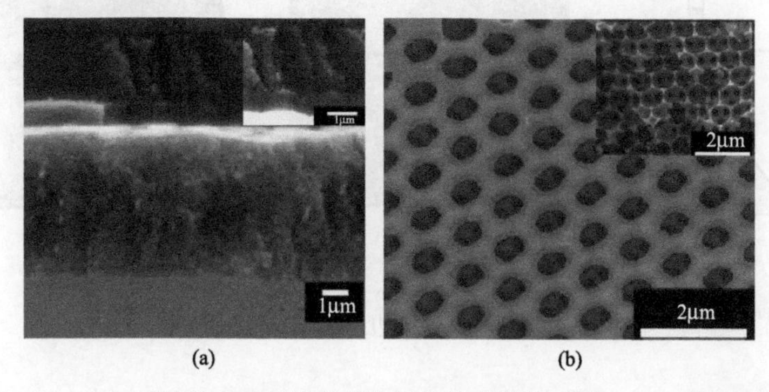

图 9.20　(a) 双层 TiO_2 光子晶体光阳极结构的横断面图；(b) 三维的聚苯乙烯胶束模板中，使用 TiO_2 纳米粒子构筑了紧密的反光子晶体结构[80]。

4. 仿生多尺度结构

受荷叶表面结构激发，作者所在的课题组[64]利用静电纺丝技术制得了仿荷叶多级结构光阳极。微米孔(微米球)和纳米孔形成了微纳米结构复合的薄膜，这种在电极上分层的支链复合孔道就像人体血液循环系统中的血管和毛细血管，在黏性电解质中有更好的电荷传输能力。复合多层多尺度孔结构的 TiO_2 光阳极制备的染料敏化太阳能电池，其光电参数(填充因子和总光电转换效率)大大提高，填充因子提高 10%，开路光电压提高 7%，开路电流提高 6%，在黏性的离子液体电解质中总的光电转换率提高 20%。光收集效率和离子在黏性电解质中的扩散速率的提高使光电转换率得到提高。这是因为在微纳米复合薄膜中有多层孔道结构。

作者所在的课题组[20]将电纺制备的 TiO_2 纤维微米管道网状结构也用于太阳能电池光阳极结构中。通过电纺和煅烧制备一维结构的 TiO_2 纳米纤维在染料敏化太阳能电池中用作电极。利用纳米纤维作为光阳极制备的染料敏化太阳能电池(电解液为聚合物凝胶)的光电流超过相同数量液体电解质染料敏化太阳能电池光电流的 90%。其中，效率为 6.2 %，填充因子为 60 %。因为在 TiO_2层之间，离子有更好的传输路径，所以，利用电镀旋涂方法制备的 TiO_2光阳极比传统光阳极有更大的光电流。微纳米管网络结构导入到纳米晶 TiO_2孔结构光电极。通过热解移除聚合物纳米纤维制得该结构型的材料，这种聚合物纳米纤维包裹在 TiO_2纳米纤维基质上。我们能很清楚地看出，纳米纤维任意不定向地排布在基底上，其直径大约为 1μm。它们之间相互交联，煅烧之后形成了 TiO_2微纳米管网格结构，见图 9.21。

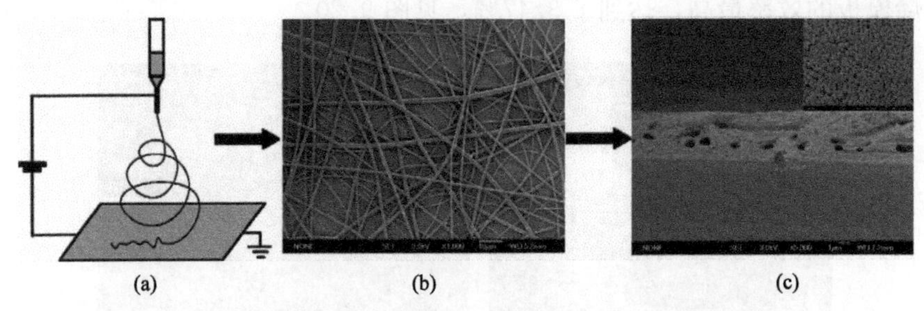

图 9.21　静电纺丝原理图(a)、PS 纳米纤维的 SEM 图(b)和微管结构 TiO_2薄膜边缘的 SEM 图(c)[20]。

Biswas 等[81]通过控制合成过程，在常压下制备了两种不同形貌的 TiO_2。第一种是具有多晶结构、颗粒状的，包括在基底上纳米粒子的分形结构。另外一种是柱状结构，包括具有单晶圆柱形结构的锐钛矿型 TiO_2在基底表面定向排列，见图 9.22。对于染料敏化太阳能电池，圆柱形结构的填充系数为 10 或者更大，因此更优于颗粒结构。材料的形态在光电转换中具有主导的作用，在染料敏化太阳能电池中，发现其可见光转换效率达到 6%。所有的结果都显示，一维结构的纳米材料有更优的电子传输和分离效率，其将在染料敏化太阳能电池中有蓬勃的发展。

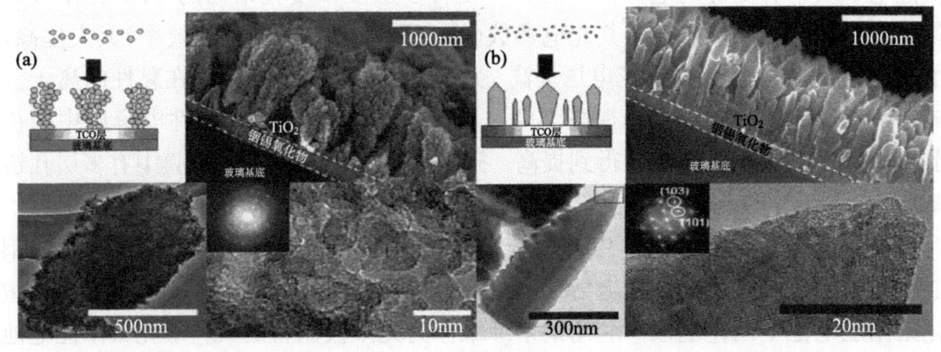

图 9.22　粒状薄膜边缘的 SEM 图(a)和柱状薄膜边缘的 SEM 图(b)[81]

理论上，在染料敏化太阳能电池中一个有效的光阳极具有以下结构：电子的快速注入和分离、低的电子重组、有效的电子转移、高的表面积、有效的光能收集等。多重结构在电子的快速注入和分离、高的表面积和有效的光能收集等能力上有巨大的优势。因此，复合结构(包括有序的一维纳米材料和多层复合结构)在染料敏化太阳能电池中都有很大的发展前景。

作者所在的课题组将微米/纳米多级结构应用于纳米晶光阳极的制备，通过对微米/纳米多级结构的控制，成功实现了高效准固态太阳电池的制备[82]。该研究结果在 *Nanotechnology* 发表后，即被国际著名网站 *Nanowerk* 以新闻的形式给予了报道。我们在染料敏化太阳能电池光阳极中引入了新的结构设计，为提高电荷分离和传输效率起了重要的作用。我们将具有独特导电性质的二维碳材料石墨烯引入到氧化钛光阳极中，得到电池的光电转换效率比传统的纳米结构增加了 40%。

另外，作者所在的课题组通过转译自然界的语言获得灵感，制备出具有周期性的多层垛叠结构[83]，见图 9.23。通过自组装等纳米制备技术，将两种或三种不同化合物的薄膜交替生长，将石墨烯掺杂进薄膜之间，实现高效的光吸收和光致电荷分离与传输，获得高效率的光电转换功能材料。之后，将金纳米粒子修饰在染料敏化太阳能电池的对电极上，利用金纳米粒子的等离子体共振效应，提高了对太阳光的吸收效率[84]。

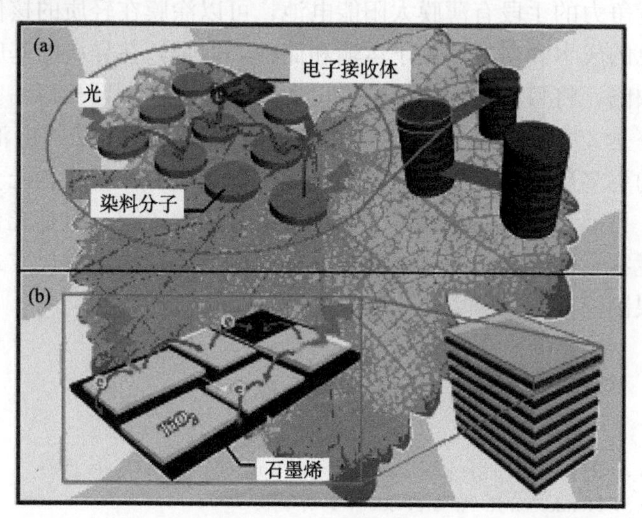

图 9.23　以片状半导体(如氧化钛)和石墨烯为基础，实现对生物体垛叠结构的仿生制备。这种层层自组装的结构预期将有效地模仿类囊体的结构和功能：具有层状垛叠结构；由半导体捕获光产生电子；由石墨烯传输电子[83]。

9.5 展 望

到2050年，新能源有可能占到80%，但是为了实现这个目标甚至是这个目标的一半，需要基于新技术改进的能量转换系统[85]。太阳能电池相对于其他能源价格依然很高，受不断增长的太阳能电池效率和降低的生产成本的影响。Shockley-Queisser限制是众所周知的限制单节点太阳能电池的因素，是受光谱损失、电子复合以及黑体散射的影响而产生的。硅电池的Shockley-Queisser限制是32.7%，但是实际的极限是29%。从光能转化为电能的最终效率Carnot极限是94%，因此有巨大的空间超过Shockley-Queisser限制。目前生产的大多数太阳能电池是晶体硅，规模化生产的产品效率是23%，但是大多数电池的效率在17%～19%，多晶太阳能电池的典型效率是14%～16%。

由于单晶硅、多晶硅材料的昂贵，染料敏化纳米晶TiO_2太阳能电池(DSC)作为一种高效价廉的太阳能电池，受到了各国科学家的广泛关注。但是DSC电池依然有几个方面有待突破：①提高DSC太阳能电池的转换效率；②开发合适固态电解质替代目前的液态电解质，这样可以大大提高其稳定性；③开发出性能优越的、光响应波谱宽的光敏化染料以及价格便宜的电极材料；④优化其电池结构，以达到提高光转换效率和适应性强的功能。

其他有竞争力的手段有薄膜太阳能电池，可以涂膜在轻质的核低成本的基底上，降低了总的成本和质量，便于运输和储存。但是，在异质的基底上涂膜在薄膜中引入了缺陷，将目前生产的CIGS电池效率限制在12%～14%。它们最大的实际限制效率是29%。提高太阳能模块效率也可以通过多结的电池实现，来捕捉太阳光谱的更多部分，多激发电子的生成，多光子的吸收或者光子上转换，以及光的集中。另外，生物酶能够超乎人工方式合成碳碳键，但是光合作用不是将光能转换为生物燃油的唯一方式。寻找其他微生物光合作用替代方式有可能克服光合作用的限制。

参考文献

[1] Boghossian A A, Ham M H, Choi J H, et al. Energ Environ Sci, 2011, 4: 3834.
[2] Subramaniam S, Henderson R. Nature, 2000, 406: 653.
[3] Walter J M, Greenfield D, Liphardt J. Curr Opin Biotech, 2010, 21: 265.
[4] Hardie R C, Raghu P. Nature, 2001, 413: 186.
[5] Borhan B, Souto M L, Imai H, et al. Science, 2000, 288: 2209.
[6] McConnell I, Li G H, Brudvig G W. Chem Biol, 2010, 17: 434.
[7] Moutos F T, Freed L E, Guilak F. Nat Mater, 2007, 6: 162.

[8] Xu J, Vanderlick T K, Lavan D A. Int J Photoenergy, 2012, 6: 434.
[9] Wang Z L. Nano Today, 2010, 5: 512.
[10] Sisson A L, Shah M R, Bhosale S, et al. Chem Soc Rev, 2006, 35: 1269.
[11] Gu L Q, Shim J W. Analyst , 2010, 135: 441.
[12] Huh D, Mills K L, Zhu X Y, et al. Nat Mater, 2007, 6: 424.
[13] Inglis D W, Goldys E M, Calander N P. Angew Chem Int Edit, 2011, 50: 7546.
[14] Wen L P, Hou X, Tian Y, et al. Adv Mater, 2010, 22: 1021.
[15] Jin L G, Zhai J, Heng L P, et al. Photochem. Photobiol C-Photochem Rev, 2009, 10: 149.
[16] Jin L G, Wu Z, Wei T X, et al. Chem Commun, 2011, 47: 997.
[17] LaVan D A, Cha J N. P Natl Acad Sci USA, 2006, 103: 5251.
[18] Jiang S P, Lu S F, Wang D L, et al. Adv Mater, 2010, 22: 971.
[19] Tian L, Zou H L, Fu J X, et al. Adv Funct Mater, 2010, 20: 617.
[20] Zhao Y, Zhai J, Wei T X, et al. J Mater Chem , 2007, 17: 5084.
[21] Moore T A, Moore A L, Gust D. Philos T Roy Soc B, 2002, 357: 1481.
[22] Yen C W, Hayden S C, Dreaden E C, et al. Nano Lett, 2011, 11: 3821.
[23] Xu J, Sigworth F J, LaVan, D A. Adv Mater, 2010, 22: 120.
[24] Fyles T M. Chem Soc Rev, 2007, 36: 335.
[25] LaVan D A, Xu J. Nat Nanotechnol , 2008, 3: 666.
[26] Gotter A L, Kaetzel M A, Dedman J R. Comp Biochem Phys A, 1998, 119: 225.
[27] Takeuchi S, Funakoshi K, Suzuki H. Anal Chem, 2006, 78: 8169.
[28] Holden M A, Needham D, Bayley H. J Am Chem Soc, 2007, 129: 8650.
[29] Bayley H, Cronin B, Heron A, et al. Mol Biosyst, 2008, 4: 1191.
[30] Li H L, Zhao J H, Lin Q, et al. Chem J Chinese U, 2010, 31: 1088.
[31] Guo W, Cao L X, Xia J C, et al. Adv Funct Mater, 2010, 20: 1339.
[32] Hamelers H V M, Post J W, Veerman J, et al. J Membrane Sci, 2007, 288: 218.
[33] Cao L X, Guo W, Ma W, et al. Energ Environ Sci, 2011, 4: 2259.
[34] Kruse O, Rupprecht J, Mussgnug J H, et al. Photoch Photobio Sci, 2005, 4: 957.
[35] De La Rosa M A, Hervas M, Navarro J A. Accounts Chem Res, 2003, 36: 798.
[36] Gust D, Moore T A, Moore A L. Acc Chem Res, 2001, 34: 40.
[37] Matile S, Bhosale S, Sisson A L, et al. Science, 2006, 313: 84.
[38] Luo T J M, Soong R, Lan E, et al. Nat Mater, 2005, 4: 220.
[39] Dong H, Nie R X, Hou X, et al. Chem Commun, 2011, 47: 3102.
[40] Choi H J, Montemagno C D. Nano Lett, 2005, 5: 2538.
[41] Kuhlbrandt W. Nature, 2000, 406: 569.
[42] Beja O, Aravind L, Koonin E V, et al. Science, 2000, 289: 1902.
[43] Cardoso M B, Smolensky D, Heller W T, et al. Energ Environ Sci, 2011, 4: 181.
[44] Horn C, Steinem C. Biophys J, 2005, 89: 1046.
[45] Chu L K, Yen C W, El-Sayed M A, Biosens Bioelectron, 2010, 26: 620.
[46] Wen L P, Hou X, Tian Y, et al. Adv Funct Mater, 2010, 20: 2636.
[47] Zhou H, Fan T X, Zhang D. Chemcatchem, 2011, 3: 513.
[48] Kalyanasundaram K, Graetzel M. Curr Opin Biotech, 2010, 21: 298.

[49] Wasielewski M R. Accounts Chem Res, 2009, 42: 1910.
[50] Gratzel M. J Photoch Photobio C, 2003, 4: 145.
[51] Gratzel M. Inorg Chem, 2005, 44: 6841.
[52] Bai Y, Cao Y M, Zhang J, et al. Nat Mater, 2008, 7: 626.
[53] Qin D, Guo X Z, Sun H C, et al. Prog Chem, 2011, 23, 557.
[54] Imahori H, Mori Y, Matano Y. J Photoch Photobio C, 2003, 4: 51.
[55] Kitamura T. Electrochemistry, 2004, 72: 40.
[56] Li X G, Lu H J, Wang S R, et al. Prog Chem , 2011, 23: 569.
[57] Zhao Y, Sheng X L, Zhai J. Prog Chem , 2006, 18: 1452.
[58] Sheng X L, Zhao Y, Zhai J, et al. Prog Chem, 2007, 19: 59.
[59] Li D M, Qin D, Deng M H, et al. Energ Environ Sci, 2009, 2: 283.
[60] Armel V, Forsyth M, MacFarlane D R. Energ Environ Sci, 2011, 4: 2234.
[61] Wang P, Zakeeruddin S M, Comte P, et al. J Am Chem Soc, 2003, 125: 1166.
[62] Lin Y A, Wang S H, Fu N Q, et al. Prog Chem, 2011, 23: 548.
[63] Feng L, Li S H, Li Y S, et al. Adv Mater, 2002, 14: 1857.
[64] Zhao Y, Sheng X L, Zhai J, et al. Chemphyschem, 2007: 8: 856
[65] Kuang D, Brillet J, Chen P, et al. Acs Nano, 2008, 2: 1113.
[66] Gao X F, Zheng Y M, Jiang L. Soft Matter, 2007, 3: 178.
[67] Chen Y, Gu J J, Zhu S M, et al. Appl Phys Lett, 2009: 94.
[68] Huynh W U, Dittmer J J, Alivisatos A P. Science, 2002, 295: 2425.
[69] Liu B, Aydil E S. J Am Chem Soc, 2009, 131: 3985.
[70] Adachi M, Sakamoto M, Jiu J T, et al. J Phys Chem B, 2006, 110: 13872.
[71] Law M, Greene L E, Johnson J C, et al. Nat Mater, 2005, 4: 455.
[72] Garnett E C, Yang P D, J Am Chem Soc, 2008, 130: 9224.
[73] Uchida S, Chiba R, Tomiha M, et al. Electrochemistry, 2002, 70: 418.
[74] Mor G K, Shankar K, Paulose M, et al. Nano Lett, 2006, 6: 215.
[75] Albu S R, Kim D, Schmuki P. Angew Chem Int Edit, 2008, 47: 1916.
[76] Hore S, Nitz P, Vetter C, et al. Chem Commun, 2005, 47: 2011.
[77] Zukalova M, Zukal A, Kavan L, et al. Nano Lett, 2005, 5: 1789.
[78] O'Brien P G, Kherani N P, Chutinan A, et al. Adv Mater, 2008, 20: 1577.
[79] Halaoui L I, Abrams N M, Mallouk T E. J Phys Chem B , 2005, 109: 6334.
[80] Kwak E S, Lee W, Park N G, et al. Adv Funct Mater , 2009, 19: 1093.
[81] Thimsen E, Rastgar N, Biswas P. J Phys Chem C, 2008, 112: 4134.
[82] Yang N L, Zhai J, Wang D, et al. Acs Nano, 2010, 4: 887.
[83] Yang N L, Zhang Y, Halpert J E, et al. Smal, l 2012, 8: 1762.
[84] Yang N L, Yuan Q, Zhai J, et al. Chemsuschem , 2012, 5: 572.
[85] Chu S, Majumdar A. Nature, 2012, 488: 294.

第10章 生物能源

10.1 生物质与生物能源转化

10.1.1 生物能源概念

生物质(biomass)是一切直接或间接利用绿色植物的光合作用而形成的有机质，包括所有动物、植物和微生物，以及由这些生物产生的排泄物与代谢物。《美国国家能源安全条例》中认为，生物质是可再生物质，包括农产品及农业废物、木材及其废料、动物废料、城镇垃圾、污水以及水生植物等。狭义上讲，生物质主要是：①农林业生产过程中除粮食、果实以外的农林废弃物，如农作物秸秆、废弃木材与木屑、果壳等木质纤维素和油料作物；②禽畜粪便和禽畜加工业废弃物；③生活污水和工业有机废水；④城市固体废物等物质。从化学角度来说，生物质是由可燃的有机质、无机物和水组成。主要含有C、H、O和少量的N、S等元素以及灰分，其S含量和灰分均比煤炭低，而H含量较高。

生物质能(biomass energy，bioenergy)是太阳能以化学能形式储存在生物质中的能量形式。它直接或间接地来源于绿色植物的光合作用，可转化为常规的固态、液态和气态燃料，是唯一一种可再生的碳源。生物质能具有以下几大特点。

(1)资源丰富。地球上生物质资源量丰富，是仅次于煤炭、石油和天然气的第四大能源。据估算，地球上蕴藏的生物质达18 000亿t，植物每年经光合作用生成的生物质总量达1400亿t～1800亿t(干重)，年生产量大约相当于现在世界能源消费总和的10～20倍。而目前的利用率不足3%。

(2)可再生性。生物质由于通过植物的光合作用可以在较短的时间、周期内重新生成，与风能、太阳能等同属可再生能源，可保证能源的可持续利用。

(3)低污染性。生物质的硫含量、氮含量低、燃烧过程中生成的SO_x、NO_x较少；生物质作为燃料时，由于它在生长时需要的二氧化碳相当于它排放的二氧化碳的量，因而对大气的CO_2净排放量近似于零，可有效地减轻温室效应。

10.1.2 生物质的能源利用方式与转化

生物质能的载体是以实物的形式存在的，相比于风能、水能、太阳能等，生物质能是唯一可存储、运输的可再生能源。生物质是多种多样的，主要成分包括纤维素、半纤维素、木质素、淀粉、蛋白质、烃类等。不同类型的生物质，其成分差异很大。从能源利用的角度来看，利用潜能较大的是由纤维素、半纤维素组成的全纤维素类生物质。由于化学结构的不同，其反应特性也不同，因此，根据生物质的不同组成特性，有其独特的利用技术和能源转化方式。

生物质能转化利用途径主要有热化学转化和生物化学转化两大类，如图10.1所示。生物质热化学转换技术是指在加热条件下，用化学手段将生物质转换成燃料物质的技术，包括燃烧、气化(常压气化、加压气化、间接气化)、热解及直接液化等。

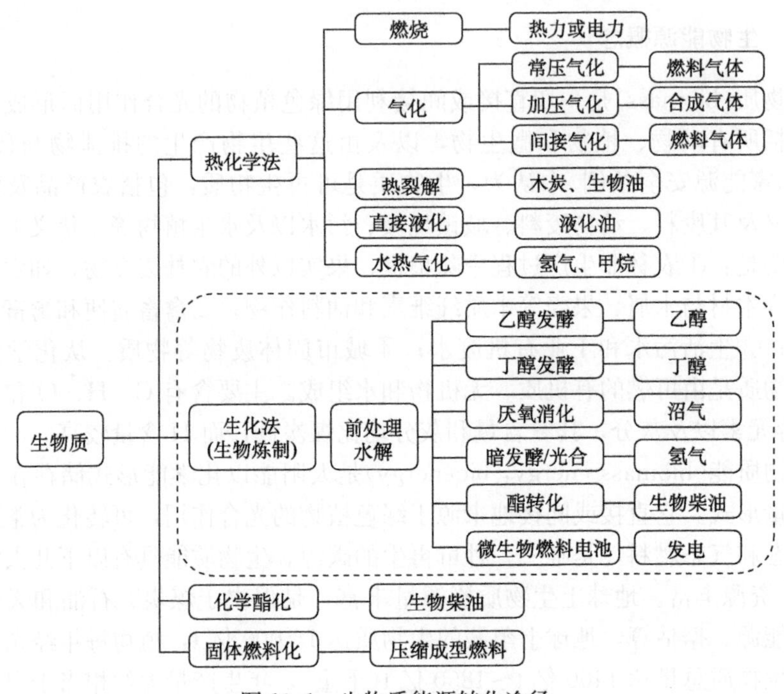

图 10.1 生物质能源转化途径

(1) 直接燃烧是生物质最原始的能源利用方式，其主要目的是获取从生物质可燃成分和氧化剂(氧气)燃烧反应过程中放出的热量。直接燃烧能源利用效率低，通常在10%～15%，生物电厂直接燃烧发电或工业企业生物质锅炉直接燃烧获取热力，能源利用效率为25%～30%。

(2) 生物质气化是以生物质为原料，以氧气(空气、富氧或纯氧)、水蒸气或氢气等作为气化剂(或称气化介质)，在高温条件下通过热化学反应将生物质中可燃的部分转化为可燃气的过程。

(3) 生物质热裂解是将生物质在完全无氧(或缺氧)条件下热降解，最终生成生物油、木炭和可燃气体的过程。可用于热解的生物质的种类非常广泛，包括农业生产废弃物及农林产品加工业废弃。

(4) 直接液化则是把固体生物质在高压和一定温度下直接与氢气反应(加氢),转化为物理化学性质较为稳定的液体燃料的热化学反应过程。一般使用催化剂且具有较高的氢分压,以提高反应速度,改善过程稳定性。生物质热解、裂解气化,获取气体或液体生物燃料,是生物质能源利用的高技术利用方式,能源利用效率为75%~90%,这是目前已经实现产业化的生物能源高级利用方式。

(5) 此外,生物质快速热解、超临界转换,目前尚处于研究开发阶段,还没有实现产业化。

生物质的生物转化技术即生物炼制(biorefinery),是指以生物质(农林废弃物、污水、污泥以及油料作物等)为原料,依靠预处理和酶法水解等技术将生物质转化为各种糖类,再以微生物的代谢为手段,将生物质转化成生物燃料(biofuel)。目前,主要的生物质生物转化方式有厌氧消化(anaerobic digestion)和乙醇发酵(生物乙醇,bioethanol)。此外,近年来生物丁醇(biobutanol)、生物制氢(biohydrogen)、生物柴油(biodiesel)以及微生物燃料电池(microbial fuel cell,MFC)发电等新型生物能源转化技术也有很大进展。

(1) 生物产醇是指通过微生物的发酵,将各种生物质中碳水化合物转化为醇类。目前,研究人员在发酵种类方面已进行广泛的研究,其中主要为利用蔗糖和谷物淀粉为原料的生物乙醇(bioethanol)和生物丁醇(biobutanol)转化技术。另外,近年来纤维素转化的生物产醇技术也有了瞩目的发展。

(2) 厌氧消化是指有机物在厌氧菌的作用下进行代谢,产生以甲烷为主的可燃气体(沼气)过程,消化使有机物得到降解和减量。产沼气的厌氧发酵是人类最早应用的生物技术之一。

(3) 生物柴油是以动植物油或废弃油脂为原料,在碱、酸或酶催化下,与甲醇或乙醇发生酯交换反应加工而成的脂肪酸甲酯(FAME)或脂肪酸乙酯(FAEE)。生物柴油具有可再生性、环保性以及优越的发动机启动性能,原料来源广泛,如蓖麻油、菜籽油、豆油、花生油、棕榈油以及各类动物油脂。含油脂丰富的藻类被认为是生物柴油最有优势的来源。

(4) 生物制氢是指产氢微生物采用不同的代谢途径产氢。目前主要的研究集中在生物暗发酵产氢、光合细菌产氢以及绿藻和蓝细菌光解水制氢。此外,酶法制氢利用氢酶和磷酸戊糖途径中各种酶及辅酶为电子传递载体将有机物转化为H_2,可能成为生物制氢最有潜力的途径。

(5) 微生物燃料电池是一种利用微生物将有机物中的化学能直接转化成电能的装置。其基本工作原理是:在阳极室厌氧环境下,有机物在微生物作用下分解并释放出电子和质子,电子依靠合适的电子传递介体或微生物在生物组分和阳极之间进行有效传递,并通过外电路传递到阴极形成电流,而质子通过质子交换膜传递到阴极,氧化剂(一般为氧气)在阴极得到电子被还原与质子结合成水。

10.1.3 生物能源的意义

随着全球能源危机的再次临近，以及人们对改善空气质量和减少温室气体排放的迫切要求，减少对化石能源的依赖，发展可再生能源、清洁能源已是世界各国关注的重点。生物质的转化技术发展飞速，生物转化与传统的转化技术相比以展示了巨大的经济与环境友好等优势。生物转化技术中发酵技术、基因工程技术、生物催化剂、生物转化过程的耦合、纤维素的前处理与水解等技术的改进与优化，将是推动生物质能源利用的重要力量。此外，为使人类能够向太空发展，生态系统的建立、能源元素碳、氮等的循环更依赖生物转化技术。因而，依靠生物转化的生物能源将为解决能源、环境与人类探索太空提供巨大潜力。

10.2 生物能源生物转化技术

在本节中，将分别介绍生物乙醇、生物丁醇、厌氧消化产甲烷、生物产氢、生物柴油以及生物燃料电池等生物转化过程技术。

10.2.1 生物乙醇

乙醇俗称酒精，是一种传统的有机化工原料，广泛应用于日用化工、有机化工、食品饮料、医疗卫生等领域。随着人类对能源的需求，乙醇作为汽车替代燃料已越来越受到广泛的关注。生物乙醇(bioethanol)是指通过微生物的发酵将各种生物质转化为燃料酒精，它可以单独或与汽油混合配制成生物乙醇汽油(gasohol)作为汽车燃料。生物乙醇有以下几点优势：乙醇辛烷值高达115，燃料乙醇的燃烧性能与矿物燃料相似；生物乙醇可以取代污染环境的含铅添加剂来改善汽油的防爆性能；乙醇含氧量高，可以改善燃烧，减少发动机内的碳沉淀和一氧化碳等不完全燃烧污染物排放。同体积的生物乙醇汽油和汽油相比，燃烧热值低30%左右，生物乙醇的少量掺杂(10%)使汽油热值减少不显著，而且不需要改造发动机就可以使用。

第一代生物乙醇主要由甘蔗、甜菜、蜜糖等糖类和玉米、小麦、薯类等植物淀粉通过微生物的发酵生产。近年来，用农林废弃物等木质纤维素原料生产的第二代生物乙醇，是全球生物质能源研究的热点。

1. 乙醇的发酵

在微生物体内，葡萄糖首先经过糖酵解途径，降解成丙酮酸并伴随ATP的形成。在好氧微生物作用下，酵解生成的丙酮酸进入线粒体，经三羧酸循环(TCA)被彻底氧化成 CO_2 和 H_2O。而在厌氧微生物的作用下，丙酮酸则在

Mg^{2+}存在情况下，经过丙酮酸脱羧酶(*pdc*)的催化，脱羧生成乙醛。乙醛得到由酵解生成的NADH中的氢，在乙醇脱氢酶(*adh*)的催化下，还原转化成乙醇。这一过程称为乙醇发酵。由葡萄糖发酵生成乙醇的反应如图10.2所示。

图10.2 葡萄糖转化为乙醇的发酵途径

因此，1mol葡萄糖生成2mol乙醇，理论转化效率为51%。然而，在葡萄糖乙醇发酵过程中，由于大部分的能量(葡萄糖$\Delta H_C^{\ominus}$为2807kJ/mol)保存在发酵产物中(乙醇$\Delta H_C^{\ominus}$为1369kJ/mol)，细胞仅能获得很少的能量。因此，葡萄糖发酵乙醇的热力学产率为97%。在实际乙醇生产过程中，乙醇产率为理论的90%～93%，损失的部分用于合成微生物细胞以及副产物，如甘油、三羧酸循环中间产物等。实际乙醇对糖的转化率约为48.5%。

乙醇产率的降低是受到杂菌污染所致，主要是乳酸菌污染。乳酸菌能与酵母菌竞争微量元素，将部分葡萄糖转化成其他发酵产物，如乳酸或乙酸，这些产物同时也将抑制酵母菌的生长和代谢。因此，控制污染是生产生物乙醇过程中亟须关注的。

2. 乙醇发酵微生物

生物乙醇发酵过程的关键是微生物。能够发酵产生乙醇的微生物主要有酵母菌和细菌，如表10.1所示。酵母菌是典型的真核微生物，通常为单细胞存在。酵母生存、繁殖温度和pH范围很宽，最适温度为20～30℃，最适pH3.8～5.0。能够发酵产生乙醇的酵母菌的种类繁多，应用于生产乙醇的微生物必须具有以下要求：快速和完全分解糖转化为乙醇；高比生长速率；高乙醇耐受性；抵抗杂菌能力强；不易变异；耐酸耐温能力强，对金属Cu^{2+}的耐受性强等。由于酵母具有很强的抗pH、温度和渗透压变化的能力，酵母适合于大规模的乙醇燃料生产。尽管如此，提高酵母的发酵能力仍然是研究热点。商业乙醇发酵中，酵母菌处于高乙醇浓度、低pH、乙酸、乳酸或含盐量等高压力环境，这些压力也可能是协同性的。高乙醇耐受性的酵母可减小设备容积，降低设备的造价，减少水的用量和蒸馏过程的能量损耗等。

酿酒酵母(*Saccharomyces cerevisiae*)是产生乙醇酵母中常用的一种酵母。它的发酵条件粗放，具有对无菌要求低、发酵过程pH低和乙醇产率高等特点。酿酒酵母可利用的碳源大部分为六碳糖(hexose)，包括葡萄糖、甘露糖

(mannose)、半乳糖(galactose)和D型果糖(D-fructose)。在缺乏六碳糖时，也能利用甘油、甘露醇、乙醇或其他醇类，以及三羧酸循环的中间产物(丙酮酸、柠檬酸、琥珀酸、富马酸和苹果酸)。酿酒酵母在发酵麦芽糖和蔗糖这两种二糖之前，首先要将二糖酶解为单糖，再进行发酵。

酿酒酵母最大的局限是不能直接利用淀粉、寡糖和戊糖(五碳糖)。酿酒酵母是第一个完成基因组测序的酵母菌，其80%的基因功能都已经获知，遗传操作性强。过去二十年中，研究人员在酵母中表达不同来源的α-淀粉酶和糖化酶方面做了大量研究，Shigechi等(2004)报道了利用细胞表面工程构建表达α-淀粉酶和糖化酶酵母，利用淀粉发酵产乙醇，在72 h内产生61.8g/L乙醇，是玉米淀粉理论产率的86.5%。美国麻省理工学院化学工程系Gregory Stephanopoulos教授领导的研究小组通过基因转录重组细胞工程技术"gTME"，提高了酵母对乙醇和葡萄糖的耐受能力，从而提高了生物乙醇生产的速度和效率。研究针对两种转录因子，其中转录因子SPT15是一种TATA 结合蛋白，它的突变使相关基因过量表达，在表型上提高了乙醇的耐受能力，在21小时内改造酵母比对照多产乙醇50%。

表10.1 发酵产乙醇微生物以及碳源利用类型

微生物	底物
酵母	
Saccharomyces 酵母属	
S. cerevisiae 酿酒酵母	葡萄糖、果糖、半乳糖、麦芽糖、麦芽三糖、木酮糖
S. carlsbergensis 卡尔斯伯酵母	葡萄糖、果糖、半乳糖、麦芽糖、麦芽三糖、木酮糖
S. rouxii 鲁式酵母	葡萄糖、果糖、麦芽糖、蔗糖
Kluyveromyces 克鲁维酵母属	
K. fragilis 脆壁克鲁维酵母	葡萄糖、半乳糖、乳糖
K. lactis 乳酸克鲁维酵母	葡萄糖、半乳糖、乳糖
Candida 假丝酵母属	
C. pseudotropicalis 假热带假丝酵母	葡萄糖、半乳糖、乳糖
C. tropicalis 热带假丝酵母	葡萄糖、木糖、木酮糖
细菌	
Zymomonasmobilis 运动发酵单胞菌	葡萄糖、果糖、蔗糖
Thermoanaerobiumbrockii 布氏热厌氧杆菌	葡萄糖、蔗糖、纤维二糖
Thermobacteroidesacetoethylicus 乙酰乙基热厌氧杆菌	葡萄糖、蔗糖、纤维二糖
Clostridium thermocellum 热纤梭菌	葡萄糖、纤维二糖、纤维素
Clostridium thermohydrosulfuricum 热硫化氢梭菌	葡萄糖、木糖、蔗糖、纤维二糖、淀粉

发酵产乙醇细菌包括运动发酵单胞菌(*Zymomonasmobilis*)、耐热厌氧杆菌(*Thermoanaerobiumethanolicus*)、热纤梭菌(*Clostridium thermocellum*)等。其中，运动发酵单胞菌(*Z. mobilis*)以其独特的代谢途径，快速高效代谢简单糖类化合物生产乙醇，在过去的几十年里引起学者极大的兴趣。*Z. mobilis* 具有高效的 *pdc* 和 *adh*，在厌氧条件下通过独特的 ED (Entner-Doudoroff) 途径发酵葡萄糖产乙醇。但它只能代谢简单的六碳糖(葡萄糖、果糖和蔗糖)。20 世纪 90 年代以后，主要的研究集中在遗传改造 *Z. mobilis*，对重组的菌种发酵葡萄糖、五碳糖(木糖和阿拉伯糖)的动力学评估，以及利用工业木质纤维素水解液的评估等。美国国家可再生能源实验室于 1995 年和 1996 年报道了能够有效转化木质纤维素水解液中的五碳糖生成乙醇的 *Z. mobilis*。2006 年，Dupont/Broin 公司合作声明开发基于 *Z. mobilis* 的玉米秸秆生产乙醇的工艺。最近，*Z. mobilis* ZM4 (ATCC31821)完整基因序列的公布为人们提供了菌株改进及生产更高附加值产品的巨大潜力。

3. 淀粉制生物乙醇

1) 淀粉的水解与糖化

淀粉是天然高分子化合物，是葡萄糖的高聚体，分子式为$(C_6H_{10}O_5)_n$，以直链淀粉(amylose)和支链淀粉(amylopectin)两种糖聚体形式存在。直链淀粉是葡萄糖只以 α-1，4-糖苷键连接形成的长链葡聚糖，通常由 200～300 个葡萄糖残基组成，相对分子质量为 $1\times10^5\sim2\times10^5$，聚合度为 990。支链淀粉分子中除有 α-1，4-糖苷键的糖链外，还有 α-1，6-糖苷键连接的分支，分子中含 300～400 个葡萄糖基，相对分子质量大于 2×10^7，聚合度为 7200。淀粉是植物体中储存的养分，储存在种子和块茎中。玉米淀粉含量约为 70%，是淀粉的主要来源。

在淀粉发酵制乙醇之前，淀粉必须经过酶解糖化转化成为葡萄糖。淀粉水解糖化通常涉及物理、热以及酶解处理，经历以下三个阶段。

(1) 糊化。在高温作用下，淀粉分子内和分子间的氢键弱化，淀粉颗粒吸水膨胀，形成黏稠淀粉悬浊液。

(2) 液化。利用 α-淀粉酶将淀粉转化为糊精(dextrin)和低聚糖，使淀粉的可溶性增加。在内水解酶 α-淀粉酶(EC 3.2.1.1)的作用下，在反应温度 85～90℃，pH 6.0～7.0 的条件下，淀粉的 α-1，4-糖苷键断裂，葡聚糖聚合度降低，淀粉部分水解成为短链淀粉糊精，淀粉悬液的黏稠度降低。

(3) 糖化。即利用糖化酶将糊精或低聚糖进一步水解，转变为葡萄糖。在反应温度 50～60℃，pH3.5～5.0 条件下，糊精在葡萄糖淀粉酶(EC 3.2.1.3)的作用下，水解末端 α-1，4-糖苷键以及支链 α-1，6-糖苷键，将糊精较完全地水解成葡萄糖或麦芽糖。

淀粉酶在碳水化合物代谢过程起到了关键的作用，主要来源于丝状真菌，如黄曲霉属(*Aspergillus* sp.)和耐高温芽孢杆菌属(*Bacillus* sp.)。淀粉酶是胞外酶，可从细胞悬液中制取。此外，除了葡萄糖淀粉酶和 α-淀粉酶，其他酶可辅助淀粉糖化，如支链淀粉酶(pullulanase)能水解支链淀粉减少异麦芽糖的产生；蛋白酶增强淀粉的可利用性；木糖酶和纤维素酶减少非淀粉聚合物降低黏度(图10.3)。

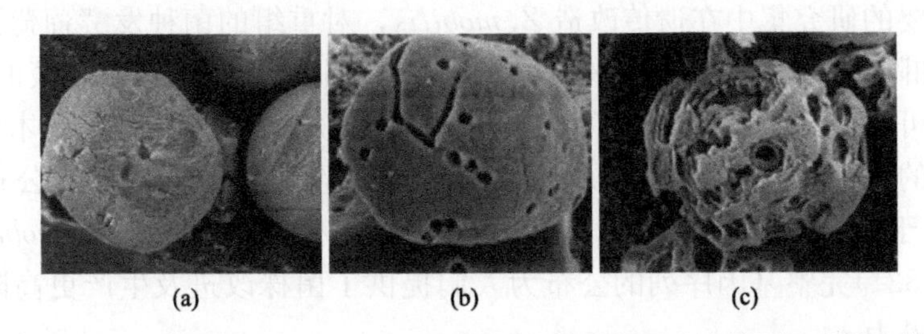

图 10.3 *Aspergillusfumigatus* K-27 α-淀粉酶处理后淀粉颗粒的状态[1]

以玉米淀粉为基质发酵制乙醇主要分为干磨法(dry grind)和湿磨法(wet mill)[2]。在干磨法工艺中，玉米首先磨制成粗面粉，进而进行糖化和发酵。而在湿磨法工艺中，需按照玉米成分进行分离，仅淀粉部分进行发酵。但两种处理工艺后续的糖化和乙醇发酵方法是一致的。

2) 淀粉制乙醇的改进

同步糖化发酵(simultaneous saccharification and fermentation, SSF)产乙醇：大多数的淀粉发酵产乙醇工艺是先经过酶解糖化再进行乙醇发酵的路线。目前在美国，乙醇生产大多采用 SSF 工艺。所谓 SSF 工艺，即取消单独的糖化过程，将糖化和发酵两者结合起来，使糖化和发酵同步进行。在大多数的情况下，糖化速率要慢于发酵速率，当糖化过程生成单糖后，相对快速的发酵反应立刻将糖转化为发酵产物，从而使生物反应器中的单糖的浓度始终保持在低水平，这会降低杂菌的感染，提高产物收率。同时，因为较低的糖浓度，在糖化反应中的产物糖对酶催化反应的抑制作用，得到了有效的控制，从而加快了糖化的速率，这个效果在高温发酵过程中更为明显。目前，SSF 工艺也已在木质纤维素产乙醇的研究方面也取得了巨大的进展。

细胞表面展示技术(surface display technology)构建 SSF 高效发酵菌。酵母细胞表面展示技术是近年来发展较快的一种真核蛋白表达技术，可将外源蛋白与特定的载体基因序列融合后导入酵母细胞，利用酵母细胞内蛋白转运到膜表面的机制，是靶蛋白固定化表达在细胞表面。即细胞表面展示技术可以将不能直接进入细胞内多糖等多聚物的水解酶在乙醇发酵微生物(如酵母菌)的外表面附着表达，构建出优化的SSF高效菌株[3]。优化现有的表面展示技术并整合糖化与发酵过程，是未来乙醇发酵菌研发的重要方向。

4. 木质纤维素制生物乙醇

木质纤维素是地球上最丰富的生物资源，占全球生物质总量的50%，年产量为100亿～500亿t[4]。以木质纤维素作为原料生产乙醇是极具潜力的。

纤维素(cellulose)是世界上最丰富的天然有机高分子化合物，是植物中最广泛存在的骨架多糖，是构成植物细胞壁的主要成分，由木质素(lignin)和半纤维素(hemicellulose)包裹。纤维素由葡萄糖脱水通过β-1，4-葡萄糖苷键连接而成的直链聚合体，聚合度为3500～10000。纤维素分子之间通过大量氢键连接在一起形成晶体纤维素束，结构稳定，不溶于水，无还原性，其基本组成单位是纤维二糖。农作物秸秆、木材等含有丰富的纤维素，尽管植物细胞壁结构和组分差异较大，但纤维素的含量一般都占干重的30%～50%。

半纤维素是由不同单糖的聚合物构成的多糖混合物，分子链短且带有支链，连接有不同数量的乙酰基和甲基，聚合度低，所含糖单元数为60～200，无晶体结构，较易水解成以木糖为主的戊糖和三种己糖(葡萄糖、半乳糖和甘露糖)。不同木质纤维材料中半纤维素的含量和性质皆有差异，通常半纤维素含量占干重的25%～30%。

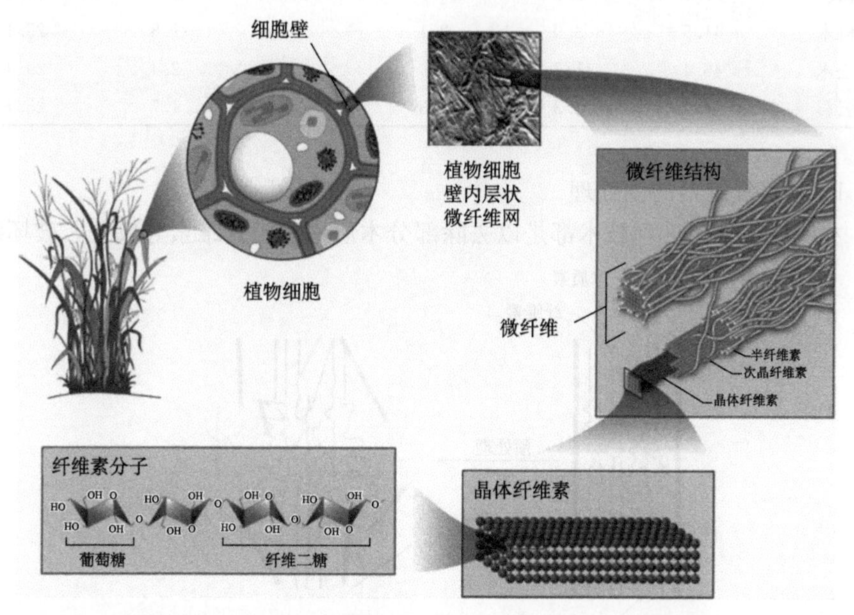

图10.4 纤维素结构与组成。葡萄糖链由氢键连在一起，构成规则排布的晶体纤维素，并由半纤维素和木质素连接，形成难降解的纤维素束。

木质纤维原料中，纤维素和半纤维素链内和链间主要通过氢键连接。链状纤维素分子相互交织，连接成微纤丝和大纤丝结构，再与半纤维素和木质素相互交织成复杂难降解的细胞壁结构。这种复杂而致密的结构决定了纤维素成分的利用受其成分制约(图 10.4)。

纤维素可作为生物乙醇的原料，但纤维素只有在催化剂存在的情况下才能发生水解生成葡萄糖。未经处理的纤维素原料水解转化效率很低。木质素对纤维素酶(cellulase)和半纤维素酶(hemicellulase)降解碳水化合物的空间阻碍作用，影响了纤维素和半纤维素降解为可利用糖。此外，纤维素的高结晶度也是其难以利用的重要因素。为使纤维素原料更容易与酶接触，需要对木质纤维进行预处理与水解。因此，用木质纤维素原料进行乙醇生产的关键是纤维素前处理与水解技术(表 10.2)。

表 10.2　各种木质纤维素原料的组成(%，干重)

原料	葡聚糖	甘露聚糖	半乳糖体	木聚糖	阿拉伯聚糖	木质素
玉米秸秆	36.4	0.6	1.0	18	3.0	16.6
稻秆	34.2	—	—	24.5	—	11.9
甘蔗渣	40.2	0.5	1.4	22.5	2.0	25.2
麦秆	38.2	0.3	0.7	21.2	2.5	23.4
柳枝稷	31.0	0.3	0.9	20.4	2.8	17.6
柳木	41.5	3.0	2.1	15.0	1.8	25.1
松木	46.4	11.7	—	8.8	2.4	29.4
云杉	49.9	12.3	2.3	5.3	1.7	28.7

1) 木质纤维素的预处理

木质纤维素预处理技术都是以去除部分木质素和半纤维素等成分，破坏纤维

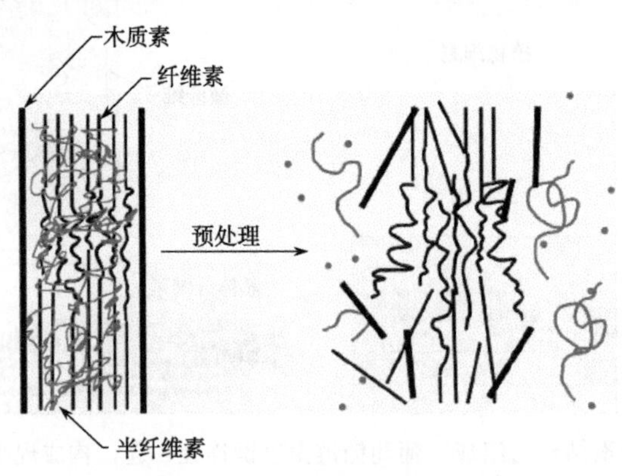

图 10.5　木质纤维素预处理

素的晶体结构，增加原料的多孔性，增加反应面积，提高酶的可及性，从而提高酶的水解效率为最终目的(图 10.5)。另外，预处理应减少对发酵微生物的抑制产物生成。高效的预处理可以减少纤维素酶解过程中纤维素酶的用量，从而降低酶转化成本，提高纤维素制乙醇的经济可行性。

目前，常用的预处理方法主要分为物理法、物化法、化学法与生物法。不同的原料采用不同的预处理方法、试剂及处理过程(表 10.3)。

表 10.3 木质纤维素的前处理方法[5]

预处理方法	步骤/试剂	方法描述	处理原料
物理法			
机械粉碎	切削、碾磨	碾磨：震动球磨机(粉碎尺寸 0.2～2.0mm)锤磨粉碎机(粉碎尺寸 3～6mm)	木材、林业废物(硬木)、玉米秸秆、甘蔗渣、梯牧草、苜蓿
热解	升温到 T>300℃，再降温冷凝 可在真空下运行(T=400℃，压力 1mmHg，20min)；	形成挥发产物和焦炭，残余物在 T=97℃，0.5mol/L H_2SO_4 水解 2.5 h，产生 80%～85%还原糖，其中葡萄糖大于 50%	木材、废棉秆、玉米秸秆
物化法			
蒸汽爆破	160 ～ 290℃，0.69 ～ 4.85MPa 饱和蒸汽下，处理几秒到几分钟，然后卸至常压	半纤维素水解 80%～100%，部分木聚糖结构被破坏，木糖回收 45%～65%；添加 H_2SO_4、SO_2 或 CO_2 提高水解效率；纤维素一定程度的解聚；木质素不溶，但发生重新分布。会生成下游抑制物。高固体负荷，比机械粉碎的能量低	白杨、桉树、软木；甘蔗渣、玉米秆、麦秆、稻秆、稻草、甜高粱渣、橄榄核等
高温液态水(LHW)	加压高温液态水，压力>5MPa，T=170～230℃，处理 46min 以内，固体负荷<20%	半纤维素水解 80%～100%，可回收 88%～98%木糖和大于 50%的寡糖；抑制物产生量低；纤维素一定程度上解聚，处理后纤维素转化率>90%；20%～50%的木质素溶解	甘蔗渣、玉米秸秆、橄榄浆，苜蓿纤维
氨纤维爆破(AFEX)	1kg 干生物质消耗 1～2kg NH_3，爆破条件 90℃，30min，压力 1.12～1.36MPa	半纤维素水解率 0～60%，水解程度取决于生物质水分含量；10%～20%的木质素溶解；纤维素一定程度上解聚，处理后纤维素转化率>90%；基本不产生下游抑制物；需要回收氨	木屑、甘蔗渣、稻秆、稻草、谷壳、玉米秸秆、废报纸、市政污泥等
CO_2爆破	4kg CO_2/kg 纤维，压力 5.62MPa	后续纤维素转化率>75%；不产生下游抑制物	甘蔗渣、苜蓿、废纸

续表

预处理方法	步骤/试剂	方法描述	处理原料
化学法			
臭氧分解	臭氧，常温常压	后续纤维素转化率＞57%，木质素降解；不产生下游抑制物	锯末、松木、甘蔗渣、麦秆、棉花秆、花生皮
稀酸水解	0.75% ～ 5% H_2SO_4，HCl或HNO_3，～1MPa，160～200℃；连续式可处理5%～10%固液比物料；批式处理10%～40%固液比物料	半纤维素水解80%～100%，木糖回收75%～90%；纤维素发生一定程度的解聚；高温利于后续纤维素水解；木质素不降解，但发生重新分布；需中和pH，出现石膏残余物	杨木、甘蔗渣、玉米秸秆、麦秆、谷壳、
浓酸水解	10% ～ 30% H_2SO_4，170～190℃，固液比1∶1.6，或21%～60%过氧乙酸处理	木质素氧化降解；需回收酸，耐腐蚀设备；处理时间比稀酸处理时间长	木屑、甘蔗渣
碱水解	稀NaOH，24 h，60℃；$Ca(OH)_2$，4h，120℃；低温下(35℃)可添加H_2O_2(0.5%～2.15%，体积比)	＞50%半纤维素水解，木糖回收60%～75%；纤维素膨胀，后续纤维素转化率＞65%；硬木木质素可去除24%～55%，软木木质素去除率略低；抑制物生成量少	硬木、甘蔗渣、玉米秸秆、甘蔗叶
氧化去木质素	过氧化氢酶和2% H_2O_2，20℃，8 h	半纤维素几乎全部溶解；后续纤维素转化率＞95%；50%木质素溶解	甘蔗渣
湿式氧化法	氧压力1.2MPa，195℃，15min；加水和少量Na_2CO_3或H_2SO_4	大部分半纤维素溶解；木质素得到降解；但形成下游抑制物	玉米秸秆、麦秆
有机溶剂法	有机溶剂(甲醇、乙醇、丙酮、乙二醇、三甘醇)或混合溶剂，加1% H_2SO_4或HCl；185～198℃，30～60min，pH＝2.0～3.4	几乎所有的半纤维素得到水解；木糖产率高；木质素几乎全部溶解并打破木质素和半纤维素的键；需回收溶剂	杨木、混合软木(云杉、松木等)

续表

预处理方法	步骤/试剂	方法描述	处理原料
生物法			
真菌处理	白腐菌、褐腐菌、软腐菌	真菌产纤维素酶、半纤维素酶和木质素降解酶，如过氧化物酶、漆酶或醌还原酶；但过程缓慢，通常数周时间。褐腐菌降解纤维素，白腐菌和软腐菌降解纤维素和木质素	玉米秸秆、麦秆
生物有机溶剂处理	木质素降解菌 *Ceriporiopsissubvermispora* 处理 2～8周，再用 140～200℃乙醇分解 2 h	真菌降解木质素；乙醇处理可溶解半纤维素；生物前处理节省 15%的电力消耗	榉木

预处理技术的选择需要关注的主要问题包括能耗、化学试剂、温度、压力条件、是否产生下游工艺的抑制物，反应条件是否环境友好等。各种预处理方法都有其优缺点，应结合不同原料的组分和结构特点，采取合适的预处理方法，避免碳水化合物的降解和生成对后续酶解、发酵过程的抑制物，并尽可能降低成本。

在所有的方法中，氨纤维爆破(AFEX)被认为是有吸引力的前处理方法。氨纤维爆破法使木质素解聚，去除半纤维素，破坏纤维素晶体，产生高度可降解纤维素[6]。其温和的反应温度和 pH 减少了糖降解产物的生成，但受到氨价格高的限制。基于 $Ca(OH)_2$或 NaOH 的石灰碱法处理可在低温下反应，但需要长的反应时间。蒸汽爆破法得到深入的研究，和高温液态水法一样，这种无任何催化剂的方法，主要是去除半纤维素[7]。当添加了酸作为催化剂后，水解效果能进一步提升。利用 H_2SO_4或 SO_2的稀酸法具有高效经济的特点，受到广泛关注[8, 9]。酸催化处理提高了半纤维素的降解，并部分水解纤维素，改变木质素结构，但主要的缺陷是会形成下游抑制物，对设备防腐要求高。

2）木质纤维素的水解糖化——酶解

与淀粉制生物乙醇类似，大多数乙醇发酵微生物仅能利用单糖，因此纤维素需要经过水解才能进行后续的发酵工艺。纤维素是由 D-吡喃葡萄糖酐以 β-1，4-葡萄糖苷键连接而成的直链聚合体，是由结晶区和无定形区交错连接而成的二相体系。晶体纤维素结构致密，反应活性低，小分子不容易接近并发生反应。过去，工业纤维素消化主要靠酸水解工艺，然而酸水解产物对于发酵微生物来说具有毒性，而且葡糖糖转化率最大仅有 60%[10]。而纤维素酶解能够获得更大的葡萄糖转化率，并且水解液对发酵微生物无毒副作用，目前已被广泛采用。

木质纤维素的酶水解是指在常温常压下，利用纤维素酶将纤维素水解为葡萄糖。纤维素酶是指可破坏葡聚糖 β-1，4-糖苷键的多酶体系，一般可分为三类：

葡聚糖内切酶(endoglucanase，EG)、葡聚糖外切酶(exoglucanase，如纤维二糖水解酶，CBH)和β-葡萄糖苷酶(β-glucosidase，CB)。葡聚糖内切酶通过任意攻击纤维素的无形区域，极大地降低纤维素的聚合度。葡聚糖外切酶逐步地剪切葡聚糖分子末端，释放纤维二糖。最终，β-葡萄糖苷酶将纤维二糖分成两个葡萄糖分子。因此，纤维素酶的协同作用才能有效降解纤维素。纤维素酶水解的特点是专一性强、反应条件温和、不产生下游发酵过程的抑制物、发酵乙醇的产能高于酸水解法。

在纤维素糖化过程中，纤维二糖、葡萄糖等酶解产物不断积累，当其浓度超过一定水平就开始抑制纤维素酶的活性，且抑制作用随浓度的增加而越来越大，从而导致酶解反应速率下降。

纤维素酶的高效水解一方面依赖预处理的效果，另一方面依赖高活力的纤维素酶。目前，纤维素酶解的障碍在于纤维素酶活力低，纤维素酶在水解过程多为一次性添加，生产乙醇成本高。这两个限制也是纤维素酶研究的热点与难点。研究者近年的研究一方面集中在菌种诱变和基因工程提高酶蛋白的表达量以及酶发酵工艺的优化，提高酶的发酵水平，降低酶成本；另一方面开发纤维素酶的固定化技术，如高分子复合物、聚乙烯醇/Fe_2O_3纳米颗粒、壳聚糖及甲壳胺对纤维素酶的固定化，有望解决酶的回收和再利用，改善酶的操作性能和稳定性，使后续的发酵分离过程工序精简，降低成本。

3) 木质纤维素发酵制乙醇

以木质纤维素为原料的乙醇发酵也是靠酵母菌完成，相对于酶解而言，是一种成熟的技术。工业上用微生物发酵纤维素产乙醇主要有三种工艺：分步糖化发酵法(SHF)、同步糖化发酵(SSF)和直接微生物转化法(DMC)。

SHF工艺是将酶的生产、纤维素水解和葡萄糖发酵三个过程分开进行(图10.6)。该方法的主要优点是各步骤在各自最优条件下进行，步骤之间的相互影响小，但即使酶负载量很高，纤维素酶也会受到水解末端产物(葡萄糖和纤维二糖积累)的抑制。

SSF工艺是利用纤维素酶和发酵微生物在同一反应器中同时进行水解和发酵。该过程中，纤维素水解是限速步骤，产物葡萄糖可以不断地用于发酵，因此降低糖的积累，消除了糖对纤维素酶的产物抑制，提高了乙醇产率和生成速率，减少了反应装置与成本。此外，发现同步糖化发酵能够脱毒和共代谢五碳糖和六碳糖[11]。SSF的不足是水解和发酵的pH和温度最佳条件不能匹配，水解最佳温度在45～50℃，而发酵的最佳温度在28～30℃。因此，SSF需要更多的酶用量，增加了发酵成本。在同一反应器内，要解决生物过程中存在的中间产物与最终产物的条件相互制约、难以协调的矛盾是十分困难的。最近，研究人员致力于耐热酵母或耐热细菌的分离与培养，或改善SSF培养条件、非等温SSF工艺以

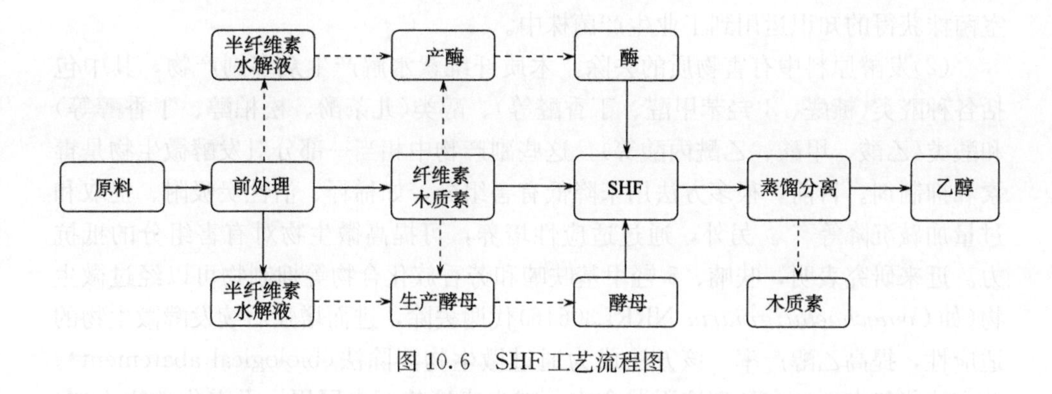

图 10.6 SHF 工艺流程图

及利用表面活性剂改善酶解条件等。

DMC 法是直接利用同一微生物完成纤维素的水解、糖化和乙醇发酵过程。DMC 是近年来探讨直接利用纤维素发酵乙醇的热点之一。它可避免用化学和酶处理纤维素糖化所引发的部分问题。DMC 法中常用的微生物是热纤梭菌(*Clostridium thermocellum*)，该菌能分解纤维素，并使纤维二糖、葡萄糖、果糖等发酵，产物除乙醇外，还有乙酸和乳酸，但乙醇产量低，经过诱变改造，重组的 *C. thermocellum* 的乙醇产量可达 9g/L。此外，热硫化氢梭菌(*Clostridium thermohydrosulfuricum*)虽不能利用纤维素，但乙醇产量高，因此把 *C. thermocellum* 和 *C. thermohydrosulfuricum* 混合培养发酵可提高乙醇产量。

5. 生物质发酵产乙醇的发展与前景

限制木质纤维素制生物乙醇一个主要的问题是酿酒酵母仅能够利用单糖和双糖，而水解液中较多的木糖无法利用。此外，纤维素生物质的营养元素缺乏，水解液中常含有对发酵微生物有害的组分，都会影响纤维素发酵制乙醇的工艺。目前，生物质制乙醇的发展方向将包含以下几个方面。

(1)五碳糖的发酵。*S. cerevisiae* 不能利用木糖，但可以利用它的异构体木酮糖，因此可引入一条异源的转化木糖为木酮糖的代谢途径使 *S. cerevisiae* 代谢木糖。寻找分离能够发酵五碳糖的天然微生物是另一条途径。天然的木糖发酵酵母，如 *Pichiastipitis* 和 *Candida shehatae* 能够降解五碳糖发酵产乙醇，但比 *S. cerevisiae* 发酵葡萄糖的产率低，而且他们对抑制物的抗性非常低。另外，可利用基因工程(DNA 重组)技术开发能发酵五碳糖的微生物，将编码木糖降解酶基因和木糖醇脱氢酶基因克隆入 *S. cerevisiae* 或 *Z. mobilis*，进而表达木糖降解酶，降解木糖。尽管细菌和真菌的木糖和阿拉伯糖代谢途径已经在 *S. cerevisiae* 中得到表达，但工程酵母还没有显现出对乙醇发酵能力的提高，实验室菌株通常无法在有毒的木质纤维素水解产物中存活，未来的研究主要难点是如何将从实验室菌株获得的知识运用到工业生产菌株中。

(2)发酵原料中有害物质的去除。木质纤维素水解产生众多副产物，其中包括各种醛类(糠醛、4-羟苯甲醛、丁香醛等)、醇类(儿茶酚、松柏醇、丁香醇等)和酸类(乙酸、甲酸、乙酰丙酸等)，这些副产物中相当一部分对发酵微生物是毒素和抑制剂。目前，很多方法用来降低有害组分，如稀释、活性炭吸附、提取和过量加碱沉降等[12]。另外，通过适应性培养，可提高微生物对有害组分的抵抗力。近来研究表明，呋喃、5-羟甲基呋喃和芳香族化合物等抑制物可以经过微生物(如*Coniochaetaligniaria* NRRL30616)代谢去除，进而增强后续发酵微生物的适应性，提高乙醇产率。该方法成为通过微生物消除法(biological abatement)。此方法优势在于适合处理液固混合物、减少废液甚至水回用、无需化学物添加，如吸附树脂等。

10.2.2 生物丁醇

生物丁醇(biobutanol)被誉为下一代的生物燃料，是一种极具潜力的新型生物燃料。丁醇与乙醇相比具有以下的优势：①能量含量高，为33MJ/kg，比乙醇能量高30%；②挥发性、腐蚀性小，比汽油、乙醇更安全；③与汽油任意比混合，无需对车辆进行改造就可以使用100%的丁醇，混合燃料经济性更好；④可用现有的管道进行丁醇运输。工业上生产丁醇主要有三种方法：①羰基合成法。丙烯与CO、H_2在高温高压及催化剂条件下羰基合成正丁醛、异丁醛，加氢后分馏得正丁醇，这是工业上生产丁醇的主要方法。②醇醛缩合法。乙醛经缩合成丁醇醛，脱水生成丁烯醛，再经加氢后得正丁醇。③发酵法。以淀粉(葡萄糖)为代表的碳水化合物为原料，接种丙酮丁醇梭菌(*Clostridium acetobutylicum*)，进行丙酮丁醇(ABE)发酵，发酵液精馏后制得丁醇。

利用微生物进行丁醇发酵是路易·巴斯德(Louis Pasteur)于1861年发现的。1912年Weizmann分离得到可利用淀粉高效生产丁醇的丙酮丁醇梭菌*Clostridium acetobutylicum*(魏茨曼型菌)之后，丁醇生物发酵发展成工业技术。由于丙酮可做无烟火药，丁醇可做军用战机的高辛烷值燃料，在两次世界大战中欧洲和日本大力发展了丙酮丁醇发酵工艺，并筛选出高丁醇生产能力的菌株，如糖型生产菌*C. saccharoacetobutylicum*等。随着化学合成丁醇的价格急剧下降，发酵法生产丁醇工艺在第二次世界大战后逐渐消失。近年来，随着石油危机的再次临近，石油价格大幅上涨，世界各国又开始重新应用生物丁醇这一工艺。杜邦公司和英国石油(BP)公司2006年6月宣布，将建设3万吨/年的燃料丁醇装置，用于英国的市场。2011年，我国的丁醇需求量将达70万吨，40%丁醇依赖进口。这为生物丁醇的产业发展提供了契机。

目前，生物丁醇领域的研究集中在糖转移机制、丁醇生产过程调节、发酵菌的丁醇耐性、对木质纤维素水解液的发酵和木质纤维素降解产物对发酵菌的抑制等方面。主要的目的都是为了增加丁醇产量、浓度和产率。

1. 生物丁醇转化原理

丙酮丁醇发酵是葡萄糖在厌氧菌的作用下发酵生成丙酮、丁醇和少量乙醇的反应过程。丙酮丁醇发酵包括两个不同时期：产酸期(acidogenic phase)和产溶剂期(solventogenic phase)。在产酸阶段，微生物对数增长并伴随着乙酸和丁酸的生成，使 pH 将至 4.5 左右。在这个阶段，葡萄糖(或果糖)首先通过糖酵解(EMP)途径生成丙酮酸，丙酮酸再转化成乙酸、丁酸、乙醇、丁醇和丙酮重要的合成前驱体乙酰辅酶 A(CoA)。乙酰辅酶 A 再经过乙酰磷酸合成乙酸，或被 NADH 还原，经乙醛生成乙醇。在产酸阶段的末端，由于低 pH，酸合成放缓，为了补偿低 pH 的不良影响，微生物改变代谢途径，进而从产酸期转到产溶剂期。在这一阶段，乙酸和丁酸被用来合成丙酮和丁醇。乙酰辅酶 A 转化酶作用下生成乙酰乙酰辅酶 A。乙酰乙酰辅酶 A 则在 CoA 转移酶和乙酰乙酸脱羧酶作用下，转化成丙酮。乙酰乙酰辅酶 A 如果受到脱氢酶的还原作用，会逐次还原成为 β-羟基丁酰辅酶 A、丁烯酰辅酶 A 和丁酰辅酶 A，最终生成丁醇。整个过程如图 10.7 所示。一般情况下，只能根据实验数据得到整个反应的经验型化学计量式，例如

$$95\,C_6H_{12}O_6 = 60\,C_4H_9OH + 30\,CH_3COCH_3 + 10\,C_2H_5OH + 220\,CO_2 + 120\,H_2 + 30\,H_2O$$

因此，从葡萄糖发酵得丁醇、丙酮和乙醇的得率分别为：丁醇 26%，丙酮 10.5%，乙醇 2.7%，总溶剂得率为 39.2%。

2. 生物丁醇的菌种

主要的产丁醇菌都集中在梭状芽孢杆菌属(*Clostridium*)[13]。*C. acetobutylicum* 是首个用于工业发酵糖或淀粉生产乙醇的菌种，它是形貌呈棒状、含芽孢、革兰氏阳性的严格厌氧菌。1990 年后，三种其他菌种从混合发酵丁醇种群中得到分离，包括 *C. beijerinckii*、*C. saccharoperbutylacetonicum* 和 *C. saccharobutylicum*。随后，利用基于 16S rRNA 基因序列和 DNA 指纹技术，这四种菌种又被重新进行比较与分类[14]。Gutierrez 等研究了几株不同的菌种的丁醇发酵能力，研究者发现 *C. acetobutylicum* DSM1731 的能力最强，能够以 0.24g/(L·h) 的速率产生丁醇[15]。Qureshi 等利用不同的纤维素材料培养 *C. beijerinckii*，得到了比 *C. acetobutylicum* 更高的丁醇产率(18～25g/L)[16]。产溶剂梭菌 *C. acetobutylicum* ATCC824 和 *C. beijerinckii* 8052 分别于 2001 年和 2007 年完成全基因组序列测定。研究者发现，*C. acetobutylicum* ATCC824 和 *C. beijerinckii*

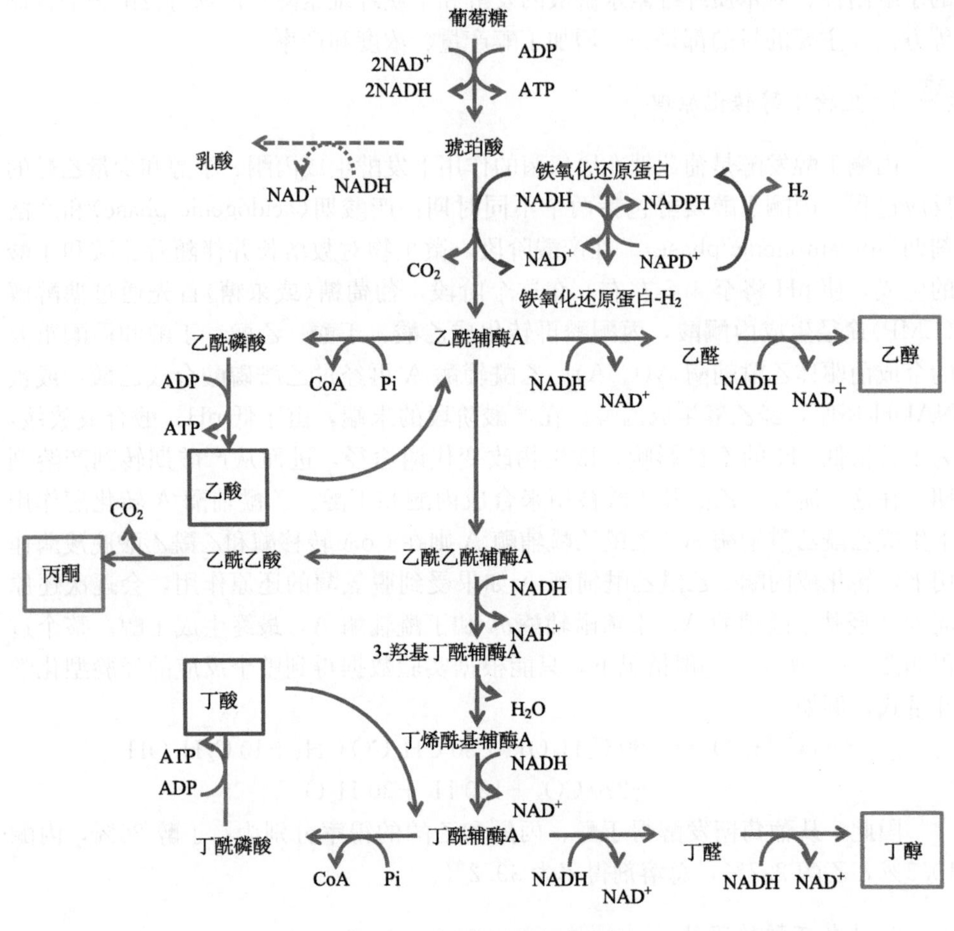

图 10.7　丙酮丁醇发酵途径

8052 的基因组序列上存在多种编码碳水化合物降解酶基因。已有研究证实，产溶剂梭菌可以利用多种糖类，如纤维二糖、半乳糖、甘露糖、阿拉伯糖和木糖(图 10.8)。

除了厌氧菌，研究者发现好氧菌 *Bacillus subtilis* TISTR1032 与 *C. butylicum* WD161 混合菌种能够使 ABE 发酵产物增加 5.4～6.5 倍，高产率缘于好氧菌 *Bacillus subtilis* 具有更高的淀粉酶活性。这一发现可使在丁醇发酵过程中避免使用高成本还原剂，并维持了发酵过程的厌氧条件。然而，不断地传代会增加噬菌体侵染的风险。为防止噬菌体的侵染，需采取各种消毒、灭菌以及免疫等控制措施。选择高效的丁醇发酵菌还应考察以下几点：可用的原料类型、目标产率、营养需求、丁醇耐性和噬菌体抵抗能力等。此外，还应广泛地分离新菌，并借助基因工程来提高和改善这些新菌种的发酵能力。

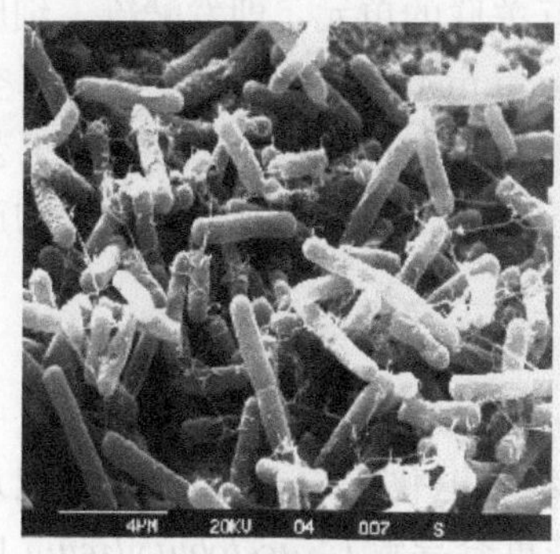

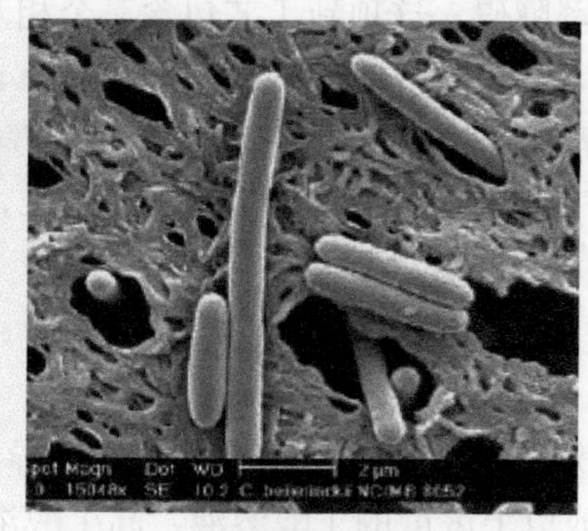

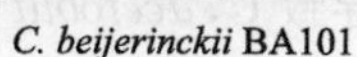

C. beijerinckii BA101　　　　*C. acetobutylicum*

图 10.8　SEM下观察到的丁醇发酵菌 *C. beijerinckii* BA101 与 *C. acetobutylicum*

3. 丁醇发酵过程

大多数在丁醇发酵过程采用批式(Batch)和补料批式(Fed-batch)工艺，后续需要蒸馏获得丁醇或其他溶剂。通常在 40～60 h 获得产率为 15～18g/L 溶剂[17]。然而，研究表明只有当生物合成溶剂产率达到 22～28g/L 才经济可行。批式和补料批式的方法受到生物反应器的灭菌时间、重新接种、溶剂产物抑制和低产率等方面的限制，这些不足使得丁醇发酵工艺发展到连续式工艺。

连续式发酵工艺包含了游离细胞(free cell)、固定细胞(immobilized cell)和细胞回收(cell recycling)三种方式[18]。在游离细胞发酵工艺中，由于机械搅拌或气提使细胞在发酵液中处于自由移动状态。这种方式可以维持细胞与营养物质处于悬浮状态，增进了传质(mass transfer)。Ezeji 和 Blaschek 报道了在以淀粉为材料的 P2 培养基中连续培养 *C. beijerinckii* 进行丁醇发酵，研究发现仅有糖化了的淀粉溶液才能进行稳定的发酵，而在未糖化的淀粉溶液中，由于淀粉回生引起的物化性质变化使得发酵丁醇产率很低[19]。固定细胞发酵工艺比游离细胞具有的优势在于细胞在产溶剂期存活时间长，不需要经常进行细胞再生(regeneration)。有研究表明，在以纤维束固定床反应器(fibrous bed reactor)固定 *C. acetobutylicum* 进行的丁醇发酵，丁醇产率比利用传统的连续式发酵工艺高 20%。

细胞回收是一项新的连续式发酵工艺，是游离细胞工艺的变型。在这个工艺中，过滤膜组件(membrane module)用来回收细胞，使细胞保持在生物反应器内，以增加细胞浓度，提高丁醇产率。此外，通过细胞渗出(cell bleeding)的方法将过量细胞排出反应器，优化稀释速率，保持最佳细胞浓度。采用该方法可使丁醇产率获得 6 倍的提高，达 11g/(L·h)，而传统工艺最高仅能获得 1.85g/(L·h) 的丁醇产率。此外，Mariano 等提出一项新的工艺，连续式急骤发酵法，可克服丁醇合成的低产率障碍。这项新工艺包含三个相互关联的单元，即发酵罐、细胞保留系统(cell retention system)和真空闪蒸器(vacuum flash vessel)，其中真空闪蒸器用来从发酵液中连续回收丁醇[20]。动力学模拟研究表明，急骤发酵工艺能够有效地提高丁醇产率，使产率提高至 20g/L，并且减少蒸馏成本和废水的产生，利于环保。

4. 丁醇抑制与对丁醇发酵菌的改进

丁醇发酵的最主要障碍是丁醇能诱导细胞退化。*Clostridium* 细胞几乎不能耐受 2%或以上浓度的丁醇溶液。高丁醇浓度会导致 *C. acetobutylicum* 的细胞膜中磷脂与脂肪酸成分变化，降低不饱和脂肪酸与饱和脂肪酸的比例和醇与脂肪的特异性相互作用。特别是丁醇能进入细胞质膜后改变细胞结构，破坏了一些细胞的物化性质，如溶质运输、细胞膜渗透性、质子驱动力(或胞内 pH 的维持)、胞内 ATP 水平、葡萄糖摄取和固有膜蛋白的活性。大概 1%浓度的丁醇使膜的流动性增加 20%～30%。丁醇诱导的细胞退化比丙酮严重得多。丁醇对 *Clostridia* 的毒性使得细胞重复地批式转接或连续培养后，丁醇产率会下降。

在生物质产丁醇方面的研究进展已让人们重新认识 ABE 发酵过程。一方面依靠去除或减轻丁醇对溶剂发酵菌的毒性，另一方面则需对细胞的基因改造以获得更高的产能。目前，研究人员通过传统诱变和 DNA 重组技术，并试图通过改变产溶剂的梭菌的代谢途径来提高丁醇产率。利用化学诱变仍然是获得高产溶剂梭菌的变种的主要方法，所用的诱变试剂包括过氧化氢(H_2O_2)、萘丁酸、甲硝唑、甲磺酸乙酯、*N*-甲基-*N*-硝基-*N*-亚硝基胍(NNG)和 UV 照射等。在这些诱变试剂中，NNG 表现出最佳的诱变效力。其中高产丁醇变种 *C. beijerinckii* BA101 就是利用 NNG 处理而分离得到。但是，迄今在基因重组的技术上仍没有获得很多进展。Tummala 等试图利用反义 RNA 来下调丙酮合成途径的酶，如乙酰乙酸脱羧酶和辅酶 A 转移酶(CoAT)。尽管丙酮合成得到大幅度的降低，但丁醇的合成并没有得到提高[21]。在另一项试验研究中，通过过度表达醇醛脱氢酶(*aad*)基因和利用反义 RNA 下调 CoAT 来增加丁醇丙酮比，然而变种的丁醇产率却大幅降低[22]。这可能是由于人们仍缺乏对丁醇发酵的全局调控与产溶剂菌独特生理特性的了解。有研究指出将编码水解酶基因转化入梭菌菌体内能提高可利用底物的类型以及效率。

5. 丁醇发酵下游回收工艺

同时进行发酵与丁醇回收是暂时性减轻丁醇毒性的最佳策略。丁醇回收的工艺包括气提法(gas stripping)、液液萃取法(liquid-liquid extraction)、渗透萃取法(perstraction)和全蒸发法(pervaporation)。

(1) 气提法。在ABE发酵过程中，伴随着CO_2和H_2的产生，气体吹进发酵液，然后再在冷凝器中冷凝，并将气泡中携带的溶剂得以收集。当溶剂冷凝后，气体回收并再次吹进发酵液。Ezeji等分别利用批式、补料批式和连续式进行丁醇发酵和气提法回收溶剂，分别得到40%～47%的糖转化效率和0.61～1.16g/(L·h)的溶剂产率。

(2) 液液萃取。通常丁醇在有机相中的溶解度大于水相，利用不溶于水的有机萃取剂与发酵液混合，有机溶剂萃取水相中丁醇，使丁醇从发酵液中得到分离。值得一提的是，液液分离法萃取丁醇后，并不去除发酵液中底物、水和营养物质。由于油烯醇具有无毒萃取效果好等优点，常被用作丁醇萃取。

(3) 渗透萃取。液液萃取常存在溶剂对细胞的毒性、乳化、萃取剂损失以及细胞在萃取剂和发酵液界面积累等问题。渗透萃取则是利用膜将发酵液与萃取剂分开，膜为丁醇在非混合两相界面的交换提供比表面。由于没有直接的两相接触，溶剂毒性、相分散、乳化与细菌成层等现象基本消除。在这个系统中，只有丁醇扩散过膜，而其他成分和发酵中间产物则保留在水相中。丁醇从发酵液到有机相的转移量则由丁醇的跨膜扩散速率决定。

(4) 全蒸发。全蒸发是利用膜选择性地去除挥发性组分。膜与发酵液接触，有机挥发成分以蒸汽形式选择性地扩散过膜，蒸汽再被冷凝回收。在这个过程中，发生了从液相到气相的相变化。由于是选择性去除工艺，目标组分的溶剂扩散(solution-diffusion)需要一定的汽化热。全蒸发效率通过两个参数来衡量：选择性与通量(单位面积上有机挥发组分通过的速率)。

6. 生物丁醇的前景

以木质纤维素为原料生产生物丁醇是极具潜力的生物能源技术。目前，利用DDGS饲料、麦秆和玉米秸秆木糖作为原料产丁醇已经有了巨大进展。开发能够抗水解产物抑制物的新菌种，或者开发更加经济有效的方法来去除抑制成分，必定会增加生物丁醇的应用的经济可行性。

10.2.3 厌氧消化产沼气

木质类生物质含水率比较低，自然干燥后进行燃烧即可获取能量。而存在于食品废弃物、畜业废弃物、市政污泥以及有机废水等生物质的含水率高，不能通过燃烧这样的能源利用方式，况且在低温下燃烧还有生成二噁英(dioxin)等有害物质。作为从高含水率生物质中回收能源技术，首推厌氧消化产沼气技术。

沼气(biogas)是生物质在温度、湿度、酸碱度和厌氧条件下，经各种微生物发酵及分解作用而产生的一种以甲烷(CH_4)为主要成分(50%～70%)的混合可燃气体。沼气是一种清洁能源，燃烧能够产生机械能、电能和热能，或者提纯后制作成车用燃料或转化成甲醇作为内燃机的辅助性燃料。沼气在自然界中也广泛存在，主要是由天然湿地、稻根或动物肠道发酵后释放。在我国，沼气的应用历史悠久，目前也是农村利用生物质废弃物供应清洁可再生能源的最主要途径之一。

1. 厌氧消化的生化机理

沼气通过厌氧消化生物质(有机物)制取。厌氧消化(anaerobic digestion)是指有机物在厌氧条件下，依靠兼性厌氧菌和严格厌氧菌的作用转化成为CH_4和CO_2，并合成自身细胞物质的生物学过程，是实现有机固体废物无害化、资源化的一种有效方法[23]。厌氧消化过程十分复杂，涉及多种微生物种群，各种群都有各自的营养底物和代谢产物，微生物种群间通过直接或间接的共生关系，相互影响，相互制约，组成复杂的共生生态系统。

19 世纪初期，厌氧消化有机物产生甲烷的过程可被认为是产酸菌群和产甲烷菌群这两个主要代谢菌群参与的酸性发酵与产甲烷发酵两个阶段。这一观念被认为是经典理论延续了 50 多年。直到 1979 年，才提出厌氧消化的三阶段理论和四种种群说。

两阶段理论是 1930 年 Buswell 和 Neave 提出的。第一阶段常被称为酸性发酵阶段(fermentation stage)，即发酵细菌将复杂的有机物进行水解和发酵，形成挥发性脂肪酸(volatile fatty acids，VFA)、醇类、CO_2和H_2等；第二阶段为产甲烷阶段，产甲烷菌(methanogens)将第一阶段的一些发酵产物进一步转化为CH_4和CO_2。在这一阶段中，由于 VFAs 不断地转化，发酵液碱度有所恢复，所以该阶段又被称为碱性发酵阶段。在众多的底物中，甲烷菌可利用的碳源极为有限，只有无机的H_2/CO_2和有机的“三甲一乙”(甲酸、甲醇、甲胺和乙酸)。因此，两阶段理论难以确切解释 VFAs 或醇如何转化为CH_4和CO_2。

1979 年，Bryant 等提出了厌氧消化的三阶段理论。Bryant 在三阶段理论中强调了产氢产乙酸过程的作用与地位。在这一过程中，产氢产乙酸菌(acidogenic bacteria)将第一阶段复杂有机物水解发酵生成的 VFAs(如丙酸、丁酸、乳酸)继续转化为乙酸和H_2/CO_2，为下一阶段的产甲烷菌提供代谢底物合成甲烷。因此，Bryant 将产氢产乙酸独立成一个阶段。乙酸是产甲烷阶段十分重要的前体物，研究表明，厌氧消化产甲烷过程中，大约 72%的甲烷由乙酸转化。随后，Zeikus 等提出了厌氧消化的四种种群说。该理论认为，在厌氧消化过程中，除了有水解发酵菌、产氢产乙酸菌和产甲烷菌之外，还有另外一种同型产乙酸菌参与，即在三阶段理论上增加了同型产乙酸的过程。同型产乙酸菌可利用H_2/CO_2等转化为乙酸，但其数量很少，往往不到乙酸总量的 5%。四种种群说事实上是三阶段理论的补充。

厌氧消化实际上是具有不同功能的微生物种群与有机物发生的一个复杂的生物化学过程。近年来对厌氧机理的研究已经进一步解释了厌氧消化过程的物质和能量转化途径，如图10.9所示。目前，了解清楚的步骤分别为：①不溶性有机高分子物质在胞外酶作用下水解成可溶性有机物单体，如蛋白质水解成氨基酸、纤维素水解成寡糖，再进一步水解成单糖、脂肪水解为长链可溶性脂肪酸和甘油；②有机物单体发酵生成VFA和H_2，以及各种醇等；③专性产氢产乙酸菌将简单有机物氧化成H_2和乙酸；④同型产乙酸菌利用H_2和CO_2还原生成乙酸；⑤乙酸利用型产甲烷菌转化乙酸生成甲烷，该步骤产甲烷约占总量的72%；⑥H_2和CO_2被氢利用型产甲烷菌还原生成甲烷，产生的甲烷占总量约为28%。各种底物降解的最终产物均为甲烷，因此产甲烷菌在系统中最为重要。通常乙酸发酵产甲烷过程是限制步骤。深刻认识厌氧消化的各个阶段反应机理、厌氧微生物以及影响因素有助于改进和提高厌氧处理废弃物的工艺。

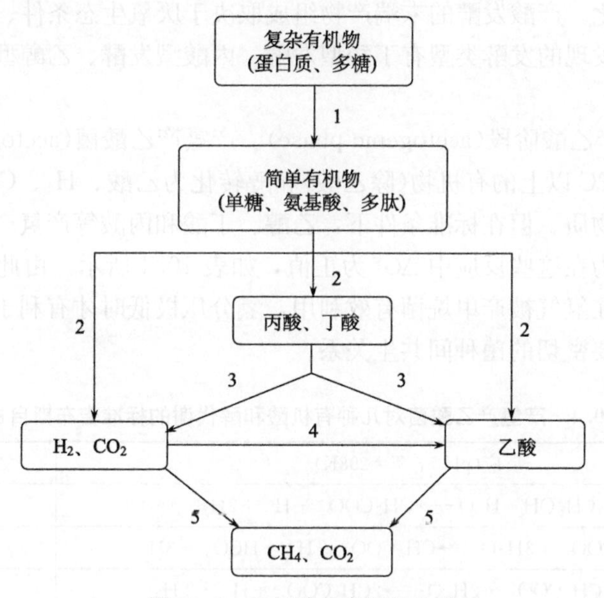

图10.9 厌氧消化产甲烷途径

1. 水解酶；2. 发酵产酸菌；3. 产氢产乙酸菌；4. 同型产乙酸菌；5. 产甲烷菌。

2. 厌氧消化过程及微生物

以三阶段理论为例，水解发酵阶段主要是水解酸化菌群，包括纤维素分解菌群、碳水化合物分解菌群、蛋白质分解菌和脂肪分解菌群，第二阶段主要是产氢产乙酸菌和同型产乙酸菌群，以上可以统称非产甲烷菌群。产甲烷阶段的菌种为产甲烷菌群。

(1) 水解阶段(hydrolysis phase)。在厌氧消化系统中，水解阶段细菌的功能表现为两方面。一方面将大分子不溶性有机物在水解酶的催化下水解为水溶性小分子有机物；另一方面将水解产物吸收至胞内，经细胞内酶催化转化，一部分有机物转化为代谢产物(主要是脂肪酸、醇类)排出胞外，成为下一阶段产氢产酸菌的利用基质。对于难降解的高分子有机物，水解过程通常比较缓慢，因此被认为是该类物质厌氧处理的限速步骤。胞外酶能否有效地与底物接触对水解速率的影响很大。来自于木质纤维素的底物，其降解性极大地取决于纤维素和半纤维素水解的速度。

(2) 产酸发酵阶段(acidogenic phase)。产酸发酵主要是由梭状芽孢杆菌(*Clostridium*)和拟杆菌属(*Bacteriodes*)完成。简单有机物在产酸发酵菌作用下，转化成乙酸、丙酸、丁酸等 VFA，以及二碳或以上的醇、酮和芳香族有机酸等。这些有机产物至少占发酵基质的 50%以上 COD，但最终转化为甲烷需依靠产氢产乙酸菌的转化。产酸发酵的末端产物组成取决于厌氧生态条件、底物种类和发酵菌群。目前发现的发酵类型有丁酸型发酵、丙酸型发酵、乙醇型发酵以及乙醇型发酵等。

(3) 产氢产乙酸阶段(acetogenic phase)。产氢产乙酸菌(acetogenic bacteria)将发酵产物中 2C 以上的有机物(除乙酸)和醇转化为乙酸、H_2、CO_2的过程，并产生新的细胞物质。但在标准条件下，乙醇、丁酸和丙酸等产氢产乙酸过程不能自发进行，因为在这些反应中 $\Delta G^{\ominus}$为正值，如表 10.4 所示。由此可见，对于厌氧消化，只有在氢气被产甲烷菌有效利用，氢分压极低时才有利于产物产生，说明生化反应需要密切的菌种间共生关系。

表 10.4　产氢产乙酸菌对几种有机酸和醇代谢的标准吉布斯自由能

反应(pH 7，T=298K)	$\Delta G^{\ominus}$/(kJ/mol)
$CH_3CH_2OH+H_2O \longrightarrow CH_3COO^-+H^++2H_2$	+9.6
$CH_3CH_2COO^-+3H_2O \longrightarrow CH_3COO^-+H^++HCO_3^-+3H_2$	+ 76.1
$CH_3CH_2CH_2COO^-+2H_2O \longrightarrow 2CH_3COO^-+H^++2H_2$	+ 48.1
$CH_3CHOHCOO^-+2H_2O \longrightarrow CH_3COO^-+H^++HCO_3^-+2H_2$	− 4.2

(4)产甲烷阶段。产甲烷阶段是将前面几个阶段产生的乙酸、H_2/CO_2(包括甲酸、甲醇、甲胺)，转化为CH_4和CO_2的过程，是产甲烷菌参与的厌氧消化的最后一个环节。从分类学上，产甲烷菌属于古细菌(*Archaea*)，目前发现的产甲烷菌分别属于 3 个目(order)，7 个科(family)，19 个属(genus)，65 个种(species)。形态上有球状、杆状、丝状等。通常常见的产甲烷菌有产甲烷杆菌属(*Methanobacterium*)、产甲烷球菌属(*Methanosphaera*)、产甲烷八叠球菌属

(*Methanosarcina*)和产甲烷丝菌属(*Methanothrix*)等。绝大多数甲烷菌能利用H_2/CO_2，有两种产甲烷菌能利用乙酸。

在厌氧系统中，非产甲烷菌群和产甲烷菌群相互依赖、相互制约，在厌氧生物系统中处于平衡状态。非产甲烷菌为产甲烷菌提供了生长繁殖底物H_2、CO_2和乙酸，降低了氧化还原电位，创造了严格的厌氧环境，清除了有毒物质，如酚、苯甲酸、长链脂肪酸等，以及产生H_2S减少重金属的毒副作用。此外，产甲烷菌为非产甲烷菌解除了反馈抑制，避免了酸的积累，与非产甲烷菌共同维持环境中适宜的pH。但由于产甲烷阶段是限速步骤，如果发酵条件控制不当，如有机负荷过高，C/N失调，则可造成pH过低，产生酸化，严重影响产甲烷菌的代谢，甚至完全中断。

3. 厌氧消化的影响因素

控制好沼气发酵的条件是维持正常发酵产气的关键。沼气是有机质经过多种细菌发酵而成的，他们在沼气池中进行新陈代谢和生长繁殖需要一定的生长条件。综合来说，人工制取沼气需要控制的条件有严格的厌氧环境、发酵温度和pH、物料碳氮比、发酵液浓度、酸碱度和菌种浓度等。

(1) 温度与pH。温度通过影响厌氧微生物胞内酶活性而影响微生物的生长和代谢速率，也影响有机物反应介质的溶解度、中间产物的生成以及污泥组分与性质。有机物厌氧消化一般在中温(35～37℃)或高温(55℃)下进行。高温厌氧消化反应速率大，但高温所需热量多，运行也不稳定，容易产生丙酸积累。有研究显示，高温污泥厌氧消化中甲烷比例略有下降。中温厌氧消化所需热量少，运行稳定。Ahring等研究发现，介于中温和高温之间的45℃，有机物的降解效果最差，产气量最低。目前，中温消化的应用仍最广泛。

产甲烷菌对pH敏感。以产甲烷为主的厌氧过程，pH最适范围为6.6～7.8。pH低于6.1或高于8.3时，产甲烷效率明显降低，甚至有可能停止。特别是在发酵初期，由于发酵速度远大于产甲烷速率，在产甲烷菌没有完全富集的情况下，pH会因发酵迅速降低，而致使反应器酸化，进而破坏整个链式反应。由于pH能迅速反映厌氧反应器运行状况，许多厌氧消化工艺的实际运行都通过pH来判断厌氧消化是否正常进行，把酸碱比(VFA/ALK)小于2作为反应器运行良好的指标。

(2) 固体浓度。料液中干物质的含量为物料浓度。厌氧消化产沼气发酵液物料浓度(总固体含量，TS)要求范围通常是2%～30%。原料浓度TS在20%以上称为干发酵。发酵液物料浓度太高或太低对产甲烷都不利。浓度太低含水量多，有机物相对减少，不利于消化装置的充分利用；浓度太高有机物分解不完全，易造成有机酸积累，由于含水量低传质受限，产甲烷菌的活动降低。随着固体含量增高，发酵周期变长，启动较慢。欧洲在 1993 年以前低固体发酵占多数，此后高固体发酵逐渐变成趋势。

（3）营养物质。厌氧消化由微生物完成，因此，必须有足够的基质供细胞合成所需。这些营养元素主要包括碳、氮、磷、硫以及铁、钴、镍等微量元素。氮是形成微生物的氨基酸、蛋白质的重要营养源，微量金属能够促进微生物的酶活性。在采用厌氧消化工艺处理有机废水中，由于营养不均衡，通常需要添加铁钴镍等微量元素。

（4）菌种接种浓度。产甲烷菌的生长速率较慢，因此菌种接种的数量与质量影响甲烷的产生。当接种量较少时，产甲烷菌需较长时间富集，产甲烷速率慢。因此，在启动初期需要严格控制有机或污泥负荷，避免发酵菌生长过快而引起的酸积累。

（5）搅拌。由于固体浓度高，厌氧消化装置中常出现分层现象，有浮渣层、液体层和污泥层，这些是由原料发酵不均匀所致，并产生死角或甲烷气难以释放。搅拌可增加微生物与物料的接触，加快发酵速度，提高产沼气气量，同时也防止大量原料漂浮结壳对沼气发酵的不良影响。搅拌主要包括机械搅拌、沼气搅拌和水射器搅拌三种方式。

（6）预处理。对反应物料进行不同的预处理会大大影响厌氧消化的效率。生物质厌氧消化的预处理同生物质乙醇发酵所用的预处理方法类似，包括物理预处理(热处理)、化学与处理(碱处理)和生物预处理(好氧处理)。预处理可以使颗粒尺寸减小，比表面积增大，一方面可以提高纤维素的可生化性，加大产气量，使固废减量化程度提高，另一方面可以减少消化时间。

4. 单相消化与两相厌氧消化

有机固体废弃物的厌氧消化可以分为单相消化(single-stage anaerobic digestion)和两相消化(two-stage anaerobic digestion)。单相消化是指水解酸化与产甲烷阶段都在一个反应器中进行。两相消化最初由 Pohland 和 Ghose 于 1971 年提出的，又叫两步法厌氧消化。两相消化是人为地将厌氧反应过程分解成水解产酸阶段和产甲烷阶段，来满足不同阶段厌氧消化微生物的活动所需，达到最佳的反应效率。

在单相厌氧工艺中，为保证在一个反应器内维持两类微生物(非产甲烷菌和产甲烷菌)的活性，就必须在一定条件下维持两类微生物之间的数量平衡。为了避免非产甲烷菌快速发酵酸化造成的 pH 下降，就要降低有机负荷、增大反应器溶剂和添加缓冲溶液，这样增加了处理成本，降低了处理规模。为克服单相厌氧工艺不足，两相厌氧消化工艺尽可能为各阶段的主要微生物提供所需要的环境条件，从而是各个阶段充分发挥其最佳反应效率，节约能耗。尤其是在水力停留时间要求较短时，两相系统的优越性就表现得更明显。

相分离的措施分为物化法和动力学控制法。物化法利用产甲烷菌抑制剂、控制反应器的高氧化还原电位、调整反应器pH低于6或采用可通透有机酸的选择性半透膜来淘汰产甲烷菌。动力学控制法是依靠调节反应器水力停留(HRT)来控制。由于产酸菌世代繁殖时间远远小于产甲烷菌的世代繁殖时间，因此，在产酸相反应器中控制HRT在一个较短的范围内，可以使世代较短的产甲烷菌逐步淘汰；而在产甲烷相反应器中，则控制较长的HRT使产甲烷菌富集。例如，两相厌氧消化由两个厌氧序批式反应器(ASBR)串联，完全混合厌氧反应器(CSTR)串联上流式厌氧膜反应器(UAF)，CSTR串联ASBR以及两相上流式厌氧污泥床(UASB+UASB)等。

10.2.4 生物制氢

氢能作为可再生的理想清洁燃料，被认为是最有吸引力的石油替代能源。氢能具有能量密度高、无污染和用途广泛等诸多优点。传统的制氢技术主要依靠石化燃料裂解和电解水方法制得，这两种方法成本高，而且氢气作为二次能源需依赖化石燃料，仍然不是可持续的能源载体。生物制氢是近年来发展的一项有机物转化氢能的厌氧技术，主要通过微生物的作用，分解有机物(或水)获得氢气。由于氢具有更广泛的工业用途，相比于产甲烷厌氧消化，生物制氢更具有应用价值。生物制氢是一条利用可再生资源的环境友好的途径，它具有反应条件温和、不消耗化石能源等优势。

自Nakamura于1937年首次发现微生物产氢现象，到目前为止已报道了多个属的细菌及藻类具有产氢能力。其中，产氢细菌分属兼性或厌氧的发酵细菌、光合细菌、固氮菌和蓝细菌四大类。根据产氢能力，目前备受关注的微生物产氢主要有三种：①以有机质为原料，以异养型厌氧发酵微生物为主的暗发酵产氢(dark-fermentation)；②以异养型紫色非硫光合细菌为主体的光发酵产氢(photo-fermentation)；③以自养型蓝细菌和绿藻进行光解水制氢。在以上三种产氢技术中，暗发酵产氢是目前的研究最为广泛的技术，其工艺条件简单，有机物利用广泛，除可利用葡萄糖、蔗糖等有机物外，还可利用固体废弃物、有机废水等可再生资源，因此达到废弃物处理和能源回收双重目的，极具发展前景。

1. 厌氧暗发酵产氢及产氢微生物

自然界中许多微生物可通过发酵方式产氢，氢作为理想的中间能量载体储存在细胞液中。产氢是细胞通过氢化酶去除过剩电子的独特机制。能够以厌氧发酵方式产氢的微生物种类繁多，主要包括专性厌氧的异养型微生物，如梭菌(*Clostridia*)和瘤胃细菌(Rumen bacteria)等，以及兼性厌氧菌，如大肠杆菌(*Esche-*

richia coli)和肠杆菌属(*Enterobacter*)等。少数好氧菌也可产氢，如产碱杆菌属(*Alcaligenes*)和芽孢杆菌属(*Bacillus*)。不同类型的微生物对有机底物进行产氢的能力不同，通常严格厌氧菌高于兼性厌氧菌。在所有的产氢微生物中，梭状芽孢杆菌(*Clostridium* sp.)和肠杆菌属是研究最广泛的两种菌属。梭状芽孢杆菌是革兰氏阳性、杆状、含芽孢的严格厌氧菌，肠杆菌是革兰氏阴性、杆状的兼性厌氧菌。

同种微生物不同菌株的产氢能力也存在差异。已报道的发酵产氢菌中，中温发酵菌居多，如已知的丙酮丁醇发酵过程中的发酵细菌丙酮丁醇梭菌(*C. acetobutylicum*)和拜式梭状芽孢杆菌(*C. pasteurianum*)，能分别达到1.1～2.3mol H_2/mol(以葡萄糖计)的产氢率。产气肠杆菌(*Enterobacter aerogens*)和阴沟肠杆菌(*Enterobacter cloacae*)的产氢率为0.35～3.3mol H_2/mol。在高温(55～60℃)和超高温(65～75℃)条件下，有些菌属具有极高的产氢率。据报道，*Thermotoga elfi* 和 *Caldicellulosiruptor saccharolyticus* 的产氢率可高达3.3mol H_2/mol。已报道的产氢发酵菌研究表明，对于不同产氢微生物，温度越高越有利于产氢率的提高。

目前，已发现有多种产氢发酵的途径。如图10.10所示，葡萄糖首先通过糖酵解途径转化成琥珀酸，产生NADH和ATP；琥珀酸在琥珀酸铁氧化还原酶和氢化酶的作用下继续转化成乙酰辅酶A、CO_2和H_2；琥珀酸也可以转化成乙酰辅酶A和甲酸，甲酸被微生物(*E. coli*)继续分解成CO_2和H_2。根据微生物和反应条件，乙酰辅酶A最终转化到乙酸、丁酸或乙醇。NADH被用来还原生成丁酸和乙醇，剩余的NADH被氧化生成H_2和NAD^+。整个产氢过程可由以下两个反应表示：

$$C_6H_{12}O_6 + 2H_2O \longrightarrow 2CH_3COOH + 2CO_2 + 4H_2 \tag{10.1}$$

$$C_6H_{12}O_6 \longrightarrow 2CH_3CH_2CH_2COOH + 2CO_2 + 2H_2 \tag{10.2}$$

$$C_6H_{12}O_6 + 2H_2O \longrightarrow CH_3CH_2OH + CH_3COOH + 2CO_2 + 2H_2 \tag{10.3}$$

根据反应式(10.1)和反应式(10.2)，从化学计量学上看，如产物是乙酸或丁酸，每摩尔葡萄糖分别可产生4mol或2mol H_2。除了这些有机酸，如产物为乙醇，则如反应式(10.3)，每摩尔葡萄糖可产生2mol H_2。然而，通常生物制氢的氢产率会低于化学计量学计算产率。一个原因是，葡萄糖可能会经历其他途径而不产氢。另外，部分葡萄糖消耗转化成微生物。理论产率只有很低的氢分压或产率等平衡条件下才能获得。不可排除的原因是部分氢被消耗转化成其他产物，如丙酸，如公式(10.4)：

$$C_6H_{12}O_6 + 2H_2 \longrightarrow CH_3CH_2COOH + 2H_2O \tag{10.4}$$

利用混合菌产氢的研究也已开展了十余年。目前的研究结果表明，由于菌种间的协同作用，混合菌系比纯菌进行厌氧生物制氢有明显优势，其产氢过程的调

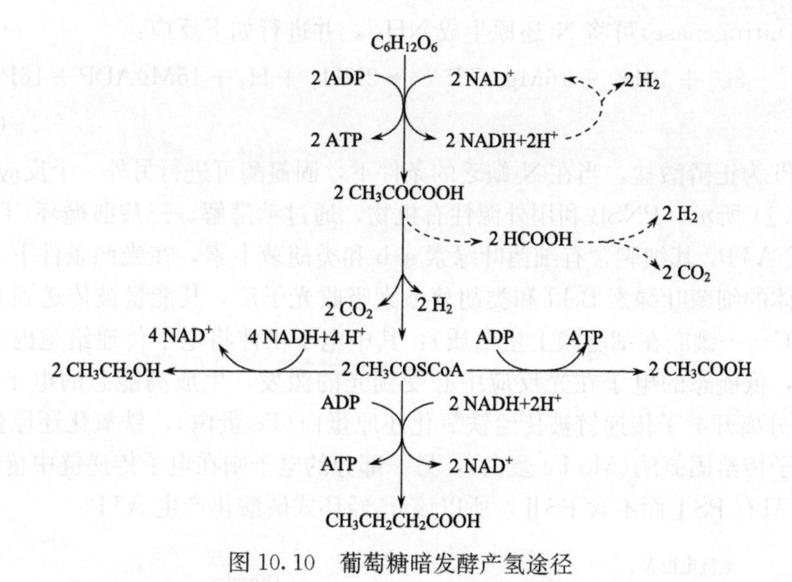

图 10.10　葡萄糖暗发酵产氢途径

控主要是通过控制发酵条件使得产氢能力高的发酵细菌在体系中占优势。

2. 光合微生物产氢

光合制微生物氢主要分为两类：一类是不产氧光合菌，称为紫色非硫细菌(purple non-sulfur bacteria，PNSB)，通过无氧光合作用分解有机物产生 ATP，供应固氮酶催化产氢；另一类是蓝细菌(cyanobacteria)或绿藻(green algae)通过光和磷酸化分解水，产生低电势电子并产氢[24]。

(1) 光合菌制氢。光合菌是地球上最早出现的具有原始光合成系统的一类原核生物，能在厌氧条件下进行不放氧的光合作用，产生氢气。1949 年，Gest 首次发现紫色非硫菌(purple non-sulfur bacteria，PNSB)*Rhodospirillum rubrum* 能够利用谷氨酸盐和延胡索酸盐为机制，在有光照的条件下生长并产氢。目前已报道超过 20 多种 PNSB 能够在固氮条件下产氢，其中包括淡水菌种 *R. sphaeroides*、*R. capsulatus*、*R. palustris*、*R. rubrum*，以及海水菌种 *Rhodovulum* sp.、*Rhodovulum sulfidophilum* 和 *Rhodobacter marinus* [25]。由于利用光能驱动热力学不可行的反应，PNSB 能以近 100%的电子转化率产氢，远远高于发酵菌。发酵菌从碳水化合物废水产氢仅能达到 15%的电子转化率，PNSB 从乳酸和葡萄糖中产氢的实际能量转换效率达到 72%和 32%[26]。由于 PNSB 能够利用有机质进行不产氧光合作用产氢，PNSB 因而对于废水处理及能源回收，即生物能源的转化具有重要意义。

PNSB 的光合放氢是利用固氮酶，而非氢化酶催化进行的。当在 N_2存在时，固氮酶(nitrogenase)可将 N_2 还原生成 NH_4^+，并进行如下反应：

$$N_2 + 8e^- + 10H^+ + 16MgATP \longrightarrow 2NH_4^+ + H_2 + 16MgADP + 16Pi \tag{10.5}$$

其中，Pi 为正磷酸盐。当在 N_2 缺乏的条件下，固氮酶可进行另外一个反应产氢，如图 10.11 所示，PNSB 利用外源性有机物，通过糖酵解、三羧酸循环(TCA 循环)生成 ATP，其细胞含有细菌叶绿素 a/b 和类胡萝卜素，在光照条件下，光捕获复合体的细菌叶绿素 Bchl 和类胡萝卜素吸收光子后，其能量被传送到光反应中心(RC——镶嵌在细胞膜上蛋白质)，其中电子供体将电子传递给胞内的电子传递链，低能态的电子在光反应中心受到光的激发，生成高能态的电子(e^*)，e^* 一部分离开电子传递链被传给铁氧化还原蛋白(Fe 蛋白)，铁氧化还原蛋白则又将电子传给固氮酶(Mo-Fe 蛋白)，另一部分的电子则在电子传递链中传递，由于 PSB 只有 PSⅠ而不含 PSⅡ，所以该 e^* 经环式磷酸化产生 ATP。

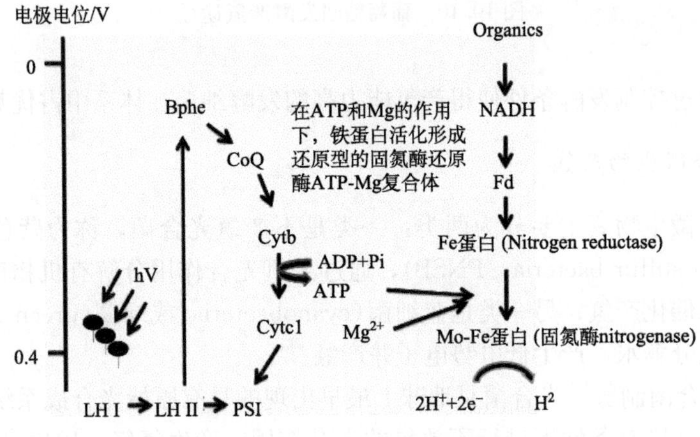

图 10.11　PNSB 产氢过程机理

固氮酶则利用 ATP、质子和电子，生成氢气。其反应式(10.6)为

$$2H^+ + 2e^- + mATP \longrightarrow H_2 + mADP + mPi \tag{10.6}$$

该反应是不可逆的。m 的最小值为 4，即每产生 1mol 的 H_2，至少需消耗 4mol 的 ATP；氢酶则主要起吸氢作用，以回收部分能量。

在光照条件下，PNSB 的固氮酶在缺少基质 N_2 或产物 NH_4^+ 时能还原质子放出 H_2；由于其只含光合系统Ⅰ(PSⅠ)，且电子供体不是水而是有机物或还原态硫化物，所以光合磷酸化过程不放氧，这种产氢不放氧的特性不会造成固氮酶活性的丧失，与蓝细菌和绿藻产氢相比，不需要进行产物 O_2 和 H_2 的分离。

PNSB 的光合放氢是在光合磷酸化提供的 ATP 和有机物降解提供的还原力，

在固氮酶的催化下共同完成的，其光合放氢过程的调控精密而复杂。光合过程调节因子，如光强、温度、pH等都可调控PNSB产氢过程。供氢体种类对产氢的影响各异，这与不同PNSB菌株选择吸收不同有机物能力即代谢酶类型相关。氮元素的含量、抑制或钝化固氮酶成分等影响固氮酶的调节机制因素都是影响PNSB产氢的重要因素。此外，光合菌产氢多采用纯培养和细胞固定化的技术路线，电子供体(供氢体)种类、菌龄、接种量、反应器的设计以及固定化技术所使用的包埋材料都会影响菌株产氢活性。

(2) 微藻光解水制氢。微藻光解水制氢是通过微藻光合系统(photosynthesis system，PS)及其特有的产氢酶将水分解成氢气和氧气[27]。根据所利用的酶系不同，可分为蓝藻固氮酶制氢和绿藻可逆产氢酶制氢。

微藻光解水制氢可以分为两个步骤：①微藻通过PSⅡ光合作用分解水，产生质子和电子；②与光合菌固氮酶制氢一致，蓝藻固氮酶将氮气转化为NH_3，其中有25%的电子用于还原质子释放氢气(如反应1)，此反应消耗ATP，并且由于吸氢酶的存在，蓝藻的产氢质子利用率低，部分产生的氢被蓝藻细胞以回收能量的方式重新吸收[28]。

绿藻利用可逆产氢酶，其产氢速度和光能利用率比蓝藻高很多。绿藻以太阳能为能源，可逆产氢酶制氢的电子来自光系统Ⅱ光解水，再通过质体醌、细胞色素bPf、光系统Ⅰ、铁氧化还原蛋白到产氢酶，还原质子产氢。1998年，国际能源局(IEA)的评估报告认为可逆产氢酶（reversible hydrogenase）间接光生物水解制氢路线为最有应用前景的方向。

但微藻制氢受到许多因素限制。藻类的氢代谢实际上是对藻类细胞正常代谢，特别是光合作用的一种调节机制。正常情况下，Fd得到的电子传递给$NADP^+$，微藻产氢量很低或者不产氢。只有在特殊条件下，电子才传递给H^+，使藻类制氢效率受到限制。此外，由于固氮酶和可逆氢酶对氧的敏感，只有在无氧或低氧下才能有酶活性，而氧作为产氧光合作用的副产物将不可逆地抑制产氢酶的催化活性；微藻的吸氢酶能回收部分放出的氢；微藻对太阳能转化效率还较低，过量的质子无法从光合作用中储存而是以荧光及热量形式散失。以上都是限制微藻产氢的重要因素。

微藻产氢和光合作用的调控机制尚未阐明。因此，目前对提高微藻产氢效能主要依靠遗传诱变筛选育种和酶改造或修饰。诱变筛选育种是依靠从自然界中筛选具有放氢活性的藻株作为出发菌，进而对出发菌进行人工诱变，得到具有较高的产氢效率或耐氧的突变菌。最近有报道称一种*Chalamydomonas reinhardtii*的多重显性突变体stm6能同时聚集淀粉并且具有高呼吸率，这一突变体为产氢藻种的改进提供了一个平台。

10.2.5　微生物燃料电池

1911 年，Potter 首先发现能利用细菌产生电流，但此后半个多世纪在微生物燃料电池(microbial fuel cell，MFC)领域没有重大的发现。直到 20 世纪 90 年代初期，燃料电池开始受到人们的关注，越来越多的研究工作开始投入到 MFC 领域。然而，早期实验室研究中需要外加化学中介体或电子穿梭体将电子从微生物传递到外部电极。20 世纪末，人们发现不添加中介体的 MFC 也能产电，这一发现使 MFC 技术取得了重大突破。随着 MFC 产能技术的日益成熟，生物阳极过程理论的逐步完善，MFC 技术衍生出了更多的生物能源利用与转化方式。其中，最具潜力的能源转化技术是微生物电解池(microbial electrolysis cell，MEC)技术，该技术可以将生物质能、电能或者光能转化为氢能。

1. 微生物燃料电池

微生物燃料电池是一种新型的生物能源转化方式——微生物利用生物质将化学能转化为电能。典型的 MFC 系统组成如图 10.12 所示。

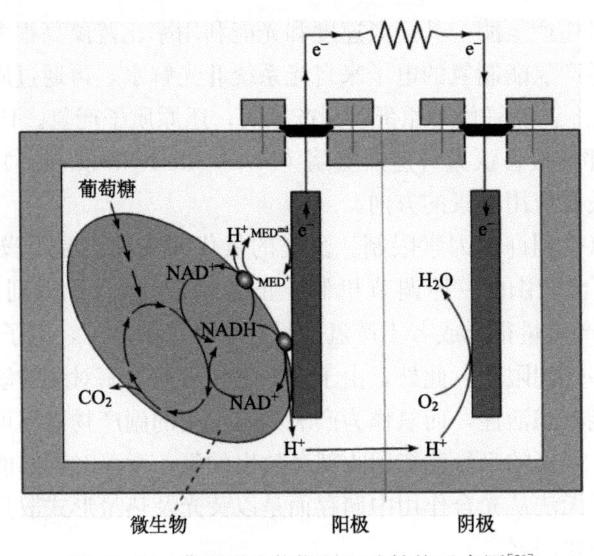

图 10.12　典型微生物燃料电池结构示意图[29]

MFC 基本工作原理包括以下三个方面：①在阳极腔室中，微生物作为催化剂，降解有机物，生成质子、电子和代谢产物，直接或间接将电子传递到阳极电极上。②电子通过外电路传递到阴极上，质子通过质子交换膜在溶液中迁移到阴极上。③在阴极腔室中，一般在阴极表面，通过化学催化剂的作用，使从阳极腔室中传递过来的电子、质子与氧化态的物质反应(如氧气通过催化反应被还原为水)。从电化学反应的角度讲，MFC 的工作原理与传统的燃料电池(fuel cell, FC)存在许多共同之处。若以乙酸钠作底物，其两极反应如下[30]：

$$\text{阳极：} CH_3COOH + 2H_2O \xrightarrow{\text{微生物}} 2CO_2 + 8e^- + 8H^+ \quad E = -0.279V$$

$$\text{阴极：} O_2 + 4H^+ + 4e^- \xrightarrow{\text{微生物/催化剂}} 2H_2O \quad E = 0.806V$$

根据热力学原理，以上化学反应可自发进行，这就为 MFC 实现化学能和电能之间的转化提供了理论基础。在此反应中涉及了许多复杂的酶催化过程，包括电子传递中间体(如 NADH 等)的氧化还原和一些电化学过程，可以称为“冷燃烧”。在阴极无氧的环境下，仍可由其他电子受体如 NO_3^-、NO_2^-、Fe(Ⅲ)、Mn(Ⅳ)、偶氮键 N=N 等被还原而接受电子形成外电流。

与化学燃料电池不同，在 MFC 中微生物降解有机物产生电子并通过一组呼吸酶在细胞内的传递并以 ATP 形式为细胞提供能量。电子进而被释放给最终电子受体，电子受体得电子后，自身被还原。所以 MFC 采用微生物取代了化学燃料电池中昂贵的阳极(或阴极)化学催化剂。这样 MFC 不仅大大降低了燃料电池的成本，其还具有可以利用比甲醇、氢等更复杂的燃料(如污水中的有机物等)发电，且产能不受基质浓度限制的优点。此外，微生物可在产电的过程中自我繁殖和更新，因而氧化有机物和还原电子受体的催化酶可由自身提供，不会出现催化剂的钝化现象，所以可以长期有效地在污水处理过程中实现电力输出。

与传统的微生物代谢过程相比，MFC 的微生物氧化过程也有其独到之处。在传统的微生物代谢过程中，最终电子受体如氧气、硝酸盐、硫酸盐等往往是通过生物膜的扩散作用直接进入细胞在生物呼吸链的末端得到电子被还原，还原产物再从细胞扩散出来。然而，在 MFC 中的阳极产电微生物可将电子导出体外传递给固体电极，以固体电极作为生物呼吸的电子受体。由此 MFC 将电子供体的氧化反应与最终电子受体的还原反应分隔成 MFC 系统的电极半反应，实现生物能向电能的转化。在 MFC 中将生物能转化成电能的关键是阳极室中微生物与电极之间的电子传递，这一电子转移机制一直是研究的重点。

在 MFC 中能将电子传递到细胞外并与外界电子受体接合的厌氧菌被称为胞外产电菌。在胞外产电菌的细胞内电子转移过程可利用微生物氧化代谢中的呼吸链，使电子经 NADH 脱氢酶、辅酶 Q、泛醌、细胞色素等传递。随后电子可通过微生物膜表面的氢化酶转移出细胞，最终在细胞外的电子还必须通过某种膜上物质或者可溶性氧化还原介体转移到电极上。目前，已发现且研究证实的阳极电子传递方式主要有四种[31]：直接接触传递、纳米导线传递、含有细胞色素的导电生物膜之间传递和电子穿梭体。这四种传递方式可概况为两种机制，前三种为生物膜机制，后者为电子穿梭机制，在不同的胞外产电微生物中这两种机制可能同时存在，协同促进电子向电极的传递过程。

电子穿梭产电机制，即微生物利用外加或自身分泌的电子穿梭体(氧化还原介体)，将代谢产生的电子转移至电极表面。由于微生物细胞壁的阻碍，大多数微生物自身不能将电子传递到电极上，需借助可溶性氧化还原介体，即有介体电子传递方式。早期的MFC研究中电子介体的数量和性质是限制MFCs产电效率的一个重要因素。理想的介体应具有下列特性：①能够被生物催化剂快速还原，并在电极上被快速氧化；②在催化剂和电极间能快速扩散；③氧化还原电势一方面要足以与生物催化剂相偶合，另一方面又要尽量低以保证电池两极间的电压最大；④在水溶液系统中有一定的可溶性和稳定性。典型的电子介体包括中性红、劳氏紫、硫瑾类、吩嗪类等。随着MFC技术的发展，生物膜产电机制逐渐受到研究者的关注。生物膜产电机制，即微生物在电极表面聚集，形成生物膜，并实现无介体电子传递的方式。细胞与电极的直接接触可通过膜外c型细胞色素传递电子；某些胞外产电微生物如*Shewanella*和*Geobacter*菌属可以利用生物“纳米导线”长程转移电子至电极[32]。同时微生物之间还能利用生物膜表面的c型细胞色素在生物膜的细胞间传递电子并最终到达电极。正是由于无介体电子传递机理的解析和发展，才使得MFC可以不依靠外源的化学电子中介体实现稳定的电能输出，大大提高了MFC的经济适用性。

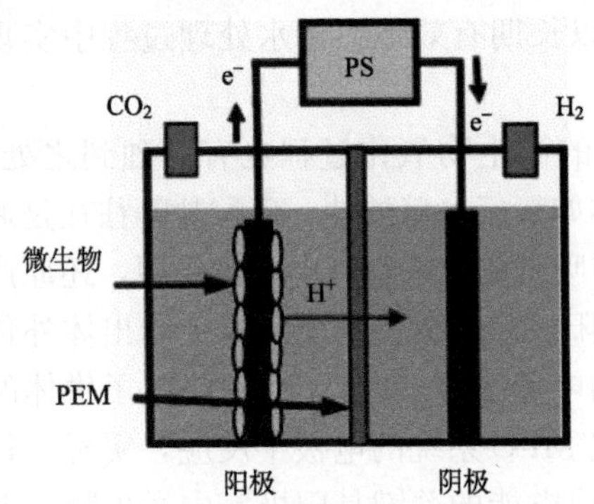

图10.13　微生物电解池结构示意图[30]

2. 微生物电解池

微生物电解池是基于MFC原理发展起来的新兴生物电化学系统。富集在阳极的产电微生物氧化降解废水中的有机物，氧化反应释放出的质子和电子在阴极通过消耗外加电能发生催化还原产生氢气。微生物电解池结构如图10.13所示。

阳极有机物在生物催化作用下发生氧化反应(以乙酸作为基质为例)：

$$\text{阳极：} CH_3COOH + 2H_2O \longrightarrow 2CO_2 + 8e^- + 8H^+$$

该电极反应产生的电子经外电路到达阴极，质子则经电解质传递到达阴极。质子与电子在阴极发生反应生成氢气：

$$\text{阴极：} 8H^+ + 8e^- \longrightarrow 4H_2$$

$$\text{总反应：} CH_3COOH + 2H_2O \longrightarrow 2CO_2 + 4H_2$$

根据热力学计算，在中性条件下阳极氧化乙酸的电极电势接近－300mV

(vs. SHE)，在中性条件下阴极反应产生氢气所需的电极电势为－410mV(vs. SHE)，所以微生物电解池需要外部提供理论上 110mV 的电压才能产生氢气，相对于在碱性条件下直接电解水制氢所需的 1.8 ～2.0V 来说，微生物电解池具有很大的节能优势[30]。

微生物电解池可以利用高浓度的有机废水和有机生物质废物为原料，在远远低于电解水制氢的外加电压之下将有机生物质转化为氢气。实现在处理有机废水的过程中回收废水中大量的能源，不仅可以减少在废水处理中的能量投入，而且可以将有机废物转化为清洁能源。微生物电解池甚至可以实现将纤维素转化为氢气，变废为宝。同时，采用微生物电解池制氢可以克服“发酵能垒”，显著提高氢气回收率至 60%左右，从而使得这种电化学辅助微生物制氢方式经济可行。

驯化得到具有良好产电活性的阳极微生物是实现微生物辅助产氢电解池的关键。研究中一般采用的驯化方式主要有两种：一是使用正常运行的微生物燃料电池的阳极直接作为微生物电解池的阳极，经过相对较短的运行周期即可实现产氢；二是使用微生物燃料电池的阳极出水作为种源接种至微生物电解池阳极进行培养驯化，但是驯化周期相对较长。

Liu 等(2005)首次利用质子交换膜(Nafion)隔开的双室 MEC，采用乙酸作为基质，通过外加 0.25V 以上的电压，使乙酸氧化所得的 90%的质子和电子在阴极转化成为氢气。整个 MEC 的库仑效率(E_c)为 60%～78%，产氢率为 2.9mol H_2/mol 乙酸(理论最高值为 4mol H_2/mol 乙酸)[30]。双室 MEC 利用质子交换膜虽然可以防止短流并在一定程度上阻挡微生物和氢气，阻止氢气渗入阳极，减少阳极微生物的嗜氢使氢气更纯，同时避免微生物对阴极催化剂产生毒化作用。但是由于膜的阻隔增加了质子扩散的阻力，影响质子在中性条件下的传递，同时也大大增加了电池内阻，导致电流密度过低(0.2～3.3 A/m^2)，也极大地增加了 MEC 的成本[33]。

为克服由于离子交换膜带来的能量损失，研究者开始转向单室无膜 MEC 的研究。基于的假设是：①单室 MEC 的两极 pH 梯度低，内阻减小，使得 MEC 有更好的产氢能力；②单室 MEC 的设备结构更加简单，无需昂贵的质子交换膜；③如果产氢速率足够大，氢在水中低的溶解度可以增加氢气的回收，进而减少嗜氢的发生。Hu 等首次开发了单室 MEC，在相同外加电压的条件下获得 2 倍于双室 MEC 的产氢速率，达到 0.69$m^3/(m^3 \cdot d)$[34]。Call 等在同时期的研究发现，在外加电压 0.8 V 时获得了 92%的库仑效率和 96%的氢气回收率，氢产率达到 3.12$m^3/(m^3 \cdot d)$。但单室 MEC 也会发生 H_2被阳极产甲烷菌所利用，空气扩散阴极式单室 MEC 可以使产生的氢气传质更好，减少 H_2向阳极的扩散消耗。空气扩散阴极的难点是如何防止阴极泄露，可以尝试将阴极设在阳极的上方防止阴极泄漏。尽管单室MEC产氢在多方面表现出优势，但仍需进行更多的改进以提高性能，尤其是需要分析MEC产甲烷的机理，建立避免H_2消耗生成甲烷的控制策略。

与MFC类似，MEC的固体阳极作为产电微生物附着的载体，影响着电子从微生物向阳极的传递，也对MEC系统产氢所需的实际外加电压的大小有着至关重要的影响。因此，MEC高性能阳极既要有易于产电微生物附着的特性，也需要有导电性强、电势稳定、生物相容性和化学稳定性好的特性。常用的阳极材料有碳布、碳毡、碳网、碳纸、石墨纤维刷等，碳布和薄石墨毡是理想的阳极材料。碳布和石墨毡具有合适的机械强度，适于与导线连接且方便确定电极间距等参数，但是由于其电化学活性不够理想而需要进一步的改性修饰。另一种理想的阳极材料是石墨纤维刷，用不易腐蚀的金属(不锈钢、钛)来编制固定石墨纤维，由于纤维尺寸小可以达到高比表面。目前，还缺乏对MEC阳极改进的深入研究。如何增加MEC阳极比表面积以提高微生物的附着，如何改性阳极以利于电子向电极的迁移，将现有的优化MFC阳极的技术应用在MEC阳极有无限制因素等，这些都将是今后研究MEC阳极的重点。

MEC的阴极在催化剂的作用下将电子传递给质子，并把质子还原为氢气。阴极材料通常采用碳布做基材，通过电沉积等方式附着上催化剂，来降低氢电势。主要采用的催化剂包括碳载铂、铅铂(Pb/Pt)以及不锈钢和镍合金等过渡金属材料。然而，催化剂的使用增加了阴极成本，降低了MEC产氢的经济可行性。探索更加经济的阴极催化剂材料，甚至不使用化学催化剂[36]，同样利用微生物的作用实现生物阴极产氢也将是优化MEC产氢技术的一个研究方向。

微生物是MEC产氢的核心。在MFC中阳极产电菌的活性取决于微生物转移电子到电极或者其反过程的能力，而在MEC的阳极中，产电微生物还需承受系统的外加电压。在MFC中，产电菌存在于所有5种*Proteobacteria*(变形菌门)以及*Firmicutes*(厚壁菌)和*Acidobacteria*(酸杆菌)中。由于MFC与MEC的机理类似，因而研究MFC与MEC阳极微生物的种群关系是微生物燃料电池技术研究的一大热点。目前对MEC的生物群落的分析研究表明，施加电压导致微生物群落发生极大变化，阳极仅存有β-*Proteobacteria*和δ-*Proteobacteria*，如*Geobacter sulfurreducens*(产电模式菌)。外加电压是否限制了MEC阳极的产电效能，是否增加了氢超电势等机理均尚不清楚。

与阴极金属催化材料不同，生物阴极上活性微生物自身可以繁殖。生物阴极中电极作为电子供体，将电子传递给微生物，微生物再将质子转化成氢气。阴极产氢菌存在以下两种活动：①维持生存与繁殖；②在共生菌的作用下进行种间质子和电子传递过程。维持产氢菌的两种活动仅需要$-16\sim-29$kJ/mol H_2的能量。从热力学观点出发，生物阴极 MEC 产氢又会是一个能量储存的过程。因此，生物阴极会大大提高 MEC 产氢的经济可行性。然而，MEC 的生物阴极特性研究才刚刚起步，对生物阴极电子传递的机理还缺乏深入的研究。Rosenbaum 等[37]通过分析目前研究发现的生物阴极还原过程及已知的微生物胞外氧化反应，推测 c 型细胞色素和氢化酶在生物阴极中直接电子传递过程中发挥着关键作用，而一些自然的氧化还原电对，如吡咯喹啉醌(PQQ)则会参与间接电子传递过程中的生物电化学反应。这一推测为理解生物阴极的电子传递机理提供了崭新的思路，但是要寻找证据验证这一假设尚需要大量的研究工作。

参考文献

[1] Buléon A, Colonna P, Planchot V, et al. Starch granules: structure and biosynthesis. Int J Biol Macromol, 1998, 23: 85-112.

[2] Nichols N N, Monceaux D A, Dien B S, et al. Production of ethanol from corn and sugarcane. In: Wall J D, Harwood C S, Demain A, et al, Bioenergy. 1st ed. Washinton: ASM Press, 2008.

[3] Himmel M E, Ding S Y, Johnson D K, et al. Biomassrecalcitrance: Engineering plants and enzymes for biofuels production. Science, 2007, 315: 804-807.

[4] Claassen P A M, van Lier J B, López Contreras A M, et al. Utilization of biomass for the supply of energy carriers. Appl Microbiol Biotechnol, 1999, 52: 741-755.

[5] Sánchez Ó J, Cardona C A. Trends in biotechnological production of fuel ethanol from different feedstocks. Bioresour Technol, 2008, 99: 5270-5295.

[6] Holtzapple M T, Jun J H, Ashok G, et al. The ammonia freeze explosion (AFEX) process: A practical lignocellulose pretreatment. Appl Biochem Biotechnol, 1991, 28/29: 59-74.

[7] Mosier N, Wyman C, Dale B E, et al. Features of promising technologies for pretreatment of lignocellulosic biomass. Bioresour Technol, 2005, 96: 673-686.

[8] Öhgren K, Galbe M, Zacchi G. Optimization of steam pretreatment of SO_2-impregnated corn stover for fuel ehtanol production. Appl Biochem Biotechnol, 2005, 121/124: 1055-1067.

[9] Sassner P, Martensson C G, Galbe M, et al. Steam pretratment of H_2SO_4-impregnated Salix for the production of bioethanol. Bioresour Technol, 2008, 99: 137-145.

[10] Lee Y Y, Lyer P, Torget R. Dilute-acid hydrolysis of lignocellulosic biomass. Berlin/Heidelberg: Springer, 1999.

[11] Olofsson K, Bertilsson M, Lidén G. A short review on SSF-an interesting process option for ethanol production from lignocellulosic feedstocks. Biotechnol Biofuels, 2008, 1.

[12] Nichols N N, Dien B S, Cotta M A. Fermentation of bioenergy crops into ethanol using biological abatement for removal of inhibitors. Bioresour Technol, 2010, 101: 7545-7550.

[13] Huang H, Liu H, Gan Y R. Genetic modification of critical enzymes and involved genes in butanol biosynthesis from biomass. Biotechnol Adv, 2010.

[14] Dürre P. Biobutanol: An attractive biofuel. Biotechnol J, 2007, 2: 1525-1534.

[15] Gutierrez N A, Maddox I S, Schuster K C, et al. Strain comparison and medium preparation for the ac-

etone-butanol-ethanol (ABE) fermentation process using a substrate of potato. Bioresour Technol, 1998, 66: 263-265.

[16] Qureshi N, Saha B C, Hector R E, et al. Production of butanol (a biofuel) from agricultural residues: Part II - Use of corn stover and switchgrass hydrolysates. Biomass Bioenerg, 2010, 34: 566-571.

[17] Woods D R. The genetic engineering of microbial solvent production. Trends Biotechnol, 1995, 13: 259-264.

[18] Kumar M, Gayen K. Developments in biobutanol production: New insights. Appl Energ, 88: 1999-2012.

[19] Ezeji T, Qureshi N, Blaschek H P. Production of acetone-butanol-ethanol (ABE) in a continuous flow bioreactor using degermed corn and*Clostridium beijerinckii*. Process Biochem, 2007, 42: 34-39.

[20] Mariano A P, Costa C B B, de Angelis DdF, et al. Optimisation of a continuous flash fermentation for butanol production using the response surface methodology. Chem Eng Res Des, 2010, 88: 562-571.

[21] Tummala S B, Welker N E, Papoutsakis E T. Design of antisense RNA constructs for downregulation of the acetone formation pathway of *Clostridium acetobutylicum*. J Bacteriol, 2003, 185: 1923-1934.

[22] Tummala S B, Junne S G, Papoutsakis E T. Antisense RNA Downregulation of Coenzyme A Transferase Combined with Alcohol-Aldehyde Dehydrogenase Overexpression Leads to Predominantly Alcohologenic Clostridium acetobutylicum Fermentations. J Bacteriol, 2003, 185: 3644-3653.

[23]刘广青，董仁杰，李秀金. 生物质能源转化技术. 北京：化学工业出版社，2009.

[24] Harwood C S. Nitrogenase-catalyzed hydrogen production by purple nonsulfur phtosynthetic bacteria. In: Wall J D, Harwood C S, Demain A, et al, Bioenergy 1st ed. Washington, DC: ASM Press, 2008.

[25] Li R Y, Fang H H P. Heterotrophic photo fermentative hydrogen production. Crit Rev Env Sci Tec, 2009, 39: 1081-1108.

[26] Angenent L T, Karim K, Al-Dahhan M H, et al. Production of bioenergy and biochemicals from industrial and agricultural wastewater. Trends Biotechnol, 2004, 22: 477-485.

[27] Levin D B. Biohydrogenproduction: Prospects andlimitationtopractical application. Int J Hydrogen Energ, 2004, 29: 173-185.

[28] 韩志国，李爱芬，龙敏南，et al. 微藻光合作用制氢——能源危机的最终出路. 生态科学，2003，22：104-108.

[29] Rabaey K, Clauwaert P, Aelterman P, et al. Tubular microbial fuel cells for efficient electricity generation. Environ Sci Technol, 2005, 39: 8077-8082.

[30] Liu H, Grot S, Logan B E. Electrochemically assisted microbial production of hydrogen from acetate. Environ Sci Technol, 2005, 39: 4317-4320.

[31] Lovley D R. The microbe electric: conversion of organic matter to electricity. Curr Opin Biotech, 2008, 19: 564-571.

[32] Gorby Y A, Yanina S, McLean J S, et al. Electrically conductive bacterial nanowires produced by Shewanella oneidensis strain MR-1 and other microorganisms. Proc Nat Acad Sci, 2006, 103: 11358-11363.

[33] Fan Y Z, Hu H Q, Liu H. Sustainable power generation in microbial fuel cells using bicarbonate buffer and proton transfer mechanisms. Environ Sc Technol, 2007, 41: 8154-8158.

[34] Hu H, Fan Y, Liu H. Hydrogen production using single-chamber membrane-free microbial electrolysis cells. Water Res, 2008, 42: 4172-4178.

[35] Call D, Logan B E. Hydrogen production in a single chamber microbial electrolysis cell lacking a membrane. Environ Sci Technol, 2008, 42: 3401-3406.

[36] Rozendal R A, Jeremiasse A W, Hamelers H V M, et al. Hydrogen production with a microbial biocathode. Environ Sci Technol, 2008, 42: 629-634.

[37] Rosenbaum M, Aulenta F, Villano M, et al. Cathodes as electron donors for microbial metabolism: Which extracellular electron transfer mechanisms are involved? Bioresour Technol, 2011, 102: 324-333.

第 11 章 仿生传热、隔热材料

热能作为最重要的能量存在形式被广泛于生产和生活的各个环节，它或者作为一种能源直接使用，如采暖、锅炉等；或者作为能源转换的中间形式，如热电等。随着科学技术的快速发展和能源问题的日益突出，热量传递问题大量出现在动力、冶金、石油、化工、材料等工程领域以及航空、航天等高技术领域，因此，强化传热和冷却技术在能源的开发和利用过程中起着重大甚至关键性的作用，并已经成为现代传热学中一个十分引人关注的研究领域。

能量损耗中的大部分是以热的形式损失的。因此，热能的有效利用对提高能源的使用效率就显得尤为重要。而要实现热能的有效利用，一方面，当热能直接作为热源或能源转化的中间形式时，需要热能有效传递(即强化传热)；另一方面，当能量以热能形式耗散时，需要对将要散失的进行阻隔(即高效隔热)。

11.1 强化传热材料

11.1.1 沸腾传热

在传热过程中，当液体通过高温固体表面时，如果固体表面的温度达到了液体的沸点，液体就会很快蒸发，从而将高温固体表面的热量及时带走，实现了高温表面的冷却，也就是沸腾传热过程。按照沸腾中液体所处的空间和位置，沸腾被分为池沸腾与管沸腾两大类。池沸腾又称大容器内沸腾，指液体处于受热面一侧的较大空间中，依靠气泡的扰动和自然对流而流动。而管沸腾则是液体以一定流速流经加热管时所发生的沸腾现象。这时所生成的气泡不能自由上浮，而是与液体混在一起，形成管内气液两相流。在这里我们重点讨论应用更为广泛的池沸腾。影响沸腾传热过程的因素很多，具体包括液体和蒸气的性质、被加热固体面的表面的化学组成和粗糙度，同样重要的还有液体对表面的浸润性、操作压力和固液温度差等。[1-14]

1. 沸腾传热的四个阶段

根据沸腾传热随着固体表面温度升高而不断发生的变化，沸腾传热被划分为四个具有典型特征的阶段，即单相阶段(single phase regime)、核沸腾阶段(nucleate boiling regime)、相转变沸腾阶段(transition boiling regime)和膜沸腾阶段

(film boiling regime)。[15]

通常，将过热度作为划分几个不同沸腾阶段的温度参数。固体表面的过热度是指在沸腾过程中固体表面的温度与液体的饱和温度的差值。当过热度较低时，液体内没有气泡产生，固-液间的传热仅是液体的单相热对流。由于没有气体产生，单纯固-液间传热效率差，这时热流密度较低，热流密度随着固体表面温度的升高而升高，如图 11.1 所示。随着固体表面的温度升高，过热度增大，开始在固-液的界面上成核形成气泡，气泡在固体表面稍长大后因为液体再浸润固体表面而脱离固体表面并浮至液体表面而消失，这就是核沸腾阶段。在这个过程中固体表面的热量被带走，增加了传热效率。因此，核沸腾阶段的热流密度高于单相传热阶段。在此阶段中，热流密度同样随着过热度的增大而增大。核沸腾是沸腾传热中应用最为广泛的沸腾模式，在核沸腾的过程中，气泡在形成之后并没有相互接触、连接或合并。每一个气泡都单独地生长并且在与其他气泡合并之前由于固体表面被液体再浸润而从固体表面脱离，这样热量就以最快的方式通过气泡在固液间进行传递。而随着固体表面温度进一步升高，气泡的生长速度会不断加

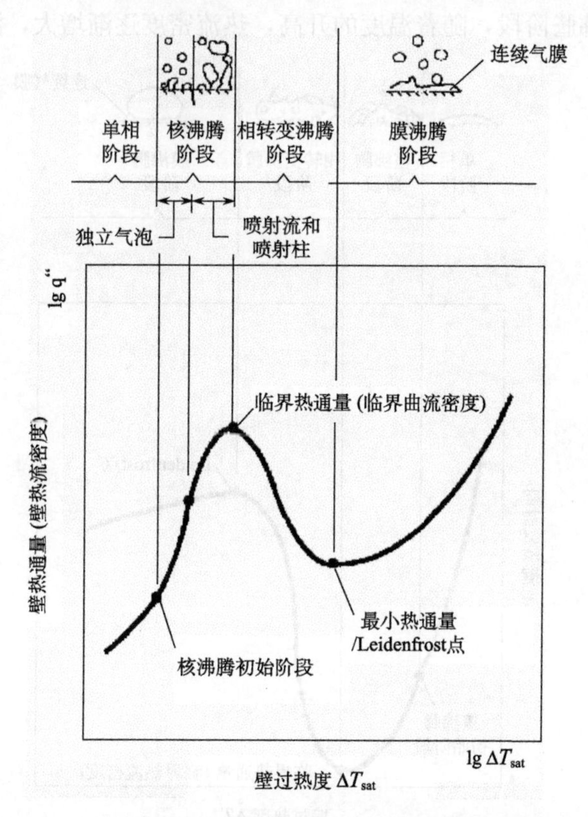

图 11.1　达到饱和温度的传热介质中高温表面的典型沸腾曲线

快，以至于当超过某一临界点时，一些气泡在固体表面脱离之前，就已经开始与相邻气泡连接并发生合并。因为气体是热的不良导体，所以气体在表面的连接和合并使得气泡覆盖固体表面的面积变大。随着时间的延长，传热效率降低，这就是相转变阶段，相转变沸腾阶段中热流密度随着温度的升高而不断降低，沸腾传热进行到此阶段，相当于发生了一定程度的能源浪费。

随着相转变沸腾进行，固体表面温度进一步升高，固体表面生成的气泡不断地合并，当温度升高到某一临界温度，固体表面的气泡快速地生长合并以至于全部互相连接，在固体表面形成一层连续的气膜，完全将固-液之间隔离开来，使得固-液热流密度达到最低，至此沸腾传热进入膜沸腾阶段。连续的气膜极大地阻碍了固液之间的热传导。固体表面加热的过程中，一旦发生了膜沸腾，固体表面在继续受热的情况下无法将热量传导出去，容易发生快速过热而产生危险的情况，这是沸腾传热设备的一大安全隐患。因此应该尽量避免膜沸腾的发生。

沸腾传热的一种极端情况，就是一个单独的液滴在固体表面的沸腾。单个液滴的沸腾同样拥有着单相、核沸腾、相转变沸腾和膜沸腾四个阶段，如图 11.2 所示。在单相沸腾阶段，随着温度的升高，热流密度逐渐增大，液滴的蒸发时间

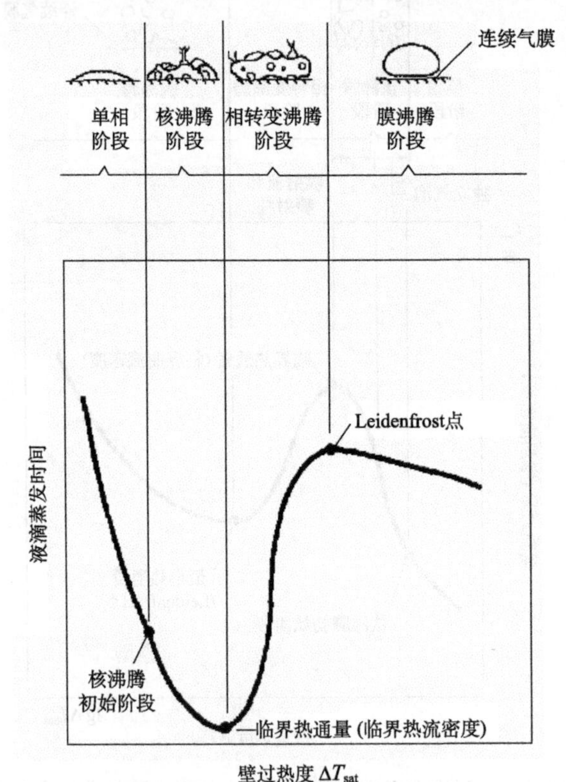

图 11.2　饱和温度液滴在高温固体表面的典型蒸发曲线

也在逐渐减少。随着沸腾进入到核沸腾阶段，由于传热效率的增大，液滴蒸发速度不断增大，当液滴的蒸发速率最大，也就是液滴的蒸发时间最短的时候，此状态下的固液界面间的热流密度，就称为临界热流密度(critical heat flux，CHF)，即核沸腾与相转变沸腾交界处的热流密度。临界热流密度是固体表面能够达到的最高的热流密度，因此它在一定程度上体现了固体表面的传热性能。[16-18]

2. 临界热流密度和 Leidenfrost 温度

继续升高固体表面的温度，沸腾进入相转变沸腾阶段，传热效率的降低使得液滴蒸发速度逐渐降低，液滴的蒸发时间越来越长，当温度升高到某一温度范围时，整个液滴底部形成了一层连续的气膜，液滴蒸发时间达到最长值，液滴与固体表面完全不浸润，而只是通过连续气膜的辐射传热进行缓慢蒸发，这个温度称为 Leidenfrost 温度。可见，Leidenfrost 温度处于相转变沸腾与膜沸腾的交界处。当固体表面的温度高于 Leidenfrost 温度，液滴在高温固体表面不发生浸润，而被液滴底部的连续气膜所阻隔，液体的沸腾现象消失，在高温固体表面会出现液滴弹跳现象，这种现象称为 Leidenfrost 现象，这样的液滴称为 Leidenfrost 液滴，如图 11.3 所示。由于处于 Leidenfrost 温度的液滴在高温表面不再是直接蒸发，而是悬浮于液滴自身底部的一层蒸发气膜上，这层气膜将液体与高温表面隔绝开，阻碍了高温表面热量的传递，从而影响了传热效率。因此，在实际生产中，为了提高传热过程中的传热效率，人们致力于提高液滴的 Leidenfrost 温度，进而实现能量的充分利用。

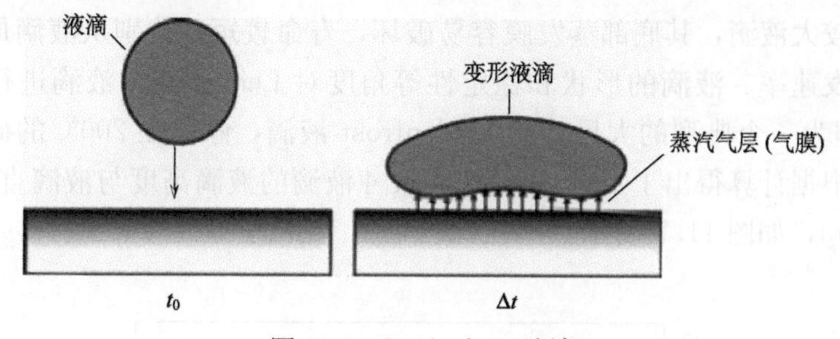

图 11.3　Leidenfrost 液滴

沸腾传热是发生在固液界面上的传热形式。在固-液间的传热过程中，液体和固体表面的性质均能显著影响液滴在高温固体表面的行为。

3. 液滴性质对高温固表面液滴行为的影响

通常作为热传递介质的有三种液体：纯水、纳米流体和添加高聚物或表面活性剂的液体。

1)纯水滴在高温固体表面的行为

Quéré[19]在研究 Leidenfrost 液滴在高温表面的行为时，以纯水滴为工作液滴，观察其在高温铝表面的行为。他们将半径为 1mm 的水滴静止在不同温度的铝表面，记录了不同温度的铝表面液滴的蒸发时间。发现当高温表面温度在100℃以下时，水滴的寿命随高温表面的温度增加而降低，当温度为 100～150℃时，液滴寿命在不断增加，尤其是在 150℃附近时，液滴的寿命急剧增加到100s，如此长的蒸发时间说明液滴底部的蒸发气膜完全将固液两相隔开，此时的传热效率是最低的。而当继续升高温度时，水滴的寿命又开始降低，如图 11.4 所示。

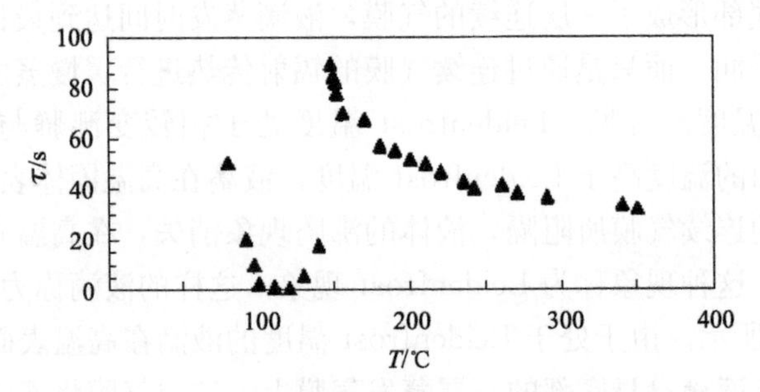

图 11.4　水滴在不同温度铝表面的蒸发时间

此外，Quéré 研究小组也研究了同一高温表面，不同直径的水滴随时间的变化规律，如图 11.5 所示。从图中可观察到，液滴的半径越小，其蒸发时间就越长，对于较大液滴，其底部蒸发膜容易破坏，寿命较短。分别从液滴最大尺寸、液滴的蒸发速率、液滴的形状和稳定性等角度对 Leidenfrost 液滴进行了表征。图 11.6 即为一个典型的大尺寸的 Leidenfrost 液滴，停留在 200℃的硅片表面。研究人员根据计算得出了 Leidenfrost 大尺寸液滴的液滴高度与液滴直径的关系[式(11.1)]，如图 11.7 所示。

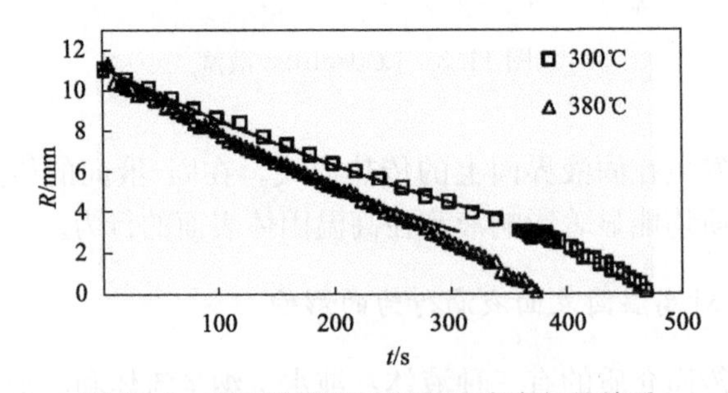

图 11.5　液滴的蒸发时间与液滴半径的关系

图 11.6　水滴在 200℃的硅表面的形态

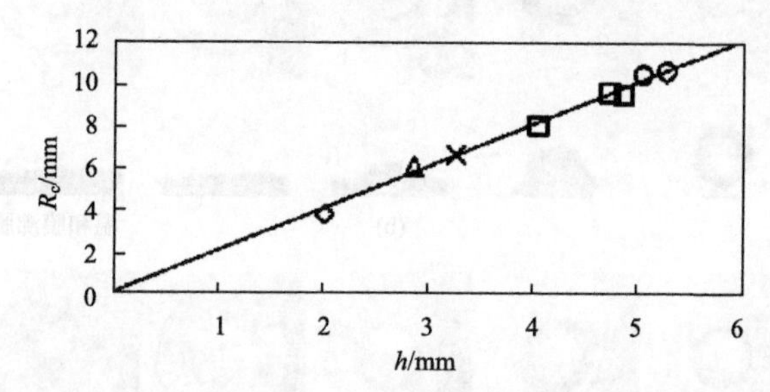

图 11.7　大尺寸 Leidenfrost 液滴的直径与液滴高度的关系

$$R_c = 1.92h \tag{11.1}$$

Tran[20]等研究了下落水滴在不同高温表面的行为过程，如图 11.8 所示。图 11.8(a)的表面温度为 380℃，在 0.6ms 后，液滴就开始蒸发迸溅，而且越来越剧烈。继续升温到 500℃[图 11.8(b)]时，液滴底部形成一层稳定的蒸发膜，而且还可以发生弹跳。但是当温度升高到 580℃[图 11.8(c)]时，液滴底部的蒸发气膜开始有小液滴迸溅，导致液滴不能完整地弹跳。这说明高温表面的温度能显著影响液滴的弹跳过程。

Cumo[21]等研究了水滴下落高度、固体表面温度及倾斜程度对下落水滴的行为影响。在改变水滴下落高度时，随着高度的增加，水滴的下落速度增大，迸溅出的小液滴也越多，从而促进了水滴的快速蒸发，如图 11.9 所示。当保持同一下落高度，改变固体表面温度时，可观察到，随着温度的升高，水滴迸溅出的小液滴越来越少，也就是说蒸发现象越来越不明显，这是因为液滴由蒸发态开始向 Leidenfrost 态转换，如图 11.10 所示。通过比较水滴在高温的水平和倾斜表面的行为，可以发现相对于水平表面，倾斜表面更有助于维持液滴的完整性，更易进行弹跳；而水平表面却有助于液滴的沸腾，如图 11.11 所示。

由此可见，水滴在高温表面的行为与水滴的大小、下落高度有关。水滴越大蒸发越剧烈；下落高度越高，液滴越容易破裂，沸腾也就越剧烈。除了液滴的性质，固体表面的温度和倾斜程度也很重要。表面温度越高，就越容易形成蒸发气

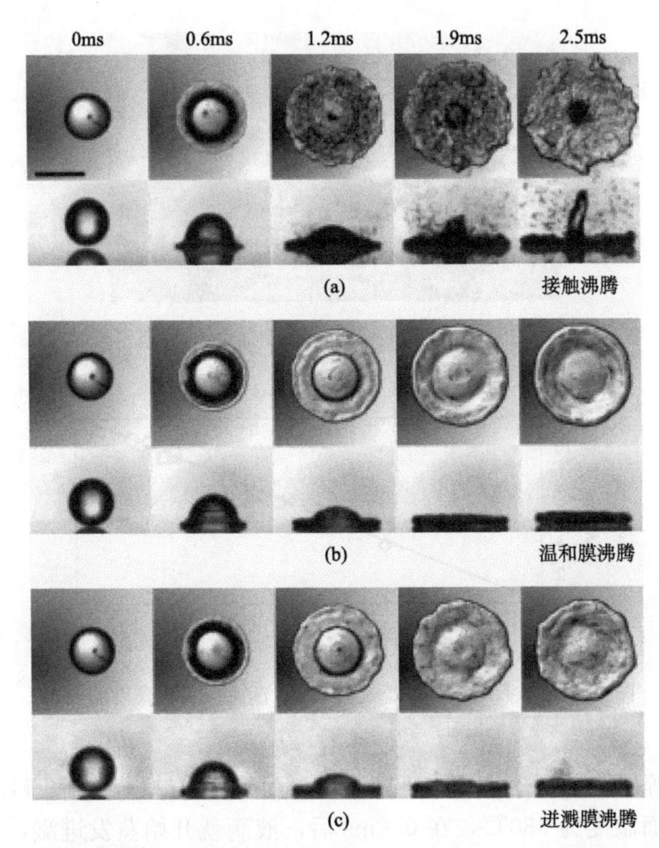

图 11.8　下落水滴在不同高温表面的行为过程。(a)380℃；(b) 500℃；(c) 580℃。

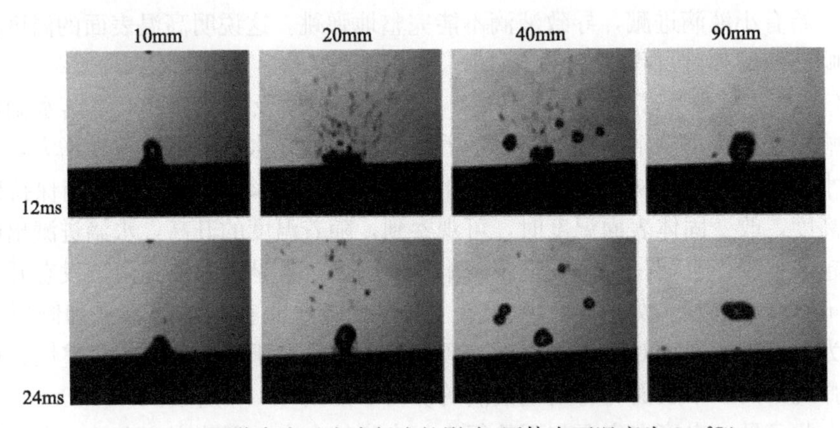

图 11.9　下落高度对水滴行为的影响(固体表面温度为 240℃)

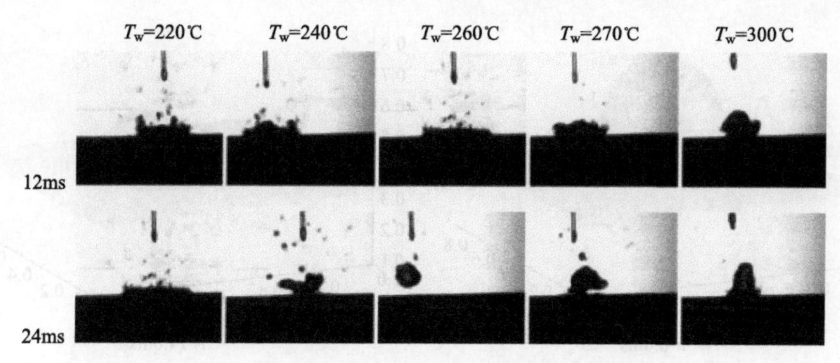

图 11.10　固体表面温度对水滴行为的影响

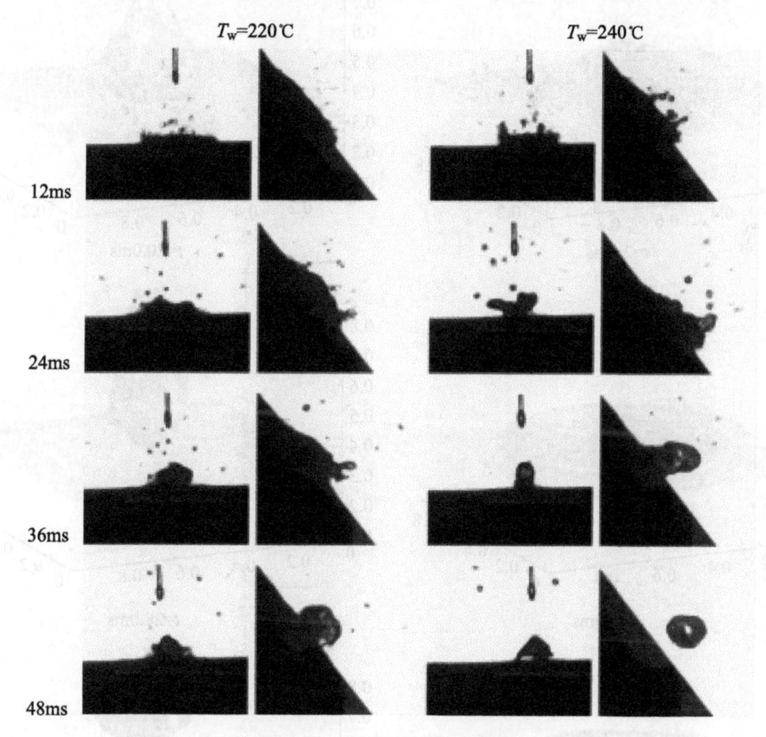

图 11.11　水滴在水平表面和倾斜表面的行为过程图

膜，液滴的蒸发时间就会越长，也更容易发生弹跳。固体表面越倾斜，Leidenfrost 现象就越明显。

此外，Fan 研究小组[22]和 Bergeles 研究小组[23]还分别从理论模拟计算的角度模拟了 Leidenfrost 液滴在高温表面与表面发生撞击过程中的能量、热量、温度变化等。图 11.12 为一个典型的 Leidenfrost 液滴在高温表面与表面撞击、铺展，弹起的过程的模拟示意图，其过程经过比较与液滴真实弹起过程几乎完全符

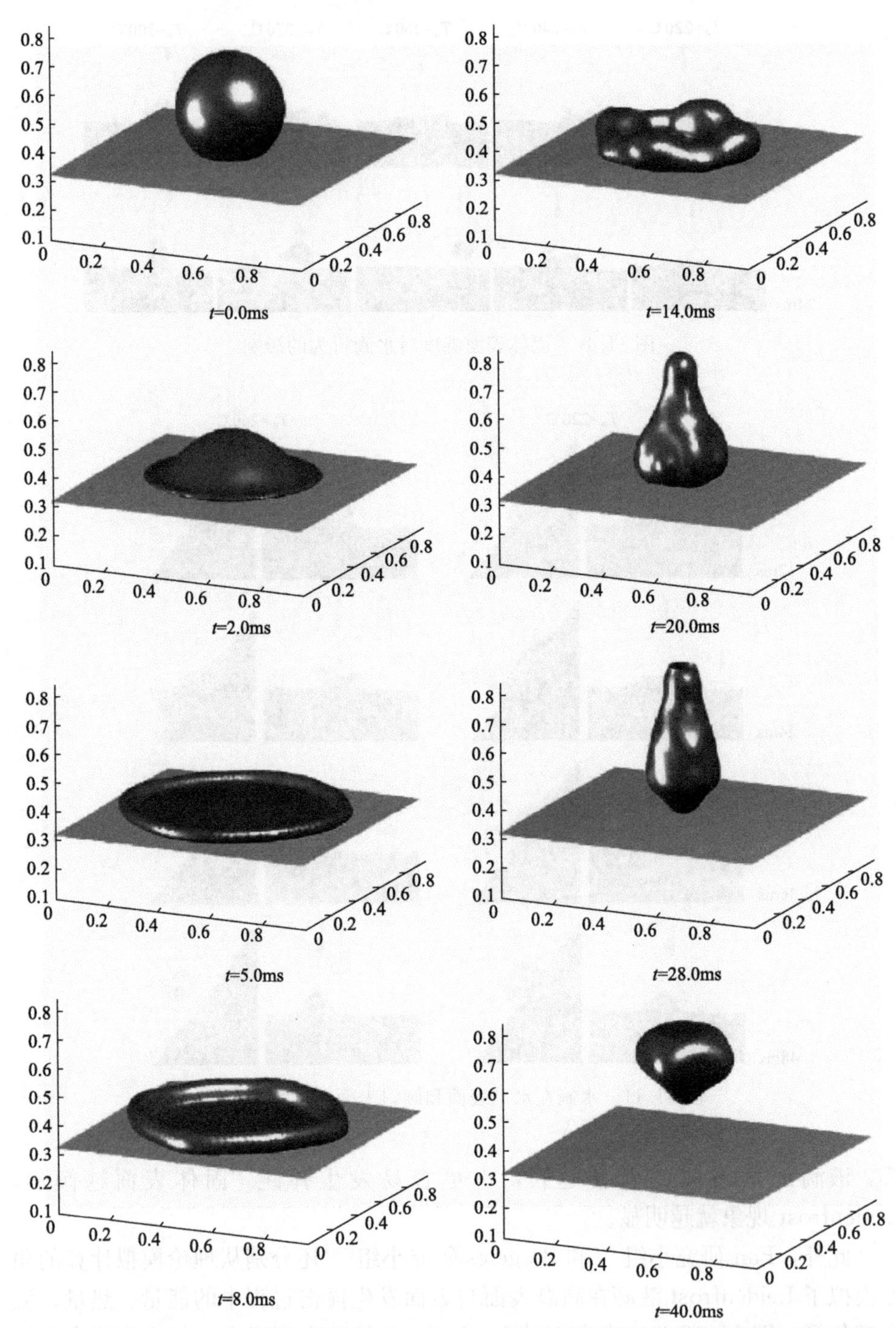

图 11.12 3.8mm 直径的水滴撞击到 400℃高温表面的过程模拟示意图。图中各坐标轴均代表长度，原文献没有明确长度单位，从模拟液滴直径推断长度单位为 cm。

合。在研究者的模拟结果中，有一些是与固液界面传热直接相关的。他们的研究结果表明，在液滴接触表面后铺展开来的过程中，液滴内部的温度变化极小；而在随后的液滴回缩的过程中，固液界面间的传热量也很少；在液滴回缩的过程中，液滴内部才开始升温。这就证明了液滴的内部温度变化对于液滴弹起的温度几乎没有任何影响，而液滴是否能够弹起基本上只取决于固体表面的结构、化学组成以及温度。除了对 Leidenfrost 液滴的理论研究之外，科学家还研究了其在液滴驱动、特殊结构制备领域的应用。Linke 研究小组[24]通过对宏观锯齿状结构表面加热到 Leidenfrost 温度以上，实现了液滴在表面上的定向性自驱动，这为液滴驱动提供了新的思路，如图 11.13 所示。

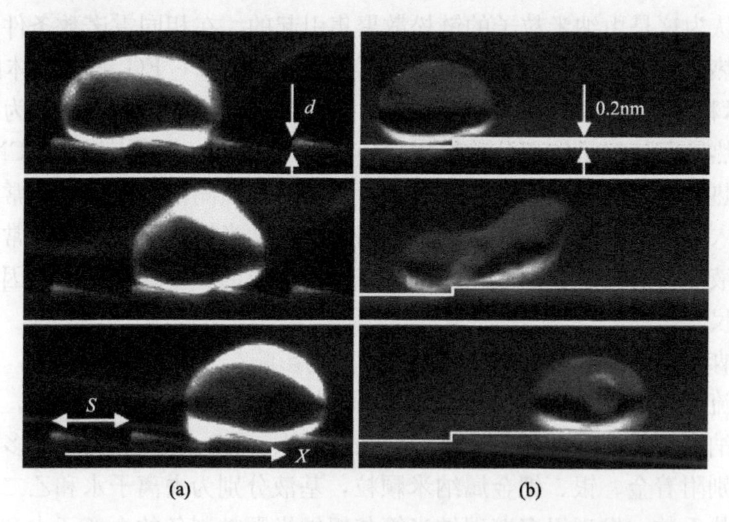

图 11.13 Leidenfrost 液滴在高温锯齿表面的自驱动运动

2）纳米流体液滴的性质及其在高温固体表面的行为

20 世纪 90 年代以来，研究人员开始探索将纳米材料技术应用于强化传热领域，研究新一代高效传热冷却技术。1995 年，美国 Argonne 国家实验室的 Choi 等提出了一个崭新的概念“纳米流体”，即将 1～100nm 的金属或者非金属粒子悬浮在基液中形成的稳定悬浮液。自从纳米流体的概念提出后，立刻引起了国内外学者对纳米流体的广泛关注。研究表明，在液体中添加纳米粒子，可以显著增加液体的导热系数，提高热交换系统的传热性能，为流体强化传热带来了新的机遇。因其在提高流体导热系数和传热效率、减小壁面摩擦阻力等方面的优点，辅助剂材料已成为新致冷液的制备和热交换器小型化领域中一种最具有吸引力的传热传质之一。许多文献已经报道了纳米流体传热性能的特异性，如比传统的固/液悬浮物的传热性能好；传热性能和浓度之间存在非线性关系(也包括碳纳米管)；导热系数的提高存在很强的温度依赖关系；池内沸腾换热中临界热流量显著增加。可见，纳米流体的每一种特性对于传热领域都是急需的，利用纳米流体的这些特性，发展新一代的传热和冷却技术对实际应用是十分重要的。

A. 纳米流体的导热系数

导热系数是衡量流体强化传热性能的一项重要指标，研究纳米流体的首要目的也是提高流体的导热系数。众所周知，固体的导热系数比液体高。因此，悬浮于流体中的固体颗粒能够提高流体的导热系数。

（1）纳米粒子体积分数对纳米流体导热系数的影响

在液体中添加纳米粒子显著增加了液体的导热系数，Li 等[25]在研究氮化硼/乙二醇纳米流体的导热系数时，发现仅添加少量的纳米颗粒，流体的导热系数就很高。他认为这是由纳米粒子的链松散聚集引起的。在相同雷诺数条件下，纳米流体的导热系数随纳米粒子体积分数的增加而增大。Fe/EG 纳米流体的热导率随 Fe 纳米粒子体积分数的增加呈非线性增加[26]；以 $A1_2O_3$ 纳米粒子为添加物的纳米流体热导率随粒子体积分数的增加而增加[27]。Choi 等[28]测量了 CNT/oil 纳米流体的热导率，结果发现该流体的热导率与理论预测值相比出现反常增加并随纳米管加入量的增加呈非线性增加。他们认为该纳米流体热导率的反常增加是纳米管悬浮液的传热特性和固液界面的有序结构造成的，非线性现象归因于纳米管的形状和尺寸。

（2）纳米粒子属性对纳米流体导热系数的影响

纳米流体的导热系数不仅随纳米粒子的体积分数几乎呈线性增加，而且高导热系数的纳米粒子使得纳米流体的导热系数更大。Jha 等[29]研究了以多壁碳纳米管表面分别附着金、银、钯金属纳米颗粒，基液分别为去离子水和乙二醇的纳米流体的导热系数，发现以多壁碳纳米管与银纳米颗粒制备的去离子水和乙二醇纳米流体的导热系数提高的程度远大于其他纳米流体。当其体积浓度为 0.03%时，基液为去离子水和乙二醇的纳米流体的导热系数与其基液相比较分别提高了 37.3%和 11.3%。

（3）纳米粒子尺度对纳米流体导热系数的影响

在相同的纳米粒子体积分数条件下，悬浮有小尺寸纳米粒子的纳米流体导热系数比大足寸纳米粒子的纳米流体导热系数要大。其原因一方面是纳米粒子的尺寸越小，其与液体的界面积越大，就越有利于热传递，使得导热系数越高。另一方面，纳米粒子与液体间的微对流增强了粒子与液体间的能量传递过程，增大了纳米流体的导热系数。Moghadassi 等[30]在 CuO/乙二醇和 CuO/石蜡两种纳米流体的导热系数时发现，在这两种纳米流体中，随着纳米颗粒尺寸的减小，二者的导热系数都在增加，主要是由于小尺寸的纳米颗粒间的作用较强以及布朗运动剧烈所导致的。由此可见，纳米粒子的微运动的强度与纳米粒子的尺度有很大关系，粒子的尺度越小，微运动越频繁，使得纳米流体内部能量传递的速率越快，即纳米流体的导热系数越大。

(4) 纳米流体悬浮稳定性对纳米流体导热系数的影响

纳米流体的悬浮稳定性越好，越有利于纳米流体导热系数的增大。其原因在于，纳米流体悬浮稳定性主要取决于纳米流体内部粒子的分布特征与聚集结构，这表明除纳米粒子的属性、尺度、体积分数之外，纳米粒子的分布特征与聚集结构(即纳米流体的结构)是影响纳米流体导热系数的另一主要因素。Hong[26]通过实验测量了应用平均粒径为10nm的Fe纳米粒子制备的Fe/乙二醇纳米流体的导热系数，同时将其与Cu/乙二醇纳米流体比较发现，尽管Cu的导热系数要远大于Fe的导热系数，但是Fe/乙二醇纳米流体导热系数提高比例显著高于Cu/乙二醇纳米流体；同时发现纳米粒子的团聚程度决定了纳米流体导热系数提高的幅度，正是纳米粒子的团聚影响，使得Fe/乙二醇纳米流体导热系数变化与其体积浓度呈非线性关系。因此，研究纳米流体强化导热系数的作用，必须要考虑纳米流体的聚集结构。

要想获得悬浮稳定的纳米流体，必须采用添加分散剂、超声振动等方法，改变纳米粒子的表面特性。这是因为颗粒表面的活性使它们很容易团聚在一起。此外，纳米流体中纳米粒子布朗运动在高温下阻碍了纳米粒子的凝集和沉降，纳米粒子的凝集和分裂过程同时发生，沉降过程也受到抑制。因此纳米流体布朗运动可以提高纳米粒子的悬浮性。

B. 纳米流体液滴在高温固体表面的行为

Kim等[31]通过在水中添加纳米粒子，并对金属的沸腾传热性能进行考察。结果发现，在水中掺杂了纳米粒子之后，不锈钢丝的传热效率有了大大的提高。不锈钢丝在纯水中与掺杂纳米粒子的水中的沸腾情况对比照片，如图11.14所示。将纯水和纳米流体沸腾后的不锈钢丝对比，发现在纳米流体中进行沸腾实验后的不锈钢丝表面，沸腾后的固体表面的形态发生了变化，如图11.15所示。图11.15(a)为纯水沸腾后的表面，图11.15(b)～(d)为纳米流体沸腾的表面形态。与纯水相比，纳米流体沸腾的表面有大量的纳米粒子沉积，表面变得比较粗糙。同时，沉积的纳米粒子也改变了固体表面的浸润性，在纯水沸腾后的表面，水滴和纳米流体液滴的接触角都在70°左右，为亲水状态；而在纳米流体沸腾的表面，二者的接触角降低到20°左右，亲水性明显增加，如图11.16所示。纳米粒子沉积在固体表面后，改变了固体表面的粗糙度和浸润性，沉积的纳米粒子成为了液体气化的核心，加速了液体的沸腾。而且当固体表面变得更加亲水时，液体与固体的有效接触面积增大，也可以促进其沸腾，从而加快了固液间的传热过程。此外，该小组还研究了不同纳米流体的热流密度，如图11.17所示。

Torres[32]研究了不同浓度的纳米流体液滴在高温固体表面的行为。与水相比，在核沸腾阶段，纳米流体液滴的沸腾行为较为剧烈，而且随着纳米粒子浓度

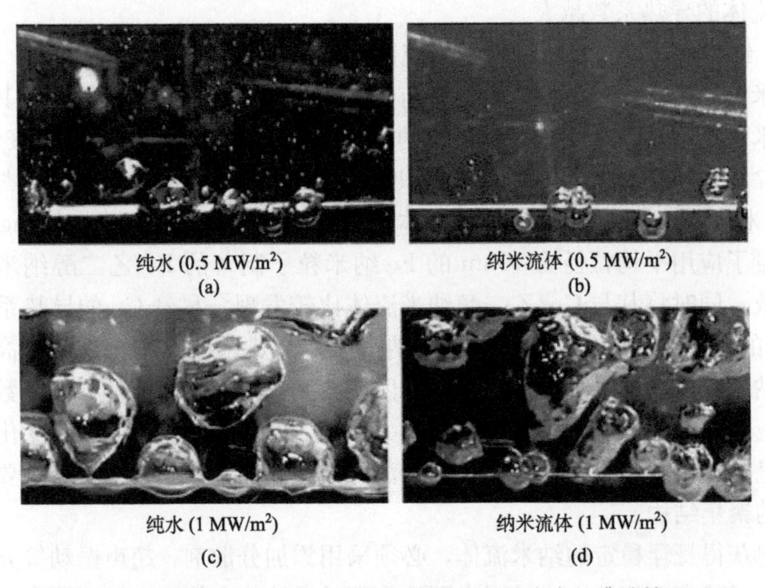

图 11.14　不锈钢丝在纯水中与掺杂纳米粒子的水中的沸腾情况对比

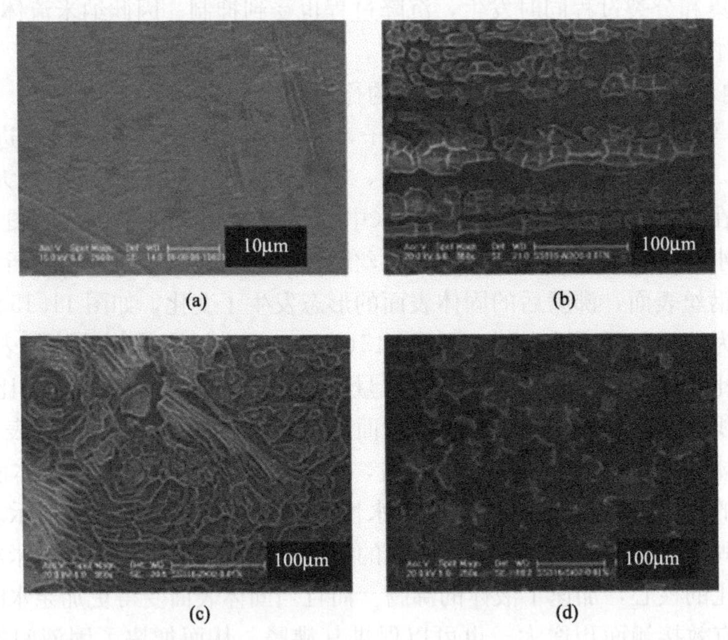

图 11.15　液体沸腾后的不锈钢表面形态。(a)纯水；(b)Al_2O_3纳米流体；(c)ZrO_2纳米流体；(d)SiO_2纳米流体。

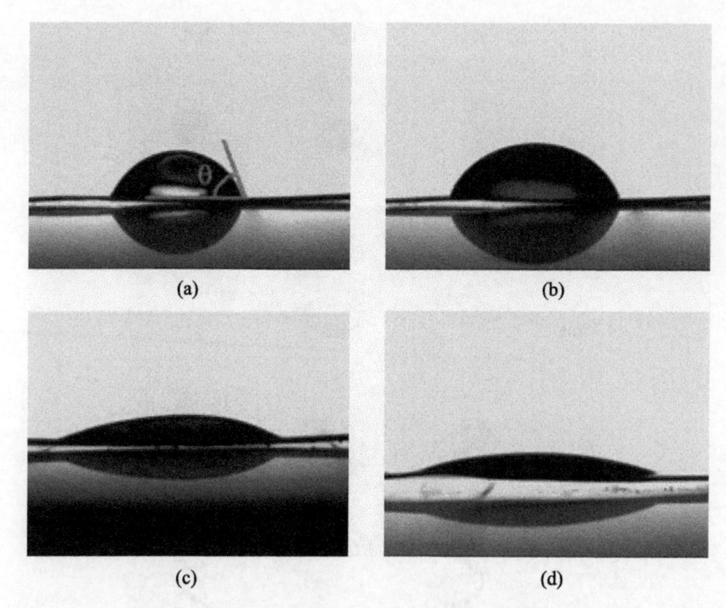

图 11.16　纯水(a)和纳米流体(b)在纯水沸腾后表面的接触角，纯水(c)和纳米流体(d)在纳米流体沸腾后表面的接触角。(a) $\theta=71°$；(b) $\theta=72°$；(c) $\theta=20°$；(d) $\theta=18°$。

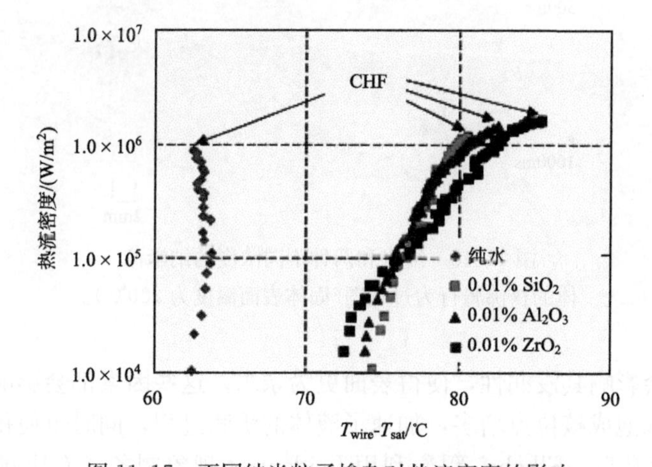

图 11.17　不同纳米粒子掺杂对热流密度的影响

的增加，沸腾行为也更为剧烈，如图 11.18 所示。这主要是由于纳米流体液滴在沸腾时的成核速率和生长速率较快，从而导致沸腾更剧烈。

因此，当纳米流体通过高温固体表面时，沉积的纳米粒子不仅会改变固体表

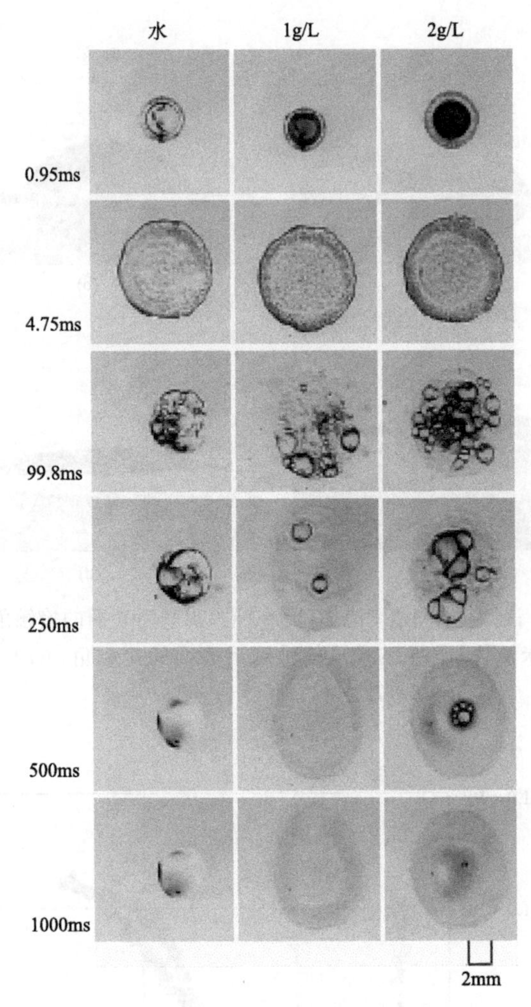

图 11.18　纯水和两种不同浓度的纳米流体的核沸腾行为过程图(固体表面温度为 200℃)。

面形貌，也会影响其浸润性，使得表面更为亲水。这些因素都会影响液体的沸腾行为，使得气泡成核位点增多，加速了液体的沸腾过程，同时也使得液滴的 Leidenfrost 温度升高。Elbahri 等[33]利用 Leidenfrst 现象制备了有序排列的纳米线结构。图 11.19(a)、(b)、(c)是纳米线的制备示意图。将纳米流体液滴置于 230℃(此温度已达到 Leidenfrost 温度)的光滑硅表面，由于底部蒸发气膜的存在，液滴可以稳定地待在硅表面，并能持续一段时间。将平滑的高温硅片表面按照特定角度倾斜，Leidenfrost 纳米流体液滴将在高温表面滑动，液滴底部的缓慢蒸发在硅片表面留下相当于“溶剂”的纳米粒子的痕迹，从而形成硅纳米线图案

[图 11.19(d)～(f)]。

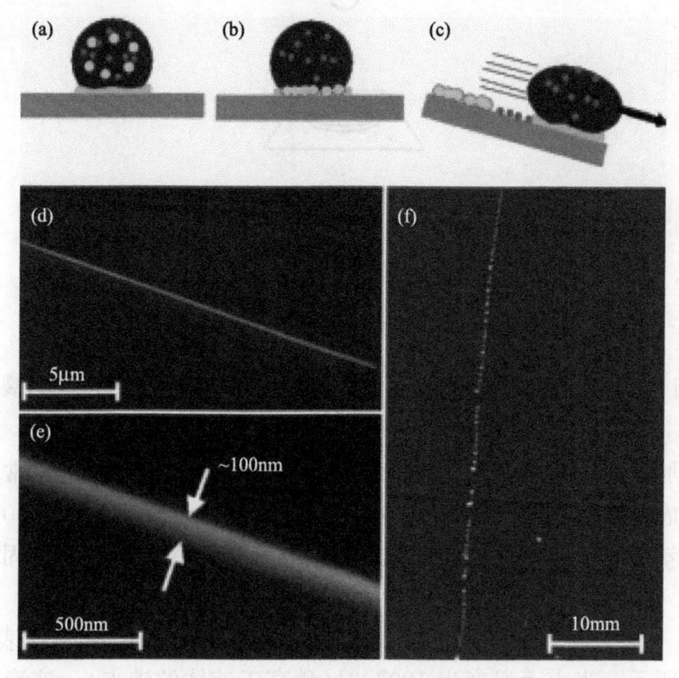

图 11.19　高温硅表面的纳米流体液滴滑行的纳米线图案

4. 添加高聚物或表面活性剂的液滴在高温固体表面的行为

当液滴从一定高度下落到固体表面时，液滴可能会黏附在固体表面，发生弹跳、飞溅，或是分裂成许多小液滴[34]，如图 11.20 所示。Watchers 和 Westerling[35] 在研究液滴弹跳过程时发现，如果固体表面温度不够高，液滴在弹跳时会伴有二次液滴的形成，这些二次液滴很小，看起来就像雾气。为了阻止二次液滴的形成，通常在水中加入一些添加剂改变液体的性质。如果添加剂的浓度足够大，就可看到一些区别[36]。通常加入的一些添加剂有相对分子质量大的高聚物[37-39]或是表面活性剂[40-42]。

表面活性剂分子吸附在气液界面，亲水的一端指向水里，疏水的一端露在溶液外，这样就降低了溶液的表面张力。然而，当液滴下落到固体表面时液滴就会扩展，表面活性剂分子就会重新分布在这个新形成的界面，如果表面活性及分子运动速度慢，就不能有效地降低表面张力。表面活性剂分子能在短暂的时间里分布在扩展界面上的张力称为动态表面张力。这个性质可用来控制下落液滴对高温表面的冲撞[43,44]。

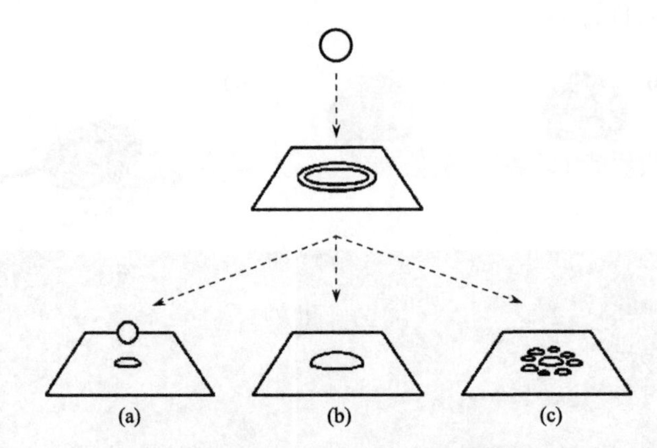

图 11.20　液滴下落后的形态。(a) 弹跳；(b) 黏附；(c) 液滴破裂。

除了添加表面活性剂分子，高相对分子质量的聚合物分子也通常用于控制二次液滴的形成[45-49]。即使只添加极少量的聚合物分子(质量分数为 0.01%)，在液膜扩散时就能够显著地促进能量的耗散，从而使液滴能够黏附在固体表面而不发生弹跳。

Bertola[50]研究了水滴和 0.02%的 PEO 液滴下落在高温固体表面的行为，如图 11.21 所示。当表面温度为 120℃时(稍高于液体的沸点)，液滴下落到固体表面后并没有立即沸腾，在重力的作用下水滴发生了弹跳，而添加 PEO 的液滴却没有发生弹跳，主要是由于下落液滴的动能转化成高聚物分子链的伸缩能，从而降低了液滴的反弹速率。继续升高温度到 140℃、160℃时，水滴下落到固体表面后会立即形成二次液滴，而添加高聚物的液滴能完全抑制二次液滴的形成。升高温度到 180℃，下落水滴在形成二次液滴的同时也发生了弹跳，也就是达到了动态 Leidenfrost 温度。高聚物液滴虽然没有产生二次液滴，但却发生了弹跳。因此添加的高聚物可以有效地抑制二次液滴的形成，在未达到动态 Leidenfrost 温度前，高聚物可以抑制液滴的弹跳，当超过此温度后便不能抑制其弹跳行为。

Furuya 等[51]研究了添加表面活性剂、聚合物、中性盐的液滴对蒸发膜爆破的抑制作用。对于表面活性剂，不管是阳离子还是非离子的表面活性剂液滴，对蒸发膜的爆破作用几乎没有影响；对于聚合物，聚合物的浓度越大，相对分子质量越高，越有利于抑制蒸气膜的爆破。对于中性盐，当液滴里加有无机盐时反而促进了蒸气膜的爆破，使其变得更为剧烈。

Bertola[52]比较了牛顿流体和弹性液体在高温表面的弹跳行为，固体表面的温度都是高于液体的 Leidenfrost 温度。在液滴的扩展和弹跳阶段，聚合物液滴的形状发生了微小的变形；聚合物液滴的最大扩展半径要比纯水的小；聚合物液

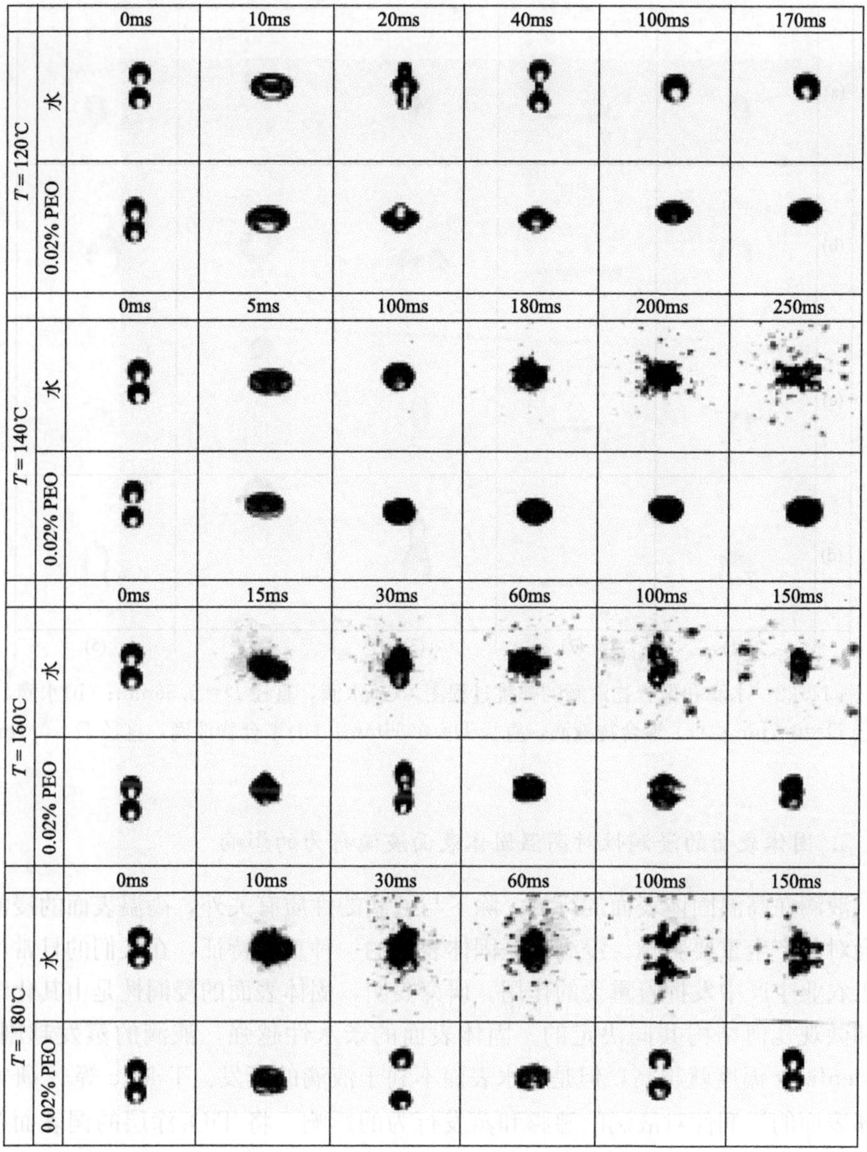

图 11.21　水滴和 PEO 液滴在高温表面的行为

滴的蒸气膜回缩速率较纯水的慢一些；聚合物液滴的最大弹跳高度要比纯水的高一些(图 11.22)。

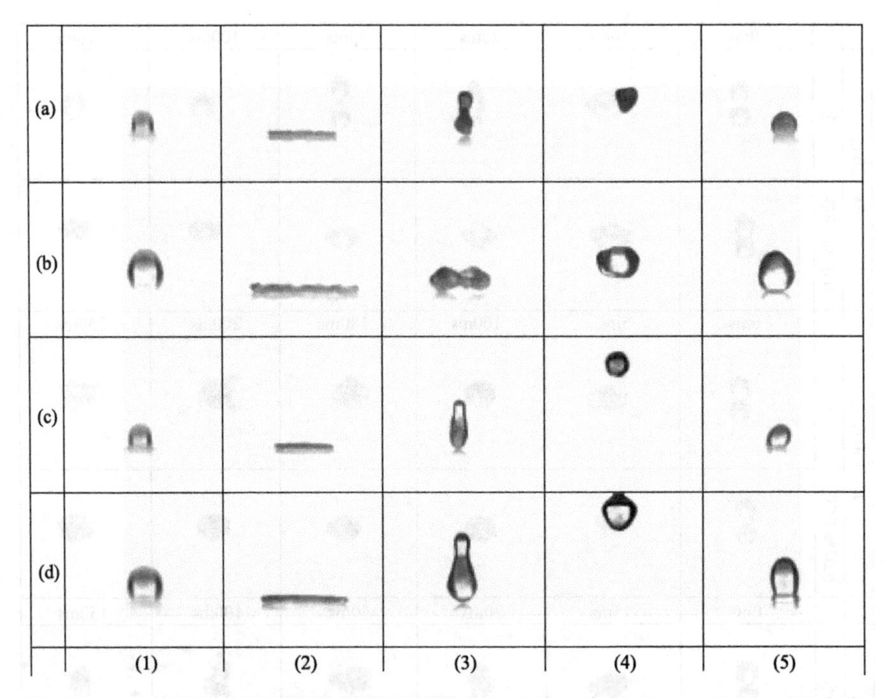

图 11.22　水滴和聚合物液滴的弹跳过程图。(a)水滴，直径 D=0.56mm；(b)水滴，直径 D=0.7mm；(c) 聚合物液滴，直径 D=0.56mm；(d)聚合物液滴，直径 D=0.7mm。

5. 固体表面的浸润性对高温固体表面液滴行为的影响

液滴在高温固体表面的行为，除了与液滴的性质有关外，高温表面的浸润性也会对其产生重要影响。浸润性是固体表面的一种重要特征，在人们的日常生活和工农业生产中发挥着重要的作用。研究表明，固体表面的浸润性是由其化学组成和微观几何结构共同决定的。固体表面的亲水性越强，液滴的蒸发越剧烈，Leidenfrost 温度就越高，但是疏水表面不利于液滴的蒸发。Takata 等[53]研究了固体表面的浸润性对液滴的沸腾和蒸发行为的影响。将 TiO_2 涂层的铜表面置于紫外光的照射下，随照射时间的增加，涂层表面的亲水性也增加，接触角可达 0°，达到超亲水状态，如图 11.23 所示。

通过对比三种浸润性不同的表面可知，液滴的蒸发时间随表面温度的升高、表面接触角的减小而降低，如图 11.24 所示。固体表面的接触角越小，则液滴与固体表面的接触面积就越大，固液间的传热过程也就越快，相应的蒸发时间也就越短。

Takata 等[54]又通过等离子体照射技术增加了固体表面的亲水性，并研究了

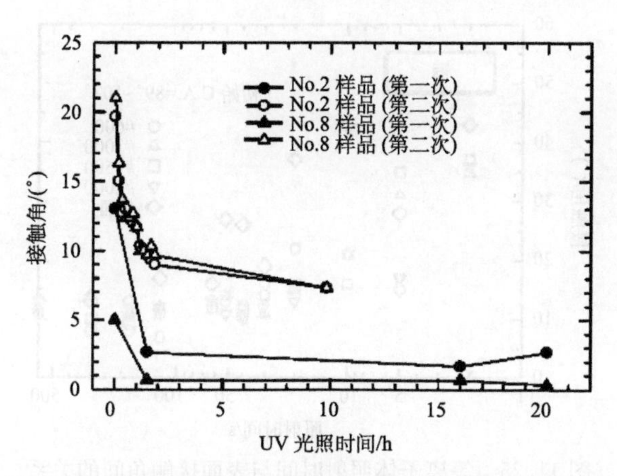

图 11.23　TiO_2涂层的铜表面的接触角与紫外光照射时间之间的关系

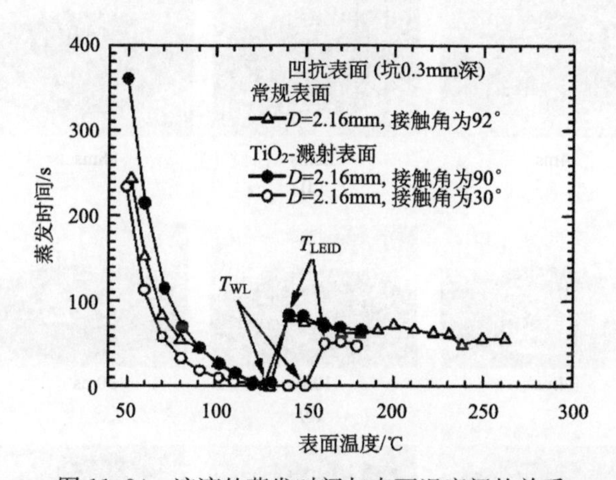

图 11.24　液滴的蒸发时间与表面温度间的关系

水滴在照射后表面的蒸发行为。随着照射时间的延长，铜表面的接触角逐渐降低到 10°以下，成为超亲水表面，如图 11.25 所示。当铜表面的温度为 130℃(低于 Leidenfrost 温度)时，在普通的铜表面，水滴接触表面 4ms 后就有小液滴飞溅，往后飞溅的小液滴越来越多；而对于等离子体照射的表面，由于亲水性好，就会在表面形成一层薄膜，10ms 后这层液膜里就开始形成小气泡。升高温度到 170℃(高于 Leidenfrost 温度)时，等离子体照射的表面亲水性强，液滴接触表面后就会形成一层液膜，而普通表面的液滴成为半球形，20ms 后，两种表面的液滴都会弹跳起来，只不过普通表面的液滴可以完全弹跳，而等离子体表面，会有小液滴飞溅出来，这也是由于其表面亲水性强造成的(图 11.26)

Liu 等[55]研究了静止水滴在三种不同浸润性表面的蒸发过程，如图 11.27 所

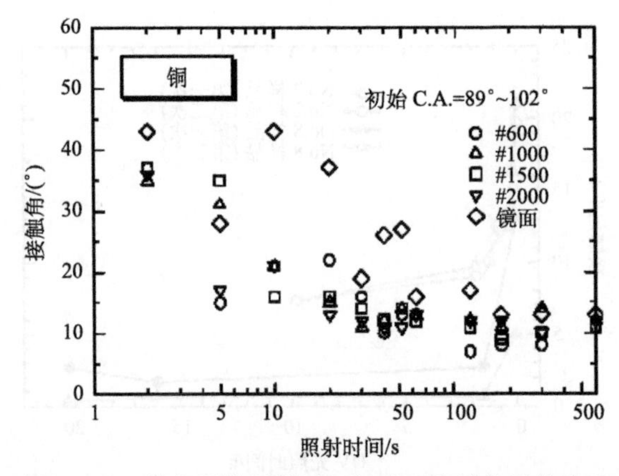

图 11.25　等离子体照射时间与表面接触角间的关系

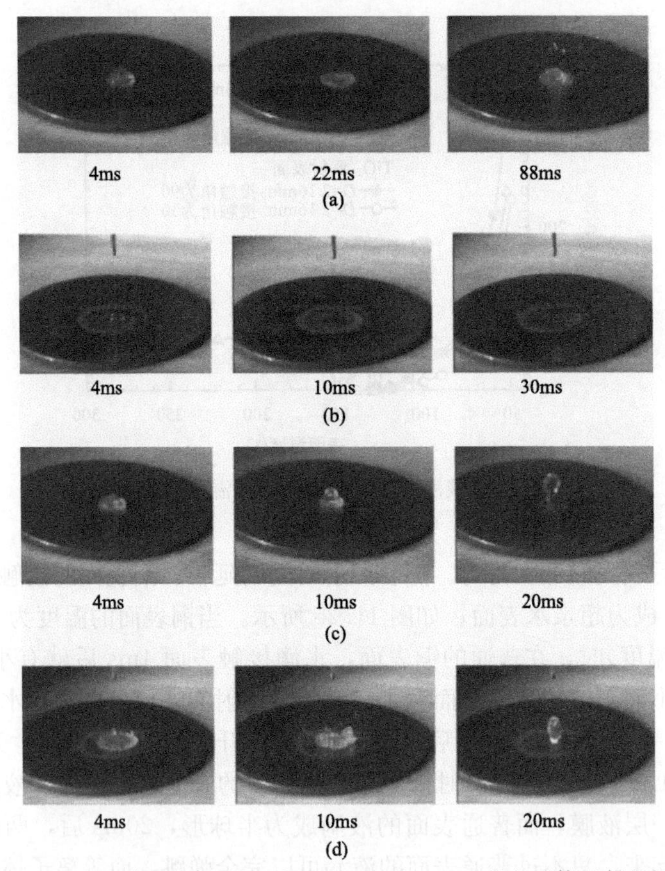

图 11.26　(a)普通的铜表面，T_w=130.2℃；(b)等离子体照射的铜表面，T_w=130.0℃；(c)普通的铜表面，T_w=170.6℃；(d)等离子体照射的铜表面，T_w=169.9℃。

示。图 11.27(a)为超亲水的 GaAs 表面，水滴蒸发仅用了 3.89s，图 11.27(b)为亲水的金表面，蒸发时间为 3.76s，图 11.27(c)为疏水表面，水滴蒸发完全的时间为 23.30s。所以，亲水表面有利于液滴的蒸发，而疏水表面则会延迟液滴的蒸发。

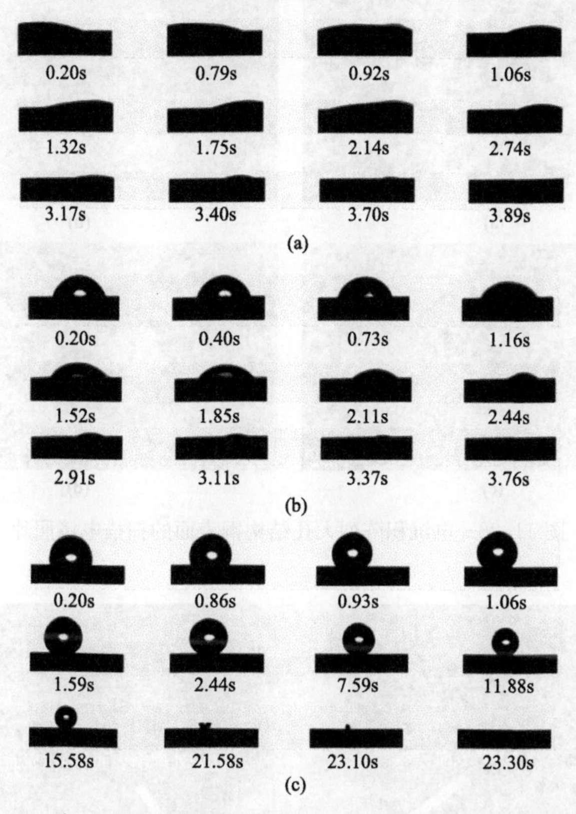

图 11.27　高温表面水滴的蒸发过程。(a)GaAs 表面；(b)Au 表面；(c) 氟硅烷处理的表面；表面温度为 170℃。

6. 微观结构对高温固体表面液滴行为的影响

仅靠改变表面的浸润性给光滑表面的沸腾传热效率带来的提高是十分有限的。固体的表面结构也对表面性质起着至关重要的作用。表面越粗糙，液体沸腾时的成核位点就越多，沸腾就越剧烈，液滴的 Leidenfrost 温度就越高。

Toprak 小组[56]以氢气为模板应用电沉积法制备了具有大孔结构的铜表面，如图 11.28 所示。研究人员应用此表面进行沸腾传热实验，发现这种结构能大大提高气泡的生成率和逃逸率，从而提高热流密度。通过对比电沉积大孔结构铜表面和普通未处理铜表面沸腾传热过程，发现在相同的加热条件下，在电沉积铜表面有大量、密集的气泡不停地生成并逃离表面，而普通铜表面则无气泡生成，电沉积表面表现出优异的沸腾传热性能，如图 11.29 所示。

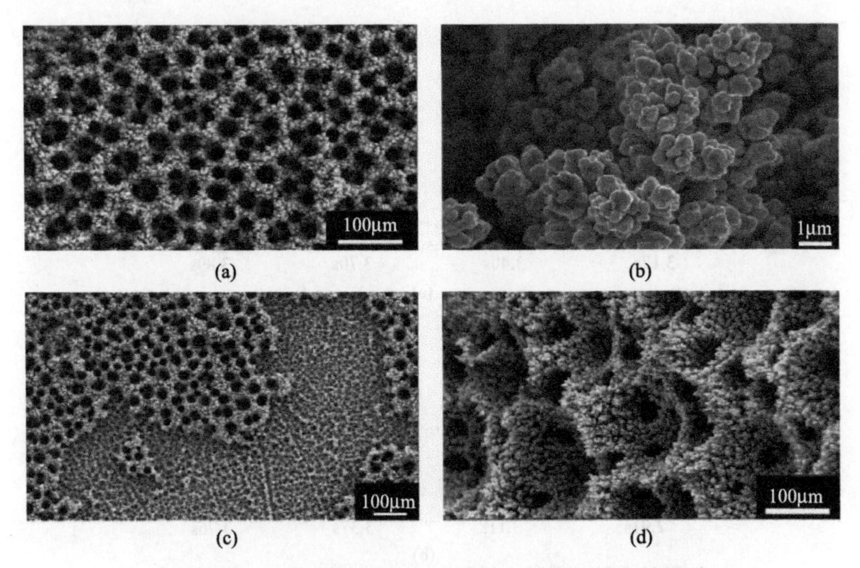

图 11.28　电沉积阵列大孔结构铜表面的扫描电镜照片

图 11.29　电沉积表面的核沸腾情况

作者对这个结构能够强化沸腾传热的机理进行了讨论，认为由于在电沉积的过程中以氢气作为模板，在结构形成过程中氢气的成核、长大与逃离固体的过程中留下孔道，成为天然的、有利于沸腾中气泡成核、长大并逃离固体表面的模板，如图 11.30 所示。在沸腾过程中，水沸腾产生的起泡，沿着氢气曾经产生的轨迹成核、长大及逃离，这样就大大地加快了传热效率，提高了热流密度。

Peterson 小组[57]和 Majumdar 小组[58]还分别制备了铜纳米棒阵列和铜、硅纳米线阵列表面，以强化沸腾传热效率。图 11.31 和图 11.32 分别为用斜角沉积法制备的铜纳米棒阵列以及用多孔氧化铝模板法制备的硅和铜纳米线阵列的微观结构电镜照片。两个研究分别发现这种密集的铜纳米结构表面可以提高铜的沸腾传热效率。Peterson 认为，纳米棒阵列的特殊尺寸效应，使得沸腾过程中产生了与普通表面不同的气泡生成及脱离过程，在纳米结构表面，核沸腾时产生尺寸更小、脱离尺寸也小的气泡，使得气泡无论是数量还是脱离速度都大大提高，从而提高了铜的沸腾传热效率。Majumdar 则将铜/硅纳米线阵列对沸腾传热的强化归因于纳米结构导致的气泡成核点增多和浸润性增强的共同作用所导致。

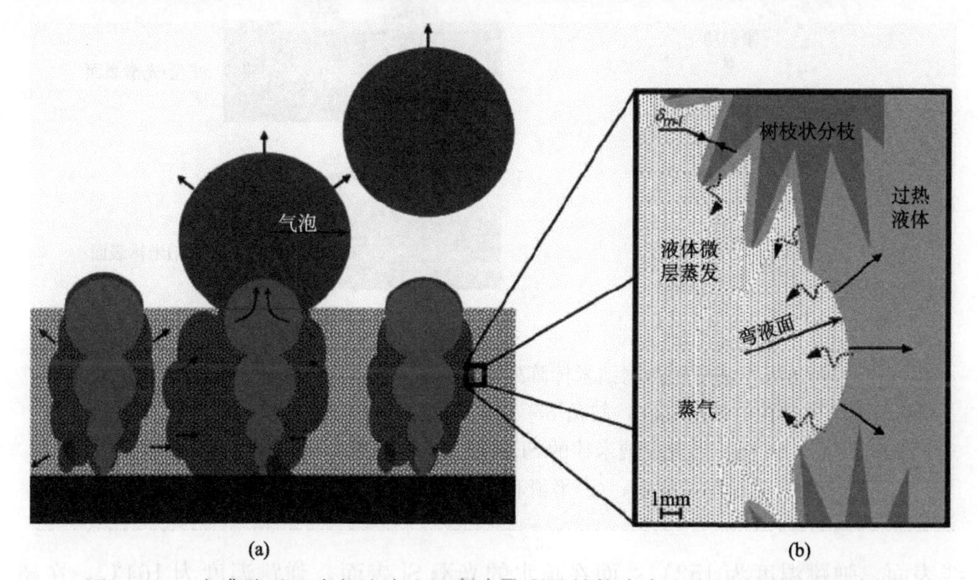

图 11.30　在沸腾过程中气泡在电沉积大孔多级结构中产生和长大的过程示意图

Kim 等[59]研究了表面粗糙度和纳米多孔结构对 Leidenfrost 现象的影响。通过记录液滴的蒸发时间来确定 Leidenfrost 温度点(LFP)，即蒸发时间最长的点。通过对比发现：光滑 Au 表面的 LFP 为 264℃，光滑 SiO_2 表面的为 274℃，多孔的 SiO_2 表面为 359℃，由此可见，纳米多孔结构有利于提高 LFP。若在多孔结构表面修饰上微米结构，那液滴的 LFP 温度可达到 453℃。水滴在图 11.33 的四种结构表面(T＝400℃)的沸腾行为如图 11.34 所示，随着表面结构粗糙度的增加，液滴的沸腾越来越剧烈。

江雷组[60]研究了水滴在四种不同结构和浸润性的硅表面的行为，如图 11.35 和图 11.36 所示。在亲水的光滑 Si 表面，弹跳温度为 183℃；超亲水的 Si 纳米

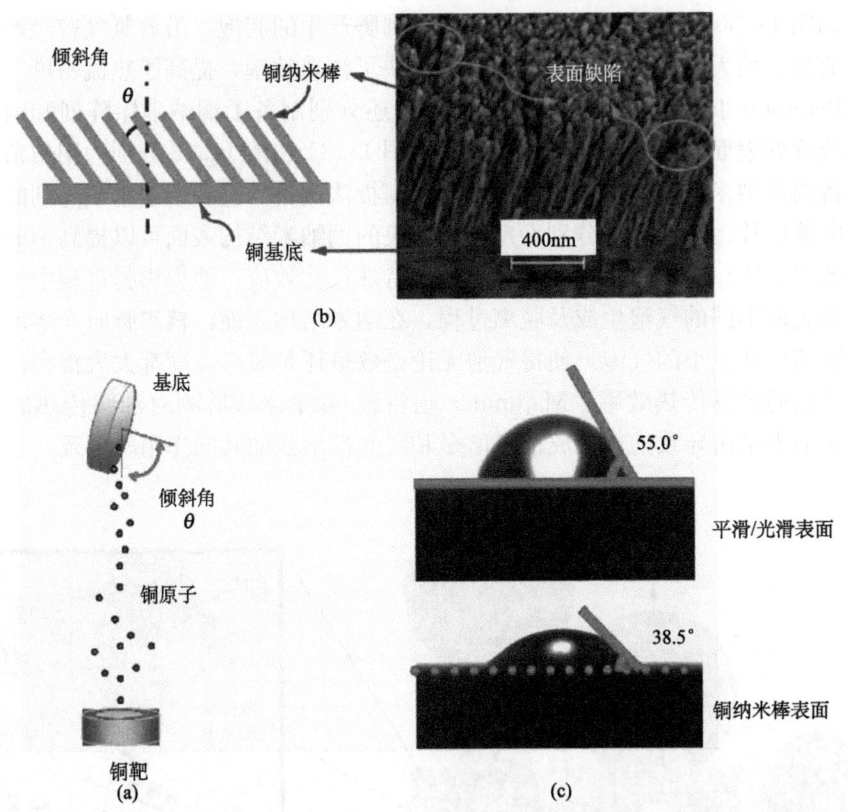

图 11.31　斜角沉积法得到的铜纳米棒阵列结构及其接触角变化。(a) 底部：用作斜角沉积制备纳米棒结构的平滑基底，斜角 85°，顶沉积过程其底不旋转，纳米棒直接生长在平滑基底上；(b) 沉积形成铜纳米棒的 SEM 照片，棒平面直径 40～50nm，高度 450nm，表面可见缺陷或空穴；(c)平滑和具有纳米棒结构表面的水滴接触角。

线表面，弹跳温度为 152℃；而在疏水的光滑 Si 表面，弹跳温度为 164℃，在超疏水的 Si 纳米线表面，没有观察到液滴的弹跳。由此看出，疏水表面有效降低了液滴的弹跳温度。

Weickgenannt 等[61]研究了水滴在聚合物纳米纤维垫上的行为。他们通过静电纺丝在不锈钢表面制备了一层聚丙烯腈纳米纤维，纤维中含有炭黑纳米颗粒，这样就可以增加纤维的粗糙度，形成纳米纤维多孔结构。通过对比水滴在光滑不锈钢表面和聚合物纳米纤维的不锈钢表面的行为，发现较高温度时，光滑不锈钢表面有小液滴的飞溅，有 Leidenfrost 现象的产生，而在聚合物纳米纤维表面水滴都完全浸润在纤维表面，很快液滴就蒸发完了，如图 11.37 所示。这说明静电纺丝制备的纳米纤维可以促进水滴的蒸发，从而促进液固间的热量传递，可以抑制 Leidenfrost 现象的作用。

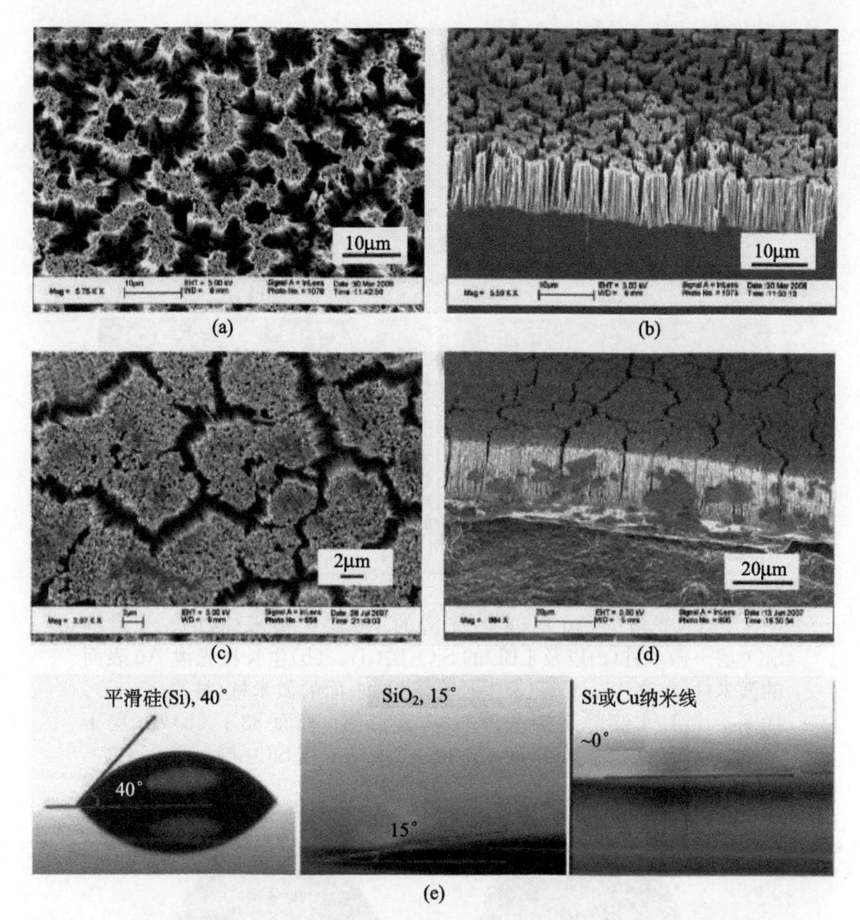

图 11.32　模板法制备的铜、硅纳米线阵列结构[(a)～(d)]以及浸润性表征(e)。
(a) Si 纳米线的俯视图；(b) Si 纳米线侧视图；(c) 铜纳米线俯视图；(d) Cu 纳米线侧视图；
(e) 水滴静态接触角分别连平滑 Si、平滑 SiO_2 和 Si 或 Cu 纳米线。

11.1.2　特殊浸润性表面的冷凝传热

冷凝传热是指蒸气与温度低于其饱和温度的固体表面接触时，将热量传给壁面而自身冷凝为液体的一种对流传热过程。冷凝传热是一种工业生产与日常生活中常见的传热方式，如生活中空调的制冷，工业中对加热水蒸气的凝结，以及各种单元操作(如蒸馏、蒸发和制冷)中各组分蒸气的冷凝等。因此，如何设计新型材料，提高冷凝传热的效率，具有很高的研究价值，对节能减排有着重要的意义。

1. 膜状冷凝与滴状冷凝

根据蒸气在固体表面凝结成液体的方式，冷凝传热被划分为滴状冷凝和膜状

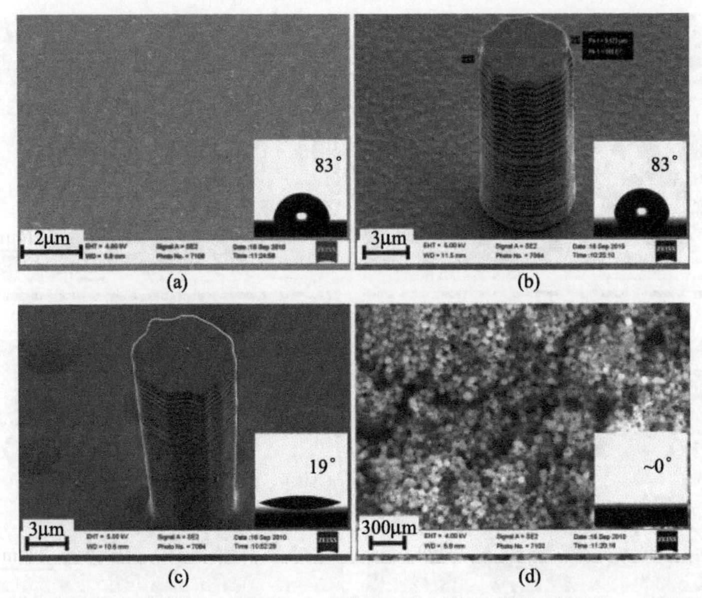

图 11.33　光滑的 Au 层(a)、光滑的 Au 层＋微米柱(b)、光滑的 SiO_2层＋微米柱(c)以及 LBL 的 SiO_2层(d)。(b)生长在光滑 Au 表面的微米柱(柱高 15μm)。(c)生长在 SiO_2 表面的微米柱(柱高 15μm)。插图：10μL 水滴静态接触角。(a)光滑 Au 表面 83°；(b)Au 层＋微米柱 83°；(c)SiO_2 层 19°；(d)纳米孔 SiO_2 层～0°。

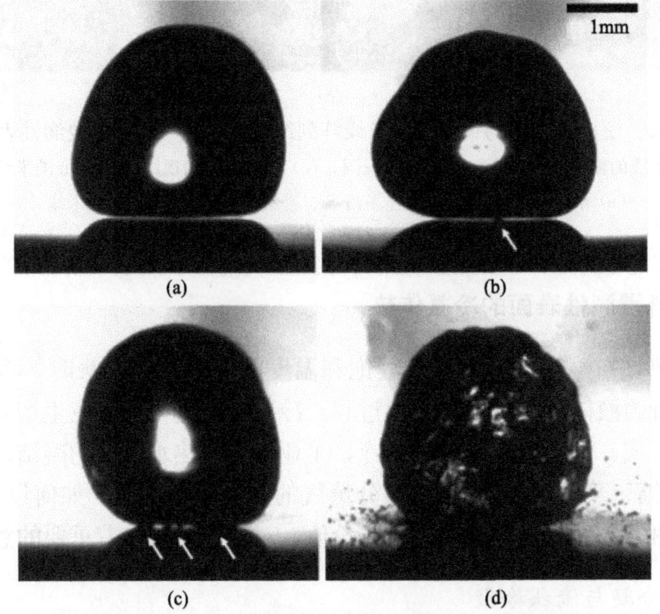

图 11.34　水滴在上边四种结构的表面的沸腾行为(表面温度为 400℃)

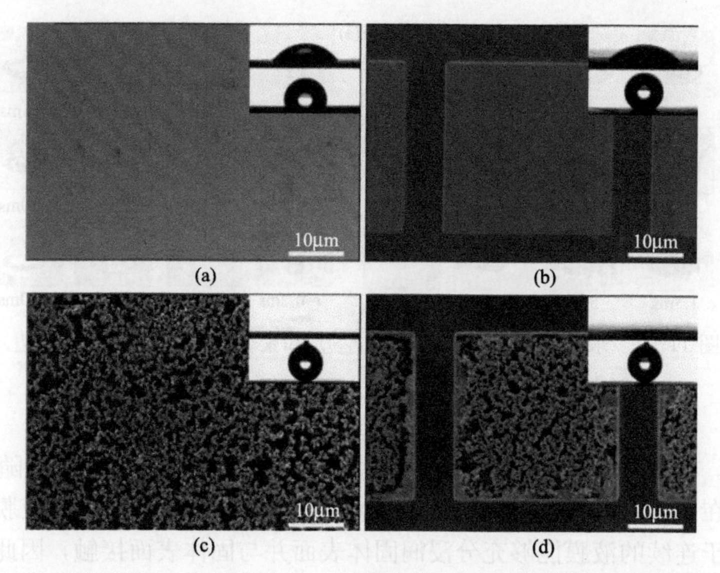

图 11.35　光滑 Si(a)、硅微米柱(b)、硅纳米线(c)以及硅微米柱-纳米线复合(d)

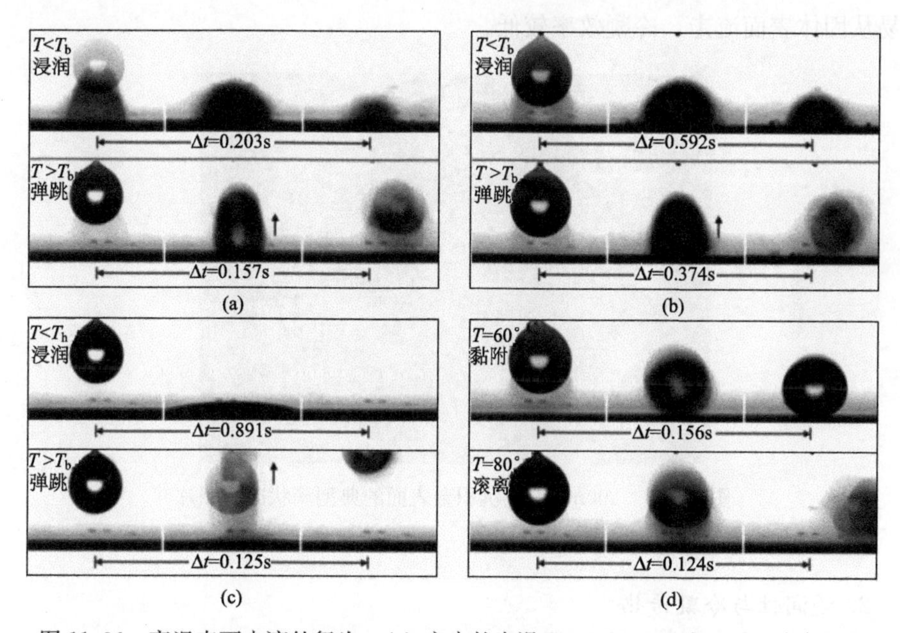

图 11.36　高温表面水滴的行为。(a) 亲水的光滑 Si，LFP=183℃；(b) 疏水的光滑 Si，LFP=164℃；(c)超亲水的 Si 纳米线，LFP=152℃；(d) 超疏水的 Si 纳米线，无弹跳现象。

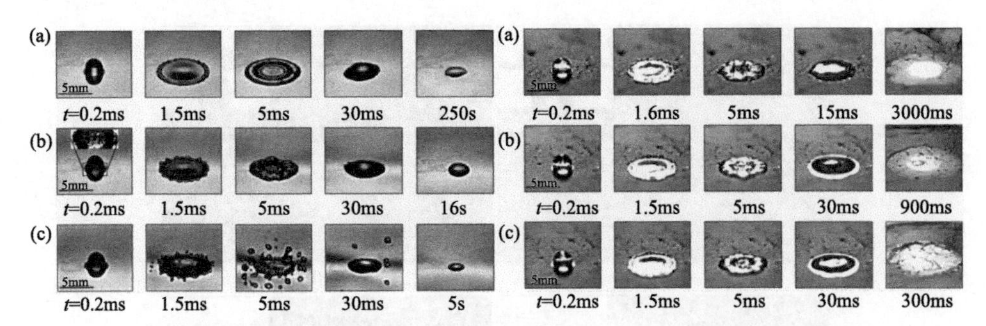

图 11.37 水滴在光滑不锈钢表面(左边)和聚合物纳米纤维表面(右边)的行为图。(a) $T=60℃$，(b) $T=220℃$，(c) $T=300℃$。

冷凝[62-73]。当蒸气所形成的冷凝液能够润湿固体表面时，冷凝液会随着冷凝传热的进行在固体表面形成一层连续的液膜，液膜形成后，传热将在液膜表面继续进行。由于连续的液膜能够充分浸润固体表面并与固体表面接触，因此热量需通过液膜传递给固体表面，这样液膜就成为了固-气界面传热的主要热阻。图 11.38 就是一个典型的膜状冷凝照片，冷凝液在固体表面形成连续液膜，冷凝液不易从固体表面流走，冷凝效率较低。

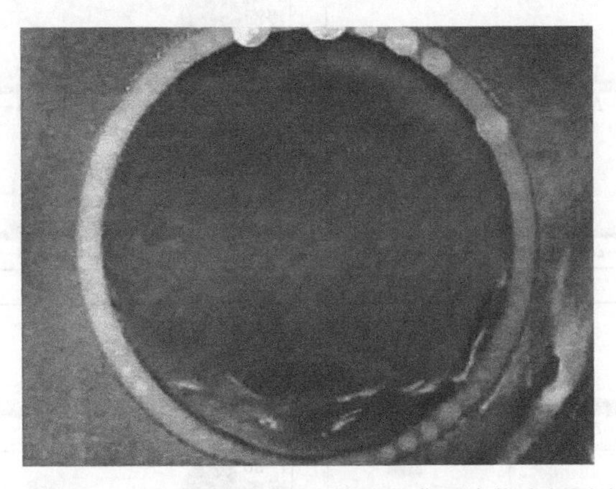

图 11.38 200nm 厚电沉积金表面的典型滴状冷凝照片

2. 浸润性与冷凝传热

冷凝传热是发生在固-液-气三相间固-气界面的热质交换过程。由于蒸气是由工作环境所决定，不可改变；冷凝液则是由冷凝蒸气所形成，也不可改变；因此提高冷凝传热效率的重点就是改变固体表面性质。固-液-气体系中最重要的是固体表面性质，其浸润性则成为了科学家们考察的重点。

1997 年，Leipertz 研究小组[74,75]研究了不同接触角的表面的冷凝传热性能的差异。他们通过把硅修饰过的非晶碳薄膜涂层覆盖在铜表面，得到了不同接触角的样品。将这些样品分别进行滴状冷凝传热实验，如图 11.39 所示，结果表明，液滴在固体表面形成的接触角越大，冷凝传热系数越大。马学虎研究小组[76]也进一步研究了表面能差对冷凝传热特性的影响规律，他们发现冷凝传热性能随着表面自由能差的增加而增加，因此可以通过调控表面自由能而有效地强化固体表面的冷凝传热。

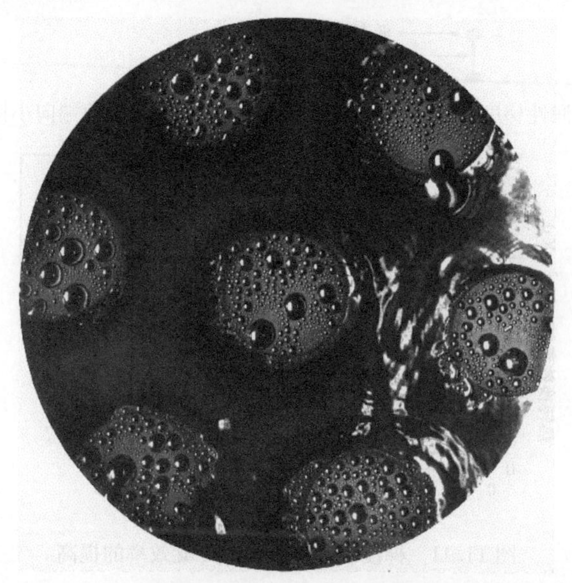

图 11.39　蒸气在不同接触角的铜表面的滴状冷凝

科学家还对固体表面进行了更多的设计与改造，制备出了具有表面能梯度的表面，也提高了固体表面冷凝传热的性能。Bonner[77]在固体表面以梯度密度修饰了低表面能的单分子层，由于两侧的分子密度不一致，因此出现了从一侧到另一侧表面能递增，浸润性有从疏水逐渐变成亲水的变化趋势，图 11.40 是制备梯度浸润性表面的示意图。冷凝液滴倾向于向较亲水一侧流动。将梯度浸润性表面应用于冷凝传热，发现滴状冷凝过程中具有梯度浸润性的表面其传热效率要高于纯粹的疏水表面。这是由于固体表面的表面能梯度促使冷凝液滴在形成后自发地向亲水方向移动，促进了冷凝液的移除，从而提高了冷凝效率(图 11.41)，并在一定程度上突破了冷凝板必须要竖直放置依靠重力的限制，为进一步优化冷凝传热提供了很好的研究思路。

除此之外，Chaudhury 研究小组[78]发现，在他们通过应用扩散控制硅烷化方法(diffusion-controlled silanization)所制备的具有取向性的表面能梯度的表面上进行冷凝实验，冷凝液滴会沿着表面能梯度方向进行高速的合并和运动(图

11.42)，其速度达到传统的 Marangoni 效应的上百倍甚至千倍，这项研究对于新型热交换机的设计有着积极意义。

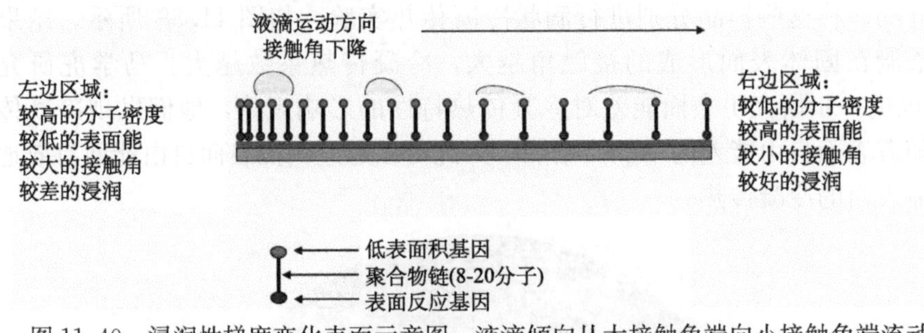

图 11.40　浸润性梯度变化表面示意图，液滴倾向从大接触角端向小接触角端流动

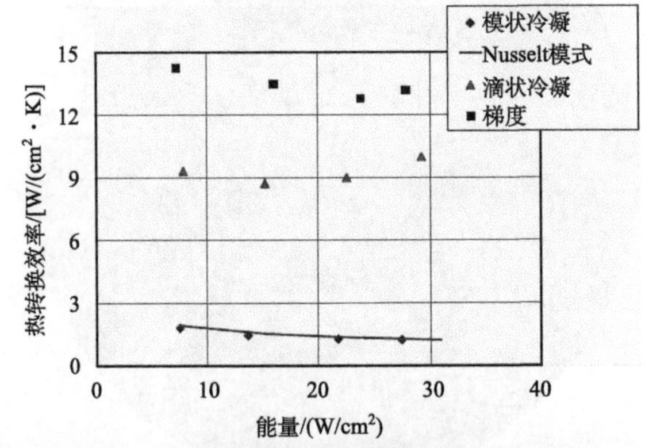

图 11.41　梯度浸润性表面对冷凝效率的提高

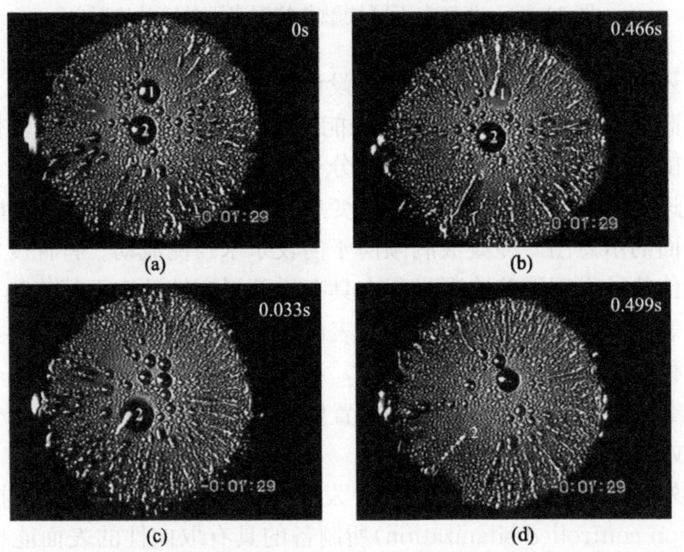

图 11.42　冷凝液滴在具有表面能冷凝传热的表面定向快速合并和运动

3. 分割表面冷凝传热

自然界中的沙漠甲虫后背上间隔分布着规则的疏水区域和亲水乳突[79]，这样的结构帮助甲虫在极度缺水的沙漠中从雾气中收集水分，维持生存。与之相类似，科学家也试图将亲水表面与疏水表面结合在一起，来提高固气界面冷凝传热的传热效率。

Kumagai 研究小组[80-82]对冷凝表面进行了处理，制备了竖平面上垂直分割为疏水区和亲水区的分割表面，在冷凝时疏水区进行滴状冷凝，亲水区进行膜状冷凝。这种滴膜共存表面上的冷凝传热实验的结果表明，当滴状冷凝区(疏水区)和膜状冷凝区(亲水区)的面积比为 1∶1 时，表面的冷凝传热效率高于在通常表面上全部为滴状冷凝和膜状冷凝的平均值，而且分割冷凝传热效率与表面分割方式和分割数目有关，他们在一种具有特殊分割形式的表面上得到了高于表面全部为滴状冷凝时的传热性能。此外，马学虎等[83]也在紫铜表面制备了部分区域有有机复合涂层的分割表面，获得了相似的结果：分割表面上滴膜共存时的热通量比全部为滴状和膜状冷凝时表面热通量的平均值大，另外还发现其差值随涂层表面上接触角的增大而增大。图 11.43 给出了分割表面的冷凝状况。当滴状冷凝区的冷凝液滴尺寸不断长大，直至接触到膜状冷凝区时，冷凝液滴会与膜状冷凝区的冷凝水发生合并。由于膜状冷凝区表面能高，冷凝液滴会因为表面能差而运动进入膜状冷凝区，从而使滴状冷凝区得以裸露出来继续进行冷凝，从而提高了表面的冷凝效率。

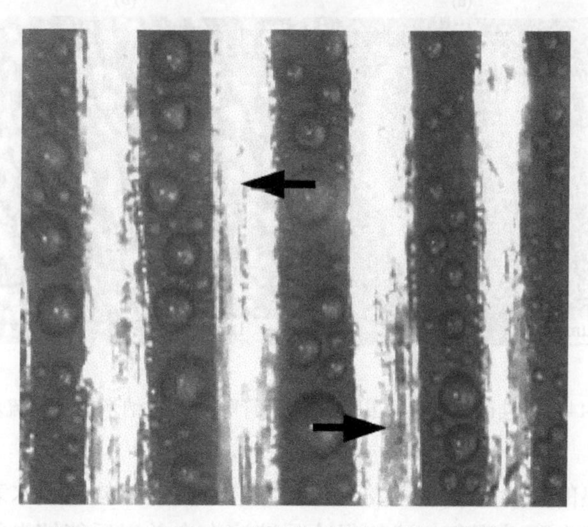

图 11.43 分割表面上滴状冷凝区冷凝液滴的运动

4. 粗糙结构表面冷凝传热

影响固体表面性质的不仅是表面的化学组成，表面的微观结构对固体表面的各种性质也发挥着极大的作用。科学家不仅从改变固体表面的表面能入手，也不断尝试应用具有优异的微观粗糙结构表面来提高冷凝传热的效率。按照平滑表面的研究规律来看，接触角增大会提高表面的冷凝传热效率，因此研究集中于粗糙表面的疏水与超疏水表面的冷凝传热上。

Chen 研究小组[84,85]在微米硅柱阵列表面沉积了竖直取向的碳纳米管阵列，成功获得了具有微纳米复合结构的超疏水表面，如图 11.44 所示。为了全面研究这种微纳米复合结构表面的冷凝传热，他们还制备了只有微米柱阵列结构的微米结构表面以及纯碳纳米管阵列的纳米结构表面作为对比。

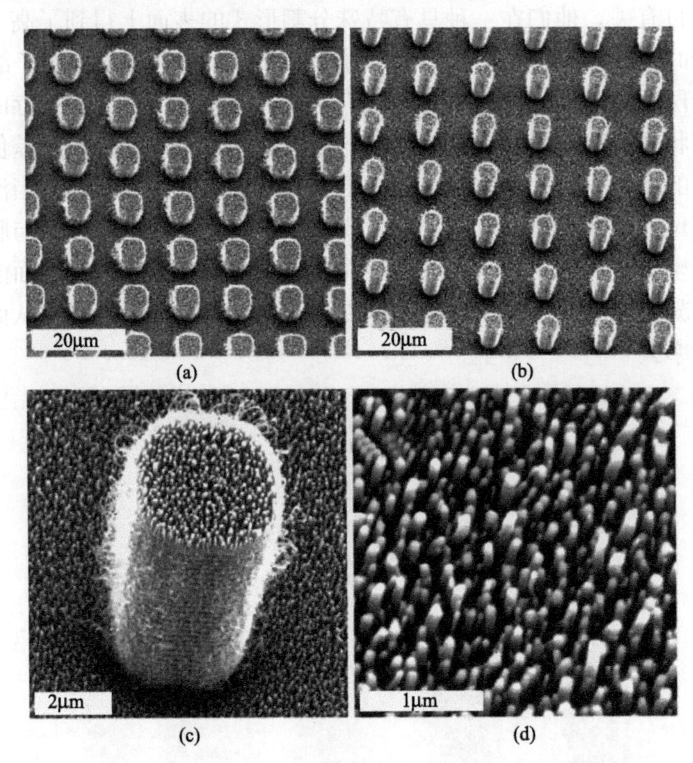

图 11.44　在硅微米柱上沉积了碳纳米管阵列的微纳米结构超疏水表面

在冷凝传热的实验中研究者发现，在微纳米复合结构超疏水表面存在着独特的液滴合并后的自驱动现象，这使得冷凝液滴在合并以后能够自行运动，运动又进一步促进了更多的冷凝液滴合并，使得固体表面空出来继续进行冷凝。如图 11.45 所示，经过了液滴的合并和运动之后，图 11.45(f)中间空出大片的空白裸

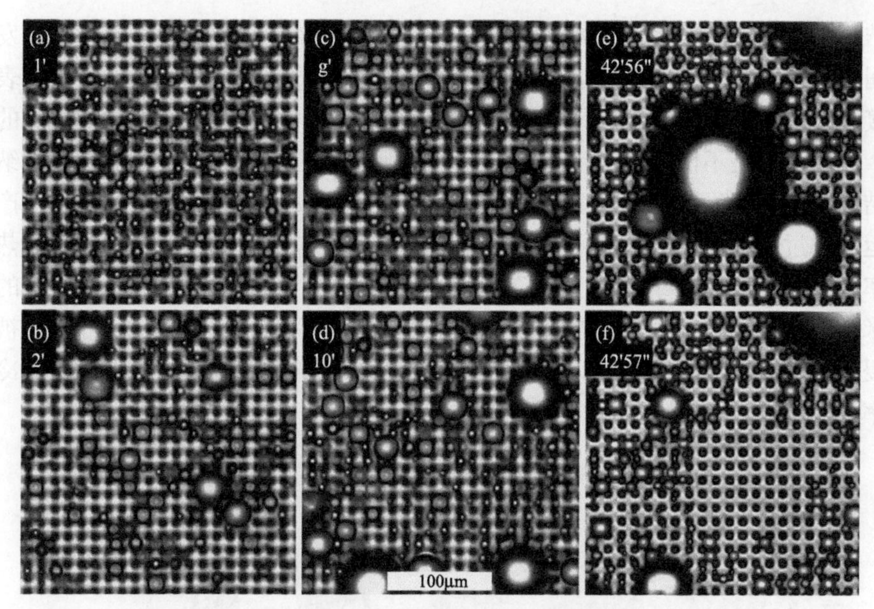

图 11.45　微纳米复合结构超疏水表面的冷凝过程

露区域，将会进行二次冷凝。而这种液滴合并后自发运动现象在其他的微米结构表面和纯纳米结构表面均没有发现。如图 11.46 所示，液滴在微米结构表面和纳

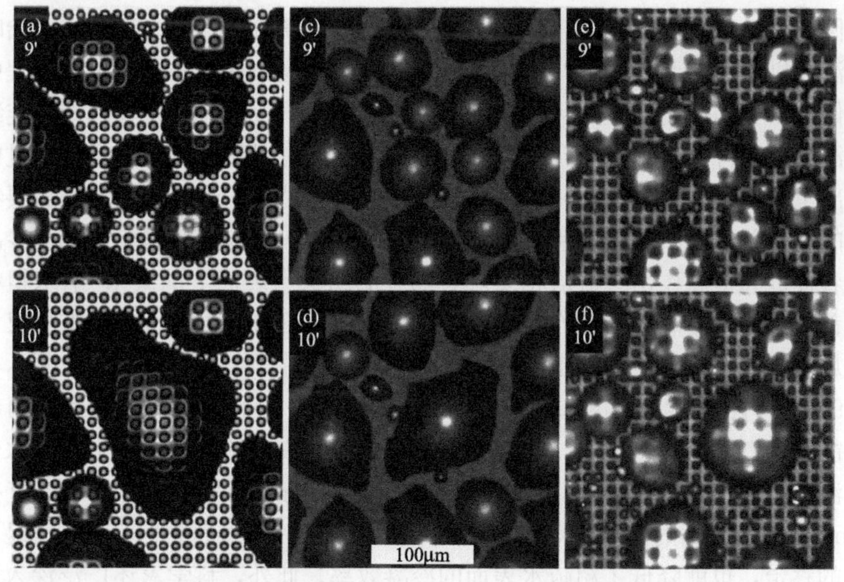

图 11.46　(a)、(b)微米结构表面的冷凝状况；(c)、(d)纯纳米结构表面的冷凝状况；(e)、(f)微纳米复合结构表面的冷凝状况，冷凝液呈规则的圆球状。

米结构表面长大时均为不规则的形状，即液滴的边缘有部分区域与粗糙结构发生浸润，而在微纳米结构复合表面，液滴并不因液滴长大而改变形状，液滴与表面的接触线始终保持为圆形。研究者通过高速摄像进一步分析了产生这种现象的原因。他们认为是不同尺寸的液滴之间合并时所释放的能量，克服了液滴在微纳复合结构超疏水表面很微弱的黏滞力，驱动了液滴在没有外加作用力的情况下产生了运动，过程如图 11.47 所示。某些特殊的单纯纳米结构也可以促进冷凝传热的效率。Ruehe 研究小组[86]利用光刻技术制备了"硅纳米草坪"，即一种致密的硅纳米线阵列结构，他们发现当此表面发生冷凝时，冷凝液滴在很小尺寸即不被表面浸润，合并以后发生连续运动从而导致表面留出空白区域，同样可以提高冷凝效率。

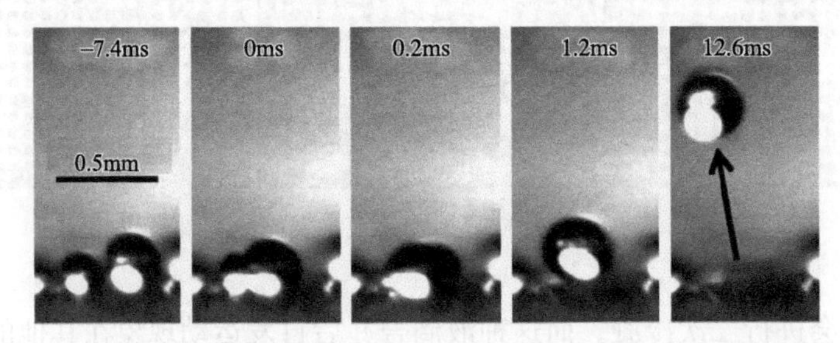

图 11.47　冷凝液滴在微纳米复合超疏水表面合并后运动的高速摄像视频截图

图 11.48 给出了冷凝液滴在硅纳米草坪上的运动轨迹。可以看出，开始时冷凝液滴随机地在表面上成核并以圆形滴状的形式在表面逐渐长大，长大过程中逐渐会体现出不同液滴尺寸的区别，而当大液滴合并小液滴时，则容易产生连续性的液滴运动和合并。由液滴合并后发生的运动情况可以看出，液滴运动经过的区域留出了大块的空白区域，使得冷凝可以在空白区域进一步进行下去。需要特别指明的是，并不是所有具备粗糙微纳米结构的疏水表面或超疏水表面都对冷凝传热有着促进和提高作用。恰恰相反，大部分的超疏水表面上的微米-纳米粗糙结构，都会对冷凝液滴的移动产生阻碍的作用，使得冷凝液滴的滚动的临界尺寸大大增加，延迟了冷凝液的移走，也就降低了冷凝效率。[87,88] 如图 11.49 所示，图 11.49(a)为有纳米结构的超疏水表面，图 11.49(b)为平滑的疏水表面，两者表面都能实现良好的滴状冷凝，从理论上说，超疏水表面的接触角更大，疏水性更强，液滴脱落尺寸应该更小，而实验结果表明，超疏水表面的液滴脱落直径为 2.3mm，疏水表面的液滴脱落直径则只有 1.2mm，大的液滴脱落直径延迟了冷凝液的移走，也就降低了超疏水表面的冷凝效率。此外，科学家还广泛深入地从基础研究的角度考察了蒸气在粗糙结构表面凝结的物理过程、理论模型，以及冷凝液与固体表面的浸润状态及其转变等。[89-100]

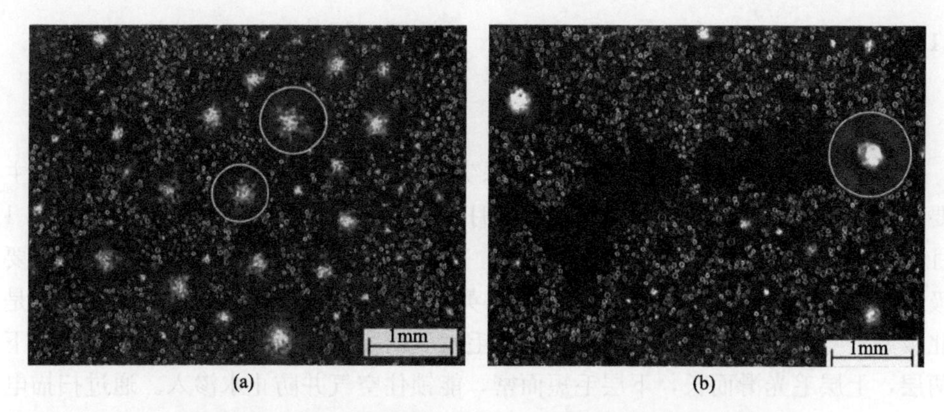

图 11.48　冷凝液滴在超疏水硅纳米草坪上的合并运动轨迹

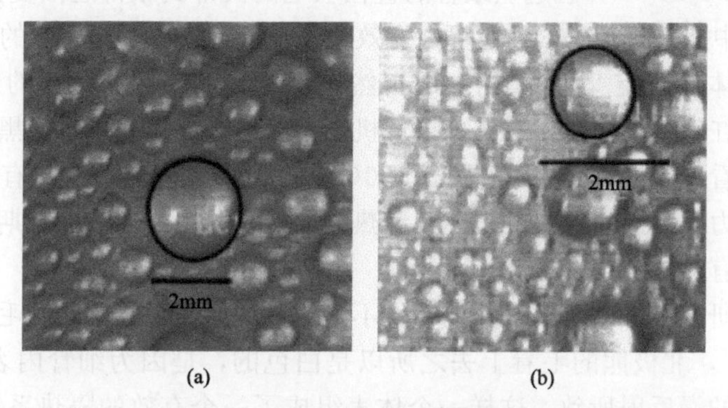

图 11.49　超疏水表面对冷凝液滴滚动的延迟作用。超疏水铜表面的液滴脱落直径(a)大于 疏水铜表面的液滴脱落直径(b)。

11.2　高效隔热材料

11.2.1　隔热材料的分类

通常隔热材料可分为多空腔材料、热反射材料和真空绝热材料三类。多空腔材料是利用材料本身所含的空腔或孔隙隔热，因为空隙内的空气或惰性气体的导热系数很低，如泡沫材料、中空纤维材料等。热反射材料是具有很高的反射系数，能将热量反射出去，如金、银、镍、铝箔或镀金属的聚酯、聚酰亚胺薄膜等。真空绝热材料是利用材料的内部真空达到阻隔对流来隔热。

11.2.2 多空腔纤维/管材料

1. 北极熊的羽毛及其仿生制备

北极熊[图 11.50(a)]是一种能在恶劣的环境下生存的动物，其活动范围主要在北冰洋附近，北极气候严寒，最暖月(8 月份)的平均气温也只达到−8℃，1 月份的平均气温更是只介于−20～40℃。北极熊能在如此寒冷的地区生活，需要极强的保温能力，除了其厚达 5 英寸(1 英寸＝0.0254m)的脂肪外，更重要的是北极熊全身遍布的具有极强保温能力的毛发。研究发现，北极熊的皮毛分为上下两层，上层毛光滑而长，下层毛短而密，能锁住空气并防止水渗入。通过扫描电镜对其毛发断面观察发现，北极熊的毛在电子显微镜下观察是一根根空心无色的细管[图 11.50(b)]，并且这些细管的直径从毛的尖部到根部逐渐变大[图 11.50(c)]，这种中空并且疏水的毛发可以有效锁住空气，形成一层有效的隔热层，保证北极熊的体温恒定[101]。人们利用自然光对北极熊拍照时，它的影像十分清晰，而借助红外线拍照时，在红外摄像机的镜头里，北极熊全身漆黑，除面部外在照片上却看不到它们的外形 [图 11.50(d)]。可见北极熊的皮毛有极好的吸收红外线的能力，因此有绝好的保温、绝热的性能，这正是北极熊长期与严寒斗争所形成的特有的构造与体色。

此外，研究还发现，北极熊的毛发不是白色的而是半透明的，毛发下则是黑色的皮肤[102]，北极熊的毛看上去之所以是白色的，是因为细管内表面较粗糙，容易引起光的漫反射所致。这样一个体表组成了一个有效的隔热系统[图 11.51(a)]：透明的毛发作为一根根小的光导管，只有紫外线才能通过，黑色的皮肤恰好可以最大限度地吸收能量，而体内的热量首先被厚厚的脂肪阻挡，然后又被半透明的毛发经过反射作用重新回到皮肤上，极少散发到毛发外部。受到北极熊毛发的隔热原理的启发，科学家制得了一种保温隔热薄层[103,104]。该薄层是在深色基底上覆盖上整齐排布的透明中空纤维，这样既可以充分吸收太阳光中的热量，又可以有效地保证薄层内部的热量不散发出去，起到了保温隔热的效果[图 11.51(b)]。和北极熊皮毛的隔热原理相似，太阳的辐射通过存气层(整齐排布的中空纤维)转移到深色的聚合物基底上，深色的基底起到一个热能吸收器的功能。由于深色基底又具有热绝缘性能，热量无法因对流损失。这种薄层是由柔韧的空间立体织物上下各铺覆一平滑的金属薄片构成的，具有如下特征：织物由具有光稳定性的聚合物纤维形成绝缘的立体空间；聚合物纤维上下表面铺覆有高反光和具有良好温度阻隔效果的涂层，涂层的颜色由透明到黑色；透明的涂层可以让可见光透过，但能吸收有害的紫外光，从而实现内部纤维的保护；底面的黑色涂层用于将吸收的太阳光转化为热能[图 11.51(c)]。科学家将这种透明的隔热

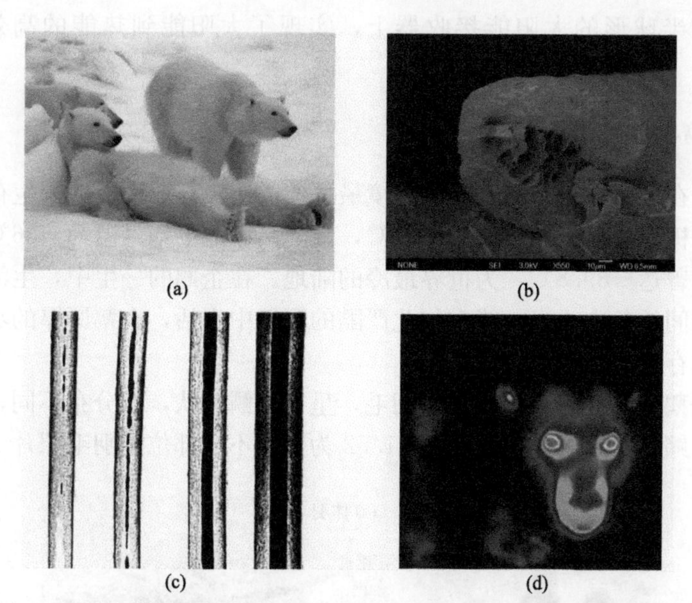

图 11.50 北极熊毛发在不同光线下所成的图像及其毛发微观形貌。(a) 北极熊在自然光线下的成像；(b) 北极熊毛发的横断面；(c) 北极熊毛发的纵向中空结构；(d) 北极熊红外夜视成像。

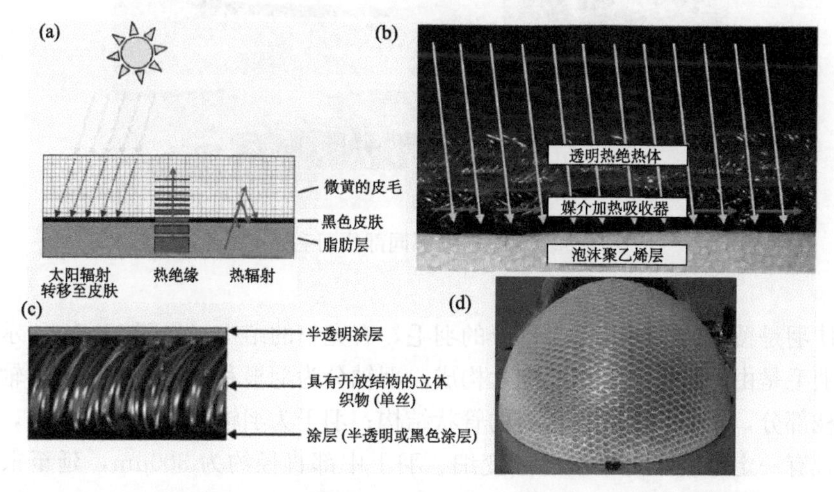

图 11.51 北极熊皮肤-毛发保温系统示意图及人工制备的仿北极熊保温隔热膜。(a)北极熊皮毛的隔热原理示意图；(b) 人造仿北极熊皮毛隔热薄层的隔热原理；(c) 人造仿北极熊皮毛隔热薄层的结构；(d) 透明的隔热材料铺覆的半球形太阳能接收器。

材料铺覆在半球形的太阳能接收器上，实现了太阳能到热能的高效转化[图 11.51(d)]。

2. 企鹅羽毛及其绝热性质

企鹅能在地球上气候最寒冷、环境最恶劣的南极与亚南极地区生存至今并繁衍后代。南极洲全年平均气温为－25℃，内陆高原的平均气温为－56℃左右，极端最低气温曾达－89.8℃，为世界最冷的陆地。在企鹅的一生中，生活在海里和陆地上的时间约各占一半。能在如此严酷的环境中生活，企鹅厚厚的羽毛层无疑为它们的生存提供了重要的保障。

天然企鹅身上有着三层重叠的羽毛，呈密接鳞片状，按分布不同，羽毛主要分为体羽、鳍羽、尾羽三部分。图 11.52 为企鹅不同部位的羽毛照片。

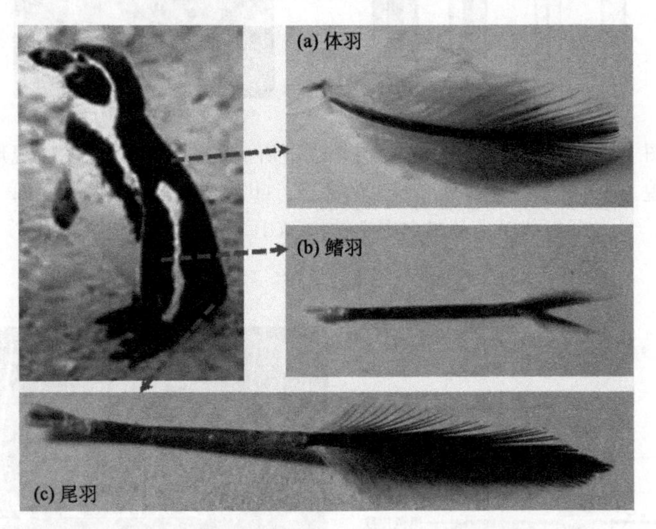

图 11.52　天然企鹅不同部位羽毛分布图片

体羽是覆盖企鹅体表绝大部分的羽毛，有完整的结构。如图 11.53 所示，体羽的羽毛是由羽轴及其两侧的羽片构成。羽轴分为羽根和羽干：羽根为羽轴下端无羽枝部分，较粗，为无色透明的管状结构；羽干为羽轴上端较长的部分，形状扁平且有一定厚度，向梢端逐渐变细。羽干中部直径约为 300μm，延至末端羽干直径约几十微米，整个羽干长 30～40mm。

羽干两侧的羽片由一系列与羽干呈一定角度(约为 40°)倾斜排列的羽枝构成，羽枝直径为 25～30μm，长度为 5～7mm。这些互相平行、彼此相邻的羽枝上，又斜生着许多彼此平行的羽小枝，如图 11.54 所示。这些羽小枝根部与羽枝间夹角约为 20°，羽小枝长度约为 300μm，直径约为 7μm。将羽小枝放大到 3000

图 11.53　天然企鹅体羽。(a)体羽羽干中部；(b)体羽羽干梢端。

倍时，在羽小枝上发现许多微小倒钩，这些小倒钩在靠近的羽小枝梢端处密生，靠近羽小枝根部几乎不着生。小倒钩互相平行、彼此相邻排列于羽小枝上，长度约为 20μm，直径约为 3μm。这些小倒钩彼此相互钩结，有效填补了羽小枝与羽小枝间的空隙。羽干、羽枝与羽小枝相互间钩织成一个类似三维的网络结构，可以有效地阻挡水的渗透和有效保温。进一步放大羽小枝及倒钩微观形貌(图 11.54 和图 11.55)，发现羽小枝及倒钩表面均有许多沟槽出现，这些沟槽沿羽小枝及倒钩生长方向呈定向排列，沟槽深度约为 100nm。这个独特的微观纳米结构很可能对企鹅羽毛独特的疏水性和保温性能起到一个至关重要的作用。

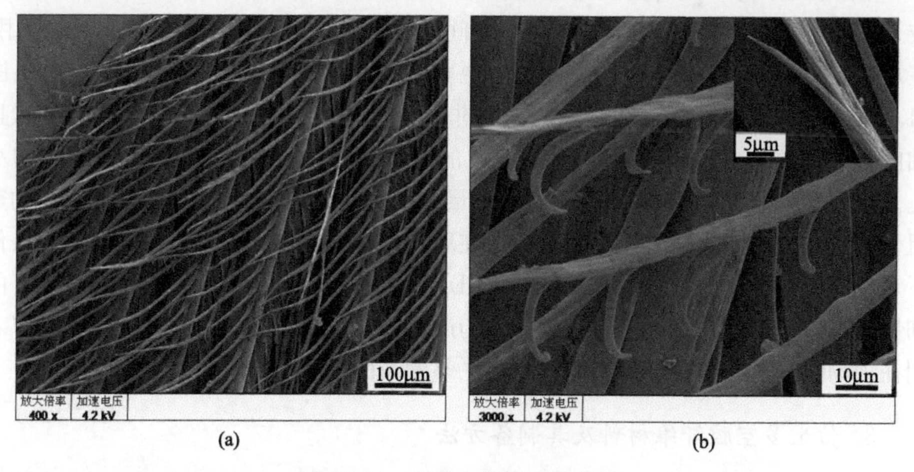

图 11.54　天然企鹅体羽羽小枝

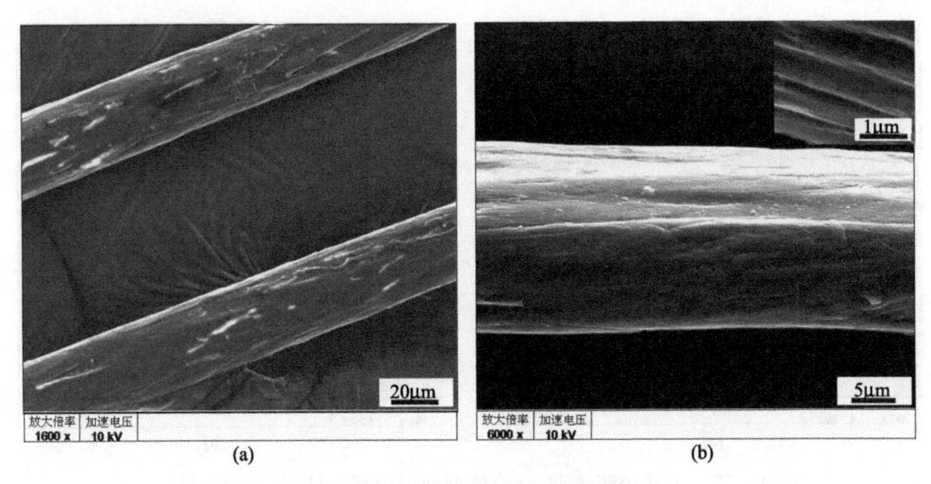

图 11.55　天然企鹅体羽羽干梢端

企鹅体羽靠近根部还有一个重要的结构，即绒羽。绒羽被体羽覆盖，密生于企鹅皮肤的表面，构成羽毛的内层。绒羽在结构上与体羽有较明显的区别，特点是羽干细而短，柔软蓬松的羽枝直接从羽根部生出，呈放射状。图 11.56(a)为企鹅绒羽显微结构图。在环境扫描电镜放大 200 倍后，可以观察到，羽枝左右均匀分布着羽小枝。羽小枝的长度平均在 360μm 左右，形貌舒展。如图 11.56(b)所示，将放大倍数提高到 1000 倍时可发现羽小枝上均匀分布有纤毛，其纤毛的长度为 10～20μm。通过以上显微结构看出企鹅羽毛的绒羽显微结构与文献[105]报道的家禽和飞鸟类羽毛结构相近。根据分析，长度较长而又舒展的羽小枝及其上分布的纤毛使得纤维与纤维之间的空隙增大，起到保暖和疏水的作用。在环境扫描电镜放大至 2000 倍时，观察到企鹅绒羽纤维的表面形貌，如图 11.56(c)所示。企鹅绒羽纤维的表面并非十分光滑，而是有高低起伏的沟壑状且轴向排列的纹理，在企鹅羽毛绒毛羽枝的表面，我们可以观察到散乱分布的小孔。这些孔洞很有可能会使得羽毛的质量和密度降低，并提高羽毛绒毛羽枝的热阻，使其具有更佳的保温性能。同时，在环境扫描电镜放大倍数为 5000 倍的条件下观察了企鹅绒羽的断面，如图 11.56(d)所示。观察发现由于企鹅绒羽有极好的韧性，企鹅绒羽纤维断裂后断口破坏较为严重，断面并不十分完整，但依然可以看到在视场的左上部和右下部有两块相对平整的断面且断面具有大量孔洞和缝隙。

3. 仿生多空腔纤维材料及其制备方法

1) 竹节状纳米管

竹节状纳米管中具有微米-纳米周期性排列的结构，形貌像微缩了的竹节，

图 11.56　企鹅羽毛绒羽扫描电镜照片。(a) 企鹅羽毛绒羽结构；
(b)企鹅羽毛绒羽羽小枝结构；(c)企鹅绒羽表面结构；(d) 企鹅绒羽断面结构。

其中空结构可以是空气、金属、氧化物或聚合物。通常竹节状纳米纤维也可采用制备一维管状材料的硬模板法，即以阳极纳米通道(如阳极氧化铝 AAO)为负极，以纳米线为正极，进行制备。科学家利用该方法，选取分级多尺度模板，制得了竹节状二氧化钛/氧化硅复合纳米管，该结构又被称为含有空腔阵列的纳米线，如图 11.57 所示[106]。

其制备过程如图 11.57(a)所示。首先将 PS-b-PEO、正硅酸乙酯(TEOS)、HCl 与乙醇和甲苯混合形成均质的前驱体溶液，其中 PS-b-PEO 是形成介孔的软模板。然后将溶液引入氧化铝硬模板中，随着溶剂的挥发，溶液在氧化铝的微孔中发生微相分离和凝胶，疏水的 PS 链段逐渐均匀地分散在亲水的 PEO-TEOS 中。最后将有机相的软模板用灼烧的方法去除，氧化铝硬模板用酸去除后，就得到了竹节状的硅纳米管[图 11.57(b)]。该结构是硬模板和软模板共同起作用的结果，硬模板 AAO 的限制作用形成了线性的管状结构；而 PS-b-PEO 软模板的

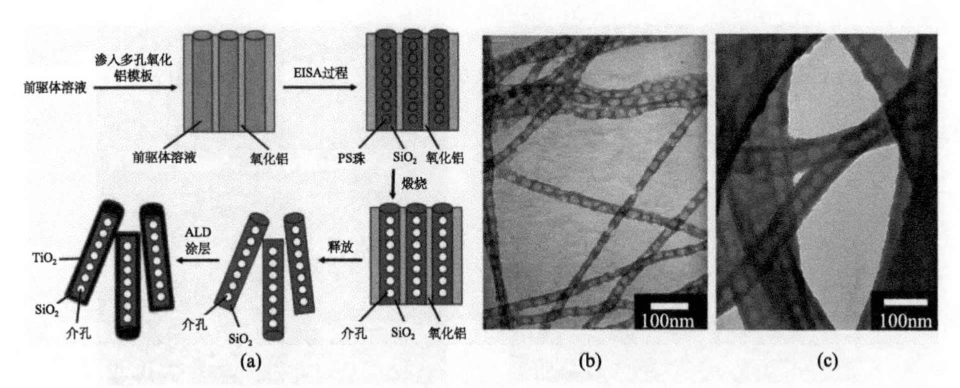

图 11.57 竹节状纳米管的制备过程及其微观形貌。(a) 二氧化硅和二氧化钛/二氧化硅复合竹节状纳米管的制备过程；(b) 竹节状纳米管的 TEM 照片；(c)ALD 法制备的沉积有二氧化钛层的竹节状二氧化钛纳米管。

微相分离得到了分节的结构。如果将另外一种物质沉积在已经制备好的分节氧化硅纳米管，将制备出复合分节纳米管。此外，Knez 等[107]利用原子层沉积技术(ALD)将二氧化钛沉积在氧化硅表面，成功制备出二氧化钛/氧化硅复合竹节状纳米管。Yarin 课题组[108]用已得的纳米管作为前驱体，利用碳纳米管(CNTs)既有的中空结构，将碳纳米管浸入低相对分子质量聚合物稀溶液中，聚合物稀溶液会扩散进入纳米管内，直接制得了分节的纳米管。根据扩散机理，高分子在管内聚集，最终获得了扁豆状[图 11.58(a)]、泡沫状[图 11.58(b)]和竹节状[图 11.58(c)和(d)]等形状的分段纳米管。

2) 管套线结构

管套线结构是一种空心纳米管和实心的纳米线组成的复合结构，纳米管和纳米线之间有空隙。Knez 和他的同事报道了他们用原子层积(ALD)和模板法相结合制备的管套线的方法[109]。他们首先用模板法制得了金纳米线，然后用氧化铝包裹金纳米线，再用 ALD 的方法在外层沉积二氧化钛分子，得到了一种 $Au@Al_2O_3@TiO_2$ 的三明治结构的纳米线，最后将中层的氧化铝除去，就得到了二氧化钛的纳米管包裹着金纳米线的结构[图 11.59(a)和(b)]。如果将这种纳米线在金的熔点以上高温煅烧，金纳米线高温熔化。由于瑞利不稳定(the Rayleigh instability)，一个个金属的纳米液滴会聚集成长链。如果纳米管空间允许，由一个个金属的纳米液滴组成的长链最终会形成周期排列的纳米小球链[图 11.59(c)]；如果空间不足以形成小球，则最终形成的是周期排列的纳米棒链条结构[图 11.59(d)]。经过计算发现，如果纳米管的直径是纳米线直径的 3.78 倍以上，就可以形成纳米小球链状结构，如果小于这个值，则只能形成纳米棒链状结构，因此，调整氧化铝中间层的厚度，就可以控制最终产物的结构。

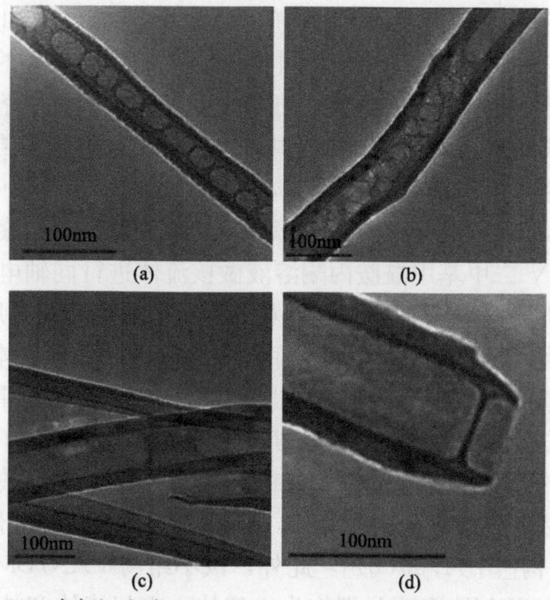

图 11.58　内部沉积有 PEO 的 CNTs TEM 照片。(a)、(b) 由低相对分子质量 PEO 制备的扁豆状 CNTs 和具有分散泡沫结构的 CNTs；(c)、(d) 由高相对分子质量 PEO 制备的竹节状 CNTs。

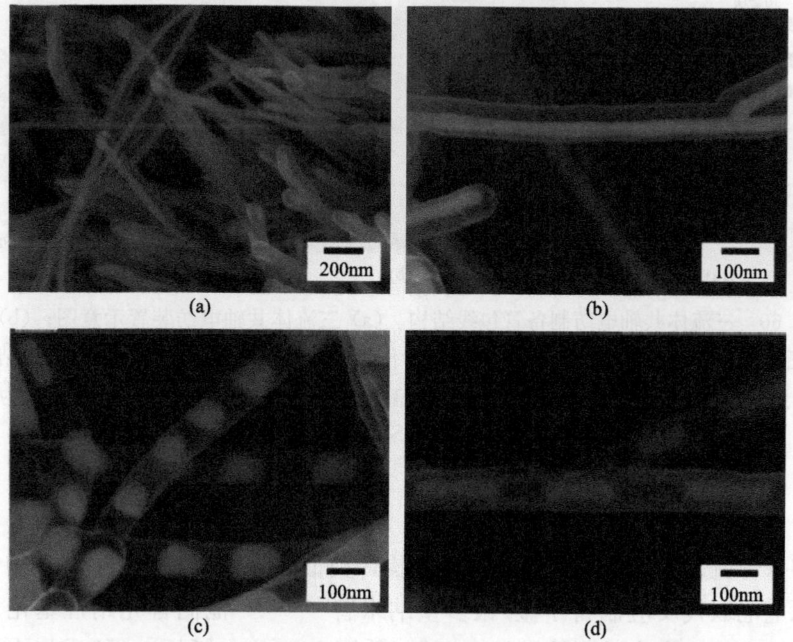

图 11.59　内部嵌有 Au 纳米线的 TiO_2 纳米管(a)、(b)和具有管套线结构的 TiO_2 纳米管退火后得到的内部嵌有 Au 纳米粒子链(c)以及内部嵌有 Au 纳米棒的 TiO_2 纳米管(d)。

Zussman[110]和江雷研究小组[111]则通过共轴静电纺丝(co-electrospinning)的方法成功制得了这种管套线的结构。静电纺丝就是将一种合适的高分子溶液通入导电的金属毛细管，把金属毛细管与高压发电机相连，高分子溶液在高压静电力的作用下被拉伸成微米或纳米的纤维。共轴电纺丝技术就是将传统电纺的单喷头改为共轴喷头，这样可以产生核-壳结构的复合流体[112-115]。Zussman 等用聚丙烯腈(PAN)的 *N*，*N*-二甲基甲酰胺(DMF)溶液做壳流体，用聚甲基丙烯酸甲酯(PMMA)的 *N*，*N*-二甲基甲酰胺丙酮溶液做核流体进行同轴电纺。由于聚丙烯腈不溶于丙酮，所以 PAN 和 PMMA 在相界面很快发生分离，形成了最初的核-壳结构的纤维，当内核的聚甲基丙烯酸甲酯的溶剂挥发后，其体积缩小，在核和壳之间出现了空隙，就形成了类似的电线状结构的纳米管。江雷课题组则选用三流体同轴电纺的方法，分别制备得到无机和有机管套线的结构。三流体共轴电纺的示意图及得到的管套线结构的 SEM 如图 11.60 所示。将钛酸四丁酯溶胶作为内、外流体，将液体石蜡作为中间流体，共轴电纺样品经高温煅烧后得到 TiO_2 管套 TiO_2 线的结构[图 11.60(b)]。此外，该小组将 PAN/DMF 溶液、液体石蜡、PS(聚苯乙烯)/DMF 溶液分别作为内流体、中间流体和外流体，最终将中间流体萃取除去的方法得到 PS 管套 PAN 线的结构[图 11.60(c)]。

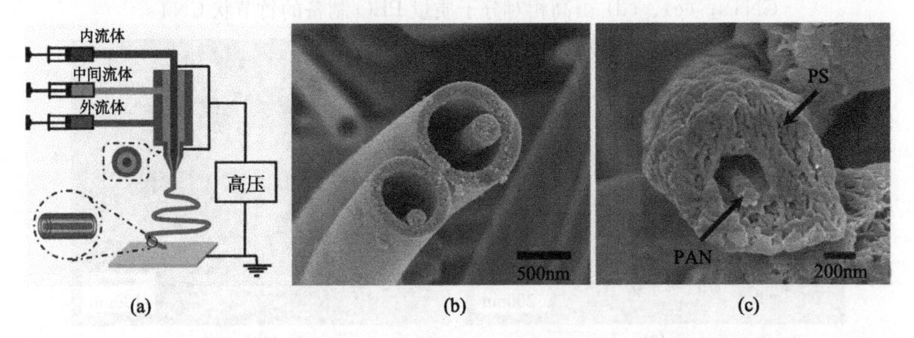

图 11.60　三流体共轴电纺制备管包线结构。(a) 三流体共轴电纺装置示意图；(b)钛酸四丁酯溶胶作为内流体、外流体，液体石蜡作为中间流体得到 TiO_2 管套 TiO_2 线结构的 SEM 照片；(c) PAN/DMF 溶液、液体石蜡、PS(聚苯乙烯)/DMF 溶液分别作为内流体、中间流体和外流体，得到 PS 管套 PAN 线结构的 SEM 照片。

3) 多壁管状结构

多壁管就是具有多层外壁的管状结构，类似于多壁碳纳米管。Xia 和他的同事用原电池取代反应制备了金/银多壁纳米管[116-118]。他们首先用羟基化过程制备了银纳米线，作为后期的模板和还原剂[图 11.61(a)插图]。然后将水合氯金酸($HAuCl_4$)溶液加入银纳米线，即开始发生原电池取代反应。Au^{3+} 还原成 Au 原子，这些金原子在银纳米线模板上成核并长成一层壳结构。随着银纳米线被逐

图 11.61　具有多层外壁的管状结构。(a) 水合氯金酸($HAuCl_4$)溶液加入银纳米线，发生原电池取代反应制备的单壁金纳米管，插图：用作后期的模板和还原剂的银纳米线；(b)金纳米管上化学沉积一层银后用氯金酸反应生成双壁的金纳米管；(c) 溶液熟化过程制备得到六边形的纤锌矿氧化锌纳米棒；(d) 增长溶剂熟化时间，在热力学的驱动下，由氧化锌纳米棒会逐步变成纳米管；(e)、(f)直接水热法制备的氧化铁双层纳米管。

步消耗，金原子壳结构也逐步变厚，最终银纳米线被完全消耗完，就形成了一个金纳米管[图 11.60(a)]。如果再用化学沉积的方法在金纳米管上再镀上一层银，就又可以和氯金酸反应，生成双壁的金纳米管[图 11.61(b)]。用这个方法就可以制备多层的纳米管。Jiang 和其合作者报道了一种用溶液熟化过程制备氧化锌纳米管的方法[119]。首先在反应溶液中制备得到六边形的纤锌矿氧化锌纳米棒[图 11.61(c)]。如果溶剂熟化时间增长，在热力学的驱动下，氧化锌纳米棒会逐步变成纳米管[图 11.61(d)]。这是因为纤锌矿氧化锌非极性面是稳定的，而极性面(001)和(00－1)处于亚稳态。在氧化锌纳米棒熟化的过程中，其趋向于变成热力学稳定状态。因此，在溶剂化的影响下，纳米棒上处于亚稳态的极性面就逐步变成空心结构，纳米棒逐步变成了单晶氧化锌纳米管。这个方法也可以运用到制备多壁纳米管上。Yan 的课题组[120]最近报道了用直接水热法制备氧化铁双层纳米管的方法。首先，反应获得了单晶赤铁矿双壁管纳米棒。在该反应中，首先获得固态的椭圆形赤铁矿纳米晶。成管过程不仅发生在纳米晶顶端的中心，还同时发生在其他高能点上。随着反应时间的增长，这些孔逐步刻蚀成一个相连的孔隙，最终成为一个管套管的纳米结构[图 11.61(e)、(f)]。

4) 多通道纳米/微米纤维

多通道纳米管就是在一个纳米管中有多个平行的孔道，就像将多个纳米管捆绑在一起，这种结构与自然界中植物的根茎和鸟类羽毛的结构很相像，具有广泛的应用前景。江雷研究小组[121]报道了用多流体电纺技术制备多通道微米/纳米纤维，并且任意调节通道的数目。这种多流体电纺技术和共轴电纺类似，都是用两种不相溶的溶液作为核和壳的液体分别注入外喷嘴和内部的数个毛细管中。需要注意的是外壳结构的液体必须具有优异的可纺性。在外电压的作用下，在对电极上可以收集到电纺纤维膜，然后对这些预制品通过煅烧处理除去中间的有机物，就可以得到多通道的微米/纳米纤维，如图 11.62 所示。他们用聚乙烯吡咯烷酮(PVP)/$Ti(iOPr)_4$溶胶作外流体，用石蜡作内流体制得了具有三通道的电纺纤维薄膜[图 11.62(a)]，并通过改变实验参数又制备出通道数为 1～5 的多通道纤维[图 11.62(b)～(e)]。这种方法最大的优势在于纤维的外壁厚度和直径可以很容易地通过改变实验条件来控制，而通道数也可以通过改变喷嘴内的毛细管数目来改变，使制备过程简单可控。

11.2.3 具有多尺寸内部结构的零维微/纳米材料

1. 大孔球

大孔球体是内部充满了微米和亚微米级孔隙的微球体。尽管孔的尺寸要比球体小很多，但它们仍然具有很重要的作用。这种材料称为微球海绵。和相同尺寸

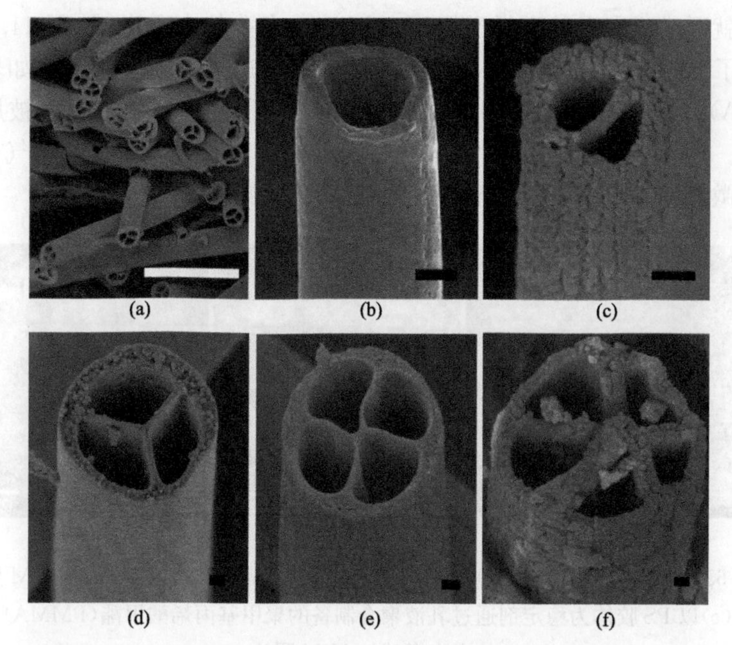

图 11.62 3通道 TiO_2 微米管的 SEM 照片(a)(标尺为 10μm)以及通道数为 1～5 的多通道微米管的 SEM 照片(b)～(f)(标尺为 100nm)。

的固体材料相比，这样的微孔结构可以显著增加表面积并能节约原材料。制备大孔结构的常用且有效方法是乳液聚合。Ma 和他的同事曾经用微孔膜乳化技术制备了大孔微球[122-125]。这种膜乳化技术就是将一液相(如油)通过多孔膜加入到另一不相溶的液相(如水)体系中。透过微孔膜的油会分裂成微滴，然后分散在水中形成水包油(O/W)乳液。这种方法能形成低能量、低剪切且大小均一的液滴。Ma 等利用一种孔隙分布均匀、孔径大小均一的多孔玻璃(SPG)膜制备了水包油乳液。由于 SPG 膜具有亲水性质和均一的孔隙分布，因此，在足够压力下，可以令油相通过膜上的孔隙进入到含有稳定剂和表面活性剂的另一相中形成具有统一尺寸油滴的油/水乳液。许多聚合物和生物大分子很容易溶解在油相中，所以这种方法常用来制备有机的大孔微球。例如，Ma 等通过膜乳化的方法制备了如图 11.63(a)所示的聚苯乙烯-二乙烯基苯大孔微球。Ge 及其同事将乳液法和模板法结合起来合成了具有大孔核壳结构的中空聚合物微球[126]。他们首先合成了一种表面磺化的聚苯乙烯(PS)胶体，它可以作为乳化稳定剂和多孔模板。将修饰后的 PS 胶体加入到水-单体(甲基丙烯酸甲酯)两相体系中，PS 会在两相的界面处进行自组装。通过搅拌乳化后，油/水微乳液就会在表面涂有 PS 胶液的单体液滴中产生。然后将乳状液在 γ 射线下照射，单体液滴就会聚合，同时也会发生收缩。收缩后会在界面处挤出 PS 胶液，这样就会在固化区域留下空穴。换句话说，这就形成了聚甲基丙烯酸甲酯(PMMA)多孔的中空微球[图 11.63(b)和(c)]。除了 PMMA，其他聚合的多孔球体也可以通过该方法制得，如聚乙烯乙酸酯(PVA)多孔球体。作为乳液法的一个分支，微流体技术也曾经被用来制备多孔微球。Stone 及其同事设计了一个特殊的微流体装置，它可以将气-水-油三相合并到微流体通道中，因此就会产生多孔聚合物微球[127]。

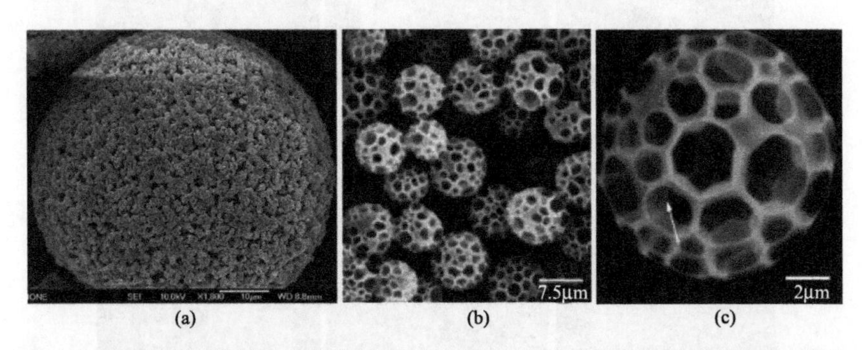

图 11.63 (a) 膜乳化的方法制备的聚苯乙烯-二乙烯基苯大孔微球的 SEM 照片；(b)和(c)以 PS 胶体为稳定剂通过乳液聚合制备的聚甲基丙烯酸甲酯(PMMA)多孔的中空微球的 SEM 照片。

制备大孔结构的另外一种方法就是溅射。它包括电喷射技术和压力喷雾干燥两种方法。电喷射技术是一种动态雾化过程，即在高压下，通过静电斥力的作用令导电流体分裂成小液滴。电喷射经常用于质谱的雾化。另外，这种雾化技术也经常用来制备微/纳米颗粒。江及同事通过电喷射技术制得各种形态的大孔聚合物微粒[128,129]。制备过程如下，首先将 PS 溶解在 DMF 中形成均一的稀溶液。接着把溶液装入到带金属喷嘴的注射器中。然后在管口加上合适的高电压，溶液就会雾化成小颗粒，并在反电极上沉积。图 11.64(a)和(b)分别显示了从质量分数为 7%和 5%的 PS/DMF 溶液中获得的 PS 颗粒。它们具有不同的形状，从球形到中空的锥形。这表明，电喷射产物的形态可以通过溶液的浓度进行控制。尽管形状迥异，但这些颗粒都具有大孔结构。当带电的 PS/DMF 溶液被分散成小液滴时，液滴较大的表面积溶剂就会迅速地蒸发掉。液滴的蒸发会使液滴冷却到一个低于室温的较低温度，空气中的水蒸气就会凝结在这些冷的 PS/DMF 液滴上。由于 PS 和水是不相容的，因此在水凝结的部位就会发生微相分离，这样就会形成微孔结构。另外一种喷雾干燥法也成功地用于微孔球体的制备。Okuyama 及其同事通过模板喷雾干燥法制备了二氧化硅和二氧化钛的大孔微球体[130-133]。这个过程需要先填入模板，再定形，最后去除模板。通常悬浮液是框架材料和乳胶液(如有机的 PS、PMMA 或无机的硅等)混合物。接着悬浮液被固化成微球，其中框架材料内部填满了乳胶球。当通过合适的物理或化学方法将乳胶球有选择地去除之后，它们就会留下许多的空洞。然后就获得了大孔的微球。图 11.64(c)和(d)是所制备的二氧化硅大孔微球。

图 11.64 溅射制备得到的大孔 0 维材料的 SEM 照片。(a)和(b) 为电喷射制备具有大孔结构的球形和中空锥形 PS 微粒，这种孔结构是由微相分离形成的；(c)和(d)由模板喷雾干燥法制备了二氧化硅大孔微球体。

另外，Yan 及其同事[134]合成了双亲超支化多臂聚合物，通过超分子自组装形成大的囊泡。他们合成了聚 3-乙基-3-氧杂环丁烷甲醇-聚乙二醇星型超支多臂聚合物，该聚合物以 HBPO 为核心，短链 PEO 为臂。这种双亲的大分子可在水中自组装成微泡沫。

2. 带核的中空核壳球体

所谓带核的中空核壳球结构是指一个(或多个)可移动的核心颗粒被包裹在中空的微/纳米球中。核心颗粒和外部的壳可以是相同的材料也可以是两种不同的材料。它们被称为普通核壳结构的一种变异体。因为传统的核壳结构中，核和壳部分紧紧地靠在一起，中间没有间距[135]。而这种带核的中空核壳球体具有中间层。许多科学家都研究这种有趣的结构，并给它们一些象形的名字，如拨浪鼓型的结构[136-139]或是蛋黄结构[140-142]。制备这种拨浪鼓结构最常用的是模板法，该方法应用广泛且可靠性和控制性好。模板法需要制备由不同物质构成的核壳球体，这两种物质分别作为模板和核心供体。接着通过物理或化学方法在核壳球体外覆盖一层第三种物质，从而形成一个像鸡蛋一样的三层复合结构，包括蛋黄、蛋清和蛋壳。选用合适的方法(如化学刻蚀或煅烧)将蛋清移除，就会获得拨浪鼓结构的球体。Xia 等[143]提出了一个制备混合材料的代表性的方法，就是将纳米颗粒嵌入中空的聚苄基丙烯酸甲酯壳中。他们首先在金纳米颗粒表面涂上正硅酸乙酯形成硅层，制备金和二氧化硅的核壳复合胶液。将原子转移自由基聚合引发剂氯甲基苯基乙基三氯硅烷接枝到金和二氧化硅胶液的表面，并和 BzMA 反应形成 PBzMA 的外层。图 11.65(a)是金@二氧化硅@PBzMA 纳米球体的 SEM 照片，每一个金纳米粒子都被限定在单个球体的中心。当用 HF 溶液腐蚀掉二氧化硅层后，Au@PBzMA 拨浪鼓结构就产生了，如图 11.65(b)所示。很明显看到金纳米颗粒并没有黏附到外层的壳上。这种方法的优点在于它的可控性，即核的尺寸、空腔的体积、外壳的厚度都可以通过改变实验条件来控制。

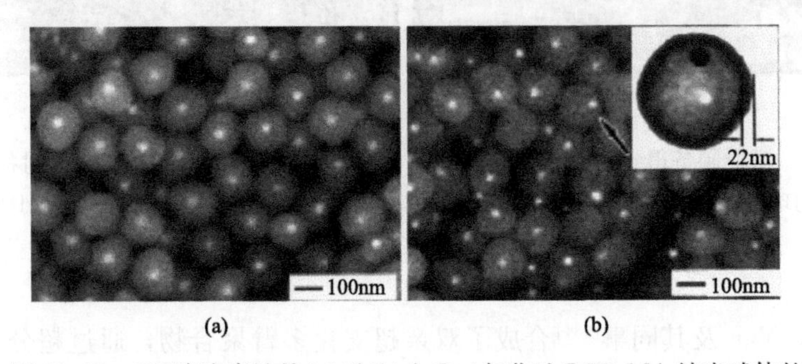

图 11.65 HF 溶液腐蚀前(a)后(b)金@二氧化硅@PBzMA 纳米球体的 SEM 照片。图(b)中插图为 Au@PBzMA 粒子的 TEM 照片。

通过相似的方法可制备具有各种拨浪鼓结构的微纳米球体。例如，Arnal 及其同事利用金@二氧化硅核壳颗粒作为模板，在模板外涂有二氧化锆，接着移除二氧化硅，就获得了金@二氧化锆的中空纳米球体[144]。Choi 及其同事已经制备了包裹 AuPt 混合颗粒的赤铁矿中空壳层。目前，已成功制备了多种拨浪鼓结构的中空球体，包括同种类的二氧化硅@二氧化硅中空球体[145]，或混杂的铂@碳中空球体[146]，金@二氧化硅中空球体[142,147,148]，还有许多其他种类的中空球体。这些拨浪鼓结构球体的形态主要是球形，因为他们是基于球形的模板制备得到的。模板法的灵活性在于产物的最大尺寸是由起始模板的形状决定的。如果模板是不对称的，则产物也是非球形的。例如，Lou 及其同事在各种非球形的拨浪鼓结构的微/纳米材料领域中取得了较大的进展[149,150]。他们利用主轴 α-Fe_2O_3 为模板制备了像茧一样的拨浪鼓结构中空球体。首先，在赤铁矿表面涂一层二氧化硅形成椭圆形的赤铁矿@二氧化硅核壳颗粒。接着，通过水热反应将单层或双层的聚晶状 SnO_2 壳层沉积在赤铁矿@二氧化硅核壳颗粒上。最后将夹层的二氧化硅层用氢氟酸或是氢氧化钠腐蚀掉，就会得到拨浪鼓结构的 SnO_2@赤铁矿的中空茧状物，如图 11.66(a)和(b)所示。通过改变实验条件，就会得到双壁拨浪鼓的 SnO_2@赤铁矿中空茧状物，如图 11.66(c)和(d)所示。这些工作证明了模板法是制备拨浪鼓结构物质的一种可靠方法。

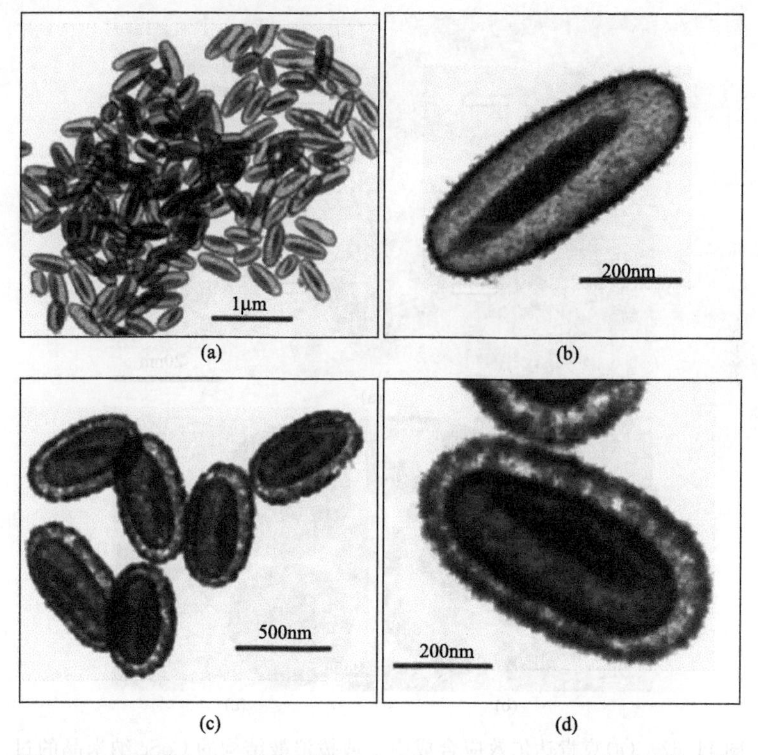

图 11.66 单壁(a)、(b)和双壁(c)、(d) a-Fe_2O_3@SnO_2 非球形拨浪鼓结构中空粒子的 TEM 照片。

对于无机物，基于克肯达尔(Kirkendall)效应和奥斯特瓦尔德(Ostwald)陈化机制的几种常用的晶体中空方法已用来制备拨浪鼓结构的物体。克肯达尔效应指的是原子在两个耦合体间不同的扩散速率。这种扩散速率的差异就会在界面处的低熔区域产生空缺。近年来，科学家发现通过控制原子扩散方向和相应的空缺积累，利用纳米尺寸的克肯达尔效应可制备中空纳米结构。因此，这种方法广泛用于制备中空纳米颗粒和纳米管。更有趣的是，拨浪鼓结构的纳米晶体通过中空反应也可以制得[151-153]。Yin 及其同事首先证明了通过纳米尺寸的克肯达尔效应可以合成中空或拨浪鼓结构的纳米晶[152]。例如，他们在 455K 下将 Se 悬浮液加入到预先制备的 Co 纳米颗粒溶液中，随着反应的进行，就会获得 CoSe 纳米晶的形貌，如图 11.67(a)所示。当将 Se 悬浮液注入到 Co 纳米晶溶液时，最初的固体金属 Co 纳米晶很快变成 Co@CoSe 中空结构的 CoSe 纳米晶。由于 Co 和 CoSe 不同的扩散速率，Co 核就会逐渐消失，同时核壳间的空缺就会增大。30min 后，Co 核就会耗尽，并留下中空的 CoSe 纳米晶。由于拨浪鼓结构是克肯达尔效应的一种中间态，因此可用来控制纳米晶的内部结构。

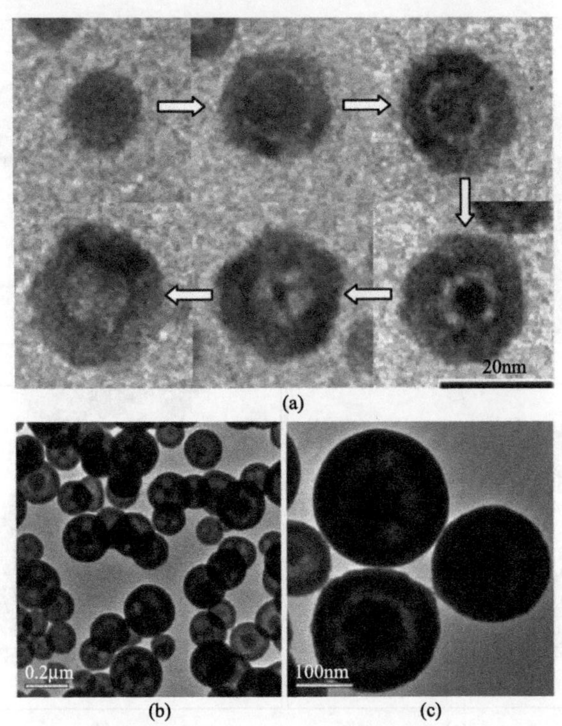

图 11.67 (a)克肯达尔效应合成中空或拨浪鼓结构的 CoSe 纳米晶的过程，按照箭头方向由 Co 纳米颗粒到拨浪鼓结构的粒子再到最终的中空粒子；(b)和(c)分别是混有钇和钬的拨浪鼓结构的纳米球的 SEM 照片。

通过克肯达尔中空效应已经成功合成了大量的拨浪鼓结构的纳米粒子。王及其同事已合成了一系列的有机-无机稀土混合的拨浪鼓结构的粒子[154]。他们通过一步自模板合成路线制备了各种各样结构的稀土混合纳米粒子，其中结构从中空到核壳再到拨浪鼓结构。图 11.67(b)和(c)分别是混有钇和钬的拨浪鼓结构的纳米球的 SEM 照片。

另外还有一种基于奥斯特瓦尔德陈化机制合成拨浪鼓结构的方法[155-157]。奥斯特瓦尔德陈化机制是指小尺寸的晶体在溶液中可以长大成为较大晶体。因为大块晶体要比小晶体更稳定，这是一个热力学自发过程。为了降低微粒溶液的总能量，较小微粒表面的分子就会在大微粒表面扩散再结晶。结果，大晶体长大，小晶体消失[图 11.68(a)]。奥斯特瓦尔德老化机制广泛用于中空无机微纳米晶的合成。曾及其同事通过奥斯特瓦尔德老化机制合成了一系列的拨浪鼓结构的无机半导体微/纳米颗粒。他们列出了四种关于奥斯特瓦尔德老化机制的情况：①制备常见空心颗粒的核空洞化过程；②对称的奥斯特瓦尔德老化过程；③合成均一拨浪鼓结构的非对称奥斯特瓦尔德老化过程；④结合 1 和 2 合成多壳的微粒。通过图 11.68(b)和(c)所示的是对称奥斯特瓦尔德老化方法合成的具有拨浪鼓结构的 ZnS 纳米球。在这个反应中，小的 ZnS 晶体首先会在固体球面聚合。随着时

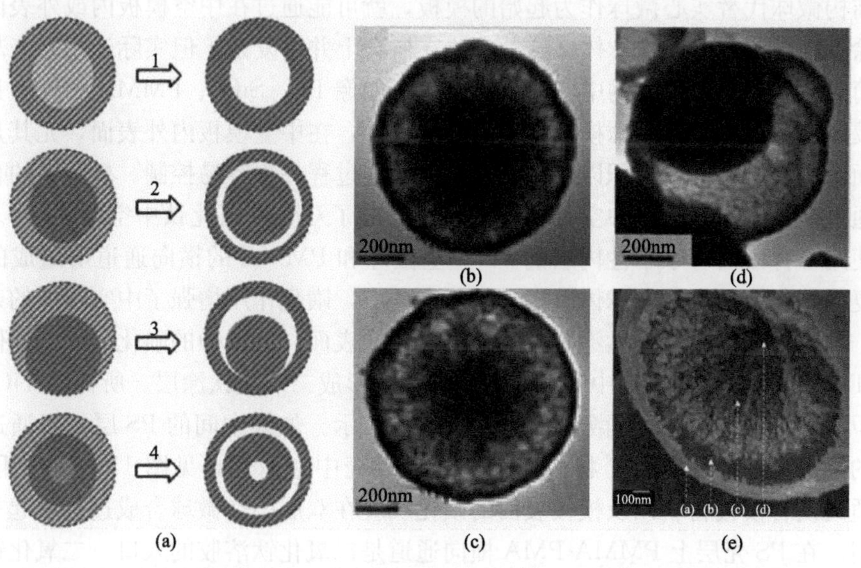

图 11.68　(a) 四种奥斯特瓦尔德老化机制的情况：1. 常见空心颗粒的老化过程；2. 对称的奥斯特瓦尔德老化过程；3. 非对称奥斯特瓦尔德老化过程；4. 结合 1 和 2 合成多壳的微粒。(b)和(c)对称奥斯特瓦尔德老化方法合成的具有拨浪鼓结构的 ZnS 纳米球的 TEM 照片。(d)非对称奥斯特瓦尔德老化方法合成的具有拨浪鼓结构的 Co_3O_4 微晶聚合体。(e)具有双壳结构的 ZnS 空心球的 SEM 照片。

间的延长，微粒外表面排列疏松的晶体就会成为重结晶的成核中心。随着重结晶壳的形成和底部晶体的消失，围绕壳底部的位置就会产生空缺，这样就把球体分成了核和空壳，均一拨浪鼓结构的 ZnS 纳米球就形成了[图 11.68(b)和(c)]。如果反应时间能够继续延长，核就会变得越来越小，同时空缺会变得更大。由于老化过程是围绕对称中心进行的，因此最后可获得同心的拨浪鼓结构。作为对比，曾及其同事发现一些微粒可通过非对称的老化方法得到。Co_3O_4 微晶聚合体是由非对称老化过程制备的[图 11.68(d)]。在一些晶体较小和密度较低的区域会获得中空结构。更有趣的是，将中空老化和对称老化结合起来可以制得更为复杂的结构。图 11.68(e)是得到的带核的 ZnS 空心球，它可被看成双壳的中空球。

3. 多壳球体

多壳球体是指不同半径的多重同轴壳层球体。它可看做是几个中空球体嵌套在一起。一些科学家形象地称它们为洋葱结构[158]或俄罗斯套娃结构。与拨浪鼓结构材料类似，多壳微米或纳米球通常用模板法或自组装的方法来合成。一般来说，单壳层的普通中空球体可以通过在实心微球体模板上涂膜形成具有核壳结构的复合球体来合成。除去模板核之后就形成中空球体。因此，如果用一个具有中空结构微球代替实心微球作为起始的模板，就可能通过在中空模板内或外表面分别涂膜来合成多核中空球体。这种方法在概念上并不复杂，但实际运用起来却并不简单。一方面，适合的中空球体模板并不如像 PS、SiO_2、PMMA 和许多其他的胶体等通常的实心微球模板丰富。另一方面，在中空模板内外表面，尤其是内表面，需要材料同步沉积以形成均一的涂层的过程并不容易控制。杨和他的合作者通过使用一种特殊的中空微球作为模板合成了双壳二氧化钛中空球体[160]。他们使用一种由具有亲水性内层的 PS 中空微球和 PMMA 的横向通道所组成的特殊复合中空模板。中空球体模板先与硫酸反应，磺化作用增强了中空球体的亲水性，并为后来的二氧化钛涂膜过程提供适宜的表面。将干燥的磺化的中空球体浸入 $Ti(OBu)_4$ 溶胶中，在中空球体的内外界面形成二氧化钛涂层。所得的 TiO_2@PS@ TiO_2 复合多壳中空微球如图 11.69(a)所示。如果中间的 PS 层可以通过合适的溶液选择性的移除，将得到二氧化钛双壳中空球体，见图 11.69(a)插图。合适的复合模板材料以及模板表面的磺化反应在双层中空微球合成过程中起重要作用。在 PS 壳层上 PMMA-PMA 横向通道是二氧化钛溶胶的入口。二氧化钛和中间层的沉积及厚度由磺化时间决定，磺化程度越大则二氧化钛层越薄。在图 11.69(b)中球体模板的磺化时间比图 11.69(a)中的长，由此导致了球体直径的增加和中间夹层距离的减小。

除了使用中空球体作模板之外，研究者还使用常用的固体模板，通过多步 LBL 自组装过程直接合成多壳球体[158,160-162]。固体模板表面用阳离子聚电解质和

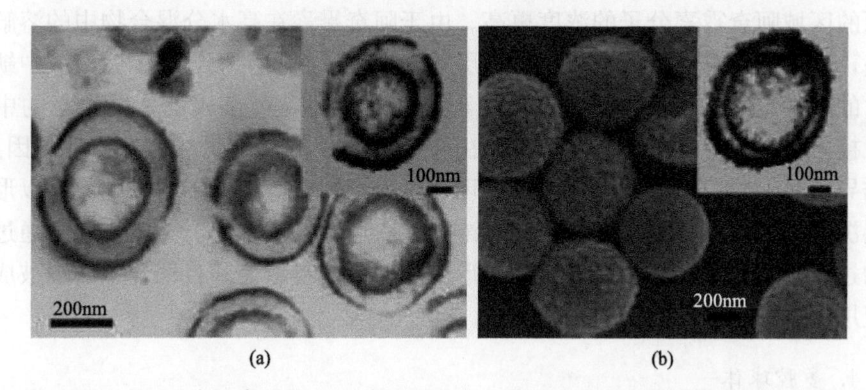

图 11.69 (a) 具有双壳层的 TiO_2 中空微球及二氧化钛双壳中空球体(插图)的 TEM 照片；(b)具有较厚壳层的 TiO_2 复合中空微球的 SEM 和 TEM(插图)照片。

阴离子聚电解质交替 LBL 自组装形成所要材料的原始涂层。然后再在第二层涂上另一种物质作为中间层。在第二层上再涂上第三层的材料，一种多层的核壳球体就合成了。如果分别除去核与中间层，就可得到多壳中空球体。

最近，陈及其同事通过一种简单的自组装方法用阿奇霉素中得到多壳微球，阿奇霉素是一种两性的制药分子[163]。首先将阿奇霉素在乙醇中溶解以形成均相溶液。在磁力搅拌下将溶液缓慢地加入到去离子水中，混合溶液迅速由澄清变为乳白色。搅拌停止后将溶液静置几分钟，得到多壳的阿奇霉素微球。通过改变原来的阿奇霉素溶液中乙醇的浓度可以调节壳层。图 11.70(a)和(b)是自组装三壳中空微球。它们的空间周期沉积过程如图 11.70(c)所示。

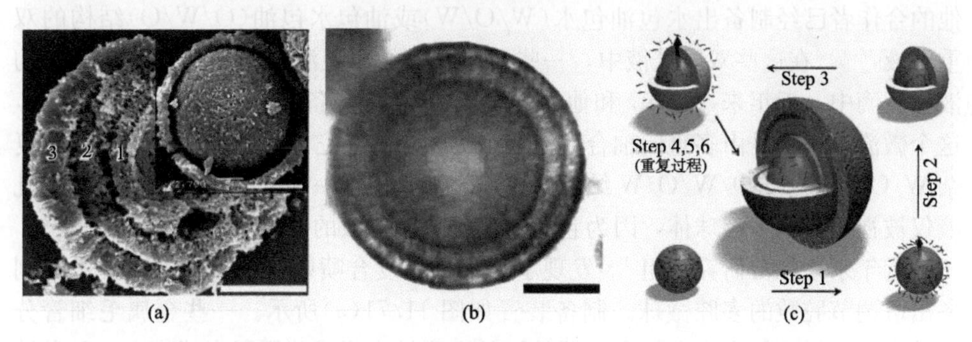

图 11.70 (a) 具有三壳层中空微球的 SEM 照片，插图是中空中间层的 SEM 照片；(b) 微球的光学显微镜照片；(c)微球形成过程示意图：空间周期沉积过程。

阿奇霉素是一种可溶于乙醇但不溶于水的两性分子。当阿奇霉素的乙醇溶液引入水中时，它首先形成含有众多巨型囊泡的悬浮液。由于在主体溶液的小囊里由内到外阿奇霉素具有浓度梯度，因此阿奇霉素分子和乙醇向外扩散。接近小囊表面的区域阿奇霉素分子的浓度更高。由于阿奇霉素在高水分混合物中的溶解性很差，所以阿奇霉素会沉积形成第一层膜。第一层膜的沉积导致了原溶液中缺少自由的阿奇霉素分子。因此，沉积过程会暂时中止，且形成了一个中空的中间层。接下来，笼罩着微球的阿奇霉素由于浓度梯度的驱动仍然向外扩散。因此，这诱导了另一阶段的沉积。这样的循环往复直到阿奇霉素分子的浓度不足以形成壳层沉积。由此可见，阿奇霉素起始浓度在壳层的形成中起了重要作用。通过这样的过程，可控壳层数量的多壳微球形成。其他的自组装和自聚合方法也被成功地应用于多壳球体的制备。

4. 多腔球体

多腔球体是指带有多个均匀分布独立空腔的球体。这些空腔和外部环境一起彼此孤立。关于这类材料的报道相对较少。怎样准确地控制内部空腔的数量是主要的困难所在。模板法和晶体生长法是最常用作制备带有复杂内部结构的微米和纳米材料的方法，这两种方法很难制备这样的多空腔结构。从模板路线的观点来看，空腔是移除模板所得的孔隙。然而，在球体里包裹一定数量的模板并且使它们相互分离并不是一项简单的任务。

晶体生长法在通过奥斯特瓦尔德陈化或克肯达尔效应合成无机多壳球体和拨浪鼓结构球体方面显示了可行性。但是，由于偏心空洞不利于结晶，因此晶体生长法并不适用于制备可控数量的多腔体。仅有少量多空腔结构由微流体技术实现。通过特殊设计的微流体设备，微流体技术可以产生双重或多重乳液。

通过把一个十字连接的微通道和一个 T 字连接的微通道结合起来，Torii 和他的合作者已经制备出水包油包水(W/O/W)或油包水包油(O/W/O)结构的双重乳液[164]。在这些双重乳液中，一些不同成分的小液滴被独立地包裹在相反的液相液滴中。近年来，Weitz 和他的合作者[165]已经制备出一种新的微流体装置，这个微流体装置是由多重同轴合流微型毛细管组成。它可制备高度可控的带有复杂 W/O/W/O 或 O/W/O/W 结构的多重乳液。值得一提的是，所制成的多重乳液仅被视为类似多腔球体，因为它们大多都是液包液的介稳体系。

近年来，江雷研究小组[166]发现了一项新的复合喷射电技术，这项技术可制备出可调节腔数的多腔微球。制备装置如图 11.71(a)所示。一些金属毛细管分别被嵌入一根连接在高电压发生器的钝的金属针中形成分层复合喷嘴。一种黏性壳层流体以适当的流速在针的外表面流过，几种黏性核流体分别被可控地分散到毛细管内。核流体是不能混溶的或与壳流体的融合性很差，所以他们在喷嘴下端形成化合物而并不是混合悬滴。在合适的电场中，复合液由于直流电场的作用会分散到带电液滴的喷雾中。这些液滴在相反的电极上凝固成球形的细颗粒。这样所得的微球体带有一些内部空腔，内部空腔的数量对应于内流体的数量。例如，使用两种内流体，如图 11.71(b)所示，可得到两腔微球。类似地，通过简单地调整内毛细血管的结构可以轻易得到带有的腔数从一到四的微球，如图 11.71(c)到(f)所示。这证实了这项多功能技术的可能性和可操作性。此外，如果内部毛细管上附着不同的物质，这项技术还可用于制备多组分微胶囊。

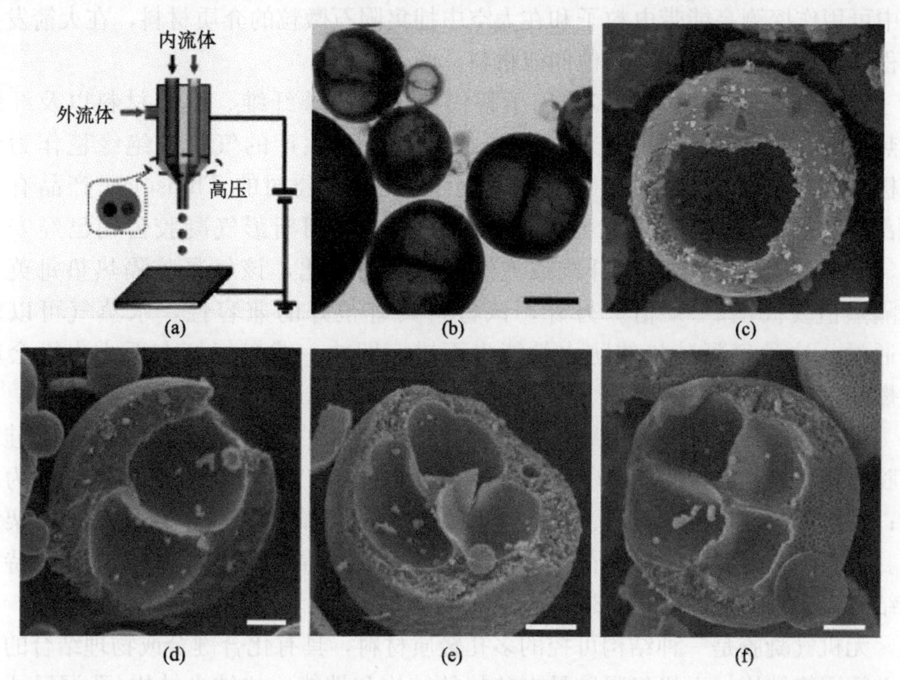

图 11.71 (a) 多流体复合电喷装置，以 2 空腔微球制备为例；(b) 双空腔微球的 TEM 照片；(c)～(f)分别为带有 1、2、3、4 空腔微球的 SEM 照片。

11.2.4 气凝胶

气凝胶(aeregel)通常是指以纳米量级超微颗粒相互聚集构成纳米多孔网络结构，并在网络孔隙中充满气态分散介质的轻质纳米固态材料[167]。气凝胶孔隙率高达 80%～99.8%，密度可低至 0.003g/cm^3，因其半透明的色彩和超轻重量，气凝胶有时也被称为“固态烟”(solidsmoke)或“冻烟”(frozensmoke)。

气凝胶有非常低的密度(高达 95%的体积是空气)、大的气孔和大的内表面积。它的这些特点使其具有极低的热导率和低声速、高光学透明度性能，使气凝胶可广泛应用于各种隔热体系。气凝胶能有效地透过太阳光，并阻止环境温度的红外辐射，因此是一种理想的绝热透明太阳能采暖材料。在美国发射的火星探测器上，气凝胶被用作保温材料，来保证火星表面机器人的电子仪器设备的保温。纯净的气凝胶是无色的，显透明状。它的结构单元在 1～100nm 范围内对蓝光和紫外光有较强的散射，并且在黑色背景下气凝胶呈浅蓝色，用白色光源照射时气凝胶显浅黄色。气凝胶有良好的反射性能，入射光仅有少量的反射损失。且能有效地透过太阳光，阻止红外热辐射，因此太阳能集热器系统特别适合使用这种材料。SiO_2气凝胶及其复合材料在飞行器中可用作保温绝热材料[168]，在太空探测器中可用作探测高能带电粒子和在太空中捕集陨石微粒的介质材料，在火箭发射过程中可用作储氢材料或其他储能材料。

超薄气凝胶垫越来越多地用于替代传统的玻璃纤维、泡沫材料以及纤维隔热材料。阿斯彭气凝胶公司（Aspen Aerogels)生产的气凝胶绝缘毯作为冬季极端寒冷条件下穿着服装的衬料据说要比 3M 公司的 Thinsulate 产品有效 3 倍多。在英国和美国部分地区的一些建筑中，阿斯彭气凝胶公司已经安装了气凝胶隔热垫，与玻璃纤维或泡沫隔热材料相比，该气凝胶隔热垫每英寸的隔热值要高出2～4 倍。另外，该材料具有很好的兼容性，水蒸气可以轻易通过。这种气凝胶垫的防火性能也不错，即放一盏煤气灯在下方也不会起火燃烧。

气凝胶材料按照其骨架组成物质可以分为三类：①无机气凝胶，主要为硅气凝胶及金属氧化物气凝胶；②有机气凝胶，以间苯二酚-甲醛作为前驱体的为代表；③炭气凝胶，将有机气凝胶在惰性气氛保护下高温炭化仅保留其炭骨架结构。其中碳气凝胶具有最高的热稳定性，在惰性气氛下 2800℃时仍能够保持介孔结构，比表面积还高达 $325m^2/g$[169]。

无机气凝胶是一种结构可控的多孔轻质材料，具有化合键合或物理结合的三维空间网络结构。无机气凝胶具有独特的结构和性能，如纳米结构(孔洞尺寸一般为 1～100nm，比表面积达 $200\sim1000m^2/g$)、低密度($0.003\sim0.6g/m^3$)、高孔隙率(80%～99.8%)、低折射率、低声阻抗、低热导率、强吸附性能和典型的分形结构等特点，是应用于隔热、隔音、声阻抗耦合材料、催化剂及催化剂载体、吸附剂、传感器和燃料电池等的理想材料。

近年来，国内外陆续对二氧化硅气凝胶、碳气凝胶、氧化铝气凝胶以及有机气凝胶展开了研究，其中二氧化硅气凝胶是最常见的无机气凝胶材料。

1. SiO_2气凝胶的制备及其隔热性能

Kistler[170]用硅酸钠为硅源，盐酸为催化剂，制备了水凝胶，然后通过溶剂置换和乙醇超临界干燥，首次制备了 SiO_2 气凝胶。在此后的几年时间里，Kistler 详尽地表征了 SiO_2气凝胶的特性，并制备了许多有研究价值的其他气凝胶材料，如 Al_2O_3、WO_3等气凝胶材料。

SiO_2气凝胶是由纳米级 SiO_2微粒相互连接而成的具有三维网络结构的纳米孔固体材料。目前，SiO_2气凝胶一般制备工艺如下：首先通过溶胶-凝胶形成连续的纳米量级的凝胶网络结构，然后经超临界干燥在不破坏其孔结构的条件下，除去凝胶纳米孔洞内的溶剂，最终得到纳米孔 SiO_2 气凝胶，其微观结构图如 11.72 所示。

目前溶胶-凝胶工艺常使用的前驱体采用最多的是 TMOS(硅酸甲醋)、水玻璃和 TEOS(正硅酸乙酯)。由于 TMOS 有毒，与水玻璃制备出的气凝胶纯净化困难，因此使用最多的是 TEOS。溶胶凝胶工艺是向先驱体加入适量水和催化剂，发生水解、缩聚反应，反应方程式如下：

$$Si(OR)_4 + 4H_2O \longrightarrow Si(OH)_4 + HOR \quad (水解)$$

$$NSi(OH)_4 \longrightarrow (SiO_2)_n + 2nH_2O \quad (缩聚)$$

反应生成以≡Si—O—Si≡为主体的聚合物，再经过老化阶段后，形成网络结构的凝胶。在凝胶形成过程中，部分水解的有机硅发生缩聚反应，缩聚的硅氧链上未水解的基团可继续水解。通过调节反应溶液的酸碱度，控制水解-缩聚过程中水解反应和缩聚反应的相对速率，可控制得到凝胶的结构。在酸性条件下(pH 2～5 范围内)，水解速率较快，体系中存在大量硅酸单体，有利于成核反应，因而形成较多的核，但尺寸都较小，最终将形成弱交联度、低密度网络的凝胶。在碱性条件下，缩聚反应速率较快，硅酸单体一经生成即迅速缩聚，因而体系中单体浓度相对较低，不利于成核反应，而利于核的长大及交联，易形成致密的胶体颗粒，最终得到颗粒聚集形成胶粒状的凝胶。强碱性或高温条件下 Si—O 键形成的可逆性增加，即 SiO_2 的溶解度增大，使最终凝胶结构受热力学控制，在表面张力作用下形成由表面光滑的微球构成的胶粒聚集体。前驱体经过溶胶-凝胶过程而获得的醇凝胶，由富有弹性的固体网络和网络中的液体组成，要得到气凝胶，必须在保持原有的凝胶网络结构不变的情况下，将网络中的溶剂排除。如果直接进行干燥排除，由于表面张力的作用只能得到固体粉末，而不能得到块状的不开裂的气凝胶材料。为了解决这一难题，最早采用的是超临界干燥。近年来，随着许多科学家的长期探索，相继出现了亚临界干燥、冷冻干燥、“微分”干燥和常压干燥技术。

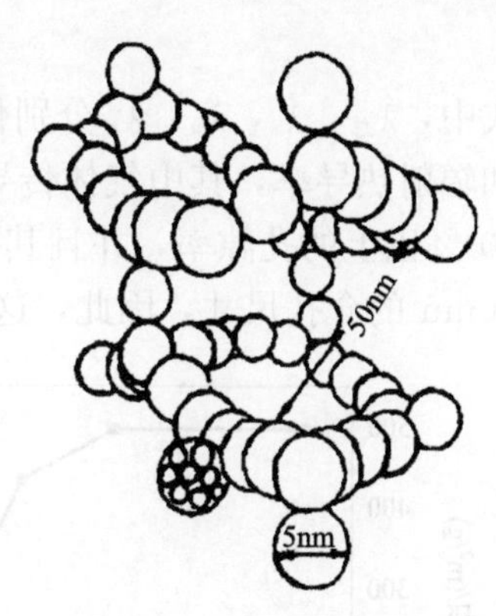

图 11.72　SiO_2 气凝胶的微观结构

其中，冷冻干燥是在低温低压下把液气界面转化为气固界面，固气转化避免了在孔内形成弯曲液面，再使溶剂升华，消除了毛细管力的影响，实现了凝胶干燥。冷冻干燥是一种新型的气凝胶干燥技术。如果在流体的熔点，通过冷气体对流，凝胶的表面温度比较稳定，表面得到强化，就可有效地避免干燥时纳米气孔结构的坍塌。由于纳米结构硅凝胶的冷干燥可能使产生气孔坍塌甚至成为粉末，因此利用冷冻干燥不能制备出单片集成电路气凝胶。

SiO_2气凝胶的热量传递是通过固体热传导、气体热传导和辐射热传导三种方式共同完成，可以通过式(11.2)表示：

$$\lambda_{总} = \lambda_s + \lambda_g + \lambda_r \tag{11.2}$$

式中，$\lambda_{总}$，λ_s，λ_g，λ_r 分别代表气凝胶的总热导率、固相热导率、气相热导率和辐射热导率，其中气体传导有对流传热和气相传热两部分。由于气凝胶具有80 %以上的孔隙率，并且其孔径均为纳米网络骨架相互联结围绕所构成的2～50nm 的介孔尺寸，因此，这种特殊结构导致了气凝胶不同于以往其他多孔材料的热特性，并且成为最具发展前景的一种超级绝热材料。

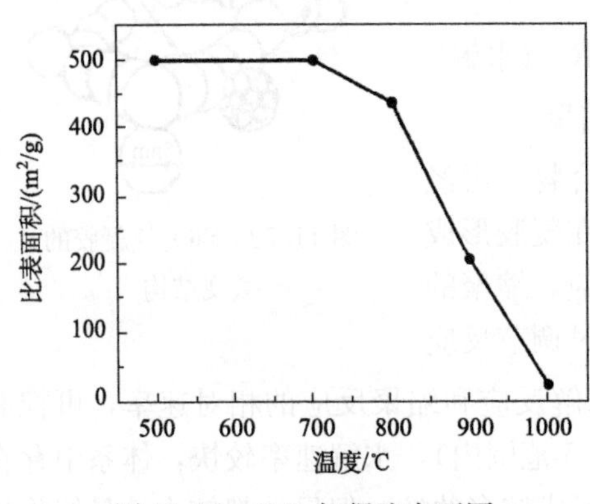

图 11.73 SiO_2气凝胶在不同温度下的比表面积

SiO_2气凝胶的隔热效果非常好，但其粒子较细，表面能较高导致其在较高的温度下使用会产生烧结，引起气凝胶收缩、孔结构破坏以及比表面积下降，最终导致SiO_2气凝胶隔热性能降低，其比表面积与温度的关系如图 11.73 所示。由图 11.73 可知，在700℃之后SiO_2气凝胶比表面积开始下降，说明在700℃以上时孔结构已经被破坏。

近年来，氧化硅气凝胶的制备已经取得了很大的进展，已有一系列文章全面综述了氧化硅气凝胶的制备工艺、性能以及应用等。但是，以氧化硅气凝胶直接取代传统的隔热材料还存在一定的困难，主要有两方面的原因。

其一，氧化硅气凝胶低密度、高孔隙率的特点导致力学性能急剧下降，气凝胶强度低、脆性大。虽然 Woignier 等认为通过提高气凝胶密度、高温热处理以及增强颗粒骨架结构等方法可改善气凝胶的强度，但仍难以满足实际应用的要求。其二，气凝胶在高温下对波长为 3～8μm 的近红外热辐射具有较强的透过性，高温阶段遮挡红外辐射能力差，致使气凝胶热导率随温度的升高显著上升。正是以上这两个方面限制了氧化硅气凝胶在隔热领域的应用。因此，通过引入增强体和遮光剂等方式，解决气凝胶力学性能和高温挡红外辐射能力差的问题，研制出具有实用价值的气凝胶隔热复合材料[171]是气凝胶发展的一个重要方向。

采用短纤维作为增强体利用凝胶整体成型工艺可得到力学性能较好的气凝胶复合材料，同时短纤维的加入可有效地控制气凝胶在干燥过程中的体积收缩。张志华等[172]添加10％短切陶瓷纤维使得气凝胶的机械强度由 0.016MPa 增加到0.096MPa，且常温常压热导率仅从 0.023W/(m·K)增加到 0.029W/(m·K)。

另外，国内纳诺高科有限公司与清华大学合作开发气凝胶隔热材料，采用废料稻壳代替有机硅醇盐作为硅源，采用短纤维为增强体，利用颗粒混合成型工艺制备纳米级孔结构的气凝胶固体材料，抗压强度为 1.0～5.0MPa，热导率小于 0.035W/(m·K)。

解决气凝胶高温遮挡红外辐射效果差的关键就是引入良好的红外遮光剂，目前常用的遮光剂有炭黑、矿物粉末(TiO_2、Fe_3O_4、B_4C) 以及陶瓷纤维等。纤维不仅可以作为力学载体，同时还是较好的红外遮光剂。例如，Deng 等通过添加 TiO_2 粉末和短切陶瓷纤维制备混合体，其 527℃热导率仅为 0.038W/(m·K)。Frank 采用长纤维复合气凝胶制备隔热材料，材料热导率可低至 0.018W/(m·K)，但由于纤维的热导率相对较高，因此其认为合适的纤维体积分数为 0.1%～30% ，优选 1%～10%；非金属氧化物纤维直径优选 0.1～30μm ，金属氧化物纤维直径优选 0.1～20μm；纤维长度优选 0.5～10cm ，如果选碳纤维或含碳纤维则更能够减小热辐射热传导。美国 NASA Ames 研究中心的 White 等为航天飞机开发了硅酸铝耐火纤维复合气凝胶隔热瓦，该复合体以硅酸铝耐火纤维预制件为骨架，具有纳米孔结构的气凝胶填充于耐火纤维骨架之间的孔隙，其隔热效果比传统耐火纤维制品更好，热导率更低。

Kim 等[173]通过水解缩合氧化硅和 TEOS 凝胶制备得到具有良好延展性的气凝胶-纤维复合材料。氧化硅气凝胶的微结构如图 11.74 所示。实验过程中，Kim 等对其进行了表面改性及 230℃热处理使得该复合材料可在常压环境中干燥制得。

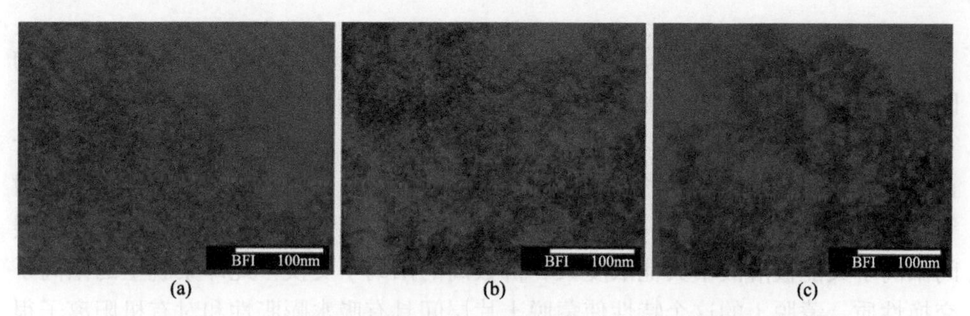

图 11.74　氧化硅气凝胶(a)、凝胶/TEOS 氧化硅气凝胶(b)
以及 TEOS 氧化硅气凝胶微结构(c)TEM 图像。

2. 蒙脱土气凝胶及其制备

具有层状结构的黏土矿物包括高岭土、滑石、膨润土、云母四大类。其中膨润土的主要成分为含蒙脱土的层状硅酸盐。蒙脱土的结构特点是每个单位晶胞由两个硅氧四面体芯片中间夹着一个铝氧八面体芯片构成，四面体与八面体间靠共享氧原子连接，形成高度有序的准二维芯片，晶胞平行叠置，属于 2∶1 型 3 层夹心结构，图 11.75 为蒙脱土的结构示意图。每个结构单元的尺度为 1nm × 100nm ×100nm 的片层，晶胞表面积高达 700～800m²/g。很多单元片层组成一个单元晶粒，厚度为 8～10nm，很多单元晶粒又可叠加在一起形成一个微米级的蒙脱土粒子。

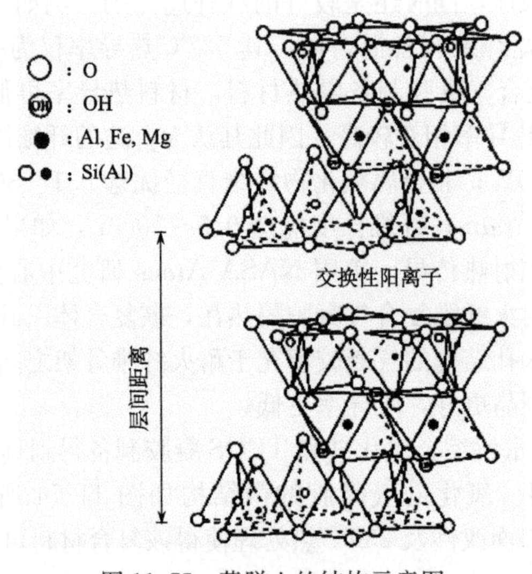

图 11.75　蒙脱土的结构示意图

蒙脱土特有的晶体结构使蒙脱土晶格中的同晶置换现象极为普遍。蒙脱土的四面体片中，部分 Si^{4+} 易被 Al^{3+} 等低价离子替代，铝氧八面体片中的部分 Al^{3+} 容易被 Mg^{2+}、Fe^{2+}、Ni^{2+}、Zn^{2+} 和 Mn^{2+} 等低价离子所同晶置换，这种高低价正离子间的同晶置换往往使片层内表面负电荷过剩，因此它必然要通过层间吸附等电量的 Na^{+}、Li^{+}、Ca^{2+} 和 Mg^{2+} 等水合阳离子来维持电荷平衡。被吸附的层间阳离子又能被溶液中其他浓度大、价数高的阳离子交换，此即蒙脱土的阳离子交换性质。蒙脱土的这个特性使蒙脱土片层间具有吸水膨胀性和对有机阳离子很强的吸附能力，蒙脱土的插层处理就是利用这个机理。它们很容易与无机或有机阳离子进行交换。这些有机阳离子可使硅酸盐表面从亲水变为亲油，降低了硅酸盐表面的表面能，提高了其和聚合物基体及单体的兼容性。而且有机阳离子可以带有各种官能团，这些官能团和聚合物反应，从而提高了无机物和有机高分子基体之间的粘接性。

蒙脱土的阳离子交换能力用每 100 g 蒙脱土吸附阳离子的毫摩尔数表示，称为阳离子交换容量(cation exchange capacity，CEC)。蒙脱土阳离子交换容量除与矿物组成有关外，还与蒙脱土细度、含有机质数量、溶液的pH、离子浓度等诸多因素有关。在蒙脱土层状结构中，两个相邻晶层之间是由两个氧原子层相接的，没有氢键，只有结合力较弱的范德华作用力，使片层之间可以随机旋转、平移甚至被剥离，这个特性又使蒙脱土层状结构具有被插层或剥离的性质。

结合蒙脱土的结构及插层原理可知，选择有机插层剂时要综合考虑以下几个因素：①插层剂分子应容易进入蒙脱土芯片间的纳米空间，并能显著增大芯片间片层间距；②插层剂分子应与聚合物组分有较强的物理或化学作用，可以增强蒙脱土片层与聚合物两相间的界面粘接。通常选择的有机插层剂往往带有一个较长的烷基链如烷基铵盐。插层过程中其头部的铵离子通过离子交换作用进入蒙脱土片层，烷基链也随之进入同一纳米空间。研究发现，用烷基铵盐对蒙脱土进行有机化处理时，蒙脱土层间距随烷基链上的碳原子数 n 的增加而增大。$n<8$ 时插层剂与蒙脱土片层方向平行排列；$n>11$ 时插层剂与蒙脱土片层方向以一定角度倾斜排列。蒙脱土片层间距随碳原子数增加而明显变大。因此，具有较长烷基链的烷基铵盐插层剂有利于蒙脱土片层的撑开及离子交换反应的进行。

制备有机蒙脱土的典型过程为：用去离子水作为分散介质将蒙脱土制成悬浮液，并在70～80℃高速搅拌下加入一定比例的烷基铵盐溶液，恒温搅拌反应数小时，静置过夜，去除上层澄清液体，得到白色絮状沉淀，用大量去离子水洗涤，减压抽滤，直至用0.1mol/L的 $AgNO_3$ 溶液检验无白色或淡黄色沉淀为止。所得白色絮状沉淀转移到烧杯中，真空干燥或在烘箱中干燥至恒重，研磨成粒径小于70μm的粉末。制备过程中需综合考虑反应体系的温度、pH、蒙脱土/水(固液比)(质量分数)、烷基铵盐用量、反应时间、干燥处理温度等工艺条件对改性效果的影响。

Schiraldi等[174,175]采用商品化胺类表面活性剂对蒙脱土进行表面处理，通过冷冻干燥法制备了类“羽型”蒙脱土气凝胶，发现其密度由原来的2.35g/cm^{3}降至0.05g/cm^3，热分解温度接近300℃，蒙脱土层间距从1.26nm提高到1.39nm。并推测由并填充的薄片之间的空隙是开放贯通的，如图11.76所示。

Mackenzi[176]首次利用冷冻干燥黏土水凝胶法制备了蒙脱土气凝胶。Nakazawa[177]等研究了冷冻干燥工艺参数(如黏土浓度和冷冻速度)对黏土气凝胶的大小、形状的影响，发现黏土含量和冷冻速率下降会使气孔形状从多边形细胞转变为薄片状，通过调整工艺参数制得的“羽型”黏土气凝胶，如图11.77所示。

气凝胶材料通常表现出卓越的热绝缘特性，主要由于他们的高度多孔内部结构。Schiraldi等[178]利用一种可大量使用的化学性质温和的组分制备出具有优异导热性能的蒙脱土基气凝胶。气凝胶样本以两种不同的取向进行冻结干燥，如图11.78所示。最近，该小组对电解质及聚合物负载对黏土气凝胶的形成、密度和机械性能的影响进行了研究[179]。结果表明，当电解质浓度<0.04mol/L)，聚合

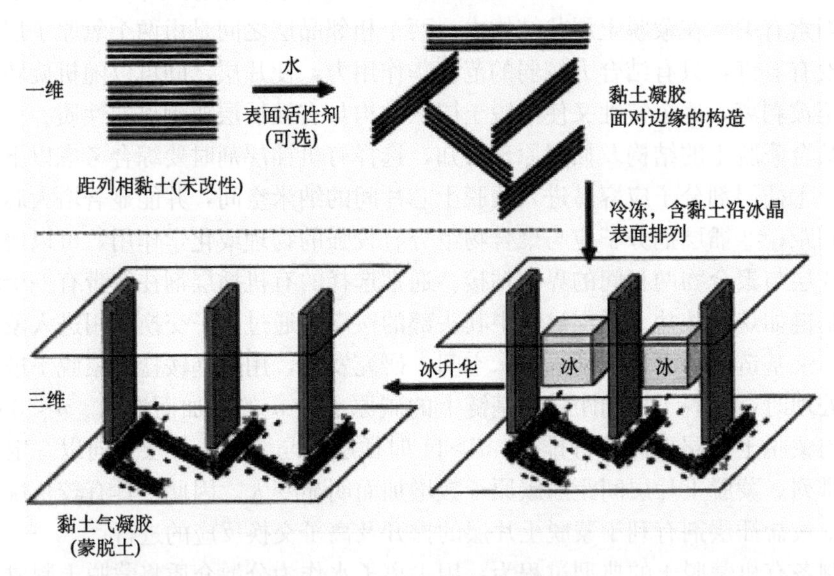

图 11.76　蒙脱土气凝胶的制备

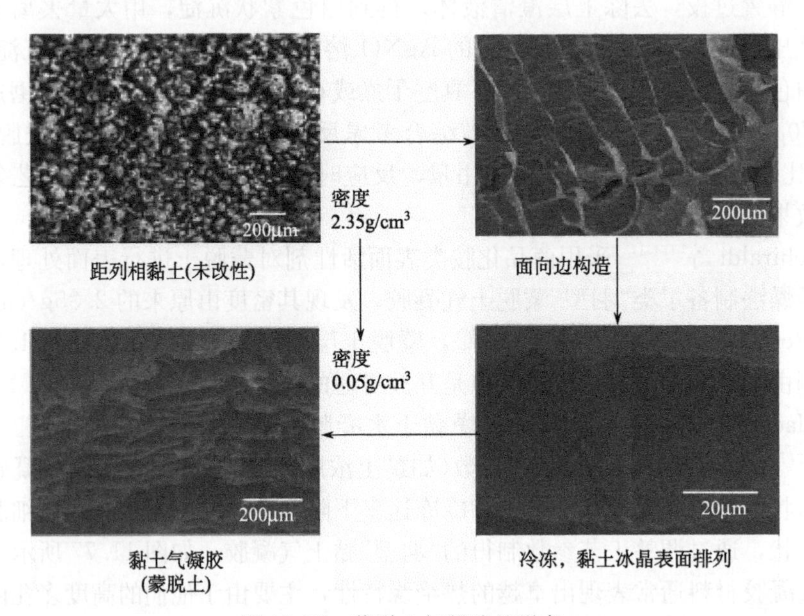

图 11.77　蒙脱土气凝胶的形态

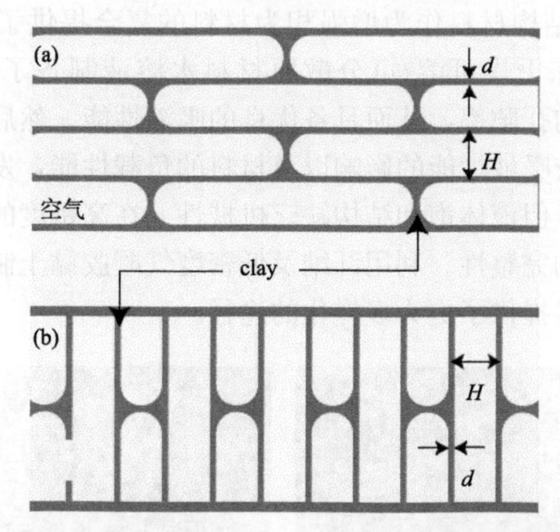

图 11.78　气凝胶结构。(a) 水平取向；(b) 垂直取向。

物含量＜1%（质量体积分数）时，由于黏土发生部分絮凝现象而不能形成气凝胶。当聚合物含量较低时，气凝胶压缩模量及屈服强度对于电解质的影响较为敏感。另外，气凝胶的机械性能对其密度有一定规律的依赖性。

3. 蒙脱土气凝胶复合材料的制备

近年来，有机/无机混杂材料已成为材料科学的一个研究热点。这类材料兼具有机材料和无机材料的特点，通过二者之间的协同作用，产生了许多优异的性能。蒙脱土是一种含铝的硅酸盐黏土矿物，具有独特的层状结构，蒙脱土层间具有可以交换的阳离子。在水的作用下蒙脱土充分溶胀，晶层间距增大，甚至解离为单片晶或几个单片晶集结的片晶束。许多有机极性小分子能够进入蒙脱土层间，并可在层间进行聚合反应，形成嵌入混杂材料。通过离子交换可以改变蒙脱土的层间环境，一些非极性的小分子能够进入蒙脱土层间，并进行聚合反应，形成相应的嵌入混杂材料。许多的大分子也能够通过多种途径嵌入蒙脱土层间形成混杂材料。

在熔体混合原位聚合过程中加入少量改性的黏土已被证实可以提高聚合物基体的热机械性能，聚合物/蒙脱土纳米复合材料是当今众多无机纳米粒子改性复合材料中最有潜力的一类纳米复合材料。黏土(如蒙脱土)独特的层状一维纳米结构特性，形态特性，层间具有可设计的反应性，超大的比表面积和高达 200 以上的径/厚比是改善纳米复合材料性能的主导因素。

Schiraldi 小组[180]向黏土气凝胶体系中引入短纤维，与黏土形成编织结构(图 11.79)，显著地改善了材料的机械性能。聚合物基体与气凝胶/纤维复合材料的协同作用进一步提高了材料的抗压强度和模量。这种以黏土气凝胶为“经”、纤维为“纬”的编织结构材料作为增强相为材料的复合提供了一种新的观点。后来，该小组利用冷冻干燥可溶/可分散原材料水溶液制备了冰模板气凝胶[181]，该气凝胶具有很大的孔隙率，从而具备优良的吸液性能。然后研究了聚合物的化学成分对干燥气凝胶吸液性能的影响以及材料的负载性能，发现低密度气凝胶能够迅速地吸收液体，但液体饱和结构缺乏机械性。在高密度的样品对液体吸收较慢，仍然不具备结构完整性。利用纤维及低密度气凝胶黏土制备的陶瓷材料则为制备刚性吸液性材料提供了更为多样化的途径。

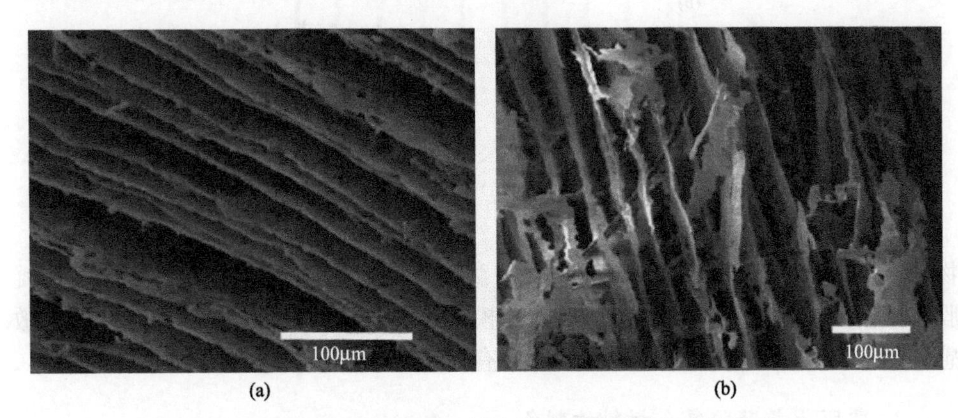

图 11.79 黏土质量分数为 5%的气凝胶(a)和含 1%短纤维的黏土含量 5%的气凝胶(b)的 SEM 照片。

最近，俞书宏等[182]引入新工艺利用壳聚糖-MTM（蒙脱土）杂化组分自组装制备出了类贝壳珍珠层结构的 MTM/壳聚糖复合薄膜。首先将制备的 MTM 纳米片的水溶液与壳聚糖水溶液混合搅拌使壳聚糖能够充分吸附在 MTM 表面，随后利用水分蒸发或真空过滤诱导壳聚糖-MTM 杂化组分发生取向进行自组装(图 11.80)。该方法制备的杂化膜具有高度规整的“砖-泥”类贝壳珍珠层结构，表现出良好的机械性能、透光性和隔热性能(图 11.81)。

4. 气凝胶隔热复合材料的应用

在民用领域中，瑞士和德国采用气凝胶设计的透明玻璃墙体，是一种能够有效积累太阳能热量并防止热量散失的节能材料；美国 Cabot 公司与 Kalwall 公司共同开发的硅气凝胶夹芯板，透光率达到 20%，热导率仅为 0.05W/(m·K)；美国 Aspen 公司将气凝胶与纤维等增强体复合已经制备出柔性气凝胶隔热毡，并且应用于管道、飞机、汽车等保温体系中。1997 年，美国国家航空航天局将气凝胶作为隔热材料被率先应用航天领域火星探测器中；2001 年美国旋翼飞行器的轻质隔热材料研究(LTIR)以及气凝胶与航天器生存能力(ARIAS)研究计划

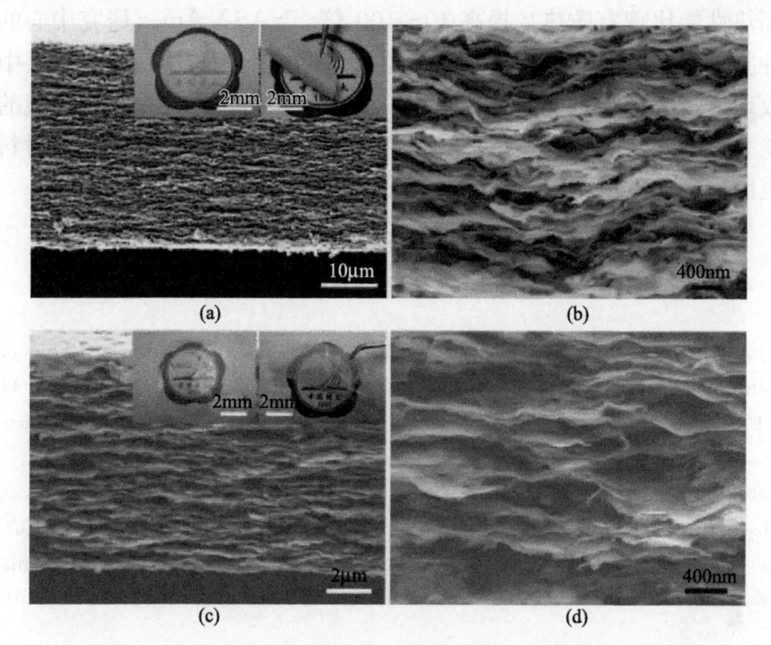

图 11.80　类贝壳珍珠层壳聚糖-MTM 仿生纳米复合材料层状结构

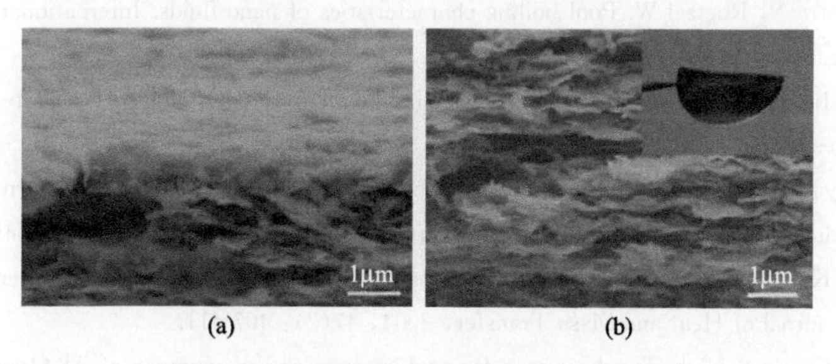

图 11.81　煅烧后的类贝壳珍珠层壳聚糖-MTM 仿生纳米复合材料的 SEM 图像。(a)表面；(b) 内部结构。

在 AATD 和 JTCG 基金资助下开展了气凝胶的研究，并且制备了温度在350～1000℃性能优良的多孔纳米气凝胶。

与传统绝热材料相比，质量更轻、体积更小、厚度更薄的纳米孔超级绝热材料可以达到与之等效甚至更好的隔热效果。飞机上的黑匣子、高温燃料电池、英国美洲豹战斗机、美国 NASA 设计的航天飞机都已将这种材料用作隔热材料，在国内也已将此类材料用于高能粒子加速器的隔热。美国国家航空航天局(NASA) Ames 研究中心还开发了陶瓷纤维-气凝胶复合防热瓦，复合后的航天飞机绝热瓦与原隔热瓦相比，热导率大幅度下降，强度大大提高，该防热瓦对航天器的隔热性能比现有防热瓦提高 10～100 倍。NASA Ames 研究中心的研究表明，这种新型气凝胶防热瓦可用于未来重复使用航天器和燃料箱隔热层中。气凝胶能有效地透过太阳光，并阻止环境温度的红外辐射，因此是一种理想的绝热透明太阳能采暖材料。在美国发射的火星探测器上，气凝胶被用作保温材料，来保证火星表面机器人的电子仪器设备的温度。

参考文献

[1] Chang J Y, You S M. Enhanced boiling heat transfer from microporous surfaces: Effects of a coating composition and method. International Journal of Heat and Mass Transfer, 1997, 40(18): 4449-4460.

[2] Choi S U S, Zhang Z G, Yu W, et al. Anomalous thermal conductivity enhancement in nanotube suspensions. Applied Physics Letters, 2001, 79(14): 2252-2254.

[3] Eastman J A, Choi S U S, Li S, et al. Anomalously increased effective thermal conductivities of ethylene glycol-based nanofluids containing copper nanoparticles. Applied Physics Letters, 2001, 78(6): 718-720.

[4] Hetsroni G, Zakin J L, Lin Z, et al. The effect of surfactants on bubble growth, wall thermal patterns and heat transfer in pool boiling. International Journal of Heat and Mass Transfer, 2001, 44(2): 485-497.

[5] Keblinski P, Phillpot S R, Choi S U S, et al. Mechanisms of heat flow in suspensions of nano-sized particles (nanofluids). International Journal of Heat and Mass Transfer, 2002, 45(4): 855-863.

[6] Das S K, Putra N, Roetzel W. Pool boiling characteristics of nano-fluids. International Journal of Heat and Mass Transfer, 2003, 46(5): 851-862.

[7] Takata Y, Hidaka S, Masuda M, et al. Pool boiling on a superhydrophilic surface. International Journal of Energy Research, 2003, 27(2): 111-119.

[8] Bphattacharya P, Saha S K, Yadav A, et al. Brownian dynamics simulation to determine the effective thermal conductivity of nanofluids. Journal of Applied Physics, 2004, 95(11): 6492-6494.

[9] Vassallo P, Kumar R, Damico S. Pool boiling heat transfer experiments in silica-water nano-fluids. International Journal of Heat and Mass Transfer, 2004, 47(2): 407-411.

[10] Bang I C, Chang S H. boiling heat transfer performance and phenomena of Al_2O_3-water nano-fluids from a plain surface in a pool. International Journal of Heat and Mass Transfer, 2005, 48(12): 2407-2419.

[11] Milanova D, Kumar R. Role of ions in pool boiling heat transfer of pure and silica nanofluids. Applied Physics Letters, 2005, 87(23): 233107, 1-3.

[12] Vemuri S, Kim K J. pool boiling of saturated FC-72 on nano-porous surface. International Communications in Heat and Mass Transfer, 2005, 32(1-2): 27-31.

[13] Kim S J, Bang I C, Buongiorno J, et al. Effects of nanoparticle deposition on surface wettability influencing boiling heat transfer in nanofluids. Applied Physics Letters, 2006, 89(15): 153107, 1-3.

[14] Kim H D, Kim J, Kim M H. Experimental studies on chf characteristics of nano-fluids at pool boiling. International Journal of Multiphase Flow, 2007, 33(7): 691-706.

[15] Beranrdin J, Mudawar I. The leidenfrost point: experimental study and assessment of existing models. Journal of Heat Transfer, 1999, 121, 894-903.

[16] Liter S G, Kaviany M. Pool-boiling CHF enhancement by modulated porous-layer coating: theory and experiment. International Journal of Heat and Mass Transfer, 2001, 44(22): 4287-311.

[17] Kim S J, Bang I C, Buongiorno J, et al. Surface wettability change during pool boiling of nanofluids and its effect on critical heat flux. International Journal of Heat and Mass Transfer, 2007, 50(19): 4105-4116.

[18] Wen D. Mechanisms of thermal nanofluids on enhanced critical heat flux (chf). International Journal of Heat and Mass Transfer, 2008, 51(19-20): 4958-65.

[19] Biance A L, Clanet C, Quéré D. Leidenfrost drops. Physics of Fluids, 2003, 15(6): 1632-1637.

[20] Tran T, Staat H J J, Prosperetti A, et al. Drop Impact on Superheated Surfaces. Physical Review Letters, 2012, 108(3): 036101.

[21] Celata G P, Cumo M, Mariani A, et al. visualization of the impact of water drops on a hot surface: Effect of drop velocity and surface inclination. Heat Mass Transfer, 2006, 42: 885-890.

[22] Ge Y, Fan L S. 3-D modeling of the dynamics and heat transfer characteristics of subcooled droplet impact on a surface with film boiling. International Journal of Heat and Mass Transfer, 2006, 49(21): 4231-4249.

[23] Nikolopoulos N, Theodorakakos A, Bergeles G. A numerical investigation of the evaporation process of a liquid droplet impinging onto a hot substrate. International Journal of Heat and Mass Transfer, 2007, 50(1-2): 303-19.

[24] Linke H, Aleman B J, Melling L D, et al. Self-propelled Leidenfrost droplets. Physical Review Letters, 2006, 96(15): 154502, 1-4.

[25] Li Y J, Zhou J E, Luo Z F, et al. Investigation on two abnormal phenomena about thermal conductivity enhancement of BN/EG nanofluids. Nanoscale Research Letters, 2011, 6: 443- 449.

[26] Hong T K, Yang H S, Choi C J. Study of the enhanced thermal conductivity of Fe nanofluids. Journal of Applied Physics, 2005, 97(6): 1-4.

[27] Xie H, Wang J, Xi T, et a1. Thermal conductivity enhancement of suspensions containing nanosized alumina particle. Journal of Applied Physics, 2002, 91: 4568-4572.

[28] Choi S U S, Zhang Z G, Yu W, et a1. Anomalous thermal conductivity enhancement in nanotube suspensions. Applied Physics Letters, 2001, 79: 2252-2254.

[29] Jha N, Ramaprabhu S. Thermal conductivity studies of metal dispersed multiwalled carbon nanotubes in water and ethylene glycol based nanofluids. Journal of Applied Physics, 2009, 106(8): 4879-4885.

[30] Moghadassi A R, Hosseini S M, Henneke D E. Effect of cuo nanoparticles in enhancing the thermal conductivities of monoethylene glycol and paraffin fluids. Industrial & Engineering Chemistry Research, 2010, 49: 1900-1904.

[31] Kim S J, Bang I C, Buongiorno J, et al. Effects of nanoparticle deposition on surface wettability influencing boiling heat transfer in nanofluids. Applied Physics Letters, 2006, 89(153107): 1-3.

[32] Torres J. Boiling and Spreading Behavior of Impinging Nanofluid Droplets on A Heated Surface. Rutgers, The State University of New Jersey, 2011.

[33] Elbahri M, Paretkar D, Hirmas K, et al. Enti-lotus effect for nanostructuring at the leidenfrost temperature. Advanced Materials, 2007, 19, 1262-1266.

[34] Rein M. Phenomena of liquid drop impact on solid and liquid surfaces. Fluid Dynamics Research, 1993, 12: 61-93.

[35] Watchers L, Westerling N. The heat transfer from a hot wall to impinging water drops in the spheroidal state. Chemical Engineering Science, 1966, 21: 1047-1056.

[36] Manzello S L, Yang J C. On the collision dynamics of a water droplet containing an additive on a heated solid surface. Proceedings of the Royal Society of London. Series A: Mathematical, Physical and Engineering Sciences, 2002, 458(2026): 2417-2444.

[37] Bergeron V, Bonn D, Martin J Y, et al. Controlling droplet deposition with polymer additives. Nature, 2000, 405(6788): 772-775.

[38] Bertola V. Drop impact on a hot surface: Effect of a polymer additive. Experiments in fluids, 2004, 37 (5): 653-664.

[39] Bertola V, Sefiane K. Controlling secondary atomization during drop impact on hot surfaces by polymer additives. Physics of Fluids, 2005, 17: 108104.

[40] Groenveld P. Explosive vapor formation. Journal of Heat Transfer-Transactions of The ASME, 1972, 236: 236-238.

[41] Kowal M G, Dowling M F, Abdel-Khalik S I. An experimental investigation of the effect of surfactants on the severity of vapor explosions. Nuclear Science and Engineering, 1993(115): 185-192.

[42] Chapman R, Pineau D, Corradini M. Mitigation of vapor explosions in one-dimensional large scale geometry with surfactant coolant additives. In: Proc. of the Int. Seminar on Vapor Explosions and Explosive Eruptions, Sendai, Japan. 1997: 47-58.

[43] Zhang X G, Basaran O A. Dynamic surface tension effects in impact of a drop with a solid surface. Journal of Colloid and Interface Science, 1997, 187: 166-178.

[44] Mourougou-Candoni N, Prunet-Foch B, Legay F. Influence of dynamic surface tension on the spreading of surfactant solution droplets impacting onto a low-surface-energy solid substrate. Journal of Colloid and Interface Science, 1997, 192: 129-141.

[45] Bergeron V, Bonn D, Martin J Y, et al. Controlling droplet deposition with polymer additives. Nature, 2000, 405(6788): 772-775.

[46] Bergeron V, Quéré D. Water droplets make an impact. Phys World, 2001, 14(5): 27-31.

[47] Bergeron V. Designing intelligent fluids for controlling spray applications. Comptes Rendus Physique, 2003, 4(2): 211-219.

[48] Vovelle L, Bergeron V, Martin J Y. Use of polymers as sticking agents. World Patent No 0008926 (EP1104988), 2003-3-18.

[49] Crooks R, Boger D V. Influence of fluid elasticity on drops impacting on dry surfaces. Journal of Rheology, 2000, 44: 973-996.

[50] Bertola V. Drop impact on a hot surface: Effect of a polymer additive. Experiments in fluids, 2004, 37 (5): 653-664.

[51] Furuya M, Kinoshita I. Effects of polymer, surfactant, and salt additives to a coolant on the mitigation and the severity of vapor explosions, Experimental Thermal and Fluid Science, 2002, 26: 213-219.

[52] Bertola V. An experimental study of bouncing Leidenfrost drops: Comparison between Newtonian and viscoelastic liquids. International Journal of Heat and Mass Transfer, 2009, 52: 1786-1793.

[53] Takata Y, Hidaka S, Cao J M, et al. Effect of surface wettability on boiling and evaporation. Energy, 2005, 30: 209-220.

[54] Takata Y, Hidaka S, Yamashita A. Evaporation of water drop on a plasma-irradiated hydrophilic sur-

face. International Journal of Heat and Fluid Flow，2004，25：320-328.

[55] Liu G M，Craig V S J. Macroscopically flat and smooth superhydrophobic surfaces：heating induced wetting transitions up to the leidenfrost temperature. Faraday Discuss，2010，146：141-151.

[56] Li S H，Furberg R，Toprak M S，et al. Nature-inspired boiling enhancement by novel nanostructured macroporous surfaces. Advanced Functional Materials，2008，18(15)：2215-2220.

[57] Li C，Wang Z，Wang P I，et al. Nanostructured copper interfaces for enhanced boiling. Small，2008，4 (8)：1084-1088.

[58] Chen R，Lu M C，Srinivasan V，et al. Nanowires for enhanced boiling heat transfer. Nano Letters，2009，9(2)：548-553.

[59] Kim H，Truong B，Buongiorno J. On the effect of surface roughness height，wettability，and nanoporosity on Leidenfrost phenomena. Applied Physics Letters. 2011，98(083121)：1-4.

[60] Zhang T，Wang J M，Chen L，et al. High-temperature wetting transition on micro-and nanostructured surfaces. Angewandte Chemie International Edition，2011，50：5311-5314.

[61] Weickgenannt C M，Zhang Y Y，Sinha-Ray S. Inverse-Leidenfrost phenomenon on nanofiber mats on hot surfaces. Physical Review，2011，84(036310)：1-9.

[62] Westwater J W. Gold surfaces for condensation heat transfer. Gold Bulletin，1981，14(3)：95-101.

[63] Erb R A. Dropwise condensation on gold. Gold Bulletin，1973，6(1)：2-6.

[64] Rose J W，Glicksma. L R. Dropwise condensation—The distribution of drop sizes. International Journal of Heat and Mass Transfer，1973，16(2)：411-425.

[65] Novikov P A，Lyubin L Y，Svershchek V I，et al. Growth rate of liquid drops on a flat surface during dropwise condensation of vapor from a vapor-gas mixture. Journal of Engineering Physics，1974，27 (6)：1453-1459.

[66] Utaka Y，Saito A，Yanagida H. On the mechanism determining the transition mode from dropwise to film condensation. International Journal of Heat and Mass Transfer，1988，31(5)：1113-1120.

[67] Xue-Hu M，Bu-Xuan W，Dun-Qi X，et al. Lifetime test of dropwise condensation on polymer-coated surfaces. Heat Transfer-Asian Research，1999，28(7)：551-558.

[68] Ma X H，Chen J B，Xu D Q，et al. Influence of processing conditions of polymer film on dropwise condensation heat transfer. International Journal of Heat and Mass Transfer，2002，45(16)：3405-3411.

[69] Gokhale S J，Plawsky J L，Wayner P C. Effect of interfacial phenomena on dewetting in dropwise condensation. Advances in Colloid and Interface Science，2003，104，175-190.

[70] Ma X H，Wang L，Chen J B，et al. Condensation heat transfer of steam on vertical dropwise and filmwise coexisting surfaces with a thick organic film promoting dropwise mode. Experimental Heat Transfer，2003，16(4)：239-253.

[71] Wongwises S，Laohalertdecha S，Naphon P. A review of electrohydrodynamic enhancement of heat transfer . Renewable & Sustainable Energy Reviews，2007，11(5)：858-876.

[72] Chung B-F，Kim M C，Ahmadinejad M. Film-wise and drop-wise condensation of steam on short inclined plates. Journal of Mechanical Science and Technology，2008，22(1)：127-133.

[73] Bansal G D，Khandekar S，Muralidhar K. Measurement of heat transfer during drop-wise condensation of water on polyethylene. Nanoscale and Microscale Thermophysical Engineering，2009，13 (3)：184-201.

[74] Koch G，Zhang D，Leipertz A. Condensation of steam on the surface of hard coated copper discs. Heat

and mass transfer, 1997, 32(3): 149-156.

[75] Leipertz A, Koch G. Dropwise condensation of steam on hard coated surfaces. Heat transfer 1998, 6: General papers: 379-384.

[76] Ma X H, Chen X F, Bai T, et al. A new approach for condensation heat transfer enhancement. Proceedings of the 3rd international symposium on heat transfer and energy conservation, 2004. 95-100.

[77] Bonner R W. Dropwise condensation on surfaces with graded hydrophobicity. HT2009: Proceedings of the asme summer heat transfer, 2009, 3: 491-495.

[78] Daniel S, Chaudhury M K, Chen J C. Fast drop movements resulting from the phase change on a gradient surface. Science, 2001, 291(5504): 633-636.

[79] Parker A R, Lawrence C R. Water capture by a desert beetle. Nature, 2001, 414(6859): 33-34.

[80] Yamauchi A, Kumagai S, Takeyama T. Condensation heat transfer on various dropwise-filmwise coexisting surfaces. Heat Transfer - Japanese Research, 1986, 15(5): 50-64.

[81] Kumagai S, Fukushima H, Katsuda H, et al. Dropwise-filmwise condensation coexisting condensation heat transfer. JSME International Journal, Series B, 1989, 55: 3739-3745.

[82] Kumagai S, Tanaka S, Katsuda H, et al. On the enhancement of filmwise condensation heat transfer by means of the coexistence with dropwise condensation sections. Experimental Heat Transfer An International Journal, 1991, 4(1): 71-82.

[83] Ma X H, Song T, Lan Z, et al. The effect of dividing surface on heat transfer characteristics of dropwise condensation. The Chinese Journal of Process Engineering, 2007, 7(3): 472-475.

[84] Chen C, Cai Q, Tsai C, et al. Dropwise condensation on superhydrophobic surfaces with two-tier roughness. Applied Physics Letters, 2007, 90(17): 173108, 1-3.

[85] Boreyko J B, Chen C H. Self-propelled dropwise condensate on superhydrophobic surfaces. Physical Review Letters, 2009, 103(18): 184501, 1-4.

[86] Dorrer C, Ruehe J. Wetting of silicon nanograss: From superhydrophilic to superhydrophobic surfaces. Advanced Materials, 2008, 20(1): 159-163.

[87] Lan Z, Ma X, Wang S, et al. Effects of surface free energy and nanostructures on dropwise condensation. Chemical Engineering Journal, 156(3): 546-552.

[88] Ma X, Song T, Lan Z, et al. 表面纳米结构及其自由能对滴状冷凝传热的影响. 工程热物理学报 2009, 30(10): 1752-1754.

[89] Song Y, Ren X, Ren S, et al. Condensation heat transfer of steam on super-hydrophobic surfaces. Journal of Engineering Thermophysics, 2007, 28(1): 95-97.

[90] Karmouch R, Ross G G. Experimental study on the evolution of contact angles with temperature near the freezing point. Journal of Physical Chemistry C, 2010, 114(9): 4063-4066.

[91] Gokhale S J, Plawsky J L, Wayner P C. Experimental investigation of contact angle, curvature, and contact line motion in dropwise condensation and evaporation. Journal of Colloid and Interface Science, 2003, 259(2): 354-366.

[92] Lafuma A, Quere D. Superhydrophobic states. Nature Materials, 2003, 2(7): 457-460.

[93] Narhe R D, Beysens D A. Nucleation and growth on a superhydrophobic grooved surface. Physical Review Letters, 2004, 93(7): 076103, 1-4.

[94] Yang-Tse C, Rodak D E. Is the lotus leaf superhydrophobic? Applied Physics Letters, 2005, 86(14): 144101, 1-3.

[95] Yang-Tse C, Rodak D E, Angelopoulos A, et al. Microscopic observations of condensation of water on lotus leaves. Applied Physics Letters, 2005, 87(19): 194112, 1-3.

[96] Wier K A, Mccarthy T J. Condensation on ultrahydrophobic surfaces and its effect on droplet mobility: Ultrahydrophobic surfaces are not always water repellant. Langmuir, 2006, 22(6): 2433-2436.

[97] Dorrer C, Ruehe J. Condensation and wetting transitions on microstructured ultrahydrophobic surfaces. Langmuir, 2007, 23(7): 3820-3824.

[98] Narhe R D, Beysens D A. Growth dynamics of water drops on a square-pattern rough hydrophobic surface. Langmuir, 2007, 23(12): 6486-6489.

[99] Jung Y C, Bhushan B. Wetting behaviour during evaporation and condensation of water microdroplets on superhydrophobic patterned surfaces. Journal of Microscopy, 2008, 229, 127-140.

[100] Yongmei Z, Dong H, Jin Z, et al. In situ investigation on dynamic suspending of microdroplet on lotus leaf and gradient of wettable micro- and nanostructure from water condensation. Applied Physics Letters, 2008, 92(8): 084106, 1-3.

[101] Stegmaier T, Linke M, Planck H. Bionics in textiles: Flexible and translucent thermal insulations for solar thermal applications. Philosophical Transactions of The Royal Society A, 2009, 367: 1749-1758.

[102] Cha J N, Stucky G D, Morse D E, et al. Biomimetic synthesis of ordered silica structures mediated by block copolypeptides. Nature, 2000, 403: 289-292.

[103] Linke M, Sarsour J, Milwich M, et al. Alterable pore size for low-energy microfiltration. Narrow Fabric and Braiding Industry, 2005, 42: 24-28.

[104] Stegmaier T, Stefanakis J. Solarpioniere sind den eisbaren auf der spur. Kettenwirk-Praxis, 2007, 1: 38-40.

[105] 赵耀明. 羽毛纤维的结构、性能及应用. 针织工业, 2007, (2): 20-22.

[106] Chen X, Knez M, Berger A, et al. Formation of titania/Silica hybrid nanowires containing linear mesocage arrays by evaporation-induced block-copolymer self-assembly and atomic layer deposition. Angewandte Chemie International Edition, 2007, 46: 6829-6832.

[107] Knez M, Niesch K, Niinisto L. Synthesis and surface engineering of complex nanostructures by atomic layer deposition. Angewandte Chemie International Edition, 2007, 19: 3425-3438.

[108] Bazilevsky A V, Sun K X, Yarin A L, et al. Room-temperature, open-air, wet intercalation of liquids, surfactants , polymers and nanoparticles within nanotubes and microchannels. Langmuir 2007, 23: 7451-7455.

[109] Qin Y, Liu L F, Yang R B, et al. General assembly method for linear metal nanoparticle chains embedded in nanotubes. Nano Letters, 2008, 8: 3221-3225.

[110] Zussman E, Yarin A L, Bazilevsky A V, et al. Electrospun polyaniline /poly (methyl methacrylate)-derived turbostratic carbon micro-/nanotubes. Advanced Materials, 2006, 18: 348-353.

[111] Chen H Y, Wang N, Di J, et al. Nanowire-in-microtube structured core/shell fibers via multifluidic coaxial electrospinning. Langmuir, 2010, 26: 11291-11296.

[112] Reneker D H, Chun I. Nanometre diameter fibres of polymer, produced by electrospinning. Nanotechnology, 1996, 7: 216-223.

[113] Huang Z M, Zhang Y Z, Kotaki M, et al. A review on polymer nanofibers by electrospinning and their applications in nanocomposites. Composites Science and Technology, 2003, 63: 2223-2253.

[114] Li D, Xia Y N. Electrospinning of nanofibers: Reinventing the wheel? Advanced Materials, 2004, 16:

1151-1170.

[115] Chen H Y, Wang N, Di J, et al. Hierarchical interior structured inorganic oxide nanofibers by microemulsion electrospinning. Small, 2011, 7: 1779-1783.

[116] Sun Y G, Mayers B, Xia Y N. Metal Nanostructures with hollow interiors. Advanced Materials, 2003, 15: 641-646.

[117] Sun Y G, Xia Y N. Multiple-walled nanotubes made of metals. Advanced Materials, 2004, 16: 264-268.

[118] Sun Y G, Wiley B, Li Z Y, et al. Synthesis and optical properties of nanorattles and multiple-walled nanoshell/nanotubes made of metal alloys. Journal of the American Chemical Society, 2004, 126, 9399-9406.

[119] Jiang L, Feng X J, Zhai J, et al. High-yield self-assembly of flower-like ZnO nanostructures. Nanoscience Nanotechnology, 2006, 6: 1830-1832.

[120] Yan D Y, Zhou Y F, Hou J. Supramolecular self-assembly of macroscopic tubes. Science, 2004, 303: 65-67.

[121] Zhao Y , Cao X Y, Jiang L. Bio-mimic multichannel microtubes by a facile method. Journal of the American Chemical Society, 2007, 129: 764-765.

[122] Wei W, Wang L Y, Yuan L, et al. Preparation and application of novel microspheres possessing autofluorescent properties. Advanced Functional Materials, 2007, 17: 3153-3158.

[123] Wang R W, Zhang Y, Ma G G, et al. Preparation of uniform poly(glycidyl methacrylate) porous microspheres by membrane emulsification-polymerization technology. Journal of Applied Polymer Science, 2006, 102: 5018-5027.

[124] Zhou Q Z, Wang L Y, Ma G H, et al. Preparation of uniform-sized agarose beads by microporous membrane emulsification technique. Journal of Colloid and Interface Science, 2007, 311: 118-127.

[125] Zhou W Q, Gu T Y, Su Z G, et al. Synthesis of macroporous poly (styrene- divinyl benzene) microspheres by surfactant reverse micelles swelling method. Polymer, 2007, 48: 1981-1988.

[126] He X D, Ge X W, Liu H R, et al. Synthesis of cagelike polymer microspheres with hollow core/porous shell structures by self-assembly of latex particles at the emulsion droplet interface. Chemistry of Materials, 2005, 17: 5891-5892.

[127] Wan J, Bick A, Sullivan M , et al. Controllable microfluidic production of microbubbles in water-in-oil emulsions and the formation of porous microparticles. Advanced Materials, 2008, 20: 3314-3318.

[128] Jiang L, Zhao Y, Zhai J. A lotus-leaf-like superhydrophobic surface: a porous microsphere/nanofiber composite film prepared by electrohydrodynamics. Angewandte Chemie, 2004, 116: 4338-4441.

[129] Zhao Y, Zhai J, Tan S X, et al. TiO_2 micro/nano-composite structured electrodes for quasi-solid-state dye-sensitized solar cells. Nanotechnology, 2006, 17: 2090-2094.

[130] Iskandar F, Nandiyanto A B D, Yun K M, et al. Enhanced photocatalytic performance of brookite TiO_2 macroporous particles prepared by spray drying with colloidal templating. Advanced Materials, 2007, 19: 1408-1412.

[131] Kuncicky D M, Bose K, Costa K D, et al. Sessile droplet templating of miniature porous hemispheres from colloid crystals. Chemistry of Materials, 2007, 19: 141-143.

[132] Li H Y, Wang H Q, Chen A H, et al. Ordered macroporous titania photonic balls by micrometer-scale spherical assembly templating. Journal of Materials Chemistry, 2005, 15: 2551-2256.

[133] Iskandar F, Mikrajuddin, Okuyama K. Controllability of pore size and porosity on self-organized porous silica particles. Nano Letters, 2002, 2: 389-392.

[134] Mai Y Y , Zhou Y F, Yan D Y. Realtime hierarchical self-assembly of large compound vesicles from an amphiphilic hyperbranched multiarm copolymer. Small, 2007, 3: 1170-1173.

[135] Salgueirino-Maceira V, Correa-Duarte M A. Advanced Materials, 2007, 19, 4131.

[136] Zhao W R, Chen H R, Li Y S, et al. Uniform rattle-type hollow magnetic mesoporous spheres as drug delivery carriers and their sustained-release property. Advanced Functional Materials, 2008, 18: 2780-2788.

[137] Hah H J, Um J I, Han S H, et al. New synthetic route for preparing rattle-type silica particles with metal cores. Chemical Communications, 2004, 8: 1012-1013.

[138] Kim M, Sohn K, Bin Na H, et al. Synthesis of nanorattles composed of gold nanoparticles encapsulated in mesoporous carbon and polymer shells. Nano Letters, 2002, 2: 1383-1387.

[139] Yang J H, Lu L H, Wang H S, et al. Synthesis of Pt/Ag bimetallic nanorattle with Au core. Scripta Materialia, 2006, 54: 159-162.

[140] Lee J, Park J C, Song H. A nanoreactor framework of a Au@SiO_2 yolk/shell structure for catalytic reduction of p-nitrophenol. Advanced Materials, 2008, 20: 1523-1528.

[141] Chen M, Kim Y N, Lee H M, et al. Multifunctional magnetic silver nanoshells with sandwichlike nanostructures. The Journal of Physical Chemistry C, 2008, 112: 8870-8874.

[142] Gao J H, Liang G L, Cheung J S, et al. Multifunctional yolk-shell nanoparticles: a potential MRI contrast and anticancer agent. Journal of the American Chemical Society, 2008, 130: 11828-11833.

[143] Kamata K, Lu Y, Xia Y N. Synthesis and characterization of monodispersed core-shell spherical colloids with movable cores. Journal of the American Chemical Society, 2003, 125: 2384-2385.

[144] Kreft O, Prevot M, Mohwald H, et al. Shell-in-shell microcapsules: A novel tool for integrated, spatially confined enzymatic reactions. Angewandte Chemie International Edition, 2007, 46: 5605-5608.

[145] Zhang T R, Ge J P, Hu Y X, et al. Formation of hollow silica colloids through a spontaneous dissolution-regrowth process. Angewandte Chemie International Edition, 2008, 47: 5806-5811.

[146] Ikeda S, Ishino S, Harada T, et al. Ligand-free platinum nanoparticles encapsulated in a hollow porous carbon shell as a highly active heterogeneous hydrogenation catalyst. Angewandte Chemie International Edition, 2006, 45: 7063-7066.

[147] Lee J, Park J C, Bang J U, et al. Precise tuning of porosity and surface functionality in Au@SiO_2 nanoreactors for high catalytic efficiency. Chemistry of Materials, 2008, 20: 5839-5844.

[148] Zhang Q, Zhang T R, Ge J P, et al. Permeable silica shell through surface -protected etching. Nano Letters, 2008, 8: 2867-2871.

[149] Lou X W, Yuan C L, Archer L A. Double-walled SnO_2 nano-cocoons with movable magnetic cores. Advanced Materials, 2007, 19: 3328-3332.

[150] Lou X W, Yuan C, Zhang Q, et al. Platinum-functionalized octahedral silica nanocages: Synthesis and characterization. Angewandte Chemie International Edition, 2006, 45: 3825-3829.

[151] Fan H J, Gosele U, Zacharias M. Formation of nanotubes and hollow nanoparticles based on kirkendall and diffusion processes: A review. Small, 2007, 3: 1660-1671.

[152] Yin Y D, Rioux R M, Erdonmez C K, et al. Formation of hollow nanocrystals through the nanoscale kirkendall effect. Science 2004, 304: 711-714.

[153] Fan H J, Knez M, Scholz R, et al. Monocrystalline spinel nanotube fabrication based on the Kirkendall effect. Nature Materials, 2006, 5: 627-631.

[154] Liang X , Xu B A, Kuang S M, et al. Multi-functionalized inorganic-organic rare earth hybrid microcapsules. Advanced Materials, 2008, 20: 3739-3744.

[155] Lou X W, Yuan C L, Rhoades E, et al. Encapsulation and ostwald ripening of Au and Au-Cl complex nanostructures in silica shells. Advanced Functional Materials, 2006, 16: 1679-1684.

[156] Li J, Zeng H C. Hollowing Sn-doped TiO_2 nanospheres via Ostwald ripening. Journal of the American Chemical Society, 2007, 129: 15839-15847.

[157] Liu B, Zeng H C. Symmetric and asymmetric ostwald ripening in the fabrication of homogeneous core-shell semiconductors. Small, 2005, 1: 566-571.

[158] Blanco A, Lopez C. Silicon Onion-Layer Nanostructures arranged in three dimensions. Advanced Materials, 2006, 18: 1593-1597.

[159] Yang M, Ma J, Niu Z W, et al. Synthesis of spheres with complex structures using hollow latex cages as templates. Advanced Functional Materials, 2005, 15: 1523-1528.

[160] Xu X L, Asher S A. Synthesis and utilization of monodisperse hollow polymeric particles in photonic crystals. Journal of the American Chemical Society, 2004, 126: 7940-7945.

[161] Zhou J, Chen M , Qiao X G, et al. Facile preparation method of SiO_2/PS/TiO_2 multilayer core-shell hybrid microspheres. Langmuir, 2006, 22: 10175-10179.

[162] Z Chen, Wangn Z L, Zhan P, et al. Preparation of metallodielectric composite particles with multishell structure. Langmuir, 2004, 20: 3042-3046.

[163] Zhao H, Chen J F, Zhao Y, et al. Hierarchical assembly of multilayered hollow microspheres from an amphiphilic pharmaceutical molecule of azithromycin. Advanced Materials, 2008, 20: 3682-3686.

[164] Nisisako T, Okushima S, Torii T. Controlled formulation of monodisperse double emulsions in a multiple-phase microfluidic system. Soft Matter, 2005, 1: 23-27.

[165] Chu L Y, Utada A S, Shah R K, et al. Controllable monodisperse multiple emulsions. Angewandte Chemie International Edition, 2007, 46: 8970-8974.

[166] Chen H Y, Zhao Y, Song Y L, et al. One-step multicomponent encapsulation by compound-fluidic electrospray. Journal of the American Chemical Society, 2008, 130: 7800-7801.

[167] Hüsing N, Schubert U. Aerogel-airy materials: chemistry, structure, and properties. Angewandte Chemie International Edition, 1998, 37: 22-45.

[168] Xiao L, Grogan M D, Sergio G L, et al. Tapered fibers embedded in silica aerogel. Optics Letter, 2009, 34: 2724-2726.

[169] Inagaki M. Pores in carbon materials-importance of their Control. New Carbon Mater, 2009, 24: 193-232.

[170] Kistler S S. Coherent expanded aerogels and jellies. Nature, 1931, 127: 741-742.

[171] Wei G, Liu Y, Zhang X, et al. Thermal conductivities study on silica aerogel and its composite insulation materials. International Journal of Heat and Mass Transfer, 2011, 54: 2355-2366.

[172] Zhang Z H , Shen J , Ni Y Y, et al. Rare Metal Materials and Engineering , 2008 , 37: 16-19.

[173] Kim C, Jang A, Kim B I, ea al. Surface silylation and pore structure development od silica aerogel composites from colloid TEOS-based precursor. Journal of Sol-Gel Science and Technology, 2008, 48: 336-343.

[174] Somlai L S, Bandi S A, Schiraldi D A, Facile processing of clay into organically-modified aerogels. AIChE Journal, 2006, 52(3): 1162-1168.

[175] Bandi S, Schiraldi D A. Glass transtion behaviour of clay aerogel/Poly(vinyl alcohol) composites. Macromolecules, 2006, 39: 6537-6545.

[176] Mackenzie R C. Clay-water relationship. Nature, 1953, 171: 681-683.

[177] Nakazawa H, Yamada H, Fujita T, et al. Texture Contral of Clay-aerogel throngh the crystallization process of ice. Clay Science, 1987, 6: 269-276.

[178] Hostler S R, Abramson A R, Gawryla M D, et al. Thermal conductivity of a clay-based aerogel. International Journal of Heat and Mass Transfer, 2009, 52: 665-669.

[179] Alhassan S M, Qutubuddin S, Schiraldi D. Influence of electrolyte and polymer loadings on mechanical properties of clay aerogel. Langmuir, 2010, 26: 12198-12202.

[180] Finlay K, Gawryla M D, Schiraldi D A. Biologically based fiber-reinforced/cla aerogel composites. Industial& Enginerring Chemistry Reseach , 2008, 47: 615-619.

[181] Gawryla M D, Schiraldi D A. Novel absorbent materials created via icetemperature. Macromolecular Materials and Engineering, 2009, 294: 570-574.

[182] Yao H B, Tan Z H, Fang H Y, et al. Artificial nacre-like bionanocomposite films from montmorillonite hybrid building blocks. Angewandte Chemie International Edition, 2010, 49(52): 10127-10131.

索　引

G

H

J

K

L

M

其他